Willi Bohl/Wolfgang Elmendorf

Strömungsmaschinen 1

Kamprath-Reihe

Prof. Dipl.-Ing. Willi Bohl
Prof. Dr.-Ing. Wolfgang Elmendorf

# Strömungsmaschinen 1

Aufbau und Wirkungsweise

10., überarbeitete und erweiterte Auflage

Vogel Buchverlag

Prof. Dipl.-Ing. WILLI BOHL

Jahrgang 1936. Nach dem Abitur 1955 und anschließendem Industriepraktikum studierte er bis 1960 Maschinenbau an der Technischen Hochschule Karlsruhe (heute Universität) mit abschließendem Diplom. Einer zweijährigen Industrietätigkeit folgte die Dozentur an der Fachhochschule Heilbronn. Prof. Bohl betreute bis 1999 die Vorlesungen und Übungen für Strömungslehre und Strömungsmaschinen und war Leiter des Labors Strömungsmaschinen.

Prof. Dipl.-Ing. WILLI BOHL und
Prof. Dr.-Ing. WOLFGANG ELMENDORF
sind Autoren folgender Vogel Fachbücher:

Strömungsmaschinen 1
Technische Strömungslehre

Prof. Dipl.-Ing. WILLI BOHL
ist Autor des Vogel Fachbuchs:

Strömungsmaschinen 2

Prof. Dr.-Ing. WOLFGANG ELMENDORF

Jahrgang 1960. Nach dem Abitur 1979 und dem Wehrdienst studierte er bis 1986 Maschinenbau an der RWTH Aachen. Während der nachfolgenden wissenschaftlichen Tätigkeit am Institut für Strahlantriebe der RWTH beschäftigte sich Wolfgang Elmendorf insbesondere mit Transsonik- und Überschallverdichtern. Nach der Promotion 1994 arbeitete er bei der Siemens AG KWU zunächst in der Verdichterentwicklung und übernahm später die Verantwortung für die Anlagenbewährung und Rotordynamik der Gasturbinen.

Prof. Dr.-Ing. W. Elmendorf, seit 1999 Nachfolger von Prof. W. Bohl an der Fachhochschule Heilbronn, ist dort für Vorlesungen und Labore im Bereich Strömungstechnik, Strömungsmaschinen und CFD (Computational Fluid Dynamics) verantwortlich.

Sept. 2008

Weitere Informationen unter
www.vogel-buchverlag.de

ISBN 978-3-8343-3130-4
10. Auflage. 2008
Alle Rechte, auch der Übersetzung, vorbehalten.
Kein Teil des Werkes darf in irgendeiner Form (Druck, Fotokopie, Mikrofilm oder einem anderen Verfahren) ohne schriftliche Genehmigung des Verlages reproduziert oder unter Verwendung elektronischer Systeme verarbeitet, vervielfältigt oder verbreitet werden. Hiervon sind die in §§ 53, 54 UrhG ausdrücklich genannten Ausnahmefälle nicht berührt.
Printed in Germany
Copyright 1980 by Vogel Industrie Medien GmbH & Co. KG, Würzburg
Satzherstellung und digitale Bildbearbeitung:
Fotosatz-Service Köhler GmbH, Würzburg

# Vorwort

Dieses Fachbuch ist aus den Vorlesungen über «Strömungsmaschinen» entstanden, die Prof. Dipl.-Ing. Willi Bohl von 1963 bis 1999 und Prof. Dr.-Ing. Wolfgang Elmendorf seit 1999 im Studiengang Maschinenbau an der Fachhochschule Heilbronn gehalten haben. Für diese Auflage wurden die Beiträge über Wasserturbinen, Pumpen, Hydrodynamische Kupplungen plus Bremsen und Wandler von Grund auf überarbeitet. Windturbinen mit den dazugehörigen Windkraftanlagen werden zum ersten Mal in einem eigenen Kapitel beschrieben. Die berücksichtigten nationalen und internationalen Richtlinien entsprechen dem Stand der Technik.

Diese zusammenfassende Darstellung von Aufbau und Wirkungsweise **aller** Strömungsmaschinen in **einem** Buch konzentriert die **Grundlagen** in der Ingenieurausbildung. Das Buch wendet sich zwar in erster Linie an Studierende der Fachrichtung Maschinenbau, bietet aber auch dem Ingenieur in der Praxis die entsprechenden **Grundkenntnisse** der Strömungsmaschinen.

Zum Verständnis gemeinsamer physikalischer Grundlagen, von Wirkungsweise, konstruktivem Aufbau und Betriebsverhalten werden die Grundkenntnisse in Mathematik, Strömungslehre, Thermodynamik und technischer Mechanik vorausgesetzt. Differential- und Integralrechnung werden nur wenig gebraucht. Die abgeleiteten oder aus anderen Quellen übernommenen Gleichungen und Formeln sind, von wenigen Ausnahmen abgesehen, **Größengleichungen**, sie gelten unabhängig vom Maßsystem. Die Beispiele wurden durchweg im Internationalen Einheitensystem (SI-Einheiten) gehalten.

Der ebenfalls im Vogel Buchverlag erschienene Band 2 der Strömungsmaschinen – Berechnung und Konstruktion – behandelt strömungstechnische und festigkeitsbezogene Berechnungen sowie die konstruktive Gestaltung der einzelnen Bauteile von Strömungsmaschinen, wie Laufräder, Leiträder, Wellen, Gehäuse, Dichtungen und Lager.

Wir bedanken uns beim Vogel Buchverlag für die fachmännische Beratung und Unterstützung bei der Erstellung des Manuskriptes sowie die sorgfältige Drucklegung. Weiterer Dank gilt Kollegen, Mitarbeitern, Studierenden und den im Buch genannten Industriefirmen, deren Mitwirkung es ermöglicht hat, Details im Buch besonders effektiv hervorzuheben.

Resonanz zum Buch ist uns stets willkommen, weil eine lebendige Wissensvermittlung Forschungs- und Lehrbetrieb immer wieder neu motivieren und inspirieren können.

Den schnellsten Kontakt zu den Autoren Prof. Dipl.-Ing. W. Bohl und Prof. Dr.-Ing. W. Elmendorf erfüllt eine E-Mail an: elmendorf@hs-heilbronn.de

Heilbronn

Willi Bohl
Wolfgang Elmendorf

# DER NEUE EC-STANDARD
## leiser – effizienter – einzigartig

Ziehl-Abegg führt die Weiterentwicklung der erfolgreichen *Little Blue* Baureihe in weitere Dimensionen. Die Axialventilatoren FE2owlet und Radialventilatoren Vpro sind nun auch mit integrierter EC-Technologie **ETAvent** verfügbar.

Mit dem neuen **FE2owlet-ETAvent** Ø 250 bis 350 mm und **Vpro-ETAvent** Ø 190 bis 250 mm, eine Kombination aus hocheffizienter EC-Motorentechnologie und einzigartiger Aerodynamik, setzt Ziehl-Abegg DEN NEUEN EC-STANDARD.

Profitieren auch Sie schon heute von der Technologie von Morgen. Wir laden Sie ein, Ihr Produkt gemeinsam mit uns zu verbessern.

Lufttechnik

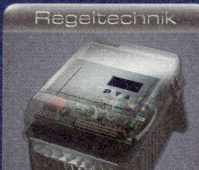
Regeltechnik

Antriebstechnik

Service

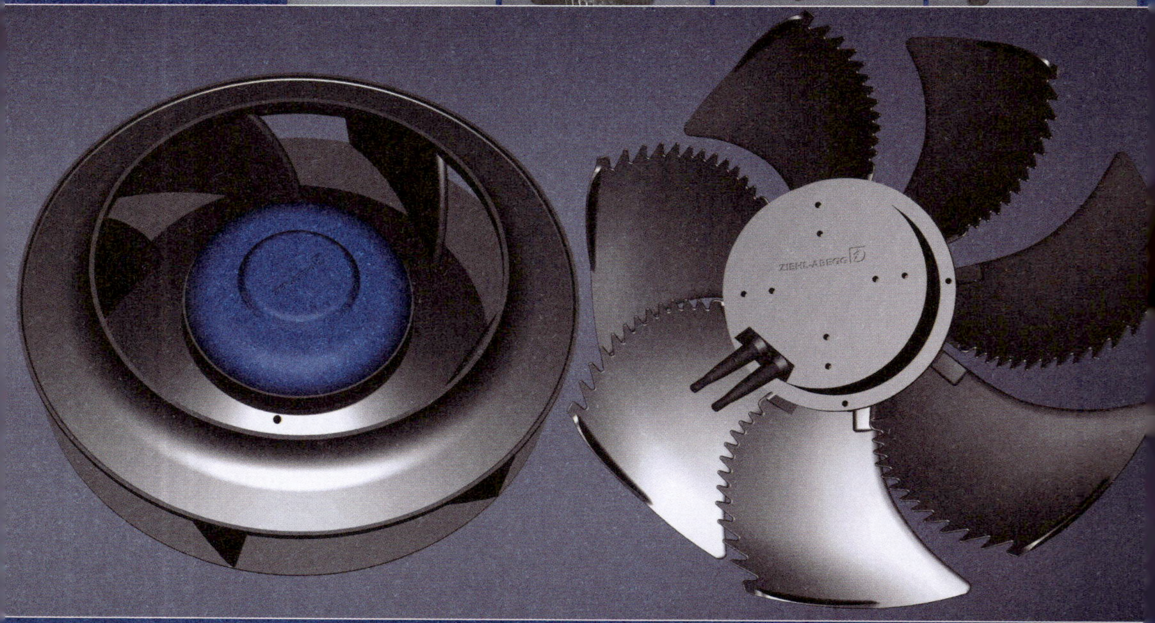

CHILLVENTA Nürnberg 2008

Besuchen Sie uns von 15.10.-17.10.2008 auf der Chillventa, Nürnberg in Halle 7, Stand 7-110.

ZIEHL-ABEGG

Ziehl-Abegg AG · Heinz-Ziehl-Straße · 74653 Künzelsau · Tel.: 07940 16-0 · Fax: 07940 16-300 · info@ziehl-abegg.com · www.ziehl-abegg.com

# Inhaltsverzeichnis

| | | |
|---|---|---|
| Vorwort | | 5 |
| Die wichtigsten Formelzeichen und Einheiten | | 13 |
| **1** | **Einleitung** | **15** |
| **2** | **Hauptbetriebsdaten von Strömungsmaschinen** | **19** |
| 2.1 | Massenstrom (Massendurchfluss) | 19 |
| 2.2 | Volumenstrom | 19 |
| 2.3 | Spezifische Stutzenarbeit | 21 |
| 2.4 | Leistung | 35 |
| 2.5 | Wirkungsgrad | 39 |
| 2.6 | Drehzahl | 39 |
| **3** | **Energieumsetzung im Laufrad** | **45** |
| 3.1 | Einleitung | 45 |
| 3.2 | Geschwindigkeitsplan | 45 |
| 3.3 | Euler'sche Strömungsmaschinen-Hauptgleichung | 48 |
| **4** | **Modellgesetze und Kennzahlen** | **61** |
| 4.1 | Einleitung | 61 |
| 4.2 | Ähnlichkeitsbedingungen | 61 |
| 4.3 | Ähnlichkeitsbeziehungen zwischen den Hauptbetriebsdaten geometrisch ähnlicher Maschinen | 62 |
| 4.3.1 | Maßstabfaktoren | 62 |
| 4.3.2 | Ähnlichkeitsbeziehung für den Volumenstrom $\dot{V}$ | 63 |
| 4.3.3 | Ähnlichkeitsbeziehung für die spezifische Stutzenarbeit $Y$ | 63 |
| 4.3.4 | Ähnlichkeitsbeziehung für die Leistung $P$ | 64 |
| 4.3.5 | Ähnlichkeitsbeziehung für das Drehmoment $M$ | 65 |
| 4.4 | Aufwerteformeln | 66 |
| 4.5 | Kennzahlen | 71 |
| 4.5.1 | Einleitung | 71 |
| 4.5.2 | Kennzahlen zur Charakterisierung des Betriebsverhaltens | 71 |
| 4.5.2.1 | Durchflusszahl $\varphi$ | 71 |
| 4.5.2.2 | Druckzahl $\psi$ | 72 |
| 4.5.2.3 | Drosselzahl $\tau$ | 73 |
| 4.5.2.4 | Leistungszahl $\lambda$ | 73 |
| 4.5.3 | Kennzahlen zur Typisierung und Auslegung | 74 |
| 4.5.3.1 | Laufzahl $\sigma$ | 74 |
| 4.5.3.2 | Durchmesserzahl $\delta$ | 75 |
| 4.5.4 | Physikalische Kennzahlen | 75 |
| 4.5.4.1 | Reynolds-Zahl $Re$ | 75 |

 Der Onlineservice InfoClick bietet unter www.vogel-buchverlag.de nach Codeeingabe zusätzliche Informationen und Aktualisierungen zu diesem Buch.

313031030010

|       |       | 4.5.4.2 | Mach-Zahl $M$ | 76 |
|---|---|---|---|---|
|       |       | 4.5.4.3 | Thoma-Zahl $Th$ | 76 |
|       |       | 4.5.4.4 | Einlaufziffer $\varepsilon$ | 76 |
|       |       | 4.5.4.5 | Strouhal-Zahl $Sr$ | 77 |
|       | 4.5.5 |         | Spezielle Kennzahlen | 77 |
|       | 4.5.6 |         | Zusammenfassung | 78 |
|       | 4.6   |         | Cordier-Diagramm | 79 |
|       | 4.7   |         | Aufteilung der spezifischen Stutzenarbeit und des Volumenstroms auf mehrere Laufräder | 83 |

## 5 Kavitation ... 85

| | | | | |
|---|---|---|---|---|
| 5.1 | Einleitung | | | 85 |
| 5.2 | Physikalische Grundlagen | | | 85 |
|     | 5.2.1 | Vereinfachte Erklärung des Kavitationsvorganges | | 85 |
|     | 5.2.2 | Einige kurze Ausführungen zur Blasendynamik | | 86 |
|     | 5.2.3 | Kavitationsbeginn und Kavitationszahl | | 89 |
|     | 5.2.4 | Auswirkungen der Kavitation | | 90 |
| 5.3 | Spezifische Halteenergie | | | 91 |
|     | 5.3.1 | Einleitung | | 91 |
|     | 5.3.2 | Spezifische Halteenergie der Anlage | | 92 |
|     | 5.3.3 | Spezifische Halteenergie von Kreiselpumpen und Wasserturbinen | | 95 |
| 5.4 | Kavitationskennzahlen | | | 99 |
|     | 5.4.1 | Thoma-Zahl | | 99 |
|     | 5.4.2 | Dimensionslose Saugkennzahl $S_q$ nach PETERMANN | | 103 |
| 5.5 | $NPSH$-Wert von Kreiselpumpen | | | 104 |
|     | 5.5.1 | Einleitung | | 104 |
|     | 5.5.2 | $NPSH$-Wert der Anlage | | 106 |
|     | 5.5.3 | Kavitationskriterien | | 108 |
|     | 5.5.4 | $NPSH$-Wert der Kreiselpumpe ($NPSHR$) | | 110 |
|     | 5.5.5 | Messung des $NPSHR$-Wertes | | 118 |
|     | 5.5.6 | Besondere Einflüsse auf den $NPSHR$-Wert | | 120 |
|     |       | 5.5.6.1 | Einleitung | 120 |
|     |       | 5.5.6.2 | Temperatureinfluss | 120 |
|     |       | 5.5.6.3 | Einfluss des Gasgehaltes | 121 |
|     |       | 5.5.6.4 | Spalteinfluss | 124 |
| 5.6 | Inducer | | | 125 |
| 5.7 | Werkstofffragen | | | 127 |

## 6 Überschallströmung in Turbomaschinen ... 131

| | | | | |
|---|---|---|---|---|
| 6.1 | Einleitung | | | 131 |
| 6.2 | Überschallströmung in Verdichtern | | | 131 |
|     | 6.2.1 | Kritische Mach-Zahl | | 133 |
|     | 6.2.2 | Sperrmachzahl | | 135 |
|     | 6.2.3 | Strömung im Verdichtergitter bei Unterschallanströmung | | 136 |
|     | 6.2.4 | Strömung im Verdichtergitter bei Überschallanströmung | | 137 |
|     | 6.2.5 | Schallkennzahl nach PFLEIDERER | | 141 |
| 6.3 | Überschallgrenze bei Dampf- und Gasturbinen | | | 143 |
|     | 6.3.1 | Einfluss der Mach-Zahl auf die Schaufelverluste | | 143 |
|     | 6.3.2 | Sperrungserscheinungen in der Endstufe großer Kondensationsdampfturbinen | | 144 |
|     | 6.3.3 | Strahlablenkung | | 147 |

## 7 Wasserturbinen ... 149

| | | |
|---|---|---|
| 7.1 | Einleitung | 149 |
| 7.2 | Wasserkraftwerke in der Übersicht | 151 |
| 7.3 | Wasserturbinenarten und ihr Einsatzbereich in der Übersicht | 153 |
| 7.4 | Freistrahlturbine (Pelton-Turbine) | 155 |
| 7.5 | Francis-Turbine | 159 |

| | | | |
|---|---|---|---|
| | 7.6 | Kaplan-Turbine | 162 |
| | | 7.6.1 Kaplan-Spiralturbine | 162 |
| | | 7.6.2 Kaplan-Rohrturbine | 164 |
| | 7.7 | Diagonalturbine | 166 |
| | 7.8 | Durchströmturbine (Ossberger-Turbine) | 167 |
| | 7.9 | Pumpturbine | 167 |
| **8** | **Dampfturbinen** | | **173** |
| | 8.1 | Einleitung | 173 |
| | 8.2 | Dampfturbinen als Teil des Dampfkraftprozesses | 173 |
| | | 8.2.1 Kondensationsturbine | 173 |
| | | 8.2.2 Gegendruckturbine | 174 |
| | | 8.2.3 Entnahmeturbine | 174 |
| | 8.3 | Arbeitsweise und Bauformen von Dampfturbinen | 176 |
| | | 8.3.1 Einleitung | 176 |
| | | 8.3.2 Reaktionsgrad | 176 |
| | | 8.3.3 Vergleich zwischen Gleichdruck- und Überdruckstufe | 177 |
| | | 8.3.4 Vergleich zwischen Kammerturbine und Trommelturbine | 179 |
| | | 8.3.5 Radialturbinen | 179 |
| | 8.4 | Kraftwerksturbinen | 180 |
| | | 8.4.1 Konstruktiver Aufbau | 180 |
| | | 8.4.2 Grenzen im Dampfturbinenbau | 185 |
| | 8.5 | Industrieturbinen | 188 |
| | 8.6 | Regelung und Überwachungs-(Sicherheits-)einrichtungen | 191 |
| | | 8.6.1 Regelung | 191 |
| | | 8.6.2 Sicherheits- und Überwachungseinrichtungen | 194 |
| **9** | **Gasturbinen** | | **195** |
| | 9.1 | Einleitung | 195 |
| | 9.2 | Gasturbinen-Kreisprozesse | 196 |
| | | 9.2.1 Offener Gasturbinen-Kreisprozess ohne Wärmetausch | 196 |
| | | 9.2.2 Offener Gasturbinen-Kreisprozess mit Wärmetausch | 199 |
| | | 9.2.3 Geschlossener Gasturbinen-Kreisprozess | 200 |
| | 9.3 | Bauteile einer Gasturbinenanlage | 201 |
| | | 9.3.1 Einleitung | 201 |
| | | 9.3.2 Brennkammer | 201 |
| | | 9.3.3 Turbine | 205 |
| | 9.4 | Einsatzgebiete der Gasturbine | 207 |
| | | 9.4.1 Ortsfeste Anlagen | 207 |
| | | 9.4.2 Ortsbewegliche Anlagen | 210 |
| **10** | **Windturbinen** | | **215** |
| | 10.1 | Einleitung | 215 |
| | 10.2 | Aktueller Stand der Windenergie | 216 |
| | 10.3 | Energieumsetzung in der Windturbine | 218 |
| | | 10.3.1 Strahltheorem nach FROUDE / RANKINE und Theorie nach BETZ | 218 |
| | | 10.3.2 Drall und Verluste | 222 |
| | 10.4 | Bauformen von Windturbinen | 225 |
| | 10.5 | Aerodynamik der Windturbine | 230 |
| | 10.6 | Konstruktiver Aufbau von Windkraftanlagen | 235 |
| | 10.7 | Regelung und Betriebsverhalten | 241 |
| | 10.8 | Ertrag von Windkraftanlagen | 246 |
| **11** | **Kreiselpumpen** | | **249** |
| | 11.1 | Einleitung | 249 |
| | 11.2 | Laufradformen | 252 |
| | 11.3 | Pumpenbauarten | 257 |

|  |  |  |  |
|---|---|---|---|
| | 11.3.1 | 1-stufige, 1-flutige Radialpumpen | 257 |
| | 11.3.2 | Mehrstufige Pumpen | 264 |
| | 11.3.3 | 2-flutige Radialpumpen | 267 |
| | 11.3.4 | Diagonalpumpen | 268 |
| | 11.3.5 | Axialpumpen | 269 |
| 11.4 | | Verluste in Kreiselpumpen | 271 |
| | 11.4.1 | Leistungsbilanz | 271 |
| | 11.4.2 | Strömungsführungsverluste (hydraulische Verluste) | 272 |
| | 11.4.3 | Radseitenreibungsverluste | 274 |
| | 11.4.4 | Spaltverluste (Volumenverluste) | 277 |
| | 11.4.5 | Sekundärströmungen (Rezirkulation) | 281 |
| 11.5 | | Wirkungsgradpotential | 283 |
| 11.6 | | Dimensionierung | 287 |

## 12 Ventilatoren, Gebläse, Verdichter … 291

| | | | |
|---|---|---|---|
| 12.1 | | Einleitung | 291 |
| 12.2 | | Radformen | 291 |
| 12.3 | | Ventilatoren und Niederdruckgebläse | 295 |
| | 12.3.1 | Einleitung | 295 |
| | 12.3.2 | Radialgebläse und Radialventilatoren | 295 |
| | 12.3.3 | Axialgebläse und Axialventilatoren | 297 |
| | 12.3.4 | Querstromgebläse | 305 |
| 12.4 | | Turboverdichter | 307 |
| | 12.4.1 | Einleitung | 307 |
| | 12.4.2 | Radialverdichter | 308 |
| | 12.4.3 | Axialverdichter | 313 |
| | 12.4.4 | Kombinierter Axial-/Radialverdichter | 316 |

## 13 Hydrodynamische Kupplungen, Bremsen und Drehmomentwandler (Föttinger-Getriebe) … 319

| | | |
|---|---|---|
| 13.1 | Einleitung | 319 |
| 13.2 | Hydrodynamische Kupplung (Föttinger-Kupplung) | 320 |
| 13.3 | Hydrodynamische Bremse (Retarder) | 324 |
| 13.4 | Drehmomentwandler (Föttinger-Wandler) | 324 |

## 14 Betriebsverhalten von Strömungsmaschinen (Kennfelder) … 329

| | | | |
|---|---|---|---|
| 14.1 | | Einleitung | 329 |
| 14.2 | | Kennfelder der Strömungskraftmaschinen | 329 |
| | 14.2.1 | Wasserturbinen | 329 |
| | 14.2.2 | Dampfturbinen | 331 |
| | 14.2.3 | Gasturbinen | 335 |
| 14.3 | | Kennfelder der Strömungsarbeitsmaschinen | 335 |
| | 14.3.1 | Rohrleitungskennlinie | 335 |
| | 14.3.2 | Drosselkurve | 341 |
| | 14.3.2.1 | Theoretische Herleitung der Drosselkurve | 341 |
| | 14.3.2.2 | Theoretische Herleitung der Leistungskurve | 344 |
| | 14.3.2.3 | Gemessene Drosselkurve | 345 |
| | 14.3.2.4 | Stabile und instabile Drosselkurven | 345 |
| | 14.3.3 | Kennfelder | 349 |
| | 14.3.3.1 | Darstellung des vollständigen Kennfeldes | 349 |
| | 14.3.3.2 | Bestimmung des Betriebspunktes | 352 |
| | 14.3.3.3 | Messwesen und Normen | 353 |
| | 14.3.3.4 | Toleranzen und Gewährleistungen | 354 |
| | 14.3.4 | Anpassung und Regelung | 357 |
| | 14.3.4.1 | Kennfeld bei variabler Drehzahl | 357 |
| | 14.3.4.2 | Abdrehen von radialen Laufrädern | 357 |
| | 14.3.4.3 | Zuschärfen der Schaufelenden | 359 |

|  |  |  |  |
|---|---|---|---|
|  | 14.3.4.4 | Verändern der Laufschaufelzahl bei Axialmaschinen | 359 |
|  | 14.3.4.5 | Laufschaufelverstellung | 361 |
|  | 14.3.4.6 | Vordrallregelung | 361 |
|  | 14.3.4.7 | Nachdrallregelung | 361 |
|  | 14.3.4.8 | Bypassregelung | 363 |
|  | 14.3.4.9 | Parallelschaltung | 367 |
|  | 14.3.4.10 | Reihenschaltung (Hintereinanderschaltung) | 369 |
|  | 14.3.4.11 | Vergleich der verschiedenen Regelverfahren | 371 |
|  | 14.3.5 | Einfluss der Viskosität der Förderflüssigkeit auf die Kennlinien von Kreiselpumpen | 371 |
|  | 14.3.6 | Förderung von Flüssigkeits-Gas-Gemischen in Kreiselpumpen | 373 |
|  | 14.3.7 | Förderung von Feststoffen | 375 |
|  | 14.3.8 | Anlaufen und Auslaufen von Strömungsarbeitsmaschinen | 376 |
|  | 14.3.9 | Kreiselpumpen im Turbinenbetrieb | 379 |
|  | 14.3.10 | Mindestförderstrom | 381 |
| 14.4 | Kennfelder der hydrodynamischen Kupplungen und Wandler | | 382 |
|  | 14.4.1 | Kennlinien der hydrodynamischen Kupplung | 382 |
|  | 14.4.2 | Kennlinien der hydrodynamischen Bremse (Retarder) | 383 |
|  | 14.4.3 | Kennlinien des Drehmomentwandlers | 384 |

**Anhang** . . . . . . . . . . . . . . . . . . . . . . . . . . . . . . . . . . . . . . . . . . . . . . 387

**Literaturverzeichnis** . . . . . . . . . . . . . . . . . . . . . . . . . . . . . . . . . . . . 391

**Stichwortverzeichnis** . . . . . . . . . . . . . . . . . . . . . . . . . . . . . . . . . . . 409

# Die wichtigsten Formelzeichen und Einheiten

| Formel-zeichen | empfohlene Einheit | Bedeutungen |
|---|---|---|
| $A$ | m² | Fläche, Querschnitt |
| $a$ | m/s | Schallgeschwindigkeit |
| $C_P$ | | Leistungsbeiwert, Ausnutzungsgrad bei Windturbinen |
| $C_S$ | | Schubbelastungsgrad |
| $C_p$ | | Druckbeiwert |
| $c$ | m/s | Geschwindigkeit, Absolutgeschwindigkeit |
| $c_a$ | | Auftriebsbeiwert |
| $c_w$ | | Widerstandsbeiwert |
| $c_p$ | J/(kg · K) | spezifische Wärmekapazität bei konstantem Druck |
| $D$ | m | Durchmesser |
| $d$ | m | Profildicke, Durchmesser |
| $E_R$ | J/kg | Reibungsenergie |
| $F$ | N | Kraft |
| $f$ | | Faktor |
| $f$ | Hz | Frequenz |
| $g$ | m/s² | Erdbeschleunigung |
| $H$ | m | Fallhöhe, Förderhöhe |
| $h$ | J/kg | spezifische Enthalpie |
| $k$ | | Faktor, Maßstabsfaktor |
| $L$ | dB | Geräuschpegel |
| $l$ | m | Länge |
| $M$ | | Mach-Zahl |
| $M$ | N m | Drehmoment |
| $m$ | kg | Masse |
| $\dot{m}$ | kg/s | Massenstrom |
| $n$ | s⁻¹, min⁻¹ | Drehzahl |
| $n_q$ | min⁻¹ | spezifische Drehzahl |
| $P$ | W | Leistung, Leistungsbedarf |
| $p$ | Pa | Druck |
| $p$ | | Polpaarzahl |
| $Q$ | m³/s; m³/h | Förderstrom, Wasserstrom |
| $q$ | J/kg | spez. Wärmemenge |
| $R$ | m | Radius |
| $Re$ | | Reynolds-Zahl |
| $R_i$ | J/(kg · k) | spezifische Gaskonstante |
| $r$ | m | Radius |
| $r$ | | Reaktionsgrad |
| $S_q$ | | Saugkennzahl, Schallkennzahl |
| $Sr$ | | Strouhal-Zahl |
| $s$ | | Schlupf |
| $T$ | K | Temperatur |
| $Th$ | | Thoma-Zahl |
| $t$ | m | Teilung |
| $t$ | °C | Temperatur |
| $u$ | m/s | Umfangsgeschwindigkeit |

# Die wichtigsten Formelzeichen und Einheiten

| Formel-zeichen | empfohlene Einheit | Bedeutungen |
|---|---|---|
| $V$ | m³ | Volumen |
| $\dot{V}$ | m³/s | Volumenstrom |
| $v$ | m³/kg | spezifisches Volumen |
| $w$ | m/s | Relativgeschwindigkeit |
| $w$ | J/kg | Nutzarbeit |
| $Y$ | J/kg | spezifische Stutzenarbeit |
| $y$ | m | Höhendifferenz |
| $Z$ | | Realgasfaktor |
| $z$ | m | Höhenkote |
| $z$ | | Zahl, Anzahl |
| $\alpha$ | grd | Winkel |
| $\beta$ | grd | Winkel |
| $\gamma$ | grd | Staffelungswinkel |
| $\delta$ | grd | Anstellwinkel |
| $\delta$ | | Durchmesserzahl |
| $\varepsilon$ | | Gleitzahl |
| $\varepsilon$ | | Einlaufziffer, Schluckzahl |
| $\vartheta$ | | Turbinenlaufzahl |
| $\zeta$ | | Widerstandsbeiwert, Profilverlustbeiwert |
| $\eta$ | | Wirkungsgrad |
| $\varkappa$ | | Isentropenexponent |
| $\lambda$ | | Leistungszahl, Rohrreibungszahl, Beiwert |
| $\mu$ | | Minderleistungszahl, Durchflusszahl, Wandlung |
| $\nu$ | | kinematische Viskosität, Polytropenverhältnis |
| $\varrho$ | kg/m³ | Dichte |
| $\pi$ | | Druckverhältnis, Kreiszahl |
| $\sigma$ | | Laufzahl |
| $\tau$ | s | Zeit |
| $\tau$ | | Drosselzahl |
| $\psi$ | | Druckzahl |
| $\varphi$ | | Durchflusszahl |
| $\omega$ | s⁻¹ | Winkelgeschwindigkeit |
| $\omega$ | | Verlustbeiwert |

# 1 Einleitung

Strömungsmaschinen gehören wie die Kolbenmaschinen (Verdrängermaschinen) zu den **Fluidenergiemaschinen**, die als **Kraftmaschinen** verschiedene Energiearten (z.B. thermische Energie) in mechanische Energie umwandeln oder als **Arbeitsmaschinen** zugeführte mechanische Energie in andere Energiezustände umsetzen.

Der Begriff «Kraftmaschine» ist historisch bedingt und stammt noch aus einer Zeit, wo man zwischen den physikalischen Größen «Kraft» und «Energie» noch nicht sauber unterscheiden konnte.

In Strömungsmaschinen erfolgt die Energieumsetzung nahezu **pulsationsfrei** zwischen einem annähernd **kontinuierlich** strömenden Fluid (Flüssigkeit, Gas, Dampf) und einem mit **Schaufeln** besetzten gleichförmig umlaufenden **Rotor**, während bei Verdrängermaschinen die Energieübertragung zwischen Arbeitsmittel und oszillierenden Kolben oder Membranen bzw. umlaufenden Verdrängerkörpern, wie z.B. Zahnrädern, je nach Drehzahl und konstruktivem Aufbau der Maschine sowie Rückwirkung der Anlage mehr oder minder pulsierend abläuft.

Bei **Strömungskraftmaschinen** (Turbinen) entsteht durch die Wirkung von Druck und Geschwindigkeit des Arbeitsmittels auf die Schaufeln des Rotors ein Drehmoment an der Welle, das z.B. als Antrieb eines elektrischen Generators genutzt werden kann. Das Fluid strömt vom hohen Energieniveau am Druckstutzen zum niedrigen Energieniveau am Austrittsstutzen (Bild 1.1).

Bei **Strömungsarbeitsmaschinen** (Pumpen, Verdichter, Ventilatoren) wird durch das an der Welle, z.B. durch einen Elektromotor, aufgebrachte Drehmoment dem Fluid über die Rotorbeschaufelung Druck- und Geschwindigkeitsenergie zugeführt.

Dabei strömt das Arbeitsmittel vom niedrigen Energieniveau des Saugstutzens zum höheren Energieniveau des Druckstutzens. Strömungsmaschinen dienen in Energieanlagen der Umsetzung von Kreisprozessen, so

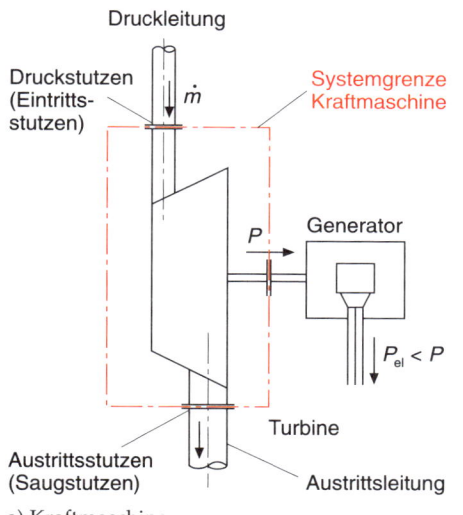

a) Kraftmaschine

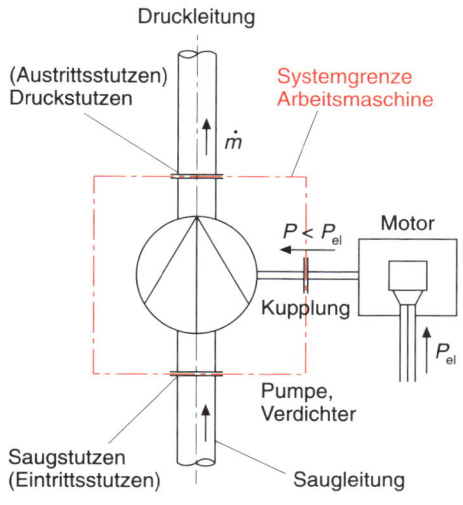

b) Arbeitsmaschine

Bild 1.1   Prinzip Kraftmaschine – Arbeitsmaschine

Tabelle 1.1  Einteilung der Strömungsmaschinen nach verschiedenen Merkmalen

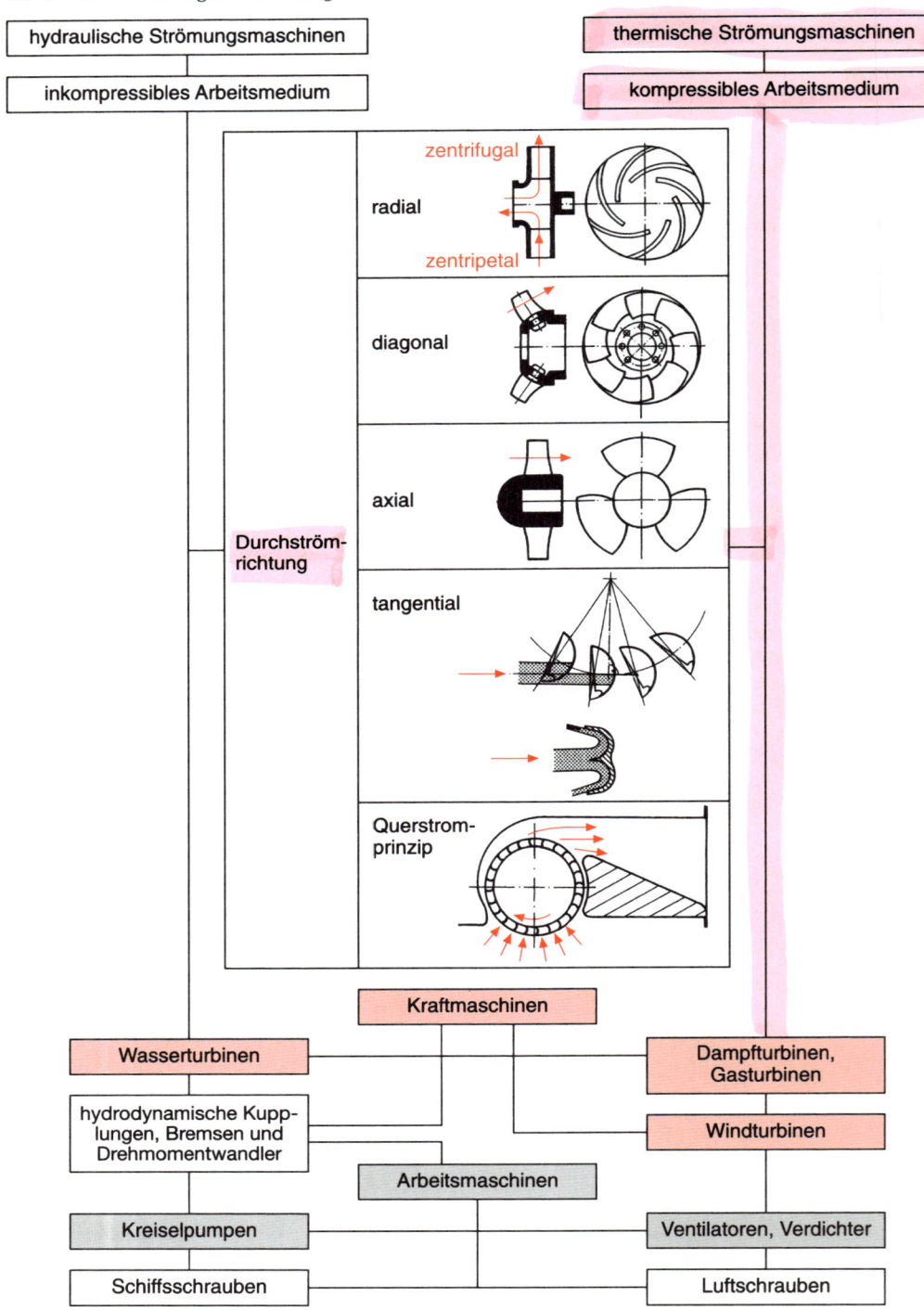

enthält z. B. eine Dampfkraftanlage eine oder mehrere Dampfturbinen, Kesselspeisepumpen, Kondensatpumpen, Kühlwasserpumpen, Ventilatoren usw., eine Gasturbinenanlage, eine Gasturbine und einen Turboverdichter als Hauptmaschinen. Hydrodynamische Kupplungen, Bremsen und Drehmomentwandler sind Kombinationen von Kraft- und Arbeitsmaschinen.

Strömungsmaschinen können nach verschiedenen Gesichtspunkten eingeteilt bzw. einander zugeordnet werden: nach dem durch die Maschine strömenden Fluid, nach dem Arbeitsprinzip oder nach der äußeren, geometrischen Form des Laufrads, insbesondere der Beschaufelung.

Tabelle 1.1 enthält eine vereinfachte Übersicht über die «klassischen» Turbomaschinen. (Aus der für Strömungsmaschinen charakteristischen, gleichförmig rotierenden Bewegung der Laufschaufeln leitet sich aus dem lateinischen «turbare» (drehen) die synonym verwendete Bezeichnung Turbomaschine ab.)

Manche Strömungsmaschinenarten stehen in vielen Einsatzgebieten im Wettbewerb mit nach dem Verdrängerprinzip arbeitenden oszillierenden oder rotierenden Kolbenmaschinen bzw. Verdrängermaschinen oder mit Fluidenergiemaschinen, die nach dem Wirkprinzip des Impulsaustausches arbeiten, wie z. B. Strahlpumpen oder Seitenkanalpumpen.

Besonders bemerkbar macht sich diese Wettbewerbssituation im Bereich der Flüssigkeitspumpen und bei Verbrennungsmotoren im kleinen und mittleren Leistungsbereich als Alternative zu Gas- und Dampfturbinen.

Trotzdem sind fast alle Gebiete der Technik, insbesondere Energietechnik, Verfahrenstechnik, Verkehrstechnik und Gebäudetechnik ohne den vielfältigen Einsatz von Strömungsmaschinen gar nicht vorstellbar.

# 2 Hauptbetriebsdaten von Strömungsmaschinen

## 2.1 Massenstrom (Massendurchfluss)

Unter dem Massenstrom (Massendurchfluss) einer Strömungsmaschine versteht man die **zeitlich** durch die Maschine strömende **Masse** des Arbeitsfluids.

Sieht man von den meist geringen äußeren Leckageverlusten ab, ist der aus der Maschine austretende Massenstrom gleich dem in die Maschine eintretenden Massenstrom und bleibt für einen bestimmten Betriebspunkt konstant.

Als **Formelzeichen** wird nach DIN 4319/Teil 1, VDI 2045 oder VDI 2044 $\dot{m}$, als **Einheit** kg/s eingeführt.

$$\dot{m} = \frac{m}{\tau} \qquad (Gl.\ 2.1)$$

$\dot{m}$ Massenstrom
$m$ Masse
$\tau$ Zeit

Mit dem Begriff des Massenstroms wird insbesondere bei **thermischen Turbomaschinen**, d.h. bei Dampfturbinen, Gasturbinen, Turboverdichtern und Hochdruckventilatoren, gearbeitet.

In anderen Regelwerken werden teilweise andere Bezeichnungen, eventuell auch andere Einheiten benutzt, wie sie auszugsweise in Tabelle 2.1 zusammengestellt sind.

## 2.2 Volumenstrom

Bei **hydraulischen Strömungsmaschinen, Niederdruckventilatoren** und **Windturbinen** kann die Strömung in den meisten praktischen Fällen als **inkompressibel** angesehen werden, d.h., die Dichte bleibt konstant. Anstelle des Massenstroms wird deshalb in der Praxis meist der Begriff Volumenstrom verwendet.

In Anlehnung an VDI 2044 und DIN 24 163 wird als **Formelzeichen** $\dot{V}$, als **Einheit** m³/s vorgeschlagen:

$$\dot{V} = \frac{V}{\tau} = \frac{\dot{m}}{\varrho} = \dot{m} \cdot v \qquad (Gl.\ 2.2)$$

$\dot{V}$ Volumenstrom
$V$ Volumen
$\tau$ Zeit
$\dot{m}$ Massenstrom
$\varrho$ Dichte
$v$ spezifisches Volumen

Tabelle 2.1  Bezeichnungen, Formelzeichen und Einheiten für den Massenstrom

| Strömungsmaschinenart | Quelle | Bezeichnung | Formelzeichen | Einheit |
|---|---|---|---|---|
| Flüssigkeitspumpen | DIN EN 12 723 | Massenstrom | $q$ | kg/h |
| Ventilatoren | ISO 5801 | Mass flowrate | $q_m$ | kg/s |
| Verdichter | ISO 5389 | Mass rate of flow | $q_m$ | $\frac{\text{Masse}}{\text{Zeit}}$ |
| Gasturbinen | ISO 2314 | Mass rate | $m$ | kg/s |
| Messungen an Strömungsmaschinen Durchflussmessung | EN 24006 | Massendurchfluss | $q_m$ oder $q$ | kg/s |
| Durchflussmessung | EN ISO 5167-1 | Massendurchfluss | $q_m$ | kg/s |

Wie beim Massenstrom $\dot{m}$ sind auch beim Volumenstrom $\dot{V}$ andere Bezeichnungen, Formelzeichen und Einheiten in den verschiedenen Sparten des Turbomaschinenbaus gebräuchlich, wovon einige wichtige Begriffe in Tabelle 2.2 aufgeführt sind.

Bei **thermischen Turbomaschinen** ändern sich Dichte und Volumenstrom beim Durchströmen der Maschine abhängig von Druck und Temperatur. Bei der Expansionsströmung in Turbinen nimmt der Volumenstrom in Strömungsrichtung zu, bei Kompressionsströmung in Verdichtern ab. An einer Stelle $i$ (Bild 2.1) einer thermischen Strömungsmaschine beträgt der Volumenstrom $\dot{V}_i$:

$$\dot{V}_i = \dot{m} \cdot v_i = \frac{\dot{m}}{\varrho_i} \quad (Gl.\ 2.3)$$

$\dot{V}_i$ örtlicher Volumenstrom an der Stelle $i$
$\dot{m}$ Massenstrom
$v_i$ spezifisches Volumen $= f(p_i, T_i, x)$
$\varrho_i$ örtliche Dichte $= f(p_i, T_i, x)$
$p_i$ Absolutdruck an der Stelle $i$
$T_i$ Temperatur an der Stelle $i$
$x$ Dampfnässe

Das spezifische Volumen $v_i$ oder die Dichte $\varrho_i$ entnimmt man für das betreffende Fluid einer **Tabelle** (z.B. VDI-Wasserdampftafel) oder einem **Diagramm** (z.B. Mollier-($h$-$s$-)Diagramm,

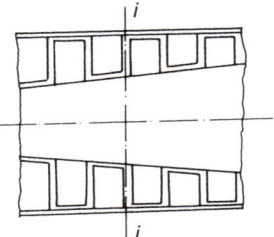

Bild 2.1 Schnitt durch die Beschaufelung einer thermischen Strömungsmaschine (Prinzip)

Tafel 1 im Anhang des Buches) abhängig von Druck und Temperatur.

Anstelle von Tabellen oder Diagrammen kann man auch EDV-Programme benutzen.

Sind keine Tabellen, Diagramme oder EDV-Programme vorhanden, können $v_i$ und $\varrho_i$ auch über die **Gasgleichung berechnet** werden:

a) für **ideale Gase**:

$$v_i = \frac{1}{\varrho_i} = \frac{R_i \cdot T_i}{p_i} \quad (Gl.\ 2.4)$$

$v_i$ spezifisches Volumen
$\varrho_i$ Dichte
$R_i$ spezifische Gaskonstante
$T_i$ thermodynamische Temperatur
$p_i$ Absolutdruck

Tabelle 2.2  Bezeichnungen, Formelzeichen und Einheiten für den Volumenstrom

| Strömungs-maschinenart | Quelle | Bezeichnung | Formelzeichen | Einheit |
|---|---|---|---|---|
| Wasserturbinen | CEI IEC 41<br>CEI IEC 193<br>IEC 60041 Ed. 3.0<br>IEC 60041 Ed. 2.0 | Wasserstrom<br>Rate of Flow<br>Discharge<br>Débit (franz.) | $Q$ | m³/s<br>(ft³/s) |
| Kreiselpumpen | DIN EN 12 723 | Volumenstrom<br>oder<br>Förderstrom | $Q$ | m³/h |
| Ventilatoren | ISO 5801<br>ISO 5802 | Volume flowrate | $q_v$ | m³/s |
| Durchflussmessung | EN ISO 5167-1 | Volumendurchfluss | $q_v$ | m³/s |

b) für **reale Gase**

$$v_i = \frac{1}{\varrho_i} = \frac{Z \cdot R_i \cdot T_i}{p_i} \qquad \text{(Gl. 2.5)}$$

$v_i$ spezifisches Volumen
$\varrho_i$ Dichte
$R_i$ spezifische Gaskonstante
$T_i$ thermodynamische Temperatur
$p_i$ Absolutdruck
$Z$ Realgasfaktor (siehe VDI 2045 oder [2.1])

VDI-Richtlinie VDI 2044 und [2.1] enthalten Angaben über die physikalisch richtige Mittelwertbildung von Geschwindigkeiten und Drücken über dem Querschnitt $A$.

Bei exakter Rechnung muss bei **feuchten Gasen** noch der **Feuchtegehalt** bei der Bestimmung des spezifischen Volumens $v_i$ bzw. der Dichte $\varrho_i$ berücksichtigt werden [2.14, 2.15].

## 2.3 Spezifische Stutzenarbeit

Unter der spezifischen Stutzenarbeit $Y$ einer Strömungsmaschine versteht man bei Kraftmaschinen das **spezifische Energiegefälle** zwischen Ein- und Austrittsstutzen, bei Arbeitsmaschinen zwischen Aus- und Eintrittsstutzen (Bild 1.1).
Fehlen Ein- und/oder Austrittsstutzen, z. B. bei einem Wandventilator oder einer Windturbine, werden entsprechende Ein- und Austrittsquerschnitte in der «freien» Zu- und Abströmung als Energieschnittstellen definiert.

Als kohärente **Einheit** wird
$\text{J/kg} \left( \triangleq \frac{\text{N} \cdot \text{m}}{\text{kg}} \triangleq \frac{\text{m}^2}{\text{s}^2} \right)$ eingeführt.

Da 1 J/kg einer sehr kleinen Energiemenge entspricht, wird die spezifische Stutzenarbeit in der Praxis oft in kJ/kg angegeben.

Neben dem im Buch für **alle Strömungsmaschinen** gemeinsam verwendeten Begriff der spezifischen Stutzenarbeit $Y$ werden in den verschiedenen Branchen des Strömungsmaschinenbaus oft noch andere Bezeichnungen verwendet, wie z. B. **Fallhöhe** $H$ bei Wasserturbinen, **Förderhöhe** $H$ bei Kreiselpumpen, **Enthalpieänderung** $\Delta h$ bei Gas- und Dampfturbinen bzw. Verdichtern.

Auch bei der Wahl der Symbole und Zeichen für die einzelnen physikalischen Größen, wie Druck, Geschwindigkeit oder Höhenkote, wurde eine weitgehende Vereinheitlichung getroffen, wobei bei der in Tabelle 2.3 definierten spez. Stutzenarbeit von hydraulischen Strömungsmaschinen überwiegend die neue DIN EN 12723 [2.2] für Flüssigkeitspumpen zugrunde gelegt wurde.

Bei den in Tabelle 2.4 zusammengestellten Definitionen der spez. Stutzenarbeit von thermischen Turbomaschinen wurden im Wesentlichen die Richtlinien VDI 2044 [2.14], VDI 2045 [2.11] und DIN 4319/Teil 1 [2.6] benutzt.

Tabelle 2.5 enthält eine zusammengefasste Darstellung der Druckerhöhung und spez. Stutzenarbeit von Ventilatoren nach DIN 24163 [2.13], VDI 2044 [2.14] und ISO 5801 [2.15].

Die letztlich gewählten Begriffe und Bezeichnungen stellen immer einen Kompromiss dar, zwischen Anlehnung an die detaillierten Einzelheiten der branchenspezifischen Normen und Richtlinien und einer vereinfachten Darstellung für Lehr- und Lernzwecke.

Dem in der Praxis arbeitenden Ingenieur wird empfohlen, sich die einschlägigen nationalen und internationalen Regelwerke in der jeweils gültigen neuesten Fassung zu beschaffen und seinen Arbeiten zugrunde zu legen.

**Tabelle 2.3** Spezifische Stutzenarbeit von hydraulischen Strömungsmaschinen

## Wasserturbinen

a) bezogen auf Druck- und Saugstutzen der Turbine:
Die spezifische Energie am Druckstutzen (Eintrittsstutzen) beträgt (Bild 2.2):

$$g \cdot z_1 + \frac{p_1}{\varrho} + \frac{c_1^2}{2}$$

und am Saugrohrende (Austrittsstutzen):

$$g \cdot z_2 + \frac{p_2}{\varrho} + \frac{c_2^2}{2}$$

Eigentlich müsste $p_2'$ anstelle von $p_2$ und $z_2'$ anstelle von $z_2$ eingesetzt werden, aber da

$p_2' = p_2 + \varrho \cdot g \cdot \Delta h$

und $z_2' = z_2 - \Delta h$ sind,

können praxisgerecht besser der Absolutdruck $p_2$ auf dem Unterwasser und die Höhenkote $z_2$ des Unterwasserspiegels U.W. (Unterwasser) direkt verwendet werden.
Die spezifische Stutzenarbeit Y ergibt sich als Energiedifferenz:

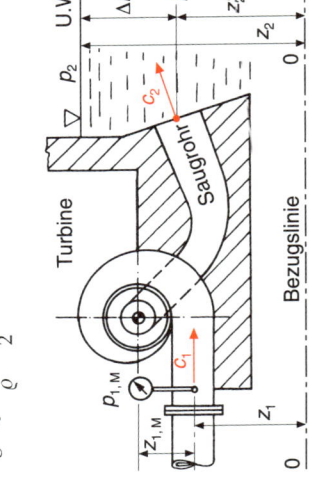

Bild 2.2 Wasserturbine

## Kreiselpumpen

a) bezogen auf Druck- und Saugstutzen der Pumpe
Die spezifische Energie beträgt am Saugstutzen (Eintrittsstutzen):

$$g \cdot z_1 + \frac{p_1}{\varrho} + \frac{c_1^2}{2}$$

und am Druckstutzen (Austrittsstutzen):

$$g \cdot z_2 + \frac{p_2}{\varrho} + \frac{c_2^2}{2}$$

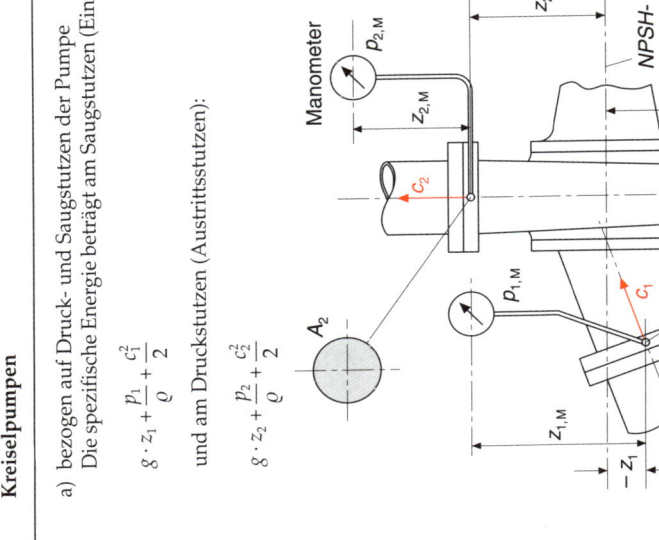

Bild 2.4 Kreiselpumpe (in Anlehnung an [2.2])

Die spezifische Stutzenarbeit Y der Pumpe ergibt sich als Differenz der spezifischen Energien:

## Spezifische Stutzenarbeit

Tabelle 2.3 (Fortsetzung)

| **Wasserturbinen** | **Kreiselpumpen** |
|---|---|
| $Y = g \cdot (z_1 - z_2) + \dfrac{p_1 - p_2}{\varrho} + \dfrac{c_1^2 - c_2^2}{2}$     (Gl. 2.6) | $Y = g \cdot (z_2 - z_1) + \dfrac{p_2 - p_1}{\varrho} + \dfrac{c_2^2 - c_1^2}{2}$     (Gl. 2.10) |

*Wasserturbinen:*

$Y$ spezifische Stutzenarbeit
$g$ Erdbeschleunigung = 9,81 m/s²
$z_1$ Höhenkote des Eintrittsstutzens
$z_2$ Höhenkote des Unterwasserspiegels
$p_1$ Absolutdruck im Eintrittsstutzen

$p_1 = p_{1,M} \pm \varrho \cdot g \cdot z_{1,M}$ $\begin{cases} + \text{Manometer sitzt höher als Eintrittshöhenkote } z_1 \\ - \text{Manometer sitzt tiefer als Eintrittshöhenkote } z_1 \end{cases}$

$p_2$ Absolutdruck auf dem Unterwasser (Luftdruck)
$\varrho$ Dichte des Wassers ($\varrho \approx 1000$ kg/m³)
$c_1$ mittlere Strömungsgeschwindigkeit im Eintrittsstutzen

(In DIN EN 12723 [2.2] werden die Strömungsgeschwindigkeiten mit $U$ bezeichnet. Hier wird davon abgewichen, da der Buchstabe $u$ für die Umfangsgeschwindigkeit reserviert ist und absolute Strömungsgeschwindigkeiten im $c$ bezeichnet werden.)

$c_1 = \dot{V}_1/A_1$ ($A_1$ = Querschnittsfläche des Eintrittsstutzens)
$c_2$ mittlere Strömungsgeschwindigkeit am Austritt des Saugrohres

Nach CEI/IEC-Regel 41 [2.3] und IEC 60041 [2.4] wird anstelle der spezifischen Stutzenarbeit $Y$ nach wie vor der Begriff der **Fallhöhe $H$** benutzt.

$$H = \dfrac{Y}{g} \quad \text{(Gl. 2.7)}$$

$H$ hat die Einheit m (Meter).

*Kreiselpumpen:*

$Y$ spezifische Stutzenarbeit
$g$ Erdbeschleunigung = 9,81 m/s²
$z_2$ Höhenkote des Austrittsstutzens
$z_1$ Höhenkote des Eintrittsstutzens
$p_{2,M}$ Absolutdruck am Druckstutzen $= p_{2M} \pm \varrho \cdot g \cdot z_{2M}$ am Manometer gemessener Druck ausgedrückt als Absolutdruck

$z_{2,M}$ Höhenkote des Manometers $\begin{cases} + \text{Manometer oberhalb der Druckstutzenebene} \\ - \text{Manometer unterhalb der Druckstutzenebene} \end{cases}$

$p_1$ Absolutdruck am Saugstutzen $= p_{1M} \pm \varrho \cdot g \cdot z_{1M}$ am Manometer gemessener Druck, ausgedrückt als Absolutdruck

$z_{1,M}$ Höhenkote des Manometers $\begin{cases} + \text{Manometer oberhalb der Saugstutzenebene} \\ - \text{Manometer unterhalb der Saugstutzenebene} \end{cases}$

Anstelle des Begriffes der spez. Stutzenarbeit $Y$ bzw. der spezifischen Förderarbeit $Y$ wird in der Praxis häufig noch der Ausdruck **Förderhöhe $H$** gebraucht (vgl. DIN EN 12723 [2.2]). Zwischen $H$ und $Y$ besteht der in Gl. 2.7 ausgedrückte Zusammenhang.

Anmerkung: Die Höhenkote $z_D$ der *NPSH*-Bezugsebene wird in Kapitel 5 Kavitation gebraucht.

b) bezogen auf die **Pumpenanlage:**
Die spezifische Stutzenarbeit $Y$ ergibt sich als Differenz der spezifischen Energie zwischen Druck- und Saugbehälter unter Berücksichtigung der Reibungsverluste in der Saug- und Druckleitung:

$$Y = g \cdot (z_{A2} - z_{A1}) + \dfrac{p_{A2} - p_{A1}}{\varrho} + \dfrac{c_{A2}^2 - c_{A1}^2}{2} + E_R \quad \text{(Gl. 2.11)}$$

$Y$ spezifische Stutzenarbeit

**Tabelle 2.3** (Fortsetzung)

| Wasserturbinen | Kreiselpumpen |
|---|---|
| Die speziellen Definitionen von $H$ für die verschiedenen Turbinentypen und baulichen Varianten können aus [2.3 und 2.4] entnommen werden.<br><br>b) bezogen auf die **Wasserkraftanlage:**<br>Die von der Turbine verarbeitete spezifische Stutzenarbeit entspricht der Differenz der spezifischen Energie zwischen Ober- und Unterwasser, abzüglich der Reibungsverluste in den Rohrleitungen, mit Ausnahme der Saugrohrverluste, da das Saugrohr integraler Bestandteil der Turbine ist. | $z_{A2}$ Höhenkote des Flüssigkeitsspiegels im Druckbehälter<br>$z_{A1}$ Höhenkote des Flüssigkeitsspiegels im Saugbehälter<br>Die Höhenkoten $z_{A2}$ und $z_{A1}$ sind positiv, wenn die Flüssigkeitsspiegel über der $NPSH$-Bezugsebene liegen; sie sind negativ, wenn sie unter der $NPSH$-Bezugsebene liegen.<br>$p_{A2}$ Absolutdruck auf dem Flüssigkeitsspiegel im Druckbehälter<br>$p_{A1}$ Absolutdruck auf dem Flüssigkeitsspiegel im Saugbehälter<br>$\varrho$ Dichte der Förderflüssigkeit<br>$c_{A2}$ Abströmgeschwindigkeit im Druckbehälter<br>$c_{A1}$ Zuströmgeschwindigkeit im Saugbehälter |

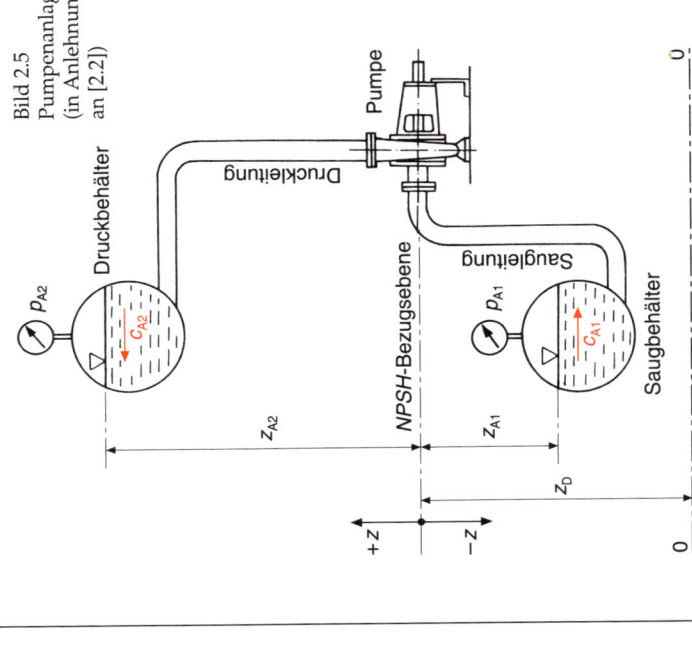

Bild 2.5 Pumpenanlage (in Anlehnung an [2.2])

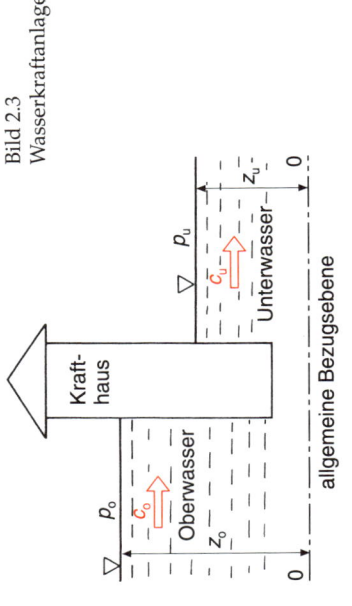

Bild 2.3 Wasserkraftanlage

$$Y = g \cdot (z_o - z_u) + \frac{p_o - p_u}{\varrho} + \frac{c_o^2 - c_u^2}{2} - E_R \qquad (\text{Gl. 2.8})$$

mit:
$Y$ spezifische Stutzenarbeit
$g$ Erdbeschleunigung = 9,81 m/s²
$z_o$ Höhenkote des Oberwasserspiegels
$z_u$ Höhenkote des Unterwasserspiegels

Tabelle 2.3 (Fortsetzung)

| Wasserturbinen | Kreiselpumpen |
|---|---|
| $p_o$ Luftdruck auf dem Oberwasserspiegel<br>$p_u$ Luftdruck auf dem Unterwasserspiegel<br>$\varrho$ Dichte<br>$c_o$ mittlere Zuströmgeschwindigkeit des Oberwassers<br>$c_u$ mittlere Abströmgeschwindigkeit des Unterwassers<br>$E_R$ Reibungsverluste in den Zuführleitungen zwischen Oberwasser und Turbineneintritt<br><br>Da der Druckunterschied $p_o - p_u$ gegenüber dem Höhenunterschied $z_o - z_u$ meist vernachlässigbar ist und auch die kinetische Energie $\dfrac{c_o^2 - c_u^2}{2}$ kaum ins Gewicht fällt, kann mit guter Näherung für Mitteldruck- und Niederdruckanlagen geschrieben werden:<br><br>$$Y \approx g \cdot (z_o - z_u) - E_R \qquad \text{(Gl. 2.9)}$$ | Anmerkung: Die Strömungsgeschwindigkeiten $c_{A2}$ und $c_{A1}$ beziehen sich auf die **Behälterquerschnitte** und **nicht** auf die Anschlussquerschnitte der Druck- und Saugleitung. Sie können in den meisten Anwendungsfällen zu 0 gesetzt werden, da die Behälterquerschnitte meist sehr groß sind.<br><br>Dadurch vereinfacht sich Gl. 2.11 wie folgt:<br><br>$$Y \approx g \cdot (z_{A2} - z_{A1}) + \dfrac{p_{A2} - p_{A1}}{\varrho} + E_R \qquad \text{(Gl. 2.12)}$$<br><br>Bei einer als **Umwälzpumpe** eingesetzten Pumpe verbleibt als spezifische Stutzenarbeit $Y$ nur noch der Reibungsverlust $E_R$ (vgl. auch Tabelle 14.1).<br>**Achtung:** In DIN EN 12 723 [2.2] werden insgesamt 21 Druckbegriffe benützt, die teilweise als Überdrücke, teilweise als Absolutdrücke bezeichnet werden.<br>Um Fehler vermeiden zu helfen, werden in diesem Buch konsequent nur Absolutdrücke verwendet.<br>Weitere Einzelheiten zur Energieumsetzung in hydraulischen Strömungsmaschinen können in [2.5] nachgelesen werden. |

**Tabelle 2.4** Spezifische Stutzenarbeit von thermischen Turbomaschinen

| Verdichter |
|---|
| Unter einem Turboverdichter versteht man eine Strömungsarbeitsmaschine, die Gas oder Dampf auf ein Druckverhältnis $p_2/p_1 \geq 1{,}3$ komprimiert.<br>Strömungsarbeitsmaschinen zur Förderung von Luft oder Gasen mit Druckverhältnissen $p_2/p_1 < 1{,}3$ werden als **Ventilatoren** bezeichnet, ihre spezifische Stutzenarbeit wird in Tabelle 2.5 behandelt. Die unterschiedlich definierten Begriffe für die spezifische Stutzenarbeit von Verdichtern werden unter gewissen Vereinfachungen und Verkürzungen aus VDI 2045 [2.11] entnommen. |

**Dampf- und Gasturbinen**

Die Definition der spezifischen Stutzenarbeit $Y$ erfolgt in Anlehnung an DIN 4319 [2.6].
Da die in einer thermischen Turbine ablaufende reale Expansionsströmung mathematisch schwer zu beschreiben ist, werden 2 idealisierte Vergleichsprozesse herangezogen:
a) die isentrope Expansionsströmung,
b) die polytrope Expansionsströmung.

In Bild 2.6 sind beide Expansionsströmungen in ein Enthalpie-Entropie-Diagramm ($h$-$s$-Diagramm) eingetragen:

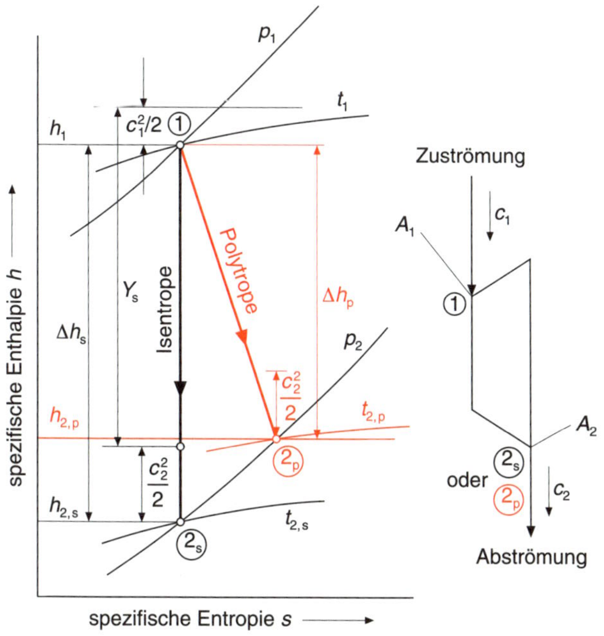

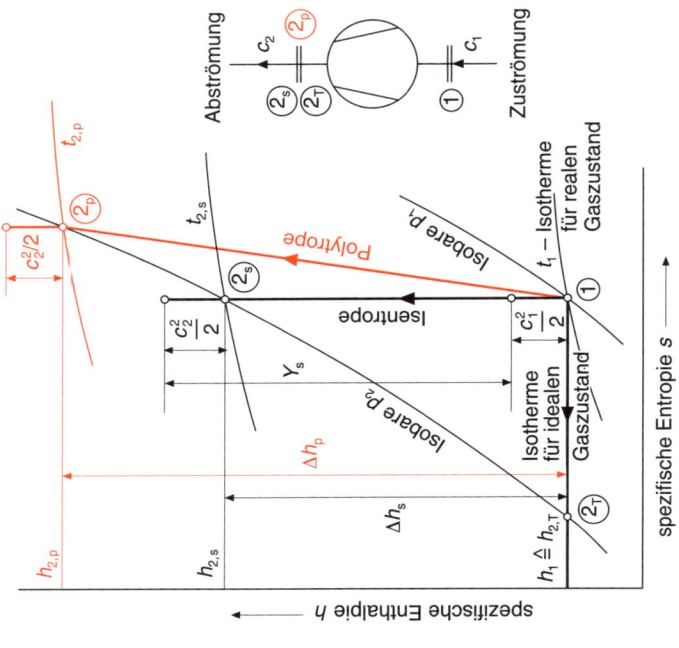

Bild 2.7  $h$-$s$-Diagramm Verdichter

Bild 2.6  $h$-$s$-Diagramm thermische Turbine

Tabelle 2.4 (Fortsetzung)

| Dampf- und Gasturbinen | Verdichter |
|---|---|
| Die **isentrope spezifische Stutzenarbeit** $Y_s$ einer Dampf- oder Gasturbine ist als **Differenz der spezifischen Totalenthalpie** zwischen Druck- und Saugstutzen bei **isentroper Expansion** des Arbeitsmittels definiert: $$Y_s = \Delta h_{t,s} = h_{t,1} - h_{t,2s}$$ $$h_{t,1} = h_1 + \frac{c_1^2}{2}$$ $$h_{t,2s} = h_{2s} + \frac{c_2^2}{2}$$ $$Y_s = h_1 - h_{2s} + \frac{c_1^2 - c_2^2}{2} \qquad \text{(Gl. 2.13)}$$ $Y_s$ isentrope spezifische Stutzenarbeit<br>$h_1$ spezifische Enthalpie am Eintrittsstutzen<br>$h_{2,s}$ spezifische Enthalpie am Austrittsstutzen bei isentroper Expansion<br>$c_1$ mittlere Strömungsgeschwindigkeit am Eintrittsstutzen $= \dot{V}_1/A_1$<br>$\dot{V}_1$ eintretender Volumenstrom $= \dot{m} \cdot v_1$<br>$A_1$ Strömungsquerschnitt des Eintrittsstutzens<br>$c_2$ mittlere Strömungsgeschwindigkeit am Austrittsstutzen $= \dot{V}_2/A_2$<br>$\dot{V}_2$ austretender Volumenstrom $= \dot{m} \cdot v_2$<br>$A_2$ Strömungsquerschnitt des Austrittsstutzens<br><br>Die Enthalpiedifferenz $h_1 - h_{2,s}$ entnimmt man, falls keine Rechenprogramme vorhanden sind, einem Enthalpie-Entropie-Diagramm des Arbeitsmittels, z.B. bei Wasserdampf dem Mollier-(h-s-)Diagramm, das in Tafel 1 im Anhang des Buches vereinfacht dargestellt ist. Für genauere Berechnungen empfiehlt sich die Verwendung der VDI-Wasserdampftabelle [2.7]. | In Bild 2.7 sind die 3 wichtigsten Vergleichsprozesse für die Kompression idealer Gase in einem Enthalpie-Entropie-Diagramm (h-s-Diagramm) dargestellt. Üblicherweise werden für Verdichter 3 Vergleichsprozesse herangezogen:<br><br>**a) Isentrope Verdichtung**<br>für ungekühlte ein- und mehrstufige Turboverdichter, insbesondere bei mäßigen Druckverhältnissen. Die **isentrope Verdichtungsarbeit** bei idealem Gasverhalten und konstantem Isentropenexponenten ist als **Differenz der spezifischen Totalenthalpie** zwischen Saug- und Druckstutzen **bei isentroper Verdichtung** festgelegt. $$Y_s = \Delta h_{t,s} = h_{t,2s} - h_{t,1}$$ $$h_{t,2s} = h_{2s} + c_2^2/2$$ $$h_{t,1} = h_1 + c_1^2/2$$ $$Y_s = h_{2,s} - h_1 + \frac{c_2^2 - c_1^2}{2} \qquad \text{(Gl. 2.21)}$$ $Y_s$ isentrope spezifische Stutzenarbeit (Förderarbeit)<br>$h_{2,s}$ spezifische Enthalpie am Austrittsstutzen bei isentroper Kompression<br>$h_1$ spezifische Enthalpie am Eintrittsstutzen<br>$c_2$ mittlere Strömungsgeschwindigkeit am Austrittsstutzens $= \dot{V}_2/A_2$<br>$\dot{V}_2$ austretender Volumenstrom $= \dot{m}_2 \cdot v_2$<br>$A_2$ Strömungsquerschnitt des Austrittsstutzens<br>$c_1$ mittlere Strömungsgeschwindigkeit am Eintrittsstutzen $= \dot{V}_1/A_1$<br>$\dot{V}_1$ eintretender Volumenstrom $= \dot{m}_1 \cdot v_1$<br>$A_1$ Strömungsquerschnitt des Eintrittsstutzens |

Tabelle 2.4 (Fortsetzung)

| Dampf- und Gasturbinen | Verdichter |
|---|---|
| Für **ideale Gase und Dämpfe** lässt sich die Enthalpiedifferenz $\Delta h_s$ auch rechnerisch bestimmen:<br><br>$\Delta h_s = h_1 - h_{2,s} = c_p \cdot (T_1 - T_{2,s})$<br><br>bekanntlich ist<br><br>$T_{2,s} = T_1 \cdot \left(\dfrac{p_2}{p_1}\right)^{\frac{\varkappa-1}{\varkappa}}$      (Gl. 2.14)<br><br>$$\Delta h_s = h_1 - h_{2,s} = c_p \cdot T_1 \cdot \left[1 - \left(\dfrac{p_2}{p_1}\right)^{\frac{\varkappa-1}{\varkappa}}\right]$$<br><br>$h_1$   spezifische Enthalpie am Eintrittsstutzen<br>$h_{2,s}$ spezifische Enthalpie am Austrittsstutzen bei isentroper Expansion<br>$c_p$   spezifische Wärmekapazität bei konstantem Druck Werte für einige Gase siehe Tafel 2 im Anhang oder [2.1] Tafeln 22, 23 und 24<br>$T_1$   Eintrittstemperatur<br>$p_2$   Absolutdruck im Austrittsstutzen<br>$p_1$   Absolutdruck im Eintrittsstutzen<br>$\varkappa$   Isentropenexponent $= c_p/c_v$<br>$\varkappa$ – Werte für einige Gase siehe Tafel 3 im Anhang oder [2.1] Tafeln 25 und 26<br><br>Mit den bekannten Beziehungen der Thermodynamik [2.1]<br><br>$c_p - c_v = R_i$ und $\varkappa = c_p/c_v$<br><br>kann die Enthalpiedifferenz $\Delta h_s = h_1 - h_{2,s}$ auch durch andere Zustandsgrößen ausgedrückt werden:<br><br>$$\Delta h_s = h_1 - h_{2,s} = \dfrac{\varkappa}{\varkappa-1} \cdot R_i \cdot T_1 \cdot \left[1 - \left(\dfrac{p_2}{p_1}\right)^{\frac{\varkappa-1}{\varkappa}}\right]$$    (Gl. 2.15) | Die Enthalpiedifferenz $h_{2,s} - h_1$ entnimmt man einem $h$-$s$-Diagramm bzw. berechnet sie nach folgender, an sich nur für ideales Gasverhalten gültiger Beziehung:<br><br>$h_{2,s} - h_1 = c_p \cdot (T_{2,s} - T_1)$<br><br>mit der isentropen Endtemperatur<br><br>$T_{2,s} = T_1 \cdot \left(\dfrac{p_2}{p_1}\right)^{\frac{\varkappa-1}{\varkappa}}$<br><br>$$\Delta h_s = h_{2,s} - h_1 = c_p \cdot T_1 \cdot \left[\left(\dfrac{p_2}{p_1}\right)^{\frac{\varkappa-1}{\varkappa}} - 1\right]$$    (Gl. 2.22)<br><br>$h_{2,s}$ spezifische Enthalpie am Austrittsstutzen bei isentroper Expansion<br>$h_1$   spezifische Enthalpie am Eintrittsstutzen<br>$c_p$   isobare spezifische Wärmekapazität<br>$T_1$   Eintrittstemperatur<br>$p_2$   Absolutdruck im Austrittsstutzen<br>$p_1$   Absolutdruck in Eintrittsstutzen<br>$\varkappa$   Isentropenexponent<br><br>Mit den Ausdrücken $c_p - c_v = R_i$ und $\varkappa = c_p/c_v$ lässt sich Gl. 2.22 variieren:<br><br>$$\Delta h_s = h_{2,s} - h_1 = \dfrac{\varkappa}{\varkappa-1} \cdot R_i \cdot T_1 \cdot \left[\left(\dfrac{p_2}{p_1}\right)^{\frac{\varkappa-1}{\varkappa}} - 1\right]$$    (Gl. 2.23)<br><br>$$\Delta h_s = h_{2,s} - h_1 = \dfrac{\varkappa}{\varkappa-1} \cdot p_1 \cdot v_1 \cdot \left[\left(\dfrac{p_2}{p_1}\right)^{\frac{\varkappa-1}{\varkappa}} - 1\right]$$    (Gl. 2.24)<br><br>$R_i$ spezifische Gaskonstante<br>$T_1$ Eintrittstemperatur |

Tabelle 2.4 (Fortsetzung)

| Dampf- und Gasturbinen | Verdichter |
|---|---|
| $\Delta h_s = h_1 - h_{2,s} = \dfrac{\varkappa}{\varkappa - 1} p_1 \cdot v_1 \cdot \left[ 1 - \left( \dfrac{p_2}{p_1} \right)^{\frac{\varkappa - 1}{\varkappa}} \right]$ (Gl. 2.16) | $v_1$ spezifisches Volumen am Eintrittsstutzen<br>$p_1$ Absolutdruck am Eintrittsstutzen<br>$p_2$ Absolutdruck am Austrittsstutzen<br>$\varkappa$ Isentropenexponent<br><br>In VDI 2045/Blatt 2 [2.11], Abschnitt 2.5.3 ist auch eine empirische Beziehung zur Berechnung der isentropen Stutzenarbeit bei realem Gasverhalten angegeben.<br><br>**b) Polytrope Verdichtung**<br>Für ungekühlte Turboverdichter, insbesondere bei höheren Druckverhältnissen und realem Gasverhalten. Die Ein- und Austrittszustände des Vergleichsprozesses stimmen mit dem wirklichen Kompressionsprozess überein. |
| $R_i$ spezifische Gaskonstante<br>$T_1$ Eintrittstemperatur<br>$v_1$ spezifisches Volumen am Eintrittsstutzen<br>$p_1$ Absolutdruck am Eintrittsstutzen<br>$p_2$ Absolutdruck am Austrittsstutzen<br>$\varkappa$ Isentropenexponent<br><br>Zur Formulierung **der polytropen spezifischen Stutzenarbeit** $Y_P$ einer thermischen Turbine wird das Polytropenverhältnis $\nu$ eingeführt. | Bei idealem Gasverhalten und konstantem Polytropenverhältnis $\nu$ ist die **polytrope spezifische Stutzenarbeit** analog zu Gl. 2.17 definiert (VDI 2045 [2.11]): |
| $\nu = \dfrac{dh}{v \cdot dp}$ | $Y_P = \dfrac{1}{\nu} \cdot (h_{2,P} - h_1) + \dfrac{c_2^2 - c_1^2}{2}$ (Gl. 2.25) |
| $Y_P = \dfrac{1}{\nu} \cdot (h_1 - h_{2,P}) + \dfrac{c_1^2 - c_2^2}{2}$ (Gl. 2.17) | $h_{2,P}$ spezifische Enthalpie am Austrittsstutzen bei polytroper Kompression<br>$h_1$ spezifische Enthalpie am Eintrittsstutzen<br>$c_1$ mittlere Strömungsgeschwindigkeit am Eintrittsstutzen<br>$c_2$ mittlere Strömungsgeschwindigkeit am Austrittsstutzen<br>$\nu$ Polytropenverhältnis |
| $h_1$ spezifische Enthalpie am Eintrittsstutzen<br>$h_{2,P}$ spezifische Enthalpie am Austrittsstutzen bei polytroper Expansion<br>$c_1$ mittlere Strömungsgeschwindigkeit am Eintrittsstutzen<br>$\dot{V}_1$ eintretender Volumenstrom $= \dot{m}_1 \cdot v_1$<br>$c_1 = \dot{V}_1/A_1$<br>$A_1$ Strömungsquerschnitt des Eintrittsstutzens<br>$c_2$ mittlere Strömungsgeschwindigkeit am Austrittsstutzens<br>$\dot{V}_2$ austretender Volumenstrom $= \dot{m}_2 \cdot v_2$<br>$c_2 = \dot{V}_2/A_2$<br>$A_2$ Strömungsquerschnitt des Austrittsstutzens<br>$\nu$ Polytropenverhältnis | Die polytrope Enthalpieerhöhung $\Delta h_P = h_{2,P} - h_1$ kann entsprechend berechnet werden:<br><br>$\Delta h_P = h_{2,P} - h_1 = c_P \cdot T_1 \cdot \left[ \left( \dfrac{p_2}{p_1} \right)^{\frac{n-1}{n}} - 1 \right] = c_P \cdot (T_2 - T_1)$ (Gl. 2.26) |

Tabelle 2.4 (Fortsetzung)

| Dampf- und Gasturbinen | Verdichter |
|---|---|
| Die Strömungsgeschwindigkeit $c_2$ bei polytroper Expansion ist größer als die Strömungsgeschwindigkeit bei isentroper Expansion, da $v_{2,p} > v_{2,s}$. | Für die polytrope spezifische Stutzenarbeit folgt: |
| Durch Einsetzen der Endtemperatur $T_{2,p}$ der polytropen Expansion | $$Y_P = \frac{n}{n-1} \cdot R_i \cdot T_1 \cdot \left[\left(\frac{p_2}{p_1}\right)^{\frac{n-1}{n}} - 1\right] + \frac{c_2^2 - c_1^2}{2} \quad \text{(Gl. 2.27)}$$ |
| $T_{2,p} = T_1 \cdot \left(\frac{p_2}{p_1}\right)^{\frac{n-1}{n}}$ | $$Y_P = \frac{n}{n-1} \cdot p_1 \cdot v_1 \cdot \left[\left(\frac{p_2}{p_1}\right)^{\frac{n-1}{n}} - 1\right] + \frac{c_2^2 - c_1^2}{2} \quad \text{(Gl. 2.28)}$$ |
| mit $n$ als **Polytropenexponent** | $c_p$ isobare spezifische Wärmekapazität<br>$T_1$ Eintrittstemperatur<br>$p_2$ Absolutdruck am Austrittsstutzen<br>$p_1$ Absolutdruck am Eintrittsstutzen<br>$R_i$ spezifische Gaskonstante<br>$v_1$ spezifisches Volumen am Eintrittsstutzen<br>$n$ Polytropenexponent |
| $n = \dfrac{\ln\left(\frac{p_1}{p_2}\right)}{\ln\left(\frac{v_2}{v_1}\right) - \ln\left(\frac{p_1}{p_2}\right)} - \ln\left(\frac{T_1}{T_{2,p}}\right)$ | $n = \dfrac{\ln(p_2/p_1)}{\ln(v_1/v_2)} = \dfrac{\ln(p_2/p_1)}{\ln(p_2/p_1) - \ln(T_{2,p}/T_1)} = \dfrac{\ln(p_2/p_1)}{\ln\left(\frac{p_2}{p_1} \cdot \frac{T_1}{T_{2,p}}\right)}$ |
| erhält man folgenden Ausdruck für die Enthalpiedifferenz $\Delta h_p = h_1 - h_{2,p}$ | $\dfrac{n}{n-1} = \dfrac{1}{\nu} \cdot \dfrac{\varkappa}{\varkappa - 1}$ |
| $\Delta h_P = h_1 - h_{2,p} = c_p \cdot T_1 \cdot \left[1 - \left(\frac{p_2}{p_1}\right)^{\frac{n-1}{n}}\right] = c_p \cdot (T_1 - T_{2,p}) \quad \text{(Gl. 2.18)}$ | In VDI 2045/Blatt 2 [2.11] – Abschnitt 2.5.4 wird auch ein empirisches Verfahren zur Bestimmung der polytropen spez. Stutzenarbeit $Y_P$ bei realem Gasverhalten und variablem Polytropenexponenten angegeben. |
| $h_1$ spezifische Enthalpie am Eintrittsstutzen<br>$h_{2,p}$ spezifische Enthalpie am Austrittsstutzen bei polytroper Expansion<br>$c_p$ spezifische Wärmekapazität bei konstantem Druck<br>$T_1$ Eintrittstemperatur<br>$T_{2,P}$ Austrittstemperatur<br>$p_2$ Absolutdruck im Austrittsstutzen<br>$p_1$ Absolutdruck im Eintrittsstutzen<br>$n$ Polytropenexponent | c) **Isotherme Verdichtung für gekühlte Verdichter**<br>Die isotherme Verdichtung bei idealem Gasverhalten verläuft bekanntlich nach dem **Boyle-Mariotte'schen Gesetz**<br>$p \cdot v = p_1 \cdot v_1 = p_2 \cdot v_2 = R_i \cdot T_1 = \text{konst}$<br>$(T_2 = T_1 = \text{konst})$ |
| Mit Hilfe der Beziehung | |
| $\dfrac{n}{n-1} = \dfrac{1}{\nu} \cdot \dfrac{\varkappa}{\varkappa - 1}$ | |

Tabelle 2.4 (Fortsetzung)

| Dampf- und Gasturbinen | Verdichter |
|---|---|
| kann die polytrope spezifische Stutzenarbeit $Y_P$ nach einer der folgenden Gleichungen berechnet werden: $$Y_P = \frac{n}{n-1} \cdot R_i \cdot T_1 \cdot \left[1 - \left(\frac{p_2}{p_1}\right)^{\frac{n-1}{n}}\right] + \frac{c_1^2 - c_2^2}{2} \quad \text{(Gl. 2.19)}$$ $$Y_P = \frac{n}{n-1} \cdot p_1 \cdot v_1 \cdot \left[1 - \left(\frac{p_2}{p_1}\right)^{\frac{n-1}{n}}\right] + \frac{c_1^2 - c_2^2}{2} \quad \text{(Gl. 2.20)}$$ $R_i$ spezifische Gaskonstante<br>$T_1$ Eintrittstemperatur<br>$c_1$ mittlere Strömungsgeschwindigkeit im Eintrittsstutzen<br>$c_2$ mittlere Strömungsgeschwindigkeit im Austrittsstutzen<br>$v_1$ spezifisches Volumen am Eintrittsstutzen<br>$p_1$ Absolutdruck am Eintrittsstutzen<br>$p_2$ Absolutdruck am Austrittsstutzen<br>$n$ Polytropenexponent<br><br>Weitere Fachliteratur findet sich in [2.8 bis 2.10]. | Die isotherme spezifische Stutzenarbeit $Y_T$ ist identisch mit der **technischen Arbeit** $w_t$ bei der isothermen Verdichtung von 1 kg Gas: $$Y_T = R_i \cdot T_1 \cdot \ln\frac{p_2}{p_1} + \frac{c_2^2 - c_1^2}{2} \quad \text{(Gl. 2.29)}$$ $R_i$ spezifische Gaskonstante<br>$T_1$ Eintrittstemperatur<br>$p_2$ Absolutdruck am Austrittsstutzen<br>$p_1$ Absolutdruck am Eintrittsstutzen<br>$c_2$ mittlere Strömungsgeschwindigkeit im Austrittsstutzen<br>$c_1$ mittlere Strömungsgeschwindigkeit im Eintrittsstutzen<br><br>Bei **realem Gasverhalten** wird Gl. 2.29 in einem praxisnahen Näherungsverfahren durch den **mittleren Realgasfaktor** $Z$ erweitert: $$\bar{Z} = \frac{Z_1 + Z_2}{2}$$ $$Y_T = \bar{Z} \cdot R_i \cdot T_i \cdot \ln\left(\frac{p_2}{p_1}\right) + \frac{c_2^2 - c_1^2}{2} \quad \text{(Gl. 2.30)}$$ $Z_1$ Realgasfaktor am Anfang der Kompression<br>$Z_2$ Realgasfaktor am Ende der Kompression<br><br>Werte für $Z_1$ und $Z_2$ können aus [2.11 oder 2.1] entnommen werden.<br>In den meisten praktischen Anwendungsfällen kann der kinetische Anteil $\frac{c_2^2 - c_1^2}{2}$ vernachlässigt werden.<br><br>Weitere Informationen können der ISO 5389 [2.12] entnommen werden, insbesondere sind in dieser Literaturquelle die thermodynamischen Zustandsänderungen sehr präzise und detailliert beschrieben. |

## 32  Hauptbetriebsdaten von Strömungsmaschinen

Tabelle 2.5  Druckerhöhung und spezifische Stutzenarbeit (Förderarbeit) von Ventilatoren

Nach verschiedenen Regelwerken sind Ventilatoren thermische Strömungsmaschinen zur Förderung von Luft oder anderen Gasen bis zu einem Druckverhältnis $p_2/p_1 \leq 1{,}3$.

Die Berücksichtigung der meist geringen Kompressibilität des Arbeitsmittels erfolgt entweder in einem vereinfachten Verfahren nach DIN 24 163 [2.13] über die arithmetisch gemittelte Dichte oder in einem genaueren Verfahren nach VDI 2044 [2.14] oder ISO 5801 [2.15] über die Mach-Zahl.

Ventilatoren können in der Anlage nach einer der in Tabelle 2.6 zusammengestellten 4 **Einbauarten** angeordnet werden.

Tabelle 2.6  Einbauarten von Ventilatoren nach [2.13]

| Einbauart | Beschreibung der Einbauart | |
|---|---|---|
| | Saugseite des Ventilators | Druckseite des Ventilators |
| A | frei ansaugend | frei ausblasend |
| B | frei ansaugend | druckseitig angeschlossen |
| C | saugseitig angeschlossen | frei ausblasend |
| D | saugseitig angeschlossen | druckseitig angeschlossen |

Je nach Einbauart verwendet man bei Ventilatoren entweder den Begriff der **Totaldruckerhöhung** $\Delta p_t$ bzw. **spezifische totale Förderarbeit** $Y_t$ oder die **Druckerhöhung des frei ausblasenden Ventilators** $\Delta p_{fa}$ bzw. die **spezifische Förderarbeit** $Y_{fa}$ **des frei ausblasenden Ventilators**.

Nach DIN 24 163 [2.13] oder VDI 2044 [2.14] sind diese Druckerhöhungen bzw. Förderarbeiten wie folgt festgelegt:

a) **Totaldruckerhöhung** $\Delta p_t$

$$\Delta p_t = p_{t,2} - p_{t,1} = \Delta p_{st} + \Delta p_d \tag{Gl. 2.31}$$

$p_{t,2} = p_{st,2} + p_{d,2}$  Totaldruck am Ventilatoraustritt
$p_{t,1} = p_{st,1} + p_{d,1}$  Totaldruck am Ventilatoreintritt
$p_{st,2}$  statischer Druck am Ventilatoraustritt
$p_{st,1}$  statischer Druck am Ventilatoreintritt
$p_{d,2} = \dfrac{\varrho_2}{2} \cdot c_2^2$  dynamischer Druck am Ventilatoraustritt
$p_{d,1} = \dfrac{\varrho_1}{2} \cdot c_1^2$  dynamischer Druck am Ventilatoreintritt
$\varrho_2$  Gasdichte am Ventilatoraustritt
$\varrho_1$  Gasdichte am Ventilatoreintritt
$c_2 = \dot{V}_2/A_2$  mittlere Strömungsgeschwindigkeit am Ventilatoraustritt
$c_1 = \dot{V}_1/A_1$  mittlere Strömungsgeschwindigkeit am Ventilatoreintritt
$\dot{V}_2$  Volumenstrom am Ventilatoraustritt
$\dot{V}_1$  Volumenstrom am Ventilatoreintritt
$A_2$  Strömungsquerschnitt am Ventilatoraustritt
$A_1$  Strömungsquerschnitt am Ventilatoreintritt

Die für die jeweilige Einbauart gültige Definition der Aus- und Eintrittswerte muss den Regelwerken, z. B. [2.13 und 2.14], entnommen werden.

b) **Druckerhöhung des frei ausblasenden Ventilators**

Für den häufig vorkommenden Fall, dass der Ventilator am Ende einer Anlage oder eines Gerätes eingebaut ist und in einen sehr großen, freien Raum ausbläst, wird der Austrittsverlust $\dfrac{\varrho_2}{2} \cdot c_2^2$ nicht

Tabelle 2.5 (Fortsetzung)

dem Ventilator zugerechnet und die **nutzbare Druckerhöhung** des frei ausblasenden Ventilators eingeführt:

$$\Delta p_{fa} = \Delta p_t - p_{d,2} = p_{st,2} - p_{t,1} \qquad \text{(Gl. 2.32)}$$

$\Delta p_t$ Totaldruckerhöhung nach Gl. 2.31

$p_{d,2} = \dfrac{\varrho_2}{2} \cdot c_2^2$ dynamischer Druck am Ventilatoraustritt

$p_{st,2}$ statischer Druck am Ventilatoraustritt

$p_{t,1}$ Totaldruck am Ventilatoreintritt $= p_{st,1} + p_{d,1}$

c) **Spezifische totale Förderarbeit** $Y_t$

Nach DIN 24 163 [2.13] ergibt sich folgende einfache Beziehung für die angenäherte Berechnung der spezifischen totalen Förderarbeit $Y_t$:

$$Y_t = \dfrac{\Delta p_t}{\varrho_m} \qquad \text{(Gl. 2.33)}$$

$\Delta p_t$ Totaldruckerhöhung nach Gl. 2.31

$\varrho_m$ mittlere Dichte $= \dfrac{\varrho_1 + \varrho_2}{2}$

$\varrho_1$ Gasdichte am Ventilatoreintritt

$\varrho_2$ Gasdichte am Ventilatoraustritt

Nach VDI 2044 [2.14] wird die spezifische totale Förderarbeit $Y_t$ in einen statischen Anteil $Y_{st}$ und einen dynamischen Anteil $Y_d$ aufgeteilt:

$$Y_t = Y_{st} + Y_d \qquad \text{(Gl. 2.34)}$$

Für kompressible Fluide erhält man die statische Förderarbeit $Y_{st}$ als **Verdichtungsarbeit**:

$$Y_{st} = \int_1^2 \dfrac{dp_{st}}{\varrho}$$

Für **polytrope Verdichtung** mit konstantem Polytropenexponenten n kann die Zustandsänderung der Verdichtung durch die einfache Beziehung

$$\dfrac{p_{st}}{\varrho^n} = \text{konst}$$

beschrieben werden.
Daraus folgt durch Integration für die statische Förderarbeit $Y_{st}$:

$$Y_{st} = \dfrac{p_{st,1}}{\varrho_1} \cdot \dfrac{n}{n-1} \cdot \left[ \left( \dfrac{p_{st,2}}{p_{st,1}} \right)^{\frac{n-1}{n}} - 1 \right] \qquad \text{(Gl. 2.35)}$$

mit $n = \dfrac{\ln\left(\dfrac{p_{st,2}}{p_{st,1}}\right)}{\ln\left(\dfrac{\varrho_2}{\varrho_1}\right)}$ als Polytropenexponent

**Tabelle 2.5** (Fortsetzung)

Der dynamische Anteil $Y_d$ ergibt sich zu:

$$Y_d = \frac{c_2^2 - c_1^2}{2} \qquad (Gl.\ 2.36)$$

$c_2 = \dot{V}_2/A_2$ mittlere Strömungsgeschwindigkeit im Austrittsquerschnitt
$c_1 = \dot{V}_1/A_1$ mittlere Strömungsgeschwindigkeit im Eintrittsquerschnitt

**d) Spezifische Förderarbeit $Y_{fa}$ des frei ausblasenden Ventilators**
Die spezifische Förderarbeit $Y_{fa}$ des frei ausblasenden Ventilators ist nach DIN 24 163 und VDI 2044 wie folgt festgelegt:

nach DIN 24 163 [2.13]:
$$Y_{fa} = \frac{\Delta p_{fa}}{\varrho_m} = Y_t - \frac{c_2^2}{2} \qquad (Gl.\ 2.37)$$

nach VDI 2044 [2.14]:
$$Y_{fa} = Y_t - Y_{d,2} \qquad (Gl.\ 2.38)$$

$Y_t$ nach Gl. 2.34

$$Y_{d,2} = \frac{c_2^2}{2}$$

Die in ISO 5801 [2.15] beschriebenen Verfahren zur Bestimmung der Druckerhöhungen $\Delta p_t$ und $\Delta p_{fa}$ sowie der korrespondierenden spez. Förderarbeiten $Y_t$ und $Y_{da}$ weichen von den oben beschriebenen Beziehungen deutlich ab, da alle von der Kompressibilität des Gases beeinflussten Größen mittels der **Strömungsmachzahlen** $M_1$ und $M_2$ im Ein- und Austrittsquerschnitt bestimmt bzw. korrigiert werden.
Bei größeren Druckverhältnissen treten deshalb merkliche Abweichungen zwischen den nach DIN 24 163 oder VDI 2044 und den nach ISO 5801 berechneten Druckerhöhungen und spezifischen Förderarbeiten auf.

**Bei der Bestellung, Lieferung, Inbetriebnahme und Abnahme von Ventilatoren mit größeren Druckverhältnissen sollten deshalb von Anfang an die zugrunde zu legenden Regelwerke eindeutig festgelegt werden!**

Der Vollständigkeit halber werden in Anlehnung an [2.1 und 2.14] die Gleichungen zur Bildung der **Mittelwerte** für Strömungsgeschwindigkeit und Druck angegeben:
Die **mittlere Geschwindigkeit** $\bar{c}$ (volumetrischer Mittelwert) in einem Bezugsquerschnitt $A$ beträgt:

$$\bar{c} = \frac{1}{A} \int_{(A)} c_x \cdot dA = \frac{\dot{V}}{A} \qquad (Gl.\ 2.39)$$

$A$ Bezugsquerschnitt
$dA$ Teilquerschnitt von $A$
$c_x$ örtliche Strömungsgeschwindigkeit im Punkt $x$ des Querschnitts $A$, senkrecht zum Querschnitt $A$
$\dot{V}$ Volumenstrom

Tabelle 2.5 (Fortsetzung)

---

Zur Berechnung des dynamischen Anteils der totalen Druckerhöhung oder der spezifischen Förderarbeit wird der **energetische Mittelwert** der Strömungsgeschwindigkeit benötigt:

$$\frac{\overline{c}^2}{2} = \frac{1}{\dot{m}} \int_{(A)} \left(\frac{c^2}{2}\right)_x \cdot \varrho_x \cdot c_x \cdot dA \qquad \text{(Gl. 2.40)}$$

$\dot{m}$ Massenstrom
$\varrho_x$ Dichte im Punkt $x$ des Querschnitts $A$

Die **Mittelung des Druckes** im Querschnitt $A$ wird nach folgender Gleichung durchgeführt:

$$\overline{p} = \frac{1}{\dot{V}} \int_{(A)} p_x \cdot c_x \cdot dA \qquad \text{(Gl. 2.41)}$$

$p_x$ lokaler Druck im Punkt $x$ des Querschnitts $A$

In [2.16 bis 2.18] können weitere Einzelheiten zu den wichtigen Betriebsdaten von Ventilatoren nachgelesen werden.

---

## 2.4 Leistung

Wie bei allen Fluidenergiemaschinen sind auch bei Strömungskraft- und -arbeitsmaschinen verschiedene Leistungsbegriffe gebräuchlich. In vorliegendem Buch werden unter der Leistung $P$ einer Strömungskraftmaschine die an der Kupplung des Rotors abgegebene Leistung und bei einer Strömungsarbeitsmaschine die an der Wellenkupplung aufgenommene Leistung verstanden (Tabelle 2.7).

Die durch den Gesamtwirkungsgrad $\eta$ in Gl. 2.42 und Gl. 2.43 ausgedrückten **Leistungsverluste** lassen sich etwas vereinfacht in 3 Gruppen zusammenfassen:

a) Die als innere Verluste bezeichneten **Strömungsverluste**, die sich in Wärme umwandeln, d.h. die Temperatur des Strömungsfluids erhöhen und sich im Wesentlichen aus folgenden Einzelverlusten zusammensetzen:
- ❏ **Reibung, Querschnitts- und Richtungsänderungen** der Strömung in Laufrad-, Leitrad- und Gehäusekanälen;
- ❏ **Radseitenreibungsverluste** zwischen rotierenden Laufradaußenwänden und stehenden Gehäuseinnenwänden;
- ❏ **Austauschverluste** am Laufradein- und -austritt, insbesondere bei Teillastbetrieb;
- ❏ **Ventilationsverluste** bei Teilbeaufschlagung des Laufrades, z.B. bei Pelton-Turbinen.

b) Die als **volumetrische Verluste** definierten inneren Leckagen (Spaltströmungen) und äußeren Leckagen an Wellen- und Gehäuseabdichtungen.

c) Die **mechanischen Verluste** in Lagern und Wellendichtungen, einschließlich des Leistungsbedarfs evtl. Hilfsantriebe, wie z.B. Ölpumpen, sowie in Sonderfällen auch die Luftventilationsleistungen von Kupplungen, Schwungrädern oder Riemenscheiben.

In Tabelle 2.8 sind die verschiedenen Verlustquellen in einer Massenstrom-, Energie- und Leistungsbilanz grafisch veranschaulicht, um die verschiedenen Leistungsbegriffe nochmals zu verdeutlichen.

# 36 Hauptbetriebsdaten von Strömungsmaschinen

Tabelle 2.7  Leistung von Strömungsmaschinen

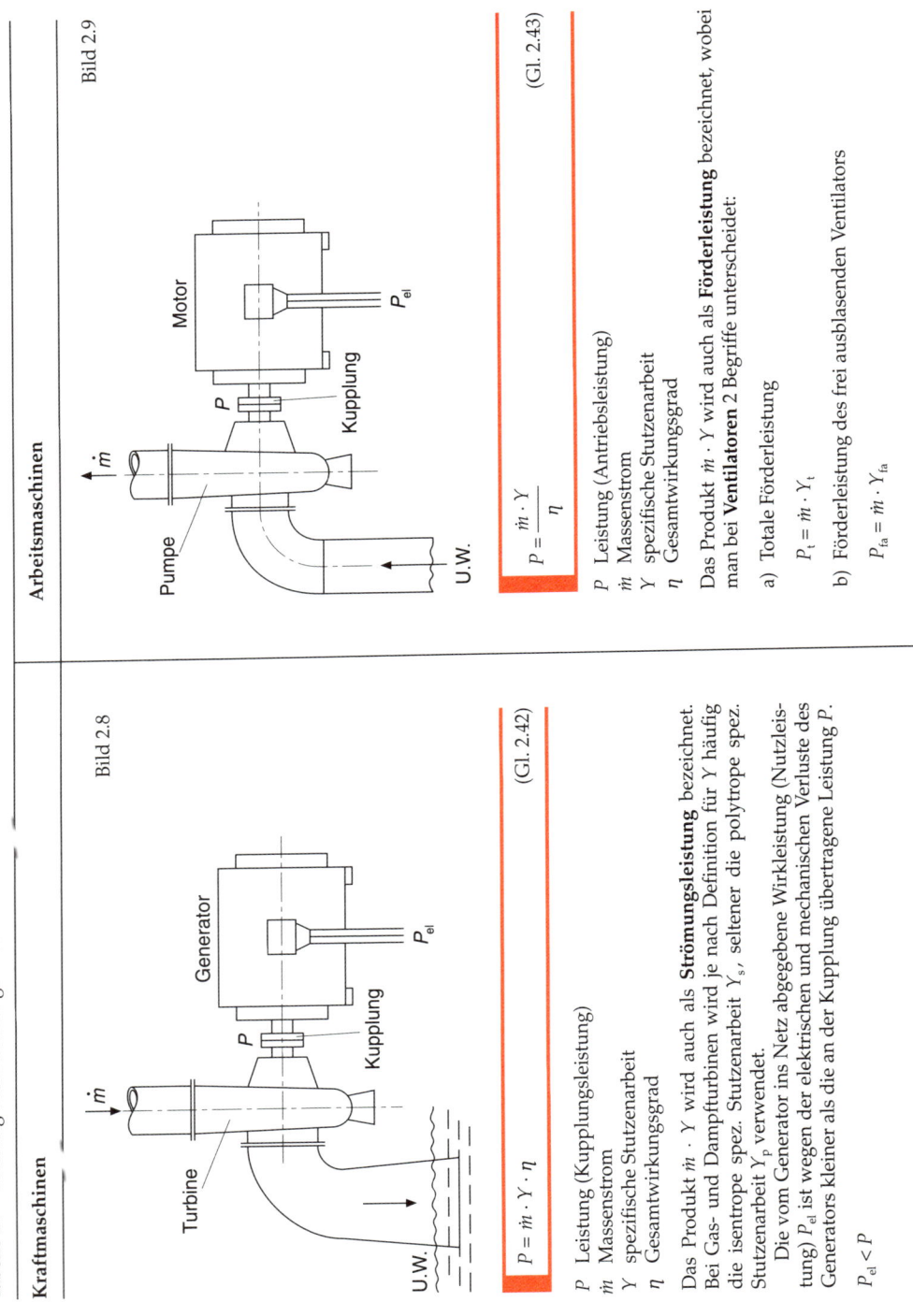

**Kraftmaschinen**

Bild 2.8

$$P = \dot{m} \cdot Y \cdot \eta \qquad (Gl.\ 2.42)$$

$P$  Leistung (Kupplungsleistung)
$\dot{m}$  Massenstrom
$Y$  spezifische Stutzenarbeit
$\eta$  Gesamtwirkungsgrad

Das Produkt $\dot{m} \cdot Y$ wird auch als **Strömungsleistung** bezeichnet. Bei Gas- und Dampfturbinen wird je nach Definition für $Y$ häufig die isentrope spez. Stutzenarbeit $Y_s$, seltener die polytrope spez. Stutzenarbeit $Y_p$ verwendet.
Die vom Generator ins Netz abgegebene Wirkleistung (Nutzleistung) $P_{el}$ ist wegen der elektrischen und mechanischen Verluste des Generators kleiner als die an der Kupplung übertragene Leistung $P$.

$P_{el} < P$

**Arbeitsmaschinen**

Bild 2.9

$$P = \frac{\dot{m} \cdot Y}{\eta} \qquad (Gl.\ 2.43)$$

$P$  Leistung (Antriebsleistung)
$\dot{m}$  Massenstrom
$Y$  spezifische Stutzenarbeit
$\eta$  Gesamtwirkungsgrad

Das Produkt $\dot{m} \cdot Y$ wird auch als **Förderleistung** bezeichnet, wobei man bei **Ventilatoren** 2 Begriffe unterscheidet:

a) Totale Förderleistung

$P_t = \dot{m} \cdot Y_t$

b) Förderleistung des frei ausblasenden Ventilators

$P_{fa} = \dot{m} \cdot Y_{fa}$

Leistung 37

Tabelle 2.7 (Fortsetzung)

| | Arbeitsmaschinen |
|---|---|
| $$P_{el} = P \cdot \eta_{Gen} \quad \text{(Gl. 2.44)}$$ $P_{el}$ elektrische Leistung des Generators<br>$P$ Kupplungsleistung der Strömungskraftmaschine<br>$\eta_{Gen}$ Generatorgesamtwirkungsgrad | Bei **Verdichtern** werden in der Praxis alle 3 Definitionen der spez. Stutzenarbeit von Tabelle 2.4 $Y_s$; $Y_p$ und $Y_T$ zur Leistungsberechnung herangezogen, am häufigsten ist die Verwendung der isentropen spez. Stutzenarbeit $Y_s$.<br>Die vom Elektromotor aufgenommene elektrische Leistung $P_{el}$ ist wegen der elektrischen und mechanischen Verluste des Motors größer als die an der Kupplung an die Strömungsarbeitsmaschine übertragene Leistung $P$.<br>$$P_{el} > P$$ $$P_{el} = \frac{P}{\eta_{mot}} \quad \text{(Gl. 2.45)}$$ $P_{el}$ aufgenommene elektrische Leistung des Motors<br>$P$ Antriebsleistung der Strömungsarbeitsmaschine<br>$\eta_{mot}$ Gesamtwirkungsgrad des Elektromotors<br>Bei Ventilatoren und Pumpen mit integriertem Einbaumotor wird häufig die elektrische Leistung $P_{el}$ als Antriebsleistung der Strömungsarbeitsmaschine bezeichnet und in Tabellen und Kennfeldern oder auf Typenschildern angegeben, was u. U. zu Verwechslungen und Fehlern führen kann (siehe z.B. DIN 24 163 [2.13]).<br>Wird die Strömungsarbeitsmaschine von einer anderen Maschine, z.B. Verbrennungsmotor, Gasturbine, Dampfturbine oder Druckluftmotor angetrieben, gilt für den Leistungsbedarf der Antriebsmaschine, z.B. Kraftstoffbedarf eine zu Gl. 2.45 analoge Beziehung. |

Tabelle 2.8  Massenstrom-, Energie- und Leistungsbilanz

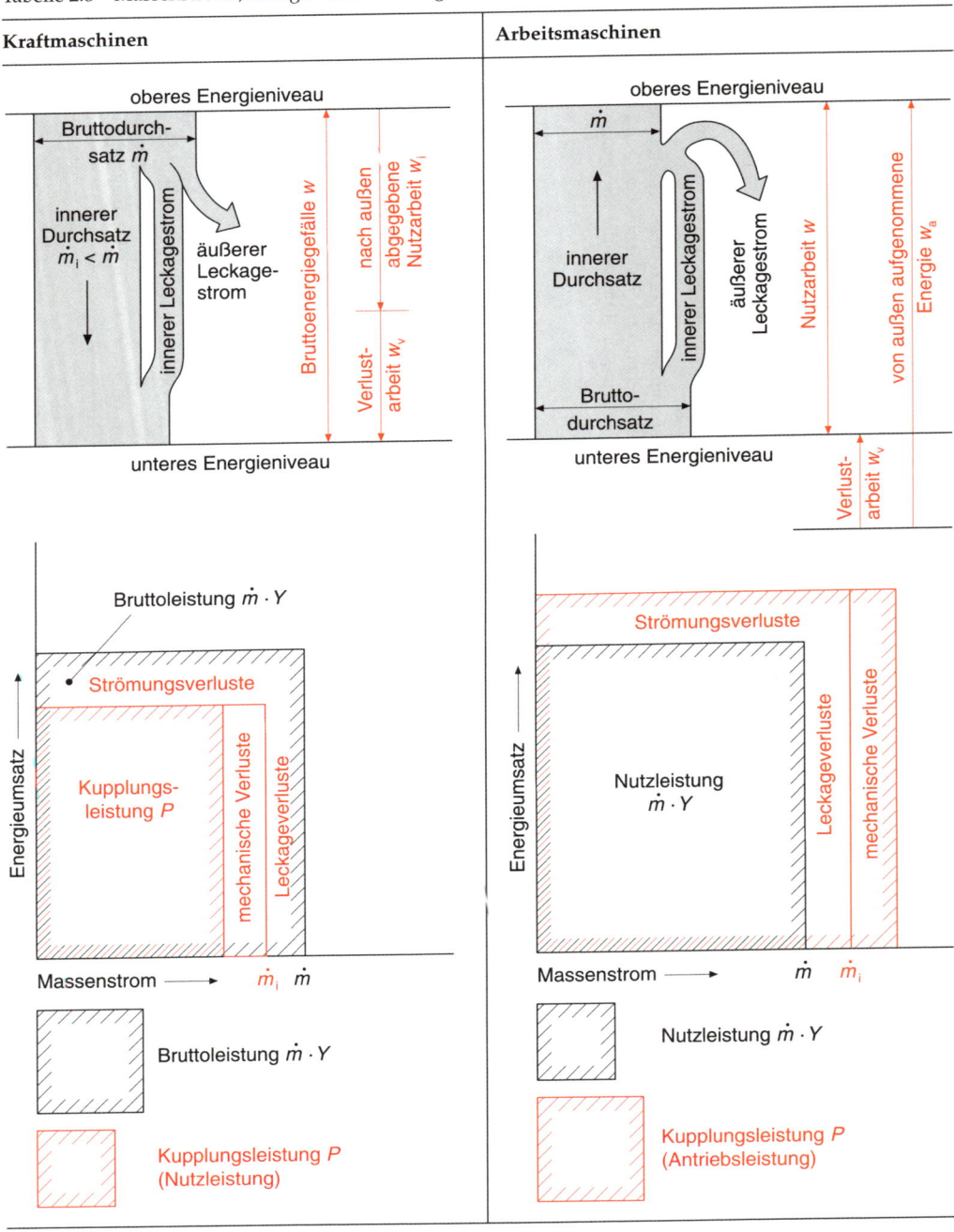

## 2.5 Wirkungsgrad

Der **Gesamtwirkungsgrad** einer Strömungsmaschine ist wie bei allen Fluidenergiemaschinen wie folgt definiert:

Kraftmaschinen:
$$\eta = \frac{\text{an der Welle real verfügbare Leistung}}{\text{Leistung der verlustlosen Maschine}}$$

Arbeitsmaschinen:
$$\eta = \frac{\text{Leistungsaufnahme der verlustlosen Maschine}}{\text{reale Leistungsaufnahme an der Welle}}$$

Die verlustlos arbeitende Maschine wird auch als «perpetuum mobile» bezeichnet.

Der Gesamtwirkungsgrad berücksichtigt demnach alle strömungsmechanischen Verluste an fluidberührten festen und bewegten Wänden, alle inneren und äußeren Leckageverluste und alle mechanischen Verluste.

In vereinfachter Form lässt sich der Wirkungsgrad durch folgende Teilwirkungsgrade ausdrücken:

$$\eta = \eta_i \cdot \eta_l \cdot \eta_m \quad \text{(Gl. 2.46)}$$

$\eta$ Gesamtwirkungsgrad
$\eta_i$ innerer Wirkungsgrad zur Berücksichtigung aller strömungsmechanischen Verluste
$\eta_l$ volumetrischer Wirkungsgrad zur Erfassung aller inneren und äußeren Leckagen

$$\eta_l = \frac{\dot{m}}{\dot{m} + \sum \dot{m}_{\text{Leckage}}}$$

$\eta_m$ mechanischer Wirkungsgrad zur Berücksichtigung aller mechanischen Verluste

Der innere Wirkungsgrad $\eta_i$ kann zur getrennten Verdeutlichung der Einzelverluste seinerseits in Teilwirkungsgrade zerlegt werden:

$$\eta_i = \eta_h \cdot \eta_{Rs} \cdot \eta_{vent} \quad \text{(Gl. 2.47)}$$

$\eta_i$ innerer Wirkungsgrad
$\eta_h$ hydraulischer Wirkungsgrad für alle Reibungsverluste der Laufrad-, Leitrad- und Gehäuseverluste (»Strömungsverluste«)
$\eta_{Rs}$ Radseitenreibungswirkungsgrad zur Berücksichtigung der Reibungsverluste zwischen der Außenumrandung von Laufrädern und den umgebenden feststehenden Wänden
$\eta_{vent}$ Wirkungsgrad zur Erfassung der Ventilationsverluste teilbeaufschlagter Laufräder

In besonderen Fällen ist die Aufgliederung in weitere Teilwirkungsgrade sinnvoll.

In [2.19 bis 2.21] sowie 2.25, 2.26] ist die Aufschlüsselung der verschiedenen Verluste am Beispiel von Kreiselpumpen sehr ausführlich beschrieben. Diese Systematik kann ähnlich auch auf andere Strömungsmaschinenarten übertragen werden, wie z.B. in [2.22 und 2.23] auf Ventilatoren. Eine allgemeine Darstellung findet sich in [2.24]. Für Ventilatoren sind in DIN 24163 [2.13] für 2 unterschiedlich definierte spez. Förderarbeiten und 3 verschieden festgelegte Antriebsleistungen insgesamt 6 unterschiedliche Wirkungsgrade angegeben, eine Tatsache, die leider immer wieder zu folgenschweren Irrtümern und Verwechslungen führt.

Für **thermische Strömungsmaschinen** ist der Begriff des inneren Wirkungsgrades $\eta_i$ in Tabelle 2.9 dargestellt. Abhängig von dem gewählten Vergleichsprozess wird zwischen dem isentropen und dem polytropen Wirkungsgrad unterschieden.

## 2.6 Drehzahl

Die Drehzahl einer Strömungsmaschine ist normalerweise die Drehzahl der Hauptwelle, an der die treibende oder angetriebene Maschine angekuppelt ist. Bei Einbau eines internen Getriebes sind Maschinenabgangs- oder -eingangsdrehzahl und Drehzahl des beschaufelten Rotors verschieden.

Bei Turbinen, die mit Drehstrom-Synchron-Generatoren direkt gekuppelt sind, muss die Turbinendrehzahl ebenfalls eine Synchrondrehzahl sein, d.h.

$$n = n_{\text{syn}} = \frac{f}{p} \quad \text{(Gl. 2.54)}$$

mit:
$n$ Synchrondrehzahl
$f$ Frequenz des Generators
$p$ Polpaarzahl des Generators

**Tabelle 2.9** Innere Wirkungsgrade von thermischen Turbomaschinen

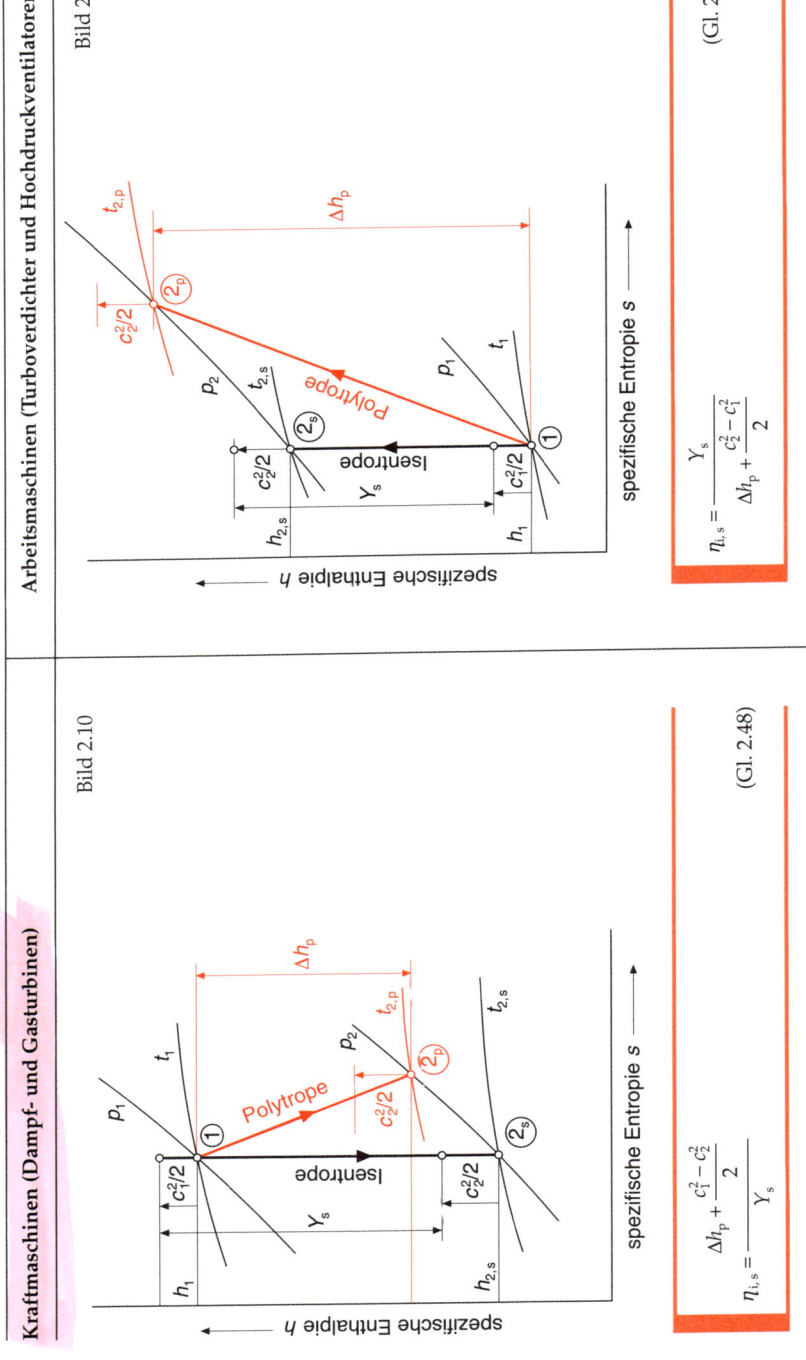

Tabelle 2.9 (Fortsetzung)

| Kraftmaschinen (Dampf- und Gasturbinen) | Arbeitsmaschinen (Turboverdichter und Hochdruckventilatoren) |
|---|---|
| $$\eta_{i,p} = \frac{\Delta h_p + \frac{c_1^2 - c_2^2}{2}}{Y_p} \qquad \text{(Gl. 2.49)}$$ | $$\eta_{i,p} = \frac{Y_p}{\Delta h_p + \frac{c_2^2 - c_1^2}{2}} \qquad \text{(Gl. 2.52)}$$ |
| $\eta_{i,s}$ innerer isentroper Wirkungsgrad<br>$\eta_{i,p}$ innerer polytroper Wirkungsgrad<br>$\Delta h_p$ tatsächliche Enthalpieänderung<br>$Y_s$ isentrope spez. Stutzenarbeit<br>$Y_p$ polytrope spez. Stutzenarbeit<br>$c_1$ mittlere Strömungsgeschwindigkeit im Eintrittsstutzen<br>$c_2$ mittlere Strömungsgeschwindigkeit im Austrittsstutzen | $\eta_{i,s}$ innerer isentroper Wirkungsgrad<br>$\eta_{i,p}$ innerer polytroper Wirkungsgrad<br>$\Delta h_p$ tatsächliche Enthalpieänderung<br>$Y_s$ isentrope spez. Stutzenarbeit<br>$Y_p$ polytrope spez. Stutzenarbeit<br>$c_1$ mittlere Strömungsgeschwindigkeit im Eintrittsstutzen<br>$c_2$ mittlere Strömungsgeschwindigkeit im Austrittsstutzen |
| Bei der adiabaten Expansion in der Turbokraftmaschine ist der Wert des isentropen Wirkungsgrades immer **größer** als der Wert des polytropen Wirkungsgrades! | Bei der adiabaten Kompression in der Turboarbeitsmaschine ist der Wert des isentropen Wirkungsgrades immer **kleiner** als der Wert des polytropen Wirkungsgrades! |
| Bei thermischen Turbomaschinen kann der kinetische Anteil $\frac{c_1^2 - c_2^2}{2}$ häufig vernachlässigt werden. Unter dieser Voraussetzung ergibt sich mit Gl. 2.17 für die Kraftmaschine: | Bei thermischen Turbomaschinen kann der kinetische Anteil $\frac{c_2^2 - c_1^2}{2}$ häufig vernachlässigt werden. Unter dieser Voraussetzung ergibt sich mit Gl. 2.25 für die Arbeitsmaschine: |
| $$\eta_{i,p} = \nu \qquad \text{(Gl. 2.50)}$$ | $$\eta_{i,p} = \frac{1}{\nu} \qquad \text{(Gl. 2.53)}$$ |
| Der innere polytrope Wirkungsgrad einer Turbokraftmaschine ist bei vernachlässigbarer kinetischer Energiedifferenz gleich dem Polytropenverhältnis $\nu$. | Der innere polytrope Wirkungsgrad einer Turboarbeitsmaschine ist bei vernachlässigbarer kinetischer Energiedifferenz gleich dem Kehrwert des Polytropenverhältnisses $\nu$. |

Die Strömungsgeschwindigkeit $c_2$ im Austrittsstutzen ist bei der realen Zustandsänderung etwas größer als die Strömungsgeschwindigkeit $c_2$ bei der isentropen Zustandsänderung, da $\dot{V}_{2,\,real} > \dot{V}_{2,\,isentrop}$.

Besondere Drehzahldefinitionen, wie Durchgangsdrehzahl, Höchstdrehzahl, Leerlaufdrehzahl, Schnellschluss-Auslösedrehzahl usw., können aus den entsprechenden Normen und Richtlinien (siehe Literaturverzeichnis [2]) entnommen werden.

**Beispiel 1**
Eine Kreiselpumpe hat folgende Betriebsdaten:
Volumenstrom $\dot{V} = 160 \text{ m}^3/\text{h}$
Druck im Eintrittsquerschnitt der Pumpe
$p_1 = 0,8$ bar
Druck im Austrittsquerschnitt der Pumpe
$p_2 = 8$ bar
Medium reines Wasser von 20 °C

a) Wie groß ist die spezifische Stutzenarbeit $Y$?
b) Wie groß ist die Leistung $P$, wenn der Wirkungsgrad $\eta$ zu 0,8 angenommen wird?

**Lösung:**
zu a) Die Berechnung der spezifischen Stutzenarbeit $Y$ erfolgt nach Gl. 2.10.
Vorab werden die Geschwindigkeiten $c_1$ und $c_2$ im Ein- und Austrittsquerschnitt der Pumpe berechnet.

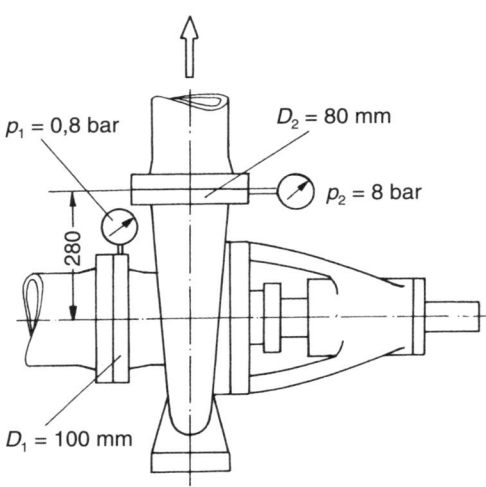

Bild 2.12  Zu Beispiel 1

$$c_1 = \frac{\dot{V}}{A_1} = \frac{\dot{V}}{\frac{\pi}{4} \cdot D_1^2} = \frac{0,0444}{\frac{\pi}{4} \cdot 0,1^2}$$

$c_1 = 5,66$ m/s

$$c_2 = \frac{\dot{V}}{A_2} = \frac{\dot{V}}{\frac{\pi}{4} \cdot D_2^2} = \frac{0,0444}{\frac{\pi}{4} \cdot 0,08^2}$$

$c_2 = 8,84$ m/s

$$Y = g \cdot (z_2 - z_1) + \frac{p_2 - p_1}{\varrho} + \frac{c_2^2 - c_1^2}{2}$$

$$Y = 9,81 \cdot 0,28 + \frac{8 \cdot 10^5 - 0,8 \cdot 10^5}{998,2}$$
$$+ \frac{8,84^2 - 5,66^2}{2}$$

$Y = 2,75 + 721,3 + 23$

$\underline{Y = 747,05 \text{ J/kg}}$

zu b) Die Berechnung der Leistung erfolgt nach Gl. 2.43:

$$P = \frac{\dot{m} \cdot Y}{\eta}$$

Nach Gl. 2.2 kann der Massenstrom $\dot{m}$ durch den Volumenstrom $\dot{V}$ und die Dichte $\varrho$ ersetzt werden:

$\dot{m} = \dot{V} \cdot \varrho$

Damit ergibt sich für die Leistung $P$:

$$P = \frac{\dot{V} \cdot \varrho \cdot Y}{\eta}$$

$$P = \frac{0,0444 \cdot 998,2 \cdot 747,05}{0,8}$$

$P = 41\,386,64$ W

$\underline{P = 41,4 \text{ kW}}$

# Beispiel 2

Eine Industrie-Dampfturbine hat folgende Betriebsdaten (s. Bild 2.13):

Eintrittsdruck $\quad p_1 = 40$ bar
Austrittsdruck $\quad p_2 = 4$ bar
Eintrittstemperatur $\quad t_1 = 400\,°C$
Austrittstemperatur $\quad t_2 = 180\,°C$

a) Wie groß ist die isentrope spezifische Stutzenarbeit $Y_s$ unter Vernachlässigung der Dampfein- und -austrittsgeschwindigkeit?
b) Wie groß ist der innere isentrope Wirkungsgrad der Turbine?
c) Wie groß ist der Dampfverbrauch $\dot{m}$, wenn die Leistung des Generators 10 MW beträgt und folgende Wirkungsgrade angenommen werden:
mechanischer Wirkungsgrad der Turbine
$\eta_m = 0{,}99$
volumetrischer Wirkungsgrad der Turbine
$\eta_l = 0{,}98$
Gesamtwirkungsgrad des Generators
$\eta_{Gen} = 0{,}98$

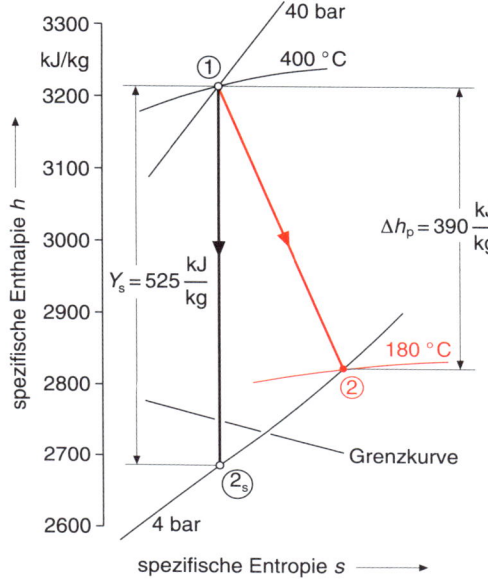

Bild 2.14  Zu Beispiel 2

## Lösung:

Zu a) Unter Vernachlässigung der Geschwindigkeiten $c_1$ und $c_2$ ergibt sich die spezifische Stutzenarbeit $Y_s$ aus Gl. 2.13:

$Y_s = h_1 - h_{2,s}$

$Y_s$ wird durch Eintragen der Punkte ① und ②$_s$ in das $h$-$s$-Diagramm für Wasserdampf (Bild 2.14) grafisch ermittelt. Falls kein großes Mollier-Diagramm zur Verfügung steht, kann Tafel 1 benutzt werden!

$\underline{Y_s = 525\text{ kJ/kg}}$

zu b) Der innere Wirkungsgrad $\eta_{i,s}$ der Turbine kann mit Gl. 2.48 bestimmt werden.

$\eta_{i,s} = \dfrac{\Delta h_p}{Y_s}$

Die Enthalpiedifferenz $\Delta h_p$ entnimmt man ebenfalls dem $h$-$s$-Diagramm:

$\Delta h_p = 390$ kJ/kg

$\eta_{i,s} = \dfrac{390}{525}$

$\underline{\eta_{i,s} = 0{,}74}$

zu c) Die Leistung an der Turbinenkupplung beträgt nach Gl. 2.44:

$P = \dfrac{P_{el}}{\eta_{Gen}} = \dfrac{10\,000}{0{,}98}$

$P = 10\,204$ kW

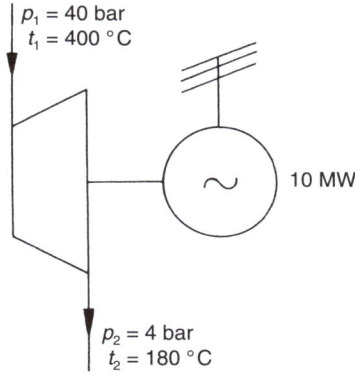

Bild 2.13  Zu Beispiel 2

Der isentrope Gesamtwirkungsgrad der Turbine beträgt nach Gl. 2.46:

$\eta_s = \eta_{i,s} \cdot \eta_l \cdot \eta_m$

$\eta_s = 0{,}74 \cdot 0{,}98 \cdot 0{,}99$

$\eta_s = 0{,}718$

Damit ergibt sich der Massenstrom $\dot{m}$ aus Gl. 2.42:

$P = \dot{m} \cdot Y_s \cdot \eta_s$

$\dot{m} = \dfrac{P}{Y_s \cdot \eta_s}$

$\dot{m} = \dfrac{10\,204 \cdot 10^3}{525 \cdot 10^3 \cdot 0{,}718}$

$\underline{\dot{m} = 27{,}07 \text{ kg/s } (\triangleq 97{,}45 \text{ t/h})}$

# 3 Energieumsetzung im Laufrad

## 3.1 Einleitung

In Strömungsmaschinen findet die Energieumsetzung

- Strömungsenergie in mechanische Energie bei Kraftmaschinen (Turbinen),
- mechanische Antriebsenergie in Strömungsenergie bei Arbeitsmaschinen (Kreiselpumpen, Turboverdichter, Ventilatoren)

im beschaufelten Rotor statt.

Die Strömung wird an den rotierenden Schaufeln umgelenkt, wodurch Druck- und Impulskräfte erzeugt werden.

Bei der Berechnung des Energieumsatzes müssen die Rotorgeometrie, die Rotordrehzahl, die Strömungsgeschwindigkeiten und die strömungsphysikalisch relevanten Eigenschaften des Arbeitsfluids, wie z.B. Dichte, Viskosität, Kompressibilität, Dampfdruck, berücksichtigt werden.

## 3.2 Geschwindigkeitsplan

Zur Beschreibung der Strömungskinematik in Lauf- und Leiträdern benutzt man üblicherweise **Geschwindigkeitspläne**, insbesondere zur Charakterisierung des Strömungsverlaufs am Schaufelanfang und Schaufelende.

Zur Einführung in die wichtigsten Begriffe werden die Geschwindigkeiten für stationäre und eindimensionale Strömung durch ein radiales Laufrad einer Strömungsarbeitsmaschine vereinfacht dargestellt. Die Schaufeln sind sogenannte rückwärts gekrümmte Radialschaufeln ($\beta_2 < 90°$), wie sie in den meisten radialen Laufrädern eingesetzt werden. In besonderen Fällen, insbesondere im Ventilatorenbau, werden auch Laufräder mit radial endenden Schaufeln ($\beta_2 = 90°$) und vorwärts gekrümmten Schaufeln ($\beta_2 > 90°$) eingesetzt (Bild 3.3).

Es werden 3 Geschwindigkeitsbegriffe eingeführt:

a) **Absolutgeschwindigkeit** $c$
b) **Umfangsgeschwindigkeit** $u$
c) **Relativgeschwindigkeit** $w$

Die Geschwindigkeiten am **Laufradeintritt** werden mit dem **Index 1** gekennzeichnet, am **Laufradaustritt** mit **Index 2**.

Die in den Bildern 3.2 und 3.3 dargestellten Geschwindigkeiten stellen repräsentative **Mittelwerte** der 1-dimensionalen Stromfaden-

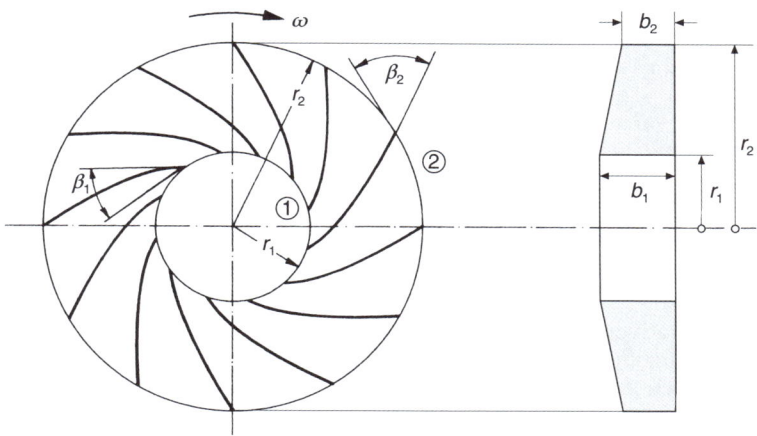

Bild 3.1
Radiales Laufrad

# 46 Energieumsetzung im Laufrad

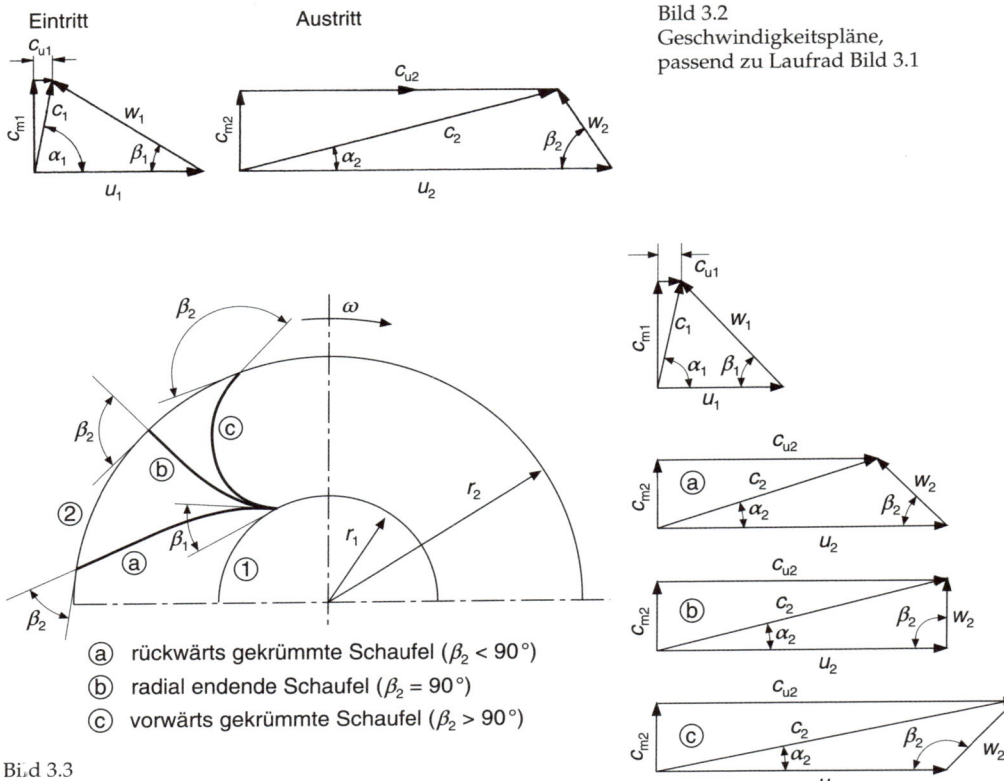

Bild 3.2
Geschwindigkeitspläne,
passend zu Laufrad Bild 3.1

ⓐ rückwärts gekrümmte Schaufel ($\beta_2 < 90°$)
ⓑ radial endende Schaufel ($\beta_2 = 90°$)
ⓒ vorwärts gekrümmte Schaufel ($\beta_2 > 90°$)

Bild 3.3

theorie dar, die keineswegs den genauen 3-dimensionalen, reibungs- und ablösungsbehafteten sowie instationären Strömungsverlauf beschreiben.

Die **Umfangsgeschwindigkeit** $u$ ergibt sich aus Radius $r$ am Laufrad und Winkelgeschwindigkeit $\omega$:

$$u = r \cdot \omega = D \cdot \pi \cdot n \quad \text{(Gl. 3.1)}$$

$u$ Umfangsgeschwindigkeit
$r$ Radius
$\omega$ Winkelgeschwindigkeit
$D$ Durchmesser
$n$ Drehzahl

Die **Relativgeschwindigkeit** $w$ stimmt mehr oder minder genau mit der durch die Schaufelwinkel $\beta$ vorgegebenen Schaufelrichtung überein.

Nur bei der idealen, schaufelkongruenten Strömung fallen Schaufelwinkel und Strömungswinkel der Relativströmung exakt zusammen, bei der realen Strömung sind Schaufelwinkel und Strömungswinkel grundsätzlich verschieden.

Die **Absolutgeschwindigkeit** $c$ ist die **Vektorsumme** aus Umfangsgeschwindigkeit $u$ und Relativgeschwindigkeit $w$. (Nur in den Gl. 3.2, 3.3 und 3.4 werden die Geschwindigkeiten in Vektorform geschrieben. Im weiteren Verlauf des Textes wird das Vektor-Zeichen weggelassen.)

$$\vec{c} = \vec{u} + \vec{w} \quad \text{(Gl. 3.2)}$$

Den **Winkel** zwischen Relativgeschwindigkeit $w$ und Umfangsgeschwindigkeit $u$ bezeichnet man mit $\beta$, den Winkel zwischen Absolutge-

# Geschwindigkeitsplan 47

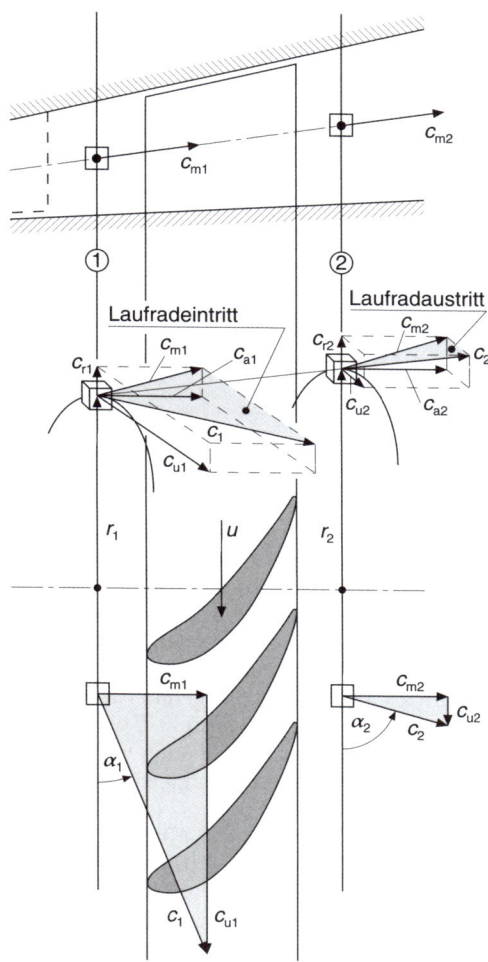

Bild 3.4  Geschwindigkeitskomponenten

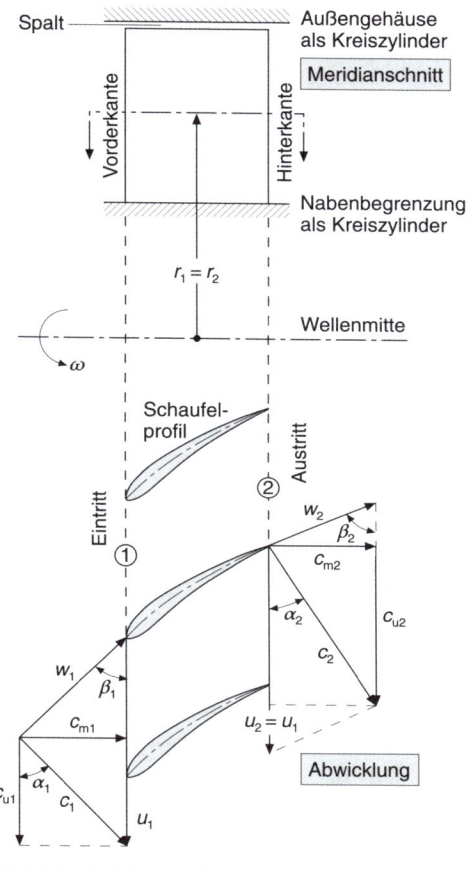

Bild 3.5  Axiales Laufrad

schwindigkeit $c$ und Umfangsgeschwindigkeit $u$ mit $\alpha$.

Die Absolutgeschwindigkeit $c$ wird bei der 3-dimensionalen Strömung in ihre 3 Komponenten zerlegt (Bild 3.4):

a) in die **Umfangskomponente** $c_u$
b) in die **Axialkomponente** $c_a$
c) in die **Radialkomponente** $c_r$

Die Axialkomponente $c_a$ und die Radialkomponente $c_r$ werden zur **Meridiankomponente** $c_m$ vektoriell zusammengefasst:

$$\vec{c}_m = \vec{c}_a + \vec{c}_r \qquad (Gl.\ 3.3)$$

Damit kann die Absolutgeschwindigkeit $c$ durch die beiden Komponenten $c_m$ und $c_u$, die mit ihr in einer Ebene liegen, ausgedrückt werden:

$$\vec{c} = \vec{c}_m + \vec{c}_u \qquad (Gl.\ 3.4)$$

Die Meridiankomponente $c_m$ berechnet sich aus der **Kontinuitätsgleichung**:

$$c_m = \frac{\text{Volumenstrom}}{\text{zur Strömungsrichtung normalen Querschnittsfläche}} \qquad (Gl.\ 3.5)$$

Beim «reinen» Radialrad (s. Bild 3.1) wird die Axialkomponente $c_{a2}$ bei idealer, 1-dimensionaler Strömung in einer zur Achse radialen Ebene gleich 0, beim reinen Axialrad (Bild 3.5) verläuft die Strömung auf Kreiszylindermänteln, sodass die Radialkomponenten $c_r = 0$ werden, außerdem wird bei inkompressibler Strömung ($\varrho$ = konst) $c_{m2} = c_{m1}$.

In den Tabellen 3.4, 3.5 und 3.6 sind die Geschwindigkeitspläne der wichtigsten Laufradformen mit den wichtigsten Formeln zur Berechnung von Geschwindigkeiten und Winkeln zusammengestellt.

## 3.3 Euler'sche Strömungsmaschinen-Hauptgleichung

Der Energieumsatz einer idealen Strömung im Laufrad einer Strömungsmaschine kann nach der von LEONHARD EULER (1707 bis 1783), 1754 d.h. vor rund 250 Jahren, aufgestellten **allgemeinen Strömungsmaschinen-Hauptgleichung** [3.1 und 3.2] berechnet werden. EULER hat für seine auf theoretischem Wege abgeleitete Gleichung folgende Prämissen angenommen:

a) das Arbeitsfluid ist **inkompressibel** ($\varrho$ = konst),
b) die Strömung verläuft **reibungsfrei** ($\eta_h = 1{,}0$),
c) die Strömung muss exakt **schaufelkongruent** verlaufen, d.h. Strömungswinkel und Schaufelwinkel sind identisch,
d) das Laufrad ist **rotationssymmetrisch** und alle Stromfäden müssen die gleiche geometrische Form haben, d.h., das Laufrad ist vollbeaufschlagt,
e) die Strömung verläuft **stationär**,
f) der Einfluss der Schwere kann vernachlässigt werden.

Von den 6 Forderungen wird von der realen Strömung nur Prämisse a) bei Flüssigkeiten und kleinen Druckänderungen erfüllt. In [3.3] wird anschaulich nachgewiesen, dass z.B. bei stationärer Strömung gar keine Energie übertragen werden kann, d.h. alle Laufradströmungen grundsätzlich instationär sind.

Ausgehend vom **Drallsatz** [3.4] erhält man die in Tabelle 3.1 abgeleiteten Beziehungen zwischen der **spezifischen Stutzenarbeit** $Y$ und den im Laufrad vorhandenen **Strömungsgeschwindigkeiten**.

Viele Autoren trennen bei der Ableitung und Darstellung der Euler'schen Strömungsmaschinen-Hauptgleichung nicht in der oben gezeigten Weise nach Kraft- und Arbeitsmaschinen auf, sondern unterscheiden die beiden Maschinenarten lediglich durch die Vorzeichen + und −.

Die Euler'sche Strömungsmaschinen-Hauptgleichung lässt sich dann ganz allgemein formulieren:

$$Y_{th\,\infty} = \pm \Delta(u \cdot c_u) \qquad (Gl.\ 3.7)$$

Bei der Darstellung der Geschwindigkeitspläne in den Bildern 3.6 und 3.7 wurden bei den Kraftmaschinen (Turbinen) die Meridiankomponenten $c_{m1}$ und $c_{m2}$ nach unten gerichtet (Bild 3.6), bei den Arbeitsmaschinen (Pumpen, Verdichter, Ventilatoren) nach oben (Bild 3.7), wodurch zusätzlich eine weitere Zuordnung zu den beiden Maschinenarten gegeben ist, die Verwechslungen vermeiden hilft.

Durch Umformung der geometrischen Beziehungen der Geschwindigkeitspläne lässt sich eine 2. Ausdrucksform der Euler'schen Strömungsmaschinen-Hauptgleichung gewinnen (Tabelle 3.2):

Der erste Ausdruck $(u_1^2 - u_2^2)$ bzw. $(u_2^2 - u_1^2)$ stellt die Energieumsetzung durch die Wirkung der **Zentrifugalkräfte** dar, der 2. Term $(c_1^2 - c_2^2)$ bzw. $(c_2^2 - c_1^2)$ beschreibt die Änderung der **kinetischen Energie** der Absolutströmung, während der 3. Ausdruck $(w_2^2 - w_1^2)$ bzw. $(w_1^2 - w_2^2)$ für die Energieumsetzung durch **Beschleunigung oder Verzögerung der Relativströmung** steht. Es wird deutlich, dass bei radialer Bauweise zur Erzielung hoher Stutzenarbeiten das Laufrad für Kraftmaschinen zentripetal ($u_1 > u_2$), für Arbeitsmaschinen hingegen zentrifugal ($u_2 < u_1$) durchströmt werden sollte.

In der Literatur wird der Ausdruck

$$\frac{\varrho}{2} \cdot [(u_2^2 - u_1^2) + (w_1^2 - w_2^2)]$$

bei Kreiselpumpen, Turbokompressoren und Ventilatoren auch als **statische Druckerhöhung** oder **Spaltdruck** bezeichnet.

# Euler'sche Strömungsmaschinen-Hauptgleichung

Tabelle 3.1 Herleitung der Euler'schen Strömungsmaschinen-Hauptgleichung

| **Kraftmaschinen** (Bild 3.6) | **Arbeitsmaschinen** (Bild 3.7) |
|---|---|
| Das von der Strömung durch ein Laufradelement der Breite $db$ ausgeübte Teilmoment beträgt: | Das vom Laufradelement auf die Strömung übertragene Teilmoment ist proportional zur Dralländerung: |
| $dM = d\dot{m} \cdot (c_{u1} \cdot r_1 - c_{u2} \cdot r_2)$ | $dM = d\dot{m} \cdot (c_{u2} \cdot r_2 - c_{u1} \cdot r_1)$ |
| Das Gesamtmoment $M$ ergibt sich als Summe aller Teilmomente: | Durch Integration über das gesamte Laufradvolumen (Strömungsraum) erhält man das Gesamtmoment: |
| $M = \int_{(V)} dM = \int_{(V)} d\dot{m} \cdot (c_{u1} \cdot r_1 - c_{u2} \cdot r_2)$ | $M = \int_{(V)} dM = \int_{(V)} d\dot{m} \cdot (c_{u2} \cdot r_2 - c_{u1} \cdot r_1)$ |
| $M = \dot{m} \cdot (c_{u1} \cdot r_1 - c_{u2} \cdot r_2)$ | $M = \dot{m} \cdot (c_{u2} \cdot r_2 - c_{u1} \cdot r_1)$ |
| Erklärung von $d\dot{m}$, $V$ und $\dot{m}$ siehe linke Tabellenseite! | |
| $d\dot{m}$ durch das Laufradelement strömender Massenstrom | |
| $V$ Volumen (Strömungsraum) des Laufrades | |
| $\dot{m}$ gesamter Massenstrom, der durch das Laufrad strömt | |
| Die vom Laufrad **theoretisch abgegebene Leistung** beträgt: | Die vom Laufrad **theoretisch aufgenommene Leistung** beträgt: |
| $P_{th\infty} = M \cdot \omega$ | $P_{th\infty} = M \cdot \omega$ |
| Andererseits ergibt sich die theoretische Laufradleistung aus dem Energieumsatz: | Die theoretische Laufradleistung kann auch durch den Energieumsatz ausgedrückt werden: |
| $P_{th\infty} = \dot{m} \cdot Y_{th\infty}$ | $P_{th\infty} = \dot{m} \cdot Y_{th\infty}$ |
| Durch Gleichsetzen erhält man | Durch Gleichsetzen erhält man: |
| $M \cdot \omega = \dot{m} \cdot Y_{th\infty}$ | $\dot{m} \cdot (c_{u2} \cdot r_2 - c_{u1} \cdot r_1) \cdot \omega = \dot{m} \cdot Y_{th\infty}$ |
| $\dot{m} \cdot (c_{u1} \cdot r_1 - c_{u2} \cdot r_2) \cdot \omega = \dot{m} \cdot Y_{th\infty}$ | |
| $Y_{th\infty} = c_{u1} \cdot u_1 - c_{u2} \cdot u_2 \qquad (Gl.\ 3.6\ a)$ | $Y_{th\infty} = c_{u2} \cdot u_2 - c_{u1} \cdot u_1 \qquad (Gl.\ 3.6\ b)$ |
| Das Laufrad entnimmt der Strömung Drall. | Das Laufrad führt der Strömung Drall zu. |

# 50 Energieumsetzung im Laufrad

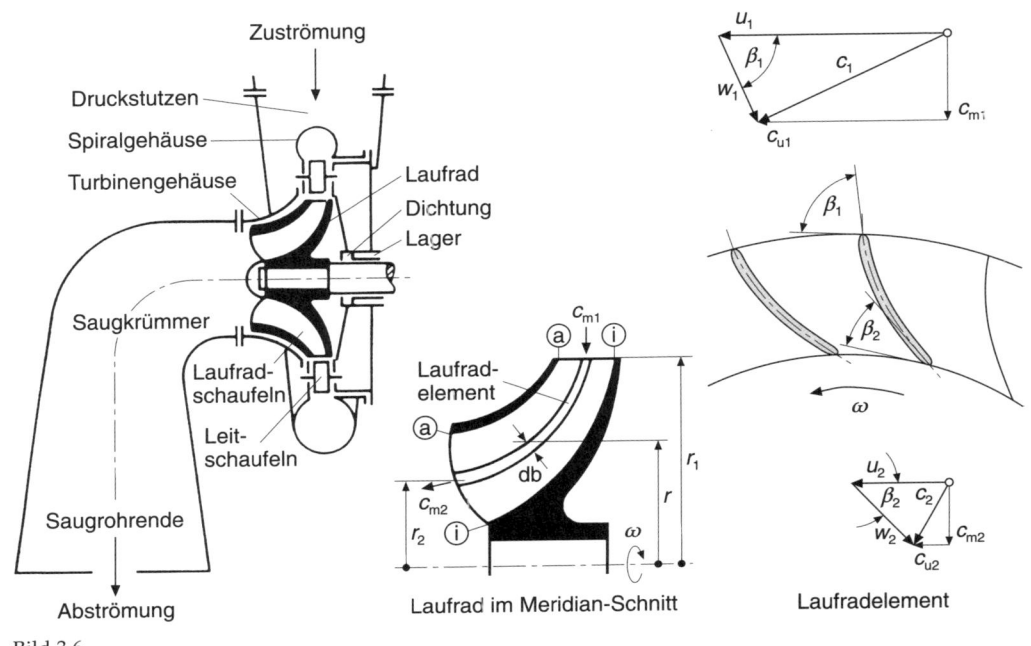

Bild 3.6

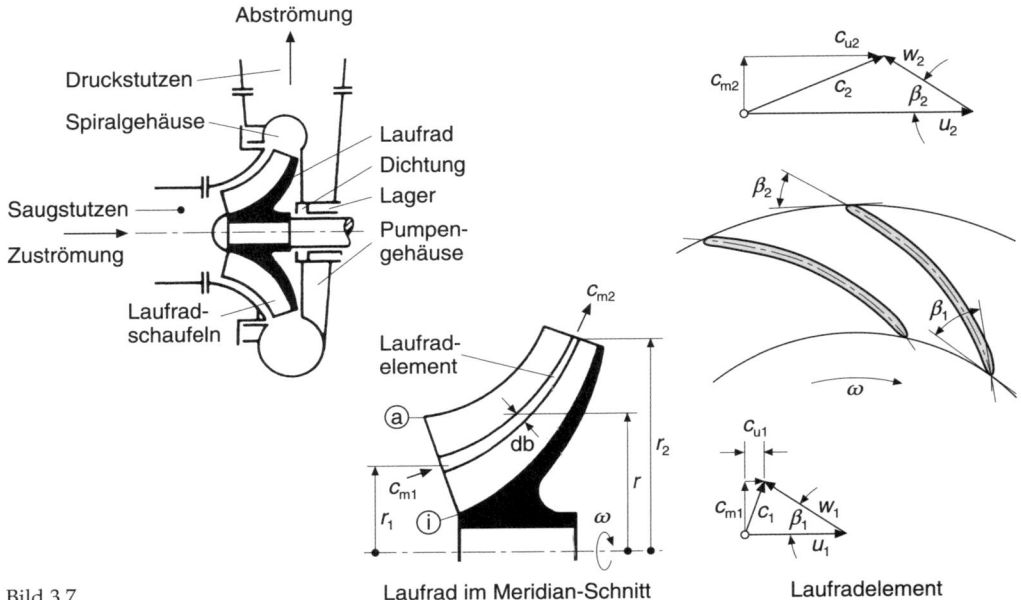

Bild 3.7

Tabelle 3.2  2. Form der Euler'schen Strömungsmaschinen-Hauptgleichung

| **Kraftmaschinen** (Bild 3.6) | **Arbeitsmaschinen** (Bild 3.7) |
|---|---|
| Laufradeintritt / Laufradaustritt (Bild 3.8) | Laufradaustritt / Laufradeintritt (Bild 3.9) |

Mit Hilfe des **Kosinussatzes** können die Umfangskomponenten $c_{u1}$ und $c_{u2}$ anders ausgedrückt werden:

| Kraftmaschinen | Arbeitsmaschinen |
|---|---|
| $w_1^2 = u_1^2 + c_1^2 - 2 \cdot u_1 \cdot c_1 \cdot \cos\alpha_1$ | $w_2^2 = u_2^2 + c_2^2 - 2 \cdot u_2 \cdot c_2 \cdot \cos\alpha_2$ |
| $c_1 \cdot \cos\alpha_1 = c_{u1}$ | $c_2 \cdot \cos\alpha_2 = c_{u2}$ |
| $w_1^2 = u_1^2 + c_1^2 - 2 \cdot u_1 \cdot c_{u1}$ | $w_2^2 = u_2^2 + c_2^2 - 2 \cdot u_2 \cdot c_{u2}$ |
| $c_{u1} = \dfrac{u_1^2 + c_1^2 - w_1^2}{2 \cdot u_1}$ | $c_{u2} = \dfrac{u_2^2 + c_2^2 - w_2^2}{2 \cdot u_2}$ |
| $w_2^2 = u_2^2 + c_2^2 - 2 \cdot u_2 \cdot c_2 \cdot \cos\alpha_2$ | $w_1^2 = u_1^2 + c_1^2 - 2 \cdot u_1 \cdot c_1 \cdot \cos\alpha_1$ |
| $c_2 \cdot \cos\alpha_2 = c_{u2}$ | $c_1 \cdot \cos\alpha_1 = c_{u1}$ |
| $w_2^2 = u_2^2 + c_2^2 - 2 \cdot u_2 \cdot c_{u2}$ | $w_1^2 = u_1^2 + c_1^2 - 2 \cdot u_1 \cdot c_{u1}$ |
| $c_{u2} = \dfrac{u_2^2 + c_2^2 - w_2^2}{2 \cdot u_2}$ | $c_{u1} = \dfrac{u_1^2 + c_1^2 - w_1^2}{2 \cdot u_1}$ |
| eingesetzt in Gl. 3.6a: | eingesetzt in Gl. 3.6b: |
| $Y_{\text{th}\infty} = \dfrac{u_1^2 + c_1^2 - w_1^2}{2 \cdot u_1} \cdot u_1 - \dfrac{u_2^2 + c_2^2 - w_2^2}{2 \cdot u_2} \cdot u_2$ | $Y_{\text{th}\infty} = \dfrac{u_2^2 + c_2^2 - w_2^2}{2 \cdot u_2} \cdot u_2 - \dfrac{cu_1^2 + c_1^2 - w_1^2}{2 \cdot u_1} \cdot u_1$ |
| $Y_{\text{th}\infty} = \dfrac{1}{2} \cdot [(u_1^2 - u_2^2) + (c_1^2 - c_2^2) + (w_2^2 - w_1^2)]$  (Gl. 3.8a) | $Y_{\text{th}\infty} = \dfrac{1}{2} \cdot [(u_2^2 - u_1^2) + (c_2^2 - c_1^2) + (w_1^2 - w_2^2)]$  (Gl. 3.8b) |

Man erkennt, dass die statische Druckerhöhung bei radialen Laufrädern mit großen Radienverhältnissen $r_2/r_1$ größer ist als bei axialen Laufrädern mit dem Radienverhältnis $r_2/r_1 \approx 1$.

Die statische Druckerhöhung ist umso größer, je stärker die Relativströmung im Schaufelkanal von $w_1$ auf $w_2$ verzögert wird, was aber bei der realen Strömung wegen der Ablösegefahr nicht leicht zu bewerkstelligen ist.

Schon L. EULER hat die Schreibweise der Gl. 3.8 aus der BERNOULLI-Gleichung abgeleitet [3.1]. In [3.3 und 3.5] finden sich ebenfalls detaillierte Ableitungen der Euler'schen Strömungsmaschinen-Hauptgleichung in der 2. Form (Gl. 3.8) aus der Energiegleichung.

Eine 3. Schreibweise der Euler'schen Strömungsmaschinen-Hauptgleichung lässt sich aus der **Zirkulationsströmung um die Laufschaufel** herleiten, wie am Beispiel der radialen und axialen Arbeitsmaschine gezeigt wird.

Die Schaufelzirkulation [3.4] ist definiert als

$$\Gamma_{\text{Sch}} = \oint \vec{c} \cdot d\vec{s}$$

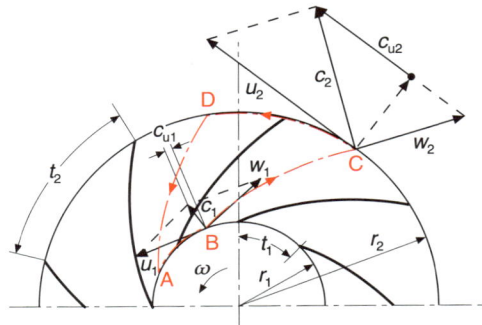

Bild 3.10   Zur Erklärung der Schaufelzirkulation

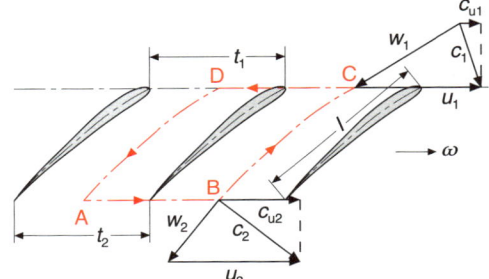

Bild 3.11   Zur Erklärung der Schaufelzirkulation

Die Zirkulationsanteile längs BC und DA heben sich gegenseitig auf, da sie vom Betrag her gleich groß sind, aber verschiedene Richtungen haben (Bilder 3.10 und 3.11), es verbleiben nur die Anteile AB und CD.

Anteil AB:   $\int_A^B \vec{c} \cdot d\vec{s} = c_{u2} \cdot t_2$

Anteil CD:   $\int_C^D \vec{c} \cdot d\vec{s} = -c_{u1} \cdot t_1$

d.h., die Schaufelzirkulation beträgt:

$$\Gamma_{\text{Sch}} = c_{u2} \cdot t_2 - c_{u1} \cdot t_1$$

Mit der Schaufelzahl $z$ beträgt die Gesamtzirkulation für das Laufrad:

$$\Gamma_L = z \cdot \Gamma_{\text{Sch}}$$

$$\Gamma_L = z \, (c_{u2} \cdot t_2 - c_{u1} \cdot t_1)$$

Setzt man $z \cdot t_2 = 2 \cdot \pi \cdot r_2$ und $z \cdot t_1 = 2 \cdot \pi \cdot r_1$ kann geschrieben werden:

$$\Gamma_L = 2 \cdot \pi \cdot (r_2 \cdot c_{u2} - r_1 \cdot c_{u1})$$

Der Klammerausdruck $r_2 \cdot c_{u2} - r_1 \cdot c_{u1}$ stellt nach Tabelle 3.1 das auf das Laufrad wirkende Drehmoment $M$, dividiert durch den Massenstrom $\dot{m}$ dar

$$\Gamma_L = 2 \cdot \pi \cdot \frac{M}{\dot{m}}$$

$$M = \frac{\Gamma_L \cdot \dot{m}}{2 \cdot \pi}$$

Damit kann die vom Laufrad theoretisch aufgenommene Leistung durch die Zirkulation $\Gamma$ ausgedrückt werden:

$$P_{\text{th}\,\infty} = M \cdot \omega = \frac{\Gamma_L \cdot \dot{m} \cdot \omega}{2 \cdot \pi} = \dot{m} \cdot Y_{\text{th}\,\infty}$$

# Euler'sche Strömungsmaschinen-Hauptgleichung 53

Daraus kann die dritte Form der Euler'schen Strömungsmaschinen-Hauptgleichung direkt abgeleitet werden:

$$Y_{th\,\infty} = \frac{\Gamma_L \cdot \omega}{2 \cdot \pi} = \frac{z \cdot \Gamma_{Sch} \cdot \omega}{2 \cdot \pi} \qquad \text{(Gl. 3.9)}$$

$\Gamma_L$    Zirkulation des Laufrades
$\Gamma_{Sch}$ Zirkulation der einzelnen Schaufel
$\omega$    Winkelgeschwindigkeit
$z$    Schaufelzahl

Gleichung (3.9) gilt in gleicher Schreibweise auch für Kraftmaschinen.

Zur gleichen Aussage wäre man auch für das reine Axialgitter (Bild 3.11) mit $r_1 = r_2$ und $t_1 = t_2$ gekommen.

Nach dem Satz von KUTTA und JOUKOWSKY [3.4] kann die Zirkulation der Schaufel $\Gamma_{Sch}$ auch durch die **Auftriebskraft** $F_{A,Sch}$ ausgedrückt werden:

$$F_{A,Sch} = \varrho \cdot w_\infty \cdot b \cdot \Gamma_{Sch}$$

$\varrho$    Dichte des Arbeitsfluids
$w_\infty$ geometrisches Mittel aus $w_1$ und $w_2$
$b$    Schaufelbreite (auch als Schaufelhöhe bezeichnet)
$\Gamma_{Sch}$ Zirkulation um die Schaufel

Tabelle 3.3   Korrektur der Euler'schen Strömungsmaschinen-Hauptgleichung

| **Kraftmaschinen** (Bild 3.6) | **Arbeitsmaschinen** (Bild 3.7) |
|---|---|
| Die tatsächlich von der Turbine benötigte spezifische Stutzenarbeit $Y$ ist aufgrund der Abweichung der realen Strömung von der idealen Strömung größer als die theoretisch nur erforderliche spezifische Stutzenarbeit $Y_{th\,\infty}$: | Die tatsächlich von der Strömungsarbeitsmaschine erzeugte spezifische Stutzenarbeit $Y$ ist aufgrund der Abweichung der tatsächlichen Strömung von der idealen Strömung nach der Stromfadentheorie kleiner als die theoretische spezifische Stutzenarbeit $Y_{th\,\infty}$: |
| $$Y = \frac{Y_{th\,\infty}}{\eta_h \cdot \mu} \qquad \text{(Gl. 3.11a)}$$ | $$Y = Y_{th\,\infty} \cdot \eta_h \cdot \mu \qquad \text{(Gl. 3.11b)}$$ |
| $Y$   spezifische Stutzenarbeit nach Abschnitt 2.3<br>$Y_{th\,\infty}$ theoretische spezifische Stutzenarbeit<br>$\eta_h$   hydraulischer Wirkungsgrad<br>$\mu$   **Minderleistungsfaktor** zur Berücksichtigung der endlichen Schaufelzahl | $Y$   spezifische Stutzenarbeit nach Abschnitt 2.3<br>$Y_{th\,\infty}$ theoretische spezifische Stutzenarbeit<br>$\eta_h$   hydraulischer Wirkungsgrad<br>$\mu$   **Minderleistungsfaktor** zur Berücksichtigung der endlichen Schaufelzahl |
| 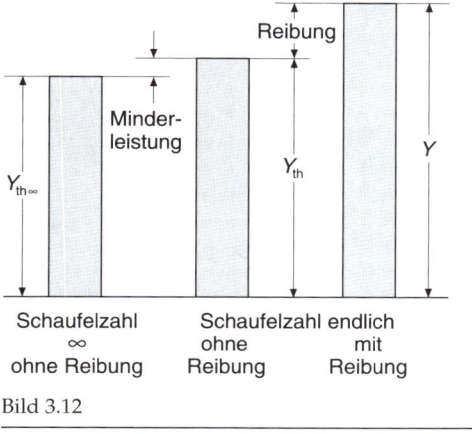<br>Bild 3.12 | 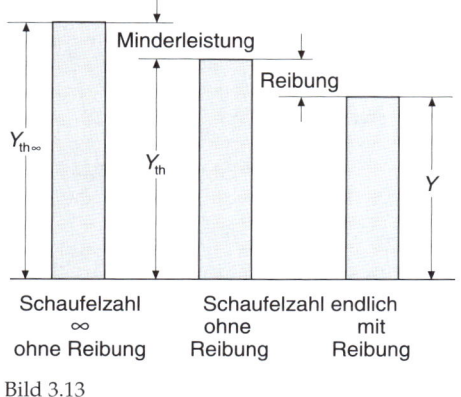<br>Bild 3.13 |

Tabelle 3.4  Geschwindigkeitspläne

## Kraftmaschinen

| Radialrad | Axialrad |
|---|---|

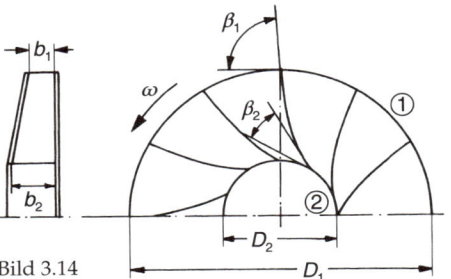

Bild 3.14

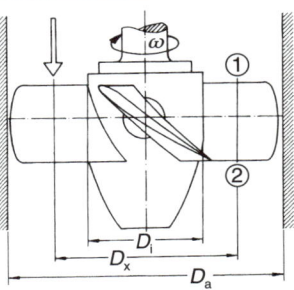

Bild 3.15

Umfangsgeschwindigkeiten:

$u_1 = r_1 \cdot \omega;\quad u_2 = r_2 \cdot \omega$

Meridiangeschwindigkeiten:

$c_{m1} = \dfrac{\dot{V}_1}{D_1 \cdot \pi \cdot b_1} \cdot k_1$

$c_{m2} = \dfrac{\dot{V}_2}{D_2 \cdot \pi \cdot b_2} \cdot k_2$

$k_1$ und $k_2$ sind Faktoren zur Berücksichtigung der Schaufeldicke ($k > 1$) [3.6]

$Y_{\text{th}\infty} = Y \cdot \eta_h \cdot \mu = \underbrace{u_1 \cdot c_{u1} - u_2 \cdot c_{u2}}_{\Delta(u \cdot c_u)}$

Umfangsgeschwindigkeiten:

$u_x = r_x \cdot \omega$

Meridiangeschwindigkeiten:

$c_{m1} = \dfrac{\dot{V}_1}{\dfrac{\pi}{4} \cdot (D_a^2 - D_i^2)} \cdot k_1$

$c_{m2} = \dfrac{\dot{V}_2}{\dfrac{\pi}{4} \cdot (D_a^2 - D_i^2)} \cdot k_2$

$k_1$ und $k_2$ sind Faktoren zur Berücksichtigung der Schaufeldicke ($k > 1$) [3.6]

$Y_{\text{th}\infty} = Y \cdot \eta_h \cdot \mu = \underbrace{u_x \cdot (c_{u1x} - c_{u2x})}_{\Delta(u \cdot c_u)_x}$

| Eintritt ① | Austritt ② | Eintritt ① | Austritt ② |
|---|---|---|---|

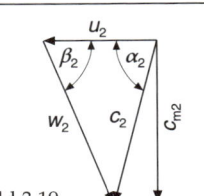

Bild 3.18     Bild 3.19     Bild 3.20     Bild 3.21

$\tan\beta_1 = \dfrac{c_{m1}}{u_1 - c_{u1}}$    $\tan\beta_2 = \dfrac{c_{m2}}{u_2 - c_{u2}}$    $\tan\beta_1 = \dfrac{c_{m1}}{u_x - c_{u1x}}$    $\tan\beta_2 = \dfrac{c_{m2}}{u_x - c_{u2x}}$

Die Geschwindigkeitspläne werden i. Allg. nur für Laufradein- und -austritt gezeichnet.

Die Geschwindigkeitspläne werden für mehrere Schnitte (Durchmesser) $D_a \geqq D_x \geqq D_i$ gezeichnet.

Für drallfreien Austritt:

$c_{u2} = 0$    $\alpha_2 = 90°$    $c_{u1} = \dfrac{Y \cdot \eta_h \cdot \mu}{u_1}$

Für drallfreien Austritt:

$c_{u2x} = 0$    $\alpha_2 = 90°$    $c_{u1x} = \dfrac{Y \cdot \eta_h \cdot \mu}{u_x}$

Tabelle 3.4 (Fortsetzung)

## Arbeitsmaschinen

| Radialrad | Axialrad |
|---|---|
| 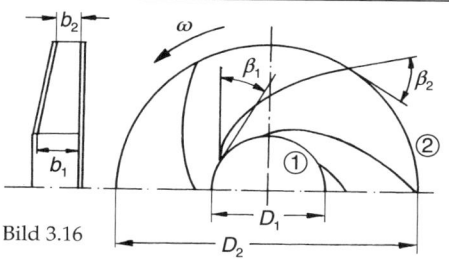<br>Bild 3.16 | 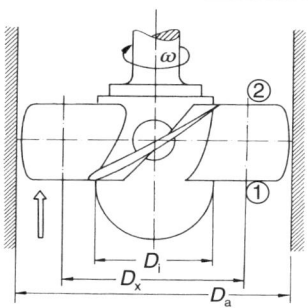<br>Bild 3.17 |
| Umfangsgeschwindigkeiten: | Umfangsgeschwindigkeiten: |
| $u_1 = r_1 \cdot \omega;\ u_2 = r_2 \cdot \omega$ | $u_x = r_x \cdot \omega$ |
| Meridiangeschwindigkeiten: | Meridiangeschwindigkeiten: |
| $c_{m1} = \dfrac{\dot{V}_1}{D_1 \cdot \pi \cdot b_1} \cdot k_1$ | $c_{m1} = \dfrac{\dot{V}_1}{\dfrac{\pi}{4} \cdot (D_a^2 - D_i^2)} \cdot k_1$ |
| $c_{m2} = \dfrac{\dot{V}_2}{D_2 \cdot \pi \cdot b_2} \cdot k_2$ | $c_{m2} = \dfrac{\dot{V}_2}{\dfrac{\pi}{4} \cdot (D_a^2 - D_i^2)} \cdot k_2$ |
| $k_1$ und $k_2$ sind Faktoren zur Berücksichtigung der Schaufeldicke ($k > 1$) [3.6] | $k_1$ und $k_2$ sind Faktoren zur Berücksichtigung der Schaufeldicke ($k > 1$) [3.6] |
| $Y_{\text{th}\infty} = \dfrac{Y}{\eta_h \cdot \mu} = \underbrace{u_2 \cdot c_{u2} - u_1 \cdot c_{u1}}_{\Delta(u \cdot c_u)}$ | $Y_{\text{th}\infty} = \dfrac{Y}{\eta_h \cdot \mu} = \underbrace{u_x \cdot (c_{u2x} - c_{u1x})}_{\Delta(u \cdot c_u)_x}$ |

| Eintritt ① | Austritt ② | Eintritt ① | Austritt ② |
|---|---|---|---|
| 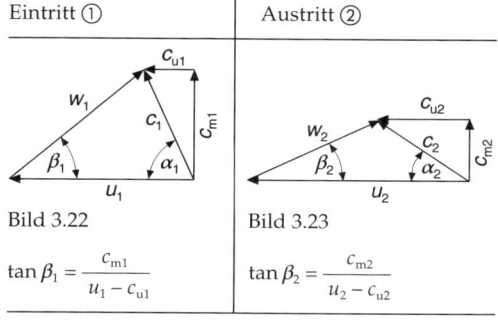 | | 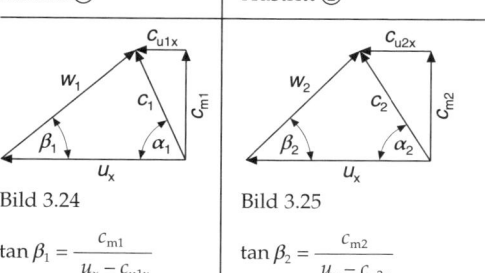 | |
| Bild 3.22 | Bild 3.23 | Bild 3.24 | Bild 3.25 |
| $\tan \beta_1 = \dfrac{c_{m1}}{u_1 - c_{u1}}$ | $\tan \beta_2 = \dfrac{c_{m2}}{u_2 - c_{u2}}$ | $\tan \beta_1 = \dfrac{c_{m1}}{u_x - c_{u1x}}$ | $\tan \beta_2 = \dfrac{c_{m2}}{u_x - c_{u2x}}$ |

| Die Geschwindigkeitspläne werden i.Allg. nur für Laufradein- und -austritt gezeichnet. | Die Geschwindigkeitspläne werden für mehrere Schnitte (Durchmesser) $D_a \geqq D_x \geqq D_i$ gezeichnet. |
|---|---|
| Für drallfreien Eintritt: | Für drallfreien Eintritt: |
| $c_{u1} = 0 \qquad \alpha_1 = 90° \qquad c_{u2} = \dfrac{Y}{\eta_h \cdot \mu \cdot u_2}$ | $c_{u1x} = 0 \qquad \alpha_1 = 90° \qquad c_{u2x} = \dfrac{Y}{\eta_h \cdot \mu \cdot u_x}$ |

Daraus folgt eine Variante von Gl. 3.9:

$$Y_{th\infty} = \frac{z}{2\cdot\pi}\cdot\omega\cdot\frac{F_{A,Sch}}{\varrho\cdot w_\infty\cdot b}$$

Setzt man den von PRANDTL eingeführten Ausdruck

$$F_{A,Sch} = c_a\cdot l\cdot b\cdot\frac{\varrho}{2}\cdot w_\infty^2$$

für den Auftrieb der Schaufel in diese Beziehung ein, erhält man die in [3.6] abgeleitete und beschriebene Form der Euler'schen Strömungsmaschinen-Hauptgleichung für reine Axialgitter ($u_1 \triangleq u_2$):

$$Y_{th\infty} = \frac{c_a\cdot l}{t}\cdot\frac{u\cdot w_\infty}{2} \qquad \text{(Gl. 3.10)}$$

$Y_{th\infty}$ theoretische spezifische Stutzenarbeit
$l$  Schaufellänge  $\Big\}$ Bild 3.11
$t$  Schaufelteilung
$u \triangleq u_1 \triangleq u_2$ Umfangsgeschwindigkeit
$w_\infty$ geometrisches Mittel aus $w_1$ und $w_2$

Die **Stromfadentheorie** betrachtet die Strömung durch das Laufrad als ideale, reibungsfreie (Index th bei $P$ und $Y$) und schaufelkongruente (Index $\infty$ bei $P$ und $Y$) Strömung.

Reibungseffekte und die Minderumlenkung der realen Strömung werden durch empirisch ermittelte Korrelationen berücksichtigt. Trotz der heute möglichen 3-D-Strömungsberechnung mit **CFD** (**C**omputational **F**luid **D**ynamics) hat die Stromfadentheorie für schnelle Auslegungs-, Kennfeld- und Optimierungsrechnungen nach wie vor eine große Bedeutung. Die Zuverlässigkeit der Rechenergebnisse hängt hierbei wesentlich von der Genauigkeit der verwendeten empirischen Korrelationen ab.

Tabelle 3.3 enthält eine Gegenüberstellung der beiden wichtigsten Anpassungen der realen Strömung für die Laufräder von Turbokraft- und -arbeitsmaschinen. Der hydraulische Wirkungsgrad $\eta_h$ und der Minderleistungsfaktor $\mu$ hängen sowohl von einer Vielzahl geometrischer Parameter des Laufrades als auch von Strömungskenngrößen wie z.B. der Reynolds-Zahl und – bei thermischen Turbomaschinen – der Mach-Zahl ab. In [3.6] werden diese empirischen Berechnungen vertieft.

Für die «klassischen» radialen und axialen Laufräder sind in Tabelle 3.4 alle relevanten Formeln zur Berechnung der Geschwindigkeiten und Strömungswinkel zusammengestellt.

Tabelle 3.5 enthält die Laufradskizze, Geschwindigkeitspläne und wichtige Gleichungen des Peltonturbinenrades, Tabelle 3.6 fasst wichtige Beziehungen für Geometrie und Strömungsgeschwindigkeiten des Laufrades des Querstromventilators zusammen.

In den Tabellen 3.4 bis 3.6 sind keineswegs alle Laufradformen des Strömungsmaschinenbaus behandelt, so fehlen z.B. die typischen Laufradformen von hydrodynamischen Kupplungen und Drehmomentwandlern, wie sie in Kapitel 13 beschrieben sind. Auf die Besonderheiten bei der Behandlung von Windturbinen wird in Kapitel 10 eingegangen.

**Beispiel 3**
Das Laufrad einer Radialpumpe für Wasser hat folgende Abmessungen:

Außendurchmesser $D_2$ = 250 mm
Innendurchmesser $D_1$ = 50 mm
Eintrittsbreite $b_1$ = 10 mm
Austrittsbreite $b_2$ = 5 mm
Eintrittswinkel $\beta_1$ = 30°
Austrittswinkel $\beta_2$ = 25°
Verengungsfaktor $k_1$ = 1,2
Verengungsfaktor $k_2$ = 1,05

Wie groß sind Volumenstrom $\dot{V}$ und theoretische spezifische Stutzenarbeit $Y_{th\infty}$ bei einer Drehzahl von $n = 30\ \text{s}^{-1}$?

**Lösung:**
a) den Volumenstrom $\dot{V}$ erhält man aus dem Geschwindigkeitsplan für den Laufradeintritt bei Annahme drallfreier Zuströmung ($c_{u1} = 0$)

$u_1 = r_1\cdot\omega = D_1\cdot\pi\cdot n$
$u_1 = 0{,}05\cdot\pi\cdot 30$
$u_1 = 4{,}71\ \text{m/s}$
$c_{m1} = u_1\cdot\tan\beta_1 = 4{,}71\cdot\tan 30°$
$c_{m1} = 2{,}72\ \text{m/s}$

Tabelle 3.5  Geometrie und Geschwindigkeitspläne des Pelton-Turbinenrades

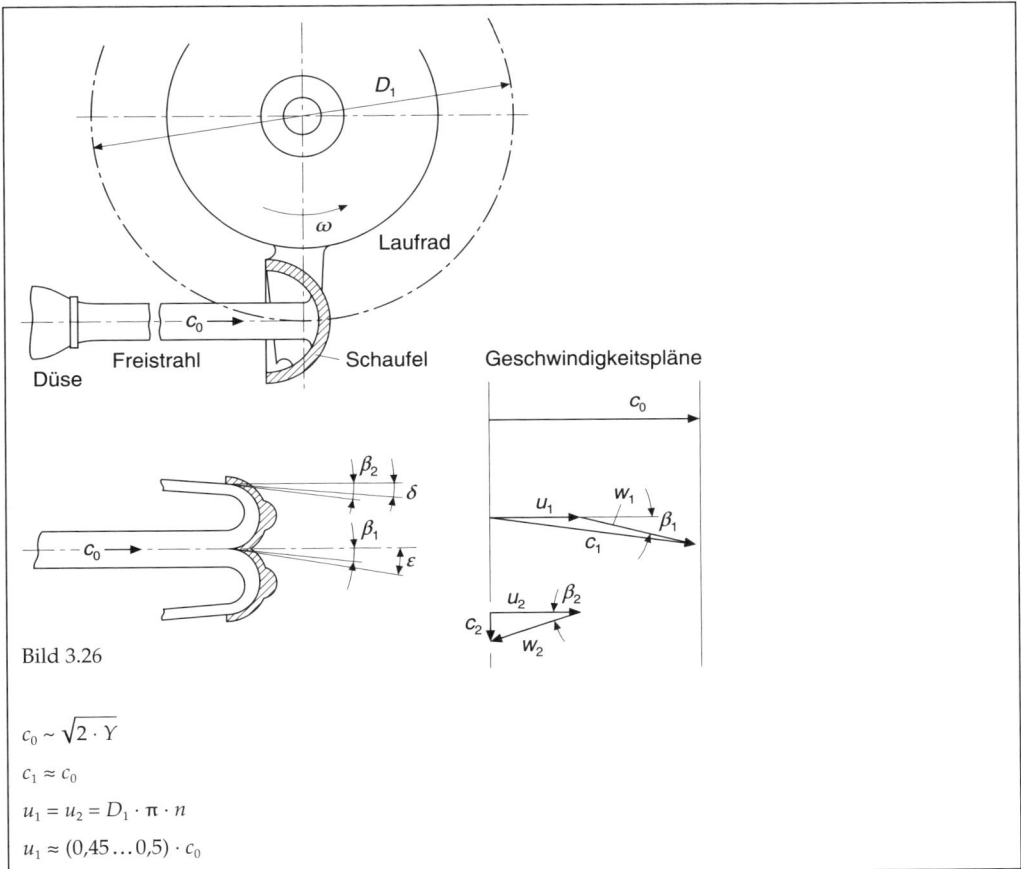

Bild 3.26

$c_0 \sim \sqrt{2 \cdot Y}$

$c_1 \approx c_0$

$u_1 = u_2 = D_1 \cdot \pi \cdot n$

$u_1 \approx (0{,}45 \ldots 0{,}5) \cdot c_0$

In Bild 3.28 ist der Geschwindigkeitsplan für den Laufradeintritt dargestellt.

Aus Tabelle 3.4 wird für den Volumenstrom $\dot{V} \triangleq \dot{V}_1$ folgende Beziehung entnommen:

$$\dot{V} = \frac{c_{m1} \cdot D_1 \cdot \pi \cdot b_1}{k_1}$$

$$\dot{V} = \frac{2{,}72 \cdot 0{,}05 \cdot \pi \cdot 0{,}01}{1{,}2}$$

$$\underline{\dot{V} = 3{,}56 \cdot 10^{-3} \text{ m}^3/\text{s}}$$

Tabelle 3.6   Geometrie und Geschwindigkeitspläne des Laufrades von Querstromventilatoren

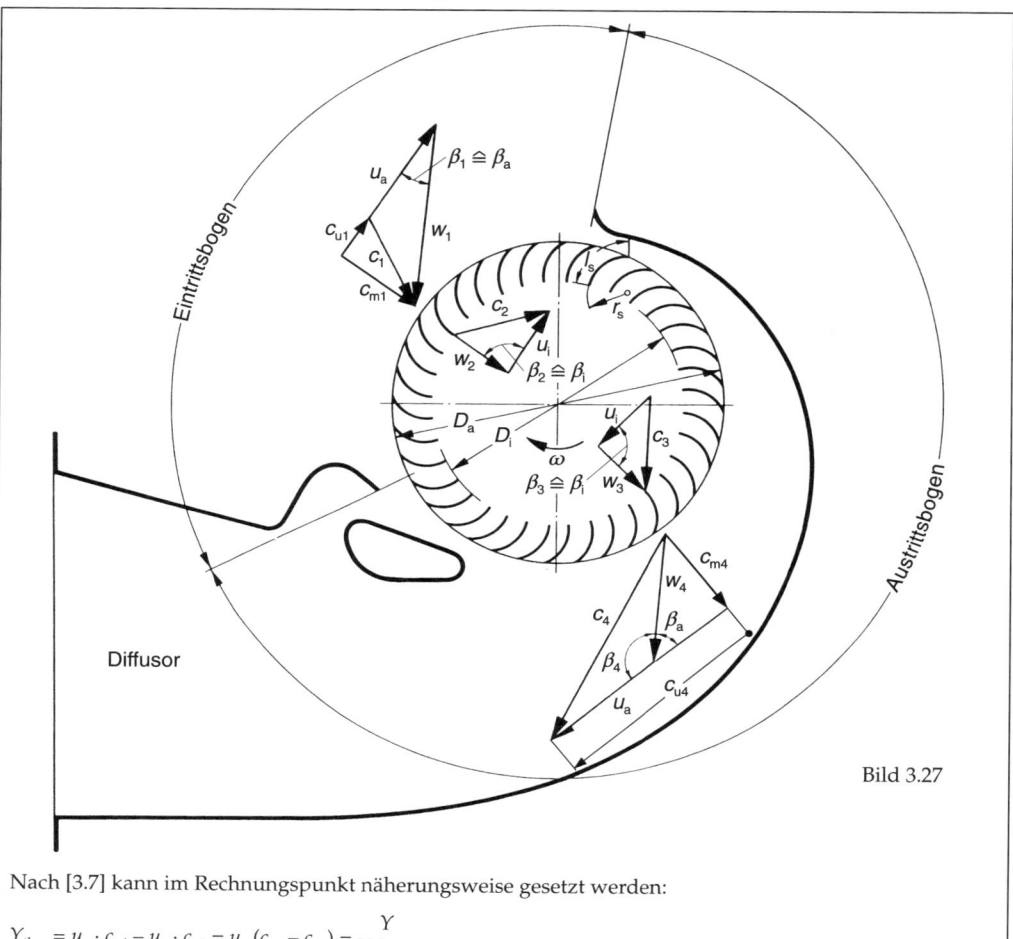

Bild 3.27

Nach [3.7] kann im Rechnungspunkt näherungsweise gesetzt werden:

$$Y_{th\,\infty} = u_a \cdot c_{u4} - u_a \cdot c_{u1} = u_a\,(c_{u4} - c_{u1}) = \frac{Y}{\eta_h \cdot \mu}$$

$c_{m1} \approx k_a \cdot \dfrac{\dot{V}}{b_R \cdot t_{ein}}$ $\qquad c_{u2} \approx c_{u3}$ $\qquad b_R$   Radbreite

$c_{m4} \approx k_a \cdot \dfrac{\dot{V}}{b_R \cdot t_{aus}}$ $\qquad c_{m2} \approx c_{m3}$ $\qquad t_{ein}$   Eintrittsbogen

$\qquad\qquad\qquad\qquad\qquad\qquad\qquad\qquad\; t_{aus}$   Austrittsbogen

Maßstab: 1 m/s

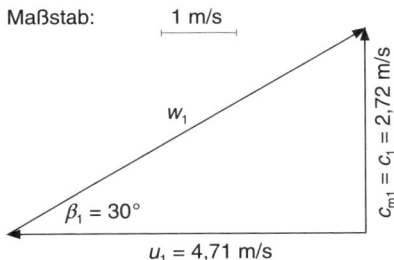

Bild 3.28 Geschwindigkeitsplan – Laufradeintritt (Annahme: drallfreie Zuströmung, $c_{u1} = 0$)

b) Die theoretische spezifische Stutzenarbeit $Y_{th\infty}$ ergibt sich aus dem Geschwindigkeitsplan für den Laufradaustritt (Bild 3.29):

$$c_{m2} = \frac{\dot{V}}{D_2 \cdot \pi \cdot b_2} \cdot k_2$$

$\dot{V}_2 \triangleq \dot{V}_1 \triangleq \dot{V}$ (inkompressibles Fluid)

$$c_{m2} = \frac{3{,}56 \cdot 10^{-3}}{0{,}25 \cdot 0{,}005 \cdot \pi} \cdot 1{,}05$$

$c_{m2} = 0{,}95 \text{ m/s}$

aus Tabelle 3.2 folgt:

$$c_{u2} = u_2 - \frac{c_{m2}}{\tan \beta_2}$$

$u_2 = D_2 \cdot \pi \cdot n$
$u_2 = 0{,}25 \cdot \pi \cdot 30$
$u_2 = 23{,}56 \text{ m/s}$

$c_{u2} = 23{,}56 - \dfrac{0{,}95}{\tan 25°}$

$c_{u2} = 21{,}52 \text{ m/s}$

Es wird drallfreier Strömungseintritt ins Laufrad vorausgesetzt, d.h. $c_{u1}$ zu Null angenommen.

Damit ergibt sich für $Y_{th\infty}$ nach Gleichung (3.6 b):

$Y_{th\infty} = c_{u2} \cdot u_2$

$Y_{th\infty} = 21{,}52 \cdot 23{,}56$

$\underline{Y_{th\infty} = 507 \text{ J/kg}}$

**Beispiel 4**
Ein Axialventilator hat folgende Abmessungen und Betriebsdaten:

Außendurchmesser $D_a$ = 500 mm
Innendurchmesser $D_i$ = 300 mm
Drehzahl $n$ = 50 s$^{-1}$
Volumenstrom $\dot{V}$ = 4 m³/s
theor. spez. Stutzenarbeit $Y_{th\infty}$ = 1000 J/kg

Die Strömung durch den Ventilator darf als inkompressibel angesehen werden.

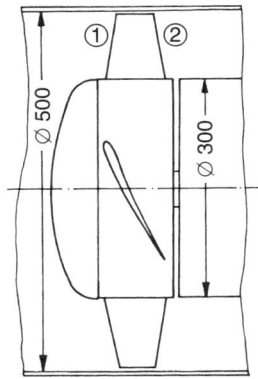

Bild 3.30 Zu Beispiel 4

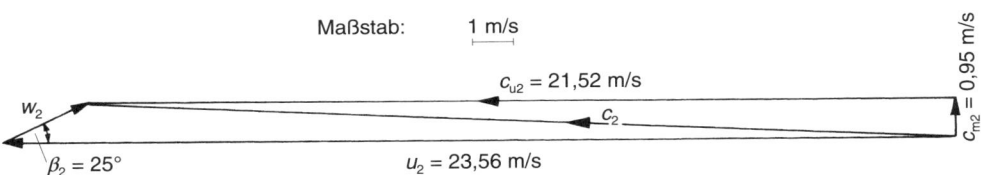

Bild 3.29 Geschwindigkeitsplan – Laufradaustritt

Es sind die Geschwindigkeitspläne für den Außendurchmesser, den Innendurchmesser und einen mittleren Durchmesser

$$D_m = \frac{D_a + D_i}{2} = 400 \text{ mm}$$

für drallfreie Zuströmung zu berechnen und aufzuzeichnen. Die Verengungsfaktoren $k_1$ und $k_2$ dürfen zu 1,0 angenommen werden.

**Lösung:**
Zunächst werden die Geschwindigkeiten und Winkel in folgender Tabelle berechnet:

|  | außen | Mitte | innen |  |
|---|---|---|---|---|
| $D_x$ | 0,5 | 0,4 | 0,3 | m |
| $u_x = D_x \cdot \pi \cdot n$ | 78,54 | 62,83 | 47,12 | m/s |
| $c_{m1} = c_{m2} = \dfrac{\dot{V}}{\dfrac{\pi}{4} \cdot (D_a^2 - D_i^2)}$ | 31,83 | 31,83 | 31,83 | m/s |
| $c_{u2x} = \dfrac{Y_{th\infty}}{u_x}$ (Annahme: $c_{u1x} = 0$) | 12,73 | 15,92 | 21,22 | m/s |
| $\beta_1 = \arctan \dfrac{c_{m1}}{u_x}$ | 22,06° | 26,87° | 34,04° |  |
| $\beta_2 = \arctan \dfrac{c_{m2}}{u_x - c_{u2x}}$ | 25,81° | 34,16° | 50,86° |  |

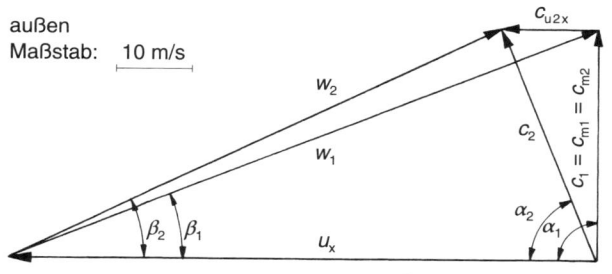

Bild 3.31
Geschwindigkeitspläne zu Beispiel 4

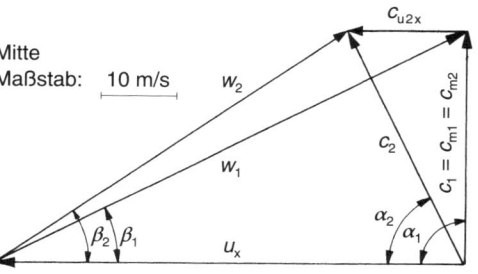

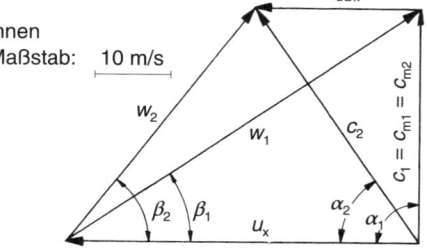

# 4 Modellgesetze und Kennzahlen

## 4.1 Einleitung

Bei der Auslegung, Baureihenentwicklung und Voraussage des Betriebsverhaltens von Strömungsmaschinen anhand von Daten ähnlicher Maschinen, insbesondere von Modellmaschinen, ist es erforderlich die Betriebsdaten auf andere Abmessungen (Baugrößen), Drehzahlen, bestimmte Garantiewerte oder andere Arbeitsfluide umzurechnen.

Diese Umrechnung geschieht mittels ähnlichkeitsmechanischer **Modellgesetze oder dimensionsloser Kennzahlen**.

Eine vollständige und gleichzeitige Einhaltung der in Abschnitt 4.2 aufgezählten Ähnlichkeitsbedingungen ist grundsätzlich nicht zu erzielen. Die begrenzte, näherungsweise Erfüllung der Ähnlichkeitsbedingungen unter Vernachlässigung von Größen untergeordneten Einflusses erlaubt aber eine weitgehende Übertragbarkeit der Strömungsverhältnisse zwischen ähnlichen Maschinen.

In vielen Fällen erweist es sich als vorteilhaft, das Betriebsverhalten ähnlicher Maschinen mittels Kennfeldern aus dimensionslosen Kennzahlen unabhängig von Baugröße und Drehzahl darzustellen, wie es in Kapitel 14 ausführlich beschrieben ist.

## 4.2 Ähnlichkeitsbedingungen

Bei der ähnlichkeitsmechanischen Umrechnung der Hauptdaten von Strömungsmaschinen müssen folgende Bedingungen eingehalten werden:

a) Die zu vergleichenden Maschinen müssen in allen direkt mit der Strömungsführung zusammenhängenden Abmessungen, Konturen und Formen **geometrisch ähnlich** sein.
Diese Bedingung ist hinsichtlich der Oberflächenrauigkeiten und Spalte meist nicht exakt einzuhalten, d.h., der Einfluss der Rauigkeit auf die Strömungen in Wandnähe (Grenzschichtströmungen) und die Spaltströmungen lassen sich nicht so ohne weiteres übertragen. So bleibt z. B. die absolute Rauigkeit oft nahezu gleich, da sie von Werkstoff und Bearbeitung abhängt, während die relative Rauigkeit sich stark ändert d. h. bei großen Maschinen kleiner ist als bei kleinen Maschinen. In der Praxis führen darüber hinaus sowohl die Verwendung von Normbauteilen als auch die nicht zu vermeidenden **Bauteiltoleranzen** zu nicht exakt skalierten Maschinen, sodass die Forderung nach geometrischer Ähnlichkeit in der Regel nur annähernd erfüllt werden kann.

b) Die Strömungen in den Kanälen und um die Schaufeln der Maschinen, insbesondere in den Laufrädern, müssen **kinematisch ähnlich** verlaufen, d.h., **die Geschwindigkeitspläne** müssen geometrisch ähnlich sein, was bedeutet, dass korrespondierende Winkel in den Geschwindigkeitsplänen übereinstimmen müssen.

c) Die zu vergleichenden Strömungen müssen **dynamisch ähnlich** verlaufen, d.h., sich entsprechende Kräfte, insbesondere Trägheits- und Reibungskräfte, müssen sich ähnlich verhalten.
Deshalb sollten wie bei vergleichbaren Betrachtungen in der Strömungsmechanik [4.1] die **Reynolds-Zahlen** der Maschinen weitgehend übereinstimmen, wobei es im Gegensatz zur Rohr- und Plattenströmung [4.1] nicht möglich ist, für aus sehr unterschiedlichen Bauelementen (Laufräder, Leiträder, Gehäuse) bestehende Strömungsmaschinen eine einfache, repräsentative Reynolds-Zahl zu definieren.
Bei thermischen Turbomaschinen sind die Kompressibilitätseffekte des Fluids von entscheidender Bedeutung für den Charakter der Strömung, daher sollte hier zunächst die Forderung nach der Gleichheit der **Mach-Zahlen** erfüllt sein (vgl. auch Kapitel 6).

## 4.3 Ähnlichkeitsbeziehungen zwischen den Hauptbetriebsdaten geometrisch ähnlicher Maschinen

### 4.3.1 Maßstabfaktoren

Zur Ableitung der Zusammenhänge zwischen den Hauptbetriebsdaten geometrisch ähnlicher Strömungsmaschinen, insbesondere geometrisch ähnlicher Lauräder werden **3 Maßstabfaktoren** eingeführt:

a) **Größenmaßstab**

$$k_l = \frac{l_{iI}}{l_{iII}}$$

Für die Länge $l_i$ wählt man normalerweise den Laufradaußendurchmesser $D$.

b) **Drehzahlmaßstab**

$$k_n = \frac{n_I}{n_{II}}$$

c) **Geschwindigkeitsmaßstab**

$$k_G = \frac{u_I}{u_{II}} = \frac{w_I}{w_{II}} = \frac{c_I}{c_{II}}$$

Für die Winkel in den Geschwindigkeitsplänen (Bild 4.1) gilt:

$$\beta_I \triangleq \beta_{II}; \quad \alpha_I \triangleq \alpha_{II}$$

Setzt man für die Umfangsgeschwindigkeiten

$$u_I = \pi \cdot D_I \cdot n_I$$

und $u_{II} = \pi \cdot D_{II} \cdot n_{II}$

erhält man folgenden einfachen Ausdruck für den Geschwindigkeitsmaßstab:

$$k_G = \frac{u_I}{u_{II}} = \frac{\pi \cdot D_I \cdot n_I}{\pi \cdot D_{II} \cdot n_{II}} = k_l \cdot k_n$$

d.h., der Geschwindigkeitsmaßstabfaktor $k_G$ ist gleich dem Produkt aus Größenmaßstabfaktor $k_l$ und Drehzahlmaßstabfaktor $k_n$. In den obigen Ableitungen bezieht sich Index I auf die kleinere Maschine I, Index II auf die größere Maschine II (Bild 4.1), so-

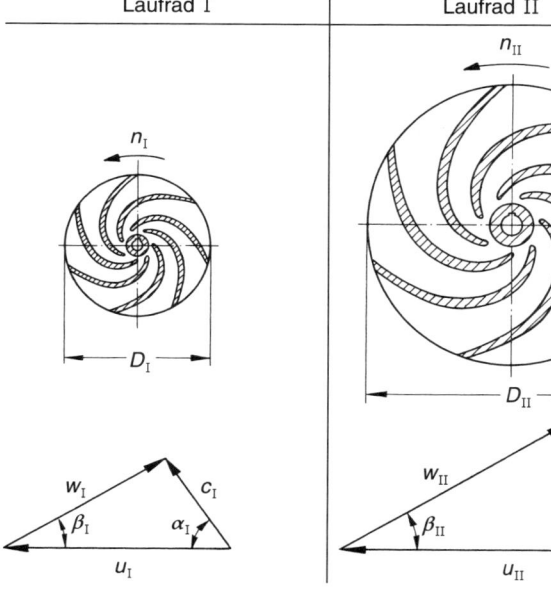

Bild 4.1 Zur Ähnlichkeit

Bild 4.2
Abhängigkeit des Volumenstroms
von Laufraddurchmesser
und Drehzahl

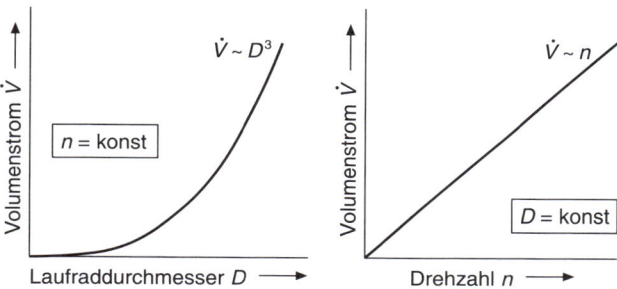

dass durch die an sich willkürlich getroffene Festlegung $k_l \leq 1$ wird.

### 4.3.2 Ähnlichkeitsbeziehung für den Volumenstrom $\dot{V}$

Nach der Kontinuitätsgleichung ist der Volumenstrom $\dot{V}$ proportional zur Geschwindigkeit $c$ und zum dazugehörenden orthogonalen Strömungsquerschnitt $A$:

$$\dot{V} = A \cdot c$$

Für beide zu vergleichende Maschinen I und II gilt entsprechend:

Maschine I: $\quad \dot{V}_I = A_I \cdot c_I$
Maschine II: $\quad \dot{V}_{II} = A_{II} \cdot c_{II}$

Die Strömungsquerschnitte $A_I$ und $A_{II}$ lassen sich, da $A \sim l^2$ ist, mittels Größenmaßstab $k_l$ ineinander umrechnen:

$$A_I = k_l^2 \cdot A_{II}$$

Desgleichen die Geschwindigkeiten $c_I$ und $c_{II}$ mittels des Geschwindigkeitsmaßstabes $k_G$:

$$c_I = k_G \cdot c_{II} = k_l \cdot k_n \cdot c_{II}$$

daraus folgt für die Volumenströme:

$$\dot{V}_I = A_I \cdot c_I = k_l^2 \cdot A_{II} \cdot k_l \cdot k_n \cdot c_{II}$$

$$\dot{V}_I = k_l^3 \cdot k_n \cdot A_{II} \cdot c_{II}$$

$$\boxed{\dot{V}_I = k_l^3 \cdot k_n \cdot \dot{V}_{II}} \qquad \text{(Gl. 4.1)}$$

In Worten ausgedrückt: der Volumenstrom einer geometrisch ähnlichen Strömungsmaschine ändert sich bei gleichbleibendem Arbeitsfluid und unter Einhaltung gegebener physikalischer und konstruktiver Grenzen mit der 3. Potenz der Abmessungen und linear mit der Drehzahl (Bild 4.2).

Bei Verdrängermaschinen gelten die gleichen Zusammenhänge. Da der Volumenstrom sich durch den Quotienten aus Massenstrom und Dichte ausdrücken lässt, kann Gl. 4.1 auch als Verknüpfung zwischen dem Massenstrom $\dot{m}_I$ und $\dot{m}_{II}$ ausgedrückt werden:

$$\dot{V}_I = \frac{\dot{m}_I}{\varrho_I} \: ; \: \dot{V}_{II} = \frac{\dot{m}_{II}}{\varrho_{II}}$$

$$\boxed{\dot{m}_I = k_l^3 \cdot k_n \cdot \frac{\varrho_I}{\varrho_{II}} \cdot \dot{m}_{II}} \qquad \text{(Gl. 4.2)}$$

### 4.3.3 Ähnlichkeitsbeziehung für die spezifische Stutzenarbeit $Y$

Nach der Euler'schen Strömungsmaschinen-Hauptgleichung (Gl. 3.7) besteht zwischen den Geschwindigkeiten im Laufrad und der theoretischen spezifischen Stutzenarbeit $Y_{th\infty}$ folgender Zusammenhang:

$$Y_{th\infty} = \pm \Delta(u \cdot c_u)$$

Für die geometrisch ähnlichen Laufräder I und II beträgt $Y_{th\infty}$:

$$Y_{th\infty I} = \pm \Delta(u \cdot c_u)_I$$

$$Y_{th\infty II} = \pm \Delta(u \cdot c_u)_{II}$$

Unter Benutzung des Geschwindigkeitsmaßstabes $k_G$ kann $Y_{th\infty I}$ durch $Y_{th\infty II}$ ausgedrückt werden:

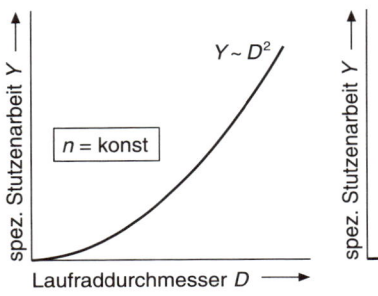
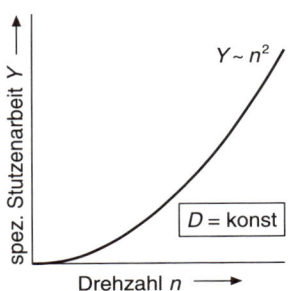

Bild 4.3
Abhängigkeit der spez. Stutzenarbeit von Laufraddurchmesser und Drehzahl

$u_\text{I} = k_\text{G} \cdot u_\text{II}$

$c_{u\text{I}} = k_\text{G} \cdot c_{u\text{II}}$

$Y_{\text{th}\infty\text{I}} = \pm \Delta(u \cdot c_u)_\text{I} = \pm k_\text{G}^2 \cdot \Delta(u \cdot c_u)_\text{II} = k_\text{G}^2 \cdot Y_{\text{th}\infty\text{II}}$

$$Y_{\text{th}\infty\text{I}} = k_\text{l}^2 \cdot k_\text{n}^2 \cdot Y_{\text{th}\infty\text{II}} \qquad \text{(Gl. 4.3)}$$

Nimmt man vereinfachend an, dass die hydraulischen Wirkungsgrade $\eta_\text{h}$ und die Minderleistungsfaktoren $\mu$ bei beiden Maschinen jeweils gleich groß sind bzw. nur geringfügig voneinander abweichen, kann in Gl. 4.3 $Y_{\text{th}\infty}$ angenähert durch $Y$ ersetzt werden.

$$Y_\text{I} \approx k_\text{l}^2 \cdot k_\text{n}^2 \cdot Y_\text{II} \qquad \text{(Gl. 4.4)}$$

Die spezifische Stutzenarbeit einer Strömungsmaschine ändert sich demnach bei nicht allzu starken Vergrößerungen bzw. Verkleinerungen und nicht zu großen Drehzahländerungen angenähert quadratisch mit den Abmessungen und den Drehzahlen (Bild 4.3).

Der in Gl. 4.4 beschriebene Zusammenhang zwischen den spezifischen Stutzenarbeiten geometrisch ähnlicher Strömungsmaschinen gilt nicht für die nach anderen Wirkprinzipien arbeitenden Verdrängermaschinen.

### 4.3.4 Ähnlichkeitsbeziehung für die Leistung $P$

Die Leistung einer Strömungsmaschine ist proportional zum Produkt aus Massenstrom und spezifischer Stutzenarbeit (vgl. Gl. 2.42 und 2.43). Bleibt bei der Umrechnung die Dichte des Arbeitsfluids gleich, kann die Leistung auch proportional zum Produkt aus Volumenstrom und spezifischer Stutzenarbeit gesetzt werden.

$$P \sim \dot{V} \cdot Y$$

Maschine I: $P_\text{I} \sim \dot{V}_\text{I} \cdot Y_\text{I}$

Maschine II: $P_\text{II} \sim \dot{V}_\text{II} \cdot Y_\text{II}$

nach Gl. 4.1 gilt für $\dot{V}_\text{I}$: $\dot{V}_\text{I} = k_\text{l}^3 \cdot k_\text{n} \cdot \dot{V}_\text{II}$

nach Gl. 4.4 gilt für $Y_\text{I}$: $Y_\text{I} \approx k_\text{l}^2 \cdot k_\text{n}^2 \cdot Y_\text{II}$

Daraus folgt für die Leistungen:

$P_\text{I} \sim k_\text{l}^3 \cdot k_\text{n} \cdot \dot{V}_\text{II} \cdot k_\text{l}^2 \cdot k_\text{n}^2 \cdot Y_\text{II}$

$P_\text{I} \sim k_\text{l}^5 \cdot k_\text{n}^3 \cdot \dot{V}_\text{II} \cdot Y_\text{II}$

$P_\text{I} \sim k_\text{l}^5 \cdot k_\text{n}^3 \cdot P_\text{II}$

Unter Vernachlässigung des Wirkungsgradunterschiedes zwischen den beiden zu vergleichenden Maschinen kann bei gleichbleibender Fluiddichte gesetzt werden:

$$P_\text{I} \approx k_\text{l}^5 \cdot k_\text{n}^3 \cdot P_\text{II} \qquad \text{(Gl. 4.5)}$$

Die Leistung einer Strömungsmaschine ändert sich angenähert mit der 5. Potenz der Abmessungen und der 3. Potenz der Drehzahl (Bild 4.4). An dieser Stelle sei darauf hingewiesen, dass bei Verdrängermaschinen bezüglich der Leistung ganz andere Proportionalitäten vorliegen.

Würde sich auch die Fluiddichte ändern, d.h. wäre $\varrho_\text{I} \neq \varrho_\text{II}$, müsste Gl. 4.5 wie folgt erweitert werden:

$$P_\text{I} \approx k_\text{l}^5 \cdot k_\text{n}^3 \cdot \frac{\varrho_\text{I}}{\varrho_\text{II}} \cdot P_\text{II} \qquad \text{(Gl. 4.6)}$$

Bild 4.4
Abhängigkeit der Leistung von
Laufraddurchmesser und Drehzahl

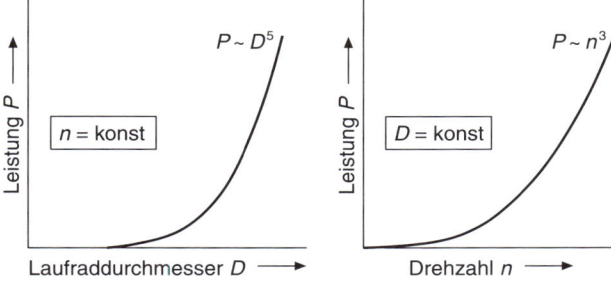

## 4.3.5 Ähnlichkeitsbeziehung für das Drehmoment $M$

Das Drehmoment $M$ ist proportional zum Quotienten aus Leistung $P$ und Drehzahl $n$

$$M \sim \frac{P}{n}$$

Durch Einsetzen dieser Beziehung in Gl. 4.5 erhält man die zur Umrechnung des Drehmomentes erforderliche Formel:

$$M_\text{I} \cdot n_\text{I} \approx k_\text{l}^5 \cdot k_\text{n}^3 \cdot M_\text{II} \cdot n_\text{II}$$

$$M_\text{I} \approx k_\text{l}^5 \cdot k_\text{n}^3 \cdot M_\text{II} \cdot \frac{n_\text{II}}{n_\text{I}} \approx k_\text{l}^5 \cdot k_\text{n}^3 \cdot M_\text{II} \cdot \frac{1}{k_\text{n}}$$

$$\boxed{M_\text{I} \approx k_\text{l}^5 \cdot k_\text{n}^2 \cdot M_\text{II}} \qquad \text{(Gl. 4.7)}$$

Das Drehmoment einer Strömungsmaschine ändert sich angenähert mit der 5. Potenz der Abmessungen und dem Quadrat der Drehzahl (Bild 4.5).

Dieser Zusammenhang spielt eine große Rolle bei der Auslegung hydrodynamischer Kupplungen, Bremsen und Drehmomentwandler (vgl. Gl. 13.2).

**Beispiel 5**
Eine Radialpumpe hat folgende Betriebsdaten:

Volumenstrom $\dot V = 100 \text{ m}^3/\text{h}$
spez. Stutzenarbeit $Y = 500 \text{ J/kg}$
Leistung $P = 17{,}5 \text{ kW}$

Wie groß sind Volumenstrom, spez. Stutzenarbeit und Leistung einer geometrisch ähnlichen Pumpe, wenn das gleiche Medium gefördert wird, der Durchmesser um 25% vergrößert, die Drehzahl um 50% gesenkt werden?

**Lösung:**
$\dot V_\text{I} = 100 \text{ m}^3/\text{h}$
$Y_\text{I} = 500 \text{ J/kg}$
$P_\text{I} = 17{,}5 \text{ kW}$

$$k_\text{l} = \frac{D_\text{I}}{D_\text{II}} = \frac{1}{1{,}25} = 0{,}8$$

$$k_\text{n} = \frac{n_\text{I}}{n_\text{II}} = \frac{1}{0{,}5} = 2$$

Bild 4.5
Abhängigkeit des Drehmoments von
Laufraddurchmesser und Drehzahl

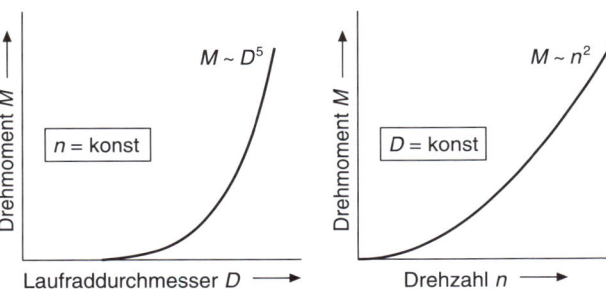

Der Volumenstrom $\dot{V}_{II}$ der neuen Pumpe ergibt sich aus Gl. 4.1:

$$\dot{V}_{II} = \frac{\dot{V}_I}{k_l^3 \cdot k_n}$$

$$\dot{V}_{II} = \frac{100}{0{,}8^3 \cdot 2}$$

$$\underline{\dot{V}_{II} = 97{,}66 \text{ m}^3/\text{h}}$$

Für die spez. Stutzenarbeit $Y_{II}$ folgt aus Gl. 4.4:

$$Y_{II} \approx \frac{Y_I}{k_l^2 \cdot k_n^2}$$

$$Y_{II} \approx \frac{500}{0{,}8^2 \cdot 2^2}$$

$$\underline{Y_{II} \approx 195{,}31 \text{ J/kg}}$$

Die Leistung $P$ berechnet sich nach Gl. 4.5:

$$P_{II} \approx \frac{P_I}{k_l^5 \cdot k_n^3}$$

$$P_{II} \approx \frac{17{,}5}{0{,}8^5 \cdot 2^3}$$

$$\underline{P_{II} \approx 6{,}68 \text{ kW}}$$

Würde man die Pumpe II auf dem Prüfstand durchmessen, ergäben sich Werte für den Volumenstrom $\dot{V}_{II}$, die spez. Stutzenarbeit $Y_{II}$ und die Leistung $P_{II}$, die von den oben errechneten Werten, insbesondere bei der Leistung, mehr oder minder stark abweichen würden, da die einfachen Ähnlichkeitsformeln (Modellgesetze) nicht alle Einflüsse erfassen.

## 4.4 Aufweteformeln

Die in den Gl. 4.1 bis 4.7 angegebenen Umrechnungsformeln für die wichtigen Betriebswerte geometrisch ähnlicher Strömungsmaschinen stimmen nur angenähert, da sich die verschiedenen Energieverluste weder im Optimalpunkt noch im Teillast- oder Überlastbetrieb rechnerisch erfassen lassen.

Im Vorgriff auf Abschnitt 4.5 und Kapitel 14 wird zur Verdeutlichung des Problems das dimensionslose Kennfeld einer Radialpumpe bei 2 unterschiedlichen Reynolds-Zahlen [4.2] dargestellt (Bild 4.6). Würden sich auch die Verluste mit den einfachen Proportionalgesetzen der Gl. 4.1 bis 4.7 umrechnen lassen, würden die schwarzen und roten Kurvenzüge zusammenfallen.

Ganz allgemein bezeichnet man die Veränderung der Kennlinien als **Aufwertung** oder **Abwertung**, wobei in der Praxis vor allem die

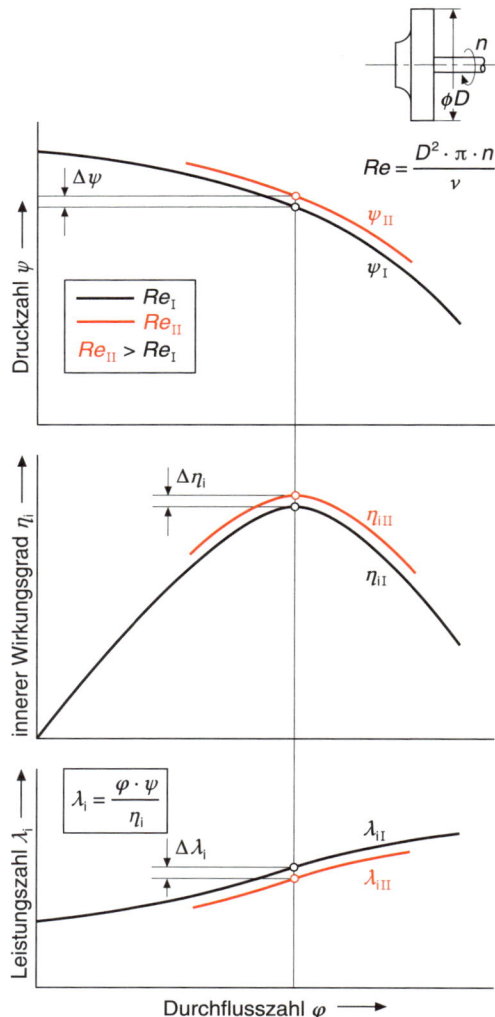

Bild 4.6 Aufwertungseffekt demonstriert an einem dimensionslosen Kennfeld [4.2]

Wirkungsgradverbesserung $\Delta\eta$ (Aufwertung) bzw. Wirkungsgradverschlechterung (Abwertung) interessiert.

Die in der Praxis gebräuchlichen Aufwerteformeln, allein [4.2 und 4.45] listen 15 gängige Formeln auf, [4.3] enthält sogar 22 Formeln, lassen sich in 3 Gruppen einteilen:

a) Aufwerteformeln, die in Anlehnung an die **Rohr- oder Plattenströmung** [4.1] hergeleitet werden, wobei die Aufwertung im Wesentlichen von der Reynolds-Zahl abhängt. Wie bei der Rohr- und Plattenströmung müssten an sich die 3 Bereiche unterschieden werden:

- hydraulisch glatt,
- hydraulisch rau,
- Übergangsgebiet.

Fast alle «klassischen» Aufwerteformeln betrachten die Strömung als hydraulisch glatt, d.h. vernachlässigen den Rauigkeitseinfluss.

Da die 3-dimensionale, instationäre und reibungsbehaftete, teilweise auch ablösungsbehaftete Strömung in rotierenden (Laufräder) und stationären (Leiträder, Gehäuse, Düsen, Diffusoren usw.) Stromführungssystemen mit unregelmäßigem Querschnittsverlauf in keiner Weise mit der vergleichsweise einfachen, stationären und 2-dimensionalen Rohr- und Plattenströmung zu vergleichen ist, lassen sich keine einfachen Definitionen, weder für die Reynolds-Zahl noch für den Strömungstypus finden, zumal die Reibungsvorgänge in den Schaufelkanälen, in den Spalten, in den Radseitenräumen oder in Gehäuseelementen verschiedenen Gesetzmäßigkeiten gehorchen.

So zeigen sich die großen Unsicherheiten und die eng begrenzten Anwendungsbereiche derartiger Aufwertungsformeln allein schon in der großen Zahl der in den letzten 70 Jahren bekanntgewordenen Formeln.

Um wenigstens für einfache Überschlagsrechnungen ein paar wichtige, in der Praxis angewandte Aufwerteformeln parat zu haben, werden 2 «klassische» Formeln wiedergegeben:

Es wird angenommen, dass sich der innere Wirkungsgrad der Maschine $\eta_i = \eta_h \cdot \eta_{Rs} \cdot \eta_{vent}$ (Gl. 2.47) proportional zur Reynolds-Zahl verhält:

$(1 - \eta_i) \sim Re^{-1/\alpha}$

d.h. $\dfrac{1 - \eta_{iII}}{1 - \eta_{iI}} = \left(\dfrac{Re_I}{Re_{II}}\right)^{1/\alpha}$

PFLEIDERER [4.12] schlägt vor, für den Exponenten $1/\alpha = 1/10 = 0{,}1$ zu setzen:

$$\dfrac{1 - \eta_{iII}}{1 - \eta_{iI}} = \left(\dfrac{Re_I}{Re_{II}}\right)^{0,1} \qquad \text{(Gl. 4.8)}$$

In der Fachliteratur, z.B. [4.2, 4.3, 4.4, 4.8 und 4.13] wird von der Verwendung dieser allzu einfachen Gleichung abgeraten, da sie die $Re$-unabhängigen Verluste nicht herausrechnet und eine Erweiterung durch einen Verlustverteilungskoeffizienten $V$ vorschlagen:

$\dfrac{1 - \eta_{iII}}{1 - \eta_{iI}} = (1 - V) + V\left(\dfrac{Re_I}{Re_{II}}\right)^{1/\alpha}$

ACKERET hat vorgeschlagen [4.14] $V = 0{,}5$ und $1/\alpha = 1/5 = 0{,}2$ zu setzen:

$$\dfrac{1 - \eta_{iII}}{1 - \eta_{iI}} = \dfrac{1}{2}\left[1 + \left(\dfrac{Re_I}{Re_{II}}\right)^{0,2}\right] \qquad \text{(Gl. 4.9)}$$

Diese Formel wird z.B. in [2.14] zur Aufwertung des Wirkungsgrades von Ventilatoren empfohlen.

In [4.2] finden sich detaillierte Angaben zum Koeffizienten $V$. In beiden Gl. 4.8 und 4.9 wird die Reynolds-Zahl auf die Umfangsgeschwindigkeit am Laufradaußendurchmesser $D$ bezogen:

$$Re = \dfrac{u \cdot D}{\nu} = \dfrac{\pi \cdot n \cdot D^2}{\nu} \qquad \text{(Gl. 4.10)}$$

$n$ Drehzahl
$D$ Laufradaußendurchmesser
$\nu$ kinematische Viskosität des Arbeitsfluids

Bei der Anwendung der Gl. 4.8 und 4.9 ist zu beachten, dass sich die Reynolds-Zahlen

$$Re_I = \frac{\pi \cdot n_I \cdot D_I^2}{\nu_I} \text{ und } Re_{II} = \frac{\pi \cdot n_{II} \cdot D_{II}^2}{\nu_{II}}$$ nicht zu stark voneinander unterscheiden.
So sind z. B. in [4.5 und 4.6] Diagramme angegeben über den zulässigen Anwendungsbereich der Reynolds-Zahlen bei Änderung der Maschinengröße ($D$) und/oder der Drehzahl $n$ und/oder der Viskosität $\nu$ des Arbeitsfluids (Bild 4.7).
Die Gl. 4.8 und 4.9 sowie Bild 4.7 suggerieren einen relativ einfachen Zusammenhang zwischen Aufwertung und Reynolds-Zahl, unabhängig von der Art der Änderung derselben.
Aus Gl. 4.10 geht hervor, dass sich die Reynolds-Zahl linear mit der Drehzahl, quadratisch mit dem Laufraddurchmesser und reziprok zur kinematischen Viskosität des Arbeitsfluids ändert. In zahlreichen Versuchen [4.2, 4.4, 4.8, 4.9, 4.10, 4.15 und 4.35] wurde aufgezeigt, dass die 3 genannten Größen $D$, $n$ und $\nu$ einen sehr unterschiedlichen Einfluss auf die Verluste und damit auf die Aufwertung bzw. Abwertung haben.

RÜTSCHI zeigt z. B. in [4.8] und [4.9], dass die Veränderung des Laufradaußendurchmessers $D$, bzw. des Saugmunddurchmessers $D_s$ bei Radialmaschinen bei geometrisch ähnlichen Maschinen den größten Einfluss auf die Aufwertung hat, während die Drehzahländerung sich viel geringer auswirkt. Der Einfluss der kinematischen Viskosität hängt sehr stark von der Bauform des Laufrades ab, ist z. B. bei schmalen Radialrädern viel größer als bei Axialrädern.
In Bild 4.8 aus [4.9, 4.15] wird der hydraulische Wirkungsgrad

$$\eta_h = \frac{\eta_i}{\eta_{Rs} \cdot \eta_{vent}}$$

einer Reihe modellähnlicher Radialpumpen mit dem Wirkungsgrad $\eta_h$ einer Einzelpumpe [4.15] verglichen, bei der die Reynolds-Zahl «nur» durch Ändern der Viskosität bzw. der Drehzahl variiert wurde.

b) Aufwerteformeln, die auf **theoretischen und experimentellen Verlustanalysen** an bestimmten Strömungsmaschinen aufbauen. So werden z. B. in [4.2, 4.45, 4.48…4.50] Kreiselpumpen, in [4.4, 4.46] Radialverdichter genauer untersucht und

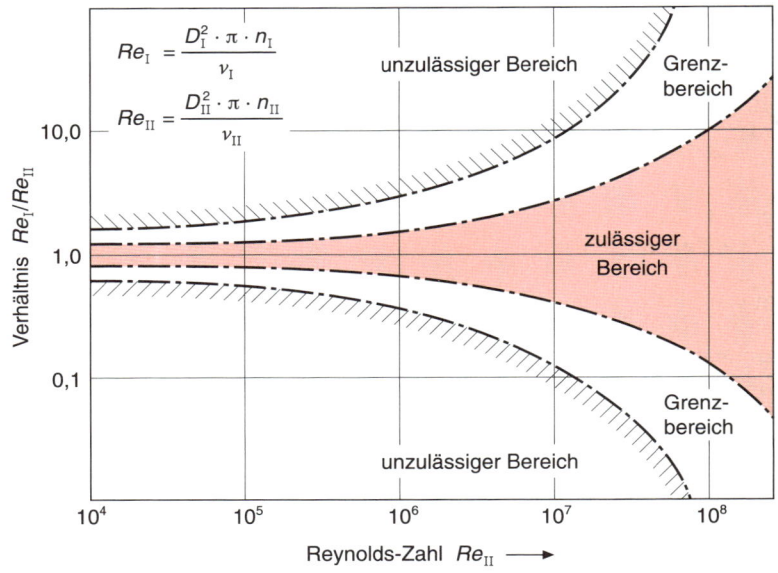

Bild 4.7
Zulässiger Bereich für die Variation der Reynolds-Zahl nach [4.5] und [4.6]

Bild 4.8
Hydraulischer
Wirkungsgrad von
Radialpumpen
nach [4.9] und [4.15]

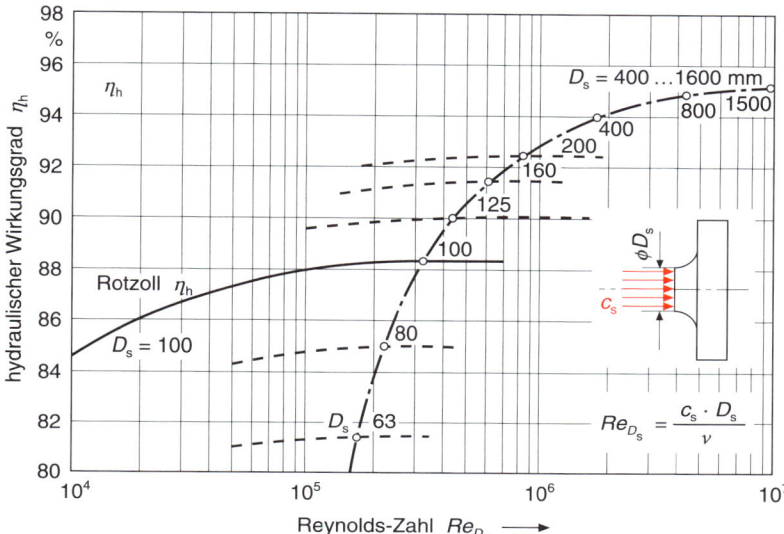

spezielle, vergleichsweise aufwendige Rechenverfahren zur Wirkungsgradaufwertung angegeben.
Bei Verwendung derartiger Aufwerteformeln ist genau darauf zu achten, welche Wirkungsgradbegriffe verwendet werden und welche Reynolds-Zahl-Definition zugrunde liegt. Ähnlich Bild 4.7 ist auch die Variationsbreite der Reynolds-Zahl zu überprüfen.
Von den zahlreichen in der Fachliteratur angegebenen, durch Versuchswerte korrigierten Aufwerteformeln wird die in [4.4] abgeleitete Aufwerteformel für radiale Arbeitsmaschinen zitiert:

$$\frac{1-\eta_{hII}}{1-\eta_{hI}} = \left(\frac{Re_I}{Re_{II}}\right)^{1/\alpha} \left[\frac{(k_s/D_h)_{II}}{(k_s/D_h)_I}\right]^m \quad \text{(Gl. 4.11)}$$

$k_s$  Sandrauigkeit (Angaben dazu in [4.2])
$D_h$  hydraulischer Durchmesser (in [4.4]
  $D_h = D_s$)
$1/\alpha = 0{,}1 \ldots 0{,}3$ je nach Reynolds-Zahl
$m = 0{,}22 \ldots 0{,}25$ (Exponent)

In [4.4] werden auch 5 unterschiedliche Reynolds-Zahl-Definitionen untersucht und abweichend von Gl. 4.10 folgende Beziehung empfohlen:

$$Re = \frac{\dot{m}}{D \cdot \mu} \quad \text{(Gl. 4.12)}$$

$Re$  Reynolds-Zahl
$\dot{m}$  Massenstrom
$D$  Laufradaußendurchmesser
$\mu$  dynamische Viskosität des
  Arbeitsfluids

In [4.2] ist ein rechnerisch wesentlich aufwendigeres, dafür aber auch viel genaueres Verfahren zur Aufwertung der Wirkungsgrade von radialen Serienpumpen beschrieben.

c) **Empirische Aufwertungsgleichungen**, die auf ausgedehnten Messungen an Modell- und Originalmaschinen, z. B. an Wasserturbinen, Serienpumpen [4.8, 4.9] oder Ventilatoren [4.10], beruhen.
In diesen Gleichungen werden neben der Reynolds-Zahl insbesondere der Vergrößerungsmaßstab $k_l$ und evtl. auch die Oberflächenrauigkeit berücksichtigt.
In [4.2 und 4.3] werden mehrere rein empirisch gewonnene Aufwertegleichungen, insbesondere für Wasserturbinen und Kreiselpumpen, aufgezählt, wovon einige we-

nige wiedergegeben werden. In [4.16] werden für **Wasserturbinen** folgende Gleichungen vorgeschlagen:
für **Kaplan-Turbinen** die aus dem Jahre 1954 stammende Gleichung von HUTTON:

$$\frac{1-\eta_{iII}}{1-\eta_{iI}} = 0{,}3 + 0{,}7 \cdot \left(\frac{Re_I}{Re_{II}}\right)^{0{,}2} \quad \text{(Gl. 4.13)}$$

für **Francis-Turbinen** die Gleichung von MOODY aus dem Jahre 1942:

$$\frac{1-\eta_{iII}}{1-\eta_{iI}} = \left(\frac{D_I}{D_{II}}\right)^{0{,}2} \quad \text{(Gl. 4.14)}$$

RÜTSCHI [4.8, 4.9] erweiterte für **1-stufige, 1-flutige Radialpumpen** die Gleichung von PFLEIDERER:

$$\eta_{iII} = 1 - \left[1 - \frac{1-2{,}21/D_{sII}^{3/2}}{1-2{,}21/D_{sI}^{3/2}} \cdot \eta_{iI}\right] \cdot \left(\frac{Re_I}{Re_{II}}\right)^{0{,}1}$$
$$\text{Gl. (4.15)}$$

wobei die Saugmunddurchmesser $D_{sI}$ und $D_{sII}$ **in cm** einzusetzen sind.
Um die Ungenauigkeiten der verschiedenen Aufwerteformeln an einem konkreten klassischen Beispiel aufzuzeigen, ist in Tabelle 4.1 der an den Kaplan-Turbinen des Wasserkraftwerkes Simbach-Braunau am Inn gemessene Gesamtwirkungsgrad mit dem nach verschiedenen Gleichungen aufgewerteten Wirkungsgrad der Modellmessungen verglichen worden [4.11].

**Beispiel 6**
An einem Modell-Axialventilator mit einem Laufradaußendurchmesser $D_I = 500$ mm wurde ein innerer Wirkungsgrad $\eta_{iI} = 0{,}8$ gemessen.
Wie groß wird der innere Wirkungsgrad eines geometrisch ähnlichen Ventilators, wenn bei gleichbleibender Drehzahl und gleichbleibendem Luftzustand der Laufradaußendurchmesser auf $D_{II} = 1000$ mm verdoppelt wird?

**Lösung:**
In VDI 2044 [2.14] wird empfohlen zur Aufwertung des Wirkungsgrades von Ventilatoren die Aufwerteformel von ACKERET (Gl. 4.9) zu benutzen:

Tabelle 4.1 Vergleich aufgewerteter Werte einer Kaplan-Turbine.
Daten der Modellturbine: $D_I = 712$ mm; $H_I = 3{,}5$ m; $\eta_{iI} = 0{,}901$.
Daten der Großausführung: $D_{II} = 6280$ mm; $H_{II} = 11$ m; $\eta_{IIM} = 0{,}923$

| Formel | aufgewerteter Wirkungsgrad $\eta_{II,A}$ | Abweichung vom gemessenen Wirkungsgrad $\Delta\eta = \eta_{II,M} - \eta_{II,A}$ in % |
|---|---|---|
| CANAAN (VOITH) | 0,917 | + 0,65 |
| HUTTON (Gl. 4.13) | 0,925 | – 0,22 |
| PFLEIDERER (Gl. 4.8) | 0,932 | – 0,98 |
| MOODY (Gl. 4.14) | 0,94 | – 1,84 |
| GREGORIG | 0,942 | – 2,06 |
| STAUFER | 0,945 | – 2,38 |
| FROMM | 0,946 | – 2,49 |

$$\frac{1-\eta_{iII}}{1-\eta_{iI}} = \frac{1}{2}\left[1 + \left(\frac{Re_I}{Re_{II}}\right)^{0{,}2}\right]$$

$$\eta_{iI} = 0{,}8$$

$$\frac{Re_I}{Re_{II}} = \frac{D_I \cdot u_I \cdot v_{II}}{D_{II} \cdot u_{II} \cdot v_I} = \frac{D_I \cdot u_I}{D_{II} \cdot u_{II}} \quad \text{da } v_I \triangleq v_{II}$$

$$\frac{Re_I}{Re_{II}} = \frac{D_I \cdot D_I \cdot \pi \cdot n_I}{D_{II} \cdot D_{II} \cdot \pi \cdot n_{II}} = \left(\frac{D_I}{D_{II}}\right)^2 \quad \text{da } n_I \triangleq n_{II}$$

$$\frac{Re_I}{Re_{II}} = \left(\frac{500}{1000}\right)^2 = 0{,}25$$

$$\frac{1-\eta_{iII}}{1-\eta_{iI}} = \frac{1}{2} \cdot [1 + 0{,}25^{0{,}2}] = 0{,}87893$$

$$\frac{1-\eta_{iII}}{1-0{,}8} = 0{,}87893$$

$$1 - \eta_{iII} = 0{,}2 \cdot 0{,}87893 = 0{,}17579$$

$\eta_{iIII} = 1 - 0{,}17579$

$\eta_{iIII} = 0{,}824$

Die Zunahme des inneren Wirkungsgrades beträgt damit:

$\Delta \eta_i = \eta_{iIII} - \eta_{iII} = 0{,}824 - 0{,}8 = 0{,}024$ oder 2,4%-Punkte

Ein vergleichbarer Wert von 2…3%-Punkten kann auch aus in [4.10] angegebenen Diagrammen entnommen werden.

Weitere Aufwertegleichungen finden sich in [4.17 bis 4.19, 4.48]. Mit der Ähnlichkeitsmechanik und der Wirkungsgradaufwertung von Turboverdichtern befasst sich [4.20 und 4.21].

Für vertiefte Studien der Modellähnlichkeit eignen sich u.a. [4.22 bis 4.25].

## 4.5 Kennzahlen

### 4.5.1 Einleitung

In letzter Zeit hat sich die Verwendung von dimensionslosen Kennzahlen im Strömungsmaschinenbau bei der Beschreibung des Betriebsverhaltens sowie bei der Auslegung und Typisierung immer mehr durchgesetzt. Die verschiedenen Kennzahlen basieren auf den Gesetzen der Ähnlichkeitsmechanik und verknüpfen die wichtigsten Betriebsdaten der Maschinen mit ihren Abmessungen und Drehzahlen.

Etwas vereinfachend kann man die Kennzahlen in folgende Gruppen einteilen:

❏ Kennzahlen zur Charakterisierung des Betriebsverhaltens, vor allem zur Darstellung von Kennfeldern,
❏ Kennzahlen zur Typisierung und Auslegung,
❏ Kennzahlen zur Beurteilung der Güte der Energieumsetzung, d.h. die in Abschnitt 2.5 beschriebenen **Wirkungsgrade**,
❏ physikalische Kennzahlen, wie sie z.T. aus der Strömungsmechanik und Thermodynamik bekannt sind,
❏ spezielle Kennzahlen.

### 4.5.2 Kennzahlen zur Charakterisierung des Betriebsverhaltens

#### 4.5.2.1 Durchflusszahl $\varphi$

Die Durchflusszahl $\varphi$, manchmal auch Lieferzahl $\varphi$ oder Volumenzahl $\varphi$ genannt, wurde ursprünglich als Verhältnis aus Meridiangeschwindigkeit $c_m$ und Umfangsgeschwindigkeit $u$ im Geschwindigkeitsplan definiert:

$$\varphi' = \frac{c_m}{u}$$

Da die Meridiangeschwindigkeit $c_m$ proportional zum Volumenstrom $\dot{V}$ und zum korrespondierenden, von der Laufradform abhängenden Strömungsquerschnitt ist (Tabellen 3.4 und 3.6), erweist es sich für die meisten Laufradformen als sinnvoll, die tatsächliche Meridiangeschwindigkeit $c_m$ durch die fiktive Geschwindigkeit

$$c_D = \frac{4 \cdot \dot{V}}{D^2 \cdot \pi}$$

mit $D$ als Laufradaußendurchmesser zu ersetzen [4.26]:

$$\varphi = \frac{c_D}{u} = \frac{4 \cdot \dot{V}}{D^2 \cdot \pi \cdot u} = \frac{4 \cdot \dot{V}}{D^2 \cdot \pi \cdot D \cdot \pi \cdot n}$$

$$\varphi = \frac{4 \cdot \dot{V}}{D^3 \cdot \pi^2 \cdot n} \qquad \text{(Gl. 4.16)}$$

Durch Umstellen von Gl. 4.16 erhält man wieder die in Gl. 4.1 und Bild 4.2 ausgedrückte Proportionalität

$$\dot{V} = \varphi \cdot \frac{\pi^2}{4} \cdot D^3 \cdot n$$

$$\dot{V} \sim D^3 \cdot n$$

Nicht alle Publikationen, Normen und Richtlinien verwenden die in Gl. 4.16 ausgedrückte Definition der Durchflusszahl $\varphi$, manche neueren Veröffentlichungen streichen z.B. den Term $\frac{4}{\pi^2}$ und setzen vereinfacht:

$$\varphi = \frac{\dot{V}}{D^3 \cdot n}$$

Tabelle 4.2  Durchflusszahl $\varphi'$

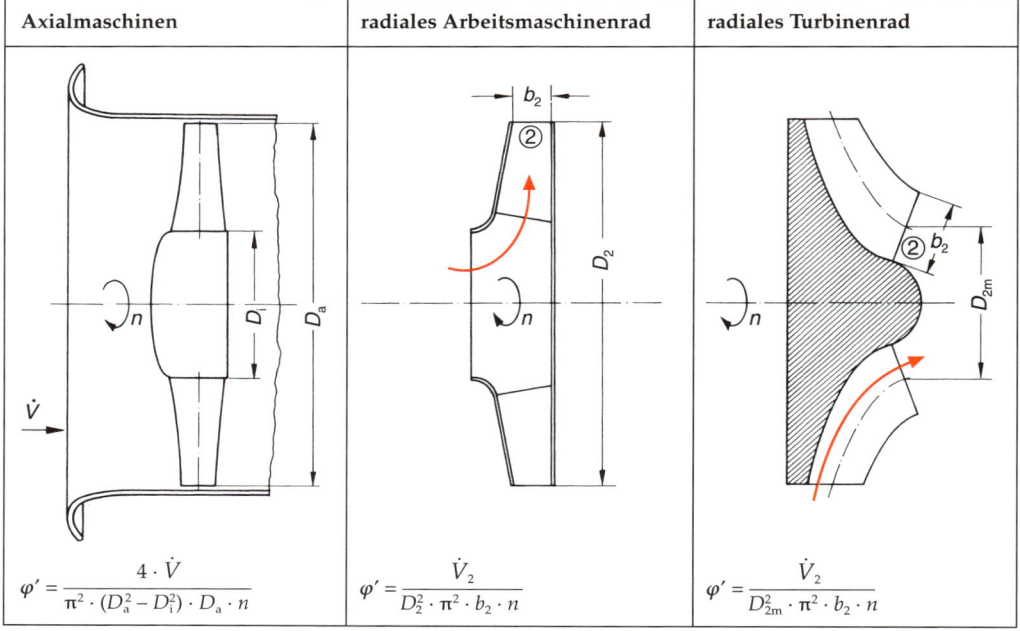

| Axialmaschinen | radiales Arbeitsmaschinenrad | radiales Turbinenrad |
|---|---|---|
| $\varphi' = \dfrac{4 \cdot \dot{V}}{\pi^2 \cdot (D_a^2 - D_i^2) \cdot D_a \cdot n}$ | $\varphi' = \dfrac{\dot{V}_2}{D_2^2 \cdot \pi^2 \cdot b_2 \cdot n}$ | $\varphi' = \dfrac{\dot{V}_2}{D_{2m}^2 \cdot \pi^2 \cdot b_2 \cdot n}$ |

Andere, vor allem ältere Quellen, setzen die ursprünglich verwendete reale Strömungsgeschwindigkeit $c_m$ ein, wodurch von Gl. 4.16 abweichende Formeln entstehen (Tabelle 4.2) oder setzen anstelle des Laufradaußendurchmessers $D$ den Saugmunddurchmesser $D_s$ ein [4.27].

#### 4.5.2.2  Druckzahl $\psi$

Die schon seit langem [4.28, 4.29], insbesondere bei Strömungsarbeitsmaschinen benutzte Druckzahl $\psi$ bezieht die spezifische Stutzenarbeit $Y$ auf das Quadrat der Umfangsgeschwindigkeit $u$:

$$\psi = \frac{2 \cdot Y}{u^2} = \frac{2 \cdot Y}{D^2 \cdot \pi^2 \cdot n^2} \qquad \text{(Gl. 4.17)}$$

Löst man Gl. 4.17 nach $Y$ auf, erhält man den bekannten Zusammenhang zwischen spez. Stutzenarbeit $Y$, Laufradaußendurchmesser $D$ und Drehzahl $n$, der in Gl. 4.3 und 4.4 sowie Bild 4.3 schon beschrieben wurde:

$$Y = \frac{\psi}{2} \cdot \pi^2 \cdot D^2 \cdot n^2$$

$$Y \sim D^2 \cdot n^2$$

Die ursprüngliche Definition von $\psi$ und damit die Bezeichnung «Druckzahl» stammt aus dem Ventilatorenbau [4.30].

$$\psi = \frac{\Delta p}{\dfrac{\varrho}{2} \cdot u^2}$$

wobei $\Delta p$ entweder die Totaldruckerhöhung $\Delta p_t$ oder die sogenannte «freiblasende» Druckerhöhung $\Delta p_{fa}$ darstellt [2.13, 2.14 und 2.15]. Normalerweise ist $\psi$ für **1-stufige Maschinen** definiert.

Die Bezugsumfangsgeschwindigkeit $u$ ist bis heute nicht einheitlich festgelegt, meistens wird die Umfangsgeschwindigkeit am Laufradaußendurchmesser $D$ eingesetzt. Bei Dampf-

und Gasturbinen mit radial kurzen Schaufeln wird manchmal auch der arithmetische Mittelwert zwischen Außen- und Nabendurchmesser zugrunde gelegt. Bei der Benutzung von Versuchswerten und Kennfeldern, die die Druckzahl $\psi$ enthalten, ist deshalb immer auch auf die betreffende Festlegung der Umfangsgeschwindigkeit $u$ zu achten.

### 4.5.2.3 Drosselzahl $\tau$

Die Drosselzahl $\tau$ wird in Kennfeldern von Ventilatoren und Pumpen zur Charakterisierung des Drosselzustandes der Maschine durch den Widerstand der Anlage verwendet.

Nimmt man an, dass die Anlage dem quadratischen Widerstandsgesetz folgt (Kapitel 14, Gl. 14.3), wird die Anlagenwiderstandskennlinie zur quadratischen Parabel (Tabelle 14.1), deren Steilheit durch den als **Drosselzahl $\tau$** bezeichneten Quotienten

$$\tau = \frac{\varphi^2}{\psi} \qquad \text{(Gl. 4.18)}$$

gekennzeichnet ist (Bild 4.9).

In Bild 14.23 sind die dimensionslosen Widerstandskennlinien $\tau = \dfrac{\varphi^2}{\psi}$ ins Maschinenkennfeld eingezeichnet.

### 4.5.2.4 Leistungszahl $\lambda$

Nach Gl. 2.42 bzw. 2.43 ist die Leistung einer Strömungsmaschine proportional zum Massenstrom bzw. Volumenstrom, zur spez. Stutzenarbeit und zum Gesamtwirkungsgrad.

Da der Volumenstrom proportional zur Durchflusszahl $\varphi$ und die spez. Stutzenarbeit proportional zur Druckzahl $\psi$ sind, kann auch die Leistung $P$ durch eine dimensionslose Kennzahl, nämlich durch die Leistungszahl $\lambda$ ausgedrückt werden:

a) für Kraftmaschinen:

$$\lambda = \varphi \cdot \psi \cdot \eta \qquad \text{(Gl. 4.19)}$$

b) für Arbeitsmaschinen

$$\lambda = \frac{\varphi \cdot \psi}{\eta} \qquad \text{(Gl. 4.20)}$$

Setzt man die in Gl. 4.16 für $\varphi$ und Gl. 4.17 für $\psi$ definierten Ausdrücke in die obigen Gleichungen ein und setzt gleichzeitig für

$$\dot{V} \cdot Y \cdot \varrho \cdot \eta = P \quad \text{bzw.} \quad \frac{\dot{V} \cdot Y \cdot \varrho}{\eta} = P$$

ergibt sich für beide Strömungsmaschinenarten folgende gleichlautende Definition für die Leistungszahl $\lambda$, ausgedrückt durch die Leistung $P$:

$$\lambda = \frac{8 \cdot P}{u^3 \cdot D^2 \cdot \pi \cdot \varrho} \qquad \text{(Gl. 4.21a)}$$

$$\text{bzw.} \quad \lambda = \frac{8 \cdot P}{D^5 \cdot n^3 \cdot \pi^4 \cdot \varrho} \qquad \text{(Gl. 4.21b)}$$

Durch Auflösung der Gl. 4.21b nach $P$ erhält man die in Gl. 4.5 und Bild 4.4 ausgedrückte Proportionalität

$$P = \lambda \frac{\pi^4}{8} \cdot \varrho \cdot D^5 \cdot n^3$$

$$P \sim D^5 \cdot n^3$$

Im Vorgriff auf Kapitel 14 ist in Bild 4.6 das dimensionslose Kennfeld einer Kreiselpumpe oder eines Ventilators in Form der Funktionen $\psi = f(\varphi)$; $\eta = f(\varphi)$ und $\lambda = f(\varphi)$ dargestellt.

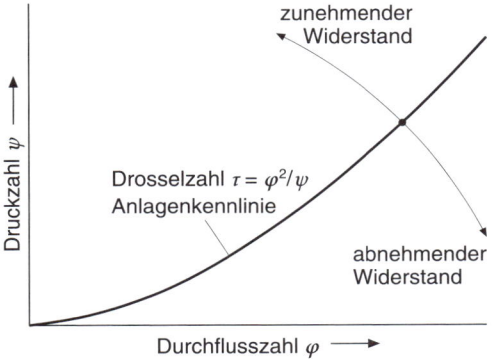

Bild 4.9  Zur Erklärung der Drosselzahl $\tau$

### 4.5.3 Kennzahlen zur Typisierung und Auslegung

#### 4.5.3.1 Laufzahl σ

Durch Auflösen der Gl. 4.16 und 4.17 nach dem Laufradaußendurchmesser $D$ erhält man:

aus Gl. 4.16  $\varphi = \dfrac{4 \cdot \dot{V}}{D^3 \cdot \pi^2 \cdot n}$

$$D = \frac{(4 \cdot \dot{V})^{1/3}}{\pi^{2/3} \cdot \varphi^{1/3} \cdot n^{1/3}}$$

aus Gl. 4.17  $\psi = \dfrac{2 \cdot Y}{D^2 \cdot \pi^2 \cdot n^2}$

$$D = \frac{(2 \cdot Y)^{1/2}}{\pi \cdot n \cdot \psi^{1/2}}$$

Durch Gleichsetzen der beiden Ausdrücke wird $D$ eliminiert:

$$\frac{(4 \cdot \dot{V})^{1/3}}{\pi^{2/3} \cdot \varphi^{1/3} \cdot n^{1/3}} = \frac{(2 \cdot Y)^{1/2}}{\pi \cdot n \cdot \psi^{1/2}}$$

$$n^{2/3} = \frac{(2 \cdot Y)^{1/2}}{(4 \cdot \dot{V})^{1/3}} \frac{\varphi^{1/3}}{\psi^{1/2}} \frac{1}{\pi^{1/3}}$$

$$n = \frac{(2 \cdot Y)^{3/4}}{(4 \cdot \dot{V})^{1/2}} \frac{\varphi^{1/2}}{\psi^{3/4}} \frac{1}{\pi^{1/2}}$$

Nach den Gesetzen der Ähnlichkeitsmechanik kann man für den dimensionslosen Ausdruck $\varphi^{1/2}/\psi^{3/4}$ eine neue dimensionslose Kennzahl einführen, die als **Laufzahl σ** bezeichnet wird.

$$\sigma = \frac{\varphi^{1/2}}{\psi^{3/4}} \qquad \text{(Gl. 4.22)}$$

oder durch $n$, $\dot{V}$ und $Y$ ausgedrückt:

$$\sigma = n \cdot \frac{\sqrt{\dot{V}}}{(2 \cdot Y)^{3/4}} \cdot 2 \cdot \sqrt{\pi} \qquad \text{(Gl. 4.23)}$$

Neben der dimensionslosen Laufzahl $\sigma$ ist, vor allem bei Wasserturbinen und Kreiselpumpen, nach wie vor der ältere Begriff der dimensionsbehafteten **spezifischen Drehzahl** $n_q$ im Gebrauch.

> Die spezifische Drehzahl $n_q$ ist die Drehzahl einer geometrisch ähnlichen Strömungsmaschine mit dem Volumenstrom $\dot{V} = 1$ m³/s und der Fallhöhe bzw. Förderhöhe $H = 1$ m.

$$n_q = n \cdot \frac{\sqrt{\dot{V}}}{H^{3/4}} \qquad \text{(Gl. 4.24)}$$

$n_q$ spezifische Drehzahl in min⁻¹
$n$ Drehzahl in min⁻¹
$\dot{V}$ Volumenstrom in m³/s
$H$ Fall- bzw. Förderhöhe in m

In der angelsächsischen Fachliteratur wird die spezifische Drehzahl in anderen Einheiten ausgedrückt.

Der ältere Begriff der auf eine Leistung von $P = 1$ PS bezogenen spezifischen Drehzahl $n_s$ wird nicht erklärt, er kann in älteren Publikationen nachgelesen werden.

Zwischen Laufzahl $\sigma$ und spezifischer Drehzahl $n_q$ besteht folgender Zusammenhang:

$$\sigma = \frac{n_q}{157{,}8} \qquad \text{(Gl. 4.25)}$$

Der Umrechnungsfaktor 157,8 hat die Dimension einer Drehzahl und die Einheit min⁻¹.

Sollten $n$, $\dot{V}$ und $H$ in anderen Einheiten, als in der Legende von Gl. 4.24 angegeben, eingesetzt werden, ändert sich auch die Einheit von $n_q$.

Mit Einschränkungen lässt sich feststellen, dass einer Laufzahl $\sigma$, bzw. einer spez. Drehzahl $n_q$ eine bestimmte **Laufradform** und **Laufradgeometrie** (radial, diagonal, axial) zugeordnet werden kann [4.44], wie es in Tabelle 4.3 als grobe Orientierung zusammengestellt ist.

Bei der Auslegung und strömungstechnischen Berechnung von Strömungsmaschinen, insbesondere der Laufräder, bei der Abschätzung der Kavitation bei hydraulischen Strömungsmaschinen, bei der Geräuschentwick-

Tabelle 4.3  Radformen und Laufzahl

| Radform | Laufzahl | spez. Drehzahl $n_q$ |
|---|---|---|
| Radialrad | 0,06…0,32 | 10… 50 min$^{-1}$ |
| Diagonalrad | 0,25…1,0 | 40…160 min$^{-1}$ |
| Axialrad | 0,8 …2,5 | 125…400 min$^{-1}$ |

lung, z. B. bei Ventilatoren, bei der Darstellung des Betriebsverhaltens in Kennfeldern, bei der Berechnung von Strömungskräften, z. B. beim Axial- und Radialschub, ist die Laufzahl $\sigma$ bzw. die spez. Drehzahl $n_q$ ein wichtiger Parameter.

#### 4.5.3.2  Durchmesserzahl $\delta$

Durch Eliminieren der Drehzahl $n$ aus den Gl. 4.16 und 4.17 und entsprechendes Umformen erhält man folgenden Ausdruck:

$$\frac{4 \cdot \dot{V}}{D^3 \cdot \varphi \cdot \pi^2} = \frac{(2 \cdot Y)^{1/2}}{D \cdot \pi \cdot \psi^{1/2}}$$

$$D = \frac{2}{\sqrt{\pi}} \cdot \sqrt{\dot{V}} \cdot (2 \cdot Y)^{-\frac{1}{4}} \cdot \frac{\psi^{1/4}}{\varphi^{1/2}}$$

Für den Quotienten $\psi^{1/4}/\varphi^{1/2}$ wird die dimensionslose **Durchmesserzahl $\delta$** gesetzt:

$$\delta = \frac{\psi^{1/4}}{\varphi^{1/2}} \qquad (Gl.\ 4.26)$$

Durch die Hauptbetriebsdaten $\dot{V}$, $Y$ und $D$ ausgedrückt ergibt sich:

$$\delta = D \cdot \sqrt[4]{\frac{2 \cdot Y}{\dot{V}^2}} \cdot \frac{\sqrt{\pi}}{2} \qquad (Gl.\ 4.27)$$

Analog zur spezifischen Drehzahl $n_q$ wurde auch ein **spezifischer Durchmesser** $D_q$ (in m!) definiert:

$$D_q = D \cdot \frac{H^{1/4}}{\dot{V}^{1/2}} \qquad (Gl.\ 4.28)$$

$D_q$ spezifischer Durchmesser in m
$D$  Laufradaußendurchmesser in m
$H$  Fall- bzw. Förderhöhe in m
$\dot{V}$  Volumenstrom in m$^3$/s

Zwischen dem kaum noch verwendeten spezifischen Durchmesser $D_q$ und der dimensionslosen Durchmesserzahl $\delta$ besteht der Zusammenhang:

$$\delta = 1{,}865 \cdot D_q \qquad (Gl.\ 4.29)$$

Der Faktor 1,865 hat die Dimension 1/Länge und die Einheit 1/m.

Laufzahl $\sigma$, spezifische Drehzahl $n_q$, Durchmesserzahl $\delta$ und spezifischer Durchmesser $D_q$ beziehen sich normalerweise auf die **Optimalwerte** der Maschine, d. h. auf die Betriebsdaten bei **bestem Wirkungsgrad** (siehe auch Abschnitt 4.6).

### 4.5.4  Physikalische Kennzahlen

Die im Strömungsmaschinenbau am häufigsten angewandten physikalischen Kennzahlen dienen der vereinfachten Charakterisierung von Strömungszuständen oder Strömungsvorgängen ähnlich wie in der Strömungsmechanik und Thermodynamik. Im Folgenden werden einige wichtige physikalische Kennzahlen vorgestellt.

#### 4.5.4.1  Reynolds-Zahl $Re$

Die Reynolds-Zahl

$$Re = \frac{\text{Geschwindigkeit} \times \text{charakteristische Abmessung}}{\text{kinematische Viskosität des Arbeitsfluids}}$$

wird zur Beurteilung von Reibungsvorgängen und Viskositätseinflüssen benutzt, z. B. bei der Aufwertung (Abschnitt 4.4), bei Spaltströmungen, bei der Radseitenreibung, bei der Kennfelddarstellung u.a.m.

Je nach Anwendungsfall sind Geschwindigkeit und charakteristische Abmessung sinnvoll zu wählen, die oft benützte einfache Definition [4.26]

$$Re = \frac{u \cdot D}{\nu} = \frac{D^2 \cdot \pi \cdot n}{\nu} \qquad \text{(Gl. 4.30)}$$

genügt keinesfalls allen Anforderungen!

### 4.5.4.2 Mach-Zahl $M$

Die dimensionslose Mach-Zahl dient zur Erfassung des Kompressibilitätseinflusses bei kompressiblen Arbeitsfluiden. Kapitel 6 befasst sich ausführlich mit Einfluss und Bedeutung der Mach-Zahl bei thermischen Strömungsmaschinen.

Die Grunddefinition der Mach-Zahl ist nach [4.1]:

$$M = \frac{\text{örtliche Geschwindigkeit}}{\text{örtliche Schallgeschwindigkeit}}$$

Die Mach-Zahl kann mit allen 3 Geschwindigkeiten des Geschwindigkeitsplanes gebildet werden:

a) mit der Umfangsgeschwindigkeit $u$ (Umfangs-Mach-Zahl) [4.26]:

$$M_u = \frac{u}{a} \qquad \text{(Gl. 4.31a)}$$

b) mit der Relativgeschwindigkeit $w$:

$$M_{rel} = \frac{w}{a} \qquad \text{(Gl. 4.31b)}$$

c) mit der Absolutgeschwindigkeit $c$:

$$M_{abs} = \frac{c}{a} \qquad \text{(Gl. 4.31c)}$$

### 4.5.4.3 Thoma-Zahl $Th$

Nach Abschnitt 5.4.1 wird die Thoma-Zahl zur Kennzeichnung des Kavitationsbeginns bei hydraulischen Strömungsmaschinen benützt. Mit Hilfe der Thoma-Zahl kann man beispielsweise die Saug- oder Zulaufhöhen von Wasserturbinen oder Kreiselpumpen abschätzen.

Die Thoma-Zahl ist als Quotient aus spezifischer Halteenergie von Anlage oder Strömungsmaschine und spezifischer Stutzenarbeit definiert:

Anlage:

$$Th_A = \frac{Y_{HA}}{Y} \qquad \text{(Gl. 4.32a)}$$

hydraulische Strömungsmaschine:

$$Th_M = \frac{Y_H}{Y} \qquad \text{(Gl. 4.32b)}$$

### 4.5.4.4 Einlaufziffer $\varepsilon$

Die Einlaufziffer $\varepsilon$ dient zur Bestimmung der Anströmgeschwindigkeit $c_s$ von Laufrädern von Kreiselpumpen, Ventilatoren und Verdichtern und ist wie folgt definiert (Bild 4.10):

$$\varepsilon = \frac{\text{Anströmgeschwindigkeit}}{\sqrt{2 \times \text{spez. Stutzenarbeit der Stufe}}}$$

$$\varepsilon = \frac{c_s}{\sqrt{2 \cdot Y}} \qquad \text{(Gl. 4.33)}$$

$\sqrt{2 \cdot Y}$ ist dabei die Geschwindigkeit, die bei vollständiger Umsetzung der spez. Stutzenarbeit in Geschwindigkeitsenergie entstehen würde.

Aufgrund von Versuchen kann $\varepsilon$ als Funktion von der Laufzahl $\sigma$, bzw. der spezifischen Drehzahl $n_q$ dargestellt werden (Bild 4.11).

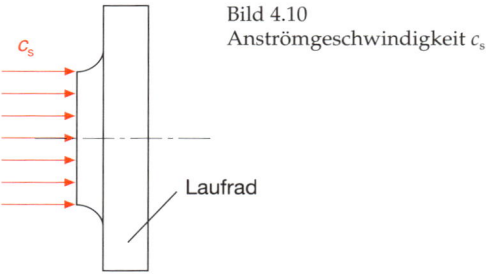

Bild 4.10
Anströmgeschwindigkeit $c_s$

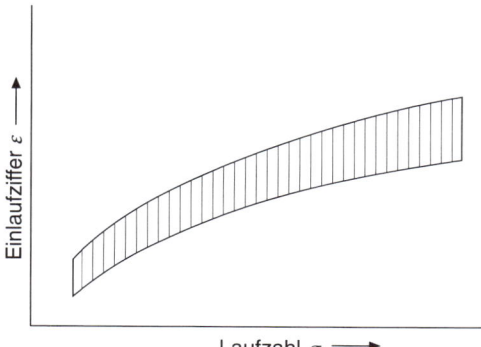

Bild 4.11  Abhängigkeit der Einlaufziffer $\varepsilon$ von der Laufzahl $\sigma$ (qualitativ!)

#### 4.5.4.5 Strouhal-Zahl $Sr$

Bei der Beurteilung der Geräuschemission von Strömungsmaschinen wird neben der Mach-Zahl $M$ auch die Strouhal-Zahl $Sr$ [4.1] als dimensionslose Frequenz $\Psi$ und als Bezugsgröße benützt, z. B. bei der Darstellung normierter Geräuschspektren.

Die Strouhal-Zahl wird dabei wie folgt definiert:

$$Sr = f \cdot \frac{D_2}{u_2} = \frac{f}{\pi \cdot n} \qquad \text{(Gl. 4.34)}$$

$Sr$  Strouhal-Zahl
$f$  Frequenz in $s^{-1}$
$D_2$  Laufradaußendurchmesser in m
$u_2$  Umfangsgeschwindigkeit am Laufradaußendurchmesser
$n$  Drehzahl

Nähere Einzelheiten siehe z. B. [4.32].

### 4.5.5  Spezielle Kennzahlen

Im **Wasserturbinenbau** wird gelegentlich noch mit den sog. **Einheitswerten**, die nicht dimensionslos sind, gearbeitet. Die Einheitswerte beziehen Drehzahl, Volumenstrom und Leistung einer Wasserturbine auf eine geometrisch ähnliche Turbine mit der Fallhöhe von 1 m und dem Laufradaußendurchmesser von 1 m [4.13]:

Einheitsdrehzahl $\quad n_1' = \dfrac{n \cdot D}{\sqrt{H}}$

Einheitsvolumenstrom $\quad \dot{V}_1' = \dfrac{\dot{V}}{\sqrt{H} \cdot D^2}$

Einheitsleistung $\quad P_1' = \dfrac{P}{H^{3/2} \cdot D^2}$

Die Einheitswerte werden in der Praxis zur Kennfelddarstellung sowie zur Berechnung von Laufraddurchmesser und Drehzahl benützt.

In etwa vergleichbar damit ist z. B. auch die Reduktion der Kenngrößen von Gasturbinen [4.33].

Die früher im Dampf- und Gasturbinenbau verwendete **Parson'sche Kennzahl** sollte auf Empfehlung von [4.34] nicht mehr genützt werden, wogegen die Begriffe **Schluckzahl** und **Turbinenlaufzahl** (nicht zu verwechseln mit der in Abschnitt 4.5.3.1 definierten Laufzahl $\sigma$!) gelegentlich noch vorkommen und auch in [4.26] in ein Arbeitsblatt aufgenommen wurden.

Schluckzahl $\quad \varepsilon = \dfrac{4 \cdot \dot{V}}{D^2 \cdot \sqrt{2 \cdot Y}} \triangleq \dfrac{\varphi}{\sqrt{\psi}}$

Turbinenlaufzahl

$$\vartheta = \frac{u}{\sqrt{2 \cdot Y}} = \frac{\pi \cdot D \cdot n}{\sqrt{2 \cdot Y}} = \frac{1}{\sqrt{\psi}}$$

Aus Platzgründen wird darauf verzichtet, die Zusammenhänge zwischen Schluckzahl $\varepsilon$ und Einheitsvolumenstrom $\dot{V}_1'$ sowie zwischen Turbinenlaufzahl $\vartheta$ und Einheitsdrehzahl $n_1'$ herzuleiten, sie können in [4.26] nachgelesen werden.

In [4.34] wird darauf hingewiesen, dass zur Charakterisierung des Betriebsverhaltens einer Strömungsmaschine stets 2 dimensionslose Kennzahlen genügen. Jedes Paar voneinander unabhängiger Kennzahlen leistet an sich dieselben Dienste wie jedes andere Paar, da beide Paare durch mathematische Umformung ineinander überführt werden können, weshalb die Definition neuer Kennzahlen über die bereits bekannten hinaus keinen Sinn macht.

Eine weitere, häufig benutzte dimensionslose Kennzahl ist der **Reaktionsgrad** $r$, der als Quotient aus der sog. spezifischen Spaltdruckarbeit $Y_{Sp}$ und der spezifischen Stutzenarbeit $Y$ der Maschine oder der einzelnen Stufe definiert ist.

$$r = \frac{\text{spez. Spaltdruckarbeit } Y_{Sp}}{\text{spez. Stutzenarbeit } Y}$$

Die Spaltdruckarbeit $Y_{Sp}$ entspricht der «statischen» Energiedifferenz zwischen Laufradein- und -austritt und kann nach Tabelle 3.2 ff. wie folgt durch Geschwindigkeiten ausgedrückt werden:

Kraftmaschinen: $\quad Y_{Sp} = \dfrac{u_1^2 - u_2^2 + w_2^2 - w_1^2}{2}$

Arbeitsmaschinen: $\quad Y_{Sp} = \dfrac{u_2^2 - u_1^2 + w_1^2 - w_2^2}{2}$

Durch die Kombination der Gl. 3.6 und 3.11 kann die spez. Stutzenarbeit $Y$ auch in Form der Euler'schen Strömungsmaschinen-Hauptgleichung geschrieben werden:

Kraftmaschinen: $\quad Y = \dfrac{1}{\eta_h \cdot \mu} \cdot (u_1 \cdot c_{u1} - u_2 \cdot c_{u2})$

Arbeitsmaschinen: $Y = \eta_h \cdot \mu \cdot (u_2 \cdot c_{u2} - u_1 \cdot c_{u1})$

Daraus folgt für den Reaktionsgrad:

Kraftmaschinen:

$$r = \frac{(u_1^2 - u_2^2 + w_2^2 - w_1^2) \cdot \eta_h \cdot \mu}{2 \, (u_1 \cdot c_{u1} - u_2 \cdot c_{u2})} \quad \text{(Gl. 4.35a)}$$

Arbeitsmaschinen:

$$r = \frac{u_2^2 - u_1^2 + w_1^2 - w_2^2}{2 \cdot \eta_h \cdot \mu \, (u_2 \cdot c_{u2} - u_1 \cdot c_{u1})} \quad \text{(Gl. 4.35b)}$$

Der Reaktionsgrad $r$ kann also aus den Geschwindigkeitsplänen ermittelt werden, muss aber noch mit dem hydraulischen Wirkungsgrad $\eta_h$ und dem Minderleistungsfaktor $\mu$ korrigiert werden.

Bei thermischen Turbomaschinen wird der Reaktionsgrad einer Stufe auch als Quotient aus der isentropen Stutzenarbeit des Laufrades und der isentropen Stutzenarbeit der Stufe definiert.

### 4.5.6 Zusammenfassung

Zur schnellen Orientierung werden die wichtigsten dimensionslosen Kennzahlen ähnlich wie in [4.26] in einer Tabelle zusammengefasst:

Tabelle 4.4 Dimensionslose Kennzahlen

| Name | Zeichen | Formel | Verknüpfungen |
| --- | --- | --- | --- |
| Durchflusszahl | $\varphi$ | $\varphi = \dfrac{4 \cdot \dot{V}}{D^3 \cdot \pi^2 \cdot n}$ | $\varphi = \dfrac{1}{\sigma \cdot \delta^3}$ |
| Druckzahl | $\psi$ | $\psi = \dfrac{2 \cdot Y}{u^2} = \dfrac{2 \cdot Y}{D^2 \cdot n^2 \cdot \pi^2}$ | $\psi = \dfrac{1}{\sigma^2 \cdot \delta^2}$ |
| Leistungszahl bei Turbinen | $\lambda$ | $\lambda = \dfrac{8 \cdot P}{D^5 \cdot n^3 \cdot \pi^4 \cdot \varrho}$ | $\lambda = \varphi \cdot \psi \cdot \eta$ |
| Leistungszahl bei Arbeitsmasch. | $\lambda$ | | $\lambda = \dfrac{\varphi \cdot \psi}{\eta}$ |
| Laufzahl | $\sigma$ | $\sigma = n \cdot \dfrac{\sqrt{\dot{V}}}{(2 \cdot Y)^{3/4}} \cdot 2 \cdot \sqrt{\pi}$ | $\sigma = \dfrac{\varphi^{1/2}}{\psi^{3/4}}$ |
| Durchmesserzahl | $\delta$ | $\delta = D \cdot \sqrt[4]{\dfrac{2 \cdot Y}{\dot{V}^2}} \cdot \dfrac{\sqrt{\pi}}{2}$ | $\delta = \dfrac{\psi^{1/4}}{\varphi^{1/2}}$ |

## 4.6 Cordier-Diagramm

Nach einem Vorschlag von CORDIER [4.36] werden aus den Betriebsdaten $\dot V \to \dot V_{opt}$ und $Y \to Y_{opt}$, sowie dem Laufradaußendurchmesser $D$ und der Drehzahl $n$ **optimal**, d.h. bei bestem Wirkungsgrad arbeitender **1-stufiger Strömungsmaschinen** die Laufzahl $\sigma_{opt}$ nach Gl. 4.23 und die Durchmesserzahl $\delta_{opt}$ nach Gl. 4.27 berechnet und die Zahlenwertpaare $\sigma_{opt}/\delta_{opt}$ in ein doppellogarithmisches Diagramm eingetragen. So erhält man für alle «klassischen» Laufradformen eine nur gering streuende Kurve $\sigma_{opt} = f(\delta_{opt})$, die man als **Cordier-Kurve** bezeichnet.

Die Cordier-Kurve $\sigma_{opt} = f(\delta_{opt})$ ist in Bild 4.12 vereinfacht, ohne Streubereich dargestellt, wobei die Kurve für Arbeitsmaschinen etwas höher verläuft als die Kurve für Kraftmaschinen. Zusätzlich sind die Laufradformen axial-diagonal-radial (siehe auch Tabelle 4.3) in Form einfacher Skizzen angegeben.

In der Publikation von CORDIER sind im Diagramm für Arbeitsmaschinen nur die korrespondierenden Wertepaare $\sigma_{opt}/\delta_{opt}$ – getrennt gekennzeichnet für Ventilatoren, Verdichter und Kreiselpumpen – eingetragen; außerdem wurden für den Bereich $\sigma_{opt} > 0{,}4$, d.h. für Diagonal- und Axialräder noch die Muschelkurven für den Wirkungsgrad $\eta$ eingezeichnet sowie die Druckzahlen

$$\psi_{opt} = \frac{1}{\sigma_{opt}^2 \cdot \delta_{opt}^2} = \text{konst.}$$

als unter 45° nach rechts abfallende Geraden (Bild 4.13) mit angegeben. Die eigentliche Cordier-Kurve, wie sie in Bild 4.12 als Kurvenzug dargestellt ist, fehlt in Bild 4.13. Man erkennt aber deutlich, dass die Punkte $\sigma_{opt}/\delta_{opt}$ für Radialmaschinen, d.h. für $\sigma < 0{,}4$, viel enger beieinander liegen und sich um die Gerade $\psi_{opt} \approx 1{,}0$ häufen, während sie bei den Axialmaschinen mit $\sigma_{opt} > 0{,}8$ viel stärker streuen und einen sehr großen $\psi_{opt}$-Bereich abdecken.

Die Veröffentlichung von CORDIER enthält auch Diagramme für Propeller und Wasserturbinen.

In sehr vielen nachfolgenden Publikationen wurden die Ideen von CORDIER aufgegriffen und weiterentwickelt bzw. ergänzt und vervollständigt.

So wird z.B. in Bild 4.14 ein von BALJÉ [4.37] angegebenes Auslegediagramm für Turboverdichterstufen wiedergegeben.

HARMSEN fand bei der Zusammenstellung der Optimalwerte von Kleinventilatoren heraus, dass die Cordier-Kurve zu einer angenäherten Geraden wird, wenn an der Abszisse $\log(\delta_{opt} - 1)$ anstelle von $\log\delta_{opt}$ aufgetragen wird (Bild 4.15) aus [4.38].

MARCINOWSKI hat darauf hingewiesen [4.39], dass sich bei Axialventilatoren unterschiedlicher Ausführungsformen und Einbauarten (vgl. Tabelle 2.6) die Cordier-Kurven $\sigma_{opt} = f(\delta_{opt})$ sehr stark auffächern (Bild 4.16), d.h., dass die optimale Auslegung eines Axial-

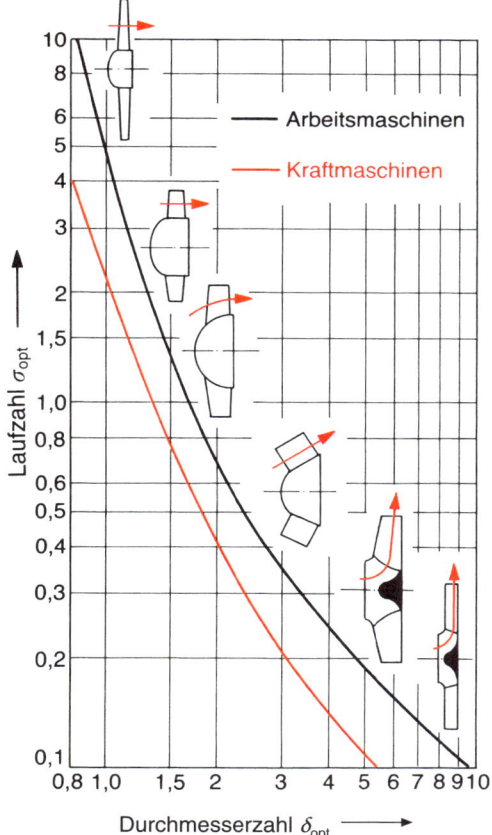

Bild 4.12 Cordier-Diagramm

80  Modellgesetze und Kennzahlen

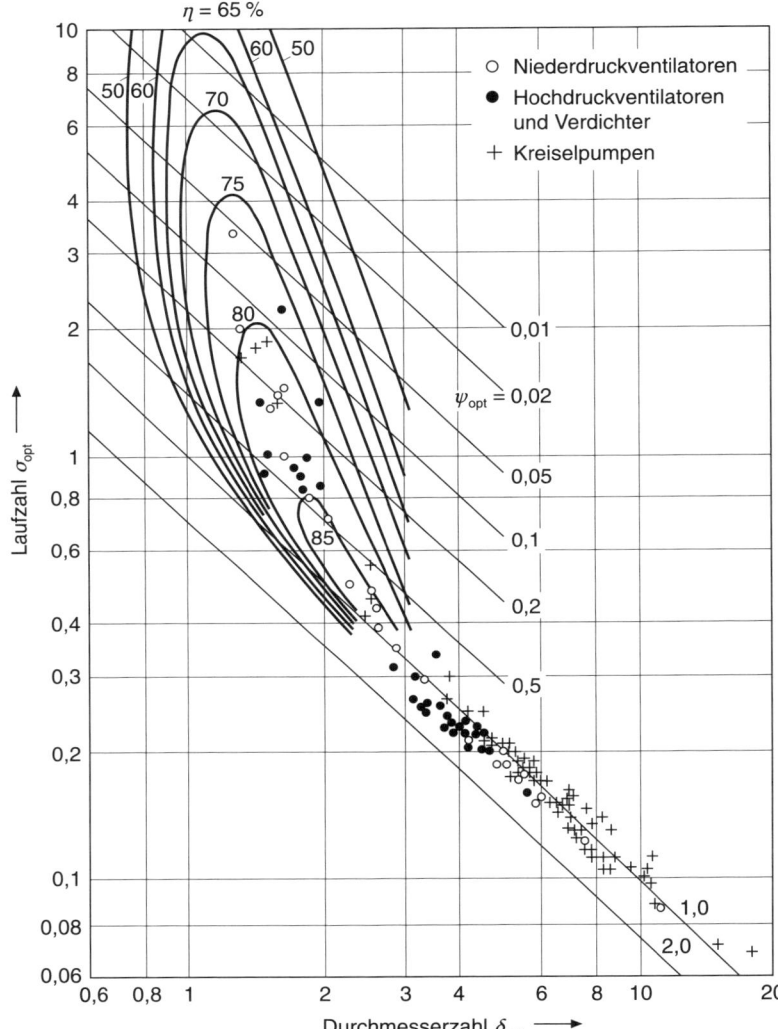

Bild 4.13
Cordier-Diagramm
nach [4.36]

ventilators gezielt auf diese Aspekte hin auszurichten ist.

Interessant sind auch die von GRABOW unterbreiteten Vorschläge, das Cordier-Diagramm auch für Seitenkanalmaschinen [4.40] und Verdrängermaschinen [4.41] zu definieren und für Auslegungen und Überprüfungen zu nützen.

Das Cordier-Diagramm lässt sich in der Praxis für 2 wichtige Verfahren verwenden:

a) Bei der Projektierung und Auslegung neuer Maschinen bzw. Einzelstufen lässt sich bei gegebenem Volumenstrom $\dot{V}_{opt}$, gegebener spezifischer Stutzenarbeit $Y_{opt}$ und angenommener oder auch vorgegebener Drehzahl $n$ der zugehörige optimale Laufradaußendurchmesser $D$ abschätzen, indem man zum berechneten $\sigma_{opt}$ aus der passenden Cordier-Kurve $\delta_{opt}$ entnimmt und daraus $D$ berechnet.

Bild 4.14
Cordier-Diagramm
für Turboverdichter
nach [4.37]

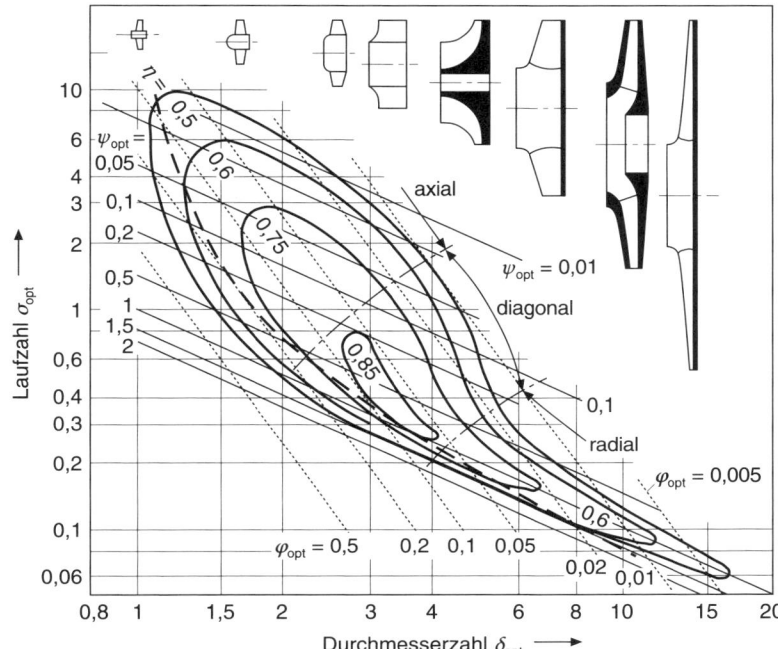

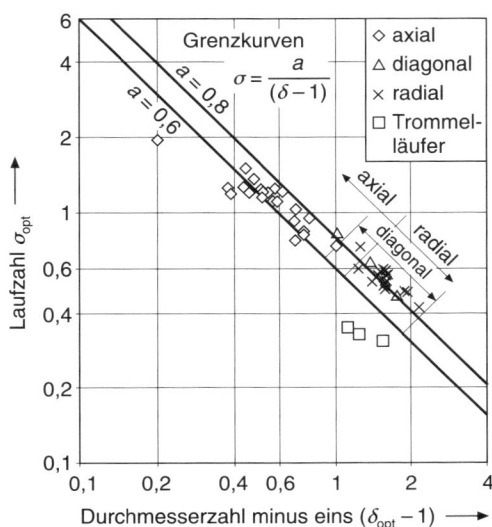

Bild 4.15 Cordier-Diagramm für Kleinventilatoren nach [4.38]

Ist der Laufradaußendurchmesser $D$ gegeben bzw. «vorgeschrieben», lässt sich umgekehrt zu einem Wertepaar $\dot{V}_{opt}/Y_{opt}$ die zugehörige optimale Drehzahl $n$ ermitteln.

b) Sind alle 4 Größen $\dot{V}$, $Y$, $n$ und $D$ gegeben bzw. gemessen, lässt sich nach Berechnung der Laufzahl $\sigma$ aus $\dot{V}$, $Y$ und $n$ sowie der Durchmesserzahl $\delta$ aus $\dot{V}$, $Y$ und $D$ durch Eintragen des Wertepaares $\sigma/\delta$ ins Cordier-Diagramm nachprüfen, ob die Maschine optimal ausgelegt bzw. eingebaut ist oder ob sie optimal betrieben wird.
Für diese Art der «Qualitätsüberprüfung» eignen sich Cordier-Diagramme der detaillierten Form, wie z.B. die Bilder 4.13, 4.14 und 4.16 besser als das verallgemeinerte und vereinfachte Diagramm in Bild 4.12.

**Beispiel 7**
Ein Ventilator hat folgende Betriebsdaten:

Volumenstrom $\quad \dot{V} = 4 \text{ m}^3/\text{s}$
spez. Stutzenarbeit $\quad Y = 1000 \text{ J/kg}$
Drehzahl $\quad n = 2900 \text{ min}^{-1}$

# 82 Modellgesetze und Kennzahlen

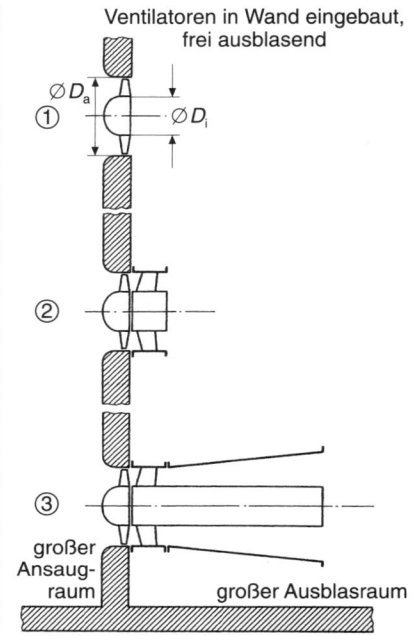

Ventilatoren mit angeschlossener Rohrleitung

Ventilatoren in Wand eingebaut, frei ausblasend

Ausführungsform ① Laufrad allein
Ausführungsform ② Laufrad + Leitrad
Ausführungsform ③ Laufrad + Leitrad + Diffusor

Rohrventilator
Kurve a: Ausführungsform ②
Kurve b: Ausführungsform ③

Wandventilator
Kurve c: Ausführungsform ③
Kurve d: Ausführungsformen ① und ②

Bild 4.16
Cordier-Diagramm für optimierte Axialventilatoren nach [4.39]

a) Welche Bauform ist für das Laufrad vorzusehen?
b) Wie groß ist der Laufraddurchmesser?

**Lösung:**
a) Aus Gl. 4.23 errechnet man die Laufzahl:

$$\sigma = n \cdot \frac{\sqrt{\dot{V}}}{(2 \cdot Y)^{3/4}} \cdot 2 \cdot \sqrt{\pi}$$

$$\sigma = 48{,}33 \cdot \frac{\sqrt{4}}{(2 \cdot 1000)^{3/4}} \cdot 2 \cdot \sqrt{\pi}$$

$$\sigma = 1{,}15$$

Nach Tabelle 4.3 und Bild 4.12 ergibt sich ein **Axialrad**.

b) Durch Eintragen von $\sigma = 1{,}15$ in das Cordier-Diagramm (Bild 4.12) erhält man die zugehörige optimale Durchmesserzahl $\delta \triangleq \delta_{opt}$:

$$\delta = 1{,}56$$

und daraus den Außendurchmesser $D_a = D$ über Gl. 4.27

$$\delta = D \cdot \sqrt[4]{\frac{2 \cdot Y}{\dot{V}^2}} \cdot \frac{\sqrt{\pi}}{2}$$

$$D_a = \delta \cdot \frac{\sqrt{\dot{V}}}{(2 \cdot Y)^{1/4}} \cdot \frac{2}{\sqrt{\pi}}$$

$$D_a = 1{,}56 \cdot \frac{\sqrt{4}}{(2 \cdot 1000)^{1/4}} \cdot \frac{2}{\sqrt{\pi}}$$

$$\underline{D_a = 0{,}53 \text{ m}}$$

In der Praxis wird man den Durchmesser zu $D_a = 500$ mm ausführen.

## 4.7 Aufteilung der spezifischen Stutzenarbeit und des Volumenstroms auf mehrere Laufräder

Die spezifische Stutzenarbeit $Y$ eines Laufrades lässt sich durch die Druckzahl $\psi$ und die Umfangsgeschwindigkeit $u$ am Laufradaußendurchmesser $D$ beschreiben.

$$Y = \psi \cdot \frac{u^2}{2}$$

Die Druckzahl $\psi$ ist für eine bestimmte Laufradbeschaufelung aus strömungsphysikalischen Gründen nach oben hin begrenzt, die Umfangsgeschwindigkeit $u$ vor allem durch die Laufradfestigkeit [4.31].

Die maximal mögliche spez. Stutzenarbeit $Y_{max}$ einer Stufe beträgt demnach:

$$Y_{max} = \psi_{max} \cdot \frac{u_{max}^2}{2}$$

Liegt die vorgegebene oder geforderte spez. Stutzenarbeit der Maschine unter diesem Grenzwert, kann sie 1-stufig ausgeführt werden, liegt sie darüber, werden mehrere Stufen hintereinander angeordnet (Bild 4.17).

Die spezifische Stutzenarbeit einer **mehrstufigen Maschine** ist vereinfacht ausgedrückt die Summe der spez. Stutzenarbeiten der einzelnen Stufen:

$$Y_{Maschine} \approx Y_{Stufe\ 1} + Y_{Stufe\ 2} + \ldots + Y_{Stufe\ n}$$
(Gl. 4.36)

Der Volumenstrom $\dot{V}$ eines Laufrades ist nach Gl. 4.16 proportional zur Durchflusszahl $\varphi$, zur Drehzahl $n$ und zur 3. Potenz des Laufradaußendurchmessers $D$.

$$\dot{V} = \varphi \cdot \frac{\pi^2}{4} \cdot n \cdot D^3$$

Die Durchflusszahl $\varphi$ ist für eine bestimmte Laufradgeometrie nach oben hin strömungs-

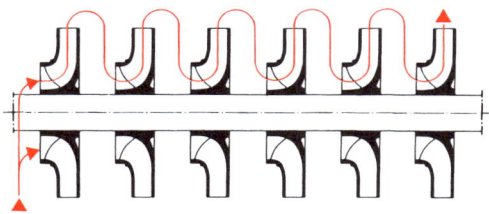

Bild 4.17 Mehrstufige Strömungsmaschine
(aus KSB-Kreiselpumpen-Lexikon)

physikalisch begrenzt, Drehzahl $n$ und Durchmesser $D$ durch Laufradfestigkeit und Einbauverhältnisse bzw. durch physikalische Grenzen wie z. B. Kavitation oder Überschallgrenze.

Somit ergibt sich der maximal mögliche Volumenstrom $\dot{V}_{max}$:

$$\dot{V}_{max} = \varphi_{max} \cdot \frac{\pi^2}{4} \cdot n_{max} \cdot D_{max}^3$$

Soll von der Maschine ein größerer Volumenstrom durchgesetzt werden, müssen mehrere gleichartige Laufräder parallel geschaltet werden.

Diese Laufradanordnung bezeichnet man als **mehrflutig**. Am häufigsten kommt, insbesondere im Ventilatoren- und Pumpenbau, die 2-flutige Anordnung vor (Bild 4.18).

Bei gleichzeitigem Auftreten großer Volumenströme und großer spezifischer Stutzenarbeiten werden **mehrstufig-mehrflutige** Maschinen ausgeführt. Insbesondere die Endstufen großer Kondensationsdampfturbinen, große Pumpen und Verdichter werden in dieser Kombination gebaut.

Für die Anordnung der Laufräder gibt es die Möglichkeiten «gleichläufig» und «gegenläufig». In [4.42 und 4.43] sind alle Anordnungsvarianten aufgeführt.

Ein besonders interessantes Beispiel zeigt Klapptafel Bild 8.17 im Anhang des Buches, die den Schnitt durch einen 600-MW-Dampfturbinensatz darstellt.

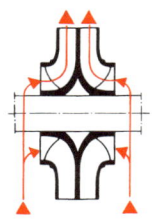

Bild 4.18
2-flutige Strömungsmaschine
(aus KSB-Kreiselpumpen-Lexikon)

# 5 Kavitation

## 5.1 Einleitung

Unter Kavitation versteht man die Ausbildung örtlicher Dampfgebiete (Dampfblasen) im Innern von strömenden Flüssigkeiten, wenn der statische Absolutdruck den temperaturabhängigen Dampfdruck erreicht oder unterschreitet.

Im Gegensatz zum Kochen oder Sieden, hervorgerufen durch Wärmezufuhr oder Absenken des statischen Druckes in der Flüssigkeit, ist Kavitation eine **örtliche Verdampfung** der Flüssigkeit, die durch eine **hydrodynamische Druckabsenkung** verursacht wird.

Die entstandenen Dampfblasen werden von der Strömung mitgenommen und fallen **implosionsartig** zusammen, wenn der Druck wieder über den Dampfdruck ansteigt.

Die seit Anfang des 20. Jahrhunderts bekannten Kavitationserscheinungen haben einen großen Einfluss auf das Betriebsverhalten von Flüssigkeitskreisläufen, hydraulischen Strömungsmaschinen und Schiffsschrauben.

Erscheinungsbild, Wirkung und Folgen der Kavitation hängen vom Strömungsfeld sowie den Eigenschaften der Flüssigkeit und der Geometrie der Kanalwände ab.

Bei reinen, völlig entgasten Flüssigkeiten spielt nur der Verdampfungsvorgang eine Rolle, weshalb man diese Art von Kavitation auch als **Dampfkavitation** bezeichnet. Sind in der Flüssigkeit auch gelöste Gase vorhanden, die sich bei Druckabsenkung auslösen, spricht man von **Gaskavitation** oder auch **Pseudokavitation**.

An hydraulischen Strömungsmaschinen interessieren vor allem drei schädliche Wirkungen der Kavitation:

a) Durch die entstehenden Dampf- und Gasblasen bildet sich eine **2-Phasen-Strömung** aus und verengen sich die effektiven Strömungsquerschnitte, wodurch sich die **Kennlinien** der Maschinen verändern, was sich beispielsweise in einem Wirkungsgradabfall oder einer Förderhöhenabnahme bemerkbar macht.
b) Es können starke **Schwingungen** und erhebliche **Geräusche** auftreten.
c) Durch die kräftigen und hochfrequenten **Druckstöße** infolge Blasenimplosion werden die **Werkstoffe** der Bauteile, insbesondere der Laufräder, durch Materialabtrag, Oxidation, elektrolytische Abtragung, Erosion und Korrosion zerstört.

Kavitation sollte deshalb nach Möglichkeit vermieden oder zumindest unter Kontrolle gehalten werden!

Kavitationsvorgänge und deren Folgen sind äußerst komplex und keinesfalls restlos geklärt. Man weiß z.B., dass in der Flüssigkeit gelöste Gase sowohl die Entstehung von Kavitation begünstigen, indem die sich herauslösenden Gasbläschen als **Kavitationskeime** wirken, als auch die Kavitationsfolgen, insbesondere Geräusche, Schwingungen und Werkstoffzerstörung erheblich mildern können, da die Gasblasen eine starke Dämpfung bewirken.

Da auch die Oberflächenrauigkeiten von Schaufeln und Gehäusewänden, Spaltweiten und Fertigungstoleranzen die Kavitationserscheinungen erheblich beeinflussen, sind Aussagen über Entstehung oder Vermeidung von Kavitation und ihrer Folgen immer noch mit gewissen Unsicherheiten behaftet, trotz der zahlreichen Betriebserfahrungen und Forschungsvorhaben. Dies gilt auch für die folgenden Ausführungen.

## 5.2 Physikalische Grundlagen

### 5.2.1 Vereinfachte Erklärung des Kavitationsvorganges

Durch Absinken des statischen Absolutdruckes unter den Dampfdruck bei etwa gleich bleibender Temperatur entstehen Dampfblasen in einer Flüssigkeit (Bild 5.1).

# Kavitation

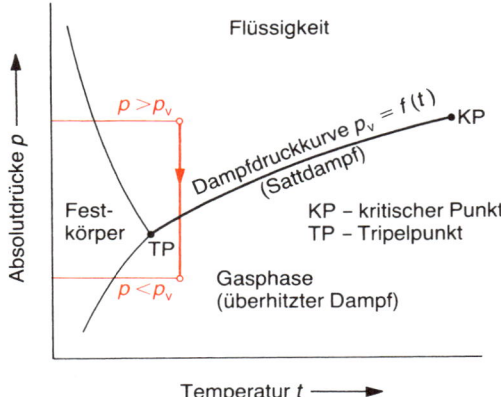

Bild 5.1 Dampfdruckkurve

Für **Innenströmungen** kann man sich das an der Durchströmung eines Venturirohres, für **Außenströmungen** an der Überströmung eines Tragflügelprofiles leicht vorstellen.

In Tabelle 5.1 sind beide Strömungsarten mit ihren typischen Druckverteilungen gegenübergestellt.

Versuche zeigen, dass Kavitationsvorgänge nicht so einfach ablaufen, wie das oben beschrieben wurde. Folgende Einflüsse wirken auf den Kavitationsablauf ein, insbesondere auf den Kavitationsbeginn:

a) Einflüsse auf den kleinsten Druck $p_{min}$
- ❏ Reibungsverluste,
- ❏ Grenzschichten,
- ❏ Strömungsablösung,
- ❏ Wirbel,
- ❏ Turbulenz,
- ❏ Wandrauigkeit;

b) Einflüsse von Flüssigkeitseigenschaften
- ❏ Gehalt an gelöstem Gas,
- ❏ Gehalt an ungelöstem Gas (Kavitationskeime),
- ❏ Oberflächenspannung,
- ❏ Wärmeleitung,
- ❏ Schallgeschwindigkeit;

c) Einflüsse der Mess- und Beobachtungsmethoden.

### 5.2.2 Einige kurze Ausführungen zur Blasendynamik

Werden in «technischen» Flüssigkeiten immer vorhandene **Kavitationskeime** von der Strömung in Bereiche niedrigeren statischen Absolutdruckes transportiert, beginnt nach Unterschreiten eines von der Größe der Keime abhängenden **kritischen Druckes** das schnelle Wachstum der Dampfblasen [5.1]. Dieser kritische Druck liegt meist nur geringfügig unter dem Dampfdruck.

Die maximale Größe der Dampfblasen hängt von Dauer und Schnelligkeit der Wachstumsphase ab. Das Blasenwachstum wird vor allem von der Trägheit der von den Blasen zu verdrängenden Flüssigkeit, vom Wärmetransport und der Oberflächenspannung beeinflusst [5.2].

Soll der Kavitationsbeginn durch visuelle Beobachtung experimentell festgestellt werden, müssen die Blasen in einer gewissen Größe und Häufigkeit auftreten. Der so ermittelte Kavitationsbeginn hängt sowohl vom angewandten Verfahren als auch von der Geschicklichkeit und Erfahrung des Beobachters ab.

Der **Kollaps der Blase** erfolgt nach Erreichen des maximalen Blasenvolumens in Gebieten höheren Absolutdruckes in Form einer **Implosion**.

Nach der Energiegleichung ist die potentielle Energie der implodierenden Blase proportional zum Blasenvolumen und dem Druck der umgebenden Flüssigkeit. Diese potentielle Energie setzt sich in kinetische Energie der in den Blasenraum hineinschießenden Flüssigkeit um.

Der Blasenzusammenbruch mit Strahlbildung hängt auch davon ab, ob sich die Blase in der freien Flüssigkeit oder in Wandnähe befindet.

Man unterscheidet zwei Arten der Blasenimplosion:

a) **kugelsymmetrischer Kollaps** der Blase mit mehrmaligem Nachschwingen. Dieser Blasenzusammenbruch tritt auf, wenn der maximale Blasendurchmesser wesentlich kleiner ist als der Abstand zur nächsten Wand.

## Physikalische Grundlagen

Tabelle 5.1  Vergleich Innenströmung – Außenströmung

| Innenströmung | Außenströmung |
|---|---|
| 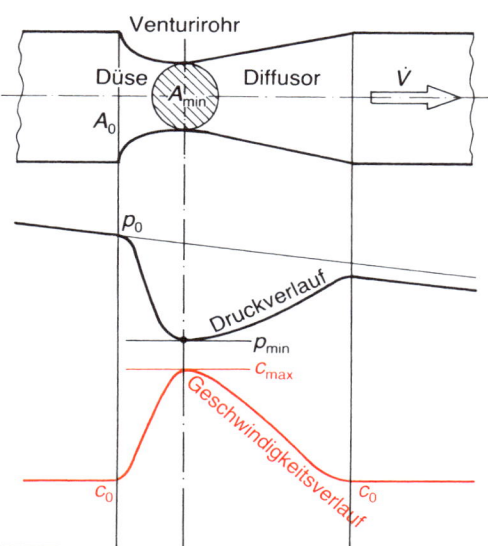 Bild 5.2 | 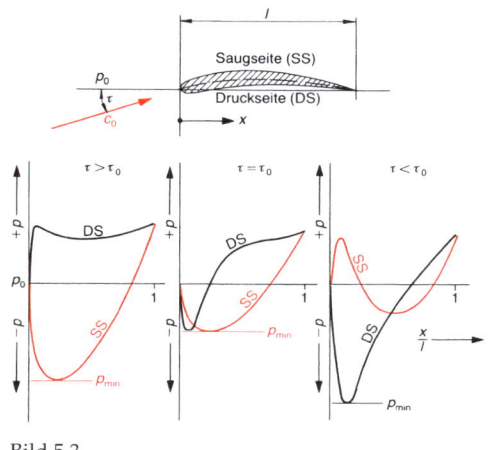 Bild 5.3 |

Der Absolutdruck fällt bis zum engsten Querschnitt $A_{min}$ ab, um stromabwärts wieder anzusteigen.
Der niedrigste Absolutdruck $p_{min}$ hängt von folgenden Größen ab:
a) Absolutdruck $p_0$ vor der Düse
b) Strömungsgeschwindigkeit

$$c_0 = \frac{\dot{V}}{A_0}$$

c) Querschnittsverhältnis

$$\frac{A_{min}}{A_0}$$

d) Reibungsverlust $\Delta p_v$ in der Düse des Venturirohres

Erreicht oder unterschreitet der Druck $p_{min}$ den Dampfdruck $p_v$, entstehen Dampfblasen, d.h. beginnt die Kavitation («incipient cavitation»). Vernachlässigt man die Reibungsverluste, kann für inkompressible Strömung der Druck $p_{min}$ wie folgt berechnet werden:

$$p_{min} = p_0 - \frac{\varrho}{2}(c_{max}^2 - c_0^2) \quad \text{(Gl. 5.1)}$$

Bei der Umströmung eines Tragflügels überlagert sich eine Parallelströmung mit einer Zirkulationsströmung, sodass an der Flügeloberseite (Saugseite) andere Geschwindigkeiten und Drücke auftreten als auf der Flügelunterseite (Druckseite) [5.16].
Ort und Höhe des kleinsten Absolutdruckes $p_{min}$ hängen von der Tragflügelgeometrie, dem Anstellwinkel $\tau$ und der Anströmgeschwindigkeit $c_0$ ab.
Zwischen örtlichem Druck $p_x$ und zugehöriger Geschwindigkeit $c_x$ besteht für reibungsfreie, inkompressible Strömung nach der Bernoulli-Gleichung folgender Zusammenhang:

$$\frac{p_x}{\varrho} + \frac{c_x^2}{2} = \frac{p_0}{\varrho} + \frac{c_0^2}{2} \quad \text{(Gl. 5.2)}$$

# 88 Kavitation

Es ergeben sich **sehr hohe Druckspitzen**. Nach der Formel von S. S. Cook [5.2] kann der Implosionsdruck wie folgt abgeschätzt werden:

$$p_i = \sqrt{\beta_T} \left\{ \frac{2}{3} \cdot p_0 \cdot \left[ \left( \frac{R_0}{R_E} \right)^3 - 1 \right] \right\}^{1/2} \quad \text{(Gl. 5.3)}$$

$p_i$    Druck in der kollabierten Restblase
$\beta_T$    Kompressibilitätskoeffizient
$p_0$    Druck in der umgebenden Flüssigkeit
$R_0$    maximaler Radius der Dampfblase
$R_E$    Endradius der kollabierten Blase      Bild 5.4

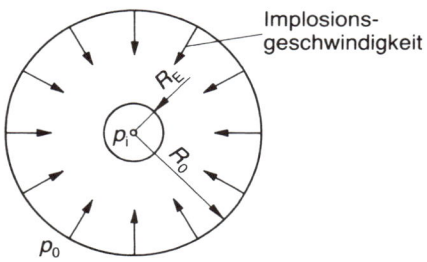

Bild 5.4    Implodierende Dampfblase

In [5.2] sind für kaltes Wasser und einen Flüssigkeitsdruck von $p_0 = 1$ bar folgende Enddrücke berechnet worden:

Tabelle 5.2    Implosionsenddrücke $p_i$ nach [5.2]

| $R_0/R_E$ | 6 | 10 | 20 | 30 | |
|---|---|---|---|---|---|
| $p_i$ | 1800 | 3900 | 11100 | 20300 | bar |

b) Befindet sich die Dampfblase in der Nähe oder direkt an einer festen Wand (Bild 5.5), so fällt sie in Form eines **asymmetrischen Kollapses** zusammen. Dabei entsteht ein mit großer Geschwindigkeit auf die Wand schießender Flüssigkeitsstrahl («Mikrojet»), der die Wand mit einer schlagartigen Druckbelastung beaufschlagt.

Experimente und theoretische Betrachtungen zeigen, dass bei höheren Flüssigkeitstemperaturen auch thermodynamische Effekte eine Rolle spielen. So erklären sich das reduzierte Blasenwachstum, die niedrigeren Implosionsgeschwindigkeiten und die kleineren Implosionsdrücke bei Kavitationserscheinungen in heißen Flüssigkeiten.

Weitere interessante und tiefgehende Informationen zur Blasendynamik finden sich in [5.3].

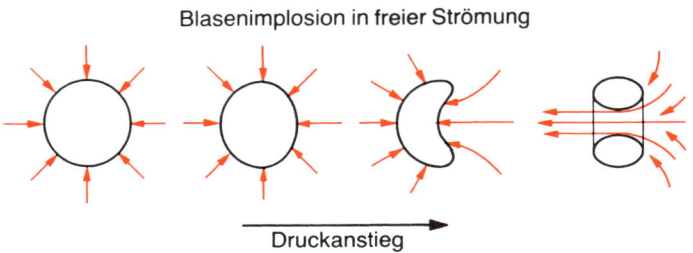

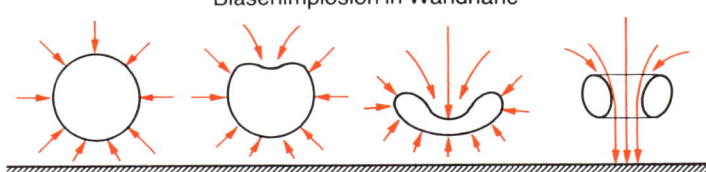

Bild 5.5    Formen von Blasenimplosionen (nach [5.1])

## 5.2.3 Kavitationsbeginn und Kavitationszahl

Der Kavitationsbeginn wird durch das schnelle Wachstum von in normalen Flüssigkeiten immer vorhandenen Kavitationskeimen zu Kavitationsblasen verursacht.

Man unterscheidet zwischen der mehr streuend und zufällig verlaufenden **beginnenden Kavitation** («incipient cavitation») bei Druckabsenkung und der weniger streuenden **verschwindenden Kavitation** («descendent cavitation») bei Druckanstieg.

Da es 2 Bezugsdrücke gibt, nämlich für beginnende ($p_i$) und verschwindende ($p_d$) Kavitation, müssen auch 2 Kavitationszahlen eingeführt werden. In [5.2] werden folgende 2 Kavitationsbeiwerte für beginnende und verschwindende Kavitation definiert:

$$K_i = C_p + K_T - \frac{p_i - p_v}{\frac{\varrho}{2} \cdot c^2} \qquad \text{(Gl. 5.4a)}$$

$$K_d = C_p + K_T - \frac{p_d - p_v}{\frac{\varrho}{2} \cdot c^2} \qquad \text{(Gl. 5.4b)}$$

$K_i$ Kavitationsbeiwert für beginnende Kavitation
$K_d$ Kavitationsbeiwert für verschwindende Kavitation
$C_p$ Druckbeiwert, hängt von der Geometrie des durch- oder umströmten Körpers und vom Strömungsbild ab

$$C_p = \frac{p_0 - p_x}{\frac{\varrho}{2} \cdot c_0^2}$$

$p_0$ Referenzdruck
$c_0$ Referenzgeschwindigkeit
$p_x$ örtlicher Absolutdruck
$K_T$ Koeffizient des durch Turbulenz verursachten Druckabfalls ($K_T = f$ (Reynolds-Zahl))
$\varrho$ Dichte der Flüssigkeit
$p_v$ Dampfdruck

Die Ausdrücke $\dfrac{p_i - p_v}{\frac{\varrho}{2} \cdot c^2}$ und $\dfrac{p_d - p_v}{\frac{\varrho}{2} \cdot c^2}$ berücksichtigen den Einfluss von Keimgröße und Oberflächenspannung. Ihre Bedeutung für die Größe der Kavitationsbeiwerte nimmt mit steigender Strömungsgeschwindigkeit und größer werdenden Keimdurchmessern zu. Nimmt man an, dass die Kavitation dann beginnt, wenn der Druck $p_i$ gerade gleich dem Dampfdruck $p_v$ wird, und vernachlässigt man den Term $K_T$, erhält man die in der Praxis meist benutzte **vereinfachte Kavitationskennzahl** $K$:

$$K \approx \frac{p_0 - p_v}{\frac{\varrho}{2} \cdot c_0^2} \qquad \text{(Gl. 5.5)}$$

$K$ vereinfachte, dimensionslose Kavitations-Kennzahl
$p_0$ Referenzdruck
$p_v$ Dampfdruck
$\varrho$ Dichte der Flüssigkeit
$c_0$ Referenzgeschwindigkeit

Bei experimentell festgestellter, einsetzender Kavitation erreicht die Kavitationskennzahl $K$ gerade den **kritischen Wert** $K_i$.

Sinkt der Kavitationsbeiwert $K$ unter $K_i$, z.B. durch Absenken des Referenzdruckes $p_0$ oder Vergrößern der Referenzgeschwindigkeit $c_0$, so tritt Kavitation auf, d.h., die Kavitationszone wächst. Liegt der Kavitationsbeiwert $K$ über dem kritischen Wert $K_i$, ist die Strömung kavitationsfrei.

$K < K_i \rightarrow$ **Kavitation!**
$K > K_i \rightarrow$ **keine Kavitation!**

Anmerkung:
In der Literatur wird für die Kavitationskennzahl $K$ abweichend vom vorliegenden Text meist der griechische Buchstabe $\sigma$ verwendet, der in diesem Buch bereits für die Bezeichnung der Laufzahl gewählt wurde (Kapitel 4).

Kavitation in hydraulischen Turbomaschinen tritt in folgenden Erscheinungsformen auf:

# 90 Kavitation

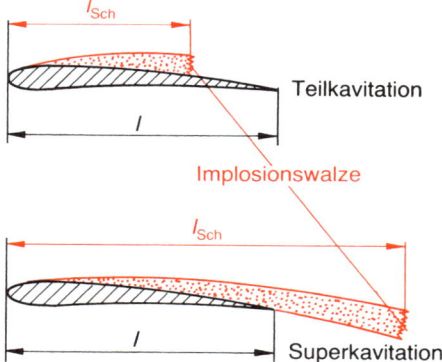

Bild 5.6   Dampfblasenschleppen an Profilen

a) **Einzelblasenkavitation in Wandnähe**
   Die Kavitationszone hat ein milchiges oder wolkiges Aussehen.
b) **Anliegende Schichtkavitation**, bestehend aus einem zusammenhängenden dampfgefüllten Gebiet
c) **Wirbelkavitation** in freier Strömung
   Die in Strömungsrichtung gemessene Länge der Kavitationszone, die sog. Schleppenlänge, nimmt mit abnehmendem Kavitationsbeiwert $K$ zu.

Wird die Schleppenlänge $l_{Sch}$ größer als die Profillänge $l$, kommt es zur so genannten **Superkavitation**, d.h., die ganze Saugseite des Profils ist vollständig von Kavitationsblasen bedeckt, und die Implosionswalze, in der die Blasen kollabieren, liegt stromabwärts von der Profilhinterkante (Bild 5.6).

### 5.2.4   Auswirkungen der Kavitation

Das Entstehen von Dampfblasen und deren anschließende Implosion in Zonen höheren Druckes hat sowohl Auswirkungen auf die Strömung als auch auf Schaufeln und Kanalwände.
In der Strömung sind folgende Kavitationsfolgen zu beobachten:

a) Da Dampf ein wesentlich größeres spezifisches Volumen hat als die Flüssigkeit, aus der er entstanden ist, bewirken die mit der Strömung transportierten Dampfblasen eine **Querschnittsverengung** oder gar eine **Querschnittsversperrung**, was bei durchströmten Kanälen (z.B. Venturirohr in Bild 5.2) zu erhöhten Reibungs- und Ablösungsverlusten führt (Bild 5.7a) oder bei um-

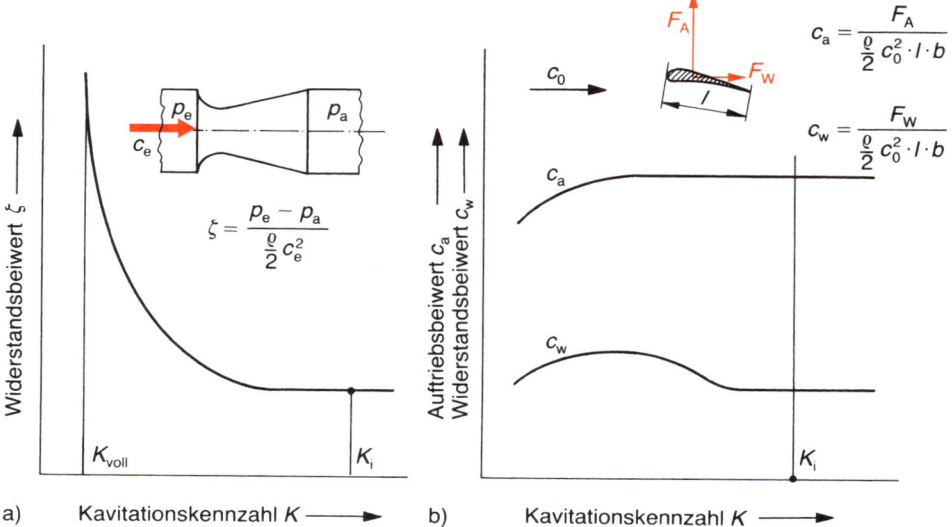

Bild 5.7   Veränderung der Verlustbeiwerte von Venturirohren und Tragflügelprofilen bei Kavitation

strömten Tragflügeln (Bild 5.3) Auftriebsverluste bzw. Zunahme des Strömungswiderstandes verursacht (Bild 5.7b).
b) Die Druckabsenkung auf den kleinsten Druck $p_{min}$ ist durch den Dampfdruck $p_v$ nach unten hin begrenzt.
c) Durch die Ausscheidung sehr vieler Dampfblasen in Zonen niedrigen Druckes kommt es zur **Blockierung** enger Querschnitte, ähnlich wie bei Gasströmungen bei Erreichen der Schallgeschwindigkeit. Da die Schallgeschwindigkeit in einem Flüssigkeits-Dampf-Gemisch sehr kleine Werte annehmen kann, lässt sich die Blockierung enger Querschnitte somit auch gasdynamisch erklären.

Die aufgeführten Strömungsstörungen zeigen bei hydraulischen Strömungsmaschinen folgende negative Wirkungen:

❏ Wirkungsgradabfall,
❏ Reduzierung des Volumenstroms,
❏ Förderhöhenabfall bei Kreiselpumpen.

Der implosionsartige Zusammenfall der Kavitationsblasen in der Strömung und an den begrenzenden Kanalwänden bzw. Schaufeln verursacht starke **Geräusche** und **Vibrationen** [5.4; 5.5], die bei wachsender Kavitation ein Maximum erreichen, um dann bei Vollkavitation infolge Dämpfung durch die vielen Dampfblasen wieder abzunehmen.

Durch den schlagartigen Blasenkollaps entstehen an den Begrenzungswänden am stromab gelegenen Ende der Kavitationszone **Werkstoffzerstörungen**, die man auch als **Kavitationserosion** bezeichnet (Bild 5.8) [5.6; 5.7].

Die mechanische Zerstörung durch die Druckwellen und «Mikrojets» wird je nach Flüssigkeit und Werkstoff noch durch **Korrosions-** und **Abrasionsvorgänge** verstärkt.

Intensität und Verlauf der Werkstoffzerstörung werden durch viele Einflussgrößen bestimmt. U.a. hängt die Werkstoffabtragungsrate (Gewichtsverlust pro Zeiteinheit) auch von der Kavitationskennzahl $K$ (siehe Gl. 5.5) ab (Bild 5.9) [5.8].

Weitere Informationen zur Widerstandsfähigkeit von Werkstoffen gegen den Kavitationsangriff finden sich in Abschnitt 5.7.

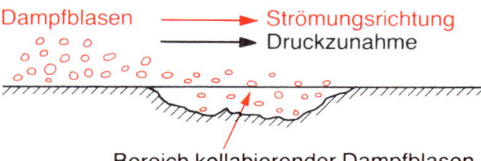

Bild 5.8 Entwicklung von Kavitationserosion

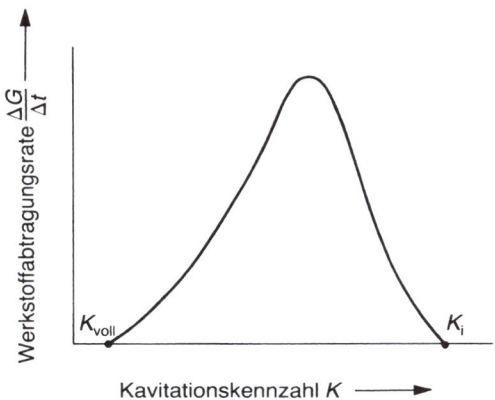

Bild 5.9 Abhängigkeit der Werkstoffabtragungsrate von der Kavitationszahl

## 5.3 Spezifische Halteenergie

### 5.3.1 Einleitung

Um das Saugverhalten von Kreiselpumpen und Wasserturbinen gemeinsam zu behandeln [5.9], wird der für beide Maschinenarten gleichermaßen physikalisch sinnvolle Begriff der **spezifischen Halteenergie** eingeführt.

Unter der spezifischen Halteenergie versteht man die Summe aus spezifischer Druck- und Geschwindigkeitsenergie, vermindert um die spezifische Verdampfungsenergie der Flüssigkeit, bezogen auf den Eintrittsquerschnitt einer Kreiselpumpe oder den Austrittsquerschnitt einer Wasserturbine.

Man unterscheidet zwischen der von der hydraulischen Anlage her vorgegebenen spezifischen Halteenergie $Y_{HA}$ und der zur Maschine gehörenden spezifischen Halteenergie $Y_H$.

**Eine hydraulische Strömungsmaschine arbeitet kavitationsfrei, wenn die spezifi-**

sche Halteenergie $Y_{HA}$ der Anlage größer ist als die spezifische Halteenergie $Y_H$ der Maschine.

$Y_{HA} > Y_H \rightarrow$ **kavitationsfreier Betrieb**
(Gl. 5.6)

### 5.3.2 Spezifische Halteenergie der Anlage

Die zur Bestimmung der spezifischen Halteenergie der Anlage benötigten Größen können sowohl auf den Pumpeneintrittsquerschnitt bzw. den Turbinenaustrittsquerschnitt als auch auf die Daten des saugseitigen Flüssigkeitsspiegels bezogen werden (Tabelle 5.3). Um die Einführung des Begriffes der spezifischen Halteenergie zunächst nicht zu kompliziert zu gestalten, wird die Saughöhe $h_s$, bzw. die Zulaufhöhe $h_z$ bei Maschinen mit horizontaler Welle auf die Wellenmitte, bei Maschinen mit vertikaler bzw. schrägliegender Welle auf die Laufradmitte bezogen. Streng genommen müsste man die geodätischen Größen $h_s$ und $h_z$ auf den am stärksten kavitationsgefährdeten Punkt der Laufradsaugkante beziehen, wie das in Abschnitt 5.5 bei der Einführung des *NPSH*-Begriffes geschieht. Liegt der saugseitige Flüssigkeitsspiegel tiefer als die Wellen- bzw. Maschinenmitte, spricht man von Saugbetrieb, wird die Maschine unterhalb des saugseitigen Flüssigkeitsspiegels angeordnet, von Zulaufbetrieb.

In der Praxis ist es heute immer noch üblich, anstelle des Begriffes der spezifischen

Tabelle 5.3 Spezifische Halteenergie der Anlage $Y_{HA}$

a) **Saugbetrieb**

| **Kreiselpumpenanlage** | **Wasserturbinenanlage** |
|---|---|

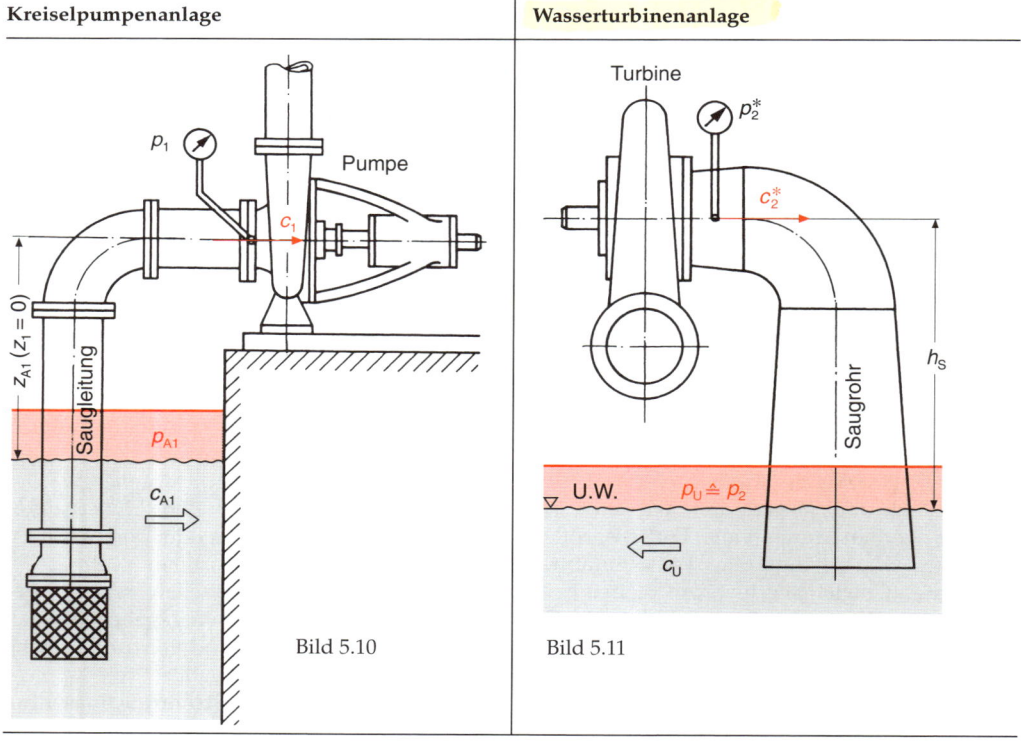

Bild 5.10  Bild 5.11

## Spezifische Halteenergie

Tabelle 5.3  (Fortsetzung)

### a) Saugbetrieb

| Kreiselpumpenanlage | Wasserturbinenanlage |
|---|---|
| $Y_{HA} = \dfrac{p_1 - p_v}{\varrho} + \dfrac{c_1^2}{2}$    (Gl. 5.7a) | $Y_{HA} = \dfrac{p_2^* - p_v}{\varrho} + \dfrac{c_2^{*2}}{2}$    (Gl. 5.7b) |

$Y_{HA}$   spezifische Halteenergie der Anlage
$p_1$   Absolutdruck am pumpenseitigen Ende der Saugleitung, d.h. am Pumpensaugstutzen
$c_1$   Strömungsgeschwindigkeit im Pumpensaugstutzen
$c_1 = \dfrac{\dot{V}}{A_1}$
$\dot{V}$   Volumenstrom
$A_1$   Strömungsquerschnitt des Pumpensaugstutzens
$p_v$   Dampfdruck der Förderflüssigkeit
$\varrho$   Dichte der Förderflüssigkeit

oder:

$Y_{HA} = \dfrac{p_{A1} - p_v}{\varrho} + \dfrac{c_{A1}^2}{2} - E_{RS} - g \cdot z_{A1}$    (Gl. 5.8 a)

$Y_{HA}$   spezifische Halteenergie der Anlage
$p_{A1}$   Druck auf dem Flüssigkeitsspiegel im Saugbehälter
$\varrho$   Dichte der Förderflüssigkeit
$c_{A1}$   Geschwindigkeit im Saugbehälter (meistens 0 oder sehr klein!)
$z_{A1}$   geodätische Saughöhe
$E_{RS}$   spezifische Reibungsverlustenergie der Saugleitung
$p_v$   Dampfdruck der Förderflüssigkeit

Nach der häufig gefragten geodätischen Saughöhe $z_{A1}$ aufgelöst, erhält Gl. 5.8a folgende Form:

$z_{A1} = \dfrac{p_{A1} - p_v}{\varrho \cdot g} + \dfrac{c_{A1}^2}{2g} - \dfrac{E_{RS}}{g} - \dfrac{Y_{HA}}{g}$    (Gl. 5.9a)

In der Praxis wird für den Ausdruck $E_{RS}/g$ häufig der Begriff der Reibungsverlusthöhe $h_{vs}$ verwendet. **Um Kavitation zu vermeiden, muss die Saughöhe $z_{A1}$ kleiner als der nach Gl. 5.9a berechnete Wert ausgeführt werden!**

$Y_{HA}$   spezifische Halteenergie der Anlage
$p_2^*$   Absolutdruck am Austritt des Turbinenlaufrades, d.h. gleichzeitig auch am Eintritt des Saugrohres
$c_2^*$   Absolutgeschwindigkeit am Laufradaustritt, d.h. gleichzeitig Geschwindigkeit am Saugrohreintritt
$\dot{V}$   Volumenstrom
$p_v$   Dampfdruck des Wassers
$\varrho$   Dichte des Wassers

oder:

$Y_{HA} = \dfrac{p_u - p_v}{\varrho} + \dfrac{c_u^2}{2} - g \cdot h_s$    (Gl. 5.8b)

$Y_{HA}$   spezifische Halteenergie der Anlage
$p_u$   Druck auf dem Unterwasser $\triangleq p_2$
$\varrho$   Dichte des Wassers
$c_u$   Geschwindigkeit des Unterwassers
$h_s$   geodätische Saughöhe
$p_v$   Verdampfungsdruck des Wassers

Nach der geodätischen Saughöhe $h_s$ aufgelöst:

$h_s = \dfrac{p_u - p_v}{\varrho \cdot g} + \dfrac{c_u^2}{2g} - \dfrac{Y_{HA}}{g}$    (Gl. 5.9b)

Der Ausdruck $E_{RS} \triangleq g \cdot h_{vs}$ fehlt in Gl. 5.9b, da die Reibungsverluste im Saugrohr der Turbine und nicht der Anlage zugeordnet werden, d.h. im Turbinenwirkungsgrad berücksichtigt werden.

Tabelle 5.3  (Fortsetzung)

**b) Zulaufbetrieb**

| Kreiselpumpenanlage | Wasserturbinenanlage |
|---|---|

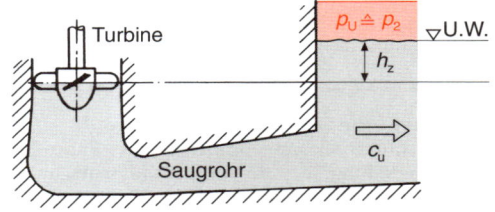

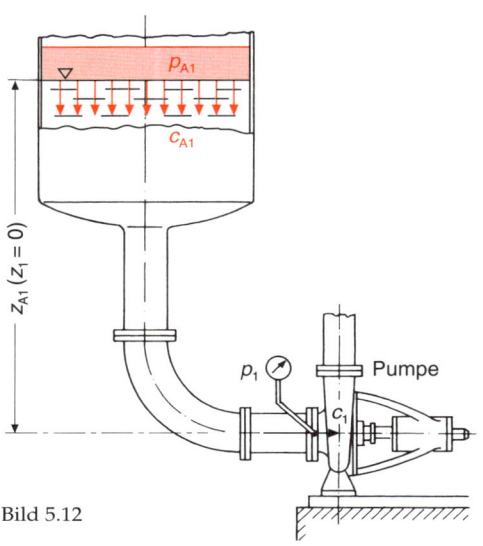

Bild 5.12

Bild 5.13

$$Y_{HA} = \frac{p_{A1} - p_v}{\varrho} + \frac{c_{A1}^2}{2} + g \cdot z_{A1} - E_{RS} \quad \text{(Gl. 5.10a)}$$

$$Y_{HA} = \frac{p_u - p_v}{\varrho} + \frac{c_u^2}{2} + g \cdot h_z \quad \text{(Gl. 5.10b)}$$

$z_{A1}$ geodätische Zulaufhöhe
$p_{A1}$
$p_v$
$c_{A1}$ } siehe Legende zu Gl. 5.8a
$\varrho$
$E_{RS}$

$h_z$ geodätische Zulaufhöhe
$p_u$
$p_v$ } siehe Legende zu Gl. 5.8b
$c_u$
$\varrho$

Löst man Gl. 5.10a nach der Zulaufhöhe $z_{A1}$ auf, erhält man die für kavitationsfreien Betrieb mindestens erforderliche Zulaufhöhe:

Nach der geodätischen Zulaufhöhe $h_z$ aufgelöst ergibt sich:

$$z_{A1} \geqq \frac{Y_{HA}}{g} - \frac{p_{A1} - p_v}{\varrho \cdot g} - \frac{c_{A1}^2}{2g} + \frac{E_{RS}}{g} \quad \text{(Gl. 5.11a)}$$

$$h_z \geqq \frac{Y_{HA}}{g} - \frac{p_u - p_v}{\varrho \cdot g} - \frac{c_u^2}{2g} \quad \text{(Gl. 5.11b)}$$

Halteenergie den Ausdruck der **Haltedruckhöhe** zu benützen, obwohl neue Normen [5.10] und die neuesten Ausgaben von Pumpenhandbüchern [5.11] diesen veralteten Begriff nicht mehr verwenden.

Zwischen der spezifischen Halteenergie und der Haltedruckhöhe besteht folgender Zusammenhang:

$$H_{HA} = \frac{Y_{HA}}{g} \qquad (Gl.\ 5.12)$$

### 5.3.3 Spezifische Halteenergie von Kreiselpumpen und Wasserturbinen

Die spezifische Halteenergie von hydraulischen Strömungsmaschinen wird mit $Y_H$ bezeichnet.

Ausgehend von einer Veröffentlichung von C. PFLEIDERER [5.12], wird die spezifische Halteenergie $Y_H$ von Kreiselpumpen durch die Strömungsgeschwindigkeiten am Laufradeintritt und die spezifische Halteenergie der Wasserturbinen durch die Strömungsgeschwindigkeiten am Laufradaustritt ausgedrückt.

In Tabelle 5.4 sind für den **Optimalpunkt** ($\eta = \eta_{max}$), der praktisch mit dem Betriebspunkt **drallfreier Zuströmung** bei Kreiselpumpen ($c_{u1} = 0$) bzw. **drallfreier Abströmung** bei Wasserturbinen ($c_{u2} = 0$) zusammenfällt, die Beziehungen für die spezifische Halteenergie $Y_H$ zusammengestellt.

Setzt man in die Gl. 5.13 und 5.14 die in Tabelle 3.4 angegebenen Zusammenhänge zwischen Geschwindigkeiten und Laufradabmessungen ein, erhält man nach einigen Umformungen folgenden Ausdruck für die spezifische Halteenergie $Y_H$ von Kreiselpumpen [5.9]:

$$Y_H = \frac{1}{2}\left(\frac{4\cdot\pi\cdot n^2\cdot \dot{V}}{k}\right)^{2/3} \qquad (Gl.\ 5.17)$$
$$\left[\frac{\lambda_1}{(\cos^2\beta_1\cdot\sin\beta_1)^{2/3}} + \lambda_2\cdot\tan^{4/3}\beta_1\right]$$

$n$  Drehzahl in s$^{-1}$
$\dot{V}$  Volumenstrom in m$^3$/s
$k$  Nabenverengungsfaktor

$k = 1 - \left(\dfrac{D_N}{D_a}\right)^2$  bei Radialpumpen

$k = 1 - \left(\dfrac{D_i}{D_{1a}}\right)^2$  bei Axialpumpen

$\lambda_1; \lambda_2$ siehe Tabelle 5.4
$\beta_1 = \beta_{1a}$ oder $\beta_{1i}$ je nach Pumpenart und Wellenlage, siehe Bilder 5.14 oder 5.15!

In [5.13] wird folgende vereinfachte Beziehung zur Abschätzung der spezifischen Halteenergie $Y_H$ von radialen Kreiselpumpen empfohlen:

$$Y_H \approx \frac{\Delta c^2}{2} + \lambda\cdot\frac{w_1^2}{2} \qquad (Gl.\ 5.18)$$

$Y_H$  spezifische Halteenergie der Pumpe
$\Delta c^2 = c_1^2 - c_s^2$
$c_1$  absolute Geschwindigkeit am Laufradeintritt
$c_s$  Geschwindigkeit im Saugstutzen
$c_s = \dfrac{\dot{V}}{D_s^2\cdot\dfrac{\pi}{4}}$ (wird in Tabelle 5.3 ebenfalls mit $c_1$ bezeichnet)
$w_1$  Relativgeschwindigkeit am Laufradeintritt

Bild 5.18

$\lambda = f$ (Schaufeldicke, Schaufelzahl, Schaufelwinkel $\beta_1$, Schaufelkrümmung ...)
$\lambda \approx 0{,}3$ im Mittel

In [5.14] wird neben dem Abschätzverfahren von PFLEIDERER folgende einfache Überschlagsformel für die spezifische Halteenergie von Kreiselpumpen angegeben:

$$Y_H \approx \psi_{Kav}\cdot\frac{u_1^2}{2} \qquad (Gl.\ 5.19)$$

$Y_H$  spezifische Halteenergie der Pumpe
$\psi_{Kav}$  Kavitationsbeiwert (eine Art «Druckzahl»)
$u_1$  Umfangsgeschwindigkeit am Laufradeintritt (Bilder 5.14, 5.15 und 5.18)
$u_1$  $D_1\cdot\pi\cdot n$

Weitere Einzelheiten zur Abschätzung von $Y_H$ können u.a. aus [5.15] entnommen werden.

Tabelle 5.4   Spezifische Halteenergie $Y_H$ von hydraulischen Strömungsmaschinen

| Kreiselpumpen ||
|---|---|
| **Radialpumpen** | **Axialpumpen** |
| 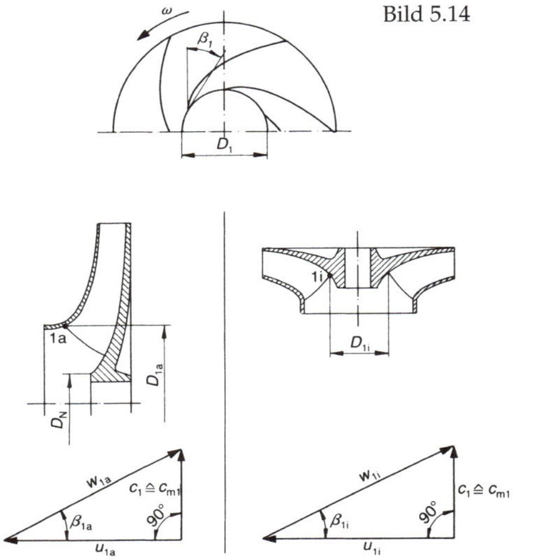 Bild 5.14 | 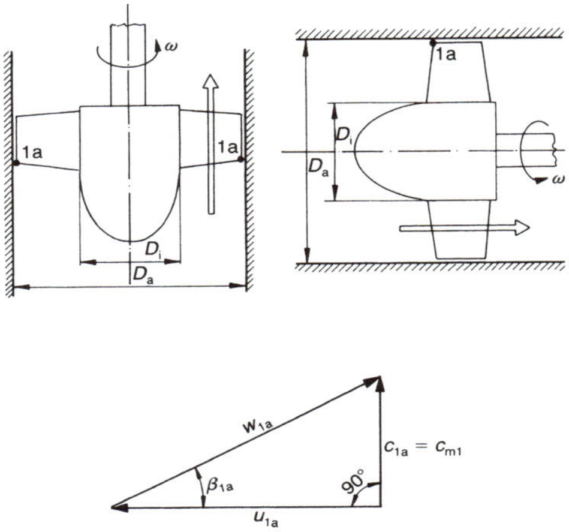 Bild 5.15 |
| $Y_H = \lambda_1 \dfrac{w_1^2}{2} + \lambda_2 \dfrac{c_1^2}{2}$   (Gl. 5.13) | $Y_H = \lambda_1 \dfrac{w_{1a}^2}{2} + \lambda_2 \dfrac{c_{1a}^2}{2}$   (Gl. 5.14) |

$Y_H$  spezifische Halteenergie der Pumpe
$w_1$  Relativgeschwindigkeit am Schaufeleintritt
$w_1 = w_{1a}$ bei horizontaler Welle $\Big\}$ bei Radialpumpen
$w_1 = w_{1i}$ bei vertikaler Welle
$c_1$  Absolutgeschwindigkeit am Schaufeleintritt

Streng genommen sind die Geschwindigkeiten $w_1$ und $c_1$ kurz vor der Schaufeleintrittskante im am meisten kavitationsgefährdeten Punkt 1a bzw. 1i definiert!

Die Beiwerte $\lambda_1$ und $\lambda_2$ berücksichtigen die Beschleunigung der Strömung im Laufradsaugmund und liegen nach PFLEIDERER bei den üblichen Laufradformen und drallfreier Zuströmung ($c_{u1} = 0$) in folgenden Grenzen:

$\lambda_1 > 0;\ \lambda_1 \approx 0{,}25\ldots 0{,}35$ (Mittelwert: 0,3)
$\lambda_2 > 1;\ \lambda_2 \approx 1{,}1\ \ldots 1{,}3$ (Mittelwert: 1,2)

Tabelle 5.4 (Fortsetzung)

| Wasserturbinen ||
|---|---|
| **Francis-Turbinen** | **Kaplan-Turbinen/Rohrturbinen** |
| Bild 5.16 | Bild 5.17 |
| $Y_H = \lambda_1 \dfrac{w_2^2}{2} + \lambda_2 \dfrac{c_2^2}{2}$ (Gl. 5.15) | $Y_H = \lambda_1 \dfrac{w_{2a}^2}{2} + \lambda_2 \dfrac{c_{2a}^2}{2}$ (Gl. 5.16) |

$Y_H$  spezifische Halteenergie der Wasserturbine
$w_2$  Relativgeschwindigkeit am Schaufeleintritt
$w_2 = w_{2a}$ bei horizontaler Welle $\Big\}$ bei Francis-Turbinen
$w_2 = w_{2i}$ bei vertikaler Welle
$c_2$  Absolutgeschwindigkeit am Schaufelaustritt

Auch bei Wasserturbinen sollten die Strömungsgeschwindigkeiten unmittelbar **hinter** der Schaufelaustrittskante in die Gl. 5.15 und 5.16 eingesetzt werden.

Die Beiwerte $\lambda_1$ und $\lambda_2$ erfassen den Einfluss der Strömungsverzögerung am Laufradaustritt und können nach PFLEIDERER wie folgt angesetzt werden:

$\lambda_1 > 0; \quad \lambda_1 \approx 0{,}25$
$\lambda_2 < 1; \quad \lambda_2 \approx 0{,}7$

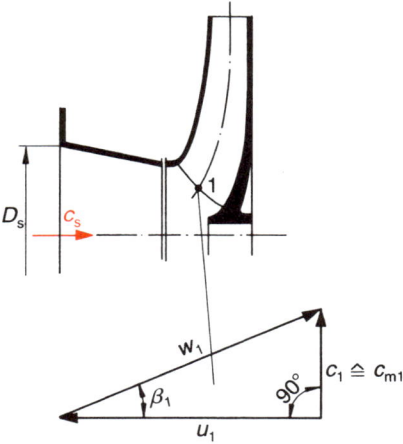

Bild 5.18 Pumpenlaufrad mit Geschwindigkeitsplan am Laufradeintritt

Tritt an Kreiselpumpen **Vordrall** ($c_{u1} \neq 0$) bzw. an Wasserturbinen **Abdrall** ($c_{u2} \neq 0$) auf, ändern sich die Strömungsfelder im Saugmund der Laufräder, und die Beiwerte $\lambda_1$, $\lambda_2$, $\lambda$ und $\psi_{Kav}$ nehmen andere Werte an. In [5.12] ist das Kavitationsverhalten bei drallbehafteter Zu- bzw. Abströmung theoretisch behandelt, in [5.4 und 5.5] sind Versuche dazu beschrieben.

In der Praxis wird der Begriff der spezifischen Halteenergie $Y_H$ bzw. der davon abgeleitete Begriff der **Haltedruckhöhe** $H_H = Y_H/g$ kaum noch verwendet und immer mehr durch den international gebräuchlichen Ausdruck **NPSH** ersetzt, der im Abschnitt 5.5 ausführlich dargestellt wird. Da man jedoch öfter auf ältere Fachliteratur zurückgreifen muss, sollte jedem Ingenieur auch der Begriff der spezifischen Halteenergie nach wie vor geläufig sein.

**Beispiel 8**
**Aufgabenstellung:**
Wie groß ist die spezifische Halteenergie $Y_H$ der im Beispiel 3 behandelten Radialpumpe und wie groß kann die geodätische Saughöhe $z_{A1}$ gemacht werden, wenn Wasser mit einer Temperatur von 20°C aus einem großen offenen Behälter ($p_{A1} = 1000$ mbar, $c_{A1} = 0$ m/s) durch eine Saugleitung angesaugt wird, deren Reibungsverlust $E_{RS} = 30$ J/kg beträgt?

**Lösung:**
a) Abschätzung der spezifischen Halteenergie $Y_H$ nach Gl. 5.13

$$Y_H = \lambda_1 \cdot \frac{w_1^2}{2} + \lambda_2 \cdot \frac{c_1^2}{2}$$

$$w_1 = \frac{u_1}{\cos \beta_1}$$

$u_1 = 4{,}71$ m/s $\}$ aus Beispiel 3
$\beta_1 = 30°$

$$w_1 = \frac{4{,}71}{\cos 30°}$$

$w_1 = 5{,}44$ m/s
$c_1 = c_{m1}$ (drallfreier Eintritt)
$c_1 = 2{,}72$ m/s aus Beispiel 3
$\lambda_1 = 0{,}25 \ldots 0{,}35$
$\lambda_2 \approx 1{,}1 \ldots 1{,}3$

$Y_H = (0{,}25 \ldots 0{,}35) \frac{5{,}44^2}{2} + (1{,}1 \ldots 1{,}3) \frac{2{,}72^2}{2}$
$Y_H = 3{,}7 \ldots 5{,}18 + 4{,}07 \ldots 4{,}81$
$\underline{Y_H = 7{,}77 \ldots 9{,}99 \text{ J/kg}}$

b) Kontrolle des Ergebnisses mittels Gl. 5.17:

$$Y_H = \frac{1}{2} \left( \frac{4 \cdot \pi \cdot n^2 \cdot \dot{V}}{k} \right)^{2/3}$$

$$\left[ \frac{\lambda_1}{(\cos^2 \beta_1 \cdot \sin \beta_1)^{2/3}} + \lambda_2 \cdot \tan^{4/3} \beta_1 \right]$$

$n = 30$ s$^{-1}$ $\}$ Beispiel 3
$\dot{V} = 3{,}56 \cdot 10^{-3}$
$k \approx 0{,}85$ geschätzt
$\lambda_1 \approx 0{,}25 \ldots 0{,}35$ $\}$ wie bei a)
$\lambda_2 \approx 1{,}1 \ldots 1{,}3$
$\beta_1 = 30°$ aus Beispiel 3

$$Y_H = \frac{1}{2} \left( \frac{4 \cdot \pi \cdot 30^2 \cdot 3{,}56 \cdot 10^{-3}}{0{,}85} \right)^{2/3}$$

$$\left[ \frac{0{,}25 \ldots 0{,}35}{(\cos^2 30° \cdot \sin 30°)^{2/3}} + (1{,}1 \ldots 1{,}3) \tan^{4/3} 30° \right]$$

$Y_H = \frac{1}{2} \cdot 13{,}09$
$[0{,}481 \ldots 0{,}673 + 0{,}529 \ldots 0{,}625]$
$\underline{Y_H = 6{,}61 \ldots 8{,}50 \text{ J/kg}}$

c) Abschätzung der geodätischen Saughöhe $z_{A1}$ nach Gl. 5.9 a:

Um kavitationsfreien Betrieb einzuhalten, muss die spezifische Halteenergie $Y_{HA}$ der Anlage größer sein als die spzifische Halteenergie $Y_H$ der Pumpe (Gl. 5.6):
Im Grenzfall gilt demnach:

$Y_{HA} = Y_H = 6{,}61 \ldots 9{,}99$ J/kg
(Maximal- und Minimalwert nach a) und b))

$$z_{A1} \leqq + \frac{p_{A1} - p_v}{\varrho \cdot g} + \frac{c_{A1}^2}{2g} - \frac{E_{RS}}{g} - \frac{Y_{HA}}{g}$$

$p_{A1}$ = 1000 mbar = 100 000 Pa
$p_v$ = 23,37 mbar = 2337 Pa [5.16] – Tafel 5 bzw. 9
$\varrho$ = 998,3 kg/m³ [5.16] – Tafel 5

$$z_{A1} \leqq \frac{100\,000 - 2337}{998{,}3 \cdot 9{,}81} + \frac{0^2}{2g} - \frac{30}{9{,}81}$$
$$- \frac{6{,}61 \ldots 9{,}99}{9{,}81}$$

$\underline{z_{A1} \leqq 5{,}90 \text{ m} \ldots 6{,}24 \text{ m}}$

Um kavitationsfreien Betrieb zu gewährleisten, muss in vorliegendem Falle die geodätische Saughöhe unterhalb 5,90 m…6,24 m liegen.

## 5.4 Kavitationskennzahlen

### 5.4.1 Thoma-Zahl

Zur Kennzeichnung des Kavitationsbeginnes oder der Kavitationsfolgen bzw. zur Abschätzung zulässiger Saughöhen oder erforderlicher Zulaufhöhen hat D. THOMA [5.17] und [5.18] eine **dimensionslose Kennzahl** vorgeschlagen, die mit der in Gl. 5.5 eingeführten Kavitationszahl $K$ physikalisch verwandt ist.
Die ursprüngliche Definition der Kavitationszahl THOMAS lautete:

$$\sigma = \frac{H_a - H_s}{H} = \frac{H_b - H_D - H_s}{H}$$

$H$   Fallhöhe bei Wasserturbinen bzw. Förderhöhe bei Kreiselpumpen in m
$H_a$   «barometrische Saughöhe» in m
$H_b$   Luftdruck, ausgedrückt in m
$H_D$   Dampfdruck, ausgedrückt in m
$H_s$   geodätische Saughöhe in m

Schon in seinem Aufsatz [5.18] weist THOMA darauf hin, dass sich die Förderhöhe $H$ auf den Optimalpunkt ($\eta = \eta_{max}$) bezieht, d. h. $H \triangleq H_{opt}$.
Um eine Verwechslung mit der Laufzahl $\sigma$ (Gl. 4.23) zu vermeiden, wird nach [4.26] für die Thoma-Zahl die Abkürzung $Th$ gewählt.
**Die Thoma-Zahl ist der Quotient aus spezifischer Halteenergie und spezifischer Stutzenarbeit.**
Wie bei der spezifischen Halteenergie unterscheidet man auch bei der Thoma-Zahl zwischen einem auf die Anlage und einem auf die Strömungsmaschine bezogenen Wert.

a) anlagenbezogener Wert:

$$Th_A = \frac{Y_{HA}}{Y} \qquad \text{(Gl. 5.20)}$$

$Th_A$   Thoma-Zahl der Anlage
$Y_{HA}$   spezifische Halteenergie der Anlage nach Gl. 5.7, 5.8 und 5.10
$Y$   spezifische Stutzenarbeit nach Gl. 2.6, 2.8, 2.10 oder 2.11

b) maschinenbezogener Wert:

Wasserturbinen:

$$Th_T = \frac{Y_H}{Y} \qquad \text{(Gl. 5.21)}$$

$Th_T$   Thoma-Zahl der Wasserturbine
$Y_H$   spezifische Halteenergie der Wasserturbine nach Gl. 5.15 und 5.16
$Y$   spezifische Stutzenarbeit der Wasserturbine nach Gl. 2.6 und 2.8

Kreiselpumpen:

$$Th_P = \frac{Y_H}{Y} \qquad \text{(Gl. 5.22)}$$

$Th_P$   Thoma-Zahl der Kreiselpumpe
$Y_H$   spezifische Halteenergie der Kreiselpumpe nach Gl. 5.13, 5.14, 5.17, 5.18 und 5.19
$Y$   spezifische Stutzenarbeit der Kreiselpumpe nach Gl. 2.10 und 2.11

# Kavitation

Die Thoma-Zahl kann zur groben Abschätzung der Sicherheit in Bezug auf das Auftreten von Kavitation oder von Kavitationsfolgen bzw -schäden benützt werden, wobei in Analogie zu Gl. 5.6 gilt:

$$Th_A > Th_P \text{ bzw. } Th_T \rightarrow \text{kavitationsfreier Betrieb}$$
(Gl. 5.23)

In zahlreichen Versuchen wurde nachgewiesen, dass die Thoma-Zahl vor allem von der spezifischen Drehzahl $n_q$, Gl. 4.24 der hydraulischen Strömungsmaschine abhängt. Da auch die Oberflächenrauigkeit der Schaufeln und Laufradwände [5.19], der hydraulische Wirkungsgrad [5.20], der Gasgehalt der Förderflüssigkeit [5.2; 5.21] sowie deren Temperatur [5.22] die wahre Größe der kritischen Thoma-Zahl, bei der gerade Kavitation einsetzt oder merkliche Kavitationsfolgen auftreten, wesentlich beeinflussen, können sowohl für Wasserturbinen als auch für Kreiselpumpen nur ungefähre Richtwerte angegeben werden, die im konkreten Einzelfall deutlich unterschritten oder überschritten werden können.

Die Thoma-Zahlen $Th_P$ von 1-stufig 1-flutigen Radial- und Diagonalpumpen mit spezifischen Drehzahlen $n_q < 100$ min$^{-1}$ können aus dem in [5.15] angegebenen Diagramm in Bild 5.19 entnommen werden.

A. J. STEPANOFF [5.23] gibt für 1-flutige Radialpumpen und für Diagonal- bzw. Axialpumpen folgende Faustformel zur Abschätzung der Thoma-Zahl $Th_P$ an:

$$Th_P = 1{,}22 \cdot 10^{-3} \cdot n_q^{4/3}$$
(Gl. 5.24)

$Th_P$ Thoma-Zahl der Kreiselpumpe im Optimalpunkt
$n_q$ spezifische Drehzahl der Pumpe in min$^{-1}$ im Optimalpunkt

Für 2-flutige Radialpumpen wird folgende Überschlagsformel empfohlen:

$$Th_P = 0{,}77 \cdot 10^{-3} \cdot n_{q,zw}^{4/3}$$
(Gl. 5.25)

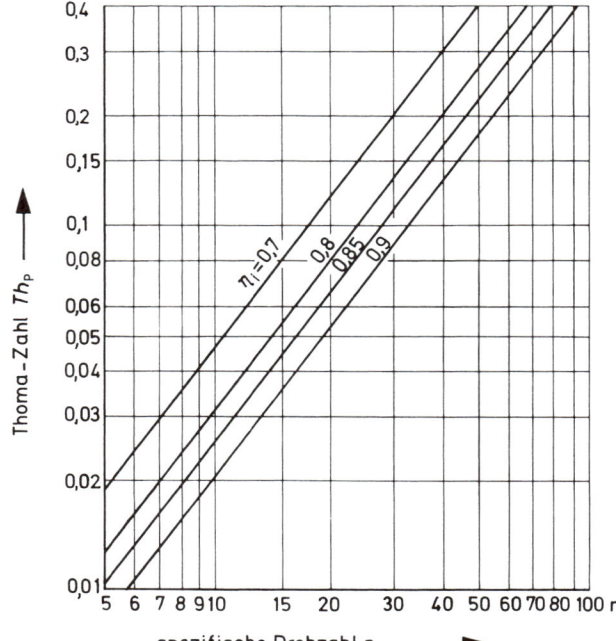

Bild 5.19
Thoma-Zahl von Kreiselpumpen
(nach [5.15])

wobei abweichend zu Gl. 4.24 die spezifische Drehzahl $n_q$ mit dem **Gesamtvolumenstrom** des 2-flutigen Rades gebildet wird!

$$n_{q,zw} = n \frac{\sqrt{\dot{V}_{opt,ges}}}{H_{opt}^{3/4}} \qquad (Gl.\ 5.26)$$

**Bei mehrstufigen Kreiselpumpen sind sowohl Thoma-Zahl als auch spezifische Drehzahl auf die 1. Stufe («Saugstufe») bezogen!**

$$Th_P = \frac{Y_H}{Y_{1.\ Stufe}} \qquad (Gl.\ 5.27)$$

$$n_q = n \frac{\sqrt{\dot{V}_{opt}}}{H_{opt,\ 1.\ Stufe}^{3/4}} \qquad (Gl.\ 5.28)$$

In Bild 5.20 sind die kritischen Thoma-Zahlen von Francis- und Kaplan-Turbinen, bei deren Unterschreitung merkliche Wirkungsgradeinbußen oder Kavitationsschäden auftreten, nach Unterlagen der Fa. J. M. Voith [7.1] dargestellt.

Bild 5.21 [5.24] enthält Angaben zur Thoma-Zahl von Kaplan-Turbinen, abhängig vom Einheitswasserstrom und der relativen Umfangsgeschwindigkeit bzw. der Fallhöhe, die auf Versuchen von Sulzer/Escher-Wyss beruhen.

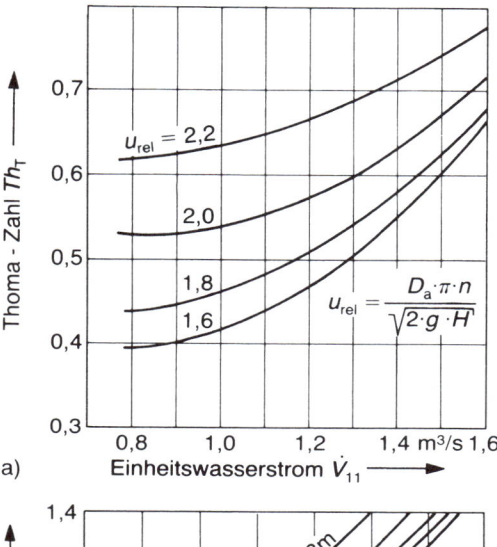

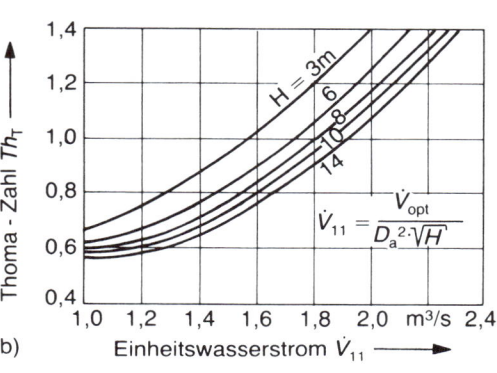

Bild 5.21   Thoma-Zahl von Kaplan-Turbinen

a) Francis-Turbinen und Pumpturbinen    b) Kaplan-Turbinen

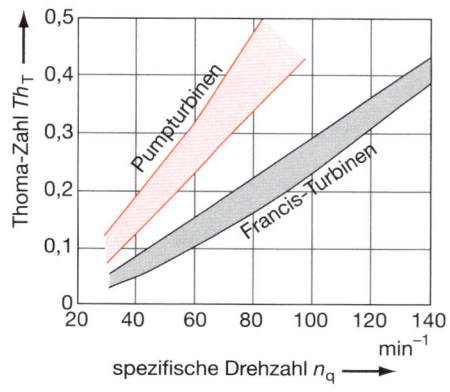

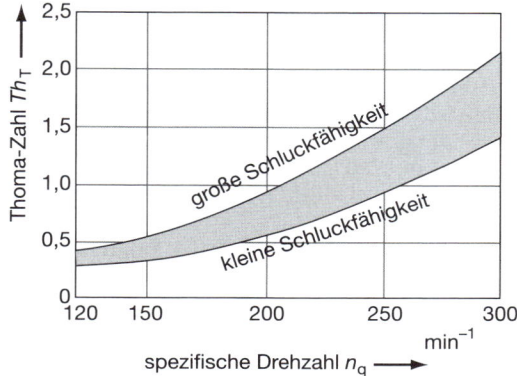

Bild 5.20   Thoma-Zahl von Wasserturbinen (nach [7.1])

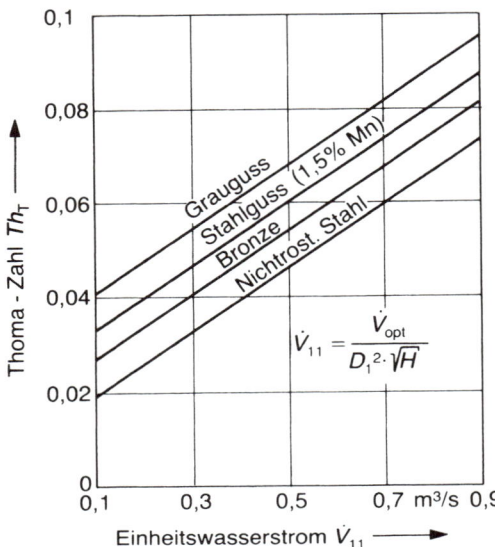

Bild 5.22   Thoma-Zahl von Francis-Turbinen

In Bild 5.22 [5.24] wird der Einfluss des Schaufelwerkstoffes auf die kritische Thoma-Zahl von Francis-Turbinen in Abhängigkeit vom Einheitswasserstrom aufgezeigt.

In [5.25] ist eine allgemeingültige Gleichung zur Abschätzung der kritischen Thoma-Zahl von Wasserturbinen in Funktion der spezifischen Drehzahl $n_q$ angegeben, die praktisch mit den Gl. 5.24 und 5.25 von STEPANOFF identisch ist:

$$Th_T = \text{konst} \cdot n_q^{4/3} \qquad (\text{Gl. 5.29})$$

Zum Schluss sei nochmals eindringlich darauf hingewiesen, dass die Abschätzung der Thoma-Zahl nach den Gl. 5.24, 5.25 und 5.29 sowie die grafische Bestimmung anhand der Bilder 5.19, 5.20, 5.21 und 5.22 nur für den Optimalpunkt der hydraulischen Strömungsmaschine gilt!

Die Thoma-Zahl im Teil- und Überlastbereich kann nur durch Versuche bestimmt werden!

**Beispiel 9**
**Aufgabenstellung:**
Eine Kaplan-Turbine hat im Optimalpunkt folgende Betriebsdaten:

Volumenstrom $\dot{V}_{opt} = 84\ \text{m}^3/\text{s}$
Fallhöhe $H_{opt} = 6\ \text{m}$
Drehzahl $n = 100\ \text{min}^{-1}$
Wassertemperatur $t = 15\,°\text{C}$
Luftdruck auf dem Unterwasser $p_u = 980\ \text{mbar}$
Abströmgeschwindigkeit
des Unterwassers $c_u = 0,5\ \text{m/s}$
Der Laufradaußendurchmesser $D_a$ beträgt 4 m.

Wie groß darf die geodätische Saughöhe $h_s$ höchstens ausgeführt werden bzw. wie groß muss die Zulaufhöhe $h_z$ mindestens gemacht werden, damit kavitationsfreier Betrieb gesichert ist?

**Lösung:**
a) Abschätzung der Saughöhe unter Zuhilfenahme von Bild 5.20: Nach Gl. 4.24 beträgt die spezifische Drehzahl $n_q$:

$$n_q = n\ \frac{\sqrt{\dot{V}_{opt}}}{H_{opt}^{3/4}}$$

$$n_q = 100\ \frac{\sqrt{84}}{6^{3/4}}$$

$$n_q = 239\ \text{min}^{-1}$$

Aus Bild 5.20 wird folgender Bereich für die Thoma-Zahl entnommen:

$$Th_T \approx 0{,}93\ldots 1{,}35$$

Daraus lässt sich mit Gl. 5.21 die spezifische Halteenergie $Y_H$ der Turbine berechnen:

$$Y_H = Th_T \cdot Y = Th_T \cdot g \cdot H$$
$$Y_H = (0{,}93\ldots 1{,}35) \cdot 9{,}81 \cdot 6$$
$$Y_H = 54{,}74\ldots 79{,}46\ \text{J/kg}$$

Die geodätische Saughöhe $h_s$ kann unter Gleichsetzung von $Y_H = Y_{HA}$ (Gl. 5.6) aus Gl. 5.9b bestimmt werden:

$$h_s = \frac{p_u - p_v}{\varrho \cdot g} + \frac{c_u^2}{2g} - \frac{Y_H}{g}$$

$p_v = 1704\ \text{Pa}$
$\varrho = 999{,}2\ \text{kg/m}^3$ $\Big\}$ Tafel 5 in [5.16]

$$h_s \leqq \frac{98000 - 1704}{999{,}2 \cdot 9{,}81} + \frac{0{,}5^2}{2 \cdot 9{,}81} - \frac{54{,}74 \ldots 79{,}46}{9{,}81}$$

$\underline{h_s \leqq 1{,}74 \ldots 4{,}25 \text{ m}}$

b) Abschätzung der Saughöhe unter Benützung von Bild 5.21
Der Einheitswasserstrom $\dot{V}_{11}$ beträgt:

$$\dot{V}_{11} = \frac{\dot{V}_{opt}}{D_a^2 \sqrt{H}}$$

$$\dot{V}_{11} = \frac{84}{4^2 \cdot \sqrt{6}}$$

$$\dot{V}_{11} = 2{,}14 \text{ m}^3/\text{s}$$

Da $\dot{V}_{11}$ einen so großen Wert annimmt, kann die Thoma-Zahl $Th_T$ nur aus Bild 5.21b entnommen werden, da die Skala für $\dot{V}_{11}$ in Bild 5.21a bereits bei $\dot{V}_{11} = 1{,}6 \text{ m}^3/\text{s}$ endet!
Aus Bild 5.21b wird abgeschätzt:

$Th_T \approx 1{,}4$

damit erhält man für die spezifische Halteenergie $Y_H$:

$Y_H = Th_T \cdot Y = Th_T \cdot g \cdot H$
$Y_H = 1{,}4 \cdot 9{,}81 \cdot 6$
$Y_H = 82{,}4 \text{ J/kg}$

daraus ergibt sich die geodätische Saughöhe $h_s$:

$$h_s \leqq \frac{p_u - p_v}{\varrho \cdot g} + \frac{c_u^2}{2g} - \frac{Y_H}{g}$$

$$h_s \leqq \frac{98000 - 1704}{999{,}2 \cdot 9{,}81} + \frac{0{,}5^2}{2 \cdot 9{,}81} - \frac{82{,}4}{9{,}81}$$

$\underline{h_s \leqq 1{,}44 \text{ m}}$

Dieser Wert liegt deutlich niedriger als das in a) berechnete Ergebnis!
Selbstverständlich werden die Saughöhen bzw. Zulaufhöhen von Wasserturbinen in den Berechnungsbüros und Versuchslaboratorien der Turbinenhersteller für konkrete Maschinen und Anlagen wesentlich präziser berechnet bzw. im Versuch an Modellmaschinen ermittelt.

### 5.4.2 Die dimensionslose Saugkennzahl $S_q$ nach PETERMANN

Die Thoma-Zahl bezieht die Halteenergie $Y_H$ auf die spezifische Stutzenarbeit $Y$, d.h. auf eine Größe, die nach der Euler'schen Strömungsmaschinenhauptgleichung (Gl. 3.6 und 3.11) in erster Linie von den Strömungsverhältnissen auf der Laufraddruckseite abhängt.

Da die spezifische Halteenergie aber hauptsächlich von den Strömungsbedingungen auf der Laufradsaugseite bestimmt wird, ist es physikalisch sinnvoller und auch genauer, das Saugverhalten von hydraulischen Strömungsmaschinen gemäß eines Vorschlags von Prof. H. PETERMANN [5.25] durch eine **dimensionslose Kennzahl $S_q$**, den Volumenstrom im Optimalpunkt $\dot{V}_{opt}$ und die Drehzahl $n$ auszudrücken:

$$Y_H = \left( \frac{n \cdot \sqrt{\dot{V}_{opt}}}{S_q} \right)^{4/3} \quad \text{(Gl. 5.30)}$$

$Y_H$ spezifische Halteenergie im Optimalpunkt in J/kg
$n$ Drehzahl in $s^{-1}$
$\dot{V}_{opt}$ Volumenstrom im Optimalpunkt in $m^3/s$
$S_q$ dimensionslose Saugkennzahl

Löst man Gl. 5.30 nach $S_q$ auf, erhält man folgende Definitionsgleichung:

$$S_q = n \frac{\sqrt{\dot{V}_{opt}}}{Y_H^{3/4}} \quad \text{(Gl. 5.31)}$$

Die dimensionslose Saugkennzahl $S_q$ ist die sinnvolle Weiterentwicklung der bereits von PFLEIDERER angegebenen dimensionsbehafteten Saugzahl $S$ [5.12; 5.20].
Die Saugkennzahl $S_q$ sagt ganz allgemein aus, dass bei ihrer Unterschreitung in einer hydraulischen Strömungsmaschine Kavitation auftreten kann.
In der englischsprachigen Fachliteratur wird häufig der ebenfalls dimensionsbehaftete Begriff der «suction specific speed» $n_{qs}$ z. B. in $\frac{\sqrt{\text{US-Gall/min}}}{\min \cdot \text{ft}^{3/4}}$ verwendet.

Umrechnungsformeln finden sich u.a. in [5.25] und [5.9].

Zwischen Thoma-Zahl $Th$ und dimensionsloser Saugkennzahl $S_q$ kann folgender Zusammenhang hergeleitet werden [5.25]:

$$Th = \left(\frac{n \cdot \sqrt{\dot{V}_{opt}}}{Y_{opt}^{3/4}} \cdot \frac{1}{S_q}\right)^{4/3} \triangleq \left(\frac{n_q}{333} \cdot \frac{1}{S_q}\right)^{4/3}$$
(Gl. 5.32)

Im Gegensatz zur Thoma-Zahl hängt die Saugkennzahl $S_q$ weniger stark von der spezifischen Drehzahl $n_q$ ab.

Für Radial- und Axialpumpen mit normaler Saugfähigkeit kann nach [5.9] im Optimalpunkt folgender Bereich für $S_q$ angenommen werden:

$S_q = 0{,}4 \ldots 0{,}45$

Die Saugkennzahlen von Francis- und Kaplan-Turbinen können aus Tabelle 5.5 entnommen werden. Zusätzlich wurden auch die Thoma-Zahlen mit angegeben.

**Beispiel 10**
**Aufgabenstellung:**
Wie groß ist die geodätische Saughöhe $z_{A1}$ der im Beispiel 8 behandelten Kreiselpumpe, wenn zu ihrer Abschätzung die dimensionslose Saugkennzahl $S_q$ herangezogen wird?

**Lösung:**
Die spezifische Halteenergie $Y_H$ berechnet sich aus Gl. 5.30:

$$Y_H = \left(\frac{n \sqrt{\dot{V}_{opt}}}{S_q}\right)^{4/3}$$

$$Y_H = \left(\frac{30 \cdot \sqrt{3{,}56 \cdot 10^{-3}}}{0{,}4 \ldots 0{,}45}\right)^{4/3}$$

$Y_H = 6{,}30 \ldots 7{,}37 \text{ J/kg}$

Die geodätische Saughöhe $z_{A1}$ folgt aus Gl. 5.9a für $Y_{HA} = Y_H$:

$$z_{A1} \leq \frac{p_{A1} - p_v}{\varrho \cdot g} + \frac{c_{A1}^2}{2g} - \frac{E_{RS}}{g} - \frac{Y_{HA}}{g}$$

$$z_{A1} \leq \frac{100\,000 - 2337}{998{,}3 \cdot 9{,}81} + \frac{0^2}{2 \cdot 9{,}81} - \frac{30}{9{,}81}$$

$$- \frac{6{,}33 \ldots 7{,}37}{9{,}81}$$

$\underline{z_{A1} \leq 6{,}16 \ldots 6{,}27 \text{ m}}$

Dieses Ergebnis stimmt sehr gut mit dem Ergebnis von Beispiel 8 überein.

## 5.5 Der *NPSH*-Wert von Kreiselpumpen

### 5.5.1 Einleitung

Unter dem aus den USA stammenden Begriff *NPSH* («**N**et **P**ositive **S**uction **H**ead») versteht man im Pumpenbau ganz allgemein die Netto-Energiehöhe im Eintrittsquerschnitt der Pumpe.

Die Netto-Energiehöhe ist die absolute Energiehöhe abzüglich der Verdampfungsdruckhöhe. Dabei ist die Verdampfungsdruckhöhe $H_v = p_v/(\varrho \cdot g)$ mit dem Dampfdruck $p_v$ zu berechnen, der zu der im Eintrittsquerschnitt der Pumpe herrschenden Temperatur gehört.

Wie bei der spezifischen Halteenergie unterscheidet man auch beim *NPSH*-Wert zwischen einem auf die Anlage bezogenen Wert *NPSHA* (vorhandener *NPSH*) und einem pumpenspezifischen Wert *NPSHR* (erforderlicher *NPSH*).

Der vorhandene *NPSH*-Wert *NPSHA* wird auch mit $NPSH_{vorh}$ bezeichnet und kann durch

Tabelle 5.5 Saugkennzahlen $S_q$ von Wasserturbinen nach [5.9]

| Francis-Turbine | $n_q$ | 30 | 60 | 90 | 120 | min$^{-1}$ |
| | $S_q$ | 0,98 | 0,96 | 0,91 | 0,86 | |
| | $Th_T$ | 0,041 | 0,11 | 0,20 | 0,31 | |
| Kaplan-Turbine | $n_q$ | 140 | 170 | 200 | 230 | min$^{-1}$ |
| | $S_q$ | 0,82 | 0,76 | 0,70 | 0,64 | |
| | $Th_T$ | 0,41 | 0,59 | 0,82 | 1,12 | |

## NPSH-Wert von Kreiselpumpen

Tabelle 5.6  NPSHA-Wert

| Saugbetrieb | Zulaufbetrieb |
|---|---|
| 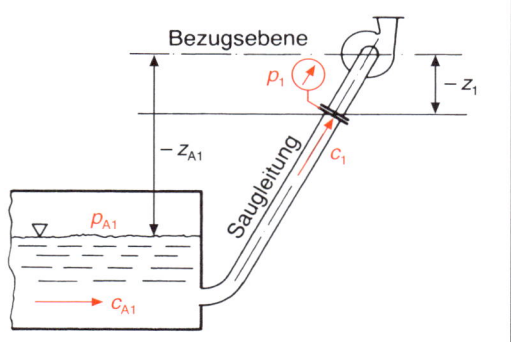 | 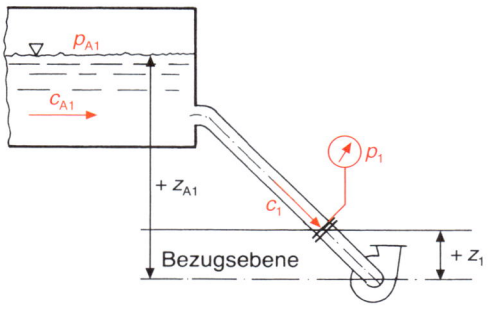 |

$$NPSHA = \frac{p_1 - p_v}{\varrho \cdot g} + \frac{c_1^2}{2g} \pm z_1 \qquad (Gl.\ 5.34)$$

| | |
|---|---|
| NPSHA | vorhandener NPSH-Wert in m |
| $p_1$ | Absolutdruck am Saugstutzen der Pumpe in Pa |
| $p_v$ | Dampfdruck der Förderflüssigkeit in Pa |
| $\varrho$ | Dichte der Förderflüssigkeit in kg/m³ |
| $g$ | Erdbeschleunigung; $g = 9{,}81$ m/s² |
| $c_1$ | Strömungsgeschwindigkeit im Saugstutzen der Pumpe in m/s |
| $z_1$ | Höhenunterschied zwischen Mitte Eintrittsquerschnitt des Pumpensaugstutzens und der Bezugsebene für den NPSH-Wert in m (siehe Bild 5.25) |

**oder:**

$$NPSHA = \frac{p_{A1} - p_v}{\varrho \cdot g} + \frac{c_{A1}^2}{2g} - z_{A1} - \frac{E_{RS}}{g} \qquad (Gl.\ 5.35)$$

$$NPSHA = \frac{p_{A1} - p_v}{\varrho \cdot g} + \frac{c_{A1}^2}{2g} + z_{A1} - \frac{E_{RS}}{g} \qquad (Gl.\ 5.36)$$

| | | | |
|---|---|---|---|
| NPSHA | vorhandener NPSH-Wert in m | NPSHA | vorhandener NPSH-Wert in m |
| $p_{A1}$ | Absolutdruck im saugseitigen Behälter in Pa | $p_{A1}$, $c_{A1}$, $E_{RS}$, $p_v$, $z_{A1}$ | siehe Legende Gl. 5.35 |
| $c_{A1}$ | Strömungsgeschwindigkeit im saugseitigen Behälter in m/s | | |
| $E_{RS}$ | Reibungsverluste in der Saugleitung in J/kg | | |
| $z_{A1}$ | Höhenkote im saugseitigen Behälter in m | | |

die saugseitigen Daten der Pumpenanlage ausgedrückt werden; er ist bei Kreiselpumpenanlagen weitgehend unabhängig von den Fördereigenschaften der Pumpe.

Der erforderliche NPSH-Wert NPSHR wird häufig auch noch mit $NPSH_{erf}$ abgekürzt und ist der kleinste Wert der NPSH, bei dem ein bestimmtes **Kavitationskriterium** eingehalten wird. Der NPSHR-Wert ist eine typische, wichtige Betriebseigenschaft der Pumpe.

Soll die in der Pumpe auftretende Kavitation das zugelassene Maß nicht überschreiten, muss analog zu Gl. 5.6 gelten:

NPSHA > NPSHR!                (Gl. 5.33)

### 5.5.2  NPSH-Wert der Anlage

Für die beiden unterschiedlichen Betriebsweisen **Saugbetrieb** und **Zulaufbetrieb** sind die zur Bestimmung des anlagenseitigen NPSH-Wertes NPSHA erforderlichen Gleichungen in Tabelle 5.6 zusammengestellt.

Vergleicht man Gl. 5.34 mit Gl. 5.7a, Gl. 5.35 mit Gl. 5.8a und Gl. 5.36 mit Gl. 5.10a, erkennt man, dass zwischen der spezifischen Halteenergie $Y_{HA}$ der Anlage und dem NPSHA-Wert folgender Zusammenhang besteht:

$$NPSHA = \frac{Y_{HA}}{g} \pm z_1 \qquad (Gl.\ 5.37)$$

Tabelle 5.7
Luftdruck $p_b$ in Abhängigkeit der Höhenlage

| Höhenlage über N.N. | 0 | 500 | 1000 | 2000 | m |
|---|---|---|---|---|---|
| Luftdruck $p_b$ | 1,013 | 0,955 | 0,899 | 0,795 | bar |

In der Praxis wird häufig anstelle des Absolutdruckes $p_{A1}$ ein Ausdruck aus Überdruck und Luftdruck $p_b$ am Aufstellungsort der Pumpe verwendet [5.10], ebenso anstelle des Absolutdruckes $p_1$ ein Term aus Überdruck und Luftdruck $p_b$.

Handelt es sich beim saugseitigen Behälter um einen **offenen** Behälter, wird der Absolutdruck $p_{A1}$ zum Luftdruck $p_b$.

In Tabelle 5.7 ist der mittlere Luftdruck $p_b$, abhängig von der Höhenlage des Aufstellungsortes der Pumpe, angegeben. Weitere Werte für den höhenabhängigen Luftdruck $p_b$ finden sich in [5.16, Tafel 28 und Tafel 29].

Für die verschiedenen Anordnungen und Ausführungen saugseitiger Behälter können die speziellen Definitionen der NPSHA-Werte u. a. aus [5.26, 5.27 und 5.28] entnommen werden. Der Höhenunterschied $z_1$ zwischen Mitte Eintrittsquerschnitt des Pumpensaugstutzens und Bezugsebene für den NPSH-Wert kann je nach Wellenlage und Stellung des Saugstutzens positiv, negativ oder 0 werden (Bild 5.25).

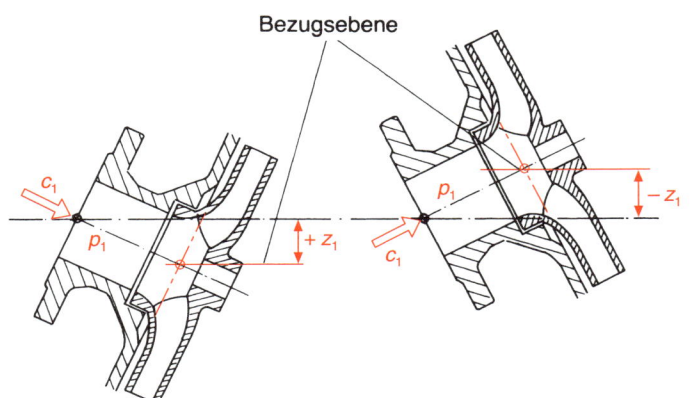

Bild 5.25
Pumpeninterne Zulauf- oder Saughöhe $z_1$

NPSH-Wert von Kreiselpumpen 107

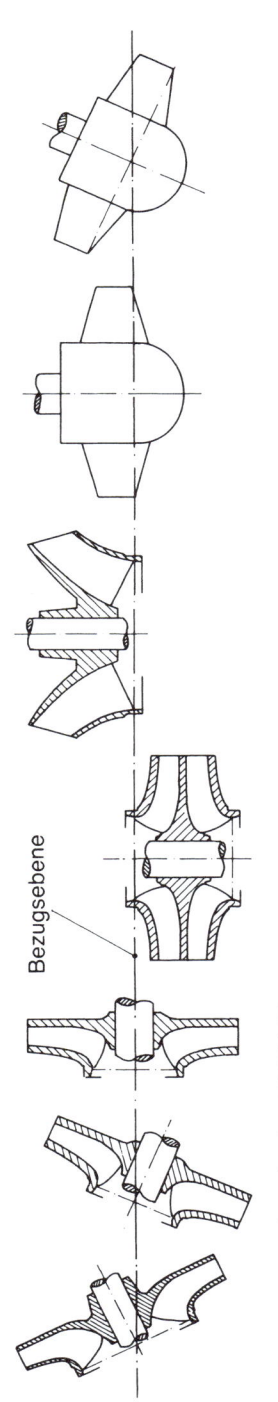

Bild 5.26  Bezugsebene für den NPSHA-Wert

$z_1$ ist positiv, wenn die Bezugsebene für den NPSH-Wert tiefer liegt als die Mitte des Eintrittsquerschnittes.

$z_1$ ist negativ, wenn die Bezugsebene für den NPSH-Wert höher liegt als die Mitte des Eintrittsquerschnittes.

$z_1$ ist 0, wenn die Bezugsebene für den NPSH-Wert gleich hoch liegt wie die Mitte des Eintrittsquerschnittes, z.B. bei axialem Saugstutzen und horizontaler Wellenlage.

Die Bezugsebenen verschiedener Laufradausführungen und Wellenlagen sind in Bild 5.26 (nach [5.26 und 5.28]) zusammengestellt. Weitere Angaben über die Definition der Bezugsebenen finden sich in [5.11 und 5.29].

In den Gl. 5.35 und 5.36 sind die Größen $p_{A1}$, $p_v$, $z_{A1}$ sowie $z_1$ nicht vom Volumenstrom $\dot{V}$ abhängig, wogegen $c_{A1}^2$ eine quadratische Funktion und $E_{RS}$ angenähert ebenfalls eine quadratische Funktion des Volumenstromes $\dot{V}$ sind.

$E_{RS}$ kann mit Hilfe der Formeln der Strömungslehre für Rohrreibungsverluste [5.16] wie folgt abgeschätzt werden:

$$E_{RS} = \sum \lambda \frac{l}{d} \frac{c^2}{2} + \sum \zeta \frac{c^2}{2} \qquad \text{(Gl. 5.38)}$$

$E_{RS}$ Reibungsverluste in der Saugleitung
$\lambda$ Rohrreibungszahl
$l$ Rohrleitungslänge
$d$ Rohrinnendurchmesser
$c$ örtliche Geschwindigkeit
$\zeta$ Widerstandszahl von Rohreinbauelementen

Da $E_{RS}/g$ meistens wesentlich größer ist als $c_{A1}^2/(2g)$, ist die Funktion $NPSHA = f(\dot{V})$ in guter Näherung eine mit dem Volumenstrom $\dot{V}$ quadratisch abfallende Parabel (Bild 5.27).

Um den Druckverlauf bzw. den Verlauf der Energielinie zwischen Behälter und Bezugsebene der Pumpe aufzuzeigen, sind in Bild 5.28 nochmals alle relevanten Größen im Behälter, in der Saugleitung und in der Pumpe im Zusammenhang dargestellt (nach [5.26]). Auch der NPSHA und der NPSHR-Wert sowie die «Sicherheitsreserve» $\Delta NPSH = NPSHA - NPSHR$ sind zur Vervollständigung eingetragen.

108 Kavitation

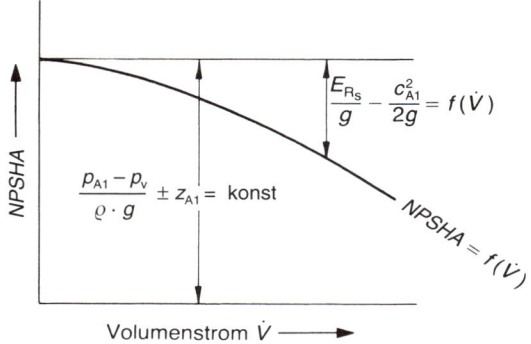

Bild 5.27 Abhängigkeit des NPSHA-Wertes vom Volumenstrom

### 5.5.3 Kavitationskriterien

In den meisten praktischen Anwendungsfällen lässt sich das Auftreten von Kavitation in Kreiselpumpen nicht ganz vermeiden, da sonst Pumpen und Anlagen unwirtschaftlich teuer würden. Bei der Auslegung und beim Betrieb von Pumpenanlagen kommt es darauf an, die Auswirkungen der Kavitation – wie Förderhöhen- bzw. Wirkungsgradabfall, Begrenzung des Förderstromes, Werkstoffabtragung, Laufunruhe und erhöhte Geräuschentwicklung – in erträglichen Grenzen zu halten.

Die Anforderungen, die man an die Betriebssicherheit gegenüber schädlichen Kavi-

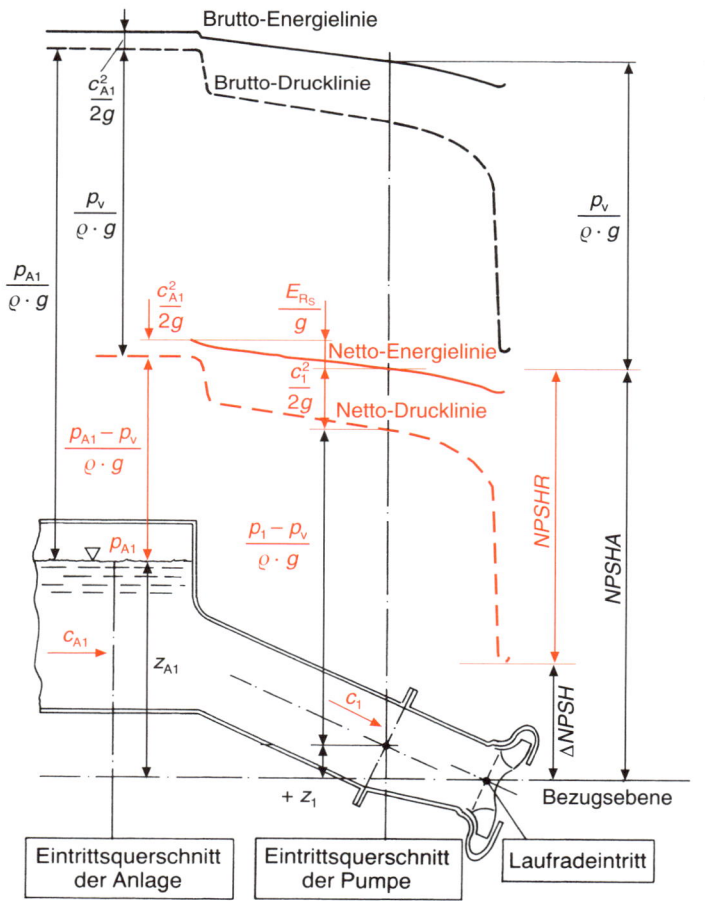

Bild 5.28
Zur Erklärung des NPSHR-Wertes

tationseinwirkungen an eine Kreiselpumpe stellt, hängen von vielen Aspekten ab, u.a. von der Größe, dem Wert und der Wichtigkeit der Pumpe, vom Einsatzpunkt, vom Ausfallrisiko und können nicht allgemeingültig angegeben werden.

Für die Festlegung des NPSHR-Wertes der Pumpe können die folgenden Kavitationskriterien zugrunde gelegt werden:

a) **Beginnende Kavitation**, d.h. das Auftreten der ersten **Dampfblasen**
 Als Maß kann die Größe bzw. die Länge der Dampfblasen herangezogen werden. Entstehungsort und Größe der Blasen können nur bei stroboskopischer Ausleuchtung des Laufradsaugmundes durch Fenster im Gehäuse oder in der Saugleitung beobachtet und fotografiert bzw. gefilmt werden.

Bei abnehmendem NPSHR-Wert nimmt die Blasenlänge $l_{Sch}$ zu (Bild 5.29a).
Derartige visuelle Versuche und Beobachtungen sind sehr aufwändig bzw. teuer und können nur an speziell präparierten Pumpen durchgeführt werden [5.30].

b) **Abnahme der Förderhöhe H** (spez. Stutzenarbeit Y) bei gleichbleibendem Förderstrom
 Die Förderhöhenreduzierung wird in Prozent der Förderhöhe angegeben, bei mehrstufigen Pumpen in Prozent der Förderhöhe der ersten Stufe.
 Der Förderhöhenabfall ist um so größer, je niedriger der NPSHR-Wert wird (Bild 5.29b).
 In der Praxis wird meist eine Förderhöhenabnahme von 3% als Kavitationskriterium definiert, der zugehörige NPSHR-Wert

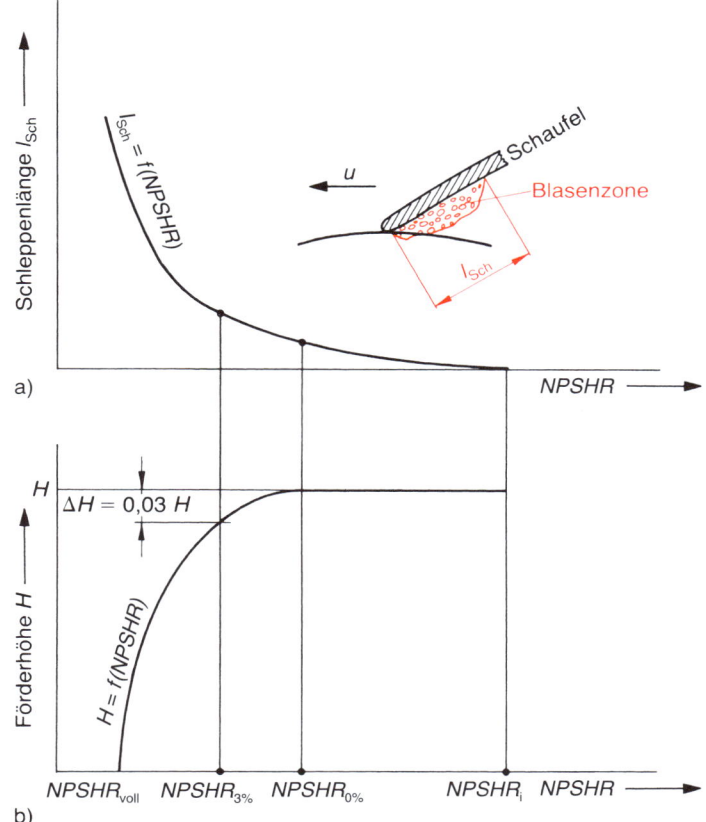

Bild 5.29
Zusammenhang zwischen Förderhöhenabfall und Blasenschleppenlänge vom NPSHR-Wert

wird als $NPSHR_{3\%}$ bezeichnet. Die meisten NPSHR-Werte, die in Katalogen oder Kennfeldern angegeben werden, sind $NPSHR_{3\%}$-Werte.

c) **Wirkungsgradabfall** bei gleichbleibendem **Förderstrom**
Dieses Kavitationskriterium wird bei Kreiselpumpen selten angewandt.

d) **Materialabtrag** an Pumpenteilen, meistens am Laufrad, in einer bestimmten Zeit
Dieser Wert ist von der Kavitationsfestigkeit des Werkstoffes abhängig [5.6; 5.7].

e) *Auftreten typischer* **Kavitationsgeräusche***, die sich von den Pumpengeräuschen bei kavitationsfreiem Betrieb deutlich unterscheiden lassen*
Die Geräusche werden entweder in der Flüssigkeit oder über den Körperschall am Pumpengehäuse gemessen. Die Geräuschimpulse werden gemessen, identifiziert und mit dem Geräuschspektrum bei kavitationsfreiem Betrieb verglichen [5.31]. In vielen Fällen kann man so Kavitation eindeutig feststellen und für Abhilfe sorgen.

f) *Erhöhte Laufunruhe, die sich durch ein verändertes Schwingungsverhalten im Vergleich zum kavitationsfreien Betrieb äußert.*
Es kann zu mechanischen Schäden an Lagern, Wellen und Dichtungen kommen.

Die zu den verschiedenen Kavitationskriterien gehörenden NPSHR-Werte hängen von der Pumpengeometrie, der Drehzahl, der Förderflüssigkeit und vom Volumenstrom ab.

Nach [5.32] bestehen im Optimalpunkt folgende Zusammenhänge zwischen einzelnen typischen NPSHR-Werten:

$$\frac{NPSHR_i}{NPSHR_{3\%}} = 2{,}5\ldots 6 \text{ (in Extremfällen bis 10)}$$

$$\frac{NPSHR_{0\%}}{NPSHR_{3\%}} = 1{,}1\ldots 1{,}5$$

$$\frac{NPSHR_{3\%}}{NPSHR_{voll}} = 1{,}05\ldots 3$$

Der Verlauf der verschiedenen NPSHR-Kurven über dem Volumenstrom hängt von der spezifischen Drehzahl $n_q$ ab. In Bild 5.30 sind die NPSHR-Kurven einer Radialpumpe mit kleiner spezifischer Drehzahl $n_q$ und einer Axialpumpe mit großer spezifischer Drehzahl $n_q$ gegenübergestellt. In Bild 5.30b erkennt man den für Axialpumpen typischen ansteigenden Verlauf von $NPSHR_{0\%}$, $NPSHR_{3\%}$ und $NPSHR_{voll}$ im Teillastbereich.

### 5.5.4 NPSH-Wert der Kreiselpumpe (NPSHR)

Der NPSHR-Wert gibt an, um wie viel die Netto-Energiehöhe in der Bezugsebene des Laufradeintrittsquerschnittes (Bild 5.28) über der Dampfdruckhöhe der Förderflüssigkeit liegen muss, um ein einwandfreies Arbeiten der Pumpe zu gewährleisten.

Der NPSHR-Wert bestimmt über das zugrunde gelegte Kavitationskriterium den Kavitationszustand der Pumpe.

Die Bezugsebene (Bilder 5.25 und 5.26) ist nach ISO 2548 [5.33] und DIN EN 12 723 [5.10] als die horizontale Ebene definiert, die durch die Mitte des Kreises geht, der von den äußeren Punkten der Schaufelsaugkanten gebildet wird. Bei Pumpen mit vertikaler oder schräger Wellenlage muss die Bezugsebene vom Pumpenhersteller angegeben werden, da sie von außen nicht erkennbar ist.

Der NPSHR-Wert wird hauptsächlich von der Druckabsenkung im Laufradsaugmund bestimmt, die ihrerseits von der Laufradgeometrie, dem Förderstrom und der Drehzahl abhängt [5.27]. Zusätzlich haben Gasgehalt, Viskosität und thermodynamische Eigenschaften der Förderflüssigkeit sowie nicht zuletzt auch die Werkstoffeigenschaften des Laufrades einen nicht zu vernachlässigenden Einfluss auf den NPSHR-Wert.

**Bei der Ermittlung von NPSHR ist man nach wie vor auf Versuche angewiesen, insbesondere was die Abhängigkeit vom Förderstrom und die Umrechnung der NPSHR-Werte bei Drehzahl- oder Durchmesseränderungen betrifft. Zwei verschiedene Pumpen können bei gleicher Drehzahl, gleichem Förderstrom $\dot{V}_{opt}$ und gleicher Förderhöhe $H_{opt}$ sehr unterschiedliche NPSHR-**

# NPSH-Wert von Kreiselpumpen 111

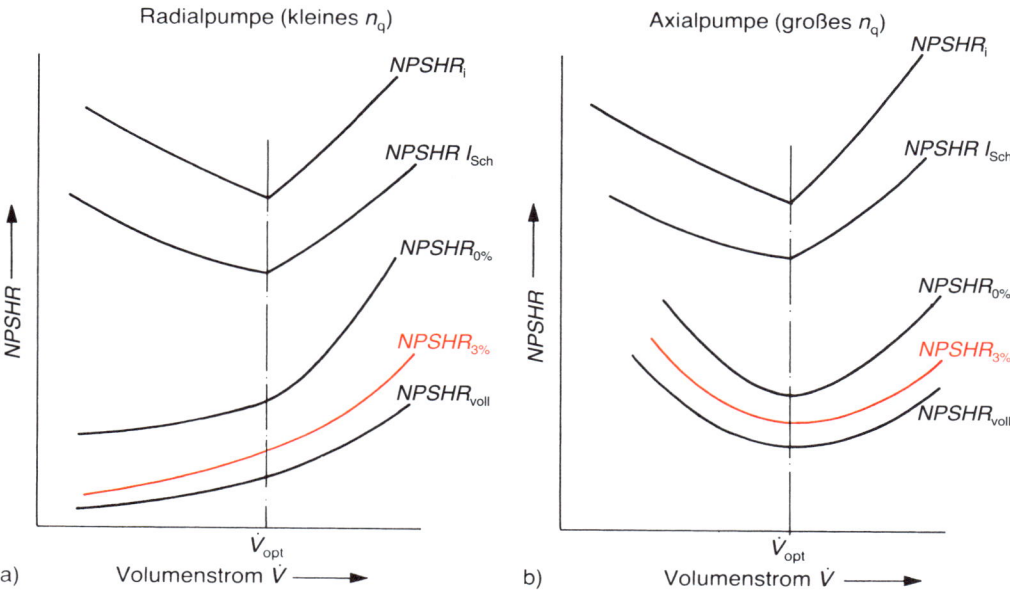

Bild 5.30  NPSHR-Kurven für verschiedene Kavitationskriterien

Werte für das gleiche Kavitationskriterium haben!

**Genaue und gesicherte Angaben über den NPSHR-Wert** für ein bestimmtes Kavitationskriterium kann deshalb nur der Pumpenhersteller machen.

**Allgemeingültige Formeln für die Bestimmung des NPSHR-Wertes lassen sich folglich nicht angeben!**

Damit Anlagenbauer und Projektierungsingenieure wenigstens einen groben Anhalt haben, werden folgende Abschätzverfahren empfohlen, die sich teilweise auf die vorangegangenen Abschnitte 5.4.1 und 5.4.2 stützen:

Ausgehend von der **Thoma-Zahl $Th_P$** in Gl. 5.22, ergibt sich folgende Beziehung für den **NPSHR-Wert im Optimalpunkt:**

$$NPSHR_{opt} \approx Th_P \cdot H_{opt} \qquad \text{(Gl. 5.39)}$$

$NPSHR_{opt}$  NPSH-Wert der Pumpe im Optimalpunkt

$Th_P$  Thoma-Zahl der Pumpe im Optimalpunkt
$H_{opt}$  Förderhöhe im Optimalpunkt

Die Thoma-Zahl $Th_P$ kann entweder aus Bild 5.19 entnommen oder nach Gl. 5.24 bzw. 5.25 berechnet werden.

Genauer wird die Abschätzung des NPSHR-Wertes mittels der von Prof. PETERMANN angegebenen dimensionslosen Saugkennzahl $S_q$:

$$NPSHR_{opt} \approx \frac{1}{g}\left(\frac{n\sqrt{\dot{V}_{opt}}}{S_q}\right)^{4/3} \qquad \text{(Gl. 5.40)}$$

$NPSHR_{opt}$  NPSH-Wert der Pumpe im Optimalpunkt
$g$  Erdbeschleunigung; $g = 9{,}81$ m/s$^2$
$n$  Drehzahl in s$^{-1}$
$\dot{V}_{opt}$  Förderstrom im Optimalpunkt in m$^3$/s
$S_q$  dimensionslose Saugkennzahl
$S_q$  $\approx 0{,}4\ldots0{,}45$ für normale Pumpenausführungen

In [5.26] wird folgende Abschätzformel vorgeschlagen:

$$NPSHR_{opt} \approx (0{,}3\ldots 0{,}5) \cdot n \cdot \sqrt{\dot{V}_{opt}} \quad \text{(Gl. 5.41)}$$

$NPSHR_{opt}$ NPSH-Wert der Pumpe im Optimalpunkt in m
$n$ Drehzahl in s$^{-1}$
$\dot{V}_{opt}$ Förderstrom im Optimalpunkt in m$^3$/s

Die Streuung, d.h. Unsicherheit dieser Formel wird in [5.26] mit ± 30% angegeben!

Eine weitere empirische Faustformel zur groben Abschätzung von NPSHR findet sich in [5.34]:

$$NPSHR_{opt} \approx \left(\frac{n\sqrt{\dot{V}_{opt}}}{n_{qs}}\right)^{4/3} \quad \text{(Gl. 5.42)}$$

$NPSHR_{opt}$ NPSH-Wert der Pumpe im Optimalpunkt in m
$n$ Drehzahl in min$^{-1}$
$\dot{V}_{opt}$ Förderstrom im Optimalpunkt in m$^3$/s
$n_{qs}$ spezifische Saugzahl in min$^{-1}$

$$n_{qs} = n\frac{\sqrt{\dot{V}_{opt}}}{NPSHR_{opt}^{3/4}} \; (n_{qs} = 333 \cdot S_q)$$

173 min$^{-1}$ < $n_{qs}$ < 216 min$^{-1}$ für normalsaugende Pumpen.

In [5.35] wird in Diagrammen der Zusammenhang zwischen $NPSHR_{3\%}$ im Optimalpunkt, der Drehzahl $n$ und dem optimalen Förderstrom $\dot{V}_{opt}$ für größere Kreiselpumpen mit fliegendem Laufrad und mit durchgehender Welle angegeben (Bild 5.31).

Der Einfluss der Laufradgeometrie, ausgedrückt durch die spezifische Drehzahl $n_q$, kann aus Bild 5.32 ersehen werden, in dem der Verlauf von $NPSHR_{3\%}$ über dem Förderstrom für 3 typische Laufradformen dargestellt ist.

Alle oben aufgeführten Formeln und Diagramme gestatten nur eine grobe Abschätzung des NPSHR-Wertes im Optimalpunkt. Der Verlauf der NPSHR-Kurve, abhängig vom Volumenstrom bei konstanter Drehzahl im Teillast- und Überlastbereich, kann zuverlässig nur im Versuch ermittelt werden. Bei Radialpumpen mit niedrigen spezifischen Drehzahlen $n_q$ kann im Bereich

$$(0{,}8\ldots 0{,}9) \cdot \dot{V}_{opt} < \dot{V} < (1{,}1\ldots 1{,}2) \cdot \dot{V}_{opt}$$

angenähert ein quadratischer Verlauf der NPSHR-Kurve angesetzt werden (Bild 5.33):

$$NPSHR_{3\%} \approx NPSHR_{3\%,\,opt}\left(\frac{\dot{V}}{\dot{V}_{opt}}\right)^2 \quad \text{(Gl. 5.43)}$$

Ähnlich unpräzise ist die Abschätzung des Drehzahleinflusses. Ganz allgemein kann angesetzt werden:

$$\frac{NPSHR_1}{NPSHR_2} = \left(\frac{n_1}{n_2}\right)^x \quad \text{(Gl. 5.44)}$$

Für den Exponenten $x$ im Optimalpunkt werden in der Literatur folgende Werte angegeben:

[5.34]: 1,5 < $x$ < 1,7
[5.36]: 1,3 < $x$ < 2,0
[5.33]: $x \approx 2$ (was auch Gl. 4.4 entspricht)
[5.26]: $x = 1{,}5$

Noch schwieriger ist es, ein einfaches allgemeingültiges Modellgesetz (Ähnlichkeitsgesetz) zu definieren, das die Umrechnung des NPSHR-Wertes von geometrisch exakt verkleinerten Modellpumpen auf Großausführungen sicher gestattet.

In [5.35] wird folgende einfache Näherungsformel vorgeschlagen, die praktisch identisch mit Gl. 4.4 ist:

$$\frac{NPSHR_G}{NPSHR_M} \approx \left(\frac{n_G}{n_M}\right)^2 \cdot \left(\frac{D_G}{D_M}\right)^2 \quad \text{(Gl. 5.45)}$$

Index G: Großausführung
Index M: Modell

Beim **Abdrehen** eines radialen Pumpenlaufrades ändert sich auch der NPSHR-Wert, und zwar so, dass er bei gleichem Volumenstrom größer, d.h. schlechter wird (Bild 5.34).

# NPSH-Wert von Kreiselpumpen

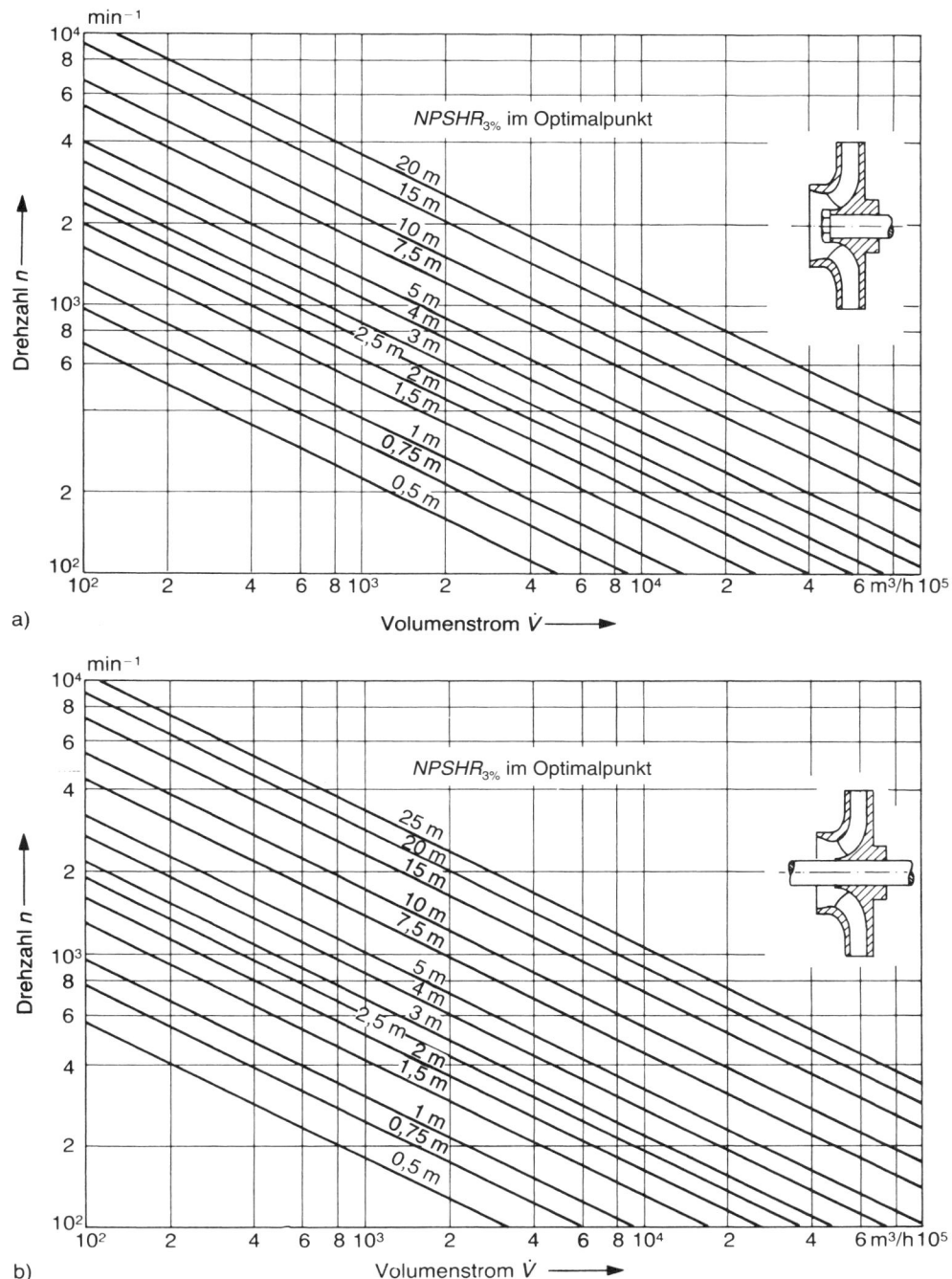

Bild 5.31  $NPSHR_{3\%}$-Werte von Kreiselpumpen (nach [5.35])

# 114 Kavitation

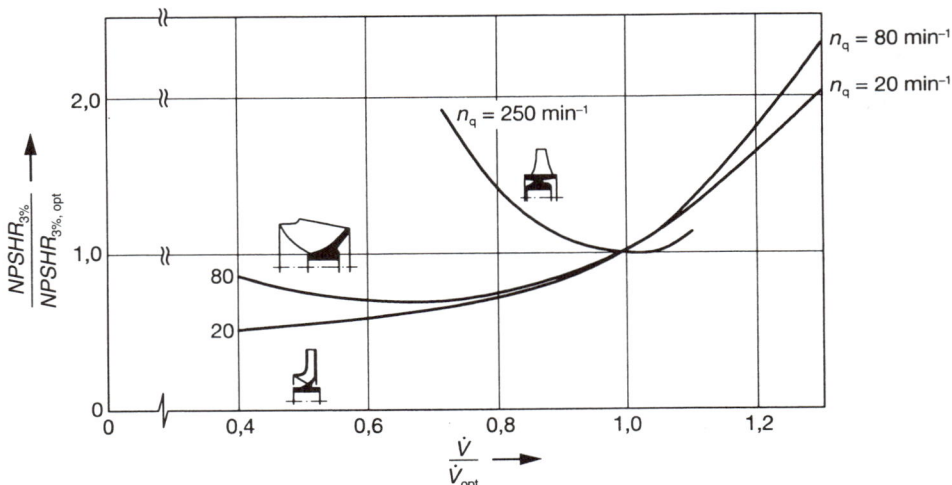

Bild 5.32  $NPSHR_{3\%}$-Werte von Kreiselpumpen verschiedener spezifischer Drehzahlen (nach [5.35])

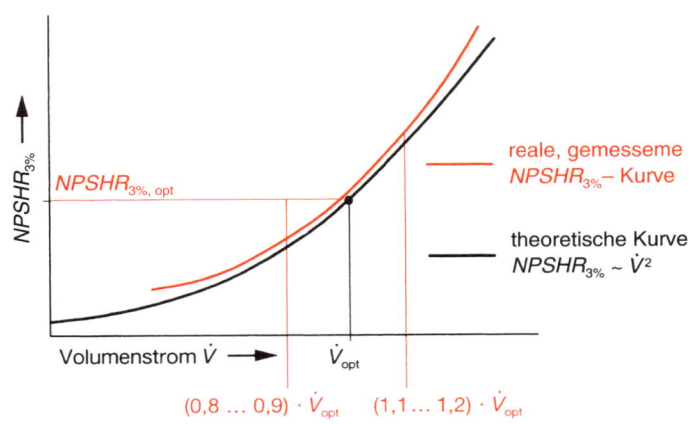

Bild 5.33
Vergleich zwischen theoretischer und realer $NPSHR_{3\%}$-Kurve

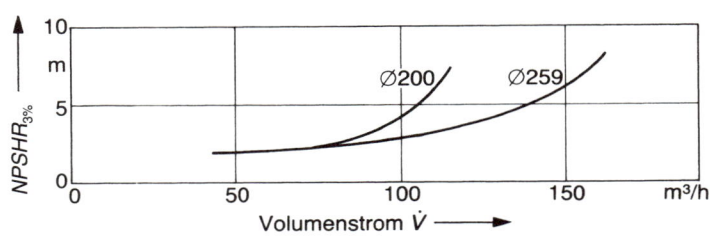

Bild 5.34
Veränderung der $NPSHR_{3\%}$-Kurve beim Abdrehen von radialen Pumpenlaufrädern (nach [5.35])

## NPSH-Wert von Kreiselpumpen 115

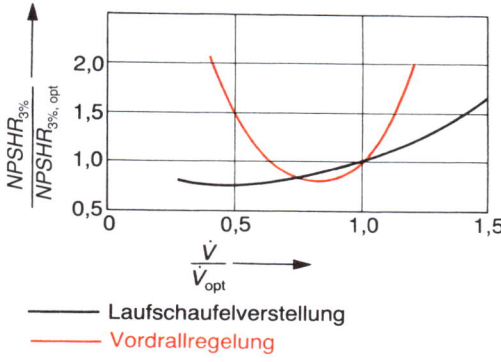

Bild 5.35 $NPSHR_{3\%}$-Kurven von Halbaxialpumpen bei Vordrallregelung oder Laufschaufelverstellung (nach [5.35])

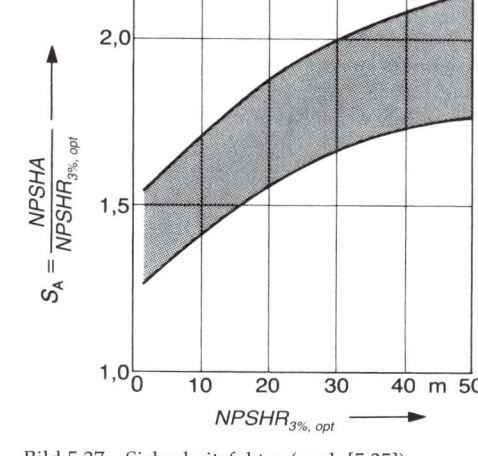

Bild 5.37 Sicherheitsfaktor (nach [5.35])

Aus Bild 5.35 kann die starke Abweichung des relativen Verlaufes von $NPSHR_{3\%}$ einer Halbaxialpumpe für die beiden Regelverfahren Laufschaufelverstellung und Vordrallregelung ersehen werden. Ähnlich verhalten sich auch die $NPSHR_{3\%}$-Kurven von Propellerpumpen.

Die Überprüfung der **Kavitationssicherheit** erfolgt bekanntlich durch Vergleich des NPSHR-Wertes mit dem NPSHA-Wert Gl. 5.33.

In Bild 5.36 sind die Kurvenverläufe von NPSHR und NPSHA dargestellt sowie die kavitationsfreien und kavitationsbehafteten Betriebsbereiche eingetragen.

Die Fachliteratur (z. B. [5.35]) gibt häufig einen Sicherheitsfaktor an, der den NPSHR-Wert auf den NPSHA-Wert bezieht, z. B.:

$$S_A = \frac{NPSHA}{NPSHR_{3\%,\,opt}} \qquad \text{(Gl. 5.46)}$$

In [5.35] wird für $S_A$ der in Bild 5.37 dargestellte Bereich angegeben, in [5.34] wird folgender Durchschnittswert empfohlen:

$S_A \approx 1{,}5$

Bild 5.36
NPSHA- und NPSHR-Kurven

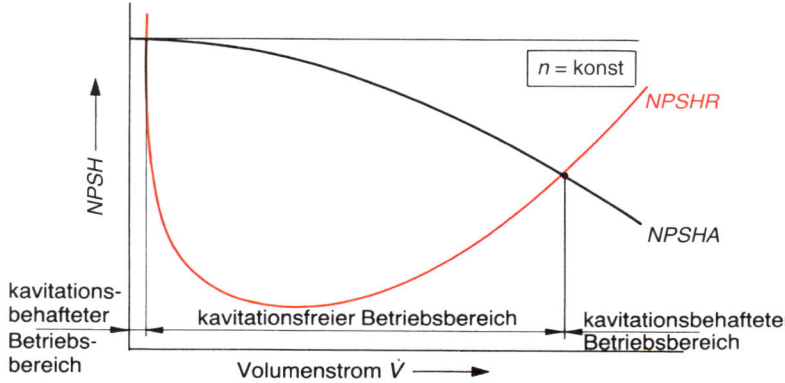

Zum Schluss sei noch angemerkt, dass *NPSHR* nur für drallfreie Zuströmung mit gleichmäßigem Geschwindigkeitsprofil im Saugstutzen der Pumpe gilt, wie sie sich nur nach einer längeren, geraden Beruhigungsstrecke [5.16] einstellt.

Störungen der Zuströmung durch Krümmer, Verzweigungen oder andere Einbauten in der Saugleitung verändern erheblich sowohl *NPSHA* (insbesondere den Reibungsverlust $E_{RS}$) als auch *NPSHR*, wobei *NPSHA* ab- und *NPSHR* zunimmt, d.h. sich die Kavitationsbedingungen verschlechtern.

**Beispiel 11**
**Aufgabenstellung:**
Eine 1-stufige Radialpumpe hat folgende Betriebsdaten im Optimalpunkt:

Volumenstrom $\dot{V}_{opt} = 100 \text{ m}^3/\text{h}$
Förderhöhe $H_{opt} = 63 \text{ m}$
Drehzahl $n = 2900 \text{ min}^{-1}$

Wie groß ist der *NPSHR*-Wert im Optimalpunkt?

**Lösung:**
Die Abschätzung des *NPSHR*-Wertes erfolgt nach den verschiedenen empirischen Verfahren:
a) Abschätzung über die Thoma-Zahl:
 Zunächst wird die spezifische Drehzahl $n_q$ berechnet:

$$n_q = n \cdot \frac{\sqrt{\dot{V}_{opt}}}{H_{opt}^{3/4}}$$

$$n_q = 2900 \cdot \frac{\sqrt{\frac{100}{3600}}}{63^{3/4}}$$

$$n_q = 21{,}6 \text{ min}^{-1}$$

Mit einem angenommenen inneren Wirkungsgrad von $\eta_i \approx 0{,}8$ wird dazu aus Bild 5.19 eine Thoma-Zahl $Th_P$ von etwa 0,09 entnommen. Nach Gl. 5.24 wird $Th_P$ wie folgt berechnet:

$Th_P = 1{,}22 \cdot 10^{-3} \cdot n_q^{4/3}$
$Th_P = 1{,}22 \cdot 10^{-3} \cdot 21{,}6^{4/3}$
$Th_P = 0{,}073$

Damit ergibt sich nach Gl. 5.39 folgender Bereich für den *NPSHR*-Wert:

$NPSHR_{opt} \approx Th_P \cdot H_{opt}$
$NPSHR_{opt} \approx (0{,}073...0{,}09) \cdot 63$
$\underline{NPSHR_{opt} \approx 4{,}6...5{,}7 \text{ m}}$

b) Abschätzung mittels Saugkennzahl $S_q$:
 Nach Gl. 5.40 ergibt sich folgender Bereich für den $NPSHR_{opt}$-Wert:

$$NPSHR_{opt} \approx \frac{1}{g}\left(\frac{n \cdot \sqrt{\dot{V}_{opt}}}{S_q}\right)^{4/3}$$

$$NPSHR_{opt} \approx \frac{1}{9{,}81}\left(\frac{\frac{2900}{60}\sqrt{\frac{100}{3600}}}{0{,}4...0{,}45}\right)^{4/3}$$

$\underline{NPSHR_{opt} \approx 4{,}8...5{,}6 \text{ m}}$

c) Nach der empirischen Formel 5.41 aus [5.26] lässt sich folgender Bereich für *NPSHR* abschätzen:

$NPSHR_{opt} \approx (0{,}3...0{,}5) \cdot n \cdot \sqrt{\dot{V}_{opt}}$

$NPSHR_{opt} \approx (0{,}3...0{,}5) \cdot \frac{2900}{60} \cdot \sqrt{\frac{100}{3600}}$

$\underline{NPSHR_{opt} \approx 2{,}4...4{,}0 \text{ m}}$

d) Gleichung 5.42 liefert ein ähnliches Ergebnis:

$$NPSHR_{opt} \approx \left(\frac{n \sqrt{\dot{V}_{opt}}}{n_{qs}}\right)^{4/3}$$

$$NPSHR_{opt} \approx \left(\frac{2900\sqrt{\frac{100}{3600}}}{173...216}\right)^{4/3}$$

$\underline{NPSHR_{opt} \approx 2{,}9...3{,}9 \text{ m}}$

e) Unter der Annahme, dass das Laufrad fliegend gelagert ist, liefert Bild 5.31 (nach [5.35]) folgendes Ergebnis:

$\underline{NPSHR \approx 3{,}5 \text{ m}}$

Dieser Wert liegt etwa in der Mitte der in c) und d) berechneten Bereiche.

Aus dem Kennfeld der Pumpe, das in Bild 14.29 dargestellt ist, wird ein *NPSHR*-Wert von etwa

$\underline{NPSHR \approx 6{,}5 \text{ m}}$

Tabelle 5.8  Kavitationsversuche

| System | offene Systeme | | geschlossenes System |
|---|---|---|---|
| NPSHR-Bereich | < 2,5 m | 2,5 … 8 m | unbegrenzt |
| Versuchsanordnung | Drosselarmatur<br>Bild 5.38 | Zur Drosselarmatur und Durchflussmesser<br>Einstellbarer Wasserspiegel<br>Bild 5.39 | Absaugung zur Einhaltung des Druckes bzw. Vakuums<br>Sprühdüse zur Entlüftung des Wassers<br>Drosselarmatur<br>Durchflussmesser<br>Beruhigungsbleche können erforderlich werden, wenn $c > 0{,}25$ m/s<br>Kühl- oder Heizschlange<br>Die Versuchspumpe kann in Heberanordnung installiert werden, wenn es notwendig wird, daß $NPSHA < W$.<br>Bild 5.40 |
| Förderströme | alle Förderströme | kleine Förderströme | kleine und mittlere Förderströme (und Förderhöhen) |
| Einregulierung von NPSHR ($NPSHR \triangleq NPSHA$) | Drosselung der Saugleitung, d. h. Absenkung von $p_1$ | Verändern des saugseitigen Flüssigkeitsspiegels d. h. der geodätischen Saughöhe | Variation des Systemdruckes $p_{A1}$ oder der Flüssigkeitstemperatur $t$ und damit des Dampfdruckes $p_v$ |

entnommen. Dieser Wert liegt näher an den Ergebnissen nach a) und b) als nach c), d) und e).

Dieses Beispiel sollte aufzeigen, wie stark die Ergebnisse für den NPSHR-Wert nach den verschiedenen Abschätzverfahren streuen.

### 5.5.5 Messung des NPSHR-Wertes

Zur Ermittlung von $NPSHR = f(\dot{V})$-Kurven für Angebots- und Katalogkennlinien oder zum Nachweis einzelner NPSHR-Werte bestimmter Pumpen werden spezielle Kavitationsversuche durchgeführt.

Bei Versuchen an einzelnen Pumpen soll entweder nachgewiesen werden, dass die Pumpe kavitationsfrei arbeitet, oder es soll durch Absenken des NPSHA-Wertes in der Pumpe Kavitation nach einem bestimmten Kavitationskriterium erzeugt und messtechnisch erfasst werden.

In der Praxis gibt es 3 typische Versuchsanordnungen und -verfahren, mit denen Kavitation in einer Pumpe hervorgerufen und beobachtet bzw. direkt messtechnisch festgestellt werden kann:

a) Ermittlung des NPSHR-Wertes in einem offenen System durch **Drosselung der Saugleitung** (Bild 5.38), d.h. Verändern des Reibungsverlustes $E_{RS}$ in Gl. 5.35/5.36,

b) Messung des NPSHR-Wertes in einem offenen System durch **Verändern des saugseitigen Flüssigkeitspegels** (Bild 5.39) d.h. der geodätischen Saughöhe («Tiefbrunnenversuch»),

c) Bestimmung des NPSHR-Wertes in einem **geschlossenen System** durch **Variation des Systemdruckes** $p_{A1}$ oder der **Flüssigkeitstemperatur** $t$ und damit des **Dampfdruckes** $p_v$.

In Tabelle 5.8 sind die 3 «klassischen» Prüfstandsverfahren nach [5.26 und 5.35] zusammengestellt.

Grundsätzlich kann der Grenzzustand «Kavitation» nach allen in Abschnitt 5.5.3 aufgeführten Kavitationskriterien definiert und auf allen 3 Versuchsanlagen beobachtet und gemessen werden. In der Praxis wird am häufigsten das 3%-$\Delta H$-Kriterium zugrunde gelegt.

Bei diesem Mess- und Darstellungsverfahren wird bei jeweils konstant gehaltenem Förderstrom $\dot{V}$, der NPSHA-Wert durch Erhöhen des saugseitigen Reibungsverlustes $E_{RS}$ (Verfahren a) – Bild 5.38), Absenken der geodätischen Saughöhe (Verfahren b) – Bild 5.39) oder Absenken des Systemdruckes $p_{A1}$ bzw. Erhöhen des Flüssigkeitstemperatur $t$, d.h. Erhöhen des Dampfdruckes $p_v$, so lange verrin-

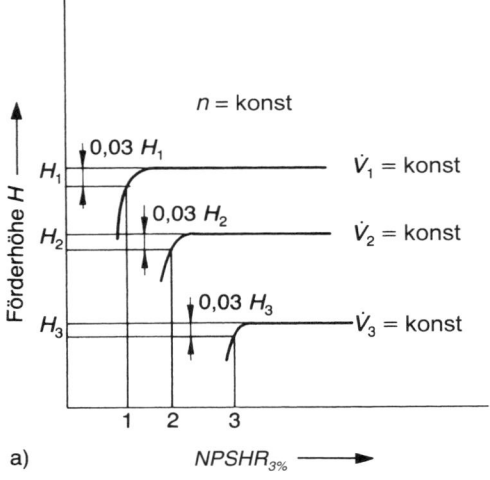
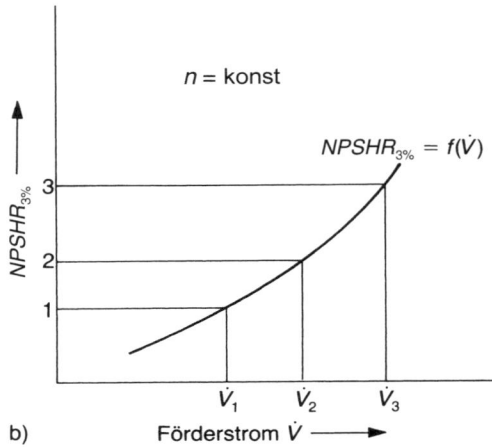

Bild 5.41 Zur Messung der $NPSHR_{3\%}$-Wertes bei verschiedenen Förderströmen

# NPSH-Wert von Kreiselpumpen 119

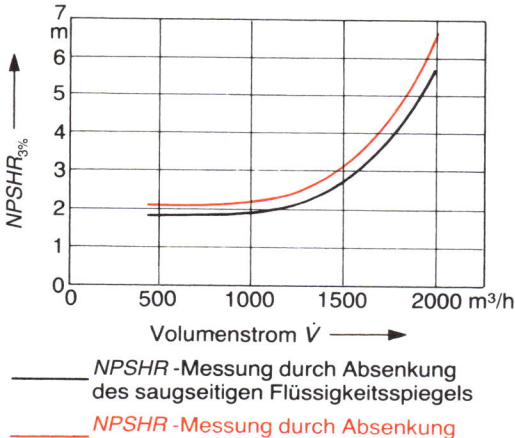

Bild 5.42 Vergleich der NPSHR-Werte bei unterschiedlichen Messverfahren

Weitere, detailliertere Angaben zu den verschiedenen Messverfahren und die Darstellung der Versuchsdurchführung und der Ergebnisse finden sich in [5.26] – Bild A4 – Seite 28/29.

Leider liefern die drei verschiedenen Versuchsverfahren und Messmethoden unterschiedliche Kurven für die Funktion $NPSHR = f(\dot{V})$!

So ergibt z. B. die Absenkung des saugseitigen Flüssigkeitsspiegels meistens niedrigere, d. h. günstigere NPSH-Werte bei gleichem Volumenstrom als das Verringern des saugseitigen Behälterdruckes $p_{A1}$ (Bild 5.42 aus [5.37]).

In [5.36] wird anhand von Versuchsergebnissen nachgewiesen, dass beim Drosselversuch (Bild 5.38) sowohl die Art des Drosselorganes (z. B. Schieber, Blendenschieber, Ventil, Drosselklappe) als auch die axialen Abstände von Drosselorgan und Messstelle zum Pumpensaugflansch einen sehr großen Einfluss auf den qualitativen und quantitativen Verlauf der $NPSHR_{3\%}$-Kurve haben (Bild 5.43). Die ungünstigen Werte der Kurve ① wurden durch Drosseln mit einer einfachen Drosselklappe gewonnen, die im Abstand von $11 \times D_s$ vor der Pumpe in einer geraden Saugleitung angeordnet war. Die niedrigeren, d. h. günstigeren Werte der Kurve ② resultieren aus einer Drosselung mit einem Blendenschieber, der im Abstand von nur $5 \times D_s$ vor der Pumpe angebracht war. Die Messstelle für den Pumpeneintrittsdruck $p_1$ war in beiden Versuchen gleich positioniert, nämlich $2,5 \times D_s$ vor dem Pumpeneintritt.

gert, bis die Förderhöhe $H$ um 3 % abnimmt. Man erhält so zu jedem eingestellten Förderstrom $\dot{V}$ einen NPSH-Wert, bei dem die Förderhöhe $H$ um gerade 3 % abgefallen ist. Beobachtet man die Strömung im Saugmund des Laufrades, stellt man fest, dass in der Pumpe schon leichte bis mittlere Kavitation herrscht wenn die Förderhöhe $H$ um 3 % abgenommen hat.

In Bild 5.41 ist sowohl die Ermittlung des kritischen $NPSHR_{3\%}$-Wertes (Bild 5.41a) als auch die Kurve $NPSHR_{3\%} = f(\dot{V})$ (Bild 5.41b), die aus diesen Messungen hervorgeht, dargestellt.

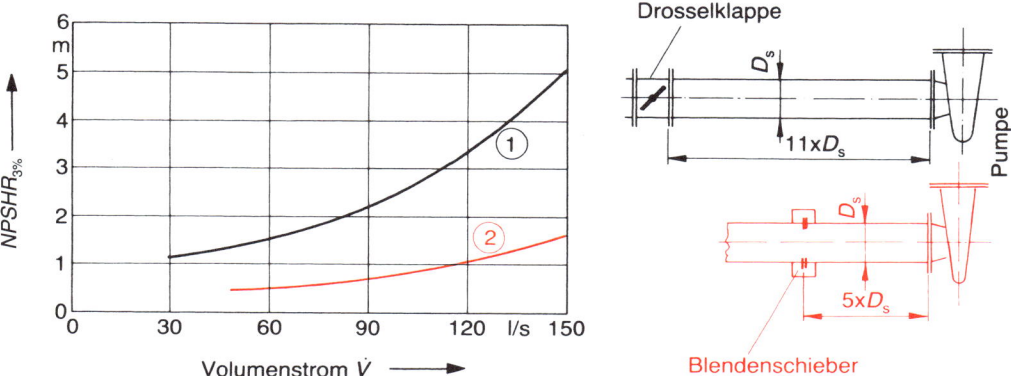

Bild 5.43 Einfluss der saugseitigen Drosselart auf den $NPSHR_{3\%}$-Wert (nach [5.36])

Wenn die Strömung im Messquerschnitt, in dem $p_1$ bestimmt wird, **nicht drallfrei** ist, werden an den Druckbohrungen an der Rohrwand infolge der Fliehkraftwirkung der Flüssigkeit höhere $p_1$-Werte gemessen, als sie im energetischen Mittel im Rohrquerschnitt tatsächlich vorhanden sind, d. h., die *NPSHR*-Werte werden zu hoch gemessen [5.36].

Die Messung des *NPSHR*-Wertes von in Anlagen eingebauten Pumpen («In-situ-Messungen») sind noch viel schwieriger auszuführen und mit größeren Unsicherheiten behaftet als Messungen auf den in Tabelle 5.8 beschriebenen Prüfständen. In [5.38] wird ausführlich dargestellt, wie man an installierten Pumpen durch Messung der Veränderung des Pumpenein- und -austrittsdruckes und der Antriebsleistung ohne Kenntnis des Förderstromes $\dot{V}$ bei Pumpen mit eindeutigen Kennlinien Rückschlüsse auf den Kavitationszustand der Pumpe ziehen kann.

### 5.5.6 Besondere Einflüsse auf den NPSHR-Wert

#### 5.5.6.1 Einleitung

Aus der Literatur ist bekannt, dass die physikalischen Eigenschaften der Förderflüssigkeit, wie Temperatur, Dampfdruck, Oberflächenspannung, Gasgehalt sowie die makro- und mikrogeometrische Gestalt des Laufrades und seiner Umgebung einen sehr großen Einfluss auf den qualitativen und quantitativen Verlauf der *NPSHR*-Kurven haben, und zwar bei Anwendung aller Kavitationskriterien.

Aus Platzgründen werden nur die besonders gravierenden Einflüsse der Temperatur, des Gasgehaltes und der Spaltweite zwischen Laufrad und Gehäuse in einer kurzen, zusammenfassenden Darstellung beschrieben.

#### 5.5.6.2 Temperatureinfluss

Bei niedrigen Temperaturen bilden bereits kleine Flüssigkeitsmengen große Dampfvolumina, d. h., es entstehen bei Unterschreitung des Dampfdruckes sehr viele Dampfblasen, die die Strömungsräume verstopfen. Bei höheren Temperaturen verringern sich die Dampfvolumina, und der Versperrungseffekt ist weniger stark ausgeprägt, mit anderen Worten, bei hohen Temperaturen tritt z. B. der 3%ige Förderhöhenabfall bei niedrigen *NPSHR*-Werten auf als bei niedrigen Flüssigkeitstemperaturen (Bild 5.44).

In [5.22] werden ausführliche Untersuchungen des Temperatureinflusses auf die Kavitation in einer einstufigen Radialpumpe beschrieben.

In Bild 5.45 sind die Verbesserungen der $NPSHR_{3\%}$-Werte und $NPSHR_i$-Werte (begin-

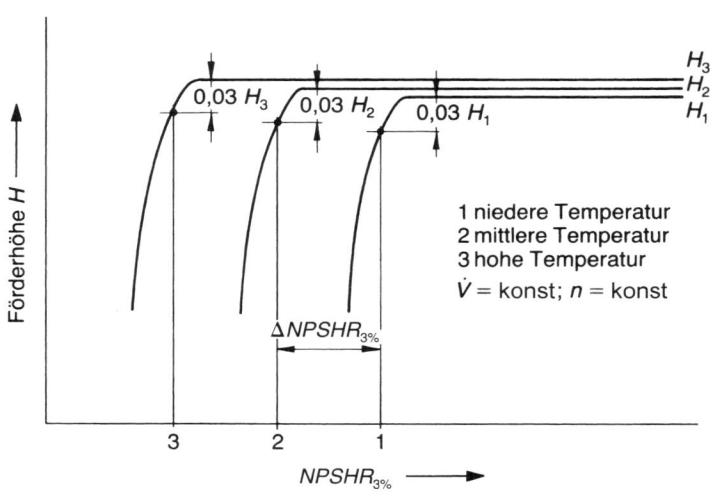

Bild 5.44
Einfluss der Temperatur auf den $NPSHR_{3\%}$-Wert

Bild 5.45
Einfluss der Temperatur auf die *NPSHR*-Werte bei verschiedenen Lastpunkten (nach [5.22])

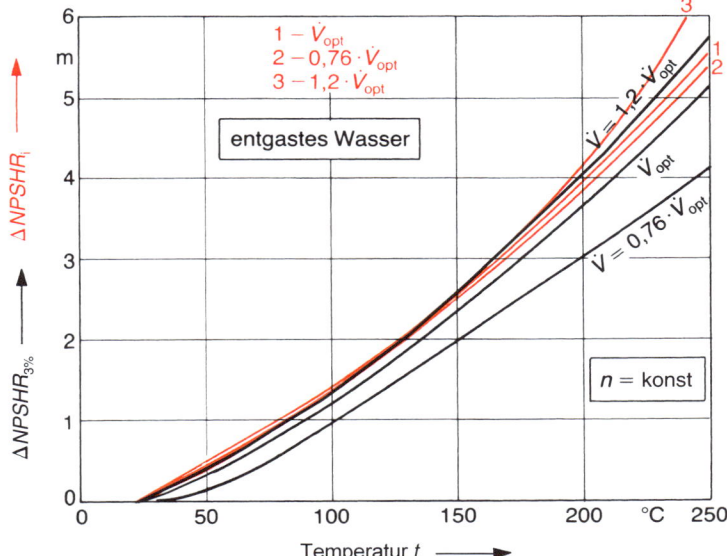

nende Kavitation) – abhängig von der Temperatur für den Optimalpunkt, einen Teillastpunkt und einen Überlastpunkt als zusammenfassende Ergebnisse aus [5.22] dargestellt.

Man erkennt deutlich, dass die Verringerung, d.h. Verbesserung beider *NPSHR*-Werte mit steigender Temperatur exponentiell anwächst, wobei sich allerdings kein einheitlicher Exponent für den gesamten Temperaturbereich und die 3 Lastpunkte angeben lässt. Aus diesem Ergebnis erkennt man, dass die in Abschnitt 5.5.4 angegebenen Abschätzverfahren für *NPSHR*, z.B. mittels der verschiedenen Kavitationskennzahlen, nur für **kaltes Wasser** gelten!

Ähnlich wie bei Wasser wirkt sich der Temperatureinfluss auch bei anderen Förderflüssigkeiten aus wie aus dem aus [5.1] entnommenen Bild 5.46 hervorgeht. In [5.1] wird empfohlen, den *NPSHR*-Wert im Vergleich zum Wert bei kaltem Wasser um höchstens die Hälfte des Kaltwasserwertes zu reduzieren, auch wenn die aus dem Diagramm abgelesenen Differenzwerte $\Delta NPSHR$ größer sind.

Der Verlauf der klassischen $NPSHR_{3\%} = f(\dot V)$-Kurven für kaltes und heißes Wasser sowie für Ammoniak ($NH_3$) und Frigen (R22), gültig für Chemie-Normpumpen nach DIN EN 22 858, kann aus Bild 5.47 entnommen werden [5.39].

### 5.5.6.3 Einfluss des Gasgehaltes

Der Einfluss des Gasgehaltes, insbesondere des Luftgehaltes der Arbeitsflüssigkeit, auf das Kavitationsverhalten von Kreiselpumpen und Wasserturbinen [5.40] ist schon lange bekannt und in vielen Forschungsarbeiten untersucht worden.

Der Gasgehalt beeinflusst sowohl den Kavitationsvorgang, ausgedrückt z.B. durch den *NPSHR*-Wert, als auch vor allem die Stärke der Kavitationserosion.

Wendet man z.B. das 3%-$\Delta H$-Kriterium an, erhält man für gashaltige Flüssigkeiten viel höhere, d.h. ungünstigere $NPSHR_{3\%}$-Werte als für gasfreie Flüssigkeiten (Bild 5.48). In Bild 5.49 sind die $NPSHR_{3\%}$-Kurven für 3 verschiedene Luftgehaltswerte dargestellt [5.35]. Mit steigendem Luftgehalt nimmt der $NPSHR_{3\%}$-Wert zu, d.h., er wird schlechter.

Auch die Werkstoffabtragungsrate $\dfrac{\Delta G}{\Delta t}$ hängt vom Gasgehalt der Förderflüssigkeit ab. Sie steigt zunächst mit zunehmendem Gasge-

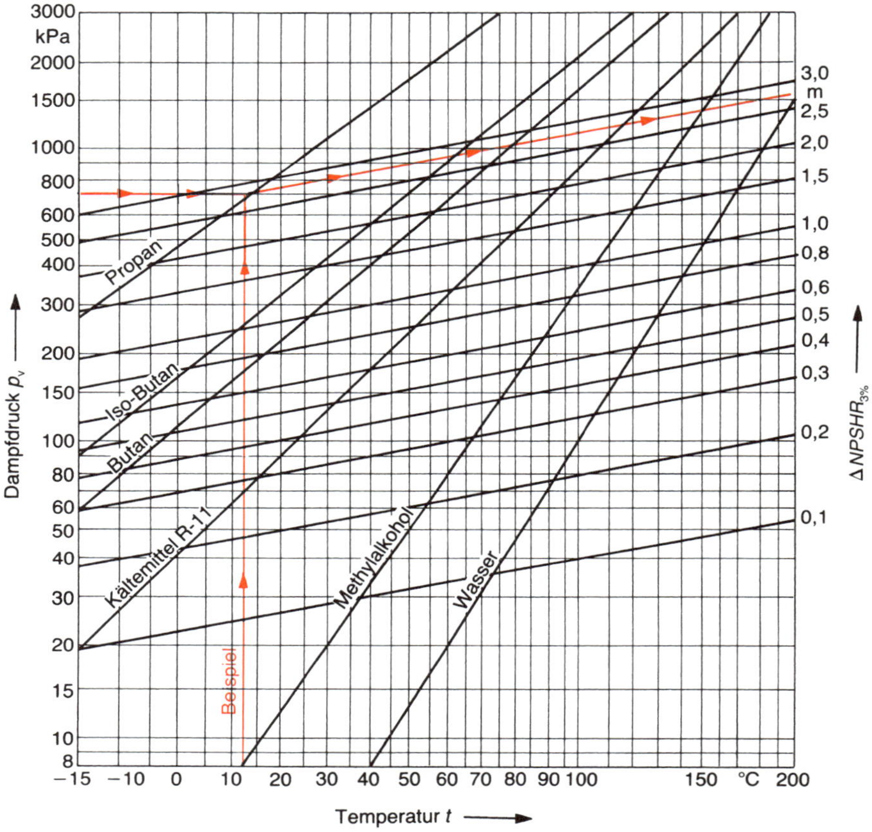

## 122 Kavitation

Bild 5.46 Temperaturabhängige Reduzierung des $NPSHR_{3\%}$-Wertes verschiedener Flüssigkeiten (nach [5.1])

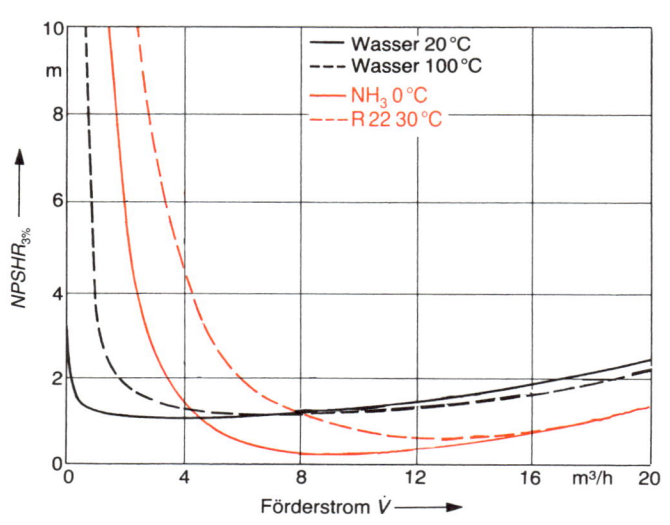

Bild 5.47
$NPSHR_{3\%}$-Werte verschiedener Flüssigkeiten (nach [5.39])

*NPSH*-Wert von Kreiselpumpen 123

Bild 5.48
Abhängigkeit des
$NPSHR_{3\%}$-Wertes vom
Gasgehalt

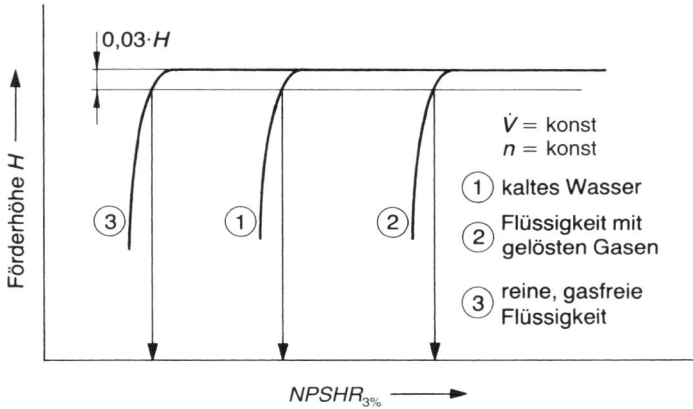

Bild 5.49
Abhängigkeit des
$NPSHR_{3\%}$-Wertes vom
Luftgehalt (nach [5.35])

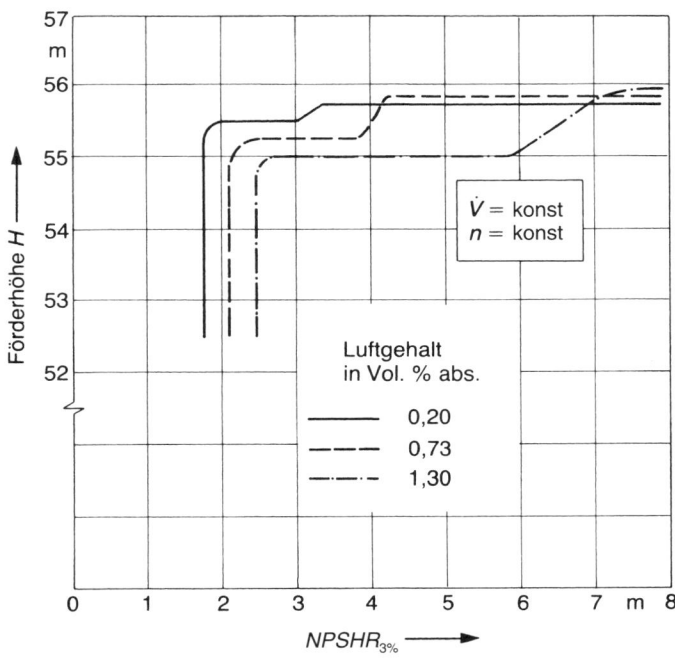

halt an, um dann bei größerem Gasgehalt wieder abzunehmen (Bild 5.50).

### 5.5.6.4 Spalteinfluss

Neben der Schaufelgeometrie, der Kontur der vorderen und hinteren Radscheibe bei Radialrädern und der Nabenkontur bei Axialpumpen hat vor allem auch die Spaltgeometrie, d.h. Spaltlänge $l$ und Spaltweite $s$, einen sehr großen Einfluss auf den Verlauf der NPSHR-Kurven.

In Bild 5.51 (aus [5.39]) sind die $NPSHR_{3\%} = f(\dot{V})$-Kurven einer 1-stufigen Radialpumpe für 4 unterschiedliche Spaltweiten $s$ für die Förderflüssigkeit Frigen R 22 bei einer Temperatur von 30 °C gezeigt, um einen beispielhaften Eindruck vom Einfluss der Spaltweite zu vermitteln.

Im mittleren Förderstrombereich, d.h. bei $\dot{V} \approx 10$ m³/h, beträgt die Verschlechterung des NPSHR-Wertes mehr als 100 %, wenn die Spaltweite von 0,1 mm auf 0,5 mm vergrößert wird, nämlich von 1 m auf etwa 2,3 m.

Bekanntlich liegen die Spaltweiten von Serienpumpen in einem durch unvermeidliche Fertigungsungenauigkeiten verursachten Toleranzfeld, so dass auch die NPSHR-Kurven

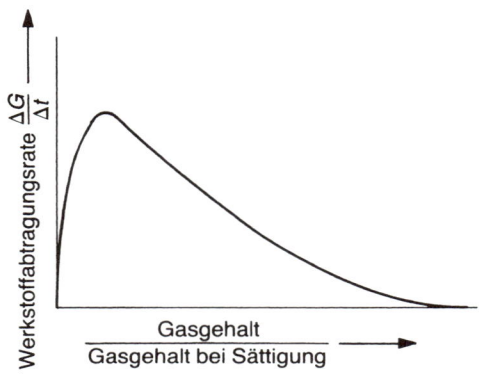

Bild 5.50 Abhängigkeit der Wertstoffabtragungsrate vom relativen Gasgehalt

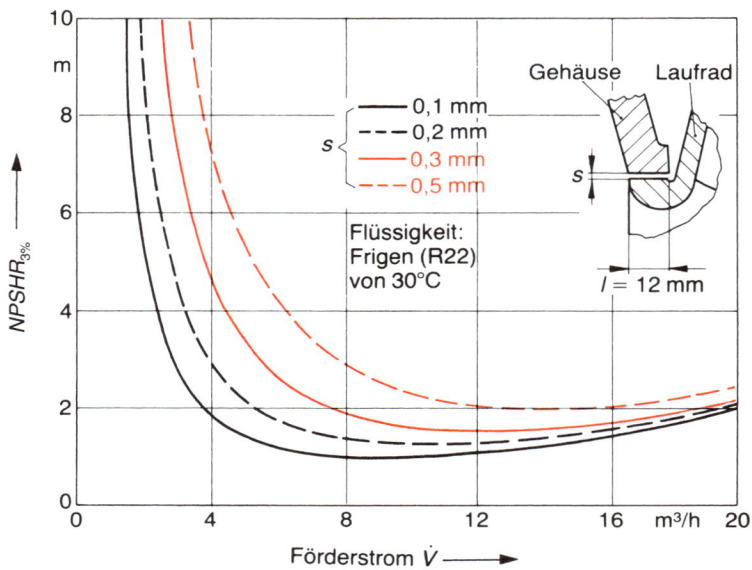

Bild 5.51 Abhängigkeit des $NPSHR_{3\%}$-Wertes von der Spaltweite (nach [5.39])

von Serienpumpen nur mit relativ großen Toleranzen gewährleistet werden können.

## 5.6 Inducer

Inducer, auch Vorsatzläufer oder Vorschaltläufer genannt, werden vor dem Saugmund von Pumpenlaufrädern angeordnet, um den NPSHR-Wert der Pumpe zu verringern, d.h. zu verbessern.

Der Inducer ist ein schneckenförmiges, axiales Laufrad (Bild 5.52), das eine eigene Förderhöhe besitzt, die den statischen Druck im Saugmund des nachfolgenden Radialrades deutlich erhöht.

Durch die Wirkung des Inducers kann der NPSHR-Wert der Pumpe um bis zu 40…50 % reduziert werden.

Normale Inducerformen verbessern den NPSHR-Wert nur in einem begrenzten Förderstrombereich (Bild 5.53a). Durch den Einbau unterschiedlicher Inducer kann der NPSHR-Wert im ganzen Betriebsbereich abgesenkt werden (Bild 5.53b). In [5.37] ist eine Sonderausführung beschrieben, die ab einem Schnittpunkt im ganzen Teillastbereich den NPSHR-Wert verkleinert (Bild 5.53c).

Um das Auftreten von Dampfblasen im Inducer zu vermeiden, wird er hydraulisch für den 1,5- bis 2,3fachen Berechnungsförderstrom des Radialrades ausgelegt, d.h., während das radiale Hauptlaufrad in seinem Normalbereich arbeitet, läuft der Inducer in seinem Teillastbereich.

Der Vorteil der Verbesserung des NPSHR-Wertes wird teilweise wieder durch eine Wirkungsgradverschlechterung aufgewogen, wobei die Wirkungsgradeinbußen bei Pumpenlaufrädern mit großen spezifischen Drehzahlen $n_q$ höher sind als bei Laufrädern mit kleinen spezifischen Drehzahlen $n_q$.

Da Inducer im Bereich niedriger Absolutdrücke arbeiten, sind sie stark kavitationsgefährdet und werden deshalb meistens aus besonders kavitationsfesten Werkstoffen hergestellt (siehe Tabelle 5.9).

Die meisten Fachaufsätze über Inducer wurden in englischer Sprache veröffentlicht. In [5.41] sind verschiedene geometrische Ausführungsformen von Inducern und ihre Fördercharakteristiken sowie die zugehörigen NPSHR-Kurven ausführlich beschrieben.

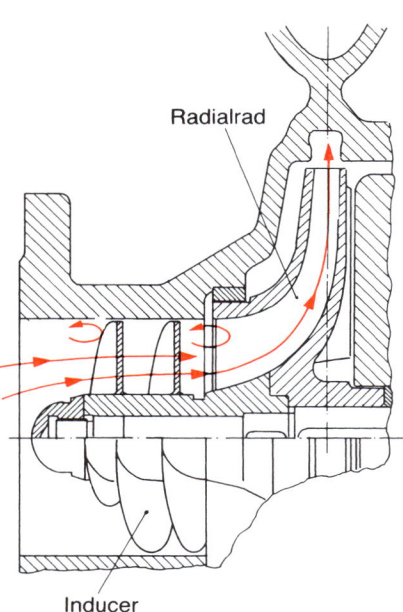

Bild 5.52  Inducer (nach [5.37])

Tabelle 5.9  Verschleißindex bei Kavitationserosion

| Werkstoffe | Verschleißindex |
|---|---|
| Grauguss GG 25 | 1,0 |
| Stahlguss GS-C 25 | 0,8 |
| Messing | 0,7 |
| Bronze G-Cu Sn 10 | 0,5 |
| Chromstahlguss G-X 20 Cr 14 | 0,2 |
| Chromstahlguss 18-8 Cr Ni | 0,2 |
| Mehrstoffbronze G-Al Bz 10 Fe | 0,1 |
| Chromnickelstahl G-X 6 Cr Ni 189 | 0,05 |
| Al-Gussbronze | 0,08 |
| NORIDUR (G-X 3 Cr Ni Mo Cu 246) | 0,02 |
| Stellit, gewalzt | 0,003 |

# 126 Kavitation

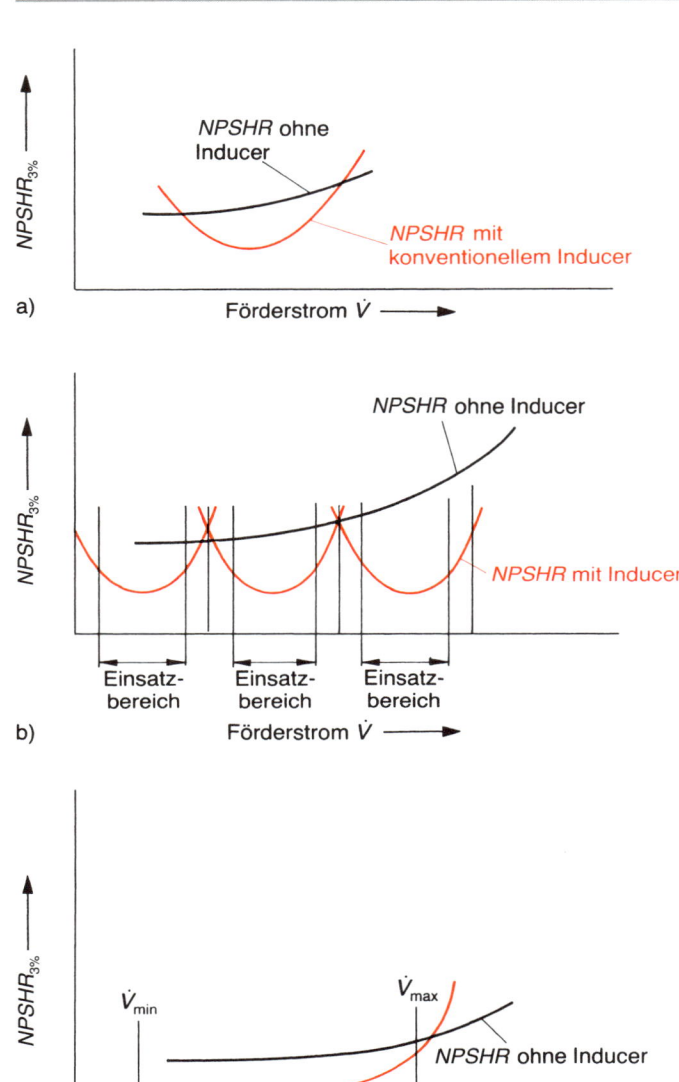

Bild 5.53
Veränderung des $NPSHR_{3\%}$-Wertes bei Einsatz von Inducern (nach [5.37])

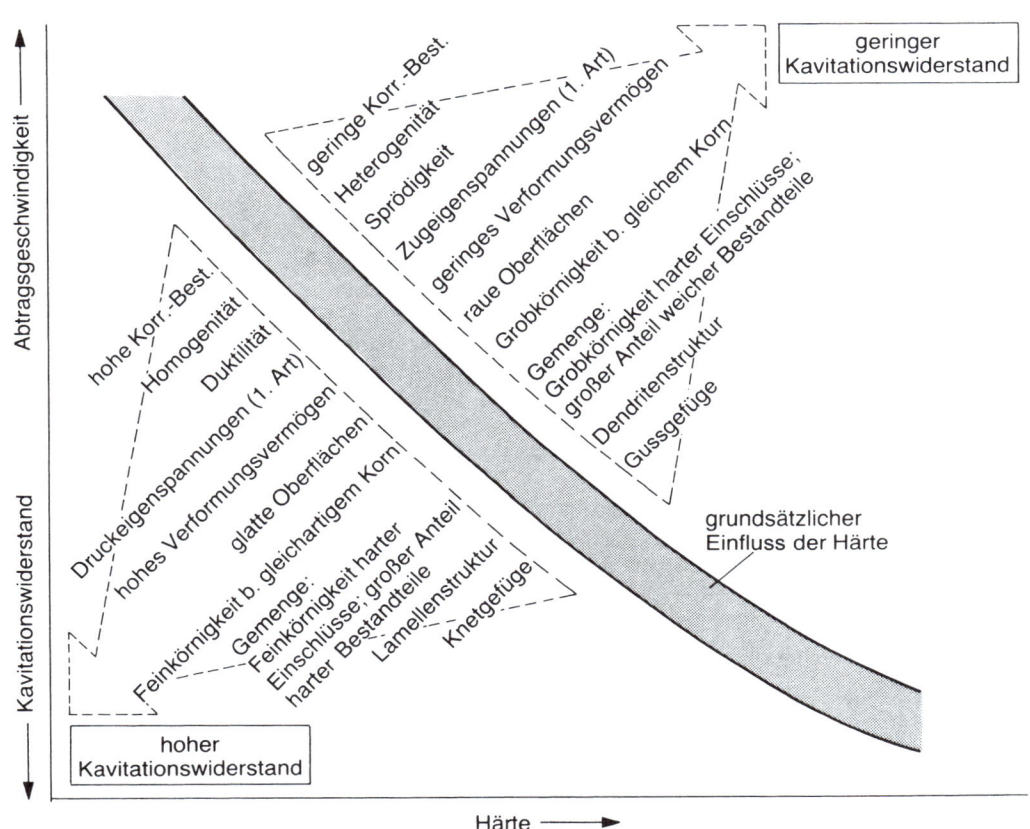

Bild 5.54   Einflussgrößen für den Kavitationswiderstand (nach [5.42])

## 5.7 Werkstofffragen

Wenn es aus betrieblichen oder wirtschaftlichen Gründen unvermeidbar ist, eine Wasserturbine oder eine Kreiselpumpe bei stark ausgebildeter Kavitation mit der Gefahr von Erosionsschäden zu betreiben, kommt der Auswahl kavitationsresistenter Werkstoffe besondere Bedeutung zu. Es ist immer wieder versucht worden, den Schadensmechanismus des Kavitationsangriffes und die Kavitationsresistenz der Werkstoffe auf deren mechanische Eigenschaften, wie z. B. Ermüdungsfestigkeit, Härte, Gefüge- und Oberflächenstruktur zurückzuführen, ohne dass es gelungen ist, eindeutige, reproduzierbare Korrelationen zwischen der Kavitationsresistenz und den Werkstoffeigenschaften für alle Kavitationsangriffarten und Werkstoffe aufzustellen [5.2; 5.6; 5.7 und 5.32]. In [5.42] ist der in Bild 5.54 dargestellte Zusammenhang zwischen Kavitationswiderstand und Werkstoffgefüge angegeben.

Der durch Kavitationserosion verursachte Materialverschleiß an hydraulischen Turbomaschinen wird in der Praxis meist nach einer der folgenden Methoden ermittelt [5.11]:

❏ durch Aufmaß,
❏ aus dem Gewichtsverlust,
❏ aus dem Verbrauch an Auftragsschweißgut bei der Ausbesserung,
❏ aus dem Zeitaufwand für die Ausbesserung.

Dem Konstrukteur kann bei der Auswahl kavitationsbeständiger Werkstoffe eine Liste mit der Qualitätsrangfolge der für hydraulische Turbomaschinen typischen Werkstoffe eine «erste Hilfe» sein. Gibt man Grauguss GG 25 den kavitationsbedingten Gewichtsverlustindex 1,0, so ergibt sich nach [5.11] und anderen Quellen die in Tabelle 5.9 zusammengestellte Rangfolge.

Diese Werte sind Mittelwerte aus langjährigen Erfahrungen an ausgeführten Wasserturbinen oder Kreiselpumpen sowie aus Messungen an Werkstoffproben in speziellen Apparaturen.

In der Praxis werden meistens die folgenden Apparaturen zur «künstlichen» Erzeugung von Kavitation an Werkstoffproben benützt:

❏ piezoelektrische bzw. Magnetostriktionsschwinger (Bild 5.55) [5.43],
❏ Venturikanal (Bild 5.56) [5.6],
❏ Kavitationskammer mit rotierender Scheibe (Bild 5.57) [5.32],
❏ Strömungskanal mit Hindernis (Bild 5.58) [5.32].

Mit diesen Apparaten kann angenähert folgende Abhängigkeit zwischen der Werkstoffabtragungsrate $\frac{\Delta G}{\Delta t}$ und der Strömungsgeschwindigkeit $c$ festgestellt werden:

$$\frac{\Delta G}{\Delta t} \sim c^\alpha \qquad \text{(Gl. 5.47)}$$

$\frac{\Delta G}{\Delta t}$  Werkstoffabtragungsrate
$c$  Strömungsgeschwindigkeit
$\alpha$  Exponent, der hauptsächlich von Aufbau und Wirkungsweise der Kavitationsapparatur abhängt.

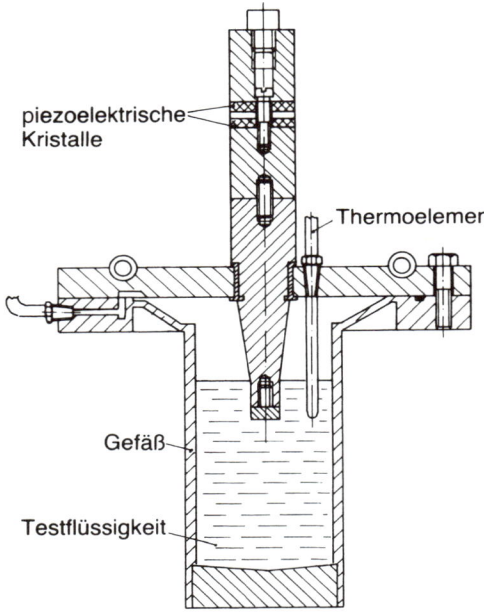

Bild 5.55  Piezoelektrischer bzw. Magnetostriktionsschwinger (nach [5.32])

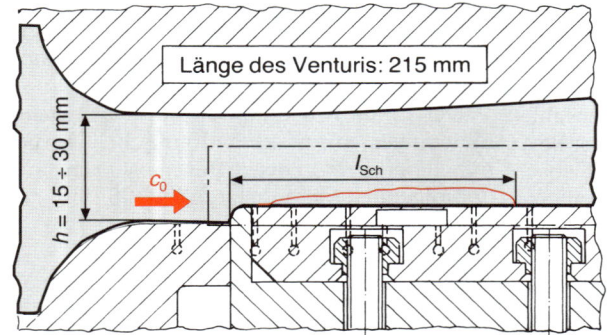
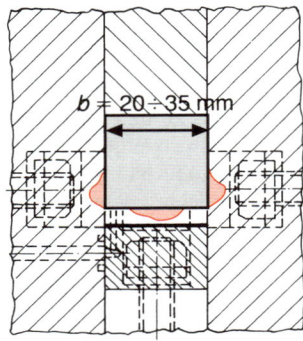

Bild 5.56  Venturikanal (nach [5.6])

Werkstofffragen 129

Bild 5.57
Kavitationskammer
mit rotierender Scheibe
(nach [5.32])

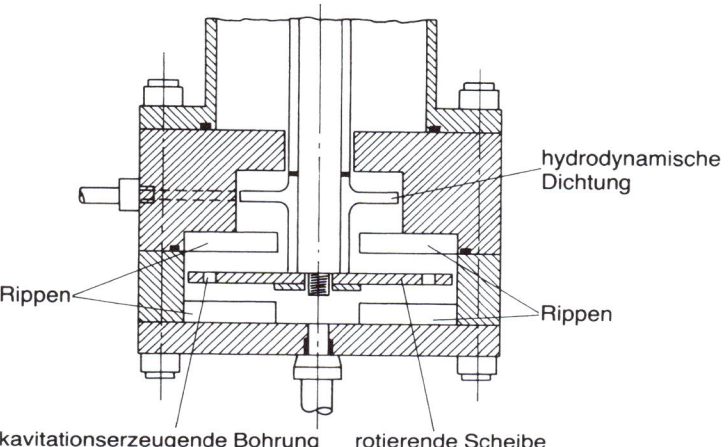

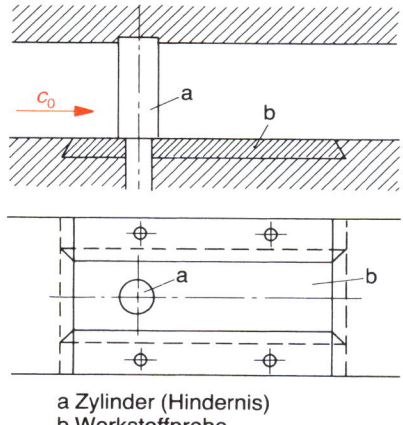

a Zylinder (Hindernis)
b Werkstoffprobe

Bild 5.58 Strömungskanal mit Hindernis
(nach [5.32])

In [5.32] werden für den Exponenten $\alpha$ folgende Bereiche angegeben:

Venturikanal: $1{,}7 \leq \alpha \leq 8$

Kavitationskammer mit rotierender Scheibe:

$1 \leq \alpha \leq 12$

Strömungskanal: $2 \leq \alpha \leq 10$

In Wirklichkeit hängt die Kavitationserosion von viel mehr Parametern ab, als dies die einfache Gl. 5.47 beschreibt. Genauere, aber auch kompliziertere Formeln zur Erosionsmodellierung und zum Kavitationsverschleiß finden sich u. a. in [5.6].
Weitere interessante Beiträge zur Frage des Werkstoffverhaltens bei Kavitationsangriff können in [5.44 und 5.45] nachgelesen werden.

# 6 Überschallströmung in Turbomaschinen

## 6.1 Einleitung

Neben der Steigerung des Wirkungsgrades und der Verbesserung des Betriebsverhaltens ist die **Leistungskonzentration** ein wichtiges Ziel bei der Auslegung von Turbomaschinen. Diese Entwicklung wurde von der Flugtriebwerkindustrie initiiert, da für luftfahrttechnische Anwendungen dem Leistungsgewicht des Triebwerks eine hohe Bedeutung zukommt. Besonderes Augenmerk gilt hierbei dem i.d.R. verwendeten vielstufigen Axialverdichter [6.1]. Der Verdichter nimmt ca. 50…60 % der Gesamtlänge des Triebwerkes ein und bestimmt daher maßgeblich Baulänge und Gewicht des Gesamtaggregates. Aber auch in anderen Bereichen des thermischen Strömungsmaschinenbaus, z. B. bei Radialverdichtern sowie Dampf- und Gasturbinen, ist die Leistungskonzentration ein zunehmend wichtiger Aspekt der Entwicklung.

Wie im Folgenden gezeigt wird, geht die Erhöhung der Leistungskonzentration mit einer Anhebung der Umfangs- und Strömungsgeschwindigkeiten einher, sodass für kompressibel durchströmte Maschinen lokal die Schallgeschwindigkeit erreicht und überschritten werden kann. Als Kennzahl zur Berücksichtigung der Kompressibilität des Fluids wird die **Mach-Zahl** $M$ verwendet:

$$M = \frac{\text{Geschwindigkeit}}{\text{Schallgeschwindigkeit}} \qquad \text{(Gl. 6.1)}$$

Als Geschwindigkeit wird hierbei die Geschwindigkeit relativ zum betrachteten Schaufelgitter zu Grunde gelegt und so eine Unterscheidung zwischen der relativen Mach-Zahl $M_{rel}$ (für Laufschaufeln) und der absoluten Mach-Zahl $M_{abs}$ (für Leitschaufeln) eingeführt:

$$M_{rel} = \frac{w}{a} \qquad M_{abs} = \frac{c}{a} \qquad \text{(Gl. 6.2)}$$

Die Schallgeschwindigkeit wird für ideale Gase nach folgender Beziehung berechnet:

$$a = \sqrt{\varkappa \cdot R_i \cdot T} = \sqrt{\varkappa \cdot p \cdot v} \qquad \text{(Gl. 6.3)}$$

$\varkappa = c_p/c_v$ Isentropenexponent
$a$ Schallgeschwindigkeit
$R_i$ individuelle Gaskonstante
$T$ thermodynamische Temperatur
$p$ Druck
$v$ spezifisches Volumen

## 6.2 Überschallströmung in Verdichtern

Die aus dem Entwicklungsziel «Leistungskonzentration» resultierenden Konsequenzen im Hinblick auf Energieumsatz und Durchsatz werden zunächst am Beispiel des Verdichters erläutert. Die theoretische Stutzenarbeit eines Verdichters, die auch als theoretische spezifische Leistung betrachtet werden kann, wird nach der EULER'schen Strömungsmaschinen-Hauptgleichung beschrieben:

$$Y_{th\infty} = \frac{P_{th\infty}}{\dot{m}} = u_2 \cdot c_{u2} - u_1 \cdot c_{u1} \qquad \text{(Gl. 6.4)}$$

Die Umlenkung der Strömung im Schaufelgitter kann wegen der Gefahr der Grenzschichtablösung nur in begrenztem Umfang erhöht werden, wenn auch in diesem Bereich in der jüngeren Vergangenheit durch die «Widechord-Technologie», also durch kleine Schaufelhöhen-/-sehnen-Verhältnisse («aspect ratio») enorme Fortschritte erzielt wurden. Zur weiteren Erhöhung der theoretischen Stutzenarbeit muss daher die Umfangsgeschwindigkeit angehoben werden, was zu höheren relativen Anströmgeschwindigkeiten und zu größeren Axialgeschwindigkeitskomponenten führt. Abhängig vom erreichten Niveau

# 132 Überschallströmung in Turbomaschinen

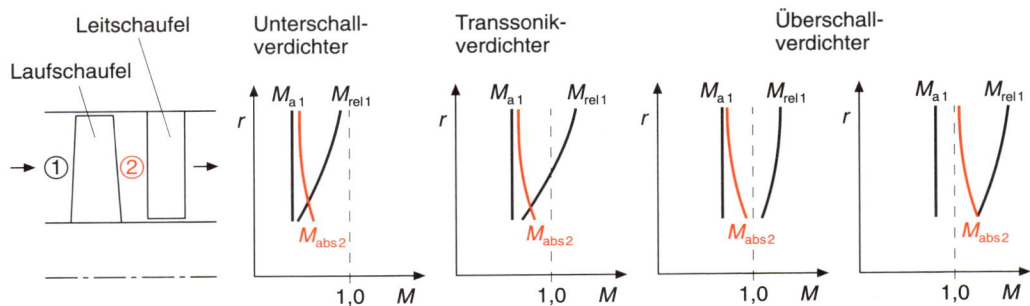

Bild 6.1  Typen von Axialverdichtern

der Mach-Zahl werden Unterschall-, Transschall- und Überschallverdichter unterschieden (Bild 6.1). Während beim **Unterschallverdichter** die Geschwindigkeiten in den Axialspalten vollständig im Unterschallbereich bleiben, erreichen **Transsonikverdichter** in den äußeren Bereichen des Laufrades relative Anströmmachzahlen im Überschallbereich. Eine weitere Steigerung der Leistungskonzentration wird mit **Überschallverdichtern** erreicht, bei denen in mindestens einem Axialspalt über der gesamten Schaufelhöhe Überschall vorliegt. Die axiale Komponente der Mach-Zahl $M_a = c_a/a$ bleibt wegen der für das Betriebsverhalten notwendigen Stromauf-Informationsausbreitung bei allen Konzepten im Unterschall.

Die Steigerung der Mach-Zahl hebt das Stufendruckverhältnis, sodass eine Verringerung der Stufenzahl bei gleichem Gesamtdruckverhältnis des Verdichters möglich wird. Gleichzeitig kann durch die Erhöhung der Axialmachzahl bei gleichem Stirnquerschnitt des Verdichters der Massendurchsatz gesteigert werden. Bild 6.2 zeigt die historische Entwicklung am Beispiel von ausgelegten Verdichtern im Triebwerksbereich und macht die in den letzten Jahrzehnten realisierte Leistungskonzentration deutlich.

Beim J-79-Triebwerksverdichter wurden noch 17 Stufen für ein Druckverhältnis von 12,5 benötigt, während der RB-199-Verdichter ein fast doppelt so hohes Druckverhältnis mit 12 Stufen realisiert. Beim modernen EJ-200-Verdichter werden für ein vergleichbares Druckverhältnis nur noch 8 Stufen benötigt. Die Temperatursteigerung pro Stufe stellt ein Maß für die Energieumsetzung dar und hat sich vom J 79 bis zum EJ 200 ca. verdreifacht.

Die zur Steigerung der Leistungskonzentration notwendige Erhöhung der Strömungsgeschwindigkeiten beeinflusst das Strömungsfeld um die Beschaufelung in signifi-

|  | J 79 (1952) | RB 199 (1969) | EJ 200 (1999) |
|---|---|---|---|
| Stufenzahl | 17 | 12 | 8 |
| Druckverhältnis | 12,5 | 23 | 24 |
| mittleres Stufendruckverhältnis | 1,16 | 1,30 | 1,49 |
| mittlere Stufentemperatursteigerung [K] | 21 | 42 | 65 |
| mittlere Umfangsgeschwindigkeit [m/s] | 255 | 350 | 425 |

Bild 6.2  Zunahme der Leistungskonzentration bei Axialverdichtern (nach [6.2])

# Überschallströmung in Verdichtern

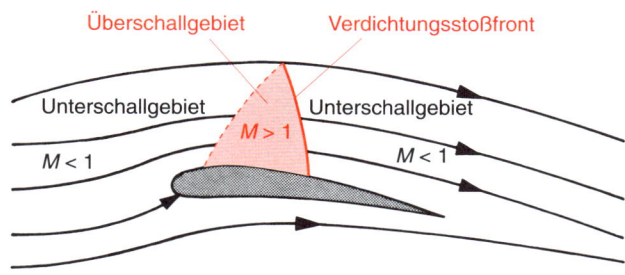

Bild 6.3
Überschallströmung an einem subsonisch angeströmten Tragflügelprofil

kanter Weise und stellt spezifische Anforderungen an die Schaufelprofilform. Wie aus der Tragflügeltheorie bekannt, ergibt sich an der Schaufelsaugseite ein Unterdruckgebiet mit einer beschleunigten Strömung. Selbst bei Unterschallanströmung kann daher an der Saugseite, wie in Bild 6.3 schematisch skizziert, ein Überschallgebiet entstehen.

Dieses Gebiet wird stromauf begrenzt durch die Schalllinie («sonic line») und stromab durch einen gasdynamischen Verdichtungsstoß. Zur näheren Beschreibung der Strömungsverhältnisse in einer Verdichterbeschaufelung werden zunächst die Begriffe der kritischen Mach-Zahl und der Sperrmachzahl eingeführt.

## 6.2.1 Kritische Mach-Zahl

Als kritische Mach-Zahl $M_{1\mathrm{krit}}$ bezeichnet man die Anströmmachzahl $M_{1\mathrm{rel}} = w_1/a_1$ (bzw. $M_{1\mathrm{abs}} = c_1/a_1$ für Leiträder), bei der lokal auf der Profilsaugseite gerade Schallgeschwindigkeit auftritt, aber nicht überschritten wird.

In der geschichtlichen Entwicklung der Verdichter wurde zunächst ausgegangen von inkompressibel umströmten Profilen [6.3]. Die Druckverteilung um ein Schaufelprofil wird hierbei in dimensionsloser Form durch den Druckbeiwert $C_p$ beschrieben.

$$C_p = \frac{p - p_1}{\frac{\varrho_1}{2} w_1^2} = \frac{\Delta p}{\frac{\varrho_1}{2} w_1^2} \qquad \text{(Gl. 6.5)}$$

Die Strömungsgeschwindigkeit $w$ bezieht sich auf ein Laufrad. Bei Betrachtung eines Leitra-

des sind die Relativgeschwindigkeit $w$ und die Relativmachzahl $M_{\mathrm{rel}}$ durch die Absolutgeschwindigkeit $c$ und die Absolutmachzahl $M_{\mathrm{abs}}$ zu ersetzen. Die qualitative und quantitative Druck- und Geschwindigkeitsverteilung hängt vor allem von der Profilform und vom Anströmwinkel ab und ist exemplarisch in Bild 6.4 dargestellt.

Für höhere Anströmmachzahlen und die Annäherung an die kritische Mach-Zahl ändert sich die $C_p$-Verteilung aufgrund der Kompressibilität des Fluides. Dieser Einfluss kann näherungsweise mit der **Prandtl-Glauert-Regel**

$$(C_p)_{\mathrm{kompressibel}} = \frac{(C_p)_{\mathrm{inkompressibel}}}{\sqrt{1 - M_{1\mathrm{rel}}^2}} \qquad \text{(Gl. 6.6)}$$

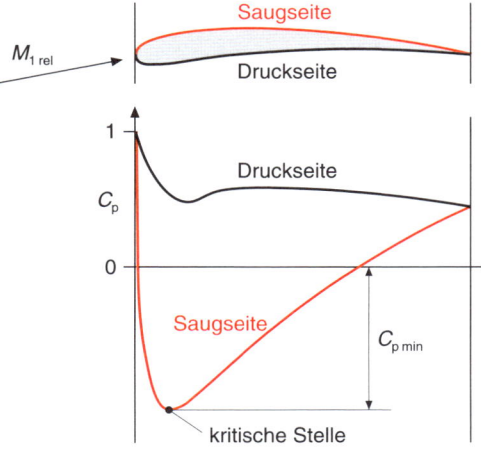

Bild 6.4  Druckverteilung an einem Schaufelprofil

berücksichtigt werden und erlaubt somit für eine inkompressibel ermittelte $C_p$-Verteilung mit der Saugspitze $C_{pmin}$ die Bestimmung der kritischen Mach-Zahl. Mit der Formulierung des Staudrucks

$$\frac{\varrho_1}{2} w_1^2 = p_1 \left( \frac{p_{1t, rel}}{p_1} - 1 \right)$$

und dem Energiesatz für ein ideales Gas

$$\frac{T_{1t, rel}}{T_1} = 1 + \frac{\varkappa - 1}{2} M_{1rel}^2$$

sowie der Isentropenbeziehung

$$\frac{p_{1t, rel}}{p_1} = \left( 1 + \frac{\varkappa - 1}{2} M_{1rel}^2 \right)^{\frac{\varkappa}{\varkappa - 1}}$$

folgt

$$\frac{\varrho_1}{2} w_1^2 = p_1 \left[ \left( 1 + \frac{\varkappa - 1}{2} M_{1rel}^2 \right)^{\frac{\varkappa}{\varkappa - 1}} - 1 \right]$$

Die größte Geschwindigkeit und der größte Unterdruck $\Delta p_{min}$ tritt bei $C_{pmin}$ auf:

$$\Delta p_{min} = p_{min} - p_1 = p_1 \left( \frac{p_{min}}{p_1} - 1 \right)$$

$$\Delta p_{min} = p_1 \left[ \left( \frac{T_{min}}{T_1} \right)^{\frac{\varkappa}{\varkappa - 1}} - 1 \right]$$

Durch Erweitern mit der relativen Totaltemperatur $T_{1t, rel}$

$$\Delta p_{min} = p_1 \left[ \left( \frac{T_{1t, rel}/T_1}{T_{1t, rel}/T_{min}} \right)^{\frac{\varkappa}{\varkappa - 1}} - 1 \right]$$

und Erreichen von $M = 1$ an der kritischen Stelle ergibt sich

$$\frac{T_{1t, rel}}{T_{min}} = 1 + \frac{\varkappa - 1}{2} 1^2 = 1 + \frac{\varkappa - 1}{2}$$

$$\Delta p_{min} = p_1 \left[ \left( \frac{1 + \frac{\varkappa - 1}{2} \cdot M_{1rel}^2}{1 + \frac{\varkappa - 1}{2}} \right)^{\frac{\varkappa}{\varkappa - 1}} - 1 \right]$$

Hieraus folgt schließlich durch Einsetzen in Gl. 6.6

$$(C_{pmin})_{inkompressibel} = \sqrt{1 - M_{1krit}^2} \cdot$$

$$\cdot \frac{\left[ \left( \dfrac{1 + \dfrac{\varkappa - 1}{2} \cdot M_{1krit}^2}{1 + \dfrac{\varkappa - 1}{2}} \right)^{\frac{\varkappa}{\varkappa - 1}} - 1 \right]}{\left( 1 + \dfrac{\varkappa - 1}{2} \cdot M_{1krit}^2 \right)^{\frac{\varkappa}{\varkappa - 1}} - 1}$$

(Gl. 6.7)

In Bild 6.5 ist $M_{1krit}$ als Funktion von $(C_{pmin})_{inkompressibel}$ dargestellt. Zur Erzielung hoher kritischer Mach-Zahlen sind somit Profile mit betragsmäßig kleinen $C_{pmin}$-Werten zu verwenden. Hieraus ergibt sich für hohe Mach-Zahlen direkt die Forderung nach schlanken, wenig umlenkenden Profilen (geringe Wölbung, kleine Dicken-/Sehnen-Verhältnisse). Es sei noch einmal hervorgehoben, dass der dargestellte Zusammenhang nur eine Näherung darstellt. Zur genauen Festlegung der kritischen Mach-Zahl, die insbesondere für die Beschreibung des Off-Design-Verhaltens der Beschaufelung im Rahmen von Kennfeldrechenverfahren wichtig ist, wird heute i.d.R. direkt das Verhalten der kompressiblen Strömung berücksichtigt. Dies geschieht z.B. in Windkanalversuchen bzw. durch die Anwendung moderner Rechenverfahren.

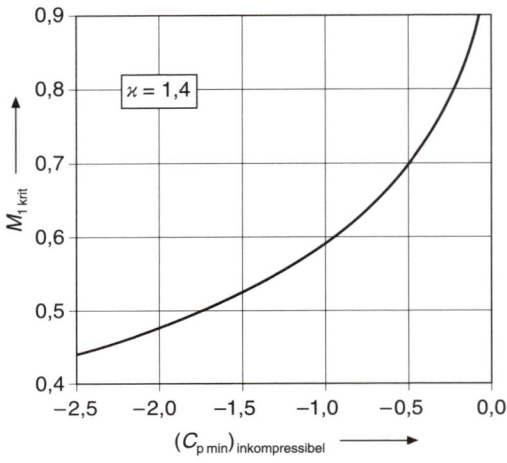

Bild 6.5   Kritische Mach-Zahl

## 6.2.2 Sperrmachzahl

Als Sperrmachzahl $M_{Sperr}$ bezeichnet man die Anströmmachzahl $M_{1\,rel} = w_1/a_1$ (bzw. $M_{1\,abs} = c_1/a_1$ für Leiträder), bei der im engsten Querschnitt des Schaufelgitters genau Schallgeschwindigkeit herrscht (Bild 6.6). In diesem Querschnitt wird mit Erreichen der Schallgeschwindigkeit die maximale Massenstromdichte erzielt: das Gitter sperrt. Folglich können der Durchsatz und die Strömungsbedingungen im Eintritt des Gitters durch eine Reduktion des stromab wirkenden Gegendruckes nicht mehr verändert werden.

Mit der vereinfachenden Annahme einer gleichförmigen Strömung im Schaufelkanal kann durch eine 1-dimensionale Betrachtung die Sperrmachzahl in Abhängigkeit des Flächenverhältnisses $A_{min}/A_1$ beschrieben werden. Für ein ideales Gas bleibt die relative Totaltemperatur bei der Durchströmung des Gitters konstant. Da $M_{A\,min}$ nun aber gerade 1 wird ergibt sich mit dem Energiesatz:

$$\frac{T_{1t,\,rel}}{T_1} = 1 + \frac{\varkappa - 1}{2} \cdot M_{1\,rel}^2$$

$$\frac{T_{1t,\,rel}}{T_{A\,min}} = 1 + \frac{\varkappa - 1}{2} \cdot M_{A\,min}^2$$

$$\frac{T_1}{T_{A\,min}} = \frac{1 + \dfrac{\varkappa - 1}{2}}{1 + \dfrac{\varkappa - 1}{2} \cdot M_{1\,rel}^2}$$

Aus der Kontinuitätsgleichung folgt für das Flächenverhältnis:

$$\frac{A_{min}}{A_1} = \frac{w_1}{w_{A\,min}} \cdot \frac{\varrho_1}{\varrho_{A\,min}}$$

Mit der Definition der Mach-Zahl:

$$\frac{w_1}{w_{A\,min}} = \frac{M_{1\,rel} \cdot \sqrt{\varkappa R_i T_1}}{M_{A\,min} \cdot \sqrt{\varkappa R_i T_{A\,min}}} = M_{1\,rel} \cdot \sqrt{\frac{T_1}{T_{A\,min}}}$$

und der Isentropenbeziehung

$$\frac{\varrho_1}{\varrho_{A\,min}} = \left(\frac{T_1}{T_{A\,min}}\right)^{\frac{1}{\varkappa - 1}}$$

ergibt sich so die Beziehung zwischen dem Querschnittsverhältnis $A_{min}/A_1$ und der Sperrmachzahl:

$$\frac{A_{min}}{A_1} = M_{Sperr} \cdot \left(\frac{T_1}{T_{A\,min}}\right)^{\frac{1}{2}} \cdot \left(\frac{T_1}{T_{A\,min}}\right)^{\frac{1}{\varkappa - 1}}$$

$$\frac{A_{min}}{A_1} = M_{Sperr} \cdot \left(\frac{1 + \dfrac{\varkappa - 1}{2}}{1 + \dfrac{\varkappa - 1}{2} M_{Sperr}^2}\right)^{\frac{\varkappa + 1}{2(\varkappa - 1)}} \quad \text{(Gl. 6.8)}$$

Nach [6.4] wird Gleichung 6.8 für Luft ($\varkappa = 1{,}4$) in Bild 6.7 grafisch dargestellt, wobei diese theoretisch abgeleitete Sperrmachzahl den Index «theor» erhält. Die tatsächlich erreichbare Sperrmachzahl liegt grundsätzlich unter den theoretisch erzielbaren Werten, da die Strömung in der Realität polytrop und

Bild 6.6
Erläuterung der Sperrmachzahl

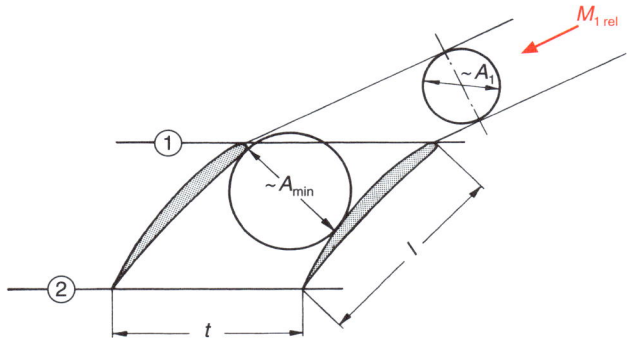

# 136 Überschallströmung in Turbomaschinen

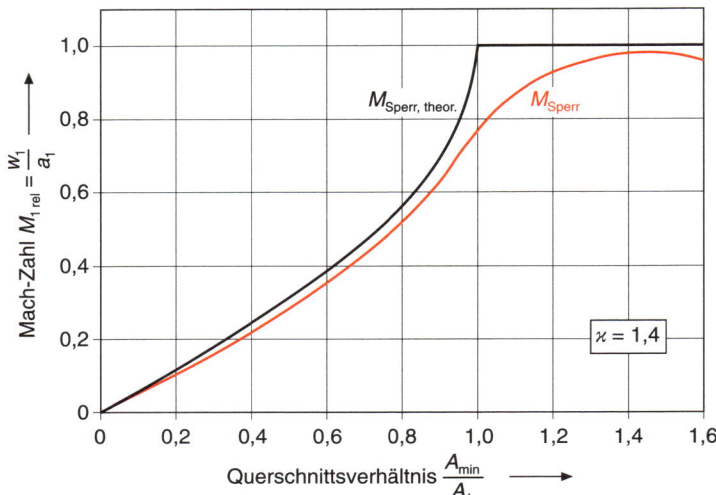

Bild 6.7
Sperrmachzahl (nach [6.4])

nicht isentrop verläuft. Außerdem werden die effektiven Kanalquerschnitte durch die Profilgrenzschichten verringert, und die anfangs gemachte Voraussetzung einer gleichförmigen Strömung ist in der Realität ebenfalls nicht exakt erfüllt [6.4, 6.5].

### 6.2.3 Strömung im Verdichtergitter bei Unterschallanströmung

Nach [6.6] ist in Bild 6.8 der Verlauf der Strömung in einem Verdichtergitter bei hohen subsonischen Anströmmachzahlen schematisch dargestellt. Zur Darstellung der Geschwindigkeitsverteilung an der Profilsaugseite wird hier die für kompressible Strömungen gebräuchliche, aus der Profildruckverteilung berechnete isentrope Mach-Zahl verwendet:

$$M_{is} = \sqrt{\frac{2}{\varkappa-1}\left[\left(\frac{p_{1t,rel}}{p}\right)^{\frac{\varkappa-1}{\varkappa}} - 1\right]} \quad \text{(Gl. 6.9)}$$

Für den Fall I bei unterkritischer Anströmung beschleunigt die Strömung an der Saugseite, erreicht aber noch nicht die Schallgeschwindigkeit. Bei Erhöhung der Anströmmachzahl auf einen geringfügig über der kritischen Mach-Zahl liegenden Wert (Fall II) entsteht lokal an der Saugseite ein kleines Überschallgebiet. Die Überschallzone wird durch einen Verdichtungsstoß abgeschlossen. Über dem Verdichtungsstoß findet eine diskontinuierliche Änderung der Strömungsgrößen, verbunden mit einem Entropieanstieg und korrespondierendem Totaldruckverlust, statt. Zusätzliche Verluste entstehen durch die Stoß-Grenzschicht-Interaktion beim Auftreffen des Verdichtungsstoßes auf die saugseitige Profilgrenzschicht. Der Druckgradient über dem Verdichtungsstoß führt hier zu einem Anwachsen der Grenzschicht mit entsprechendem Impulsverlust. Eine weiter erhöhte Anströmmachzahl (Fall III) führt zu einer Verstärkung des Stoßes und damit zu erhöhten Verlusten. Durch die Stoß-Grenzschicht-Wechselwirkung bildet sich bereits eine lokale Ablöseblase, hieraus resultiert die typische Form eines λ-Stoßes. Im Fall IV schließlich ist das Überschallgebiet so groß, dass die Mach-Zahl vor dem abschließenden Verdichtungsstoß einen Grenzwert überschreitet, der abhängig von der Profilkontur bei ca. 1,3…1,4 liegt. Das Überschreiten dieses Grenzwertes führt zur vollständigen Ablösung der Grenzschicht am Verdichtungsstoß, so dass Wirkungsgrad und Druckverhältnis des Gitters absinken.

Um die für die Leistungskonzentration notwendigen hohen Mach-Zahlen dennoch

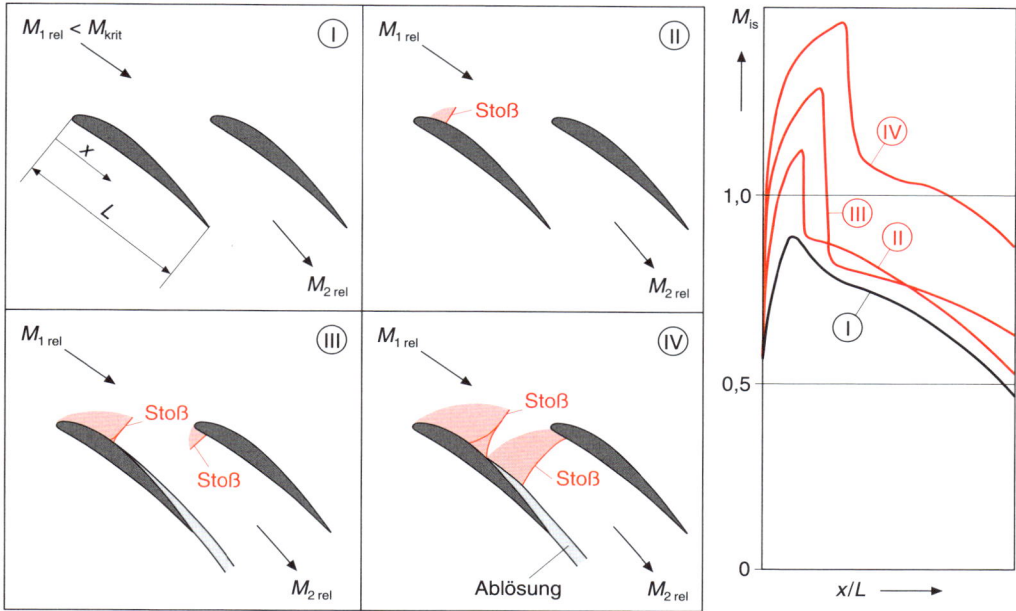

Bild 6.8 Strömungskonfigurationen im Verdichtergitter bei Variation der Anströmmachzahl (nach [6.6])

mit moderaten Verlusten realisieren zu können, wurden sog. **superkritische Profile** entwickelt (Profile mit kontrollierter Verzögerung, «Controlled Diffusion Airfoils CDA»). Bei diesen Profilen wird eine annähernd stoßfreie Verzögerung der Strömung realisiert, um die saugseitige Grenzschichtablösung zu verhindern [6.7, 6.8]. Daher weisen CDA-Profile höhere kritische Mach-Zahlen auf als konventionelle Unterschallprofile. Der auftretende Totaldruckverlust wird repräsentiert durch den dimensionslosen Verlustbeiwert $\omega$:

$$\omega = \frac{p_{t1} - p_{t2}}{p_{t1} - p_1} \qquad \text{(Gl. 6.10)}$$

Bild 6.9 verdeutlicht, dass der bei optimalem Anströmwinkel auftretende Verlustbeiwert $\omega_{opt}$ erst bei einer höheren Mach-Zahl ansteigt. Der Arbeitsbereich der Profile, definiert durch den Anströmwinkelbereich, innerhalb dessen der Verlustbeiwert $\omega$ für die jeweilige Mach-Zahl $M_1$ kleiner als ($2\omega_{opt}$) bleibt, ist deutlich erweitert (Bild 6.10).

Bild 6.11 zeigt schematisch die Verlustpolaren eines modernen CDA-Profils für verschiedene Mach-Zahlen. Die Verluste sind hierbei über dem Inzidenzwinkel aufgetragen, also über der Differenz zwischen dem Schaufeleintrittswinkel und dem tatsächlichen Anströmwinkel. Deutlich ist die Einengung des Arbeitsbereiches für ansteigende Mach-Zahlen zu erkennen. Die Verluste steigen aber bis einschließlich $M_1 = 0{,}8$ nur sehr moderat an. Für negative Inzidenzwinkel, also erhöhte Durchsätze, zeigt sich für die rot gezeichneten Kurven deutlich das Sperren des Gitters. Am linken Rand des Arbeitsbereiches ergibt sich ein praktisch senkrechter Verlauf, d.h., der Anströmwinkel wird durch Änderung des Betriebspunktes des Gitters nicht mehr beeinflusst.

### 6.2.4 Strömung im Verdichtergitter bei Überschallanströmung

Wie Bild 6.1 belegt, ergeben sich für Transsonik- und Überschallverdichter Anströmmachzahlen > 1 relativ zum Gitter. Der Vorteil einer

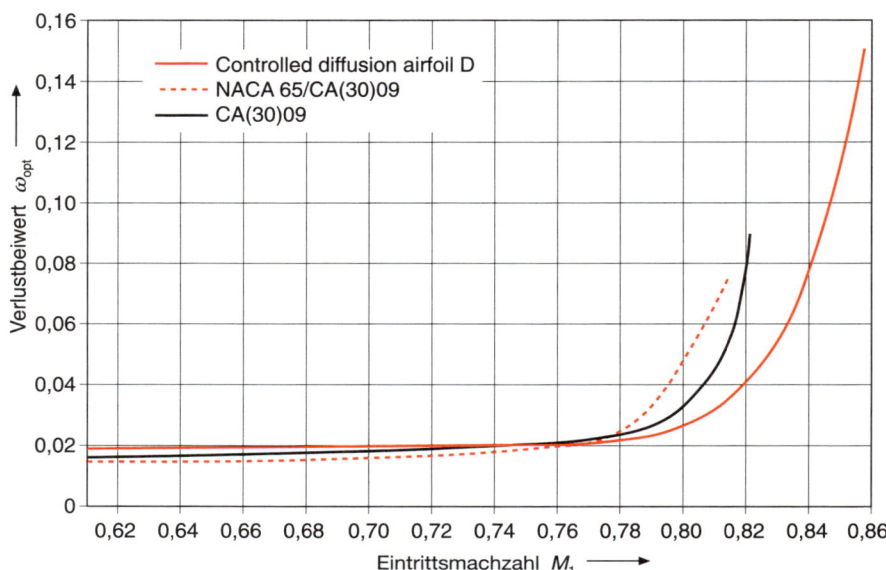

Bild 6.9   Verlustverhalten eines CDA-Profils im Vergleich zu konventionellen Profilen (nach [6.9])

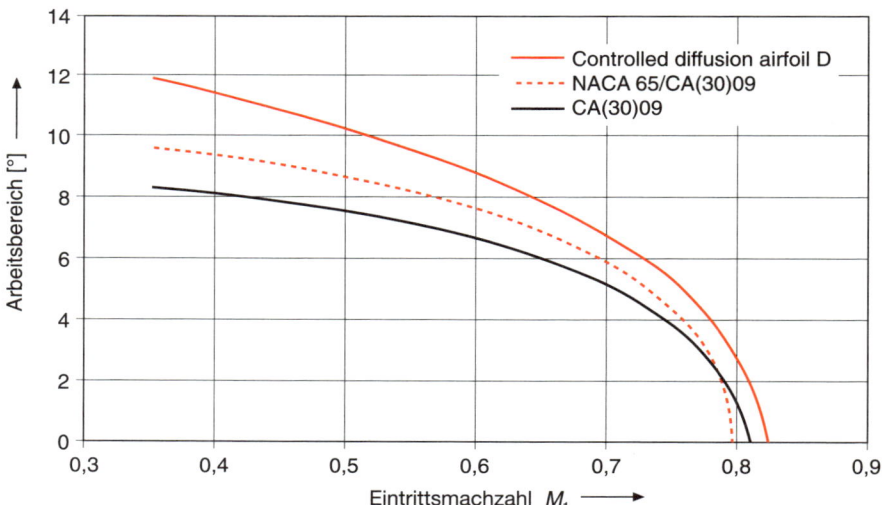

Bild 6.10   Arbeitsbereich verschiedener Profile (nach [6.9])

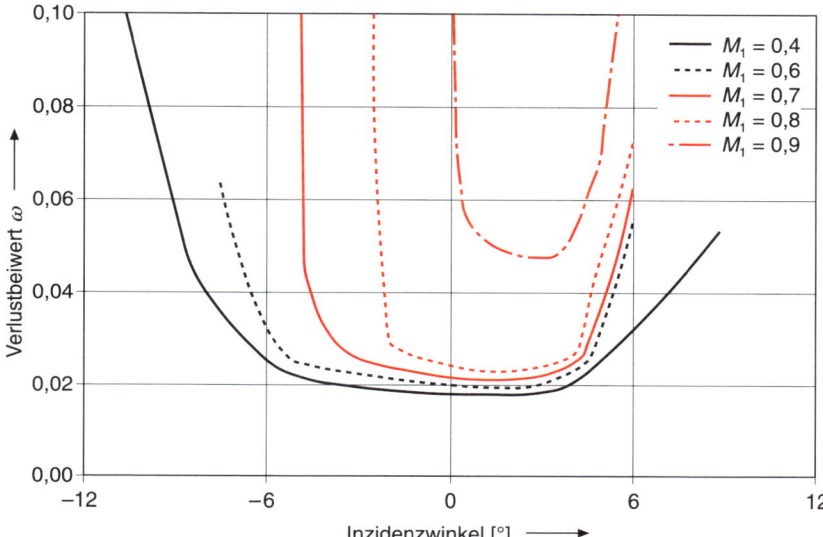

Bild 6.11   Verlustpolaren eines CDA-Profils

Überschallanströmung im Hinblick auf die gewünschte Leistungskonzentration besteht darin, dass die Aufgabe des Druckaufbaus nicht nur durch eine Unterschallverzögerung, sondern zusätzlich durch Verdichtungsstöße wahrgenommen werden kann. Auf diese Weise sind mit Transsonik- bzw. Überschallverdichtern wesentlich höhere Stufendruckverhältnisse als mit subsonisch arbeitenden Beschaufelungen möglich. Allerdings erzeugen Verdichtungsstöße mit der Vorstoßmachzahl exponentiell ansteigende Verluste, so dass zur Erzielung zufriedenstellender Wirkungsgrade die Anströmmachzahl nicht beliebig gesteigert werden kann. Bild 6.12 zeigt schematisch das Strömungsbild im Eintritt einer transsonischen Verdichterbeschaufelung. Vor der Profilvorderkante bildet sich eine abgelöste Kopfwelle, die aus einem schrägen Verdichtungsstoß und dem auf Unterschall führenden senkrechten Kanalstoß besteht. Stromab des Kanalstoßes findet eine weitere Unterschallverzögerung statt. Bild 6.13 verdeutlicht diese Konfiguration am Beispiel einer mit der berührungsfreien Laser-2-Fokus-Geschwindigkeitsmesstechnik ermittelten Verteilung der Mach-Zahl.

Abhängig vom Betriebspunkt des Verdichters können auch andere Stoßkonfigurationen z. B. mit anliegender Kopfwelle auftreten; für das vertiefte Studium dieser komplexen aerodynamischen Vorgänge sei auf die weiterführende Fachliteratur verwiesen [6.5, 6.6]. Die bei Transsonikverdichtern verwendeten Profile zeichnen sich durch äußerst geringe Saugseitenwölbungen aus, um die auftretenden Stoßverluste zu minimieren. Zur Auslegung der Beschaufelung werden moderne nu-

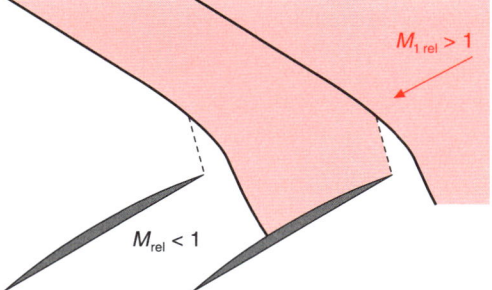

Bild 6.12   Abgelöste Kopfwelle vor einer transsonischen Beschaufelung (schematisch)

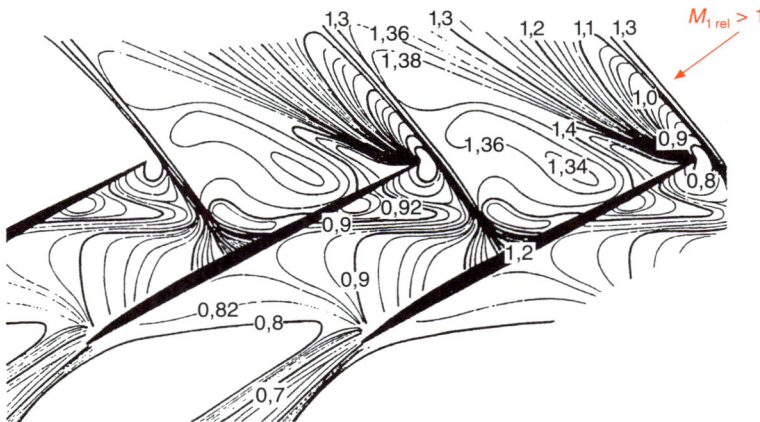

Bild 6.13
Verteilung der Mach-Zahl in einem Transsonikrotor (aus [6.10])

merische Rechenverfahren angewendet, die zuverlässig das Verhalten der Profilgrenzschicht und die Stoß-Grenzschicht-Interaktion beschreiben [6.11]. Mit modernen Transsonikverdichtern werden bei Flugtriebwerken Stufendruckverhältnisse bis ca. 1,9 realisiert [6.1]. Im Kraftwerksbereich kommen für Gasturbinenverdichter ebenfalls transsonische Beschaufelungen zum Einsatz, wenn auch mit moderaten Stufendruckverhältnissen bis ca. 1,5 [6.12, 6.13].

Eine weitere Steigerung der Leistungskonzentration wird mit dem Konzept der Überschallverdichter erreicht. Solche Verdichter erreichen sehr hohe Druckverhältnisse, die sie bereits in 1-stufiger Ausführung für Kleingasturbinen und Kleintriebwerke geeignet erscheinen lassen [6.14]. Ein Funktionsprinzip von Überschallverdichtern ist in Bild 6.14 dargestellt.

Im Rotoreintrittsbereich ist ein Verdichtungsstoß positioniert, der bereits zu einer deutlichen Druckerhöhung führt. Das nachfolgende Tandemleitrad besteht aus 2 ineinander geschobenen Schaufelgittern. Diese Anordnung hat zum Ziel, die Aufgabe der Umlenkung und der Verzögerung auf 2 Gitterreihen aufzuteilen und so bessere Wirkungsgrade zu ermöglichen. Im ungedrosselten Betrieb findet in dem mit Überschall angeströmten Leitrad eine starke Expansion statt, die zu einem entsprechend niedrigen Austrittsdruck führt. Bei Anhebung des Gegendruckes durch Drosselung wird ein senkrechter Verdichtungsstoß im Leitrad positioniert, der die Strömung auf Unterschall verzögert. Stromab dieses Verdichtungsstoßes ergibt sich dann eine weitere Unterschallverzögerung, die im voll gedrosselten Zustand zu einem Stufendruckverhältnis von 3,0 führt. Andere auf diesem Konzept basierende Überschallverdichter erreichen durch eine diagonale Strömungsführung Druckverhältnisse von ca. 4,6 bzw. 5,5 [6.16, 6.17].

Mit einer weiteren Erhöhung der Umfangsgeschwindigkeit am Laufradaustritt gelangt man schließlich zu den Radialverdichtern, die bei transsonischer Durchströmung der Beschaufelung extrem hohe Stufendruckverhältnisse von z. B. 5,7 leisten können [6.18].

Die dargestellten Zusammenhänge für Verdichterströmungen bei hohen Strömungsgeschwindigkeiten verdeutlichen das Potential dieser Technologie im Hinblick auf die gewünschte Leistungskonzentration. Die bisherigen Betrachtungen lassen allerdings die in der realen Turbomaschine auftretenden 3-D-Effekte und zusätzliche Verlustquellen wie Naben- und Gehäusegrenzschichten, Spaltverluste sowie instationäre Strömungsphänomene außer acht. Für die zuverlässige Auslegung sind diese Verlustmechanismen detailliert zu betrachten und zu berücksichtigen [6.19, 6.20, 6.35].

Bild 6.14
Wanddruckverteilung einer
Überschallverdichterstufe mit
Stoßrotor und Tandemleitrad
(aus [6.15])

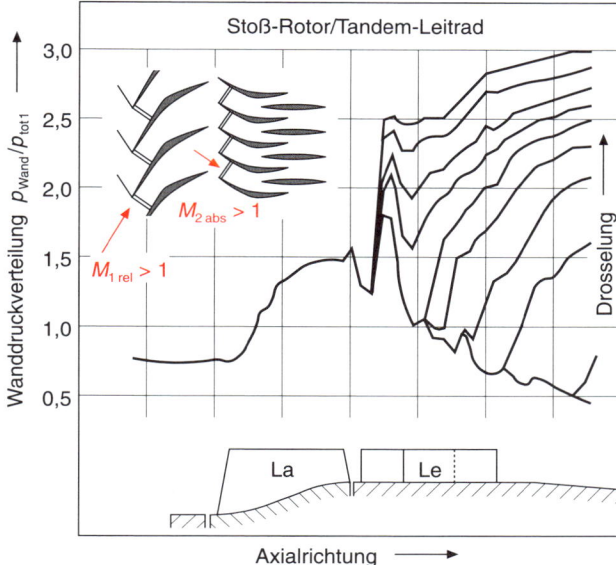

Die für transsonische Strömungen notwendigen schlanken Schaufelprofile bringen im Betrieb aber auch Nachteile mit sich. In diesem Zusammenhang sind vor allem die Schwingungsgefährdung der Beschaufelung sowie die eingeengten Betriebsbereiche zu sehen. Für Anwendungen im Industrie-Axialverdichterbereich mit stark wechselnden Betriebsbedingungen kommen daher durchaus auch konventionelle Beschaufelungen zum Einsatz.

### 6.2.5 Schallkennzahl nach PFLEIDERER

Um für konventionelle Beschaufelungen eine Abschätzung durchführen zu können, ob die Schallgeschwindigkeit erreicht wird, wird daher nach einem Vorschlag von PFLEIDERER [6.21, 6.22] analog zur Saugkennzahl bei hydraulischen Strömungsmaschinen eine Schallkennzahl $S_q$ für Verdichter eingeführt:

$$S_q = n \cdot \sqrt{\frac{\dot{V}_0}{k \cdot a_0^3}} \qquad \text{(Gl. 6.11)}$$

$S_q$   dimensionslose Schallkennzahl

$n$   Drehzahl in s$^{-1}$
$\dot{V}_0$   angesaugter Volumenstrom vor den Schaufelkanten in m$^3$/s
$k$   Verengungsfaktor = $1 - (D_N/D_S)^2$
   (Bild 6.15)

Gl. 6.11 berücksichtigt nicht die Kompressibilität im Einlauf des Verdichterlaufrades!
Exakter ist folgende Beziehung:

$$S_{q\,\text{kompr.}} = n \cdot \sqrt{\frac{\dot{V}_0}{\left[1 + 0{,}5\left(\dfrac{c_0}{a_0}\right)^2\right] \cdot k \cdot a_0^3}} \qquad \text{(Gl. 6.12)}$$

Die Schallkennzahl hängt vom Eintrittswinkel $\beta_{0a}$ ab.

$$\tan \beta_{0a} = \frac{c_0}{u_{1a}} \qquad \text{(Gl. 6.13)}$$

$$c_0 = \frac{\dot{V}_0}{\dfrac{\pi}{4} \cdot (D_S^2 - D_N^2)}$$

$$u_{1a} = D_S \cdot \pi \cdot n$$

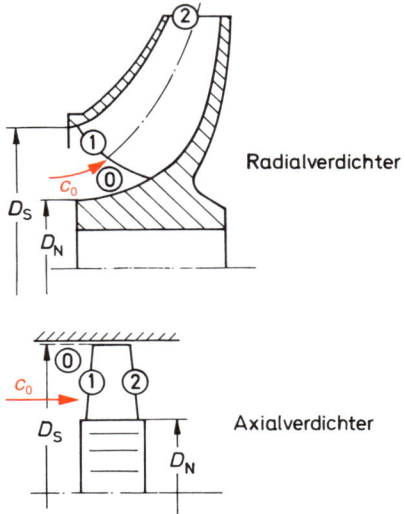

Bild 6.15
Erläuterungen zu den Formeln 6.11 und 6.12

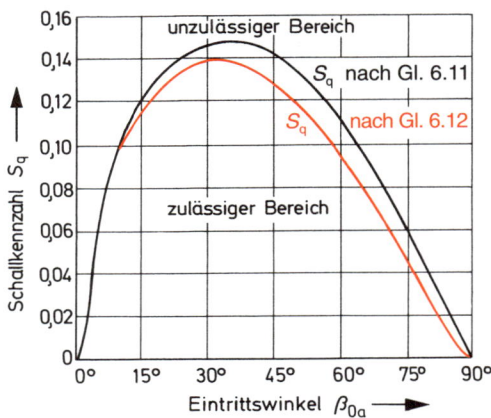

Bild 6.16  Schallkennzahl $S_q$

$$S_q = \sqrt{\frac{\cos^2 \beta_{0a} \cdot \sin \beta_{0a}}{4 \cdot \pi \cdot (1 + \lambda)^{3/2}}} \quad \text{(Gl. 6.14)}$$

Der Beiwert $\lambda$ berücksichtigt die Vergrößerung der Relativgeschwindigkeit von $w_0$ auf $w_1$ durch den Einfluss der Schaufeldicke. PFLEIDERER gibt für $\lambda$ den Bereich von 0,2…0,3 an. Für einen mittleren Wert von $\lambda = 0,25$ ist in Bild 6.16 die Funktion $S_q = f(\beta_{0a})$ grafisch dargestellt.

Liegt für einen bestimmten Winkel $\beta_{0a}$ die Schallkennzahl $S_q$ unterhalb des durch den Kurvenzug in Bild 6.16 festgelegten Wertes, bleibt die Strömung im Unterschallbereich; liegt sie darüber, muss mit dem Erreichen der Schallgeschwindigkeit und mit Verdichtungsstößen gerechnet werden.

**Beispiel 12**
Das in Bild 6.17 dargestellte Verdichterrad hat folgende Betriebsdaten:

| Massenstrom | $\dot{m} = 2{,}9$ kg/s |
| Eintrittsdruck | $p_0 = 1$ bar |
| Eintrittstemperatur | $T_0 = 288$ K |
| Drehzahl | $n = 305$ s$^{-1}$ |

Fluid: Luft

Bleibt die Strömung im Laufradeinlauf im Unterschallbereich?

**Lösung:**
Man berechnet nach Gl. 6.13 den Winkel $\beta_{0a}$, nach Gl. 6.11 die Schallkennzahl $S_q$ und überprüft, ob das Wertepaar $\beta_{0a} - S_q$ innerhalb des zulässigen Bereiches von Bild 6.16 liegt.

Volumenstrom $\dot{V}$:

$$p_0 \cdot \dot{V}_0 = \dot{m} \cdot R_i \cdot T_0$$

$$\dot{V}_0 = \frac{\dot{m} \cdot R_i \cdot T_0}{p_0}$$

$$\dot{V}_0 = \frac{2{,}9 \cdot 287 \cdot 288}{10^5}$$

$$\dot{V}_0 = 2{,}4 \text{ m}^3/\text{s}$$

Geschwindigkeit $c_0$:

$$c_0 = \frac{\dot{V}_0}{\frac{\pi}{4} \cdot (D_S^2 - D_N^2)}$$

$$c_0 = \frac{2{,}4}{\frac{\pi}{4} \cdot (0{,}24^2 - 0{,}16^2)}$$

$$c_0 = 95{,}5 \text{ m/s}$$

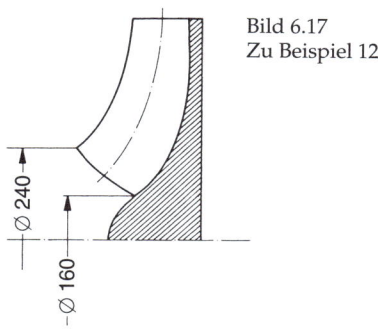

Bild 6.17
Zu Beispiel 12

Umfangsgeschwindigkeit $u_{1a}$:

$u_{1a} = \pi \cdot D_S \cdot n$

$u_{1a} = \pi \cdot 0{,}24 \cdot 305$

$u_{1a} = 230 \text{ m/s}$

Eintrittswinkel $\beta_{0a}$:

$\tan \beta_{0a} = \dfrac{c_0}{u_{1a}}$

$\tan \beta_{0a} = \dfrac{95{,}5}{230}$

$\beta_{0a} = 22{,}5°$

Schallgeschwindigkeit $a$:

$a_0 = \sqrt{\varkappa \cdot R_i \cdot T_0}$

$a_0 = \sqrt{1{,}4 \cdot 287 \cdot 288}$

$a_0 = 340{,}17 \text{ m/s}$

Verengungsfaktor $k$:

$k = 1 - \left(\dfrac{D_N}{D_S}\right)^2$

$k = 1 - \left(\dfrac{160}{240}\right)^2$

$k = 0{,}556$

Schallkennzahl $S_q$ nach Gl. 6.11:

$S_q = n \cdot \sqrt{\dfrac{\dot{V}_0}{k \cdot a_0^3}}$

$S_q = 305 \cdot \sqrt{\dfrac{2{,}4}{0{,}556 \cdot 340{,}17^3}}$

$S_q = 0{,}101$

Durch Eintragen des Wertepaares $\beta_{0a} = 22{,}5°$ und $S_q = 0{,}101$ in Bild 6.16 sieht man, dass $S_q$ unterhalb der Grenzkurve liegt, d.h. die Strömung im Unterschallbereich verläuft.

## 6.3 Überschallgrenze bei Dampf- und Gasturbinen

### 6.3.1 Einfluss der Mach-Zahl auf die Schaufelverluste

Auch bei den Schaufelgittern von Dampf- und Gasturbinen ist eine Wirkungsgradabhängigkeit von der Mach-Zahl festzustellen [6.24, 6.25, 6.26]. Der Wirkungsgradabfall ist bei spitzen Profilen stärker ausgeprägt als bei gerundeten Profilen [6.24]. Allerdings ist die beschleunigte Strömung durch ein Turbinengitter auch bei Mach-Zahlen um 1 oder gar über 1 nicht so problematisch wie die verzögerte Strömung durch ein Verdichtergitter.

Nach [6.26] wird ein Profilverlustwert $\zeta_p$ wie folgt definiert:

**Leitschaufeln**

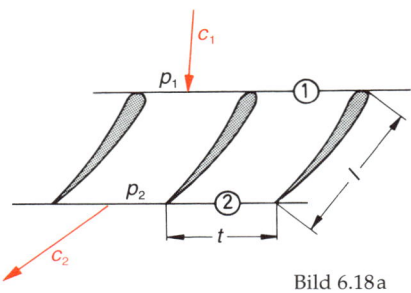

Bild 6.18a

**Laufschaufeln**

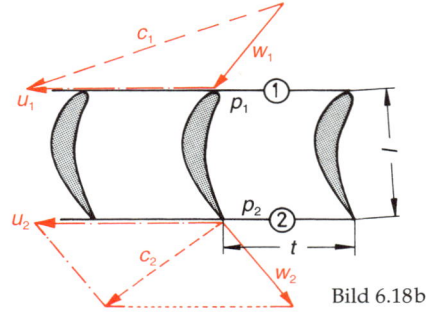

Bild 6.18b

$$\zeta_p = 1 - \frac{\dfrac{c_2^2}{2}}{\dfrac{c_1^2}{2} + \dfrac{p_1 - p_2}{\varrho}} \qquad \text{(Gl. 6.15a)}$$

$$\zeta_p = 1 - \frac{\dfrac{w_2^2}{2}}{\dfrac{w_1^2}{2} + \dfrac{p_1 - p_2}{\varrho}} \qquad \text{(Gl. 6.15b)}$$

$\zeta_p$ ist eine Funktion der Gitterparameter wie Profilform, Teilungsverhältnis $t/l$, Oberflächenrauigkeit und der Strömungsparameter wie An- und Abströmwinkel, Reynolds-Zahl, Turbulenz und der **Mach-Zahl**.

Nach [6.26] kann der Einfluss der Mach-Zahl über einen Korrekturbeiwert $K_M$ abgeschätzt werden:

$$M_{2,\text{abs}} = \frac{c_2}{\sqrt{\dfrac{2 \cdot \varkappa}{\varkappa + 1} \cdot p_{1\text{tot}} \cdot v_{1\text{tot}}}}$$

$$p_{1\text{tot}} = p_{1\text{stat}} + \varrho_1 \cdot \frac{c_1^2}{2}$$

$\zeta_p = \zeta_{p0} \cdot K_M \cdot \ldots + \ldots + \ldots$

(… steht für andere, hier nicht behandelte Einflussfaktoren!)

$K_M$ kann abhängig von $M_2$ aus Bild 6.19 entnommen werden. Dabei ist die Austritts-Mach-Zahl $M_2$ wie folgt definiert:

$$M_{2,\text{rel}} = \frac{w_2}{\sqrt{\dfrac{2 \cdot \varkappa}{\varkappa + 1} \cdot p_{1\text{tot}} \cdot v_{1\text{tot}}}}$$

$$p_{1\text{tot}} = p_{1\text{stat}} + \varrho_1 \cdot \frac{w_1^2}{2}$$

In Bild 6.20 nach [6.25] ist der Profilverlustbeiwert $\zeta_p$ abhängig von der Mach-Zahl $M_2$ und vom Teilungsverhältnis dargestellt.

### 6.3.2 Sperrungserscheinungen in der Endstufe großer Kondensations-Dampfturbinen

Der aus dem Austrittsquerschnitt $A_2$ der Endstufe einer Dampfturbine (Bild 6.21) austretende Volumenstrom $\dot{V}_2$ ergibt sich aus der Kontinuitätsgleichung:

$$\dot{V}_2 = A_2 \cdot c_{m2} = \pi \cdot (r_a^2 - r_i^2) \cdot c_{m2}$$

Die Meridiangeschwindigkeit

$$c_{m2} = \frac{\dot{V}}{\pi \cdot (r_a^2 - r_i^2)}$$

kann die durch die thermischen Daten des Dampfes und durch die Kombination Schau-

## Überschallgrenze bei Dampf- und Gasturbinen

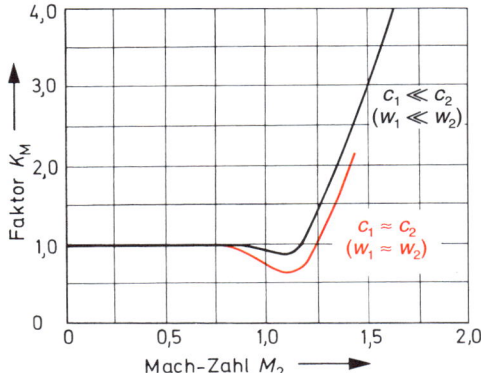

Bild 6.19  Faktor $K_M$

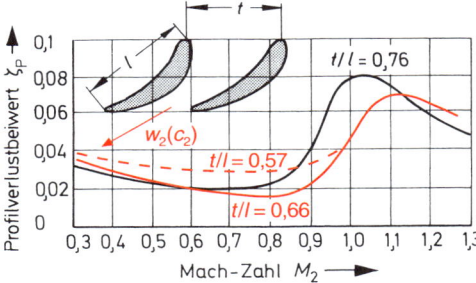

Bild 6.20  Profilverlustbeiwert $\zeta_P$

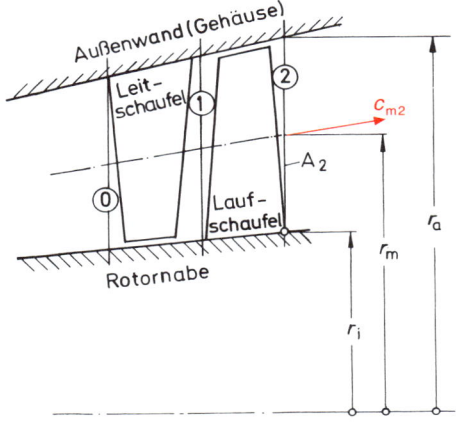

Bild 6.21
Endstufe einer Kondensationsdampfturbine

felkranz – Austrittsdiffusor – Abdampfgehäuse festgelegte Schallgeschwindigkeit $a_2$ nicht überschreiten, es sei denn, man würde den Abströmkanal als Laval-Düse ausbilden. **Der maximal mögliche Austrittsvolumenstrom wird also durch die Größe der Schallgeschwindigkeit und die Austrittsfläche bestimmt.**

Nach Erreichen der Schallgeschwindigkeit wird ein weiteres Vergrößern des Volumenstromes, beispielsweise durch Absenken des Kondensatordruckes, die Meridiangeschwindigkeit nicht mehr verändern und damit auch nicht die Druckverteilung am Schaufelprofil.

Bei der Auslegung der Endstufe für sehr großen Volumenstrom muss also beachtet werden, dass für die Mach-Zahl $M_{cm2}$ der Meridiangeschwindigkeit $c_{m2}$ eine physikalische obere Grenze existiert!

Die größtmögliche Mach-Zahl, die Sperrmachzahl $M_{cm2}$, muss experimentell bestimmt werden und liegt nach [6.27, 6.29 und 6.30] für optimal gestaltete Abdampfgehäuse bei:

$$M_{cm2\,max} = 0{,}8\ldots0{,}9 \qquad (Gl.\ 6.16)$$

Liegt der Massenstrom $\dot{m}$ über dem dieser Sperrmachzahl entsprechenden Wert, kann nicht mehr das gesamte Stufen-Enthalpiegefälle ausgenutzt werden, der Wirkungsgrad sinkt.

Aus dem Geschwindigkeitsplan (Bild 6.22) ist zu ersehen, dass die für die Relativgeschwindigkeit $w_2$ gebildete Mach-Zahl

$$M_{rel2} = \frac{w_2}{a_2}$$

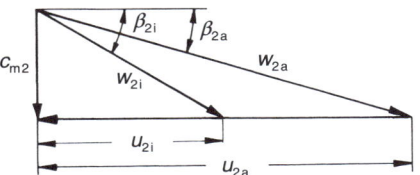

Bild 6.22  Geschwindigkeitsplan

# 146 Überschallströmung in Turbomaschinen

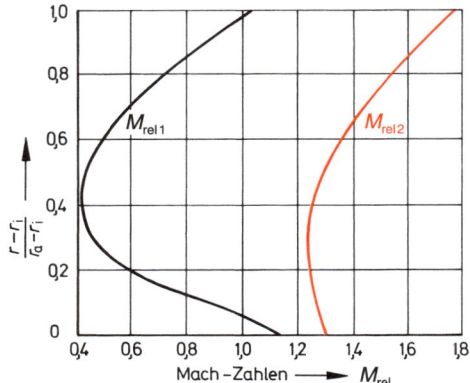

Bild 6.23  Mach-Zahl in der Endstufe einer Kondensationsdampfturbine

Die Berechnung dieser weitgeteilten transsonischen Gitter ist wegen der auftretenden Verdichtungsstöße und Expansionswellen sehr schwierig; man ist deshalb zusätzlich auf **Experimente** [6.31, 6.33] z. B. auf **Schlierenaufnahmen** angewiesen.

In [6.31] werden folgende Schaufelparameter für den Außenschnitt angegeben:

| Schaufelwinkel $\beta_a$ | $15° < \beta_a < 30°$ |
| Teilungsverhältnis | $t/l > 0{,}9$ |
| Profildicke | $d/l > 0{,}05$ |

Die hohen Mach-Zahlen $M_{rel1}$ und $M_{rel2}$ bewirken bei günstiger Ausbildung der transsonischen Schaufeln nur eine geringe Zunahme der Strömungsverluste.

Bei der Ausbildung der Endstufen von Gasturbinen werden die Erfahrungen von großen Niederdruck-Dampfturbinenstufen verwandt. Insgesamt lässt sich feststellen, dass auch bei weiteren Steigerungen der Leistungen von Gasturbinen in deren Endstufen geringere aerodynamische Probleme bezüglich der Schallgrenze auftreten als dies bei

über 1 liegt, d. h., die Beschaufelung der Endstufe muss als **transsonisches Gitter** ausgebildet werden, das die Strömung vom Unterschall- in den Überschallbereich beschleunigt.

In Bild 6.23 sind nach [6.28] die Mach-Zahlen für die Relativgeschwindigkeiten $w_1$ und $w_2$ als Funktion des Radius dargestellt.

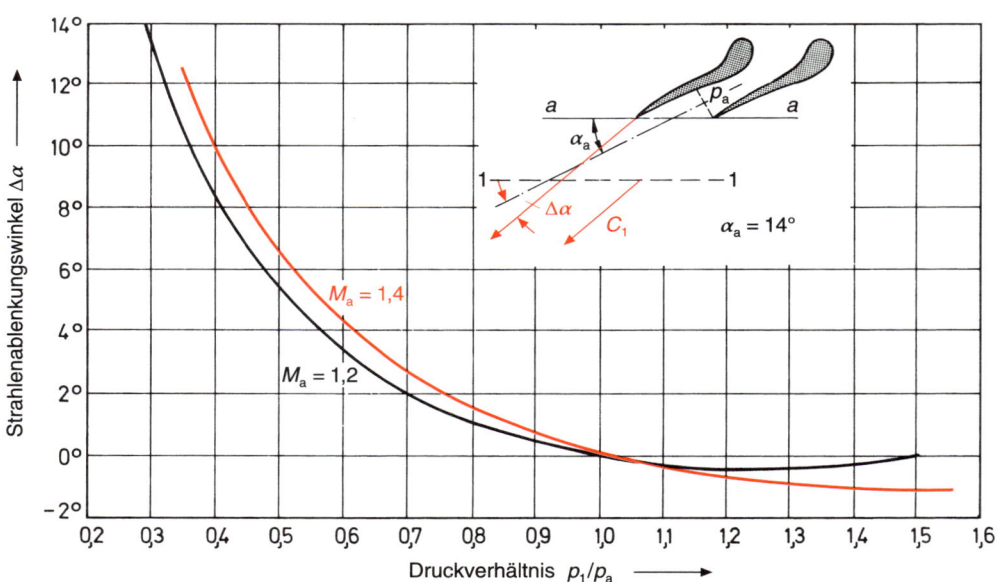

Bild 6.24  Strahlablenkung

großen Dampfturbinen und tiefen Kondensatorvakua der Fall ist [6.32].

### 6.3.3 Strahlablenkung

Unter Strahlablenkung versteht man eine Änderung des Abströmwinkels von Schaufelgittern, hervorgerufen durch eine Abweichung der tatsächlichen Strömungsverhältnisse von den Auslegungsdaten. Am häufigsten tritt diese Erscheinung in für unterkritische Druckverhältnisse ausgelegten Schaufelgittern auf, in denen dann doch eine überkritische Expansion stattfindet, oder auch bei aus Folgen von Laval-Düsen bestehenden überkritischen Schaufelgittern, bei denen die Mach-Zahl vom Auslegungswert abweicht.

In Bild 6.24 nach [6.26] ist der Strahlablenkungswinkel $\Delta \alpha$, abhängig vom Druckverhältnis für 2 Mach-Zahlen $M_a = 1{,}2$ und $M_a = 1{,}4$ dargestellt. In [6.25] finden sich zahlreiche Formeln und Beiwerte zur rechnerischen Bestimmung des Strahlablenkungswinkels $\Delta \alpha$.

**Beispiel 13**
Hinter den Endschaufeln einer Kondensationsdampfturbine (Bild 6.25) herrschen folgende Dampfzustände:

Dampfdruck    $p_2 = 0{,}05$ bar

Dampfnässe    $x_2 = 0{,}88$

Wie viele Niederdruckfluten müssen vorgesehen werden, wenn der Massenstrom $\dot{m} = 400$ kg/s beträgt?

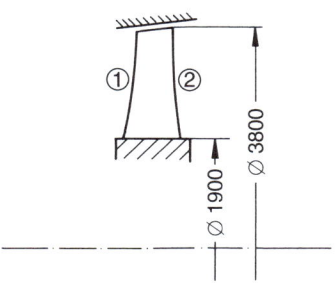

Bild 6.25  Zu Beispiel 13

**Lösung:**
Der aus den Endstufen austretende Volumenstrom $\dot{V}_2$ beträgt:

$\dot{V}_2 = \dot{m} \cdot v_2$
$v_2 = 25$ m³/kg (aus Mollier-$h$-$s$-Diagramm)
$\dot{V}_2 = 400 \cdot 25$
$\dot{V}_2 = 10\,000$ m³/s

Die Schallgeschwindigkeit wird überschlägig abgeschätzt zu:

$a_2 \approx \sqrt{\varkappa \cdot R_i \cdot T_2}$
$t_2 = 32{,}9$ °C aus VDI-Wasserdampftafel
$a_2 \approx \sqrt{1{,}135 \cdot 462 \cdot 305{,}9}$
$a_2 \approx 400$ m/s, was auch mit den Angaben in [6.29] übereinstimmt.

Die Sperr-Mach-Zahl wird mit $M_{cm2} = 0{,}8$ angenommen.

Daraus errechnet sich die maximale meridiane Abströmgeschwindigkeit $c_{m2}$:

$c_{m2} = 0{,}8 \cdot a_2$
$c_{m2} = 0{,}8 \cdot 400$
$c_{m2} = 320$ m/s

Damit ergibt sich für die gesamte Austrittsfläche $A_{2\text{ges}}$:

$A_{2\text{ges}} = \dfrac{\dot{V}_2}{c_{m2}}$

$A_{2\text{ges}} = \dfrac{10\,000}{320}$

$A_{2\text{ges}} = 31{,}25$ m²

Die Austrittsfläche $A_2$ einer einzelnen Flut beträgt:

$A_2 = \dfrac{\pi}{4}(D_a^2 - D_i^2)$

$A_2 = \dfrac{\pi}{4}(3{,}8^2 - 1{,}9^2)$

$A_2 = 8{,}5$ m²

Die Anzahl $z_{Fl}$ der Fluten ergibt sich damit zu:

$z_{Fl} = \dfrac{31{,}25}{8{,}5}$

$z_{Fl} = 3{,}68$

Es sind demnach 4 Fluten vorzusehen.

Da der rechnerische Wert unter dem ganzzahligen Wert 4 liegt, könnten entweder die Abmessungen etwas verringert werden oder der Massenstrom erhöht werden, um die Sperrmachzahl 0,8 genau einzuhalten.

In [6.28, 6.29 und 6.30] sowie in Kapitel 8 sind Diagramme dargestellt, aus denen die Anzahl der Niederdruckfluten abhängig von Leistung und Kondensatordruck entnommen werden können.

# 7 Wasserturbinen

## 7.1 Einleitung

In Wasserkraftwerken wird die potentielle Energie von gestautem Wasser aus Stauseen, Flussläufen oder Kanälen mittels Wasserturbinen in Strömungsenergie umgewandelt, woraus über den Betrieb von Generatoren überwiegend elektrischer Strom gewonnen wird.

Die vor 30 Jahren in der 1. Auflage formulierten Aussagen zur energiepolitischen und wirtschaftlichen Bedeutung der Wasserkraft müssen für die heutige Zeit, in der weltweit der Anteil der regenerativen Energien an der Stromerzeugung kontinuierlich zunimmt, fortgeschrieben und erweitert werden. So sollen z.B. nach dem europäischen Erneuerbaren-Energie-Gesetz vom Juli 2004 (BGBl. I, 2004, S. 1918) der Anteil des aus erneuerbaren Energien gewonnen Stroms bis zum Jahre 2020 auf 20% steigen, bis zur Jahrhundertmitte wird sogar auf einen Anteil von 50% hochgerechnet, wobei der Beitrag der Wasserkraft in einzelnen Ländern nach wie vor bedeutend ist. Eine ähnliche Vereinbarung steht im Koalitionsvertrag vom November 2005.

Im Jahre 2004 wurden weltweit 2600 Mrd. kWh Strom aus Wasserkraft erzeugt [7.1, 7.2], was ca. 16,7% der gesamten elektrischen Energieerzeugung entsprach. Da von den global ausbauwürdigen Wasserkräften nur ca. 20% ausgebaut sind (Bild 7.1), kann die Stromerzeugung aus Wasserkraft noch stark erhöht werden, insbesondere in beiden Teilen Amerikas, in Afrika und in Asien.

Das noch vorhandene Ausbaupotential in Europa und damit auch in Deutschland ist geringer und wird auf ca. 50% geschätzt [7.1]. Nach [7.3 und 7.4] beträgt das 2003 in Deutschland genutzte Wasserkraftpotential 18,71 Mrd. kWh, das technisch nutzbare Wasserkraftpotential wird auf 25 Mrd. kWh/a

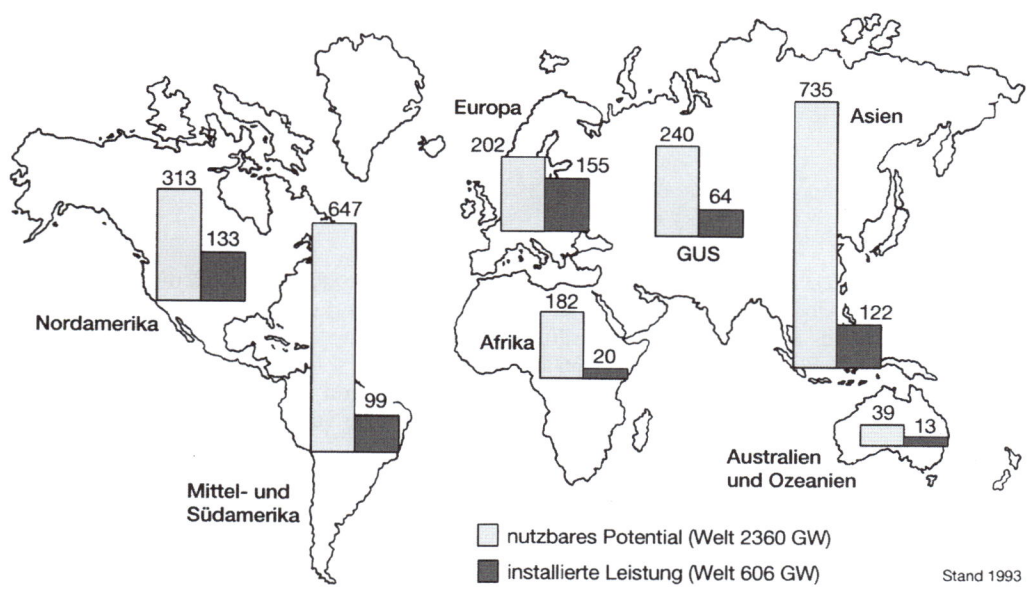

Bild 7.1  Wasserkräfte der Welt

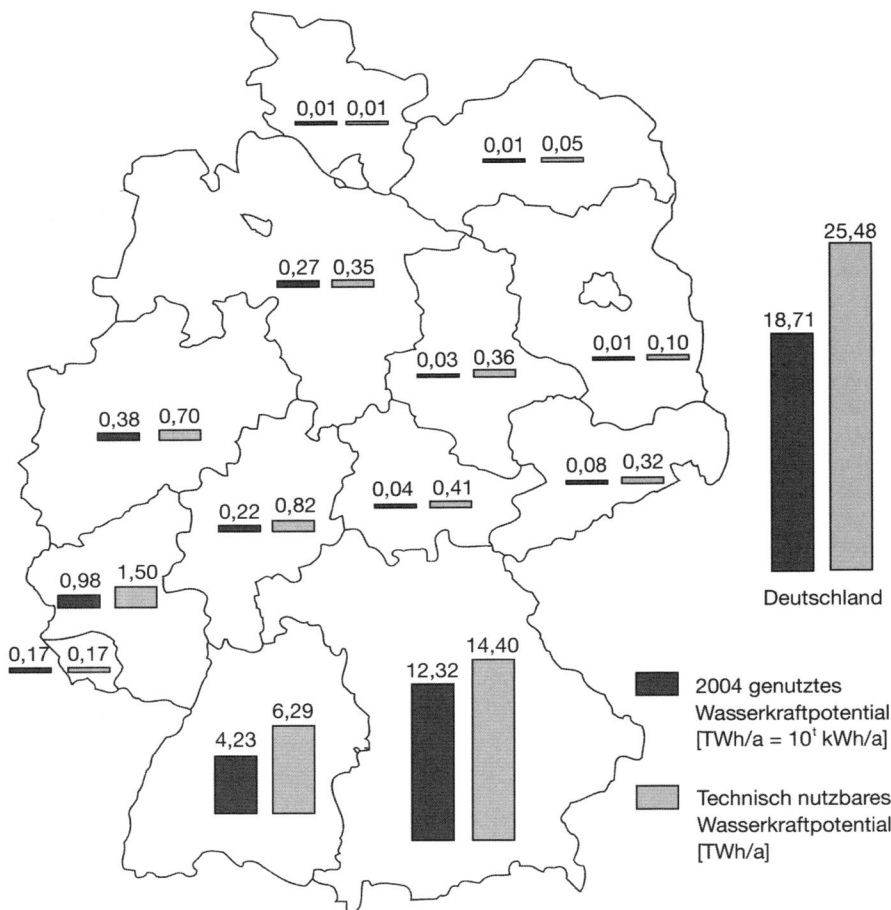

Bild 7.2  Wasserkraftpotential in der BRD 2004 in TWh/a

geschätzt (Bild 7.2), d.h., es können noch ca. 6,3 Mrd. kWh/a oder 26% ausgebaut werden.

Interessant ist die Struktur der Wasserkraftanlagen in Deutschland. Während die 5600 Kleinwasserkraftanlagen mit Leistungen bis zu 1 MW 93,3% der Anlagenzahl umfassen, erzeugen sie nur 7,4% des Wasserkraftstroms, wogegen die Wasserkraftanlagen mit Leistungen über 1 MW nur 6,7% der Anlagen stellen, aber 92,6% des Wasserkraftstroms produzieren [7.3].

In der Fachliteratur werden meistens spektakuläre nationale und internationale Großprojekte beschrieben, die Bedeutung der Kleinwasserkraftwerke aber etwas vernachlässigt.

Befasst man sich näher mit der Kleinwasserkraft [7.5 bis 7.9] erkennt man deren wirtschaftlichen und umweltpolitischen Wert.

Obwohl die Vergütung der Stromerzeugung in kleinen Wasserkraftwerken ($P < 500$ kW), insbesondere nach Verbesserung der Gewässerökologie, deutlich angehoben wurde [V.10], muss bei Neubau, Revitalisierung oder Modernisierung von Wasserkraftwerken grundsätzlich immer auch die **Wirtschaftlichkeit** jedes einzelnen Projektes gründlich überprüft und bewertet werden [7.11, 7.12]. An 2 Beispielen in Baden-Württemberg soll der wirtschaftlich sinnvolle Ausbau (Reaktivierung) von Kleinwasserkraftanlagen an 2 Gewässern anhand konkreter Untersuchungen durch Zahlenangaben belegt werden: In [7.13] wird gezeigt, dass durch den Ausbau der Wasserkraftnutzung des Flusses Echaz (Landkreis Reutlingen und Tübingen) mit einem Einzugsgebiet von 164 km$^2$ 1998 die jährliche Energieproduktion von 2300 MWh auf ca. 30 000 MWh (d.h. um das 13-fache) gesteigert werden könnte.

Der Fluss Elz in Südbaden hat ein Einzugsgebiet von 509 km$^2$. Nach [7.14] betrug 1998 die Ausbauleistung der noch im Betrieb befindlichen 18 Wasserkraftanlagen ca. 1500 kW (davon 12 Anlagen mit Leistungen unter 100 kW), die jährliche Energieerzeugung beläuft sich auf 6300 MWh.

Nach der Studie von [7.14] könnte bei vollem Ausbau des wirtschaftlich nutzbaren Potentials die Leistung auf 8…12 MW, d.h. um das 5…8-fache angehoben werden. Entsprechend würde sich auch die jährliche Energieproduktion erhöhen.

Ein weiteres, in [7.14] erwähntes Gutachten kam sogar zu dem Ergebnis einer Erhöhung des Leistungspotentials auf 15 MW, d.h. einer Verzehnfachung der Stromerzeugung.

Anhand solcher detaillierter Einzelbeispiele versteht man die in Bild 7.2 dargestellte Ausbaumöglichkeit der Wasserkraft in Deutschland, insbesondere in Bayern und Baden-Württemberg. Bei der Entscheidung über den Neubau oder die Modernisierung von Wasserkraftwerken spielen oft nicht nur energie- und umweltpolitische Argumente eine Rolle. Z.B. ist es eine Tatsache, dass jede aus Wasserkraft erzeugte kWh $1/4$ l Heizöl oder $1/2$ kg Steinkohle ersetzt. Der sog. «Mehrzwecknutzen» vieler Wasserkraftanlagen im Bereich des Hochwasserschutzes, der Bewässerung landwirtschaftlich genutzter Flächen, der Speicherung von Trink- und Brauchwasser, der Grundwasserregulierung oder der Flussschifffahrt (Staustufen) schlägt ebenso zu Buche.

Langfristig gesehen sind Wasserkraftanlagen auch kostengünstig, da den sehr hohen Investitionskosten eine lange Lebens- und Nutzungsdauer der Anlagen bei niedrigen Betriebs- und Wartungskosten gegenüberstehen. **Die Wasserkraft ist eine Energieform mit sehr großer Nachhaltigkeit.**

## 7.2 Wasserkraftwerke in der Übersicht

Man kann die verschiedenen Typen von Wasserkraftanlagen nach unterschiedlichen Gesichtspunkten und Merkmalen klassifizieren:

a) **nach technischen Merkmalen:**
   1. Laufwasserkraftwerke (Flusskraftwerke)
   2. Speicherkraftwerke und Pumpspeicherkraftwerke (Talsperrenkraftwerke)
   3. Kraftwerke in Rohrleitungssystemen in der Versorgungs- und Verfahrenstechnik
   4. Gezeitenkraftwerke
   5. Wellenkraftwerke

b) **nach Größe der Fallhöhe:**
   1. Niederdruckanlagen $H < 15$ m
   2. Mitteldruckanlagen 15 m $< H < 50$ m
   3. Hochdruckanlagen $H > 50$ m

c) **nach energiewirtschaftlichen Gesichtspunkten:**
   1. Grundlastkraftwerke mit mehr als 5500 Betriebsstunden/Jahr
   2. Mittellastkraftwerke im Bereich von 1500…5500 Betriebsstunden/Jahr
   3. Spitzenlastkraftwerke mit weniger als 1500 Betriebsstunden/Jahr zur Abdeckung kurzfristiger Stromnachfragen

d) **nach der Kraftwerksleistung**
   1. Kleinwasserkraftanlagen < 1 MW (in Deutschland), in anderen Ländern wird die Obergrenze teilweise auf 10 MW festgelegt.
   2. mittelgroße Wasserkraftwerke < 100 MW
   3. Großwasserkraftwerke > 100 MW

Eine feinere Aufteilung der Wasserkraftwerke sowie eine detaillierte Beschreibung der Kriterien und technischen Besonderheiten finden sich in [7.1 und 7.15].

Einzelheiten über den Einsatz von Wasserturbinen oder Kreiselpumpen im Turbinenbetrieb zur Rückgewinnung von Energie aus Stoffströmen in Rohrleitungssystemen können in [7.16 bis 7.19] und [14.80 bis 14.92] nach-

**152** Wasserturbinen

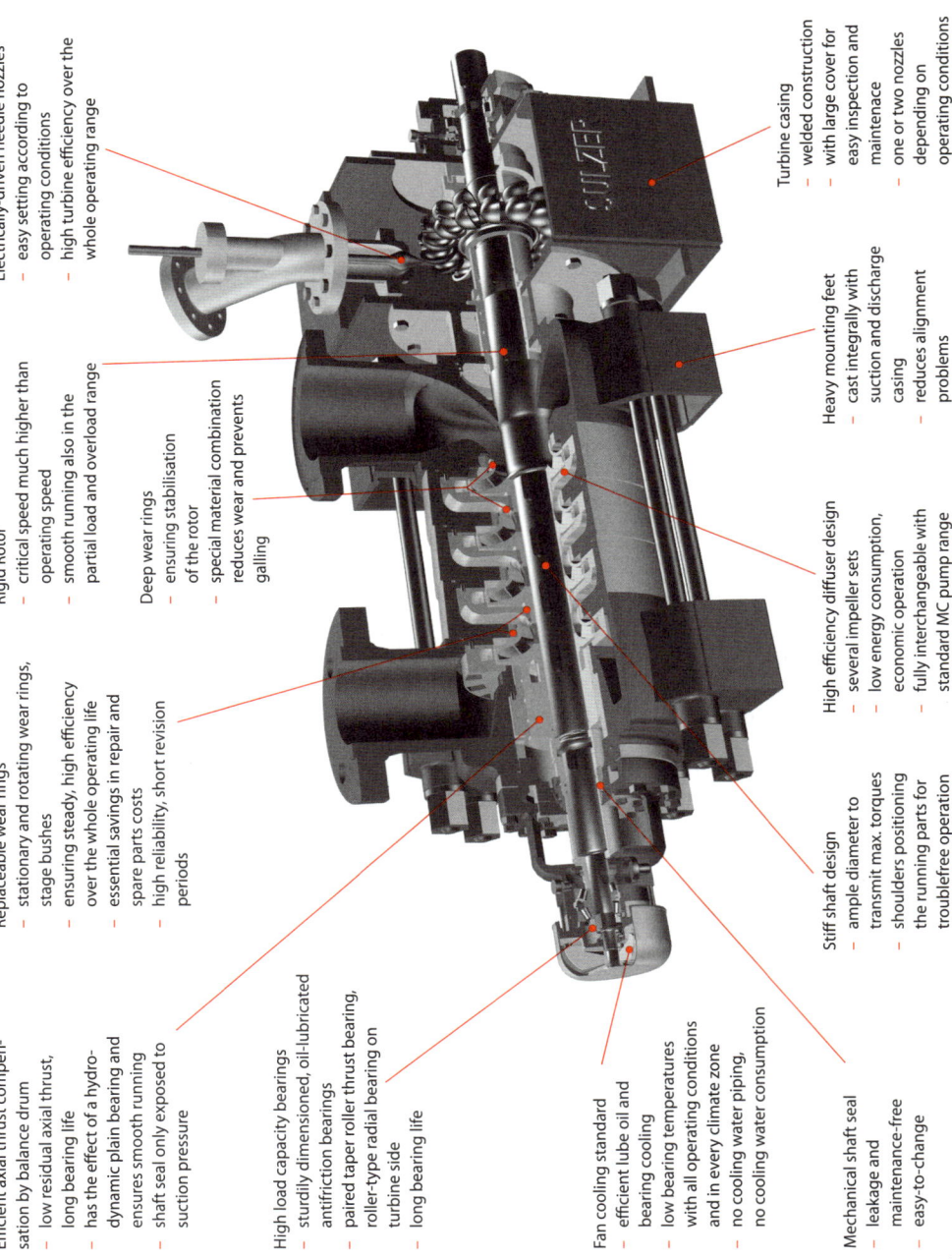

**Efficient axial thrust compensation by balance drum**
- low residual axial thrust, long bearing life
- has the effect of a hydrodynamic plain bearing and ensures smooth running
- shaft seal only exposed to suction pressure

**Replaceable wear rings**
- stationary and rotating wear rings, stage bushes
- ensuring steady, high efficiency over the whole operating life
- essential savings in repair and spare parts costs
- high reliability, short revision periods

**High load capacity bearings**
- sturdily dimensioned, oil-lubricated antifriction bearings
- paired taper roller thrust bearing, roller-type radial bearing on turbine side
- long bearing life

**Fan cooling standard**
- efficient lube oil and bearing cooling
- low bearing temperatures with all operating conditions and in every climate zone
- no cooling water piping,
- no cooling water consumption

**Mechanical shaft seal**
- leakage and maintenance-free
- easy-to-change

**Electrically-driven needle nozzles**
- easy setting according to operating conditions
- high turbine efficiency over the whole operating range

**Rigid Rotor**
- critical speed much higher than operating speed
- smooth running also in the partial load and overload range

**Deep wear rings**
- ensuring stabilisation of the rotor
- special material combination reduces wear and prevents galling

**Stiff shaft design**
- ample diameter to transmit max. torques
- shoulders positioning the running parts for troublefree operation

**High efficiency diffuser design**
- several impeller sets
- low energy consumption, economic operation
- fully interchangeable with standard MC pump range

**Heavy mounting feet**
- cast integrally with suction and discharge casing
- reduces alignment problems

**Turbine casing**
- welded construction with large cover for easy inspection and maintenace
- one or two nozzles depending on operating conditions

Bild 7.3  Schnitt durch ein Kompaktaggregat, bestehend aus Kreiselpumpe und Pelton-Turbine nach Fa. Sulzer Pumpen (Deutschland) GmbH

gelesen werden. In Bild 7.3 ist eine Kombination aus mehrstufiger Radialkreiselpumpe und Pelton-Turbine illustriert, wie sie in der Verfahrenstechnik eingesetzt wird [7.19].

## 7.3 Wasserturbinenarten und deren Einsatzbereiche in der Übersicht

Nach der älteren Norm DIN 4320 [7.20] kann man Wasserturbinen nach verschiedenen Gesichtspunkten unterscheiden:

1. Nach der **Wirkungsweise** der Turbinen: in **Gleichdruckturbinen** wie *Freistrahlturbine* (*Pelton-Turbine*) und *Durchströmturbine* (*Ossberger-Turbine*), bei denen das Laufrad in Teilbeaufschlagung druckfrei durchströmt wird und **Überdruckturbinen**, wie *Francis-Turbine*, *Kaplan-Turbine* und *Diagonalturbine*, die vollbeaufschlagt durchströmt und deren Energieumsetzung über die Fallhöhe auf Leit- und Laufrad aufgeteilt werden.
2. Nach der **äußeren Bauweise** unterscheidet man abhängig von der **Wasserführung** *Schachtturbinen*, *Spiralturbinen* und *Rohrturbinen*. Bezüglich der **Wellenlage** gibt es Turbinen mit *vertikaler, horizontaler* und *leicht schräger* Wellenlage.
3. Die Einteilung nach der **Betriebsart** kann nach folgenden Gesichtspunkten erfolgen:
   a) Einsatz ausschließlich im Turbinenbetrieb, meist zur Stromerzeugung

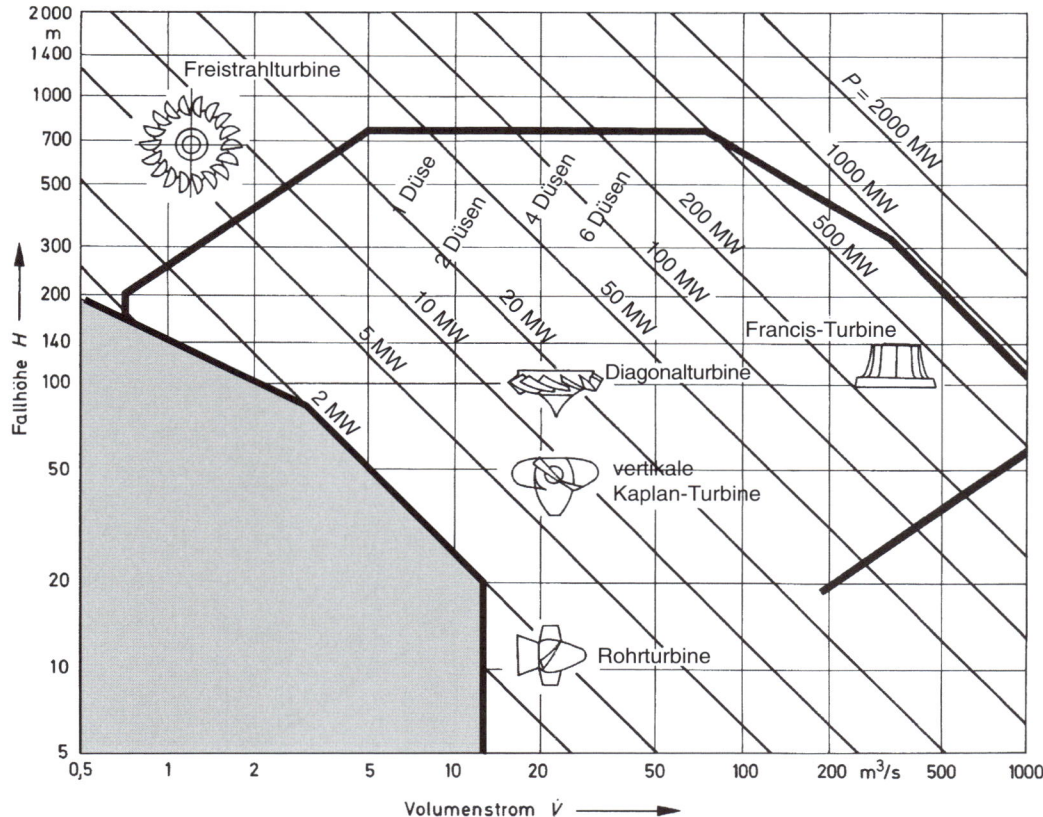

Bild 7.4  Einsatzbereiche der verschiedenen Wasserturbinentypen (nach [7.21])

b) Einsatz als Pumpturbine im Umkehrbetrieb in Pumpspeicherkraftwerken, wechselweise als Turbine oder Pumpe unter Änderung der Drehrichtung.

Die seltene Bauform der isogyren Umkehrturbine mit getrenntem Turbinen- und Pumpenrad auf einer Welle [7.15] wurde nur in wenigen Exemplaren gebaut und wird kaum noch eingesetzt.

4. Hinsichtlich der **Regelungsart** unterscheidet man **einfachgeregelte** Turbinen, wie die *düsengeregelte* Freistrahlturbine (Pelton-Turbine), die *leitradgeregelten* Francis- und Propeller-Turbinen, die *klappengeregelte* Ossberger-Turbine sowie die selten vorkommende *laufradgeregelte* Kaplan-Turbine (ohne oder mit feststehendem Leitrad) und die **doppeltgeregelten** Kaplan- und Diagonal-Turbinen.

Die meisten genannten Turbinenarten werden im laufenden Text noch näher beschrieben.

Die Zuordnung der Turbinenbauart zu Fallhöhe $H$ und Volumenstrom $\dot{V}$ kann aus Bild 7.4 und Bild 7.5 [7.5 und 7.21], die Zuordnung von Turbinenbauart zu spezifischer Drehzahl $n_q$ und Fallhöhe $H$ aus Bild 7.6 entnommen werden.

Die historische Entwicklung der Wasserturbinen wird nicht behandelt, interessierte Leser können sich u.a. in [3.1, 3.2, 7.22 bis 7.25] informieren.

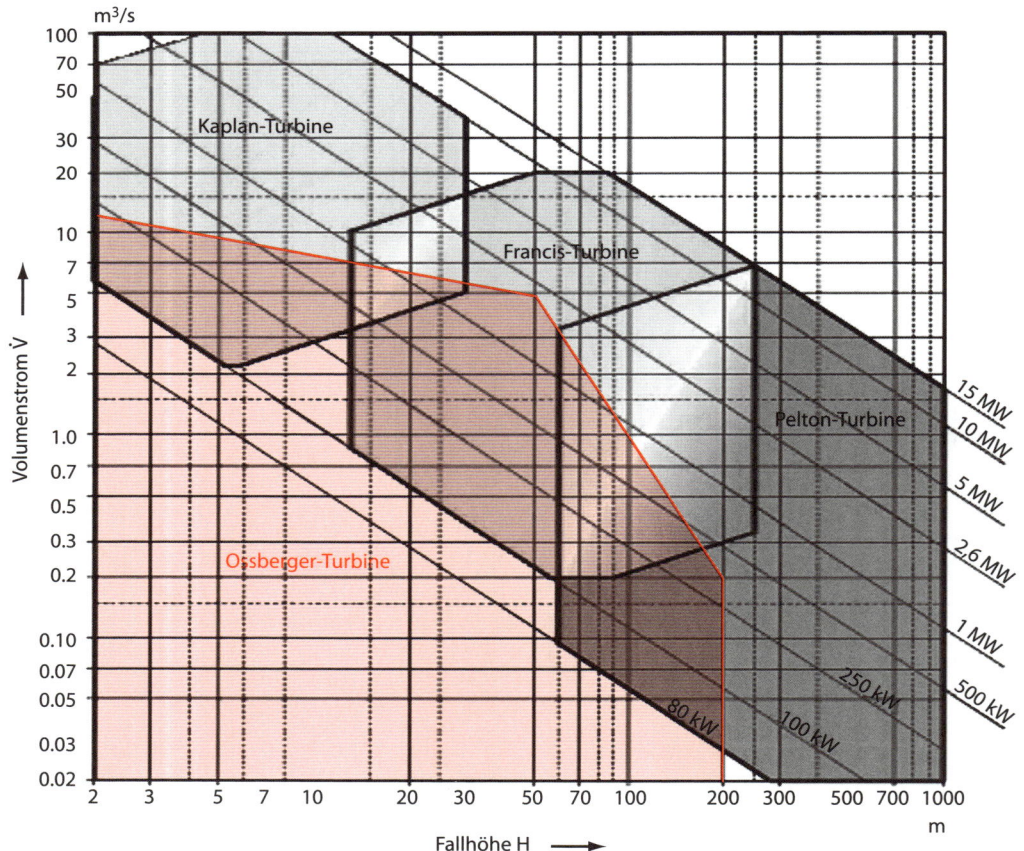

Bild 7.5  Einsatzbereiche der verschiedenen Wasserturbinentypen (nach Fa. VA TECH Escher Wyss)

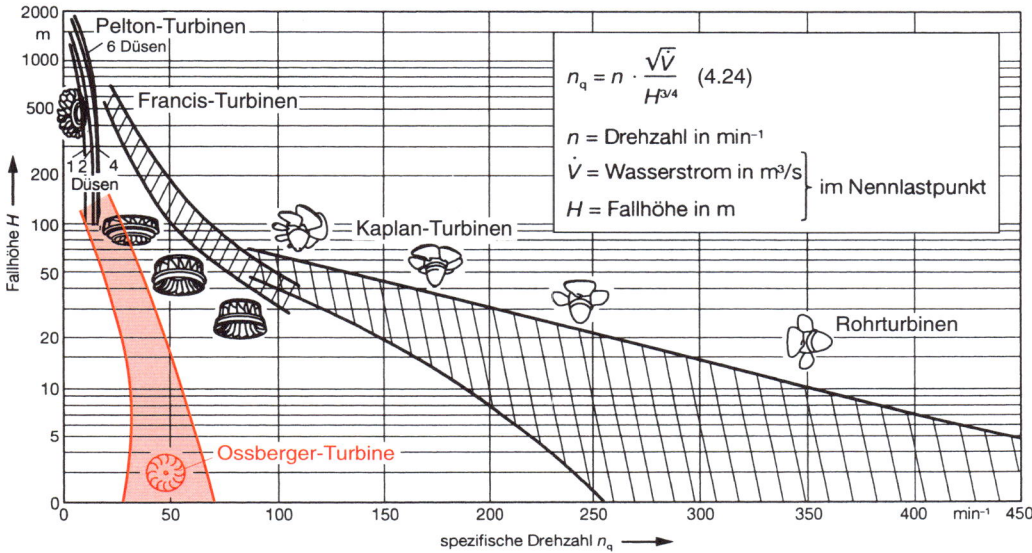

Bild 7.6  Einsatzbereiche der verschiedenen Wasserturbinen (nach Fa. Voith Siemens Hydro)

## 7.4 Freistrahlturbine (Pelton-Turbine)

Die Freistrahlturbine wurde um 1880 von dem Amerikaner L. A. PELTON (1829–1908) erfunden [7.24]. In den vergangenen 125 Jahren wurde die Turbine in allen ihren Bauteilen strömungstechnisch und konstruktiv weiterentwickelt und wesentlich verbessert, wobei ihre Leistung von wenigen kW auf über 400 MW gesteigert wurde. Der Gesamtwirkungsgrad moderner großer Pelton-Turbinen liegt im Optimalpunkt über 90 %.

Die Pelton-Turbine wird bis zu Fallhöhen von 2000 m und Volumenströmen bis 50 m³/s eingesetzt. Unterhalb von $H = 700$ m wird sie inzwischen von der Francis-Turbine verdrängt (Bild 7.4) [7.26]. Die neueren Entwicklungstendenzen können in [7.27] nachgelesen werden.

Je nach Größe von Wasserstrom und Fallhöhe, bzw. abhängig von der Wasserqualität (z. B. Sandgehalt, pH-Wert) werden Freistrahlturbinen mit horizontaler Wellenlage mit einer oder 2 Düsen je Rad als Einfach- oder Zwillingsturbine (Bild 7.7) oder mit vertikaler Wellenlage mit bis zu 6 Düsen (Bild 7.8) ausgeführt. Die Welle wird normalerweise direkt mit dem elektrischen Generator gekuppelt. Die Pelton-Turbine ist eine teilbeaufschlagte Gleichdruckturbine, bei der das Drehmoment durch Umlenkung des aus der Düse strömenden Freistrahls in den Doppelbechern des Laufrads entsteht. [2.1, 3.6]. Das gesamte Nutzgefälle wird in der Düse in Geschwindigkeit umgesetzt.

Im Wesentlichen besteht der hydraulische Teil der Freistrahlturbine aus folgenden Bauteilen: Laufrad mit Welle, Düse(n), Lager und Gehäuse.

Das Laufrad (Bild 7.9) mit den Becherschaufeln ist durch die Teilbeaufschlagung starken, hoch frequenten Lastwechseln ausgesetzt und wird bei modernen Turbinen nach 3 Verfahren hergestellt [7.28, 7.29]:

a) Guss «aus einem Stück» (Integralguss) aus Chromstahl G-X5 CrNi 134/CA-6NM,
b) zusammengesetztes Laufrad aus Rotorscheibe mit Becherwurzeln aus Schmiedestahl X 5 CrNi 134/F6nM mit angeschweißten Becherschaufeln aus «Microguss» G-X 5 CrNi 134/CA-6NM,

156 Wasserturbinen

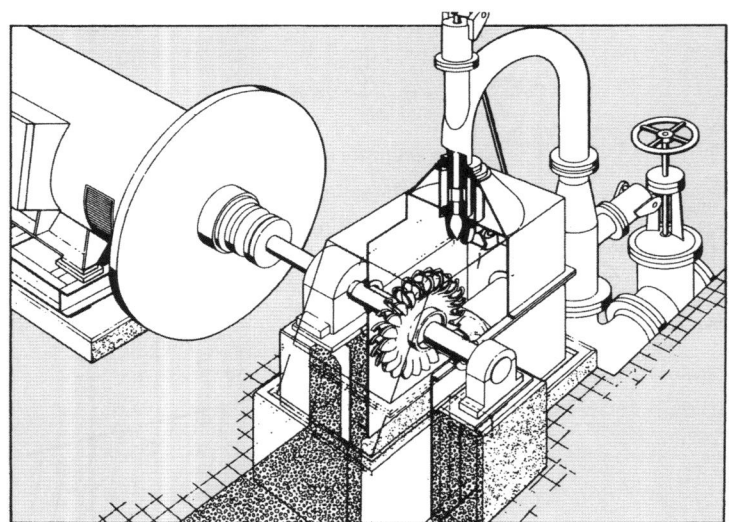

Bild 7.7
Kleine Freistrahlturbine
(nach [7.7])

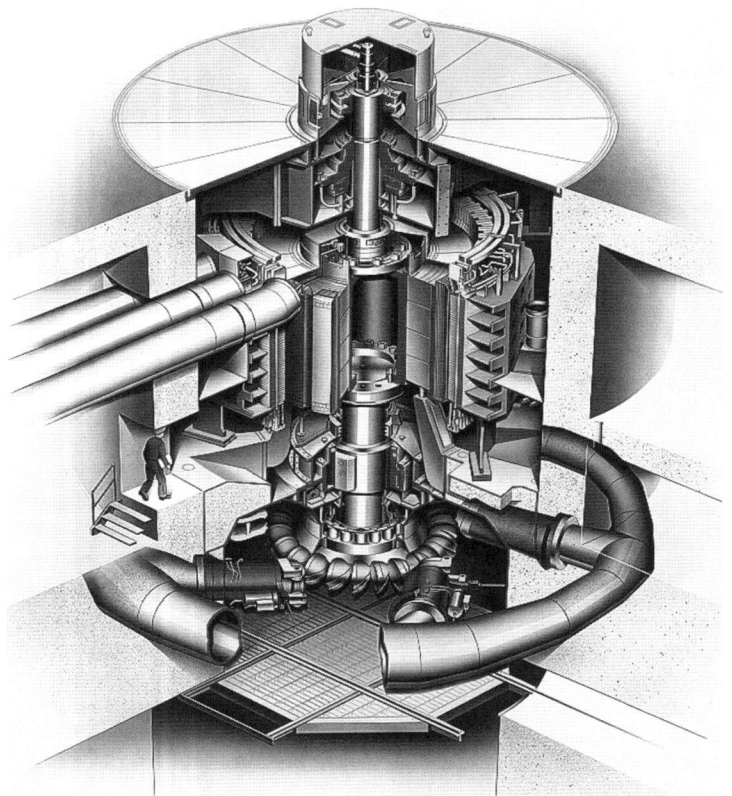

Bild 7.8
Schnitt durch eine große
Freistrahlturbine (Anlage
«Biendron»/Schweiz,
nach Fa. Escher Wyss)

Freistrahlturbine (Pelton-Turbine)  157

Bild 7.9  Laufrad einer Freistrahlturbine (nach Fa. Escher Wyss)

Die größten Pelton-Laufräder haben einen Außendurchmesser von ca. 5 m, eine Laufradbreite bis zu 1 m und eine Masse bis zu 40 Tonnen. Die symmetrischen Schaufeln sind so geformt, dass der Freistrahl von der Mittelschneide in gleiche Teile geschnitten und in den Becherschaufeln um nahezu 180° umgelenkt wird (Tabelle 3.5), wodurch fast die gesamte kinetische Energie des Strahls in Impulskraft am Radumfang umgesetzt wird.

Wegen der Strömungssymmetrie tritt praktisch keine hydraulische Axialkraft am Rotor auf.

Das Laufrad sitzt um den sog. **Freihang** $h_F$ höher als der Unterwasserspiegel, was einem Verlust an Fallhöhe gleichkommt (Bild 7.10). Nach [7.1] kann die Größe von $h_F$ wie folgt abgeschätzt werden:

a) horizontale Wellenlage (Bild 7.7, Bild 7.10a):

$$h_F \approx (0{,}5\ldots 1{,}0) + 0{,}5 \cdot D_a \qquad \text{(Gl. 7.1a)}$$

b) vertikale Wellenlage (Bild 7.8, Bild 7.10b):

$$h_F \approx (0{,}5\ldots 1{,}0) + D_a - B/2 \qquad \text{(Gl. 7.1b)}$$

$h_F$ Freihang = Abstand Laufradmitte–Unterwasser
$D_a$ Laufradaußendurchmesser
$B$ Laufradbreite

c) bei kleineren Turbinen werden die Laufradbecher aus kohlefaserverstärktem Kunststoff hergestellt und auf einer Stahlscheibe montiert.

In der Düse wird das Nettogefälle der Turbine nahezu vollständig in Strömungsgeschwindigkeit umgewandelt. Die Düse, deren optimale Geometrie durch computersimulierte Berech-

Bild 7.10
Zur Definition des Freihangs $h_F$

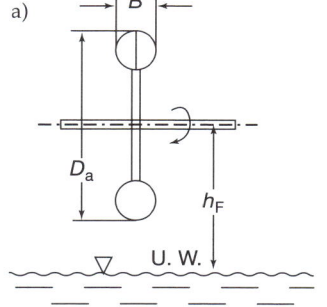
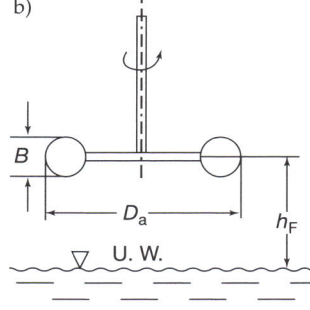

158 Wasserturbinen

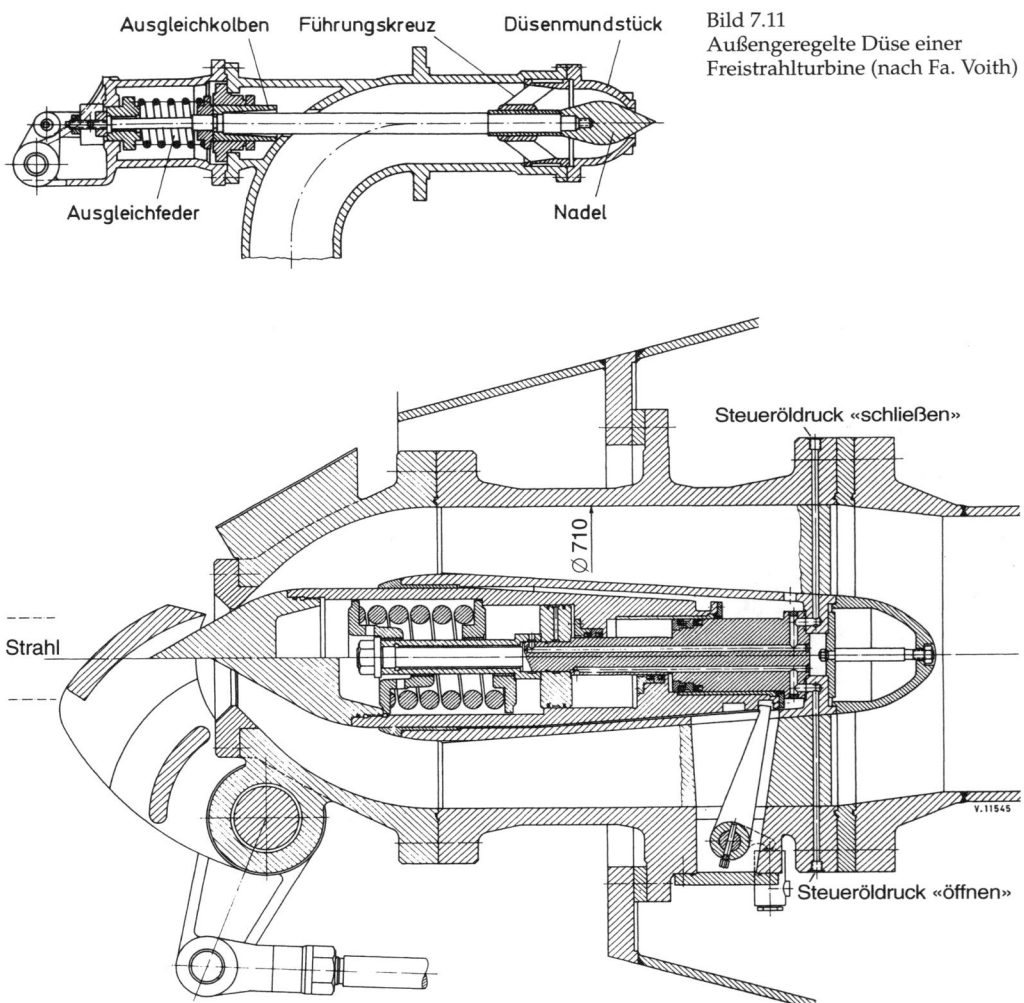

Bild 7.11 Außengeregelte Düse einer Freistrahlturbine (nach Fa. Voith)

Bild 7.12 Innengeregelte Düse einer Freistrahlturbine (nach Fa. Voith Siemens Hydro Power Generation)

nungen und Versuche gewonnen wird [7.27], besteht aus einem Rohrstück mit angeflanschtem Mundstück und einer im Rohr verschiebbaren Nadel.

Die der Abnützung besonders unterworfenen Bauteile Nadelspitze und Mundstück sind aus hochfestem Werkstoff und lassen sich leicht auswechseln. Die Nadel wird bei kleinen Turbinen (Bild 7.7) durch einen außerhalb des Düsenrohres angeordneten Servomotor (Bild 7.11),
bei großen Turbinen (Bild 7.8) durch einen innenliegenden Servomotor (Bild 7.12) verschoben.

Zur Vermeidung von Druckstößen in der Druckleitung und zur Verhinderung des **Durchgehens** der Turbine bei plötzlichem Lastabwurf wird bei größeren Regeleingriffen nicht nur die Düsennadel axial verschoben, sondern kurzzeitig auch ein **Strahlabschneider** (Bild 7.13) oder **Strahlabdrücker** in den

# Francis-Turbine 159

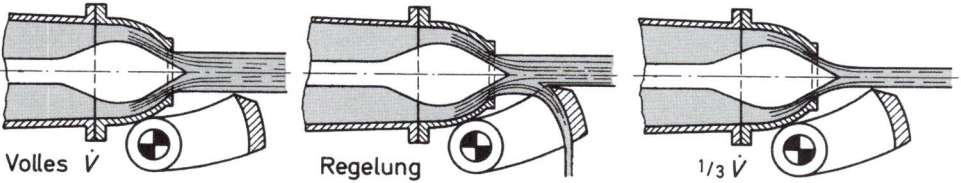

Bild 7.13   Funktion des Strahlablenkers

Freistrahl eingeschwenkt, der dadurch ganz oder teilweise vom Laufrad abgelenkt wird. Zum schnellen Abbremsen des Rotors nach Abschalten der Turbine dient eine kleine **Bremsdüse**, deren Strahl auf die Rückseiten der Schaufelbecher trifft und dadurch über Impulskräfte das Laufrad abbremst.

Das **Gehäuse** verhindert das Austreten von Spritzwasser in die Kraftwerkshalle. Der untere Gehäusekasten wird mit dem Krafthaus fest verbunden. Die Gehäuse moderner Pelton-Turbinen werden als Schweißkonstruktionen ausgeführt.

Bei horizontalwelligen Maschinen sitzen die **Lager** seitlich auf den Gehäusewangen. Bei Maschinen mit vertikaler Welle wird das untere Halslager am Gehäuse befestigt und die Gewichtskraft des Rotors von einem speziellen Spurlager aufgenommen (Bild 7.8).

## 7.5   Francis-Turbine

Die Francis-Turbine ist eine zentripetal (d. h. radial von außen nach innen) durchströmte, axial ausströmende **Überdruckturbine**, deren Prinzip in Bild 3.6 dargestellt ist.

Die heutigen modernen Francis-Turbinen gehen auf die bahnbrechenden Entwicklungen und praktischen Erprobungen des aus England stammenden amerikanischen Ingenieurs JAMES BICHENO FRANCIS (1815–1892) zurück, der sich teilweise auf die Arbeiten von S. B. HOWD und U. A. BOYDEN stützte. 1880 war FRANCIS Präsident der American Society of Civil Engineers.

Heute werden Francis-Turbinen bis zu Fallhöhen über 700 m und Leistungen bis 800 MW gebaut. In Zukunft sind Leistungen bis 1000 MW anvisiert. Francis-Turbinen eignen sich besonders für ein gleichmäßiges, zeitlich wenig schwankendes Wasserangebot. Beispiele für derartig gigantische Maschinen sind u.a. die Turbinen für die Anlage «Grand Coulee III»/USA aus dem Jahre 1974 mit einer maximalen Leistung von 820 MW pro Turbine und einem Laufraddurchmesser von 9,7 m oder die 26 Turbinen der Anlage «Three Gorges»/China, die zz. installiert werden und Leistungen von 700 MW je Turbine aufweisen, bei Laufraddurchmessern von 10 m und Laufradmassen von 420 Tonnen.

Das Einsatzgebiet der Francis-Turbine überdeckt sich bei großen Fallhöhen mit dem der Freistrahlturbine, bei kleinen Gefällen mit dem der Kaplan-Turbine.

Bedingt durch vorgegebenes Wasserangebot und zur Verfügung stehender Fallhöhe sind die meisten Wasserturbinen Francis-Turbinen. Als Vorteile gegenüber der Pelton-Turbine sind vor allem die höhere Drehzahl und damit die kleineren Abmessungen zu nennen, weiterhin die niedrigeren Konstruktionsgewichte und geringeren Anschaffungskosten sowie der Wegfall des Freihangs. Wegen des einfachen Aufbaus und der günstigen Anschaffungskosten wird die Francis-Turbine der vom Teillastverhalten wesentlich besseren Kaplan-Turbine (Bild 14.1) oft vorgezogen. Auch bei der Rehabilitation, Erweiterung und Modernisierung von Wasserkraftanlagen werden jahrzehntealte Francis-Turbinen manchmal aus Kostengründen durch moderne Francis-Turbinen ersetzt, häufig aber auch durch Kaplan-Turbinen [7.30 bis 7.32]. Bei kleinen Leistungen unter 200 kW und kleinen Fallhöhen unter 10 m wird gelegentlich noch wegen der niedrigen Investitionskosten die einfache **Schacht-** oder **Kammerturbine** mit vertikaler Welle (Bild 7.14), sehr selten mit horizontaler Welle

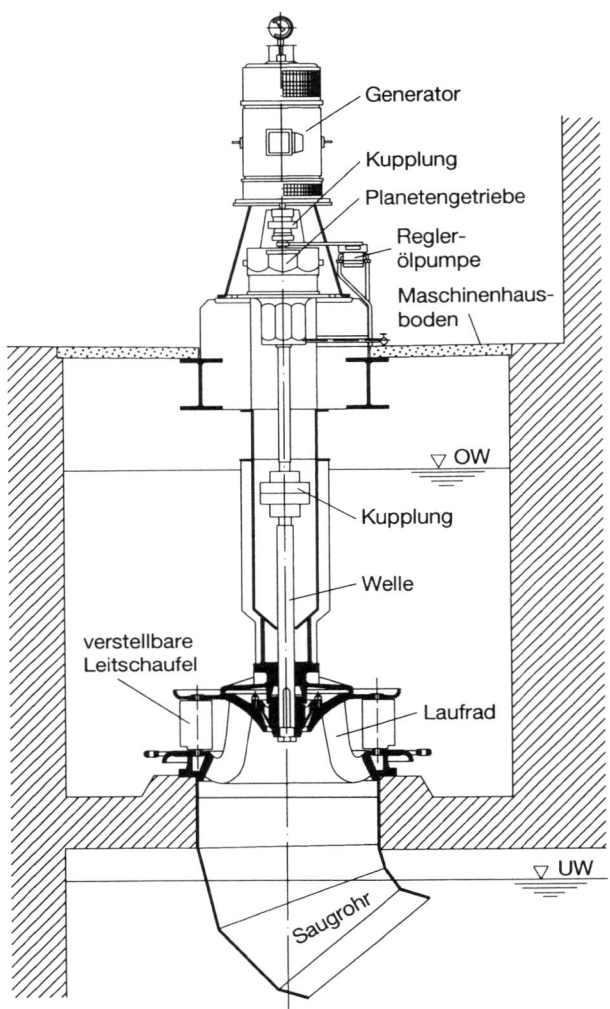

Bild 7.14
Francis-Schachtturbine (nach Fa. Voith Siemens Hydro Power Generation)

eingesetzt. Diese bez. Konstruktion und Wirkungsweise einfachen Turbinen werden seit mehr als 100 Jahren in nahezu unveränderter Form gebaut. Sie bestehen aus dem radial von außen nach innen durchströmten Leitrad mit den von Prof. K. FINK (1821–1888) entwickelten drehbaren Leitschaufeln, dem Laufrad und dem Saugrohr. Das Leitradreguliergestänge liegt offen im Wasser (Innenregulierung). Das Laufrad wird mittels einer langen Zwischenwelle über ein Getriebe mit dem Generator verbunden.

Bei Fallhöhen von $H > 10$ m werden Francis-Turbinen als 1-flutige **Spiralturbinen** mit horizontaler oder vertikaler Welle verwendet (Bild 7.15). Deren **Laufrad** (Bild 7.16) wird entweder aus «einem Stück» gegossen (hochlegierter Chromstahlguss oder Bronzeguss) oder aus Laufradboden (Innenkranz), Schaufeln und Laufradring (Außenkranz) zusammengeschweißt und anschließend wärmebehandelt. Turbinen mit Francis-Laufrädern ohne Außenkranz werden als Lawaczek-Turbinen bezeichnet [7.15].

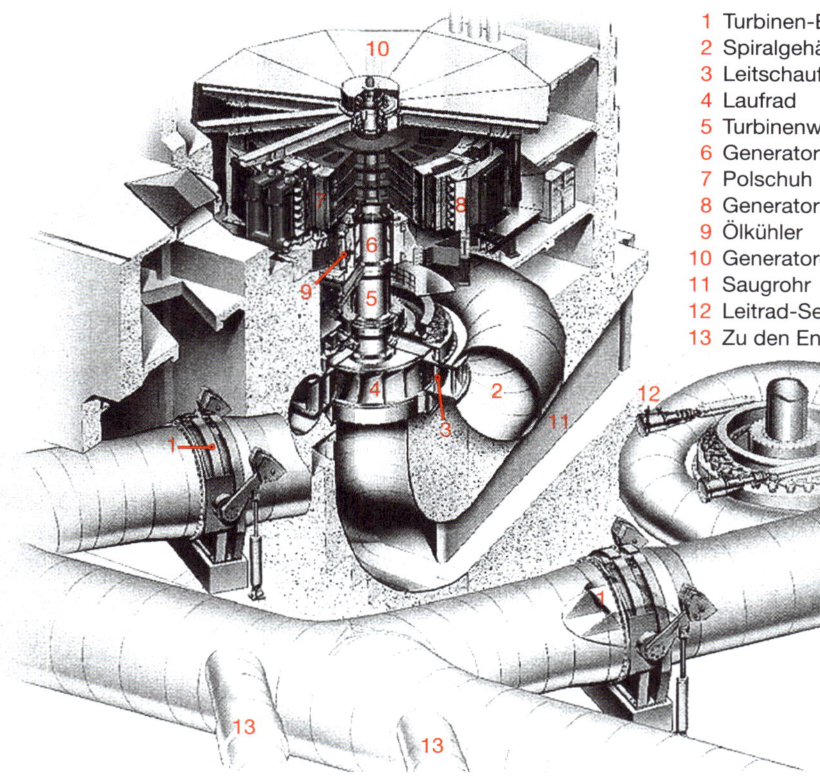

Francis-Turbine  161

1 Turbinen-Eintrittsklappe
2 Spiralgehäuse
3 Leitschaufeln
4 Laufrad
5 Turbinenwelle
6 Generatorwelle
7 Polschuh
8 Generatorstator
9 Ölkühler
10 Generatordeckel
11 Saugrohr
12 Leitrad-Servomotoren
13 Zu den Entlastungsarmaturen

Bild 7.15   Francis-Spiralturbine (nach Fa. Escher Wyss)

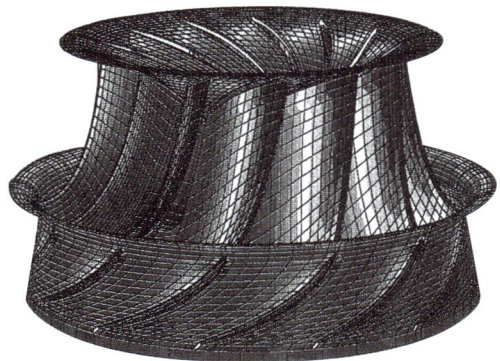

Bild 7.16   Laufrad einer Francis-Turbine (nach Fa. Escher Wyss)

Da die Francis-Turbine eine **Überdruckturbine** ist, müssen sowohl das Laufrad mittels Labyrinthdichtungen gegen das Gehäuse als auch die Wellendurchführung am Gehäusedeckel, z. B. durch eine Gleitringdichtung, abgedichtet werden.

Die große hydraulische Schubkraft [7.33] sowie das Rotorgewicht bei vertikalen Maschinen nehmen **Kippsegment-Spurlager** auf. Die Rotoren kleiner Francis-Turbinen sind auch in Wälzlagern gelagert. Die schwenkbaren Leitschaufeln dienen zur Regulierung der Leistung durch Verändern von Volumenstrom und Laufrad-Eintrittsdrall (vgl. Abschnitt 14.2.1). Die Leitschaufeln werden über Hebel, Regulierring und 1 oder 2 ölhydraulische Servomotoren zentral und gleichzeitig verstellt. Die Regulierung mittels Einzelservo-

**162** Wasserturbinen

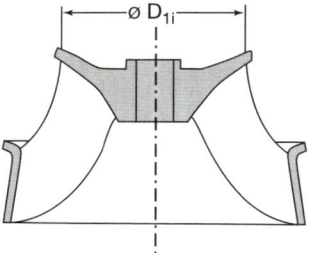

Bild 7.17   Beiwert $K_D$ (nach [7.1])

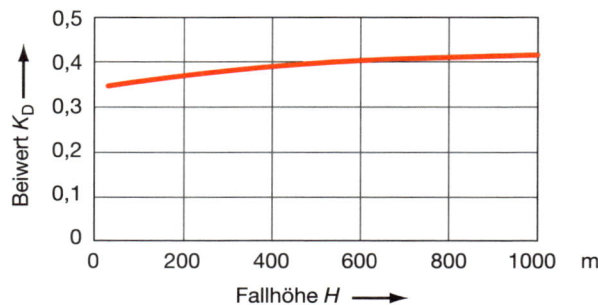

motoren für jede einzelne Leitschaufel kommt selten vor.

Das **Spiralgehäuse** wird nur noch bei sehr kleinen Turbinen gegossen, meistens wird es als Schweißkonstruktion aus Ringen, Stützschaufeln und gebogenen Blechen zusammengeschweißt, bei großen Turbinen in zweiteiliger Ausführung.

Das hinter dem Laufrad angeordnete **Saugrohr** dient zur Rückgewinnung eines Teiles der kinetischen Energie der Laufradabströmung und zur Verbesserung der Kavitationsverhältnisse. Bei Francis-Turbinen mit großen spezifischen Drehzahlen $n_q$ können sich im Laufradaustritt große, stark vibrierende Wirbelzöpfe ausbilden, die zu Kavitationserscheinungen im Saugrohreintritt führen, weshalb der obere Saugrohrteil oft mit einer Stahlblechauskleidung gepanzert wird. Bei extremer Kavitationsbeanspruchung ergreift man als Gegenmaßnahme die gezielte Luftzufuhr im Saugrohranfang oder längs der Saugkanten (Austrittskanten) des Laufrades [7.34]. In Ergänzung zu Abschnitt 1.2.2 in [7.33] und zu Abschnitt 4.6 des vorliegenden Buches wird ein in [7.1] vorgeschlagenes einfaches empirisches Überschlagsverfahren zur Abschätzung der spezifischen Drehzahl $n_q$ und des Laufradaußendurchmessers $D_{1i}$ von Francis-Turbinen mit Fallhöhen $H > 40$ m empfohlen:

$$n_q \leq \frac{638}{H^{0,512}} \qquad (Gl. 7.2)$$

$n_q$  spezifische Drehzahl in min$^{-1}$ nach Gl. 4.24 definiert
$H$  Fallhöhe in m nach Gleichung 2.7 definiert

$$D_{1i} \approx K_D \cdot \sqrt{\dot{V}} \qquad (Gl. 7.3)$$

$D_{1i}$  Laufradaußendurchmesser in m (Bild 7.17)
$K_D$  Beiwert nach Bild 7.17
$\dot{V}$  Volumenstrom in m³/s

## 7.6   Kaplan-Turbine

### 7.6.1   Kaplan-Spiralturbine

Die Kaplan-Turbine ist eine voll beaufschlagte, am Laufrad axial durchströmte **Überdruckturbine** mit hohem Reaktionsgrad $r$, deren Entwicklung auf Patente des österreichischen Ingenieurs Professor V. KAPLAN (1876–1934) aus dem Jahre 1913 zurückgeht [7.35].

Die Kaplan-Turbine hat eine hohe spezifische Drehzahl $n_q$ (Bild 7.6) und eignet sich für große Volumenströme $\dot{V}$ und kleinere bis mittlere Fallhöhen $H < 80$ m. Die größten gebauten Maschinen haben Leistungen $P$ bis 200 MW und Laufradaußendurchmesser $D_a$ über 10 m. Von den Turbinenherstellern werden zukünftige Leistungen bis 300 MW prognostiziert.

Die Kaplan-Turbine ist die «klassische» Wasserturbine zur Bestückung von Flusskraftwerken. Das Laufrad ist mit 3…8 tragflügelartigen Schaufeln versehen, die auch in Betrieb schwenkbar sind. Die Verstellung der Schaufeln erfolgt über einen ölhydraulischen Servomotor, der entweder in der Nabe des Laufrads oder am oberen Wellenende angebracht ist. In Sonderfällen wird auf die Laufschaufelverstellung verzichtet, man spricht dann von **Propellerturbinen**.

Kaplan-Turbine 163

Bild 7.18
Kaplan-Turbine: vertikale Welle, Gleitlager, Betonhalbspirale. Wahlweise Laufradregulierung oder Leitradregulierung oder Lauf- und Leitradregulierung. Im Normalfall starre Kupplung zum Getriebe.
(nach Fa. Voith Siemens Hydro Power Generation)

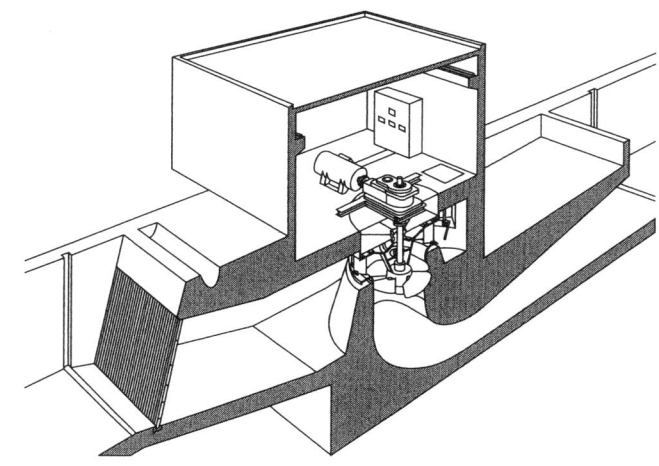

Bild 7.19
Kaplan-Turbine mit Blechspirale
(nach Fa. Voith Siemens Hydro Power Generation)

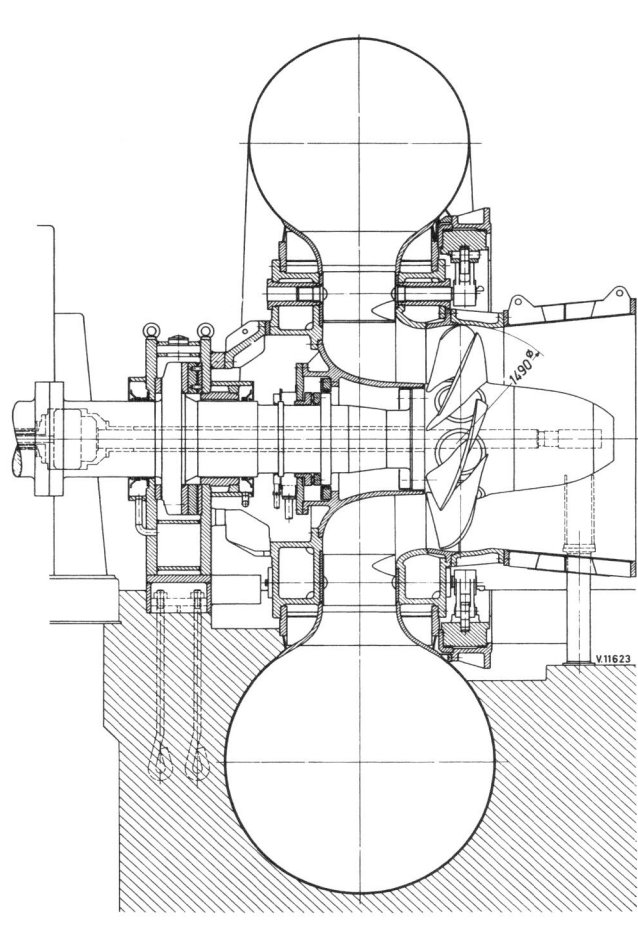

Bei Fallhöhen bis ca. 20...30 m wird die Spirale als vereinfachte **Beton-Halbspirale** (Bild 7.18) ausgeführt, bei größeren Fallhöhen als voll ausgebildete **Blechspirale** mit Kreisquerschnitten, wie bei der Francis-Turbine (Bild 7.19). Die starke Beanspruchung auf Aufweitung durch den Wasserdruck wird durch besondere **Stützschaufeln** aufgenommen, die vor den **drehbaren Leitschaufeln** angeordnet sind.

Durch die **Doppelregulierung** von Lauf- und Leitschaufeln ergibt sich ein sehr gutes Teillastverhalten (Bild 14.1 und Bild 14.3). Zur Aufnahme des durch den hohen Reaktionsgrad bedingten großen Axialschubes dient, wie bei der Francis-Turbine, ein **Kippsegment-Spurlager**. Die übliche Wellenlage ist vertikal, seltener horizontal. Bei großen Turbinen sind Turbine und Generator direkt gekuppelt, kleine Turbinen haben ein Übersetzungsgetriebe zur Erhöhung der Generatordrehzahl.

Da die kinetische Energie hinter dem Laufrad noch bis zu 60% der spezifischen Stutzenarbeit $Y$ der Turbine betragen kann, muss der **Saugkrümmer** optimal gestaltet werden, so, dass an seinem Austritt die kinetische Energie nur noch 1...2% der spezifischen Stutzenarbeit $Y$ ausmacht [7.36, 7.37].

### 7.6.2 Kaplan-Rohrturbine

Rohrturbinen sind Kaplan-Turbinen mit horizontaler oder leicht schräger Wellenlage, deren Zu- und Abströmung nahezu axial erfolgt. Hinsichtlich der konstruktiven Ausführung der Rohrturbinen unterscheidet man folgende Ausführungen:

a) Der Generator sitzt in einem außen von Wasser umflossenen Behälter (englisch: bulb) und ist direkt mit dem Laufrad gekuppelt (Bild 7.20).
b) Der Generator wird über ein Zahnradgetriebe oder bei kleinen Leistungen auch über einen Riementrieb mit dem Laufrad gekuppelt, wodurch das Bauvolumen und die Kosten für den Generator wesentlich reduziert werden.

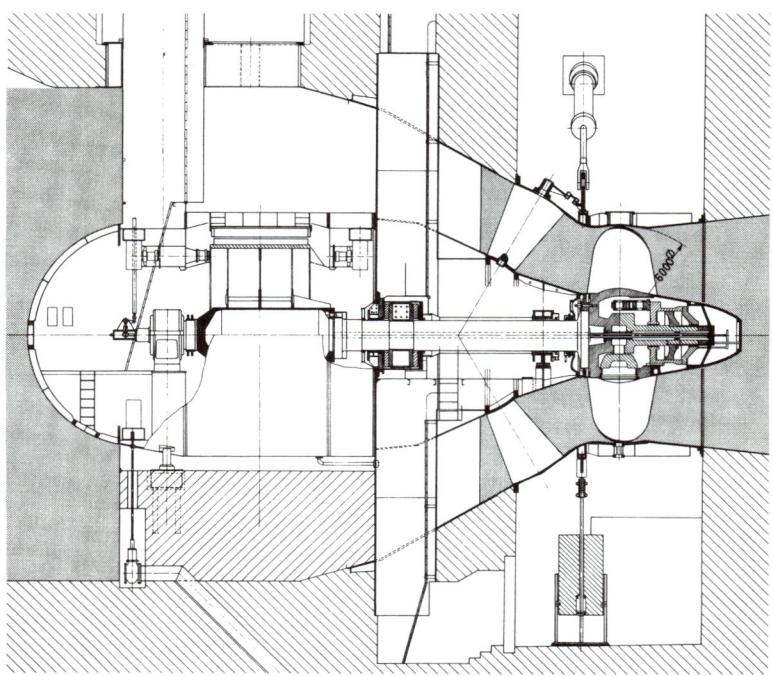

Bild 7.20
Kaplan-Rohrturbine
(nach Fa. Escher Wyss)

c) In der Ausführung als sog. STRAFLO-Turbine wird der Generator kranzförmig um das Laufrad angeordnet, wobei der Generatorrotor im Betriebswasser umläuft (Bild 7.21) [7.30, 7.38].
d) In einfacher, kostengünstiger Ausführung mit feststehenden Leitschaufeln und Propellerlaufrädern mit nicht verstellbaren Schaufeln werden sog. Modul-Turbinen in großer Zahl parallelgeschaltet, z. B. HYDROMATRIX-Turbinen der Fa. Escher Wyss (Bild 7.22).
e) In Druckrohrleitungssystemen der Versorgungs- und Verfahrenstechnik kommen In-line-Entspannungsturbinen mit einfachen Unterwasser-Asynchrongeneratoren in einem Leistungsbereich von zz. 10…130 kW zum Einsatz (Bild 7.23) [7.39].

Grundsätzlich bauen Krafthäuser mit Rohrturbinen niedriger und schmäler als Krafthäuser mit vertikalachsigen Spiral-Kaplan-Turbinen.

In Anlehnung an [7.1] wird als Ergänzung zu Abschnitt 1.2.3 in [7.33] noch ein einfaches, grobes Abschätzverfahren zur überschlägigen Bestimmung der spezifischen Drehzahl $n_q$ und des Laufradaußendurchmessers $D_a$ von Kaplan-Turbinen mit Fallhöhen $H > 4$ m angegeben:

$$n_q \leq \frac{850}{\sqrt{H}} \qquad \text{(Gl. 7.4)}$$

$n_q$  spezifische Drehzahl in min$^{-1}$ nach Gleichung 4.24 definiert
$H$  Fallhöhe in m nach Gleichung 2.7 definiert

$$D_a \approx K_D \cdot \sqrt{\dot{V}} \qquad \text{(Gl. 7.5)}$$

$D_a$  Laufradaußendurchmesser in m
$K_D$  Beiwert nach Bild 7.24
$\dot{V}$  Volumenstrom in m$^3$/s

Bild 7.22  Vereinfachte Kaplan-Rohrturbinen in Parallelschaltung (HYDROMATRIX der Fa. Escher Wyss)

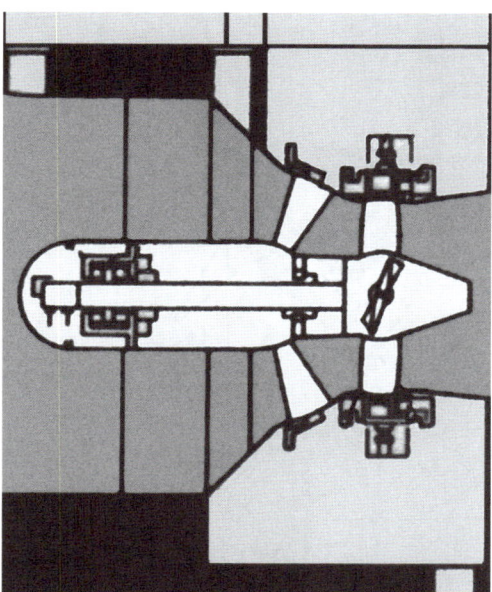

Bild 7.21  Kaplan-STRAFLO-Rohrturbine (nach Fa. Escher Wyss)

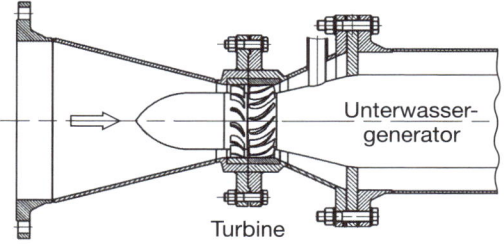

Bild 7.23  Axent-Entspannungsturbine (nach Fa. Stellba Hydro GmbH & Co. KG [7.39])

# 166 Wasserturbinen

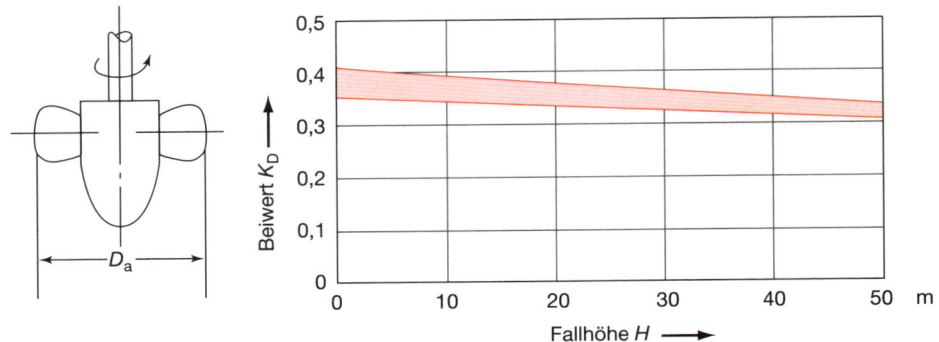

Bild 7.24   Beiwert $K_D$ (nach [7.1])

## 7.7  Diagonalturbine

Die Diagonalturbine ist eine selten gebaute **Überdruckturbine** mit diagonal (mixed-flow) durchströmtem Laufrad. Die Mitte des letzten Jahrhunderts von P. Dèriaz bei English Electric Co. gebaute Diagonalturbine hat schwenkbare Leit- und Laufschaufeln (Bild 7.25) [7.40]. Die Laufschaufeln sind ähnlich wie bei der Kaplan-Turbine in Drehzapfen gelagert und werden über sog. Drehservomotoren (Flügelstellmotoren) geschwenkt. Bei den meisten Dèriaz-Tur-

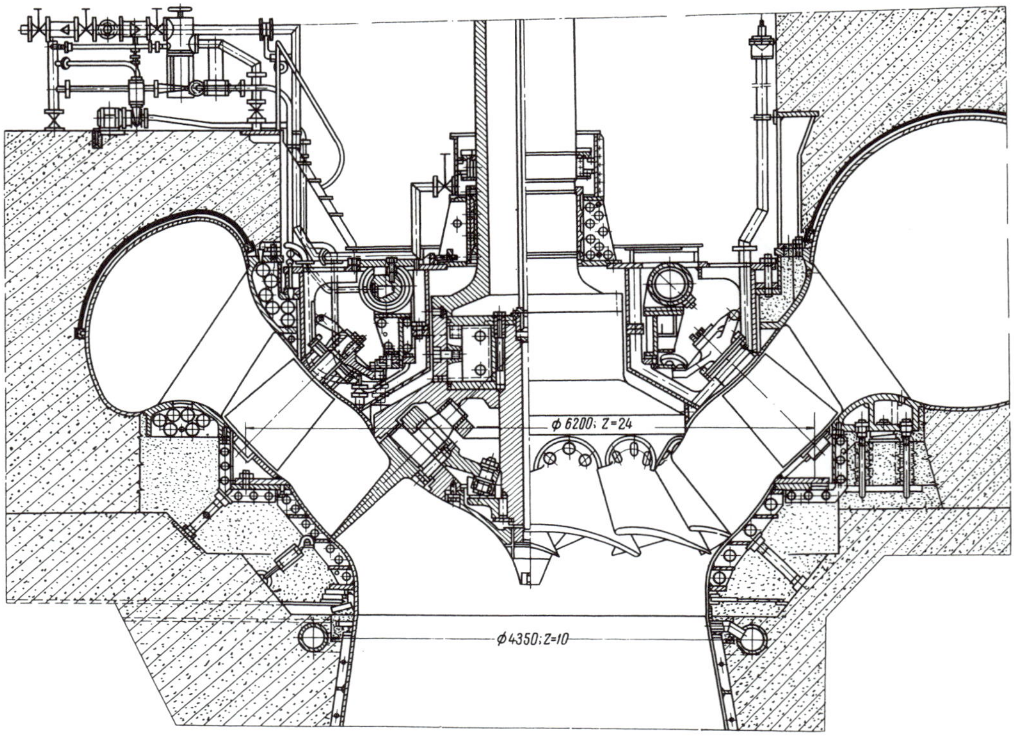

Bild 7.25   Diagonalturbine (nach russischen Quellen)

binen steht das Leitrad diagonal, seltener radial wie bei Francis- und vertikaler Kaplan-Turbine [7.15].

Die vom russischen Ingenieur W. S. KVIATKOVSKY entwickelte Diagonalturbine ähnelt der Dèriaz-Turbine, weist aber ein radiales Leitrad und einen axialen Stellmotor in der Laufradnabe auf [7.15].

Die Fallhöhen $H$ der Diagonalturbinen reichen bis 150 m, die Wasserströme $\dot{V}$ bis 100 m³/s, die maximalen Leistungen liegen etwas über 100 MW bei Wirkungsgraden über 90%. Diagonalturbinen werden auch als Pumpturbinen eingesetzt.

In neuerer Zeit werden bei der Modernisierung von Kleinwasserkraftwerken schnellläufige Francis-Laufräder durch Diagonalräder ersetzt [7.1].

## 7.8 Durchströmturbine (Ossberger-Turbine)

Als Erfinder der Durchströmturbine gelten der Engländer A. G. M. MICHELL und der Ungar D. BANKI (1859–1922). Heute sind viele Tausend Wasserturbinen dieses einfachen Typs bei der Nutzung kleinerer und mittlerer Wasserkraftpotentiale im Einsatz. Für die Betriebsdaten können etwa folgende Bereiche bzw. Grenzen angesetzt werden :

❑ Wasserströme $\dot{V}$ zwischen 20 l/s und 13 m³/s
❑ Fallhöhen $H$ zwischen 1 m und 200 m
❑ Leistungen $P$ bis 2000 kW
❑ Wirkungsgrade bis 85%
❑ Drehzahlen zwischen 50…200 min⁻¹
❑ Spezifische Drehzahlen $n_q$ zwischen 10…70 min⁻¹

Die Durchströmturbine (Bild 7.26) ist eine radial durchströmte, teilbeaufschlagte Freistrahlturbine (**Gleichdruckturbine**), die über dem Unterwasser mit einem kleinen Freihang aufgestellt wird. Der Wasserspiegel im sog. Saugrohr, d.h., die Größe des Freihangs, wird mittels Belüftungsventilen so eingestellt, dass das Laufrad nicht eintaucht. Die Turbine läuft kavitationsfrei.

Der aus dem aus einer tragflügelartigen Profilklappe bestehenden Leitapparat strömen-

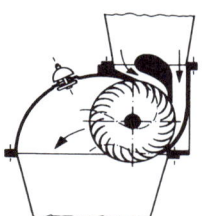

Bild 7.26 Durchströmturbine (nach Fa. Ossberger)

de rechteckige Freistrahl durchströmt das walzenförmige Trommellaufrad (Bild 7.27) nach dem Querstromprinzip zuerst von außen nach innen (zentripetal) und dann nach Durchströmung des Radinnenraums nochmals von innen nach außen (zentrifugal).

Ein betriebstechnischer Vorteil der Ossberger-Turbine ist die gute Anpassungsfähigkeit der Maschine an zeitlich stark schwankende Wasserströme. Durch Unterteilung von Leitapparat und Laufrad in 2 ungleich breite Zellen im Verhältnis 1 : 2 (Bild 7.27) kann die Turbine kleine Volumenströme mit der schmalen Zelle, mittlere Volumenströme mit der breiten Zelle und große Volumenströme mit beiden Zellen zusammen verarbeiten. Dadurch ergibt sich ein sehr gutes Teillastverhalten (Bild 14.2).

Neuere Informationen über den Einsatz von Durchströmturbinen (Ossberger-Turbinen) finden sich in [7.41 und 7.42]. Die Auslegung und Dimensionierung der Turbine kann nach Angaben und Hinweisen in [7.1 und 7.33] erfolgen.

## 7.9 Pumpturbinen

Pumpspeicherkraftwerke erfüllen in der Energiewirtschaft wichtige Aufgaben:

a) Sie schaffen einen Ausgleich zwischen Produktionsüberschüssen und **Spitzenbedarf** in einem elektrischen Verbundnetz in dem viele Kraftwerke zusammenarbeiten und befriedigen dadurch die täglich, wöchentlich oder jahreszeitlich stark schwankende Nachfrage nach kostengünstigem elektrischen Strom (Stromveredlung).

b) Sie dienen der **Frequenzhaltung**.

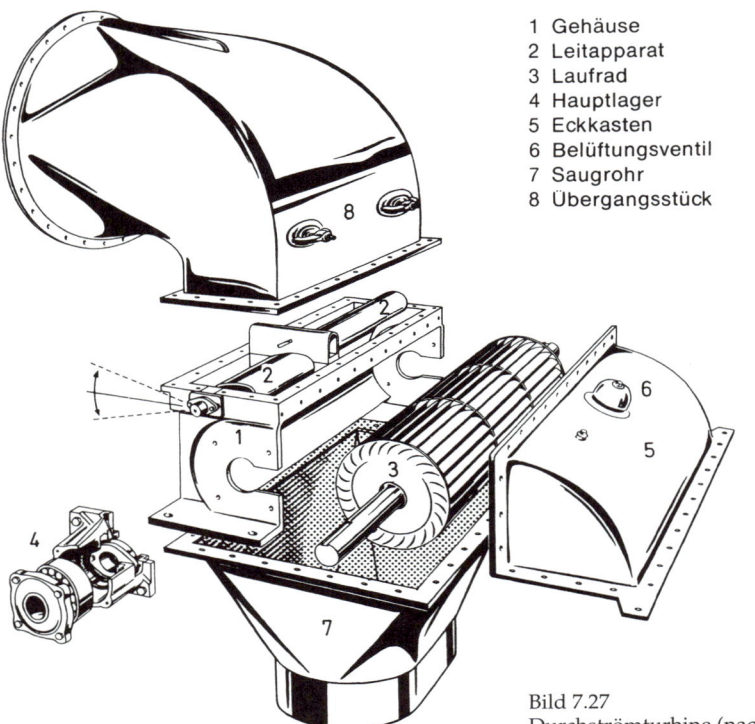

1 Gehäuse
2 Leitapparat
3 Laufrad
4 Hauptlager
5 Eckkasten
6 Belüftungsventil
7 Saugrohr
8 Übergangsstück

Bild 7.27
Durchströmturbine (nach Fa. Ossberger)

c) Im sog. **Phasenschieberbetrieb** regulieren sie den elektrischen Leistungsfaktor $\cos\varphi$.
d) Sie überbrücken kurz- oder mittelfristig den Ausfall von Kraftwerken.

Weitere Informationen zur Bedeutung von Pumpspeicherkraftwerken finden sich in [7.1, 7.6, 7.15, 7.43 und 7.44].

In [7.43] werden folgende 3 Bauarten von Pumpspeicheranlagen, auch anhand konkreter Beispiele aufgeführt:

a) der 4-Maschinensatz:
 bestehend aus Turbine + Generator und Speicherpumpe + Motor,
b) der 3-Maschinensatz:
 bestehend aus Turbine + Motorgenerator + Speicherpumpe (Bild 7.28),
c) der 2-Maschinensatz:
 bestehend aus Pumpturbine (Umkehrmaschine) + Motorgenerator (Bild 7.29). In sehr seltenen Fällen ist die hydraulische Maschine als isogyre Pumpturbine mit Doppellaufrad ausgeführt [7.43].

In [7.15] wird eine einfache Überschlagsberechnung abgeleitet, zur groben Abschätzung der Bedingung zur Gewinnerzielung von Pumpspeicherwerken:

$$\frac{k_{eP}}{k_{eT}} < \eta'_T \cdot \eta'_P \qquad \text{(Gl. 7.6)}$$

$k_{eT}$ relative Stromkosten bei Turbinenbetrieb (Ertrag)
$k_{eP}$ relative Stromkosten bei Pumpbetrieb (Aufwand)
$\eta'_T$ korrigierter Turbinenwirkungsgrad

$$\eta'_T = \eta_T \left(1 - \frac{h_{vT}}{H_O}\right)$$

$\eta_T$ Gesamtwirkungsgrad der Turbine, gemäß Abschnitt 2.5

Pumpturbinen 169

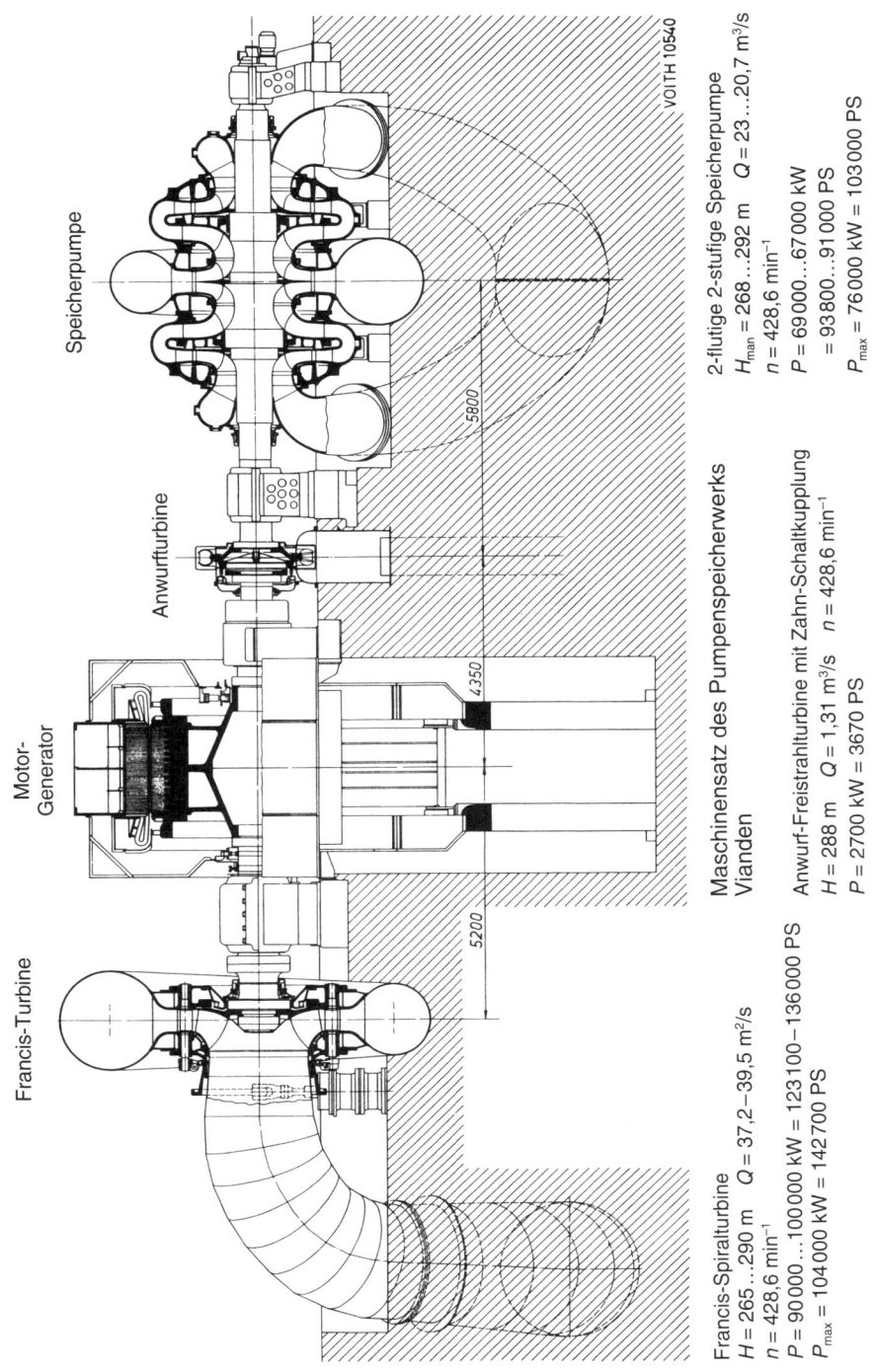

Francis-Spiralturbine
$H = 265…290$ m   $Q = 37{,}2–39{,}5$ m³/s
$n = 428{,}6$ min⁻¹
$P = 90\,000…100\,000$ kW $= 123\,100–136\,000$ PS
$P_{max} = 104\,000$ kW $= 142\,700$ PS

Maschinensatz des Pumpenspeicherwerks Vianden

Anwurf-Freistrahlturbine mit Zahn-Schaltkupplung
$H = 288$ m   $Q = 1{,}31$ m³/s   $n = 428{,}6$ min⁻¹
$P = 2700$ kW $= 3670$ PS

2-flutige 2-stufige Speicherpumpe
$H_{man} = 268…292$ m   $Q = 23…20{,}7$ m³/s
$n = 428{,}6$ min⁻¹
$P = 69\,000…67\,000$ kW
  $= 93\,800…91\,000$ PS
$P_{max} = 76\,000$ kW $= 103\,000$ PS

Bild 7.28  Pumpspeichersatz mit getrennten Maschinen (nach Fa. Voith Siemens Hydro Power Generation)

Bild 7.29   Pumpturbine «Goldisthal» (nach Fa. Escher Wyss)

$h_\mathrm{vT}$   Rohrleitungsverluste bei Turbinenbetrieb
$H_\mathrm{O}$   mittlerer Höhenunterschied zwischen Ober- und Unterwasserbecken
$\eta'_\mathrm{P}$   korrigierter Pumpenwirkungsgrad

$$\eta'_\mathrm{P} = \eta_\mathrm{P}\left(1 - \frac{h_\mathrm{vP}}{H_\mathrm{O}}\right)$$

$\eta_\mathrm{P}$   Gesamtwirkungsgrad der Pumpe gemäß Abschnitt 2.5
$h_\mathrm{vP}$   Rohrleitungsverluste bei Pumpbetrieb

Stellt man die Einzelverluste in den Maschinen- und Anlagenkomponenten eines 3-Maschinensatzes (Anlage Vianden in Bild 7.28) in einem Diagramm dar (Bild 7.30), erkennt man die Größenordnungen der Einzelverluste, die trotzdem noch einen Gesamtwirkungsgrad von 77 % ermöglichen [7.15].

Keine andere Art der Energiespeicherung im großen Maßstab weist so hohe Wirkungsgrade auf, wie hydraulische Pumpspeicherwerke! Zur Einsparung von Investitionskosten

# Pumpturbinen 171

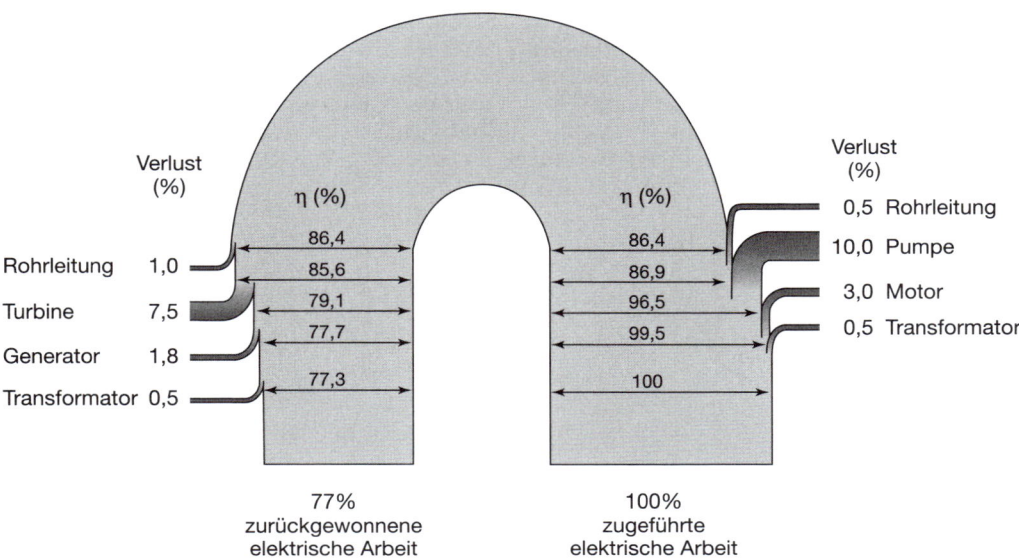

Bild 7.30 Einzelverluste und Gesamtwirkungsgrad der Pumpspeicheranlage Vianden (vgl. auch Bild 7.28) (nach [7.15])

und zur Platzeinsparung werden radiale und axiale hydraulische Maschinen gebaut, die sowohl Turbinen als auch Pumpen sind.

I. Allg. wird die Umschaltung von einer Betriebsart in die andere durch Drehrichtungsänderung bewirkt (Ausnahme: isogyre Pumpturbine), bei Kaplan-Turbinen auch mittels Durchschwenken der Laufradflügel bei gleichbleibender Drehrichtung.

In letzter Zeit werden in zunehmendem Maße große, radiale Pumpturbinen gebaut (Bild 7.29), die äußerlich mit ihren Spiralgehäusen, Leitapparaten und radialen Laufrädern Francis-Turbinen ähneln. Die Beschaufelung des Laufrades gleicht allerdings mehr der klassischen Beschaufelung eines radialen Pumpenlaufrades.

Eines der modernsten Pumpspeicherwerke Deutschlands ist das in den Jahren 1998…2004 erbaute Pumpspeicherwerk Goldisthal in Thüringen mit einer Gesamtleistung von 1060 MW, das mit 4 einstufigen, radialen Pumpturbinen von je 265 MW Leistung ausgerüstet ist [7.45, 7.46].

Aus der Euler'schen Strömungsmaschinen-Hauptgleichung (Gl. 3.6) folgt unter Berücksichtigung von Wirkungsgrad und Minderleistung (Gl. 3.11), dass die Drehzahl im Pumpbetrieb höher sein sollte als im Turbinenbetrieb:

Turbine: $Y_T \cdot \eta_{hT} \cdot \mu_T = c_{u1T} \cdot u_{1T}$ $\quad (c_{u2T} = 0)$

Pumpe: $\quad \dfrac{Y_P}{\eta_{hP} \cdot \mu_P} = c_{u2P} \cdot u_{2P}$ $\quad (c_{u1P} = 0)$

$$u_{1T} = \frac{Y_T \cdot \eta_{hT} \cdot \mu_T}{c_{u1T}}$$

$$u_{2P} = \frac{Y_P}{\eta_{hP} \cdot \mu_P \cdot c_{u2P}}$$

$$\frac{u_{2P}}{u_{1T}} = \frac{Y_P \cdot c_{u1T}}{Y_T \cdot \eta_{hT} \cdot \mu_T \cdot \eta_{hP} \cdot \mu_P \cdot c_{u2P}}$$

mit den vereinfachenden Annahmen $c_{u1T} \approx c_{u2P}$ und $Y_P \approx Y_T$ folgt:

$$\frac{u_{2P}}{u_{1T}} \approx \frac{1}{\eta_{hP} \cdot \mu_P \cdot \eta_{hT} \cdot \mu_T} \qquad \text{(Gl. 7.7)}$$

Da sowohl der hydraulische Wirkungsgrad $\eta_h$ als auch der Minderleistungsfaktor $\mu$ kleiner als 1 sind, folgt, dass die Pumpendrehzahl $n_P$ höher sein sollte als die Turbinendrehzahl $n_T$.

In der Literatur werden Werte von $n_P/n_T = 1{,}1\ldots1{,}5$ angegeben, wobei der untere Wert für kleine spezifische Drehzahlen $n_q$, der obere Wert für große spezifische Drehzahlen $n_q$ gilt. Das Leistungsverhältnis von Pumpturbinen, d.h. der Quotient aus Pumpenleistung und Turbinenleistung, liegt nach Literaturangaben im Bereich $P_P/P_T \approx 0{,}9\ldots1{,}4$.

# 8 Dampfturbinen

## 8.1 Einleitung

Mehr als drei Viertel des Weltbedarfs an elektrischer Energie werden heute durch die Stromerzeugung der fossilen und nuklearen Wärmekraftwerke gedeckt. Die in diesen thermischen Kraftwerken aufgestellten Generatoren werden größtenteils durch Dampfturbinen angetrieben. In Heizkraftwerken, die neben elektrischer Energie noch Heizwärme liefern, sind vorwiegend Dampfturbosätze aufgestellt.

Neben diesen großen Kraftwerksturbinen kommen zahlreiche kleine und mittlere Dampfturbinen in der Industrie als Antriebsmaschinen für Generatoren, Pumpen und Verdichter zum Einsatz. Die Verwendung von Dampfturbinen als Schiffsantriebe ist in letzter Zeit zurückgegangen.

Dampfturbinen werden für einen Leistungsbereich von wenigen kW bei Kleinstturbinen bis über 1000 MW bei Kraftwerks-Kondensationsturbinen gebaut. Bei Großturbinen ist analog zur Steigerung der Stromerzeugung eine Leistungsverdopplung je Dekade zu beobachten, bis zum Jahr 2000 wurden Leistungen von 3000 MW vorausgesagt (Bild 8.1). Die tatsächlich verwirklichten maximalen Leistungen liegen aber bei 1800 MW. Die maximalen Leistungen von Industrieturbinen liegen z. z. bei ca. 100 MW.

Ausgehend von den ersten leistungsabgebenden Dampfturbinen von GUSTAF DE LAVAL (1883) und PARSONS (1884) wurden zahlreiche Bauformen und Typen zu hoher technischer Reife, Zuverlässigkeit und Lebensdauer entwickelt.

Besondere technische Anforderungen, wie kurze Anfahrzeiten, schnelle Leistungsregelung bei guten Teillastwirkungsgraden, lange Laufzeiten zwischen den Revisionen u. a. m., werden von neuzeitlichen Dampfturbinen sicher erfüllt.

Auch bei Dampfturbinen, insbesondere bei Industrieturbinen, wurde die Standardisierung von ganzen Maschinen oder Baugruppen, d. h. der Zusammenbau der Turbinen nach dem Baukastenprinzip, weitgehend verwirklicht.

## 8.2 Dampfturbinen als Teil des Dampfkraftprozesses

### 8.2.1 Kondensationsturbine

In Kondensationsturbinen wird die Expansion des Dampfes durch Nachschalten eines Kondensators hinter der letzten Schaufelreihe bis zu sehr niedrigen Drücken – je nach Kühlwassertemperatur – 0,02 bis ca. 0,12 bar heruntergeführt. Kondensationsturbinen verarbeiten somit das größtmögliche Wärmegefälle, das Dampf bestimmten Anfangszustandes ergeben kann.

Kleine Kondensationsturbinen, wie z. B. Kesselspeisepumpen-Antriebsturbinen oder Industrieturbinen, werden relativ einfach geschaltet (Bild 8.2), große Kondensationsturbinen mit Leistungen über 100 MW, die als Kraftwerksturbinen eingesetzt werden, werden an Dampfprozesse mit einfacher oder

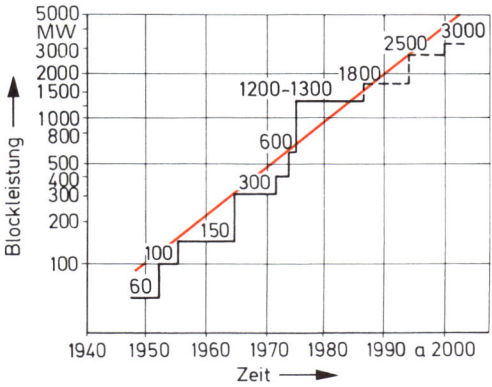

Bild 8.1 Anstieg der Turbinenleistungen zwischen 1950 und 2000 (nach Fa. ABB)

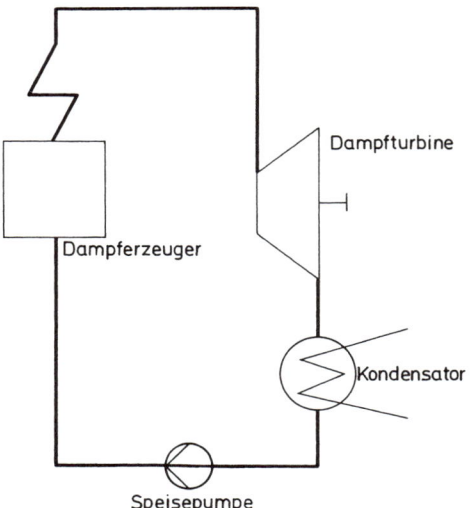

Bild 8.2  Schaltung einer Kondensationsturbine (Prinzip)

2facher Zwischenüberhitzung und Speisewasservorwärmung angeschlossen (Bild 8.3). Durch diesen großen wärmetechnischen Aufwand lassen sich Prozesswirkungsgrade bis 48% erzielen.

Das große Wärmegefälle erfordert eine große Stufenzahl. In großen Kraftwerksturbinen werden die vielen Stufen in mehreren Gehäusen untergebracht. Da das Abdampfvolumen sehr groß ist, wird es bei Großturbinen auf mehrere Fluten aufgeteilt.

### 8.2.2  Gegendruckturbine

Gegendruckturbinen werden in einem Kraft-Wärme-Prozess einem Wärmeverbraucher vorgeschaltet (Bild 8.4). Die Expansion des Dampfes wird nur bis zum Druck des Wärmeverbrauchers (Gegendruck) heruntergeführt. Die Höhe des Gegendruckes richtet sich nach dem geforderten Temperaturniveau des Wärmeverbrauchers. Der Abdampf der Gegendruckturbine wird zur Deckung von Wärmebedarf für Heizen, Kochen, Trocknen usw. in Zuckerfabriken, Raffinerien, Textilfabriken, Brauereien, Zellstoff- und Papierfabriken, in der chemischen Industrie usw. verwendet.

Infolge der kleineren Wärmegefälle und der geringeren Volumenzunahme werden Gegendruckturbinen meist 1-gehäusig und mit geringem Querschnittszuwachs (geringer Zunahme der Schaufellängen) ausgeführt.

In Kraftwerken findet die Gegendruckturbine als sog. Vorschaltturbine bei der Modernisierung älterer Anlagen durch Einbau neuer Kessel mit höherem Druck Verwendung. In der **Vorschaltturbine** wird der Druck des neuen Hochdruckkessels auf den Eintrittsdruck der vorhandenen älteren Turbinen reduziert.

### 8.2.3  Entnahmeturbine

Die Beschaufelung der Entnahmeturbine ist in 2 oder mehr getrennten Gehäuseabschnitten oder Gehäusen untergebracht. Neben der **geregelten Entnahme** von Heizdampf für Wärmeverbraucher ermöglicht die Entnahmeturbine auch eine vom Wärmeverbrauch unabhängig geregelte mechanische Leistungsabgabe an der Turbinenkupplung.

Das Schaltbild einer Entnahmeturbine mit 2 Beschaufelungsabschnitten und 1 Entnahmestelle ist in Bild 8.5 dargestellt. Die Entnahmeturbine kann als Kondensationsturbine betrieben werden, wobei ein Teil des Dampfes bei konstantem Entnahmedruck dem Wärmeverbraucher zugeführt wird, der Rest des Dampfes auf Kondensatordruck entspannt wird (Bild 8.5) oder als Gegendruckturbine, die 2 oder mehr Wärmenetze mit verschiedenem Temperatur- und Druckniveau versorgt. In Kapitel 14 ist das Kennfeld und das Betriebsverhalten einer Entnahmeturbine beschrieben.

Wird bei einer Dampfturbine an einer oder mehr Stellen Dampf für Heizzwecke, z. B. zur Speisewasservorwärmung, **ungeregelt** entnommen, spricht man von einer **Anzapfturbine**. Bei dieser ungeregelten Dampfentnahme verändert sich der Dampfdruck an den Anzapfstellen als Funktion des durch die Turbine strömenden Dampfmassenstroms.

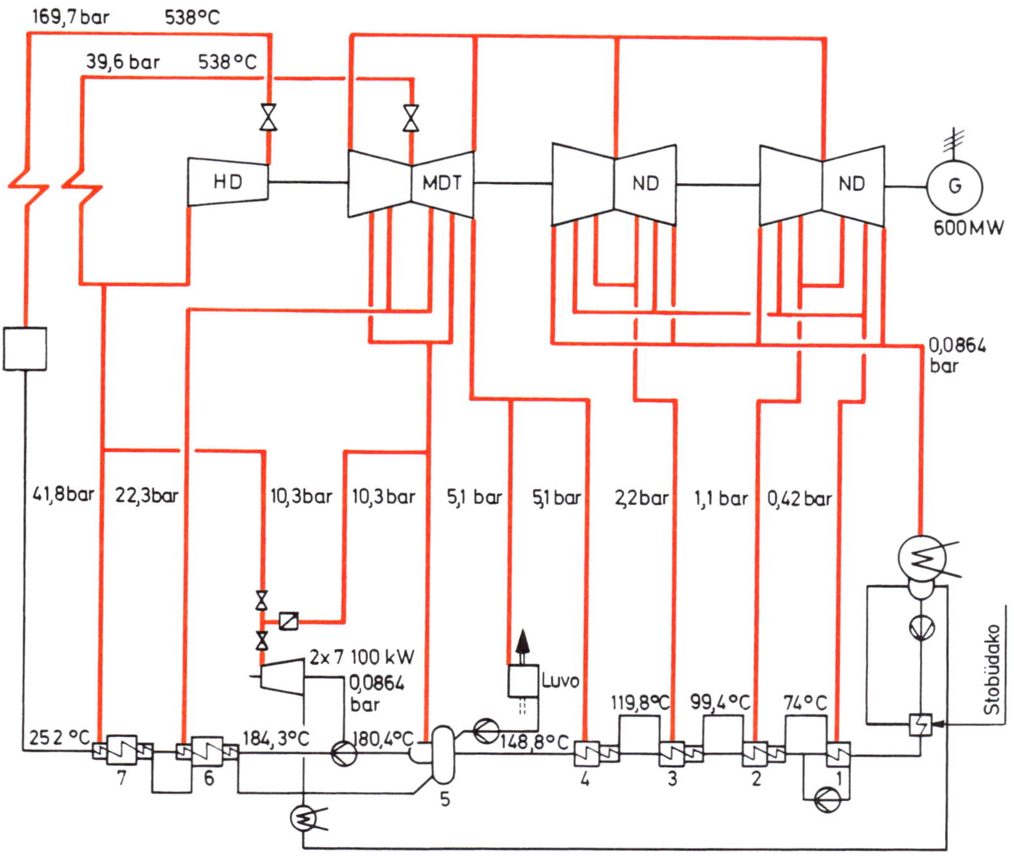

Dampfturbinen als Teil des Dampfkraftprozesses  175

Bild 8.3  Kondensationsturbinenanlage (nach Fa. ABB)

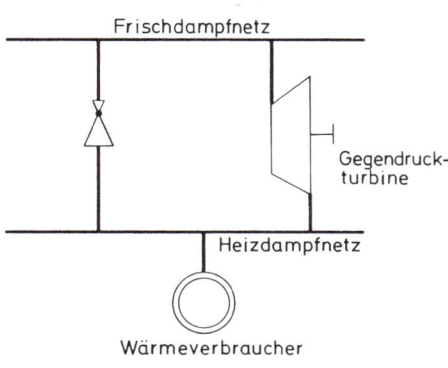

Bild 8.4  Schaltung einer Gegendruckturbine (Prinzip)

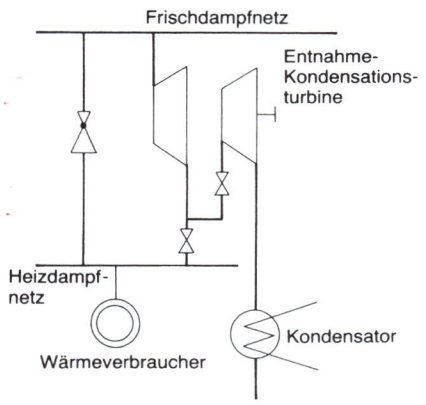

Bild 8.5  Schaltung einer Entnahmeturbine (Prinzip)

## 8.3 Arbeitsweise und Bauformen von Dampfturbinen

### 8.3.1 Einleitung

In rund 100 Jahren Dampfturbinenentwicklung haben sich bei der vorherrschenden **mehrstufigen axialen** Bauform 2 Arbeits- und Konstruktionsprinzipien herausgebildet:

a) Die von RATEAU und ZOELLY entworfene **Gleichdruckturbine** in **Kammerbauweise**, die in der Bundesrepublik z.B. von MAN gebaut wird.
b) Die von PARSONS konzipierte **Überdruckturbine** in **Trommelbauweise**, wie sie z.B. von den Firmen Alstom und Siemens hergestellt wird.

Beide Bauweisen haben ihre spezifischen Vor- und Nachteile, wie sie z.B. in [8.1 und 8.2] beschrieben und gegenübergestellt sind.
Im übernächsten Abschnitt werden beide Bauweisen in den wichtigsten Punkten verglichen.
**Radial durchströmte** Dampfturbinen werden nur noch selten gebaut, sodass ihre Beschreibung sehr kurz gehalten werden kann.

### 8.3.2 Reaktionsgrad

Die Beschaufelung einer mehrstufigen Dampfturbine setzt sich aus einer Anzahl im Prinzip ähnlicher Stufen zusammen, die jeweils aus Leit- und Laufschaufeln bestehen. An den Leitschaufeln wird die in der Stufe umgesetzte Enthalpie ganz oder teilweise in Geschwindigkeit umgewandelt, in den Laufrädern wird durch die Umlenkung des Dampfstrahles, bei Überdruckbeschaufelung auch noch durch Druckwirkung, eine Umfangskraft erzeugt. Bezeichnet man das isentrope Stufengefälle mit $\Delta h_s$, das nur im Laufrad verarbeitete isentrope Wärmegefälle mit $\Delta h_{s\,La}$, (Bild 8.6), so kann der **Reaktionsgrad der Stufe** wie folgt angesetzt werden:

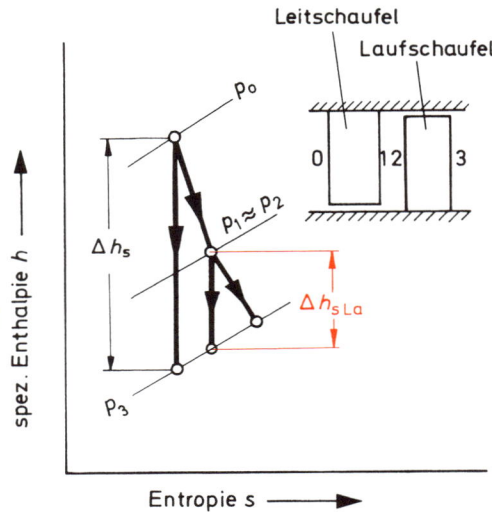

Bild 8.6  Expansion in einer Turbinenstufe

$$r = \frac{\Delta h_{s\,La}}{\Delta h_s} \qquad \text{(Gl. 8.1)}$$

Wird das gesamte Stufenwärmegefälle allein im Leitrad oder in einzelnen Düsen verarbeitet und in Geschwindigkeit umgesetzt, so wird, da das Laufradgefälle $\Delta h_{s\,La}$ 0 wird, auch der Reaktionsgrad 0. Eine solche Stufe nennt man **Gleichdruckstufe**, da der Druck $p_2$ vor den Laufschaufeln praktisch gleich dem Druck $p_3$ hinter den Laufschaufeln ist.

Ist der Reaktionsgrad $r > 0$, spricht man von **Überdruckstufen**. In der Praxis hat sich in den sog. Überdruckturbinen ein Reaktionsgrad von $r = 0{,}5$ durchgesetzt. Bei den stark verwundenen Endschaufeln der großen Kondensationsturbinen ist der Reaktionsgrad längs der Schaufel veränderlich, er nimmt von innen (Nabe) nach außen (Blattspitze) zu.

### 8.3.3 Vergleich zwischen Gleichdruck- und Überdruckstufe

| Gleichdruckstufe | Überdruckstufe |
|---|---|

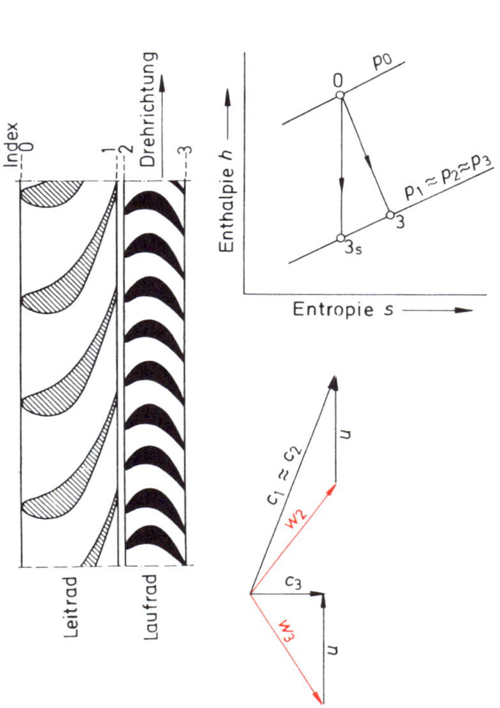

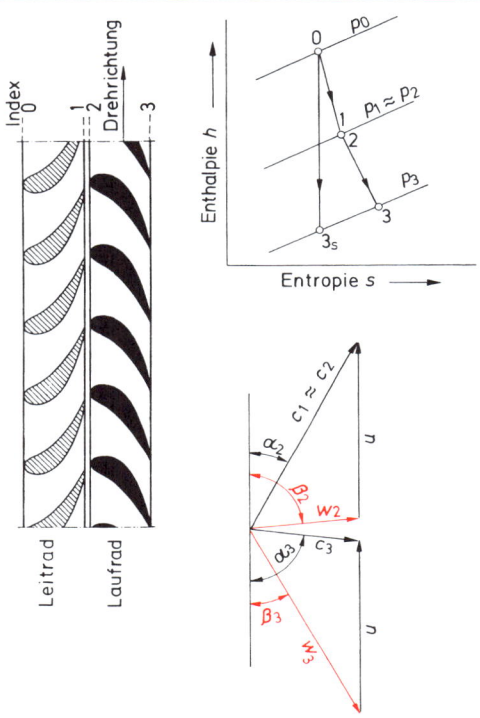

Bild 8.7  Schema einer Gleichdruckstufe

Bild 8.8  Schema einer Überdruckstufe

Das gesamte Stufengefälle wird im Leitrad bzw. in einzelnen Düsen in Geschwindigkeit umgesetzt. Infolge der großen Beschleunigungen entstehen relativ hohe Leitradverluste. Im Laufrad wird der Dampfstrom unter gleichbleibendem Druck umgelenkt. Durch den großen Umlenkungswinkel entstehen große Profilverluste im Laufrad. Da an den Laufschaufeln keine Druckunterschiede bestehen, treten nur geringfügige Leckageverluste zwischen Laufschaufelspitzen und Gehäusewand auf. In einer Gleichdruckstufe kann ein wesentlich größeres Wärmegefälle als in einer Überdruckstufe verarbeitet werden, weshalb mehrstufige Turbinen bei Gleichdruckbeschaufelung wesentlich weniger Stufen aufweisen als bei Überdruckbeschaufelung (bei gleichem Gesamtgefälle!).

Das Stufengefälle wird etwa zur Hälfte im Leitrad in Geschwindigkeit umgewandelt, im Laufrad erfolgt die Verarbeitung des Restgefälles. Die Beschleunigung des Dampfes im Leitrad und die Umlenkung im Laufrad sind wesentlich geringer als bei einer vergleichbaren Gleichdruckstufe, die Profilverluste an Leit- und Laufschaufeln sind deshalb entsprechend kleiner. Bei einem Reaktionsgrad $r = 0,5$ sind die Winkel $\alpha_2$ und $\beta_3$, sowie $\alpha_3$ und $\beta_2$, jeweils gleich groß, bei Leit- und Laufrad können deshalb geometrisch gleiche Schaufelprofile verwendet werden. Die Abdichtung der Laufschaufelspitzen am Gehäusemantel und der Leitschaufelspitzen an der Welle bereitet größere Schwierigkeiten als bei der Gleichdruckstufe; es entstehen größere Leckverluste.

# Dampfturbinen

| Gleichdruckstufe | Überdruckstufe |
|---|---|
| Der Vorteil der geringeren Stufenzahl geht aber durch die größere axiale Baulänge größtenteils wieder verloren. Auf Gleichdruckschaufeln wirken nur sehr kleine Axialkräfte, die durch relativ kleine Axiallager aufgenommen werden können.<br><br>Bei Gleichdruckbeschaufelung lässt sich Teilbeaufschlagung durchführen, was bei der Düsengruppenregelung angewandt wird. | Durch das kleinere Stufengefälle ergeben sich größere Stufenzahlen und damit etwas längere Rotoren und Gehäuse.<br><br>An den Laufschaufeln greifen große Axialkräfte an, die zu einem großen Axialschub des Rotors führen, der bei 1-flutigen Turbinen durch die Wirkung eines besonderen Ausgleichkolbens kompensiert werden muss. Zusätzlich ist ein reichlich dimensioniertes Axiallager erforderlich. |

In [8.1 und 8.2] sind Angaben über die Wirkungsgrade, die Betriebssicherheit, die Anpassungsfähigkeit im Betrieb, die Baulängen und über die Kosten der beiden in Wettbewerb stehenden Turbinenarten gemacht.

In Bild 8.9 sind die Wirkungsgrade von Gleich- und Überdruckturbinen nach [8.1] gegenübergestellt.

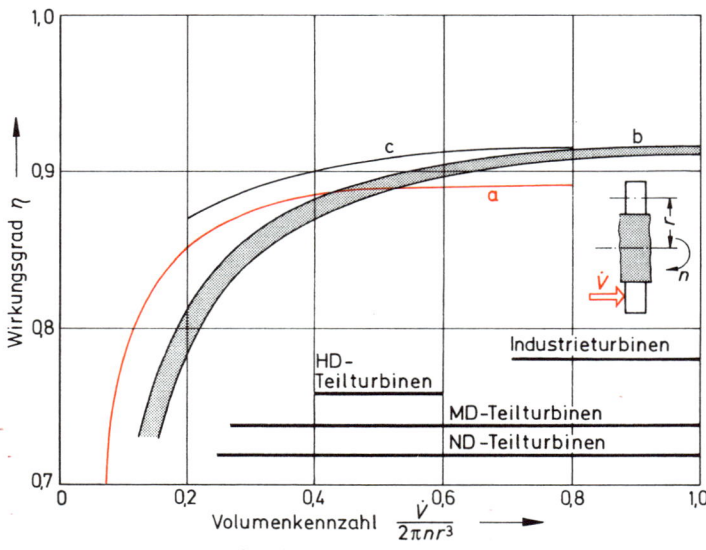

Bild 8.9
Wirkungsgrade von Gleich- und Überdruckbeschaufelungen (nach Fa. ABB)

a Gleichdruckbeschaufelung
b Überdruckbeschaufelung mit Anschärfungen
c Überdruckbeschaufelung mit Deckband

### 8.3.4 Vergleich zwischen Kammerturbine und Trommelturbine

| Kammerturbine | Trommelturbine |
|---|---|

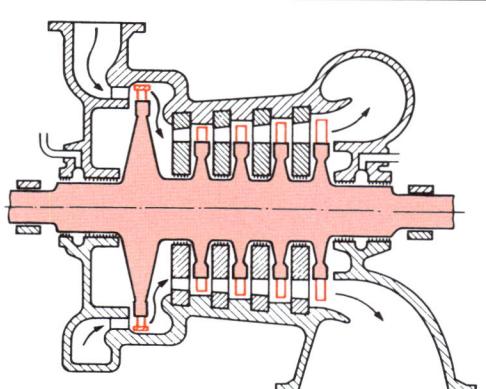

Bild 8.10   Kammerturbine

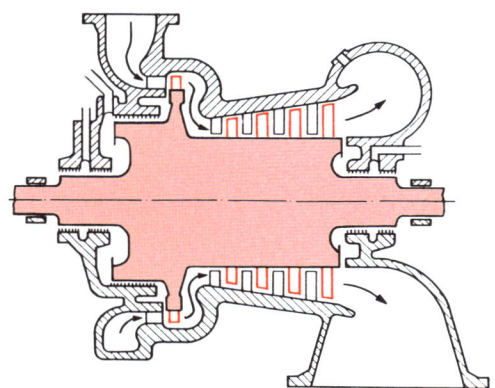

Bild 8.11   Trommelturbine

Bei der Kammerturbine sind mehrere Laufräder auf einer relativ schlanken Welle angeordnet, wobei jedes Laufrad von einem davor sitzenden Leitrad beaufschlagt wird. Das Leitrad ist Teil eines mit dem Gehäuse verbundenen Zwischenbodens. Der Zwischenboden wird innen an der Welle mittels Labyrinthdichtungen abgedichtet. An diesen Dichtstellen entstehen nur geringfügige Leckagen.

Die Kammerbauart erlaubt wegen des relativ großen axialen Platzbedarfs der einzelnen Stufen und wegen der schlanken, biegeweichen Welle nur eine geringe Stufenzahl. Sie wird deshalb bei Turbinen angewandt, die nach dem Gleichdruckprinzip arbeiten, also pro Stufe größere Gefälle umsetzen als bei der Überdruckbauart.

Die Trommelbauweise wird bei Turbinen mit großer Stufenzahl, d.h. bei Überdruckturbinen angewandt. Trotz vieler Stufen bleibt der trommelförmige Rotorkörper relativ biegesteif, was sich günstig auf die biegekritische Drehzahl und die radialen Schaufelspiele auswirkt.

An den Spalten zwischen Leitschaufeln und Trommel und zwischen Laufschaufeln und Gehäuse entstehen relativ große Leckagen, die man durch Schaufelanschärfungen und Deckbänder zu verkleinern sucht.

### 8.3.5   Radialturbinen

Dampfturbinen mit radialer Durchflussrichtung werden nur noch sehr selten gebaut. Die Durchströmrichtung ist meist zentrifugal, d.h. von innen nach außen. Radialturbinen bauen besonders kompakt und platzsparend und eignen sich, da sie in Topfbauart, d.h. ohne empfindliche Teilflansche konstruiert sind, besonders als Hochdruckturbinen.

Eine besondere Bauart ist die gegenläufige Radialturbine, die nach ihrem Konstrukteur benannte Ljungström-Turbine (Bild 8.12). Diese Turbine enthält 2 in entgegengesetztem Drehsinn umlaufende beschaufelte Rotoren. Das feststehende Leitrad entfällt. Ljungström-Turbinen haben hohe Wirkungsgrade. Ihr Nachteil ist die Notwendigkeit der Anordnung von 2 Generatoren.

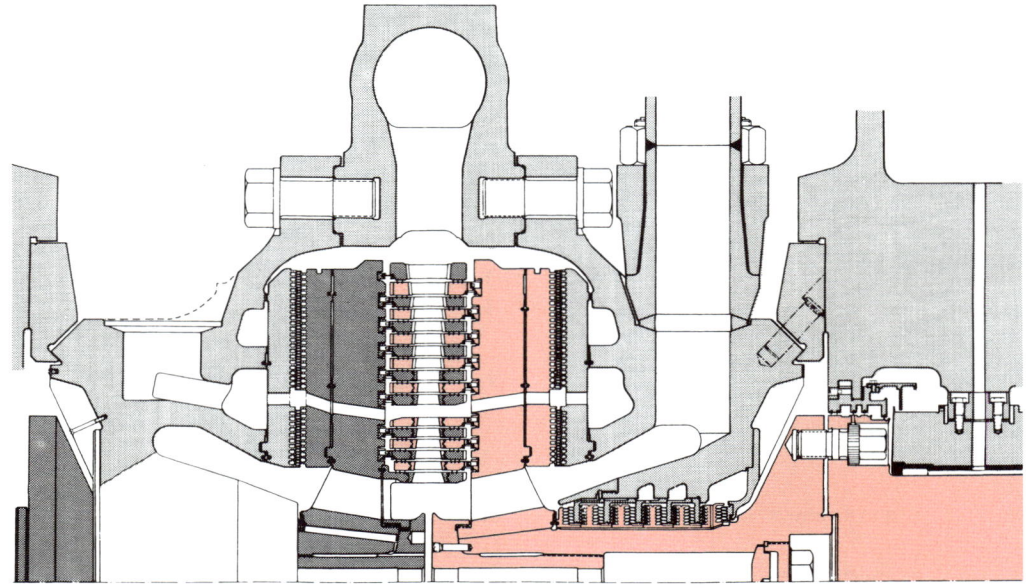

Bild 8.12 Ljungström-Turbine (nach Fa. MAN)

## 8.4 Kraftwerksturbinen

### 8.4.1 Konstruktiver Aufbau

Große Kraftwerksturbinen mit den in Abschnitt 8.1 angegebenen Leistungen werden als mehrgehäusige Kondensationsturbinen in 1-welliger oder 2-welliger (Compound-)Ausführung gebaut. Turbinen für konventionelle Kraftwerke, mit Dampfdrücken in der Größenordnung von 200…280 bar und Temperaturen über 500 °C, laufen mit Drehzahlen von 3000 min$^{-1}$ bzw. 3600 min$^{-1}$, Turbinen für Atomkraftwerke mit wesentlich niedrigeren Drücken und Temperaturen auch mit 1500 min$^{-1}$ bzw. 1800 min$^{-1}$.

Je nach Größe der Dampfvolumina und der Drehzahl werden die einzelnen Gehäuseabschnitte 1-flutig oder mehrflutig ausgeführt.

Das Hochdruckgehäuse (HD-Teil) wird als 2-schaliges Gehäuse in Topfbauweise oder mit Schrumpfringen (Bild 8.13) mit möglichst vollkommener Rotationssymmetrie und annähernd gleichen Wanddicken zur Vermeidung ungünstiger Wärmespannungen konstruiert. Die HD-Turbine kann mit Regelrad und Düsengruppenregelung (Festdruckbetrieb) oder ohne Regelrad (Gleitdruckbetrieb) gebaut werden (vgl. Kapitel 8.6).

Der Mitteldruckteil (MD-Teil) wird ab Leistungen von 400…500 MW doppelflutig ausgeführt. Wie beim HD-Teil wird ebenfalls die Doppelmantelbauweise angewandt. Wegen der niedrigeren Drücke können die 2-teiligen Gehäuse mit normalen Flanschen und Dehnschrauben verbunden werden. In Bild 8.14 ist eine 2-flutige MD-Turbine in 2-schaliger Ausführung dargestellt. Die Gehäuse der Niederdruckturbinen (ND-Teilturbinen) sind durch Überströmleitungen mit den Abdampfstutzen der MD-Turbine verbunden. Die Gehäuse werden als mehrschalige, axial geteilte Schweißkonstruktionen ausgeführt (Bild 8.15).

Der aus den Niederdruckteilen abströmende Dampf strömt direkt in die unter den ND-Teilturbinen angeordneten Kondensatoren. Der Kondensator hat die Aufgabe, den

Kraftwerksturbinen 181

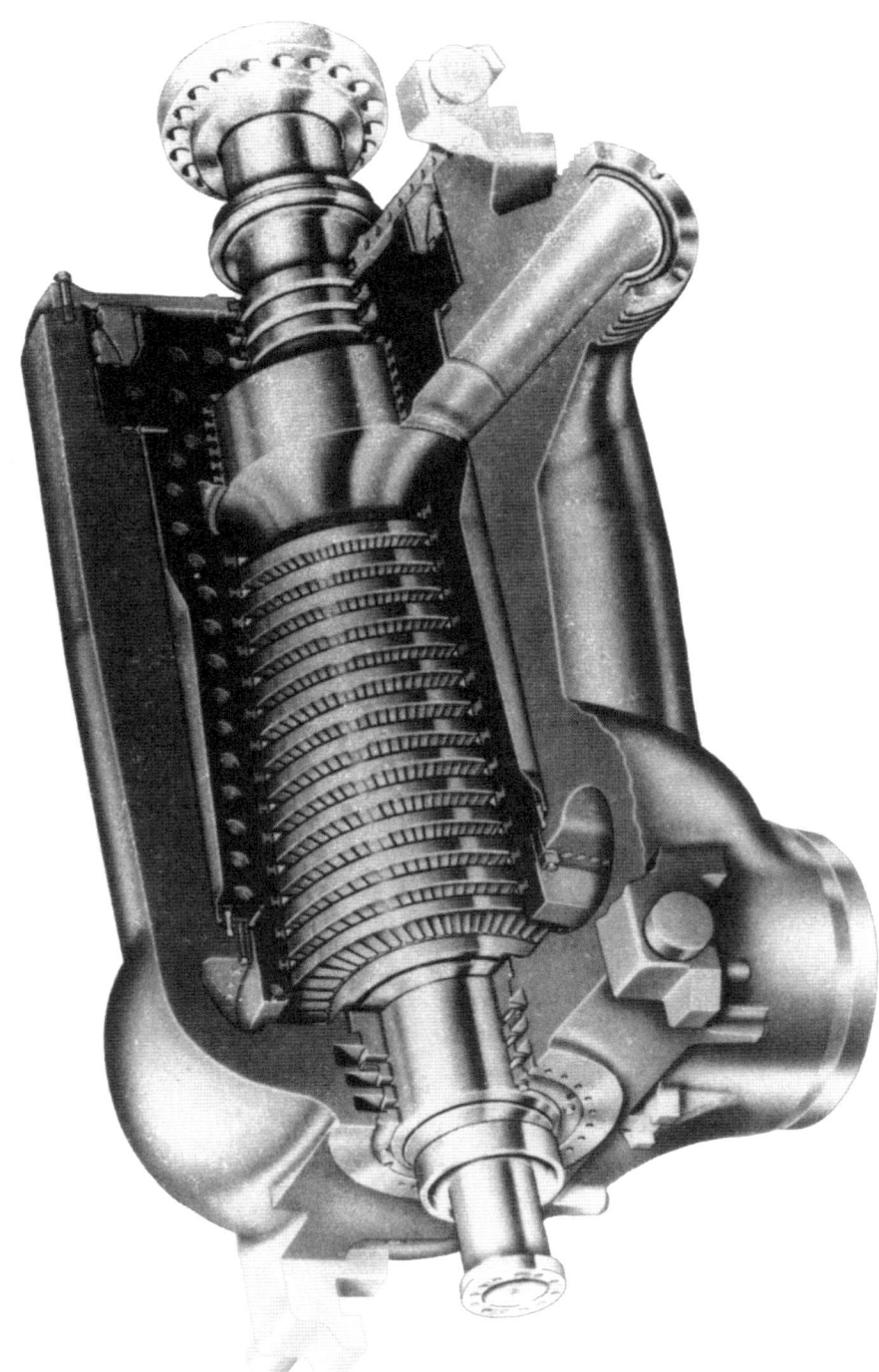

Bild 8.13 Hochdruckteil einer mehrgehäusigen Turbine (nach Fa. Siemens AG)

# 182 Dampfturbinen

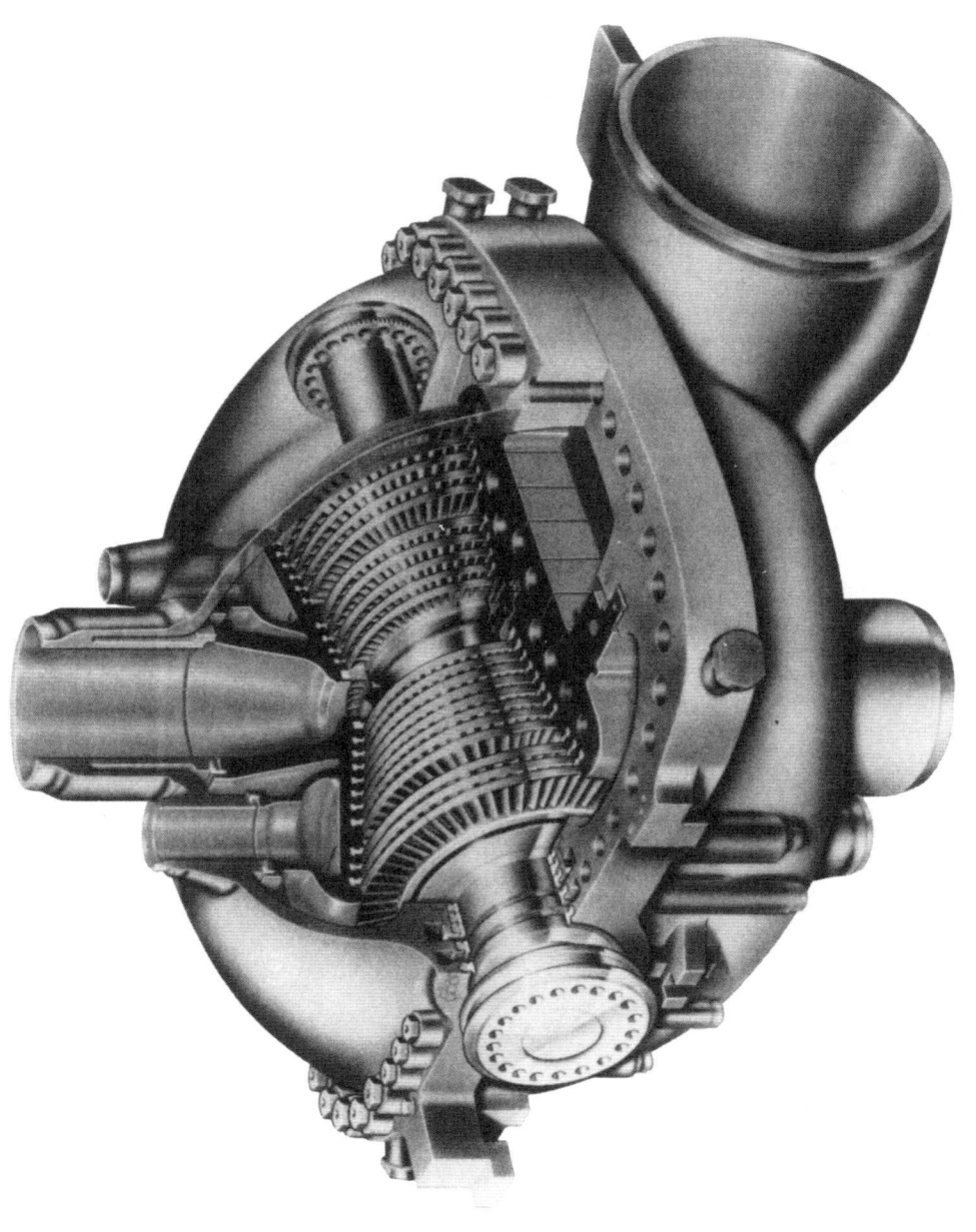

Bild 8.14  Mitteldruckteil einer mehrgehäusigen Turbine (nach Fa. Siemens AG)

Kraftwerksturbinen 183

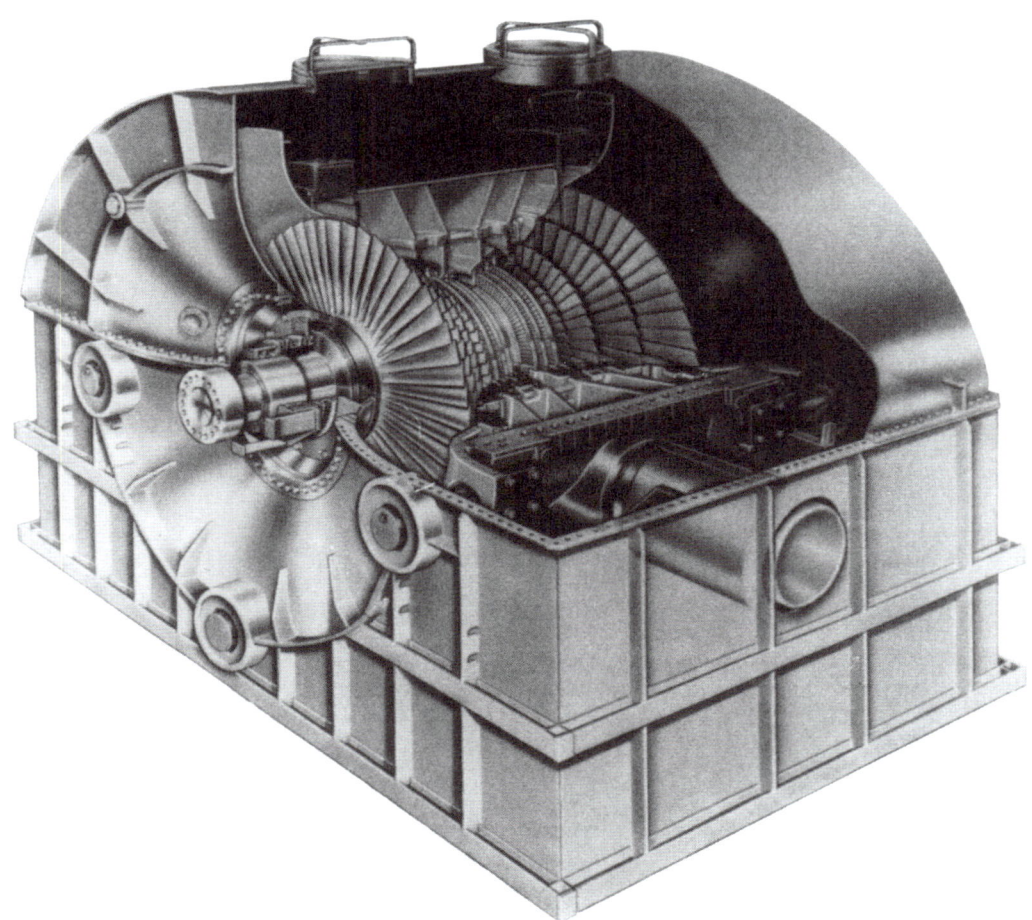

Bild 8.15   Niederdruckteil mit Kondensator (nach Fa. Siemens AG)

aus der ND-Turbine kommenden Abdampf zu kondensieren und zur Vergrößerung des Wärmegefälles einen möglichst niedrigen Druck zu erzeugen und zu halten.
Moderne Kondensatoren werden meist als kastenförmige, röhrenbestückte Oberflächenkondensatoren mit rechteckigem Dampfraumquerschnitt in Schweißkonstruktion gebaut (Bild 8.16). Die Rohre sind üblicherweise aus Messing und werden in den Rohrböden eingewalzt. Zur Vermeidung von großen Durchbiegungen und Schwingungen werden die Rohre in Zwischenwänden abgestützt.

Auf die Beschreibung der Fundamentkonstruktion und der Rohrleitungen für die verschiedenen Medien wird aus Platzgründen verzichtet.
In Bild 8.17 (Faltblatt nach der letzten Seite) ist ein Dampfturbinensatz für ein konventionelles Kraftwerk, in Bild 8.18 für ein Kernkraftwerk dargestellt. Aus Gründen der besseren Übersicht sind die Rohrleitungen und die Fundamentkonstruktion weggelassen worden.

184  Dampfturbinen

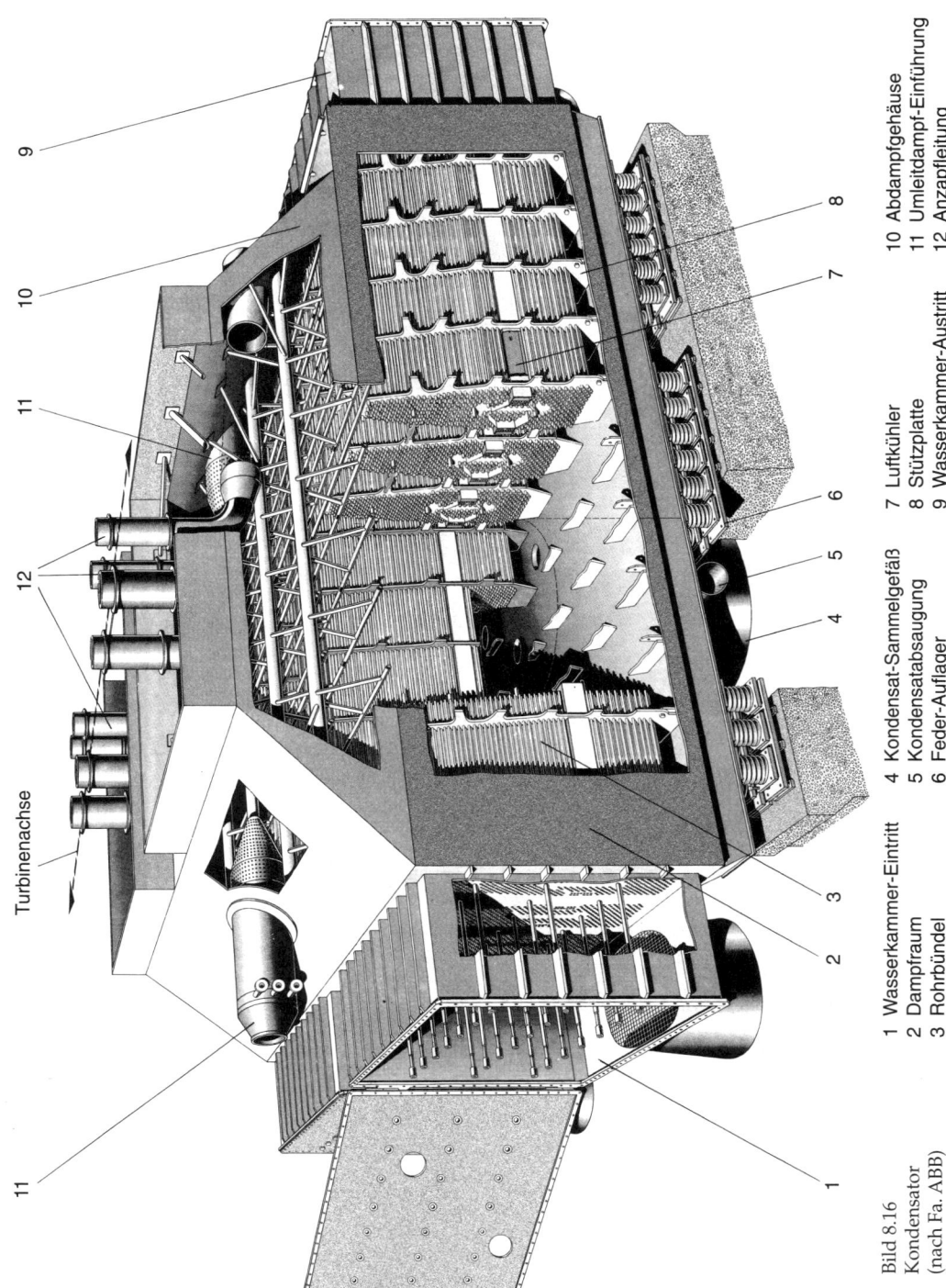

Bild 8.16
Kondensator
(nach Fa. ABB)

1 Wasserkammer-Eintritt  
2 Dampfraum  
3 Rohrbündel  
4 Kondensat-Sammelgefäß  
5 Kondensatabsaugung  
6 Feder-Auflager  
7 Luftkühler  
8 Stützplatte  
9 Wasserkammer-Austritt  
10 Abdampfgehäuse  
11 Umleitdampf-Einführung  
12 Anzapfleitung

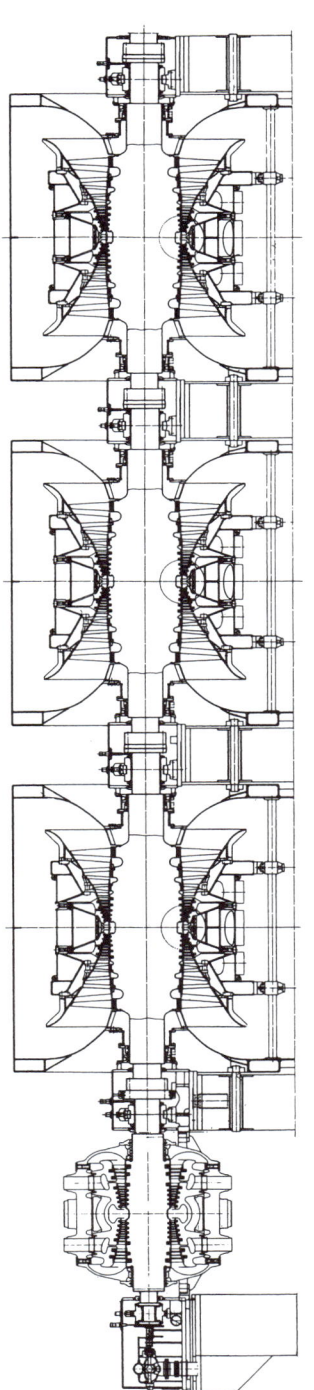

Bild 8.18  1200-MW-Dampfturbosatz eines Kernkraftwerkes (nach Fa. Siemens AG)

### 8.4.2 Grenzen im Dampfturbinenbau

Die Baugröße großer Kondensationsturbinen ist nach oben hin durch verschiedene Randbedingungen begrenzt. In [6.30] sind die wichtigsten Grenzwerte zusammengestellt:

a) Begrenzung durch die maximal möglichen Abmessungen der **Endstufen**.
   Abhängig von Abdampfdruck und Leistung ergeben sich immer größere Dampfvolumina, die immer größere Austrittsflächen erfordern, da die Austrittsgeschwindigkeit durch die Schallgrenze nach oben begrenzt ist. Wegen der Fliehkraft- und Schwingungsbeanspruchung kann die Schaufellänge der Endschaufeln nicht beliebig groß gemacht werden. Sie liegt bei der Drehzahl $n = 3000$ min$^{-1}$ bei ca. 1200 mm, bei der Drehzahl $n = 1500$ min$^{-1}$ bei 1450 mm. In Bild 8.19 sind die Grenzleistungen konventioneller Dampfturbinen und Sattdampfturbinen abhängig von Kondensatordruck und Schaufellänge nach [6.28] dargestellt.

b) In [6.30] werden folgende Grenzleistungen abhängig von der **Kupplungskonstruktion** zwischen Turbine und Generator angegeben (siehe Tabelle 8.1).
   Bei Generatoren mit Supraleitung können, da die Rotorkappen entfallen, noch etwas größere Leistungen erzielt werden.

c) Grenzen durch die **Gewichte** und **Abmessungen** der einzelnen Bauteile lassen sich nur schwer angeben, da sie von der Belastbarkeit der Transportmittel und den zulässigen Transportabmessungen von Bahn und Straße abhängen.
   In [6.30] wird eine obere Grenzleistung von $P_{max} = 4500$ MW angegeben, da dann die Niederdruckwelle einer Sattdampfturbine etwa 420 t wiegt, bei einem Durchmesser von 7,6 m, über die Schaufeln gemessen, und einer Länge von 15 m.

d) Nimmt man die **zulässige Lagerbelastung** als Begrenzungswert, so kommt man nach [6.30] sowohl bei Heißdampf- als auch bei Sattdampfturbinen auf ca. 4500 MW als Grenzleistung.

e) Eine Leistungsvergrößerung ist nur solange sinnvoll, als man den Hochdruck-

Tabelle 8.1  Einfluss der Kupplungskonstruktion auf die Grenzleistung von Dampfturbinen

| Kupplungsart | Grenzleistung |
|---|---|
| Reibungs-Flanschkupplung | 800 MW |
| Scherbüchsenkupplung | 1200 MW bei 3000 min$^{-1}$ <br> 3000 MW bei 1500 min$^{-1}$ |
| Hülsenkupplung | 2000 MW bei 3000 min$^{-1}$ <br> 4500 MW bei 1500 min$^{-1}$ |

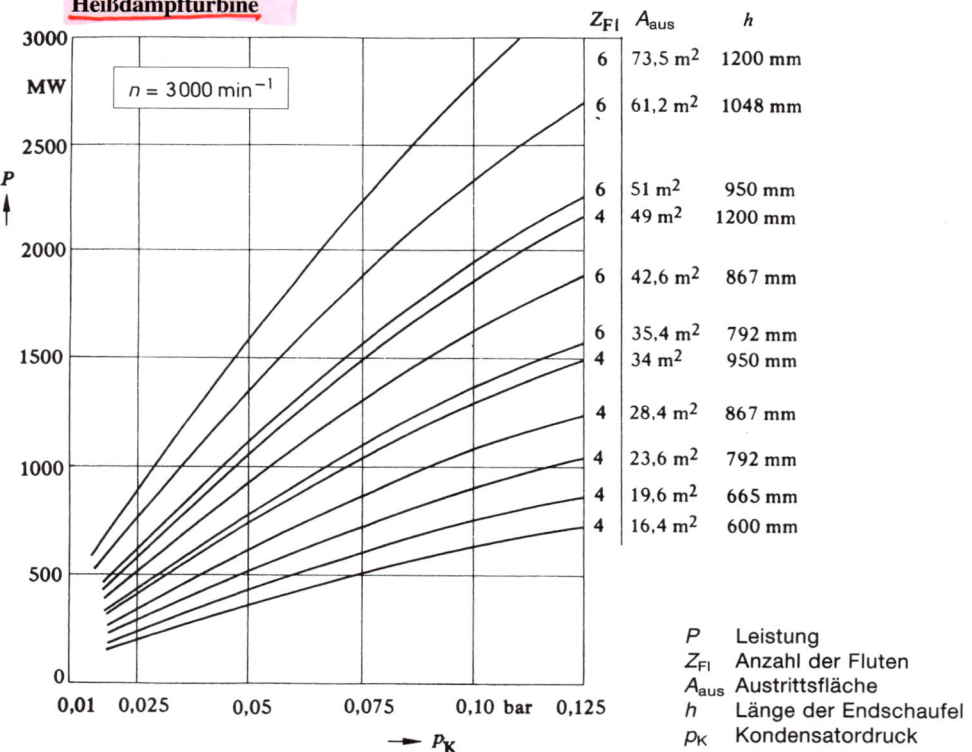

Bild 8.19  Schaufellängen der Endschaufeln (nach Fa. ABB) bei Heißdampf- und Sattdampfturbinen

und Mittendruckteil noch 1-gehäusig, wenn auch 2-flutig, bauen kann. Bei der Drehzahl $n = 3000$ min$^{-1}$ dürfte aus diesem Grund die Grenzleistung bei ca. 3500 MW, bei 3600 min$^{-1}$ bei ca. 4000 MW liegen.

f) Steigert man Druck und Temperatur des Frischdampfes bzw. überhitzt man in Atomkraftwerken den Sattdampf, lässt sich der **Wirkungsgrad** des Kraftwerkes erhöhen (Bild 8.20). Eine Leistungssteigerung über ca. 800 MW hinaus bringt jedoch keine Wirkungsgradverbesserung mehr.

g) Die **Verfügbarkeit** der Dampfturbine dürfte kaum von der Leistung abhängen, da in Dampfturbinen keine Verschleißteile eingebaut sind, die bei großer Leistung eine kürzere Lebensdauer der Maschine bedeuten würden als bei kleiner Leistung.

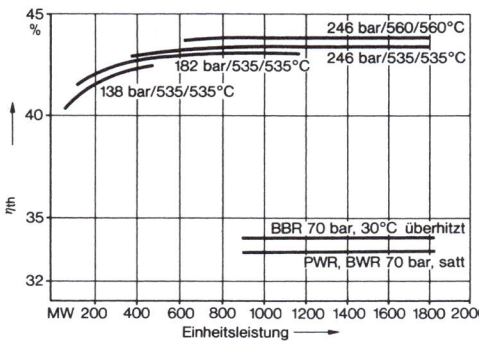

Bild 8.20 Wirkungsgrade von Dampfkraftprozessen (nach Fa. ABB)

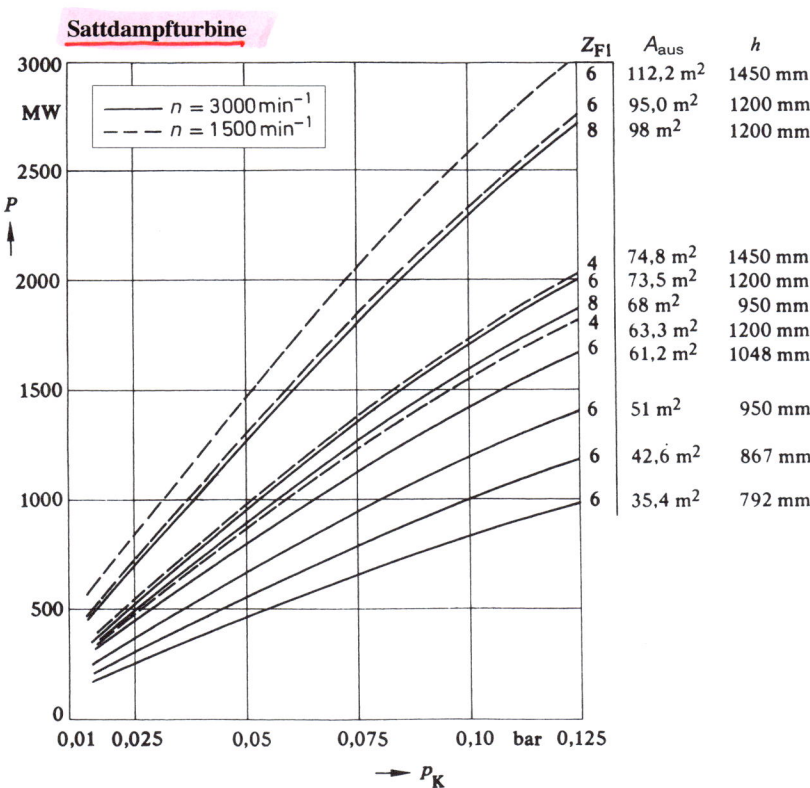

zu Bild 8.19

## 8.5 Industrieturbinen

Das Einsatzgebiet von Industrieturbinen, d.h. Dampfturbinen kleiner und mittlerer Leistung, ist weit gespannt. Es reicht von der kleinen Gegendruckturbine, die elektrischen Strom nur als Nebenprodukt erzeugt, über mechanische Antriebsturbinen für Pumpen und Verdichter bis zur mittleren Kraftwerksturbine.

Als gemeinsame Merkmale der im Folgenden beschriebenen Industrieturbinen seien deshalb vorausgesetzt:

a) die Turbinen sind 1-gehäusig,
b) die Leistung liegt unter 150 MW.

Leistungs- und Drehzahlbereich von Industrieturbinen und damit die Variation der Abmessungen und Gewichte sind außerordentlich groß, desgleichen sind die Anforderungen hinsichtlich des betrieblichen Einsatzes in den einzelnen Industriezweigen sehr verschieden. Es ist deshalb nicht möglich, alle Bauformen und -größen und alle Einsatzgebiete zu behandeln.

Da die Frischdampfdaten sich den Werten von Großturbinen genähert haben (Bild 8.21), ist auch der konstruktive Aufbau einer Industrieturbine (Bild 8.22) von demjenigen einer Großturbine nur wenig verschieden, wie überhaupt die strömungstechnische und konstruktive Entwicklung der großen Kraftwerksturbinen den Bau von Industrieturbinen wesentlich beeinflusst haben.

Wegen der relativ hohen Frischdampfzustände und einer einfachen Montage und Revision sind die Gehäuse in 2-Schalen-Bauweise, d. h. mit Außenmantel und darin wärmeelastisch aufgehängten Leitschaufelträgern ausgeführt. Das Außengehäuse ist in Höhe der Maschinenachse horizontal geteilt und trägt meist im Oberteil die Einström- und Regelventile. Ober- und Unterteil sind durch Flansche und Dehnschrauben verbunden. Die Leitschaufeln sind in die Radialnuten der Leitschaufelträger eingesetzt. Der Turbinenläufer wird aus einem Stück gefertigt, bei Fa. ABB bei größeren Rotoren auch aus Scheiben zusammengeschweißt. Die Laufschaufeln werden in die Nuten des Läufers formschlüssig eingesetzt bzw. – bei besonders hochtourigen Maschinen – elektrochemisch aus dem vollen Läufermaterial herausgearbeitet (Fa. Siemens). Je nach Dampfdaten und gewünschtem Wirkungsgrad werden die Schaufeln frei endend oder mit Deckbändern ausgeführt. Die Wellendurchführungen werden mit Labyrinthstopfbuchsen abgedichtet.

Das Gehäuse wird üblicherweise auf den Lagerböcken abgestützt, wodurch eine gute Zentrierung von Läufer und Labyrinthdichtungen erzielt wird. Als Lager werden Mehrflächengleitlager in radialer und axialer Ausführung verwendet.

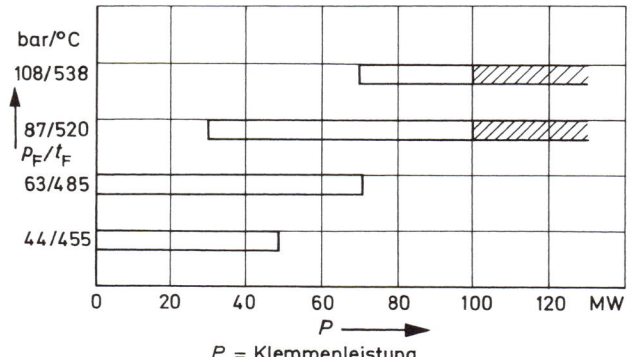

Bild 8.21
Einsatzbereiche von Industriedampfturbinen (nach Fa. ABB)

$P$ = Klemmenleistung
$p_F$ = Frischdampfdruck
$t_F$ = Frischdampftemperatur

Industrieturbinen 189

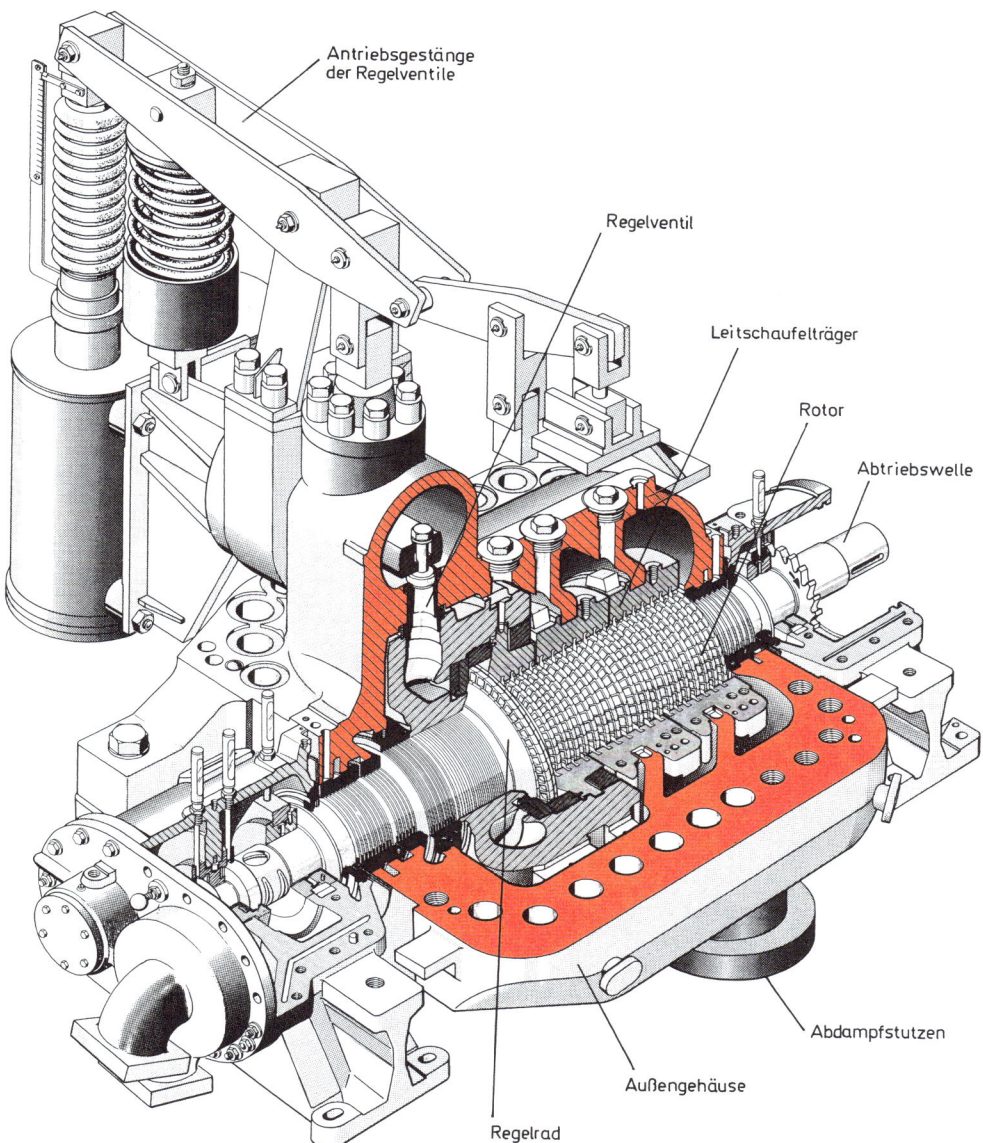

Bild 8.22  Industriedampfturbine (nach Fa. Siemens AG)

190 Dampfturbinen

Wegen der relativ hohen Stückzahlen werden Industriedampfturbinen trotz der vielfältigen Anforderungen und Betriebsdaten aus Gründen einer wirtschaftlichen Fertigung in Form eines **flexiblen, modularen Baukastensystems** mit variablen Baulängen und Durchmessern gebaut (Bild 8.23). Die Turbinen werden aus einer beschränkten Anzahl standardisierter Gehäuse-, Läufer-, Ventil- und Lagerelemente nach spezifischen Kundenwünschen zusammengesetzt, wobei allerdings die Beschaufelungen weitgehend individuell angepasst werden.

Zur exemplarischen Bestimmung der ungefähren Abmessungen, Gewichte und Drehzahlen von Industrie-Gegendruck- und -Kondensationsturbinen dienen die Abbildungen 8.24 und 8.25.

Nach Bestimmung der spezifischen Stutzenarbeit aus den Frischdampfdaten und dem Austrittsdruck (vgl. Beispiel 2!) und einem geschätzten Wirkungsgrad, beispielsweise nach Tabelle 8.2, kann man den für eine gegebene Leistung $P$ erforderlichen Dampfmassenstrom $\dot{m}$ und den Austrittsvolumenstrom $\dot{V}_2$ berechnen. Aus Bild 8.24 wird dann der zugehörige Turbinentyp und der Drehzahlbereich entnommen, aus Bild 8.25 die zugehörigen Hauptabmessungen und Gewichte.

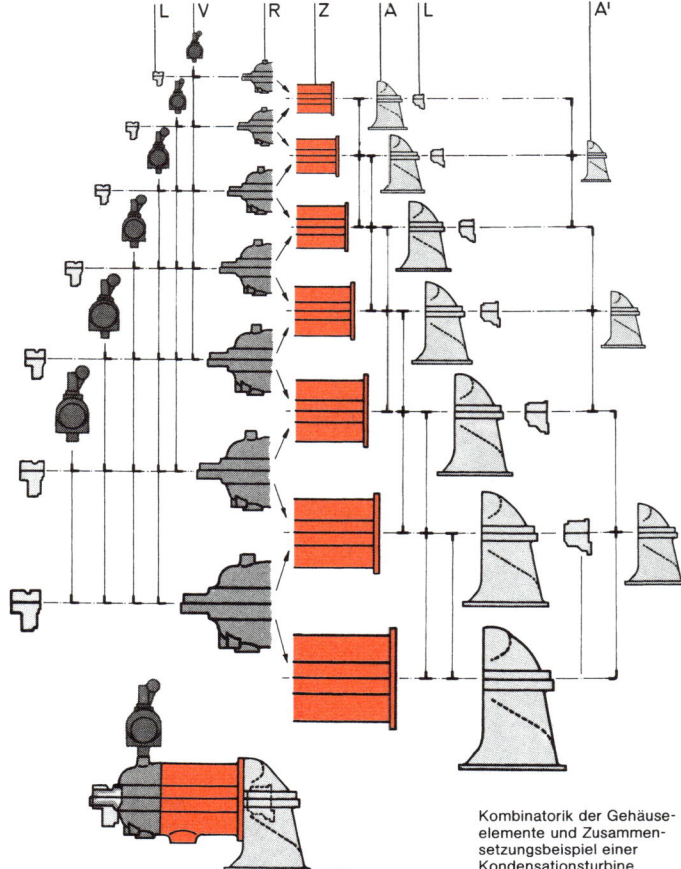

Kombinatorik der Gehäuseelemente und Zusammensetzungsbeispiel einer Kondensationsturbine

L Lagerung
V Ventilgehäuse
R Regelradgehäuse
Z Zylindergehäuse
A Abdampfgehäuse
A' Abdampfgehäuse für höhere Gegendrücke

Bild 8.23  Baukastensystem von Industriedampfturbinen (nach Fa. ABB)

Tabelle 8.2  Richtwerte für die Wirkungsgrade von Industriedampfturbinen nach [8.3]

| Turbinentyp | Wirkungsgrad $\eta$ |
|---|---|
| Gegendruckturbinen bis 20 MW, mittlere Dampfdaten, schnelllaufend | 0,7…0,84 |
| Gegendruckturbinen 20…40 MW, höhere Dampfdaten, direkt antreibend | 0,74…0,86 |
| Kondensationsturbinen ohne Zwischenüberhitzung bis 150 MW mittlere bis höhere Dampfdaten | 0,8…0,86 |
| Kondensationsturbinen mit Zwischenüberhitzung bis 150 MW entsprechend hohe Dampfdaten | 0,85…0,87 |
| Der mechanische Wirkungsgrad und der volumetrische Wirkungsgrad liegen jeweils in der Größenordnung von 0,99. | |

Obwohl Industriedampfturbinen meist nur einen kleinen Teil der Anlageninvestition darstellen, werden vom Betreiber doch recht hohe Anforderungen an die Maschinen gestellt.

Die Turbinen sollen ohne Ausfälle und bei großen Revisionsabständen einen langjährigen, sicheren Betrieb gewährleisten (hohe Verfügbarkeit).

Die Turbinen müssen häufig angefahren werden können.

Die Turbinen sollen ein gutes und sicheres Teillastverhalten aufweisen.

Die Turbinenanlage soll mit möglichst wenig Personalaufwand betrieben werden können.

Zur Gewährleistung dieser Bedingungen müssen auch an den Betreiber einige unabdingbare Bedingungen gestellt werden:

- Der Dampf muss von hoher Qualität, d.h. frei von Fremd-(Fest-)Körpern und Salzen sein.
- Stillstandsschäden müssen durch strikte Beachtung der Betriebsanleitungen vermieden werden.
- Korrekte Betriebsführung, d.h. laufende Überwachung und Kontrolle durch Geräte und Personal.
- Vermeidung von Fehlmanipulationen.
- Richtige, systematische Wartung, insbesondere der Überwachungs- und Sicherheitseinrichtungen.

## 8.6 Regelung und Überwachungs-(Sicherheits-)einrichtungen

### 8.6.1 Regelung

Die Leistung einer Dampfturbine ergibt sich nach Gl. 2.42 aus dem Massenstrom $\dot{m}$ und der spezifischen Stutzenarbeit $Y$ (Wärmegefälle). Man kann die Leistung einer Dampfturbine bei konstanter oder variabler Drehzahl regeln, indem man entweder den Massenstrom, die spezifische Stutzenarbeit oder beide verändert. Der die Turbine versorgende Dampferzeuger kann entweder getrennt oder, bei neueren Anlagen fast durchweg der Fall, im Verbund geregelt werden.

Bei der Turbinenregelung unterscheidet man:

a) **Festdruckregelung** mit konstantem Frischdampfdruck vor der Turbine

Die Turbine ist mit einem oder mehreren Einlassventilen versehen, deren Öffnungsquerschnitt bei Laständerung variiert wird, wodurch die Größe des Massenstromes und die spezifische Stutzenarbeit geändert werden.

Man unterscheidet die **Drosselregelung**, bei der durch Querschnittsverengung eines oder mehrerer Stellventile der Dampfdruck vor der ersten Turbinenstufe gedrosselt und damit die spezifische Stutzenarbeit verkleinert wird, und die **Füllungsregelung**, bei der durch Ab- oder Zuschaltung einzelner Düsen oder Düsengruppen der der ersten Turbinenstufe (dem Regelrad) zuströmende

192 Dampfturbinen

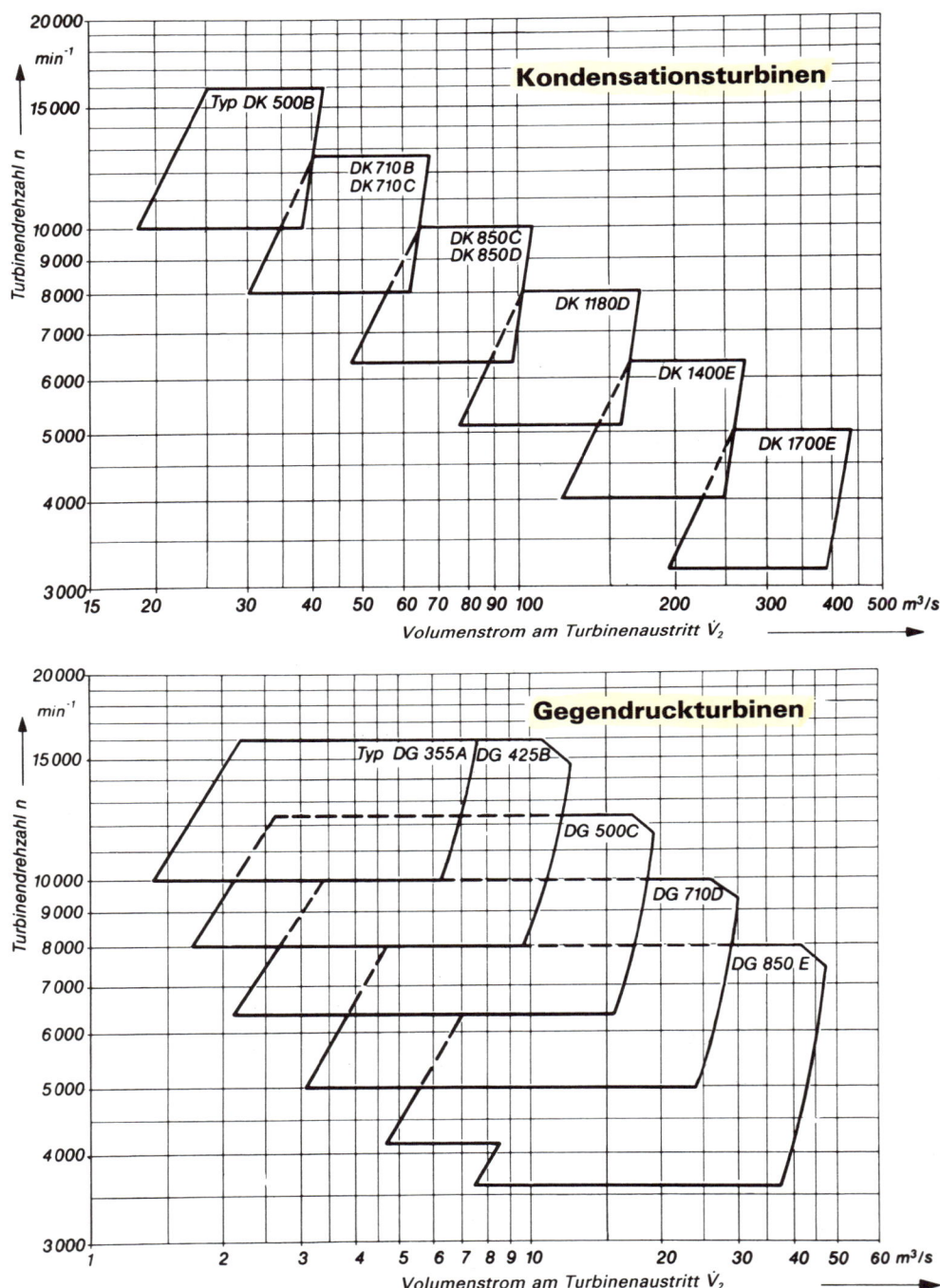

Bild 8.24  Auswahlkennfelder von Industriedampfturbinen (nach Fa. Borsig)

## Regelung und Überwachungs-(Sicherheits-)einrichtungen 193

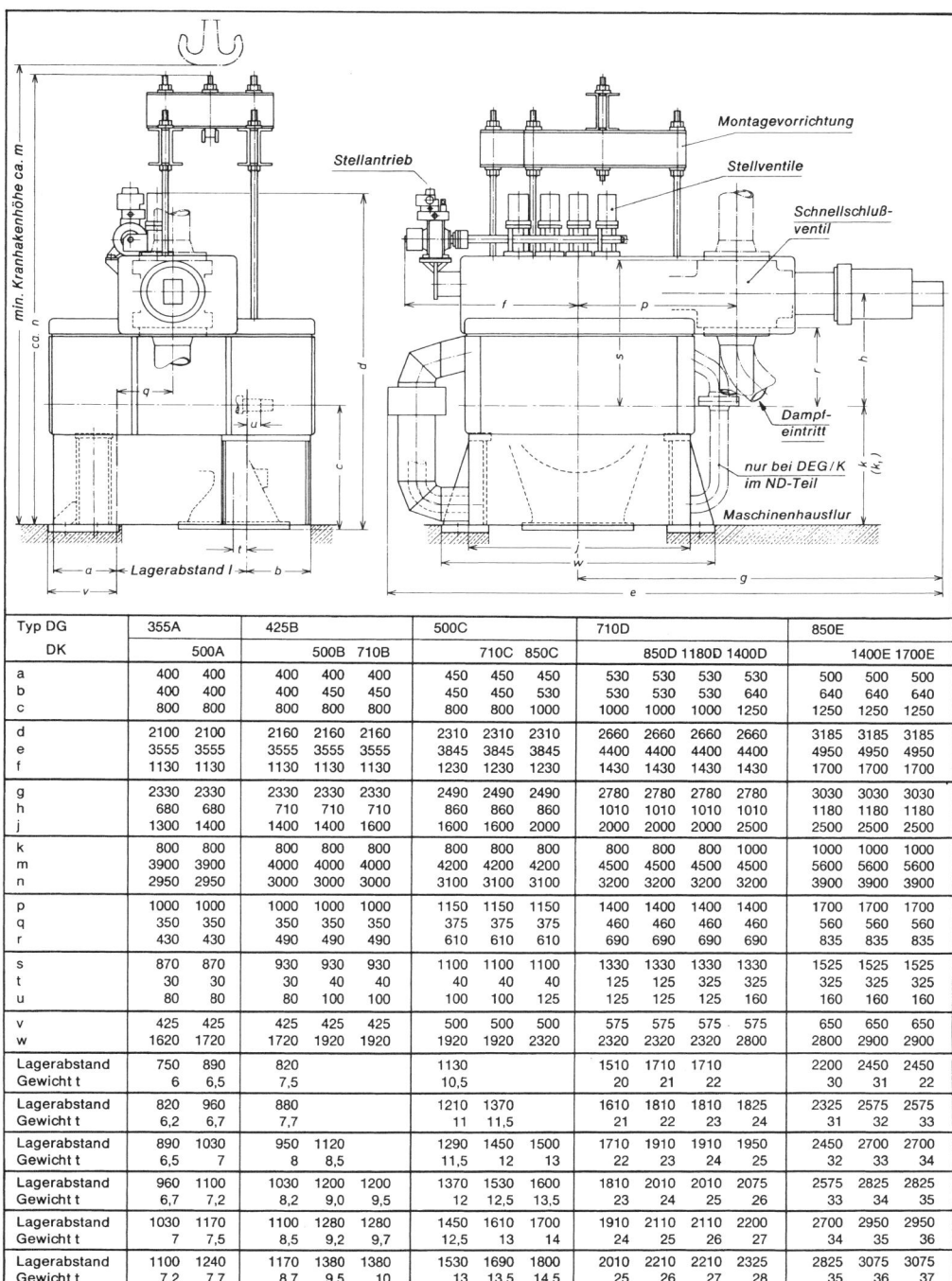

| Typ DG | 355A | | 425B | | | 500C | | | 710D | | | | 850E | | |
|---|---|---|---|---|---|---|---|---|---|---|---|---|---|---|---|
| DK | | 500A | | 500B | 710B | | 710C | 850C | | 850D | 1180D | 1400D | | 1400E | 1700E |
| a | 400 | 400 | 400 | 400 | 400 | 450 | 450 | 450 | 530 | 530 | 530 | 530 | 500 | 500 | 500 |
| b | 400 | 400 | 400 | 450 | 450 | 450 | 450 | 530 | 530 | 530 | 530 | 640 | 640 | 640 | 640 |
| c | 800 | 800 | 800 | 800 | 800 | 800 | 800 | 1000 | 1000 | 1000 | 1000 | 1250 | 1250 | 1250 | 1250 |
| d | 2100 | 2100 | 2160 | 2160 | 2160 | 2310 | 2310 | 2310 | 2660 | 2660 | 2660 | 2660 | 3185 | 3185 | 3185 |
| e | 3555 | 3555 | 3555 | 3555 | 3555 | 3845 | 3845 | 3845 | 4400 | 4400 | 4400 | 4400 | 4950 | 4950 | 4950 |
| f | 1130 | 1130 | 1130 | 1130 | 1130 | 1230 | 1230 | 1230 | 1430 | 1430 | 1430 | 1430 | 1700 | 1700 | 1700 |
| g | 2330 | 2330 | 2330 | 2330 | 2330 | 2490 | 2490 | 2490 | 2780 | 2780 | 2780 | 2780 | 3030 | 3030 | 3030 |
| h | 680 | 680 | 710 | 710 | 710 | 860 | 860 | 860 | 1010 | 1010 | 1010 | 1010 | 1180 | 1180 | 1180 |
| j | 1300 | 1400 | 1400 | 1400 | 1600 | 1600 | 1600 | 2000 | 2000 | 2000 | 2000 | 2500 | 2500 | 2500 | 2500 |
| k | 800 | 800 | 800 | 800 | 800 | 800 | 800 | 800 | 800 | 800 | 800 | 1000 | 1000 | 1000 | 1000 |
| m | 3900 | 3900 | 4000 | 4000 | 4000 | 4200 | 4200 | 4200 | 4500 | 4500 | 4500 | 4500 | 5600 | 5600 | 5600 |
| n | 2950 | 2950 | 3000 | 3000 | 3000 | 3100 | 3100 | 3100 | 3200 | 3200 | 3200 | 3200 | 3900 | 3900 | 3900 |
| p | 1000 | 1000 | 1000 | 1000 | 1000 | 1150 | 1150 | 1150 | 1400 | 1400 | 1400 | 1400 | 1700 | 1700 | 1700 |
| q | 350 | 350 | 350 | 350 | 350 | 375 | 375 | 375 | 460 | 460 | 460 | 460 | 560 | 560 | 560 |
| r | 430 | 430 | 490 | 490 | 490 | 610 | 610 | 610 | 690 | 690 | 690 | 690 | 835 | 835 | 835 |
| s | 870 | 870 | 930 | 930 | 930 | 1100 | 1100 | 1100 | 1330 | 1330 | 1330 | 1330 | 1525 | 1525 | 1525 |
| t | 30 | 30 | 30 | 40 | 40 | 40 | 40 | 40 | 125 | 125 | 325 | 325 | 325 | 325 | 325 |
| u | 80 | 80 | 80 | 100 | 100 | 100 | 100 | 125 | 125 | 125 | 125 | 160 | 160 | 160 | 160 |
| v | 425 | 425 | 425 | 425 | 425 | 500 | 500 | 500 | 575 | 575 | 575 | 575 | 650 | 650 | 650 |
| w | 1620 | 1720 | 1720 | 1920 | 1920 | 1920 | 1920 | 2320 | 2320 | 2320 | 2320 | 2800 | 2800 | 2900 | 2900 |
| Lagerabstand | 750 | 890 | 820 | | | 1130 | | | 1510 | 1710 | 1710 | | 2200 | 2450 | 2450 |
| Gewicht t | 6 | 6,5 | 7,5 | | | 10,5 | | | 20 | 21 | 22 | | 30 | 31 | 22 |
| Lagerabstand | 820 | 960 | 880 | | | 1210 | 1370 | | 1610 | 1810 | 1810 | 1825 | 2325 | 2575 | 2575 |
| Gewicht t | 6,2 | 6,7 | 7,7 | | | 11 | 11,5 | | 21 | 22 | 23 | 24 | 31 | 32 | 33 |
| Lagerabstand | 890 | 1030 | 950 | 1120 | | 1290 | 1450 | 1500 | 1710 | 1910 | 1910 | 1950 | 2450 | 2700 | 2700 |
| Gewicht t | 6,5 | 7 | 8 | 8,5 | | 11,5 | 12 | 13 | 22 | 23 | 24 | 25 | 32 | 33 | 34 |
| Lagerabstand | 960 | 1100 | 1030 | 1200 | 1200 | 1370 | 1530 | 1600 | 1810 | 2010 | 2010 | 2075 | 2575 | 2825 | 2825 |
| Gewicht t | 6,7 | 7,2 | 8,2 | 9,0 | 9,5 | 12 | 12,5 | 13,5 | 23 | 24 | 25 | 26 | 33 | 34 | 35 |
| Lagerabstand | 1030 | 1170 | 1100 | 1280 | 1280 | 1450 | 1610 | 1700 | 1910 | 2110 | 2110 | 2200 | 2700 | 2950 | 2950 |
| Gewicht t | 7 | 7,5 | 8,5 | 9,2 | 9,7 | 12,5 | 13 | 14 | 24 | 25 | 26 | 27 | 34 | 35 | 36 |
| Lagerabstand | 1100 | 1240 | 1170 | 1380 | 1380 | 1530 | 1690 | 1800 | 2010 | 2210 | 2210 | 2325 | 2825 | 3075 | 3075 |
| Gewicht t | 7,2 | 7,7 | 8,7 | 9,5 | 10 | 13 | 13,5 | 14,5 | 25 | 26 | 27 | 28 | 35 | 36 | 37 |

Bild 8.25  Abmessungen von Industriedampfturbinen (nach Fa. Borsig)

Massenstrom geändert wird. Bei der reinen Drosselregelung ist die 1. Stufe voll-, bei der Füllungsregelung teilbeaufschlagt.

Die meisten kleineren und mittleren Dampfturbinen, insbesondere ältere Kraftwerksturbinen und Industrieturbinen, werden durch eine kombinierte Drossel-Füllungsregelung über mehrere Düsengruppen geregelt, bei der sowohl der Massenstrom als auch das Wärmegefälle beeinflusst werden.

b) **Gleitdruckregelung**

Beim reinen Gleitdruckbetrieb bleiben die Ventile der Turbinen voll geöffnet, die Lastschwankungen werden durch Ändern des Dampfdruckes von der Dampferzeugerseite her geregelt. Da die Regelung des Dampferzeugers relativ träge ist, können im reinen Gleitdruckbetrieb keine schnellen Lastschwankungen ausgeglichen werden, weshalb man oft eine modifizierte Gleitdruckregelung zur Verbesserung der Regeleigenschaften anwendet. Folgende Lösungen sind möglich:

1. Die Turbine hat keine Regelstufe, die Einlassventile sind etwas gedrosselt und werden bei Leistungssteigerung aufgefahren.
2. Die Turbine hat keine Regelstufe und fährt mit ständig geöffneten Einlassventilen. Bei Leistungssteigerung öffnet ein Bypassventil und gibt Zusatzdampf in eine Zwischenstufe der Turbine.
3. Die Turbine ist mit einer Regelstufe ausgerüstet und läuft normalerweise teilbeaufschlagt. Bei Leistungserhöhung öffnet ein zusätzliches Düsenventil.

Als Führungsgrößen für das meist elektrohydraulische oder hydraulische Regelsystem der Turbine können dienen:

❏ Turbinenleistung,
❏ Drehzahl bzw. Frequenz,
❏ Drücke an verschiedenen Stellen der Anlage,
❏ Temperaturen, insbesondere Lager- und Wandtemperaturen.

Ein elektrohydraulisches Regelsystem besteht aus folgenden Bausteinen:

❏ Geräte zur Messwerterfassung und -umformung,
❏ Regler und Sollwertführungsgeräte,
❏ Hydraulikteile mit elektrohydraulischen Umformern,
❏ Strom-, Öl- und Steuerflüssigkeitsversorgung,
❏ Überwachungs- und Meldeeinrichtungen.

Eine genaue Beschreibung der Dampfturbinenregelung kann z. B. in [8.5 und 8.13] nachgelesen werden.

### 8.6.2 Sicherheits- und Überwachungseinrichtungen

In Störungsfällen können in Dampfturbinen Kräfte auftreten, die zur Zerstörung von Bauteilen führen könnten. Um dies zu vermeiden, d. h. eine größtmögliche Betriebssicherheit zu gewährleisten, werden Sicherheits- und Überwachungseinrichtungen eingebaut, die bei Gefahr die Turbine stillsetzen.

Die wichtigsten Sicherheits- und Überwachungseinrichtungen, deren Funktionen u. a. in [8.5, 8.6 und 8.13] beschrieben sind, sind in der folgenden Liste aufgeführt:

1. Sicherung gegen Fremdkörper im Dampf, meist mittels Dampfsiebe,
2. Sicherung gegen mangelnde Lagerölversorgung,
3. Sicherung gegen Überdrehzahl,
4. Prüfeinrichtungen für Schnellschlussventile und Drehzahlwächter,
5. Sicherung gegen Rückdampf,
6. Sicherung gegen Wassereinbruch,
7. Sicherung gegen Überdruck,
8. Sicherung gegen zu niedrigen oder zu hohen Gegendruck,
9. Sicherung gegen Antrieb der Turbine vom Netz her,
10. Überwachung von Gehäusedehnungen, Wellenlage und Schub,
11. Überwachung der radialen Schaufelspiele.

Im weitesten Sinne zählt auch die Wellendrehvorrichtung, die nach Abstellen der Turbine den Läufer langsam dreht, um eine thermische Verkrümmung des Rotors zu vermeiden, zu den Sicherheitseinrichtungen.

# 9 Gasturbinen

## 9.1 Einleitung

Die ersten Vorschläge zur technischen Verwirklichung der Gasturbine stammen zwar bereits aus dem Jahr 1791 (J. BARBER, England), technisch brauchbare Gasturbinen werden aber erst seit ca. 1930 gebaut. Damit entstand den bis dahin bereits zu hoher technischer Reife entwickelten «klassischen» Wärmekraftmaschinen Ottomotor, Dieselmotor und Dampfturbine eine ernsthafte Konkurrentin. Die Gasturbine hat die Luftfahrt in großen Flughöhen und mit großen Geschwindigkeiten, insbesondere im militärischen Bereich mit mehrfacher Schallgeschwindigkeit, überhaupt erst ermöglicht und – sieht man von kleinen Leistungen ab – dort den Ottomotor vollkommen verdrängt.

In jüngster Zeit drängt die Gasturbine aufgrund großer technologischer Fortschritte, insbesondere durch den Bau großer, leistungsfähiger Axialverdichter, durch die Entwicklung neuer warmfester Werkstoffe und durch die Anwendung der Schaufelkühlung in bisher von Dampfturbine, Dieselmotor und Elektromotor unangefochten beherrschte Anwendungsgebiete vor.

Die Entwicklung ist jedoch keinesfalls abgeschlossen. Der Trend geht zu noch höheren Heißgastemperaturen (bei modernen Flugzeuggasturbinen liegt die maximale Temperatur am Turbineneintritt bei ca. 1400 °C!), zu größeren Druckverhältnissen (heute etwa maximal 40), zu größeren Leistungen, kleineren Gewichten und Abmessungen, höherer Lebensdauer und Verfügbarkeit und größerer Wirtschaftlichkeit.

Aufgrund ihrer Vorteile: niedriges Leistungsgewicht, geringer Raumbedarf, geringer oder kein Kühlwasserbedarf, einfache Verwirklichung von Automatisierung und Fernsteuerung, geringer Personalbedarf, geringe Schmierölkosten und schnelle Betriebsbereitschaft wird die Gasturbine vor allem auf folgenden Gebieten eingesetzt:

- in Kraftwerken zur Stromerzeugung und eventuell Heizkraftversorgung,
- in Luftspeicherkraftwerken,
- zum Antrieb von Pumpen und Verdichtern,
- zum Antrieb von Schienen-, Straßen- und Wasserfahrzeugen,
- zum Antrieb von Flugzeugen und Hubschraubern.

Die Leistungsgrenze liegt bei Kraftwerksturbinen bei ca. 340 MW, bei Antriebsturbinen für Arbeitsmaschinen bei ca. 20 MW und bei Flugzeugturbinen bei einem Schub von ca. 570 KN.

Als Strömungsmaschine gesehen, ist die Gasturbine eine thermische Turbokraftmaschine, die im Vergleich zur verwandten Dampfturbine mit wesentlich niedrigeren Drücken, erheblich größeren Temperaturen, kleinerer spezifischer Stutzenarbeit und damit wesentlich kleineren Stufenzahlen arbeitet.

Eine in Anlehnung an [9.1] zusammengestellte Tabelle mit ungefähren Richtwerten soll diese Unterschiede verdeutlichen:

Tabelle 9.1   Vergleich Gasturbine – Dampfturbine

|  | Gasturbine | Dampfturbine |
|---|---|---|
| Druck des Arbeitsmediums | < 40 bar | < 280 bar |
| Temperatur des Arbeitsmediums | < 1400 °C | < 580 °C |
| Austrittsdruck | $\geq$ 1 bar | > 0,02 bar |
| Endtemperatur | > 400 °C | > 20 °C |
| Wärmegefälle | 1000 kJ/kg | 1500 kJ/kg |
| Stufenzahl | 3...8 | 20...40 |

## 9.2 Gasturbinen-Kreisprozesse

Im Rahmen dieses Buches ist es nur möglich, von den zahlreichen Gasturbinen-Kreisprozessen die in der Praxis häufig angewandten Prozesse zu behandeln. Sonderprozesse, die nur selten vorkommen, insbesondere bei einzelnen Versuchsprojekten, können der weiterführenden Fachliteratur [9.1 bis 9.5] entnommen werden.

In den folgenden Abschnitten werden deshalb nur der **offene Gasturbinen-Kreisprozess** mit und ohne Wärmetausch und der **geschlossene Prozess** erläutert.

### 9.2.1 Offener Gasturbinen-Kreisprozess ohne Wärmetausch

Der **ideale, verlustlose Kreisprozess** einer einfachen, **offenen Gasturbinenanlage** besteht aus folgenden Zustandsänderungen (Bild 9.1):

1 – 2  isentrope Verdichtung von $p_1$ auf $p_2$ im **Verdichter**,
2 – 3  isobare Wärmezufuhr in der **Brennkammer**,
3 – 4  isentrope Entspannung von $p_3$ auf $p_4$ in der **Turbine**,
4 – 1  isobare Wärmeabfuhr an die Umgebung.

Die thermischen Grenzen des Kreisprozesses werden nach unten durch Druck $p_1$ und Temperatur $T_1$ der angesaugten Verbrennungsluft, nach oben durch die maximal mögliche Turbineneintrittstemperatur $T_3$ festgelegt.

**Thermischer Wirkungsgrad** $\eta_{th}$ und **Arbeitsvermögen** $w$ des Prozesses hängen, wie aus dem $T$-$s$-Diagramm (Bild 9.1) abgeleitet wird, sowohl von der Turbineneintrittstemperatur $T_3$ als auch vom Druckverhältnis $\pi = p_2/p_1 = p_3/p_4$ ab:

$$\eta_{th} = \frac{\text{Nutzen}}{\text{Aufwand}} = \frac{w}{q_{zu}}$$

$$\eta_{th} = \frac{q_{zu} - q_{ab}}{q_{zu}} = 1 - \frac{q_{ab}}{q_{zu}}$$

$q_{zu}$ = Fläche a – 2 – 3 – b  ⎤  im $T$-$s$-Diagramm
$q_{ab}$ = Fläche a – 1 – 4 – b  ⎦  (Bild 9.1)

Die isobar zugeführte Wärmemenge beträgt bekanntlich:

$$q_{zu} = c_{pm}(T_3 - T_2)$$

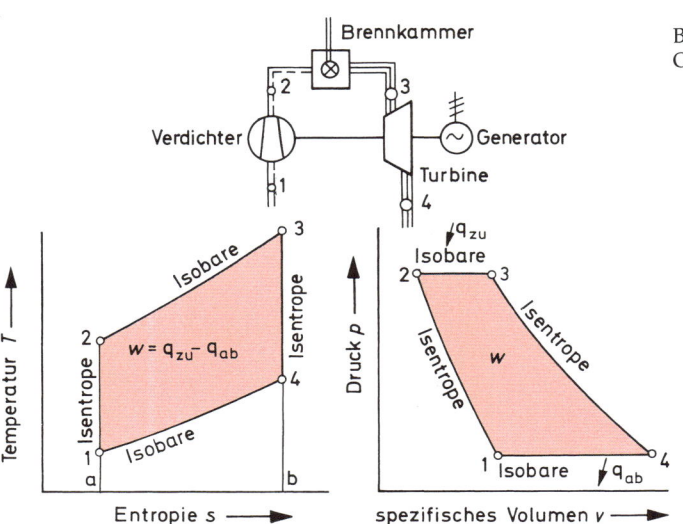

Bild 9.1
Offene Gasturbinenanlage

die isobar abgeführte Wärmemenge:

$q_{ab} = c_{pm}(T_4 - T_1)$

Unter Annahme gleicher spezifischer Wärmekapazitäten $c_{pm}$ für Wärmezu- und -abfuhr ergibt sich durch Einsetzen in die Definitionsgleichung des thermischen Wirkungsgrades:

$\eta_{th} = 1 - \dfrac{T_4 - T_1}{T_3 - T_2}$

Unter Verwendung der Gleichungen für die isentrope Verdichtung 1–2 und die isentrope Entspannung 3–4 können die Temperaturen $T$ durch die korrespondierenden Drücke $p$ ersetzt werden:

$\dfrac{T_2}{T_1} = \left(\dfrac{p_2}{p_1}\right)^{\frac{\varkappa-1}{\varkappa}}$ ; $\dfrac{T_3}{T_4} = \left(\dfrac{p_3}{p_4}\right)^{\frac{\varkappa-1}{\varkappa}}$

Setzt man die Isentropenexponenten $\varkappa$ für Kompression und Expansion gleich hoch an und die Drücke $p_2 = p_3$ bzw. $p_1 = p_4$ (Isobaren!), ergeben sich folgende einfachen Ausdrücke für den thermischen Wirkungsgrad dieses idealisierten Prozesses:

$\boxed{\eta_{th} = 1 - \dfrac{T_1}{T_2} = 1 - \dfrac{T_4}{T_3}}$ (Gl. 9.1)

$\boxed{\eta_{th} = 1 - \left(\dfrac{p_1}{p_2}\right)^{\frac{\varkappa-1}{\varkappa}} = 1 - \dfrac{1}{\pi^{\frac{\varkappa-1}{\varkappa}}}}$ (Gl. 9.2)

Nach Aussage von Gl. 9.2 ist demnach der thermische Wirkungsgrad $\eta_{th}$ des offenen, idealen Gasturbinen-Kreisprozesses nur vom Druckverhältnis $\pi$ abhängig. In Bild 9.2 aus [9.1] ist $\eta_{th}$ als Funktion des Druckverhältnisses $\pi$ für einen Isentropenexponenten $\varkappa = 1,4$ (Luft) dargestellt.

Die **Nutzarbeit** $w$ der Gasturbinenanlage ergibt sich als Differenz der Turbinen- und Verdichterarbeit:

$w = Y_{s,T} - Y_{s,V}$

$Y_{s,T}$ kann nach Gl. 2.13, $Y_{s,V}$ nach Gl. 2.21 berechnet werden:

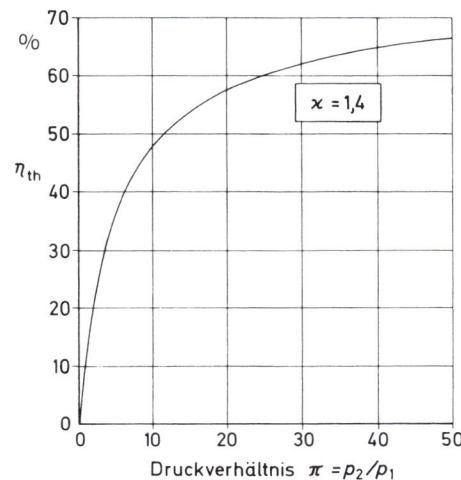

Bild 9.2 Theoretischer Prozesswirkungsgrad abhängig vom Druckverhältnis

$Y_{s,T} = h_3 - h_{4,s} = c_{pm} \cdot (T_3 - T_4)$
$Y_{s,V} = h_{2,s} - h_1 = c_{pm} \cdot (T_2 - T_1)$
$w = c_{pm} \cdot (T_3 - T_4) - c_{pm} \cdot (T_2 - T_1)$

mit

$T_4 = T_3 \cdot \left(\dfrac{p_4}{p_3}\right)^{\frac{\varkappa-1}{\varkappa}} = T_3 \cdot \dfrac{1}{\pi^{\frac{\varkappa-1}{\varkappa}}}$

und

$T_2 = T_1 \cdot \left(\dfrac{p_2}{p_1}\right)^{\frac{\varkappa-1}{\varkappa}} = T_1 \cdot \pi^{\frac{\varkappa-1}{\varkappa}}$

folgt für die Nutzarbeit $w$:

$w = c_{pm} \cdot T_3 \cdot \left(1 - \dfrac{1}{\pi^{\frac{\varkappa-1}{\varkappa}}}\right) - c_{pm} \cdot T_1 \cdot (\pi^{\frac{\varkappa-1}{\varkappa}} - 1)$

$\boxed{\dfrac{w}{c_{pm} \cdot T_1} = \dfrac{T_3}{T_1} \cdot \left(1 - \dfrac{1}{\pi^{\frac{\varkappa-1}{\varkappa}}}\right) - (\pi^{\frac{\varkappa-1}{\varkappa}} - 1)}$ (Gl. 9.3)

Gleichung 9.3 stellt eine dimensionslose Beziehung für die Nutzarbeit $w$ dar, ausgedrückt durch das Temperaturverhältnis $T_3/T_1$, und das Druckverhältnis $\pi$. In Bild 9.3 ist der dimensionslose Ausdruck $\dfrac{w}{c_p \cdot T_1}$ abhängig vom

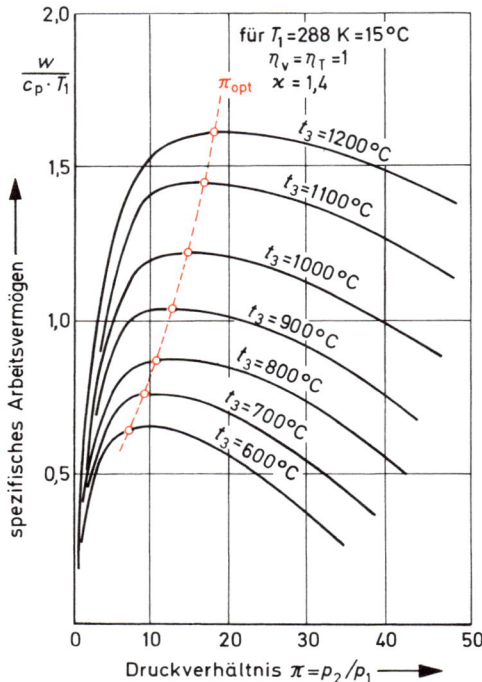

Bild 9.3  Spezifisches Arbeitsvermögen

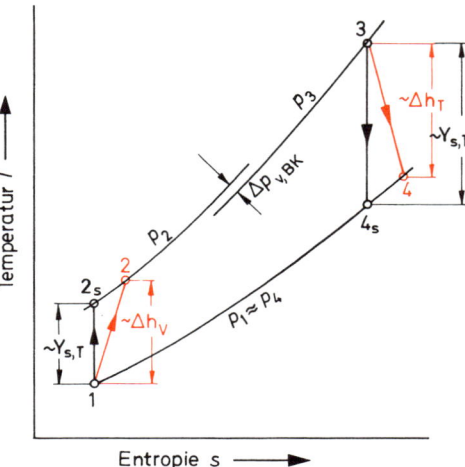

Bild 9.4  Wirklicher Kreisprozess

Druckverhältnis $\pi$ und der Turbineneintrittstemperatur $t_3$ für eine Luftansaugetemperatur $t_1 = 15\,°C$ und eine spez. Wärmekapazität $c_{pm}$ = 1004 J/(kg · K) (Luft) nach [9.1] dargestellt. Aus diesem Diagramm erkennt man, dass es wenig Sinn hat, das Druckverhältnis $\pi$ im Hinblick auf einen hohen thermischen Wirkungsgrad nach Gl. 9.2 bzw. Bild 9.2 über den in Bild 9.3 rot eingezeichneten Grenzwert $\pi_{opt}$ zu steigern, da sonst das Arbeitsvermögen $w$, d. h. die Nutzleistungsabgabe der Gasturbinenanlage, abnehmen würde.

Beim wirklichen Prozess treten Verluste auf:

a) Die Verdichtung verläuft **polytrop** (mit Entropiezunahme), da Reibungs- und Strömungsverluste auftreten (Bild 9.4).
b) Die Wärmezufuhr in der Brennkammer verläuft nicht rein isobar, sondern mit einem geringen Druckverlust $\Delta p_{v,Bk}$ (Bild 9.4).
c) Die Expansion in der Turbine ist ebenfalls nicht isentrop, sondern polytrop mit Entropiezunahme (Bild 9.4).
d) mechanische Verluste, insbesondere in den Lagern, sowie benötigte Antriebsenergien für Hilfsantriebe,
e) Leckage an den Dichtungen sowie bei höheren Temperaturen für Kühlzwecke abgezweigte Luftströme,
f) Druckverluste im Zulauf (Luftfilter, Schalldämpfer, Ansaugleitungen) und in der Abgasleitung,
g) Energieverluste aufgrund unvollständiger Verbrennung des Kraftstoffes in der Brennkammer. Alle diese Verluste bewirken einen im Vergleich zum theoretischen thermischen Wirkungsgrad $\eta_{th}$ wesentlich niedrigeren Kupplungswirkungsgrad $\eta_K$.

Drückt man nach [9.1 und 9.6] die an der Kupplung der Gasturbinenanlage abgegebene Nutzleistung $P_K$ relativiert aus

$$\frac{P_K}{\dot{m}_L} = f(\pi; t_3) \qquad \text{(Gl. 9.4)}$$

$P_K$  Nutzleistung in kW
$\dot{m}_L$  angesaugter Luftmassenstrom in kg/s
$\pi$  Druckverhältnis ($p_2/p_1$)
$t_3$  Turbineneintrittstemperatur in °C

Bild 9.5
Spezifische Leistung und Wirkungsgrad des offenen Gasturbinenprozesses (nach Fa. AEG-KANIS)

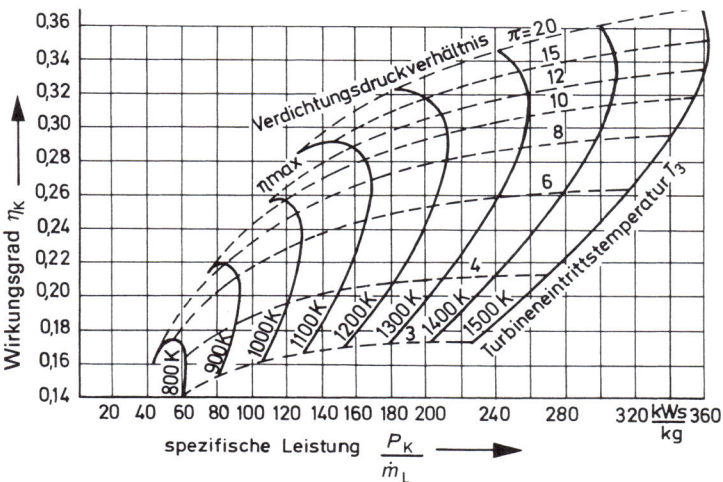

so kann man abhängig vom gewählten Druckverhältnis $\pi$ und der Turbineneintrittstemperatur $T_3$ aus Bild 9.5 (nach [9.6]) zu einer gegebenen Leistung $P_K$ den erforderlichen Luftmassenstrom $\dot m_L$ – oder umgekehrt – grafisch bestimmen.

Zusätzlich kann an der Ordinate noch der zugehörige Wirkungsgrad $\eta_K$ abgelesen werden.

Man kann den Kupplungswirkungsgrad $\eta_K$ auch aus der Leistung $P_K$, dem Heizwert $H_u$ des Brennstoffs und dem Brennstoff-Massenstrom $\dot m_B$ bestimmen:

$$\eta_K = \frac{P_K}{\dot m_B \cdot H_u} \qquad \text{(Gl. 9.5)}$$

$\eta_K$  Kupplungswirkungsgrad
$P_K$  Nutzleistung an der Kupplung
$\dot m_B$  Brennstoff-Massenstrom
$H_u$  unterer Heizwert des Kraftstoffes

### 9.2.2 Offener Gasturbinen-Kreisprozess mit Wärmetausch

Führt man die aus der Turbine mit der noch relativ hohen Abgastemperatur $T_5$ austretenden Abgase über einen Wärmetauscher, so lässt sich die ebenfalls durch den Wärmetauscher strömende verdichtete Verbrennungsluft von $T_2$ auf $T_3$ vorwärmen (Bild 9.6). Dadurch kann Brennstoff gespart werden, da die

Bild 9.6
Gasturbinenanlage mit Wärmetauscher

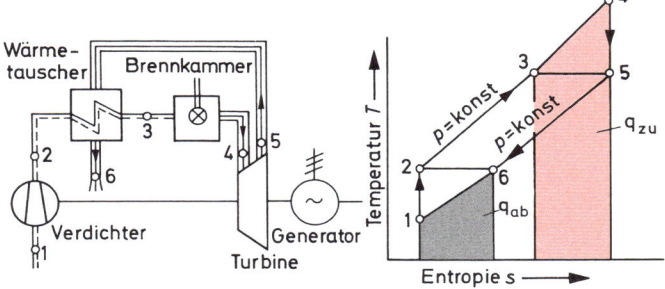

in der Brennkammer zuzuführende Wärmemenge $q_{zu}$ noch

$$q_{zu} = c_{pm} \cdot (T_4 - T_3)$$

beträgt, denn die Wärmemenge

$$q_{Wt} = c_{pm} \cdot (T_3 - T_2)$$

wurde bereits im Wärmetauscher zugeführt.

Nach [9.1] ergibt sich für den thermischen Wirkungsgrad eines verlustlosen, idealen Kreisprozesses mit Wärmetausch:

$$\eta_{th} = 1 - \pi^{\frac{\kappa-1}{\kappa}} \cdot \frac{T_1}{T_4} \qquad (Gl.\ 9.6)$$

Beim wirklichen Prozess sind zusätzlich zu den in 9.2.1 aufgeführten Verlusten noch die Reibungsverluste und der tatsächliche Temperaturverlauf im Wärmetauscher zu berücksichtigen.

Der Wirkungsgrad des Prozesses mit Wärmetausch ist nur bis zu einem bestimmten Druckverhältnis größer als der Wirkungsgrad des Prozesses ohne Wärmetausch. Dies liegt daran, dass bei hohem Druckverhältnis $\pi$ die Temperatur $T_2$ der verdichteten Luft höher liegt als die Temperatur $T_5$ des Abgases. Ein positiver Wärmetausch ist dann gar nicht mehr möglich, im Gegenteil, die verdichtete Luft würde die Abgase aufheizen anstatt abkühlen. Die Höhe des Druckverhältnisses, ab der sich der Einsatz eines Wärmetauschers prozessmäßig nicht mehr lohnt, hängt von den Temperaturen des Prozesses und den Wirkungsgraden von Verdichter, Turbine und Wärmetauscher ab und liegt bei den üblichen Daten in der Größenordnung von 10…15. In [9.1 und 9.2] sind diesbezüglich detaillierte Aussagen gemacht und Diagramme angegeben.

Bei der Entscheidung, ob eine Gasturbinenanlage niedrigen Druckverhältnisses mit einem Wärmetauscher ausgestattet werden soll oder nicht, muss u.a. die eventuelle Brennstoffersparnis den Amortisations-, Betriebs- und Wartungskosten des Wärmetauschers gegenübergestellt werden.

Anstelle von Gasturbinenanlagen mit Wärmetauscher werden in neuerer Zeit immer mehr Anlagen mit Verringerung der Abgastemperatur in Abhitze-Dampferzeugern, sog. **kombinierte Gas-Dampf-Anlagen** [9.5] gebaut.

### 9.2.3 Geschlossener Gasturbinen-Kreisprozess

Billige Brennstoffe, z.B. schweres Heizöl oder Kohlenstaub, enthalten Verunreinigungen, die zu Korrosionen in Brennkammern oder Turbinen führen können. Für die direkte Verbrennung im offenen Prozess eignen sich deshalb nur relativ reine Brennstoffe wie Erdgas, leichtes Heizöl oder bei Strahltriebwerken Spezialkraftstoffe.

Zur Verwendung billiger Brennstoffe, insbesondere von Kohlenstaub, wurde deshalb von den Schweizern ACKERET und KELLER ein Gasturbinensystem mit geschlossenem Kreislauf entwickelt und von den Firmen Escher-Wyss und GHH gebaut. Inzwischen wird dieser geschlossene Prozess auch als Kühlgaskreislauf für Hochtemperaturreaktoren angewandt. Als Arbeitsgas (Kühlgas) für diese nuklearen Gasturbinenanlagen wird vor allem Helium eingesetzt.

Beim geschlossenen Prozess wird das Arbeitsgas in einem **Erhitzer** auf Temperatur gebracht. Dieser Erhitzer des geschlossenen Gasturbinenprozesses entspricht dem Dampferzeuger im Dampfkraftprozess.

Das Gas läuft in geschlossenem Kreislauf zwischen Verdichter, Erhitzer (Atomreaktor) und Gasturbine um (Bild 9.7). Im Hinblick auf den offenen Prozess kommt neu die Abkühlung des aus der Turbine ausströmenden Gases in Kühlern hinzu.

Der geschlossene Prozess hat folgende Vorteile:

a) Das Arbeitsgas enthält keine Rauchgase und Verunreinigungen.
b) Durch Verändern des Systemdruckes kann der im Kreislauf umlaufende Massenstrom und damit die Turbinenleistung relativ einfach geregelt werden. Außerdem werden dadurch hohe Teillastwirkungsgrade erzielt.
c) Durch die Wahl hoher Systemdrücke können die Maschinenabmessungen klein ge-

Bauteile einer Gasturbinenanlage 201

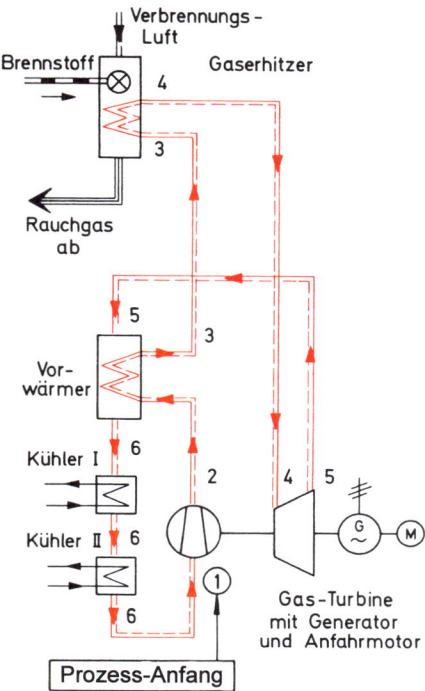

halten und große Maschinenleistungen verwirklicht werden. Als Nachteile des geschlossenen Prozesses sind der größere apparative Aufwand, insbesondere die benötigten Kühler und die großen Kühlwassermengen zu nennen.

Wirkungsgrad und Arbeitsvermögen des geschlossenen Kreisprozesses, insbesondere ihre Abhängigkeiten vom Druckverhältnis und von der maximalen Prozesstemperatur, ändern sich gegenüber dem offenen Prozess nicht, da es thermodynamisch keinen Unterschied gibt zwischen der Wärmezufuhr durch direkte Verbrennung in einer Brennkammer und der Wärmezufuhr in einem Wärmetauscher.

### 9.3 Bauteile einer Gasturbinenanlage

#### 9.3.1 Einleitung

Eine einfache Gasturbinenanlage besteht aus den 3 Hauptgruppen:

Verdichter, Brennkammer, Turbine.

Bei Anwendung der Luftvorwärmung durch die Abgase kommt noch ein Wärmetauscher, bei geschlossenen Prozessen noch der Erhitzer und die Kühler hinzu.

Der Verdichter, je nach Größe der Gasturbine in radialer oder axialer Ausführung, ist im Prinzip ähnlich wie die in Kapitel 12 beschriebenen Turboverdichter aufgebaut, wird allerdings bei neueren Gasturbinenkonstruktionen zusammen mit der Turbine in einer Verbundkonstruktion 1-gehäusig ausgeführt (Bilder 9.14, 9.16 und 9.24).

Im Rahmen dieses Abschnittes werden deshalb nur Aufbau und Wirkungsweise von Brennkammer und eigentlicher Gasturbine beschrieben.

#### 9.3.2 Brennkammer

Die im offenen Kreisprozess arbeitenden stationären Gasturbinen und Flugtriebwerke ha-

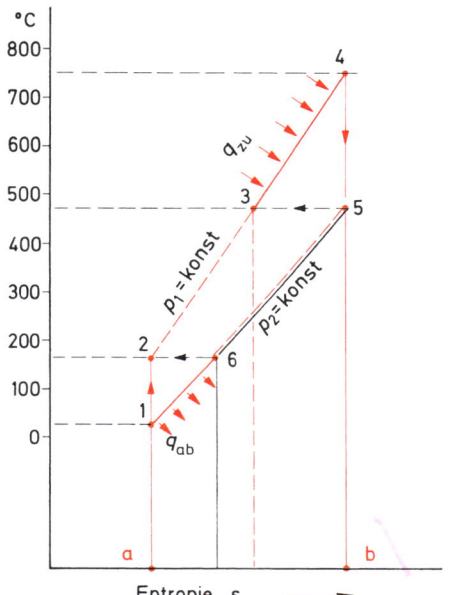

Bild 9.7 Geschlossene Gasturbinenanlage

ben Brennkammern für Unterschallverbrennung, d.h., die Mach-Zahlen sind mit Rücksicht auf die Fortpflanzungsgeschwindigkeit der Verbrennung relativ niedrig, insbesondere im Bereich der eigentlichen Flammenzone.

**Technische Anforderungen an die verschiedenen Ausführungen von Brennkammern:**

a) Trotz der nur sehr kleinen mittleren Verweilzeit des Gases in der Brennkammer (Größenordnung: bis etwa 10 ms), soll ein hoher **Brennkammerwirkungsgrad** (Ausbrand), auch im Teillastbereich, vorhanden sein, d.h., die chemische Energie des flüssigen oder gasförmigen Brennstoffes soll möglichst verlustfrei in Wärme umgesetzt werden.
Gute Brennkammern haben Wirkungsgrade zwischen 0,94...0,98 bei einem Druckverlust von etwa 3...8% des Verdichterenddruckes.
b) Die Verbrennung soll so verlaufen, dass die Abgase möglichst wenig Schadstoffe und Trübung enthalten [9.8].
c) Die Flamme soll möglichst stabil brennen.
d) Trotz der hohen Temperaturen (im Flammenkern bis zu 2500 K) soll die Lebensdauer der Brennkammer hoch sein (möglichst höher als 100000 h!), d.h., die Brennkammerteile müssen beständig gegen Korrosion und Verzundern sein.

Ausgehend von diesen Bedingungen haben sich bei den verschiedenen Gasturbinenarten folgende Brennkammertypen herausgebildet:

a) die **Einzelbrennkammer**, die insbesondere in stationären Gasturbinenanlagen eingebaut wird,
b) die einfache **Ringbrennkammer**,
c) die Ringbrennkammer mit Flammrohreinsätzen (Rohr-Ringbrennkammern),
d) die Mehrfachbrennkammer.

Die Brennkammern unter b)...d) werden vor allem in Flugzeuggasturbinen eingesetzt, wobei die Mehrfachbrennkammer nur noch bei älteren Triebwerken eingebaut ist, moderne Flugtriebwerke haben ausschließlich Ringbrennkammern.

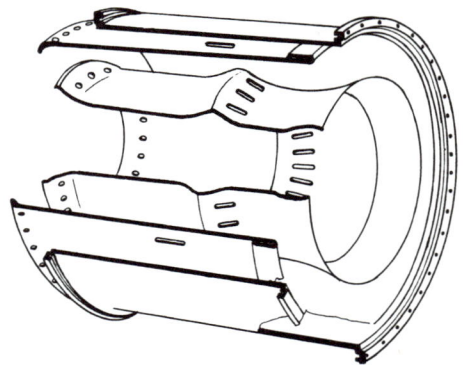

Bild 9.8   Einfache Ringbrennkammer

Aus dem in Bild 9.14 dargestellten Schnitt einer 125-MW-Turbine der Fa. Siemens ist auch der Aufbau der beiden seitlich der Turbine stehend angeordneten Einzelbrennkammern zu ersehen. Die Brennkammer ist 2-schalig aus einem äußeren, isolierten Rohr (Druckmantel) und einem inneren Flammrohr ausgeführt.

Zwischen den beiden Rohren strömt Kühlluft zur Verringerung der durch Abstrahlung entstehenden Wärmeverluste. In der Decke der Kammer sind die Brenner und Wirbelbleche eingesetzt.

Die Brennkammern von Flugtriebwerken müssen auf engstem Raum um die Mittelachse untergebracht werden und ein geringes Gewicht aufweisen. In neueren Triebwerken werden entweder einfache Ringbrennkammern mit einem konzentrischen Flammrohr (Bild 9.8) oder Ringbrennkammern mit mehreren Flammrohreinsätzen (Bild 9.9) eingebaut.

Nach [9.10] ist der Brennkammerbelastungsgrad $q'$ in den letzten Jahren von etwa 25 J/(s m$^3$ bar) auf 50 J/(s m$^3$ bar) gestiegen, d.h. die Wärmeleistung bei gleichen Abmessungen wesentlich gesteigert worden.

Aus Bild 9.10 kann der Geschwindigkeits- und Temperaturverlauf in einer Brennkammer, aus Bild 9.11 die radiale Temperaturverteilung nach der Brennkammer, d.h. am Turbineneintritt bei unmittelbar hinter der Brennkammer angeordneter Turbine, ersehen werden. Diese Temperaturverteilung ist für den

Bauteile einer Gasturbinenanlage 203

Bild 9.9
Ringbrennkammer mit
Flammrohreinsätzen

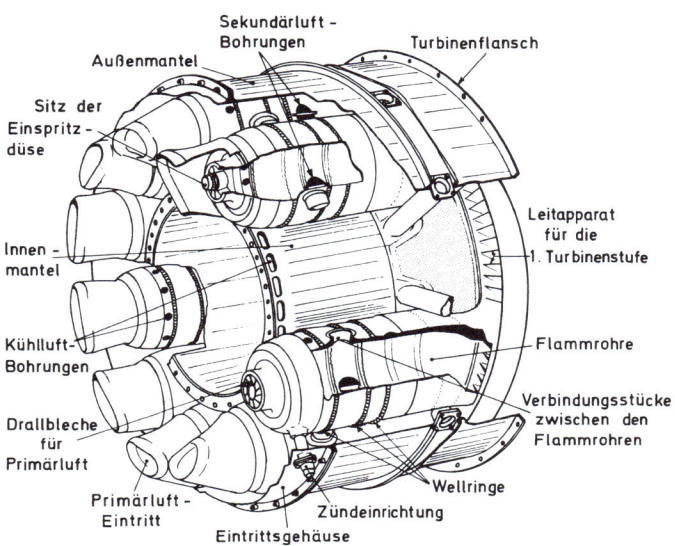

Bild 9.10
Geschwindigkeits- und Temperaturverlauf in einer Brennkammer

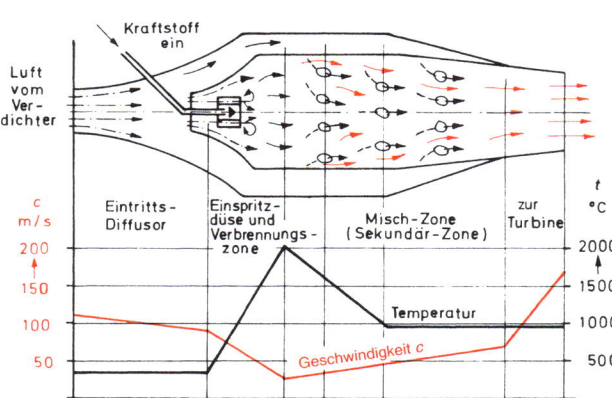

Bild 9.11
Temperaturverteilung am Turbineneintritt
(nach Fa. AEG-KANIS)

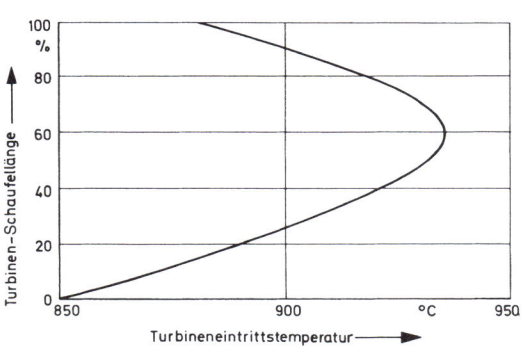

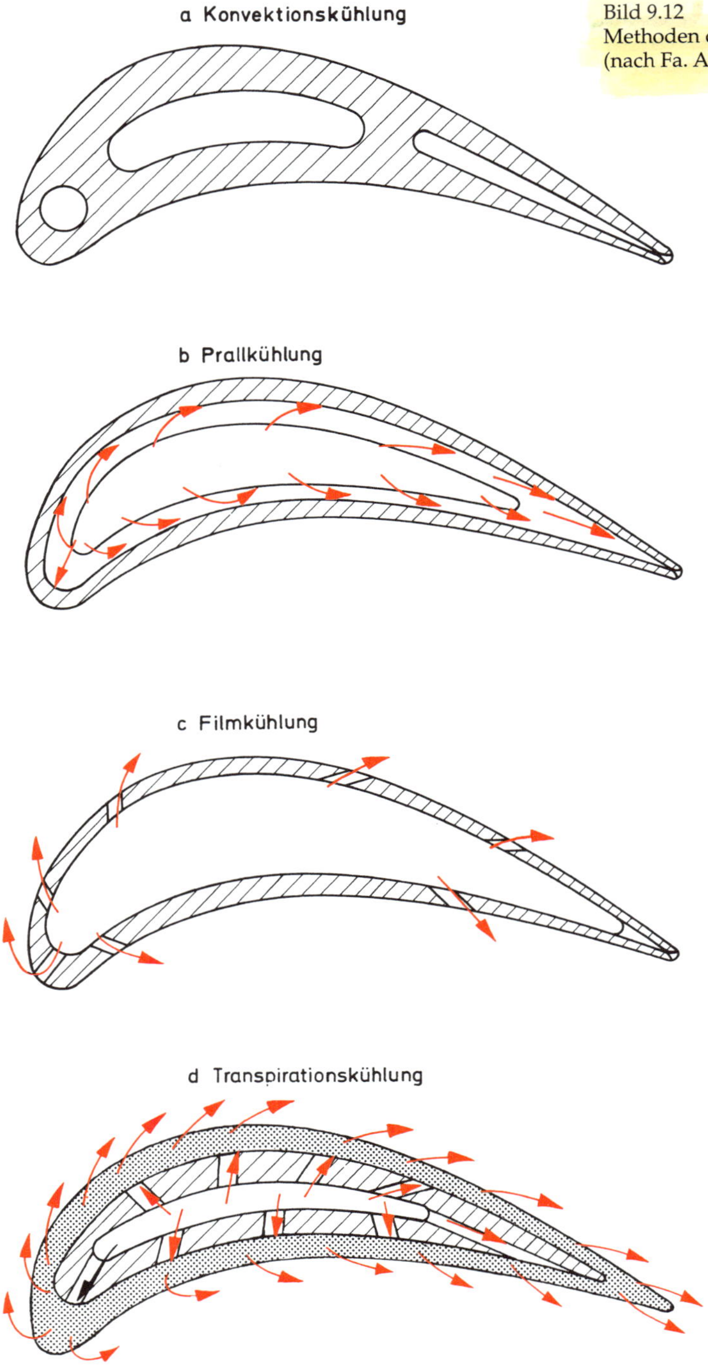

204 Gasturbinen

a Konvektionskühlung

Bild 9.12
Methoden der Schaufelkühlung
(nach Fa. ABB)

b Prallkühlung

c Filmkühlung

d Transpirationskühlung

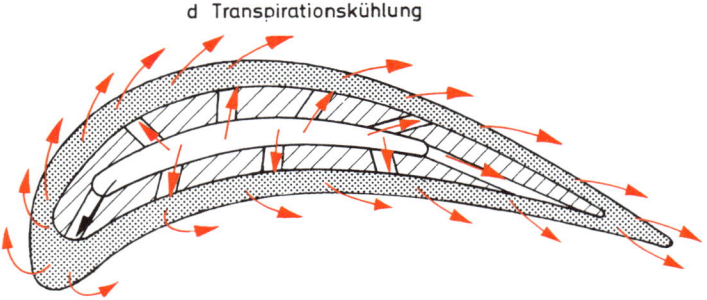

wärmeempfindlichen Schaufelfuß und Schaufelkopf günstiger, als eine gleichmäßige Temperaturverteilung.

Die Dimensionierung der Brennkammer wird anhand empirischer, auf dem Versuchsweg gewonnener Werte durchgeführt.

Einzelheiten über das Regelverhalten, die Kraftstoffeinspritzung und Zündung können in [9.7 und 9.9] nachgelesen werden.

### 9.3.3 Turbine

Je nach Größe der Leistung und nach dem Einsatzgebiet werden Gasturbinen als 1-stufige **Zentripetalturbinen** oder als 1- und mehrstufige **Axialturbinen** ausgeführt.

**Zentripetalturbinen** werden bis zu Nutzleistungen von ca. 2500 kW gebaut (Fa. Kongsberg), was unter Berücksichtigung der Verdichterantriebsleistung, die etwa doppelt so groß wie die Nutzleistung ist, einer reinen Turbinenleistung am Laufrad von ca. 7500 kW entspricht.

Die Zentripetalturbine wird vor allem bei kleinen und mittleren Abgasturboladern wegen ihres einfachen, billigen 1-Stück-Laufrades verwendet (Bild 9.26). Die Zuführung des Gases erfolgt in einer Spirale, an der seitlich, tangential die Einzelbrennkammer angeordnet ist (Bild 9.16). Bei Turboladern ist die Spirale mit den Abgasrohren des Motors verbunden. Am Spiralenaustritt ist ein radiales Leitrad eingesetzt, das den Drall für das unmittelbar folgende Laufrad erzeugt. Bei Kleinstturbinen kann dieses Leitrad entfallen (Bild 9.26).

Die **Axialturbinen** sind im Prinzip ähnlich aufgebaut wie die Dampfturbinen, allerdings wegen der niedrigeren Drücke und höheren Temperaturen in leichterer Bauweise, d.h. dünnwandiger und wärmeelastischer. Der bei Flugtriebwerken angewandte extreme Leichtbau mit dünnsten Blechen, Hohlwellen und Scheibenläufern (Bild 9.21) hat auch den Bau großer stationärer Gasturbinen beeinflusst, insbesondere ist man dazu übergegangen, auch Großturbinen 1-gehäusig, d.h. mit nur

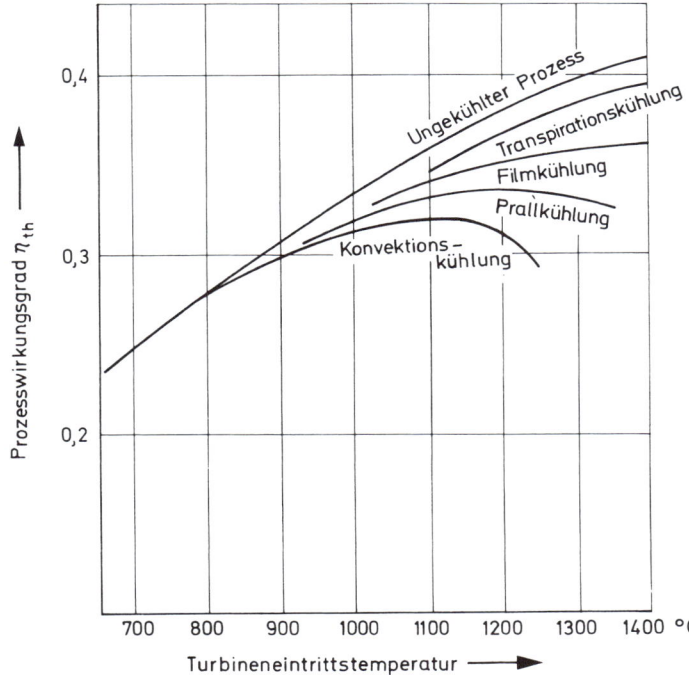

Bild 9.13
Prozesswirkungsgrade bei verschiedenen Schaufelkühlungen (nach Fa. ABB)

## 206 Gasturbinen

2-fach gelagertem, für Verdichter und Turbine gemeinsamem Läufer auszuführen.

Die Außengehäuse, in die die Leitschaufelträger wärmeelastisch eingehängt werden, werden meist als Schweißkonstruktionen mit horizontaler Teilfuge gebaut. Die Läufer werden aus einzelnen Scheiben mittels Zuganker verspannt (Fa. Siemens) oder zusammengeschweißt (Konzeption ABB).

Kleine Turbinen, Flugtriebwerke und manche Turbolader besitzen Wälzlager, große, stationär eingesetzte Turbinen Gleitlager. Die Wellendurchführung am Gehäuse wird mittels Labyrinthspalten abgedichtet.

Den hohen Temperaturbeanspruchungen des Läufers begegnet man bei Temperaturen bis ca. 1250 °C in stationären Anlagen und bis ca. 1400 °C in Flugtriebwerken durch Verwendung **hochwarmfester Werkstoffe** und durch **Kühlung**. Die Welle bzw. die Rotortrommel wird durch einen Kühlluftschleier so abgekühlt, dass Temperaturen in der Größenordnung von 400 °C erreicht werden, was die Verwendung ferritischer Stähle erlaubt.

Bei der **Schaufelkühlung** unterscheidet man (Bild 9.12):

a) **Konvektionskühlung**, bei der die Schaufel innen von Kühlluft durchströmt wird,

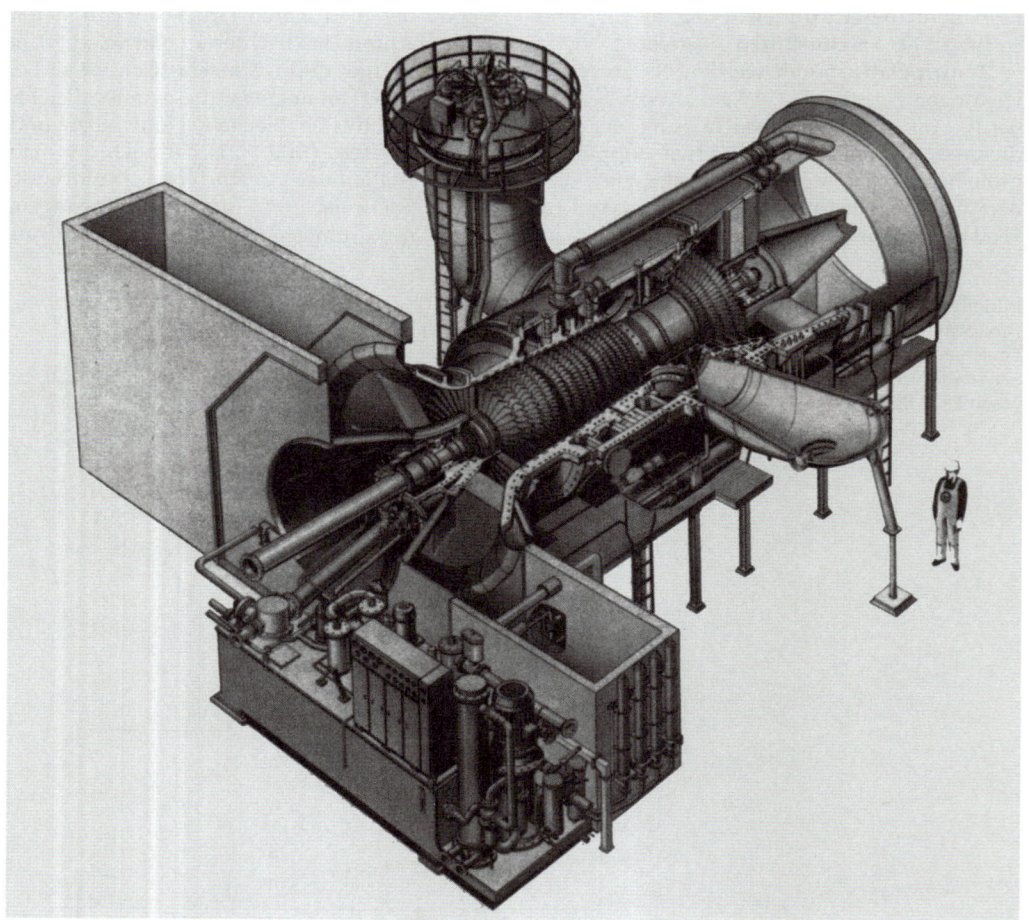

Bild 9.14  Schnitt durch eine große Gasturbine (nach Fa. Siemens AG)

b) **Prallkühlung**, bei der die Kühlluftströme auf die innere Oberfläche der Schaufel aufprallen,
c) **Filmkühlung**, bei der Kühlluft durch kleine Schlitze und Bohrungen aus dem Schaufelinneren austritt und die Außenkontur der Schaufel mit einem Kühlfilm umhüllt,
d) **Transpirationskühlung**, bei der die Kühlluft durch die poröse Schaufelwand strömt und gleichmäßig über der gesamten Schaufeloberfläche austritt.

Die Prozesswirkungsgrade der verschiedenen Schaufelkühlverfahren können aus Bild 9.13 entnommen werden.

## 9.4 Einsatzgebiete der Gasturbine

### 9.4.1 Ortsfeste Anlagen

Ortsfeste Gasturbinenanlagen werden sowohl in Kraftwerken zur Stromerzeugung, eventuell mit Heizwärmelieferung gekoppelt, als auch zum Antrieb von Turboarbeitsmaschinen

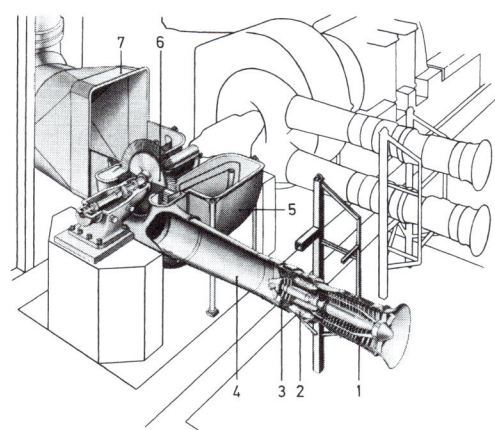

Bild 9.15 Spitzenlastkraftwerk, bestehend aus Gaserzeuger und Nutzleistungsturbine (nach Fa. ABB)

1 Verdichter des Strahltriebwerkes
2 Brennkammer des Strahltriebwerkes
3 Turbine des Strahltriebwerkes
4 Verbindungsleitung
5 Gehäuse der Nutzleistungsturbine
6 Laufrad der Nutzleistungsturbine
7 Abgasleitung

Bild 9.16
Zentripetalturbine (nach Fa. Kongsberg)
1 Übersetzungsgetriebe
2 Welle
3 Lufteinlass
4 Verdichter
5 Brennkammer
6 Zentripetalturbine
7 Abgasdiffusor
8 Brennstoffzufuhr

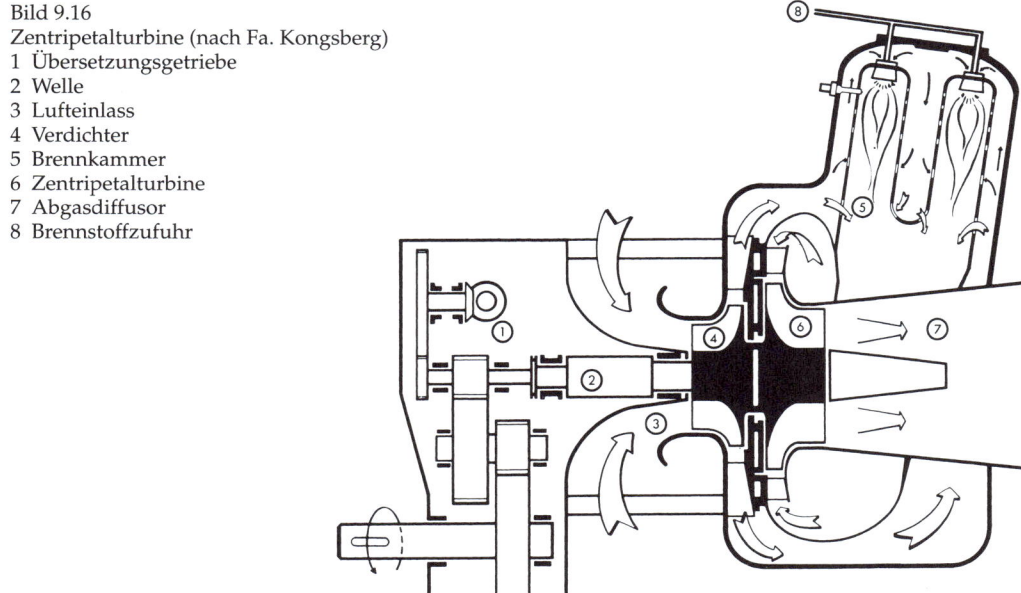

# 208 Gasturbinen

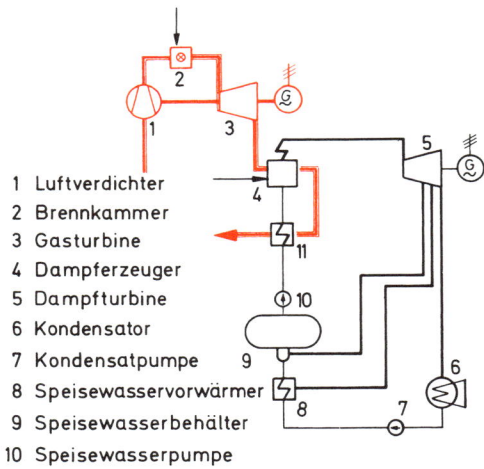

1 Luftverdichter
2 Brennkammer
3 Gasturbine
4 Dampferzeuger
5 Dampfturbine
6 Kondensator
7 Kondensatpumpe
8 Speisewasservorwärmer
9 Speisewasserbehälter
10 Speisewasserpumpe
11 Speisewasservorwärmer

Bild 9.17 Kombinierte Gasturbinen-Dampfkraftanlage

Weitere Vorteile der Gasturbine in Kraftwerken sind die kurzen Anfahrzeiten von wenigen Minuten bis Volllast, der geringe Bedarf an Kühlwasser, die freie Wahl des Standortes und der personalarme Betrieb. Je nach energiewirtschaftlicher Situation werden Gasturbinen eingesetzt in:

- Grundlastkraftwerken,
- Spitzenlastkraftwerken,
- Notstromaggregaten,
- kombinierten Gas-/Dampfanlagen,
- Heizkraftwerken,
- Kernkraftwerken.

Der Betrieb von Grundlastkraftwerken mit Gasturbinen ist nur dann energiewirtschaftlich sinnvoll, wenn billige Brennstoffe, z.B. in Hüttenwerken, auf Erdgas- oder Ölfeldern zur Verfügung stehen.

In Spitzenstromanlagen kommen entweder konventionelle Gasturbinenanlagen (Bild 9.14) oder aus Flugtriebwerken und Nutzleistungsturbinen kombinierte Anlagen (Bild 9.15) zum Einsatz. Da Notstromanlagen i. Allg. kleine Leistungen aufweisen, werden sie mit kleinen Gasturbinen, oft mit 1-stufigen Zentripetalturbinen (Bild 9.16) betrieben.

Zur Steigerung des Anlagenwirkungsgrades werden in neuerer Zeit in zunehmendem Maße kombinierte Gasturbinen-Dampfkraft-Anlagen (Bild 9.17) errichtet. Dem Dampfpro-

innerhalb eines großen Leistungs- und Drehzahlbereiches eingesetzt.

Da die Anlagenkosten von Gasturbinenanlagen wesentlich niedriger sind als die von Dampf- oder Wasserkraftanlagen, kommen trotz schlechteren Wirkungsgrades und höherer Brennstoffkosten Gasturbinen in zunehmendem Maße in Kraftwerken, insbesondere Spitzenlastkraftwerken, zur Verwendung.

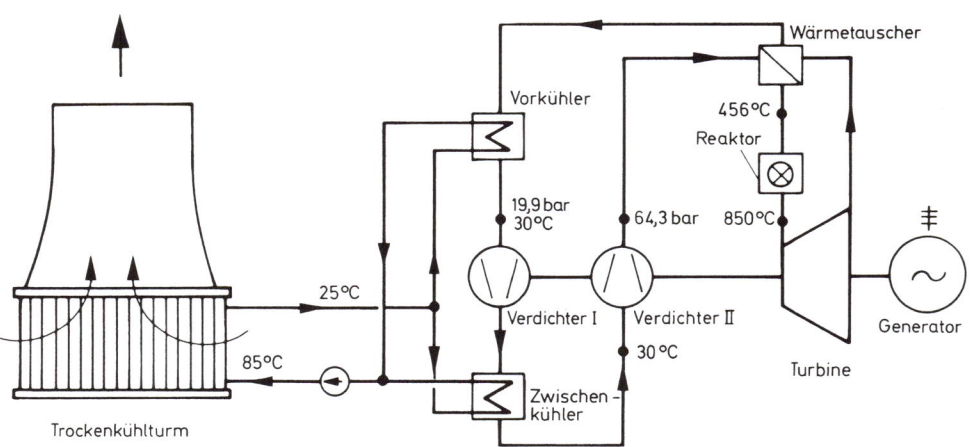

Bild 9.18 Gasturbine im Kernkraftwerk (nach Fa. ABB)

# Einsatzgebiete der Gasturbine

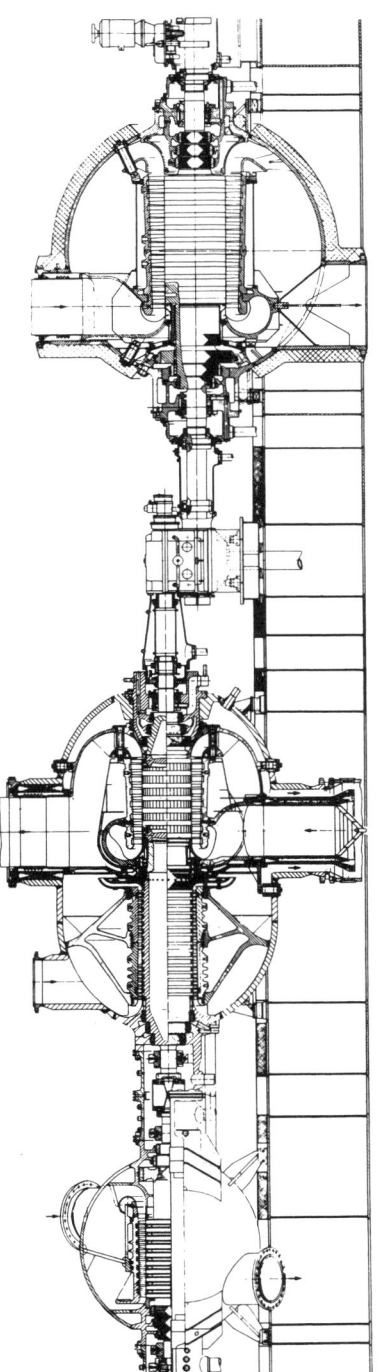

Bild 9.19  Helium-Gasturbine (nach Fa. GHH)

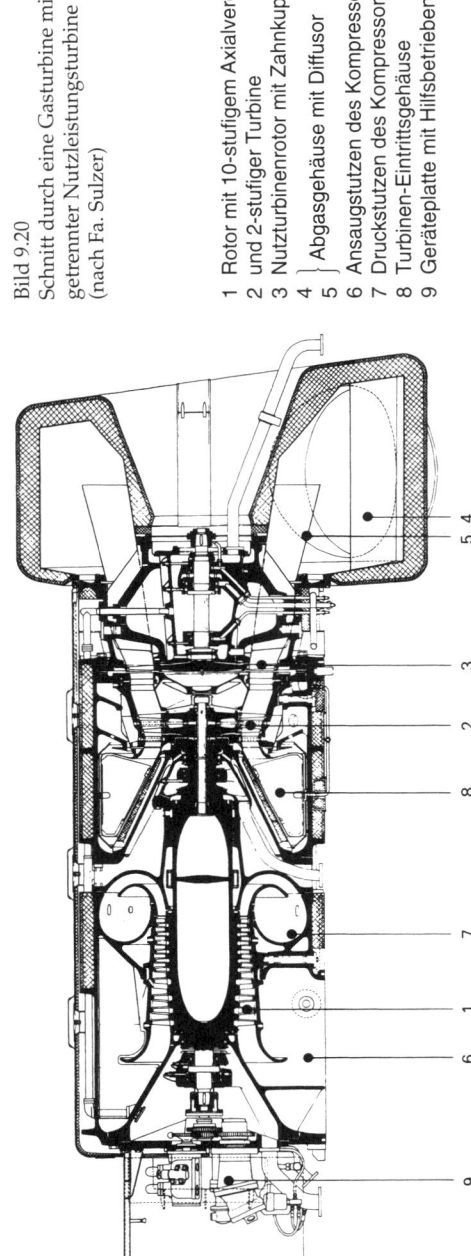

Bild 9.20
Schnitt durch eine Gasturbine mit getrennter Nutzleistungsturbine (nach Fa. Sulzer)

1 Rotor mit 10-stufigem Axialverdichter
2 und 2-stufiger Turbine
3 Nutzturbinenrotor mit Zahnkupplung
4 Abgasgehäuse mit Diffusor
5 
6 Ansaugstutzen des Kompressors
7 Druckstutzen des Kompressors
8 Turbinen-Eintrittsgehäuse
9 Geräteplatte mit Hilfsbetrieben

zess wird dabei eine Gasturbinenanlage vorgeschaltet. Die Eintrittstemperaturen der Gasturbine liegen dabei bei ca. 1250 °C. Die wegen der hohen Luftüberschusszahl des Gasturbinenprozesses noch reichlich Sauerstoff enthaltenden, ca. 450 °C heißen Abgase der Gasturbine werden in einen Dampferzeuger geleitet, in dem durch weitere Verbrennung Frischdampf hohen Druckes und hoher Temperatur erzeugt wird. Dieser Dampf wird dann in einer Dampfturbine entspannt.

Die Koppelung von Stromerzeugung und Wärmeversorgung in einem öffentlichen oder industriellen Heizkraftwerk ergibt höchste Wirkungsgrade, d.h. bringt die wirtschaftlichste Brennstoffausnutzung. Gasturbinen eignen sich wegen der großen, ca. 450 °C heißen Abgasströme besonders gut für den Betrieb in Heizkraftwerken. Hauptvorteile sind hier der äußerst geringe Kühlwasserbedarf, die Möglichkeit der Stromabgabe ohne Heizwärmeabgabe auch im Sommer, die niedrigen Anlagekosten. Diese Vorteile gestatten die Aufstellung eines Gasturbinen-Heizkraftwerkes im Schwerpunkt seines Versorgungsgebietes.

Mit den gasgekühlten Kernreaktoren entsteht für die Gasturbine im geschlossenen Kreislauf ein neues Anwendungsgebiet (Bild 9.18). Als Arbeitsmedium wird meist Helium vorgesehen, da dies chemisch inert ist (erleichtert die Werkstoffwahl), gegenüber Luft eine etwa fünfmal größere spez. Wärmekapazität hat, seine Schallgeschwindigkeit ca. 3-mal größer ist als die der Luft (ermöglicht hohe Geschwindigkeiten und kleine Maschinenabmessungen). Der Helium-Kreisprozess ergibt bei kleineren Druckverhältnissen wesentlich höhere Wirkungsgrade als der Luftprozess. Trotz der relativ niedrigen Dichte des Heliums ergeben sich für Turbine und Verdichter relativ kleine Abmessungen (Bild 9.19).

Durch den Einsatz von Gasturbinen in Luftspeicher-Anlagen soll eine Alternative zu Wasserkraftspeicheranlagen für flache Landschaften angeboten werden.

Außer in der Stromerzeugung werden Gasturbinen anstelle von Industriedampfturbinen in zunehmendem Maße als Antriebsmaschinen für Pumpen und Verdichter in der Hüttenindustrie, chemischen Industrie und insbesondere in den Druckerhöhungsstationen der Öl- und Gasfernleitungen eingesetzt. Neben den oft günstigen Brennstoffkosten durch Verwendung von Hochofengichtgas oder Öl bzw. Erdgas aus der Pipeline ist es vor allem das gut auf die Turboarbeitsmaschinen abgestimmte Betriebsverhalten, das die Verwendung von Gasturbinen als Antriebsturbinen begünstigt. In Bild 9.20 ist beispielsweise eine solche Antriebsturbine, bestehend aus einem Gaserzeuger (1 und 2) und einer getrennten Nutzturbine (3), dargestellt.

### 9.4.2 Ortsbewegliche Anlagen

Unter dem Begriff «ortsbewegliche Anlagen» werden alle Gasturbinen zusammengefasst, die in Fahrzeugen aller Art und mobilen Kraftwerken eingesetzt werden, außerdem noch Kleingasturbinen und Abgasturbolader.

Bei den **Strahltriebwerken für Flugzeuge** werden unterschieden:

a) **Propeller-Turbinen-Luftstrahltriebwerke** (PTL), die in Hubschraubern und Propellerflugzeugen eingebaut werden (Bild 9.21).
b) **1-Strom-Luftstrahltriebwerke** (TL) zum Antrieb schnellfliegender Flugzeuge (Fluggeschwindigkeiten über 800 km/h) (Bild 9.22). Je nach Größe des Schubes werden Verdichter und Turbine 1- oder 2-wellig, d.h. mit 1 oder 2 Drehzahlen ausgeführt. Für eine kurzzeitige Schubverstärkung erhalten Militärtriebwerke einen Nachbrenner.
c) **2-Strom-Luftstrahltriebwerke** (ZTL) werden vorwiegend in mittlere und große Passagier- und Transportflugzeuge eingebaut. Neuere Ausführungen (Bild 9.23) haben ein 1-stufiges Frontgebläse, das einen sehr großen Bypass-Luftstrom fördert. ZTL-Triebwerke haben im Geschwindigkeitsbereich bis ca. 900 km/h bessere Wirkungsgrade als TL-Triebwerke.

Für den Einsatz auf **Schiffen**, insbesondere **Kriegsschiffen**, und in **Schienenfahrzeugen**,

Einsatzgebiete der Gasturbine 211

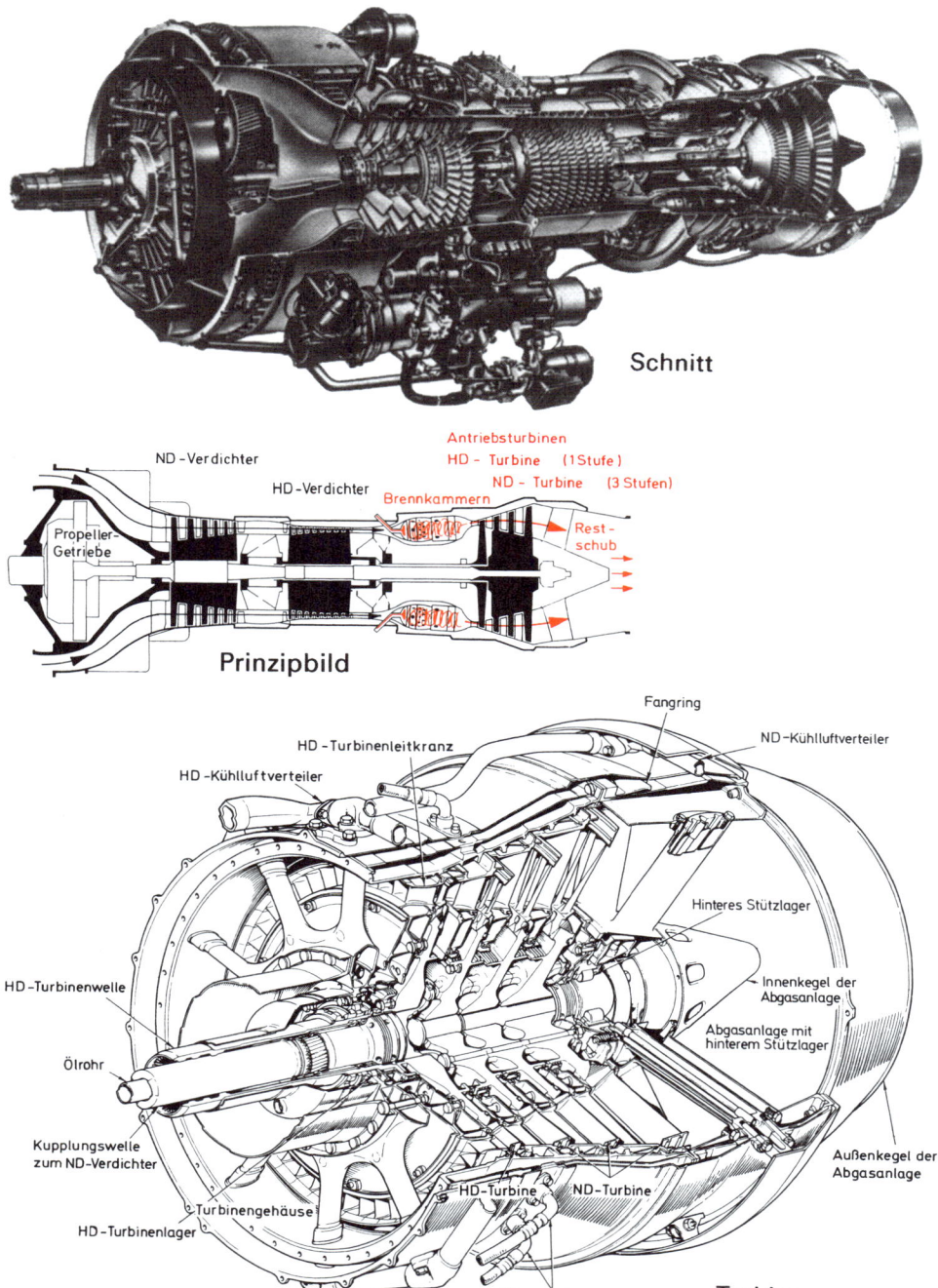

Bild 9.21 Propellertriebwerk (nach Fa. MTU)

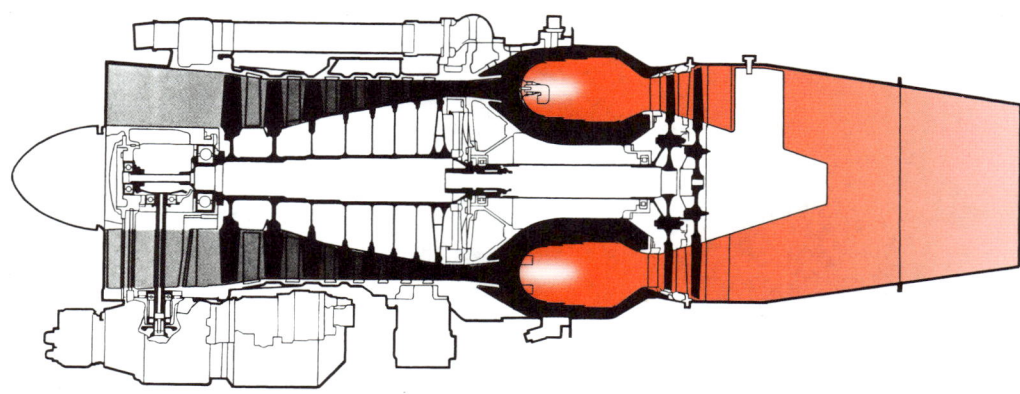

Bild 9.22   Turbinenluftstrahltriebwerk (nach Fa. Rolls-Royce)

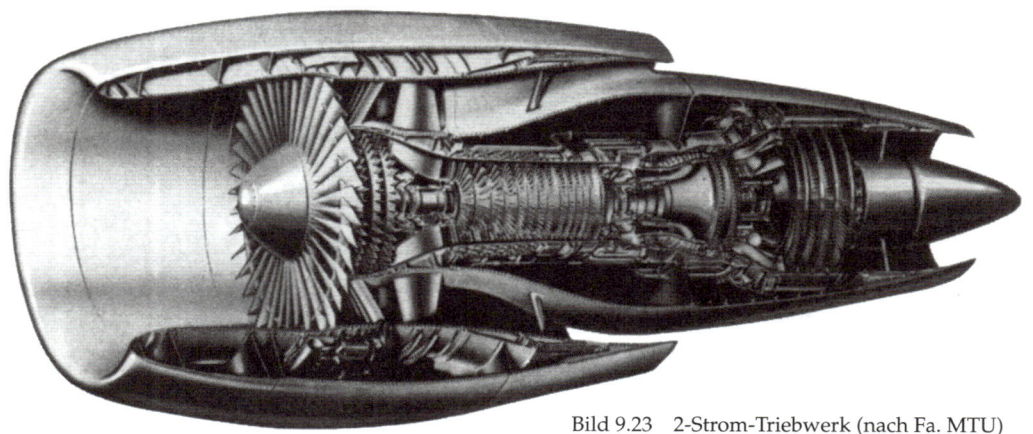

Bild 9.23   2-Strom-Triebwerk (nach Fa. MTU)

vor allem Schnelltriebwagen, werden Propellertriebwerke den besonderen Anforderungen konstruktiv und hinsichtlich Betriebsführung angepasst. Für die Verwendung von Gasturbinen in Schiffen und Schienenfahrzeugen spricht vor allem das niedrige Gewicht und der geringe Platzbedarf. Bis heute sind allerdings nur wenige Gasturbinen auf diesen Gebieten eingesetzt.

In Containern oder auf Straßenfahrzeugen untergebrachte, meist von Propellertriebwerken abgeleitete Gasturbinen treiben in **mobilen Kraftwerken** Generatoren für die Spitzen- oder Notstromversorgung an. Derartige schnell bewegliche Kleinkraftwerke eignen sich vorwiegend für die Versorgung von Großbaustellen oder abgelegener, noch nicht an das Netz angeschlossener Gebiete.

**Kleingasturbinen** (Bild 9.16), wie sie u.a. zum Antrieb von Feuerlöschpumpen, kleinen Notstromgeneratoren, leichten Hubschraubern und kleineren Booten dienen, sind die konstruktive Ausgangsbasis für **Kraftfahrzeug-Gasturbinen** für **Straßenfahrzeuge** und **Panzer**. Nach [9.11] hat die Fahrzeugturbine im Vergleich zum Verbrennungsmotor in Fahrzeugen mit größerer Nutzleistung, insbesondere in schweren Lastwagen, durchaus

Einsatzgebiete der Gasturbine 213

Bild 9.24
Fahrzeugturbine
(nach Fa. Mercedes-Benz)

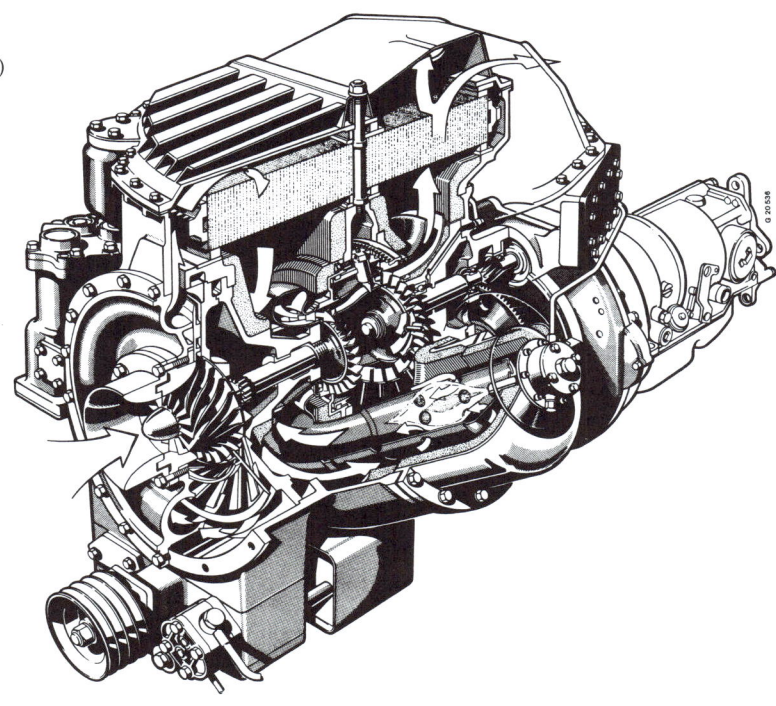

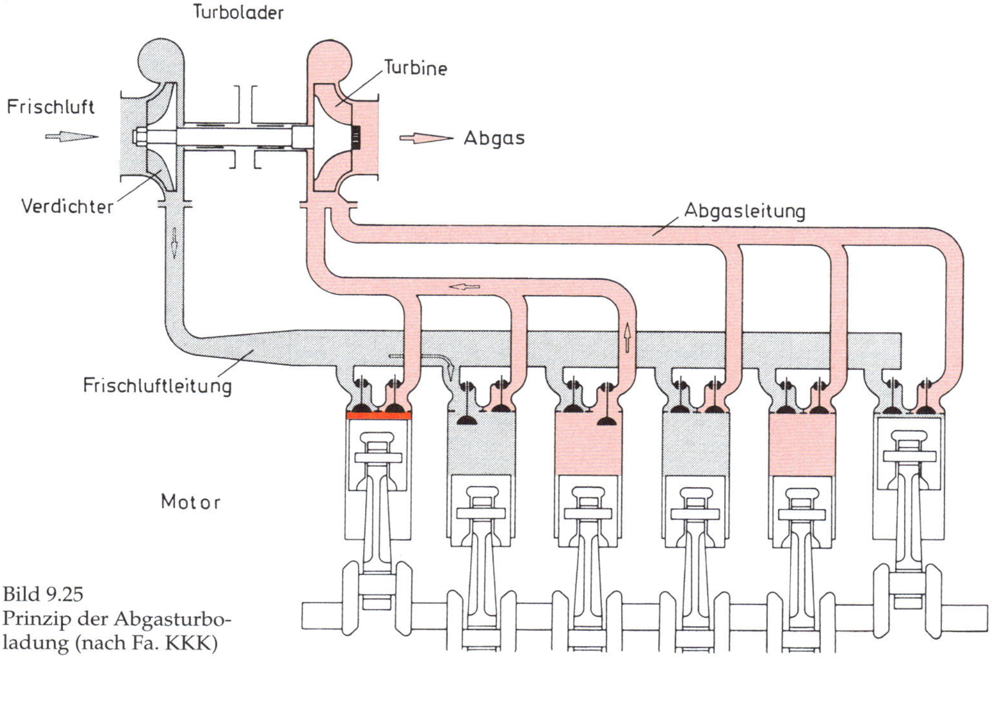

Bild 9.25
Prinzip der Abgasturbo-
ladung (nach Fa. KKK)

214 Gasturbinen

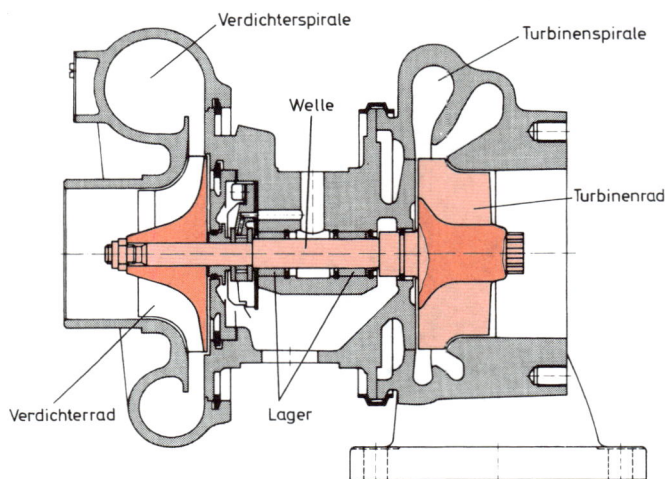

Bild 9.26
Abgasturbolader
(nach Fa. KKK)

eine Chance, aus dem heutigen Experimentierstadium herauszukommen und in größeren Stückzahlen eingesetzt zu werden. Im Hinblick auf die hohen Kraftstoffkosten sollten Fahrzeugturbinen mit Wärmetauscher ausgestattet sein.

In Bild 9.24 ist eine Versuchsgasturbine der Fa. Daimler-Benz, bestehend aus Gaserzeuger und Nutzturbine, dargestellt.

Die Leistung der Turbine liegt bei ca. 200 kW.

Weitere Ausführungen von Fahrzeuggasturbinen sind in [9.1, 9.11 und 9.12] beschrieben.

Zur Erhöhung der Leistung bei gleichbleibendem Hubraum und zur Verbesserung des inneren Wirkungsgrades werden Kolbenverbrennungsmotoren mittels **Abgasturbolader** aufgeladen, d.h. das Druckniveau im Motor durch einen turbinenbetriebenen Turboverdichter angehoben. Aus Bild 9.25 kann das Schema der Turboaufladung eines 6-Zylinder-4-Takt-Motors, aus Bild 9.26 der konstruktive Aufbau eines kleineren Turboladers mit Zentripetalturbine ersehen werden. Die thermodynamische Zusammenarbeit von Turbolader und Kolbenmotor können u.a. in [9.12, 9.13 und 9.20] nachgelesen werden.

# 10 Windturbinen

## 10.1 Einleitung

Windenergie ist eine indirekte Form der **Sonnenenergie**. Ca. 1,5%...2,5% der auf die Erde einfallenden Sonnenenergie wird im planetarischen Windsystem in Bewegungsenergie der Atmosphäre umgesetzt. **Windturbinen** setzen die kinetische Energie der Luftströmung in mechanische Leistung um.

Windenergie ist eine **regenerative Energieform**, die – ähnlich der Wasserkraft – bereits seit Jahrtausenden genutzt wird. Windräder wurden zunächst als direkter Antrieb von Arbeitsmaschinen genutzt, z.B. zur Bewässerung oder zum Mahlen von Getreide. Erste Anwendungen zur Stromerzeugung durch Windkraftanlagen, in denen Windturbinen Generatoren antreiben, finden sich in den 30er-Jahren des 20. Jahrhunderts [10.1]. Windkraftanlagen werden häufig auch als **Windenergieanlagen** bezeichnet und mit WEA abgekürzt. Ca. seit 1980 gewinnt aus umwelt- und energiepolitischen Gründen die Windenergie zunehmend an Bedeutung. In Deutschland wurden 1991 mit dem «Einspeisegesetz für Strom aus regenerativen Energien» durch garantierte Einspeisevergütungen für Betreiber von Windkraftanlagen die politischen Randbedingungen auch für den wirtschaftlichen Erfolg der Windenergienutzung geschaffen.

Infolge der $CO_2$-**Klimaproblematik** und den mit dem Kyoto-Protokoll eingegangenen Verpflichtungen zur $CO_2$-Reduktion wird die Windenergie in Zukunft einen immer größer werdenden Anteil zur Energieversorgung beisteuern. In 2007 wurde in Deutschland durch Windkraftanlagen eine elektrische Energie von 39,5 TWh (39,5 Mrd. kWh) in das Netz eingespeist. Damit werden rund 6,4% des Bruttostromverbrauchs abgedeckt, die resultierende $CO_2$-Einsparung lag bei 33,8 Mio. t [10.5]. Die Windenergie hat sich auch zu einem wichtigen Wirtschafts- und Arbeitsmarktfaktor entwickelt. Die Windbranche in Deutschland erzielte in 2006 5,64 Mrd. € Umsatz (Investitionen und Betrieb) und beschäftigte ca. 73 800 Arbeitnehmer [10.2].

Ein systembedingter Nachteil der Windenergie liegt in der angebots- statt bedarfsabhängigen Stromerzeugung sowie der örtlichen und zeitlichen **Verfügbarkeit** des Windangebotes. Gute Windverhältnisse stehen im Wesentlichen in den Küsten- und Gebirgsregionen zur Verfügung und somit nicht zwangsläufig in der Nähe der Verbrauchszentren. Kurzfristige Schwankungen von der Windstille bis zum Betrieb mit Nennleistung müssen ebenso wie jahreszeitliche Veränderungen ausgeglichen werden können, da im Stromnetz zur Aufrechterhaltung der Frequenz immer ein Gleichgewicht zwischen Einspeisung und Verbrauch herrschen muss. Die Speicherung von Energie bei einem Überangebot geschieht hauptsächlich in Wasserpumpspeicherwerken. In Elsfleth-Huntorf bei Oldenburg wird ein Gasturbinenkraftwerk mit einem Druckluftspeicher in alten Salzkavernen betrieben. Die mögliche Betriebsdauer bei einer Abgabeleistung von 290 MW beträgt 2 h, der Gesamtwirkungsgrad des Kraftwerks liegt bei 42%. Da die Speicherkapazitäten bei gutem Windangebot nicht ausreichen, müssen zunehmend auch thermische Mittel- und Grundlastkraftwerke Regelaufgaben übernehmen [10.3].

Bereits heute ist in Deutschland eine Windkraftanlagenleistung installiert, die besonders in den küstennahen Regionen eine Verstärkung der Stromnetze erfordert. In den Netzgebieten Norddeutschlands übersteigt die installierte Windleistung bereits die minimale Netzlast. Nach dem «Erneuerbare Energien Gesetz» soll der Anteil des aus regenerativen Energien erzeugten Stroms auf 20% in 2020 ansteigen. Um dieses Ziel zu erreichen, ist nach einer Netzstudie der Deutschen Energie-Agentur bereits bis 2015 rund 850 km zusätzliches Höchstspannungsnetz (380/220 kV) erforderlich, dies entspricht einem Anteil von 5% der bestehenden Trassen [10.4].

Ein weiterer erfolgreicher Ausbau der Windenergie, der in Deutschland vorwiegend im Offshore-Bereich vorgesehen ist, muss in einem abgestimmten Energiemix mit anderen Kraftwerken sowie mit einem gleichzeitigen Ausbau von Speicherkapazitäten und Netzen erfolgen, um die notwendige **Versorgungssicherheit** und **Netzstabilität** auch in Zukunft gewährleisten zu können.

## 10.2 Aktueller Stand der Windenergie

Der enorme Aufschwung der Windenergie in den letzten Jahrzehnten basiert auf einer Vielzahl innovativer Entwicklungen. Neben aerodynamischen Fortschritten zählen hierzu die Faserverbundwerkstoffe bei den Rotorflügeln, die moderne Leistungselektronik zur Realisierung des drehzahlvariablen Betriebs und die zuverlässige Berechnung dynamischer Beanspruchungen des gesamten mechanisch-elektrischen Systems der Windkraftanlage. Die 1982 gebaute, öffentlich geförderte «**Gro**ße **Wind**anlage» GROWIAN mit einem Rotordurchmesser von 100 m und einer Nennleistung von 3 MW scheiterte im Wesentlichen aufgrund mechanischer Probleme und wurde 1987 abgebaut. Heute werden Anlagen dieser Größe und Leistung in Serie hergestellt und weisen hohe Zuverlässigkeiten auf.

Weltweit waren Ende 2007 Windkraftanlagen mit einer Nennleistung von 94 112 MW installiert (Bild 10.1). Europa nimmt mit einem Anteil von rund 61 % der installierten Leistung eine herausragende Rolle bei der Nutzung der Windenergie ein.

Bild 10.2 zeigt die stürmische Entwicklung der Windenergie in Deutschland, auch wenn der Neubau in den letzten Jahren rückläufig ist. Ende 2007 existierten 19 460 Windenergie-

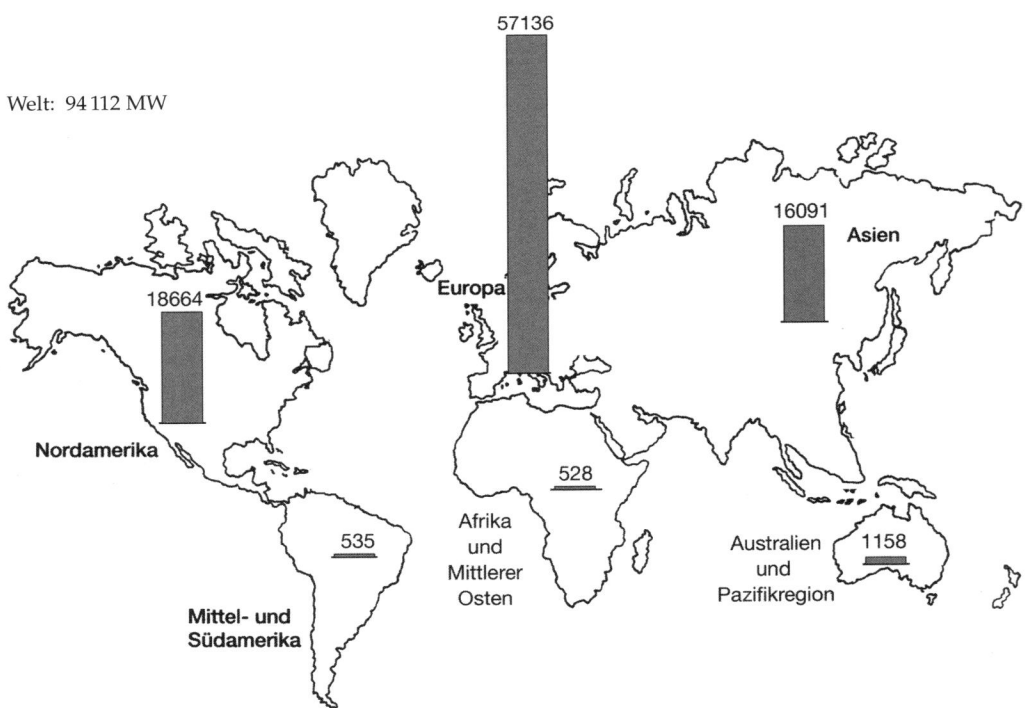

Bild 10.1 Installierte Leistung von Windkraftanlagen in MW, Stand 31.12.2007 [10.5]

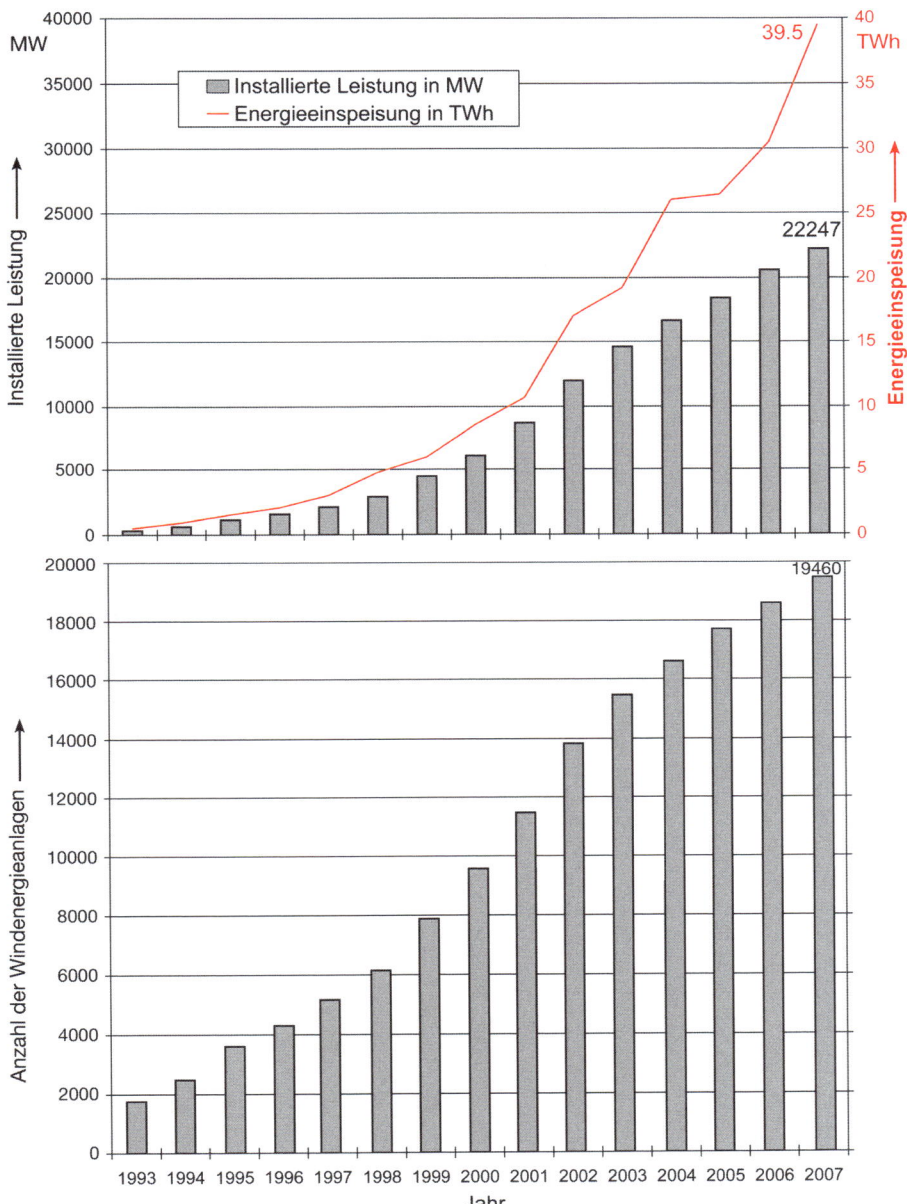

Bild 10.2  Entwicklung der Windenergie in Deutschland [10.5]

anlagen mit einer installierten Leistung von 22 247 MW. Damit bleibt Deutschland mit einem Anteil von rd. 24 % an der weltweit installierten Leistung mit großem Abstand vor den USA führend. Die Größe der Anlagen ist im Laufe der Zeit deutlich gewachsen. Von 1993 bis 2007 stieg die durchschnittliche installierte Leistung pro Anlage von 185 kW auf 1143 kW an. Die in 2007 neu errichteten Anlagen weisen bereits eine durchschnittliche Leistung von ca. 1,9 MW auf. Die tatsächlich eingespeiste Windenergie betrug in 2007 39,5 TWh. Rechnet man mit 8760 h pro Jahr ergibt sich die Jahresdurchschnittsleistung aller deutschen Windkraftanlagen:

$$\frac{39,5 \text{ TWh}}{8760 \text{ h}} = 4509 \text{ MW}$$

Diese Durchschnittsleistung von 4509 MW ergibt, bezogen auf die installierte Leistung, einen Kapazitätsfaktor von 20,3 %. Hierbei ist vernachlässigt, dass die neu gebauten Anlagen nicht das ganze Jahr Strom produzieren konnten. In der Energietechnik wird die eingespeiste Energie üblicherweise als Produkt von **Nennleistung** und den **äquivalenten Volllaststunden** berechnet. Die deutschen Windkraftanlagen wiesen damit im Jahr 2007 durchschnittlich 1776 äquivalente Volllaststunden auf.

Die in Deutschland installierte Kraftwerkskapazität außerhalb des Windenergiesektors beträgt ca. 110 000 MW. Mit einem Bruttostromverbrauch von 615 TWh (2007) führt dies für den deutschen Kraftwerkspark ohne Windenergieanlagen zu einer Jahresdurchschnittsleistung von

$$\frac{615 \text{ TWh} - 39,5 \text{ TWh}}{8760 \text{ h}} = 65\,696 \text{ MW}$$

und somit zu einem deutlich höheren Kapazitätsfaktor von 59,7 % bzw. zu 5230 äquivalenten Volllaststunden.

In diesen Zahlen spiegelt sich die begrenzte Verfügbarkeit des Windangebotes wider. Die Windenergie stellt eine wichtige, in Zukunft auszubauende Ergänzung im Energiemix dar. Sie kann aber keinen 1 : 1-Ersatz bestehender

Tabelle 10.1 Lebenswegemissionen für Technologien zur Stromerzeugung [10.6]

|  | $CO_2$ in g/kWh |
|---|---|
| **Erneuerbare Energien** | |
| Wind 1,5 MW Onshore | 10 |
| Wind 2,5 MW Offshore | 9 |
| Laufwasserkraftwerk, 300 kW | 13 |
| Photovoltaik, polykristallin | 99 |
| **Fossile Energien** | |
| Braunkohle, Dampfkraftwerk, $\eta = 40\%$ | 1054 |
| Steinkohle, Dampfkraftwerk, $\eta = 40\%$ | 838 |
| Erdgas, GuD-Kombikraftwerk, $\eta = 58\%$ | 386 |

Kraftwerkskapazitäten leisten. Um die Versorgungssicherheit zu gewährleisten sind ausreichende Kraftwerkskapazitäten außerhalb des Windenergiebereichs bereitzustellen.

Bezüglich der $CO_2$-Emissionen ist die Windkraft die günstigste Energiequelle, die zur Verfügung steht. In [10.6] werden Lebenswegemissionen für verschiedene Technologien zur Stromerzeugung abgeschätzt, die auch vor- und nachgelagerte Prozesse wie Brennstoffbereitstellung, Anlagenbau und Entsorgung berücksichtigen. Einen Auszug hieraus bez. der $CO_2$-Emissionen zeigt Tabelle 10.1.

## 10.3 Energieumsetzung in der Windturbine

### 10.3.1 Strahltheorem nach FROUDE / RANKINE und Theorie nach BETZ

Die Energieumsetzung in der Windturbine wird zunächst idealisiert mit der Stromfadentheorie für eine reibungsfreie und inkompressible Strömung nach dem Strahltheorem von FROUDE und RANKINE beschrieben. Es wird eine Stromröhre betrachtet, innerhalb der die Windturbine als wirkende Scheibe berücksichtigt ist, ohne bereits eine Aussage über

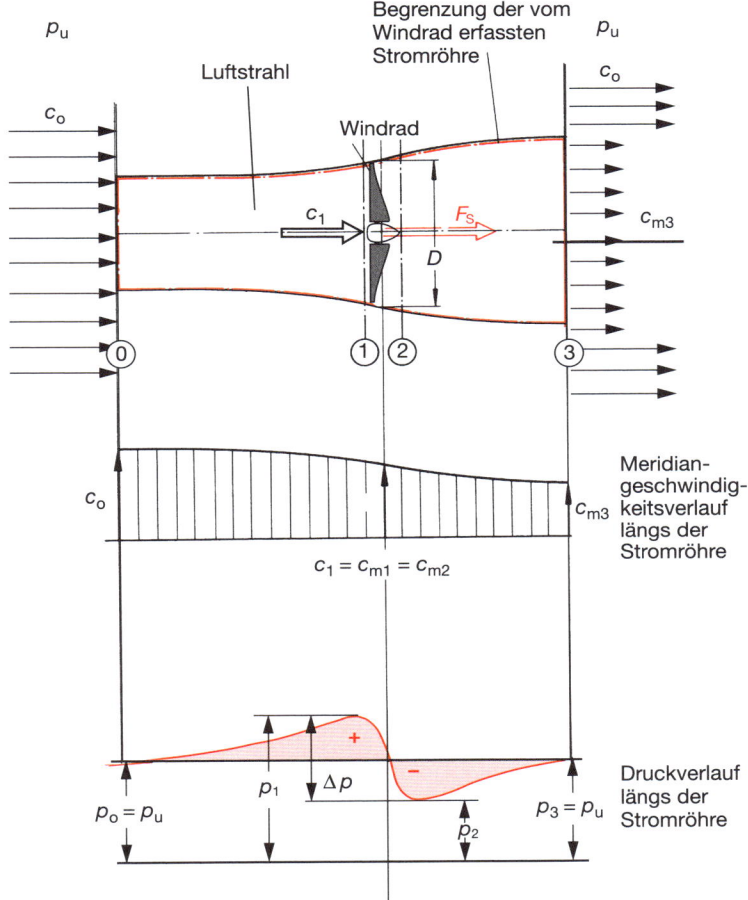

Bild 10.3
Strömung durch ein idealisiertes Windrad [10.7]

die Strömung im Windrad selbst zu treffen (Bild 10.3). Es werden ausschließlich die Meridiangeschwindigkeitskomponenten berücksichtigt. Die Zuströmung zur betrachteten Stromröhre erfolgt axial mit der **Windgeschwindigkeit** $c_0$. Die Strömung tritt in der Ebene 1 drallfrei in das Windrad ein, es gilt also $c_1 = c_{m1}$. Für die Strömungsquerschnitte unmittelbar vor und hinter dem Windrad gilt $A_1 = A_2$ und damit bei inkompressibler Strömung auch $c_{m1} = c_{m2}$. Der Bilanzraum ist so gewählt, dass in den Ebenen 0 und 3 jeweils der Umgebungsdruck $p_u$ herrscht.

Setzt man die Bernoulli-Gleichung zwischen den Ebenen 0 und 1 sowie 2 und 3 an

$$p_0 + \frac{\varrho}{2} \cdot c_0^2 = p_1 + \frac{\varrho}{2} \cdot c_1^2$$

$$p_2 + \frac{\varrho}{2} \cdot c_{m2}^2 = p_3 + \frac{\varrho}{2} \cdot c_{m3}^2$$

ergibt sich die über dem Windrad abfallende Druckdifferenz $\Delta p$:

$$\Delta p = p_1 - p_2 = \frac{\varrho}{2} \cdot \left( c_0^2 - c_{m3}^2 \right)$$

Mit Hilfe des Impulssatzes wird die auf das Windrad in axialer Richtung wirkende Schubkraft mit zwei unterschiedlichen Bilanzen formuliert:

❑ Bilanz von Ebene 0 zu Ebene 3 ($p_0 = p_3$)

$$F_S = \varrho \cdot \dot{V} \cdot (c_0 - c_{m3})$$

❑ Bilanz von Ebene 1 zu Ebene 2 ($c_{m1} = c_{m2}$)

$$F_S = \frac{\pi}{4} \cdot D^2 \cdot (p_1 - p_2)$$

Der Volumenstrom wird mit den Größen in der Windradebene beschrieben:

$$\dot{V} = \frac{\pi}{4} \cdot D^2 \cdot c_1 = A_1 \cdot c_1$$

Einsetzen der oben formulierten Druckdifferenz $\Delta p$ und Gleichsetzen der beiden Beziehungen für die Schubkraft führt dann schließlich zu

$$F_S = \frac{\varrho}{2} \cdot A_1 \cdot (c_0^2 - c_{m3}^2) \quad \text{(Gl. 10.1)}$$

$F_S$ Schubkraft auf das Windrad
$\varrho$ Luftdichte
$A_1$ vom Windrad überstrichene Fläche
 $A_1 = \pi/4 \cdot D^2$
$D$ Außendurchmesser des Windrads
$c_0$ Windgeschwindigkeit
$c_{m3}$ Meridiangeschwindigkeit in Ebene 3

$$c_1 = c_{m1} = c_{m2} = \frac{c_0 + c_{m3}}{2} \quad \text{(Gl. 10.2)}$$

$c_0$ Windgeschwindigkeit
$c_{m1}$ Meridiangeschwindigkeit in Ebene 1 (= $c_1$)
$c_{m2}$ Meridiangeschwindigkeit in Ebene 2
$c_{m3}$ Meridiangeschwindigkeit in Ebene 3

Die Meridianströmungsgeschwindigkeit in der Windradebene ist gleich dem arithmetischen Mittel von An- und Abströmgeschwindigkeit.
 Der Schub wird häufig dimensionslos durch den **Schubbelastungsgrad** $C_S$ ausgedrückt:

$$F_S = C_S \cdot \frac{\varrho}{2} \cdot A_1 \cdot c_0^2 \quad \text{(Gl. 10.3)}$$

$$C_S = \frac{F_S}{\frac{\varrho}{2} \cdot A_1 \cdot c_0^2} = \frac{\frac{\varrho}{2} \cdot A_1 \cdot (c_0^2 - c_{m3}^2)}{\frac{\varrho}{2} \cdot A_1 \cdot c_0^2}$$

$$C_S = 1 - \left(\frac{c_{m3}}{c_0}\right)^2 \quad \text{(Gl. 10.4)}$$

Die ideal auf das Windrad übertragene Leistung kann aus der Schubkraft und der Strahlgeschwindigkeit in der Windradebene bestimmt werden.

$$P_{ideal} = c_1 \cdot F_S$$

$$P_{ideal} = \frac{\varrho}{2} \cdot A_1 \cdot c_1 \cdot (c_0^2 - c_{m3}^2) \quad \text{(Gl. 10.5)}$$

$P_{ideal}$ ideal auf das Windrad übertragene Leistung
$\varrho$ Luftdichte
$A_1$ vom Windrad überstrichene Fläche
$c_1$ Geschwindigkeit in Ebene 1 (= $c_{m1}$)
$c_0$ Windgeschwindigkeit
$c_{m3}$ Meridiangeschwindigkeit in Ebene 3

Das Windleistungsangebot wird in der Windturbinentechnik üblicherweise in einer Stromröhre mit dem konstanten Querschnitt $A_1$ des Windrads definiert:

$$P_{Wind} = \frac{\varrho}{2} \cdot A_1 \cdot c_0^3 \quad \text{(Gl. 10.6)}$$

$P_{Wind}$ Windleistung im Stromröhrenquerschnitt $A_1$
$\varrho$ Luftdichte
$A_1$ vom Windrad überstrichene Fläche
$c_0$ Windgeschwindigkeit

Damit ergibt sich für den **idealen Leistungsbeiwert** oder **Ausnutzungsgrad** $C_{P,\,ideal}$ eines Windrads:

$$P_{ideal} = C_{P,ideal} \cdot P_{Wind} \quad \text{(Gl. 10.7)}$$

$$C_{P,ideal} = \frac{P_{ideal}}{P_{Wind}} = \frac{c_1 \cdot C_S \cdot \frac{\varrho}{2} \cdot A_1 \cdot c_0^2}{\frac{\varrho}{2} \cdot A_1 \cdot c_0^3}$$

# Energieumsetzung in der Windturbine

$$C_{P,\text{ideal}} = C_S \cdot \frac{c_1}{c_0}$$

$$C_{P,\text{ideal}} = \frac{1}{2} \cdot \left[1 - \left(\frac{c_{m3}}{c_0}\right)^2\right] \cdot \left[1 + \left(\frac{c_{m3}}{c_0}\right)\right]$$
(Gl. 10.8)

$C_{P,\text{ideal}}$    idealer Leistungsbeiwert
$c_0$    Windgeschwindigkeit
$c_{m3}$    Geschwindigkeit in Ebene 3

Bild 10.4 zeigt den Verlauf von $C_S$ und $C_{P,\text{ideal}}$ abhängig vom Geschwindigkeitsverhältnis $c_{m3}/c_0$, das häufig auch als Abminderung bezeichnet wird.

Der Leistungsbeiwert $C_{P,\text{ideal}}$ erreicht für $c_{m3}/c_0 = 1/3$ ein Maximum von $C_{P,\text{max}} = 16/27 = 0{,}593$. Die zugehörige maximale Nutzleistung des Windrads beträgt

$$P_{\max} = C_{P,\max} \cdot P_{\text{Wind}}$$

$$P_{\max} = \frac{8}{27} \cdot \varrho \cdot A_1 \cdot c_0^3$$
(Gl. 10.9)

Die Zuströmgeschwindigkeit in der Windradebene beträgt für diesen Betrieb mit $C_{P,\max}$:

$$c_1 = \frac{2}{3} \cdot c_0$$

und für die auf das Windrad wirkende Schubkraft ergibt sich

$$F_S = \frac{4}{9} \cdot \varrho \cdot A_1 \cdot c_0^2$$

Diese Zusammenhänge wurden bereits 1926 von A. BETZ erkannt, dem damaligen Leiter der Aerodynamischen Versuchsanstalt Göttingen, und zu einer ersten vollständigen Theorie der Windturbine ausgebaut [10.8]. Der daher häufig als **Betz-Faktor** bezeichnete Zahlenwert von $C_{P,\max} = 16/27$ sagt aus, dass dem Wind selbst unter idealen Bedingungen nur maximal 59,3 % der in ihm enthaltenen Energie entzogen werden kann. Beim Leistungsbeiwert $C_{P,\text{ideal}}$ handelt es sich nicht um einen – die Ver-

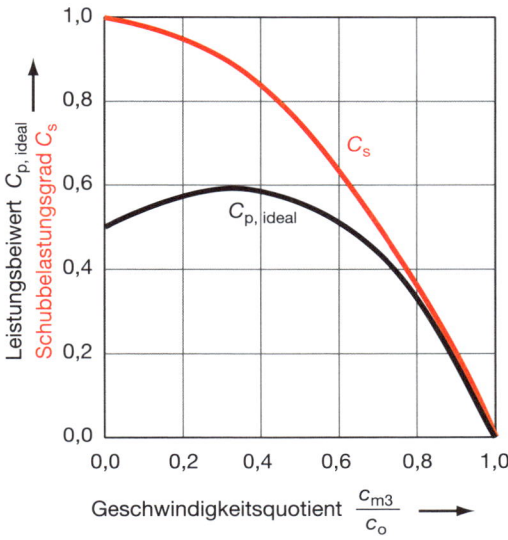

Bild 10.4   Idealer Leistungsbeiwert (Ausnutzungsgrad) und Schubbelastungsgrad eines Windrades

luste repräsentierenden – energetischen Wirkungsgrad, da die Bezugsgröße $P_{\text{Wind}}$ nicht die in der Windradebene effektiv vorhandene Windleistung ist! Vielmehr beschreibt $C_{P,\text{ideal}}$ den Einfluss von Stromröhrenaufweitung und Verzögerung der Strömung auf die mögliche Leistung.

Bei stärkerer Verzögerung ($c_{m3}/c_0 \to 0$) wird der Eintrittsquerschnitt $A_0$ der vom Windrad erfassten Stromröhre immer kleiner, der Wind «weicht dem Windrad aus». Die Druckdifferenz $\Delta p$ und der Schubbelastungsgrad $C_S$ steigen an.

Bei schwächerer Verzögerung hingegen sinken Druckdifferenz $\Delta p$ und Schubbelastungsgrad $C_S$, und die Stromröhrenform nähert sich einer zylindrischen Röhre mit dem Querschnitt $A_1$. Bei $c_{m3}/c_0 = 1$ wird der Wind nicht verzögert, entsprechend kann der Strömung keine Energie entzogen werden.

Für den Auslegungspunkt einer Windturbine wird also immer der Betrieb bei $c_{m3}/c_0 = 1/3$ anzustreben sein.

## 10.3.2 Drall und Verluste

Die bisherige Darstellung beschreibt die Verzögerung der Meridianströmung und berücksichtigt noch nicht, wie der Strömung in der Windradebene tatsächlich Energie entzogen wird.

Wendet man die bekannten Beziehungen (vgl. Abschnitte 2.3 und 2.4) zur Beschreibung der spezifischen Stutzenarbeit und der Leistung einer Turbokraftmaschine auf die Stromröhre zwischen den Ebenen 0 und 3 an, ergibt sich mit der hier zulässigen Vernachlässigung des Schwereeinflusses

$$Y = \frac{p_{t,0} - p_{t,3}}{\varrho} = \frac{p_0 - p_3}{\varrho} + \frac{c_0^2 - c_3^2}{2}$$

und wegen $p_0 = p_3$

$$Y = \frac{c_0^2 - c_3^2}{2} \qquad \text{(Gl. 10.10)}$$

$Y$ spezifische Stutzenarbeit
$c_0$ Windgeschwindigkeit
$c_3$ Geschwindigkeit in Ebene 3

Geht man auch hier zunächst von Reibungsfreiheit aus ($\eta = 1$), berechnet man die theoretische Leistung des Windrads wie folgt:

$$P_{th} = \dot{m} \cdot Y = \varrho \cdot \dot{V} \cdot Y \qquad \text{(Gl. 10.11)}$$

$P_{th}$ theoretische Leistung des Windrads
$\dot{m}$ Massenstrom
$Y$ spezifische Stutzenarbeit
$\varrho$ Luftdichte
$\dot{V}$ Volumenstrom

$$P_{th} = \frac{\varrho}{2} \cdot A_1 \cdot c_1 \cdot \left( c_0^2 - c_3^2 \right) \qquad \text{(Gl. 10.12)}$$

$P_{th}$ theoretische Leistung des Windrades
$\varrho$ Luftdichte
$A_1$ vom Windrad überstrichene Fläche
$c_1$ Geschwindigkeit in Ebene 1 ($= c_{m1}$)
$c_0$ Windgeschwindigkeit
$c_3$ Geschwindigkeit in Ebene 3

Wie bereits bei der Herleitung der Euler'schen Strömungsmaschinen-Hauptgleichung in Kapitel 3 gezeigt, ist die Leistungsentnahme aus der Strömung zwingend mit einer **Dralländerung** verbunden. Die Windturbine ist eine Turbokraftmaschine mit drallfreier Zuströmung und drallbehafteter Abströmung (Bild 10.5). Die zugehörigen Geschwindigkeitspläne werden in Abschnitt 10.5 detailliert erläutert.

Für den Strömungsvektor $\vec{c}_3$ gilt:

$$\vec{c}_3 = \vec{c}_{m3} + \vec{c}_{u3}$$

Somit ist für die drallbehaftete Abströmung der Betrag von $\vec{c}_3$ immer größer als der Betrag von $\vec{c}_{m3}$. Die in Gl. 10.12 formulierte theoretische Leistung $P_{th}$ bleibt also auf Grund des Dralls stromab des Windrads immer unterhalb der idealen Leistung $P_{ideal}$ nach Gl. 10.5:

$$P_{th} = C_{P,th} \cdot P_{Wind} \qquad \text{mit } C_{P,th} < C_{P,ideal}$$
$$\text{(Gl. 10.13)}$$

Der Leistungsbeiwert $C_{P,th}$ ist abhängig vom Drall der Windturbinenabströmung und da-

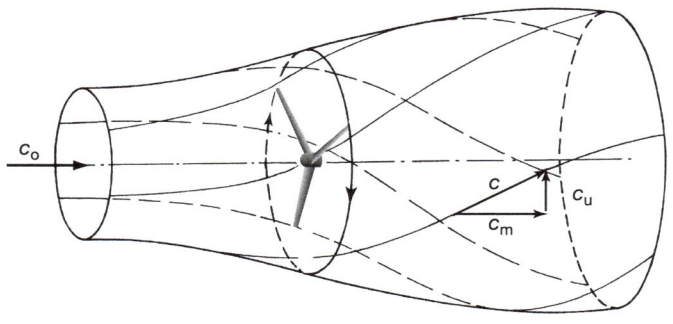

Bild 10.5
Windraddurchströmung mit Berücksichtigung des Dralls

## Energieumsetzung in der Windturbine 223

mit von der Bauform des Windrads und der Geometrie und Anzahl der Schaufeln. $C_{P,\,th}$ wird wesentlich bestimmt durch das Verhältnis der Umfangsgeschwindigkeit des Laufrads zur Windgeschwindigkeit. In der Windturbinentechnik wird dieses Verhältnis mit der Umfangsgeschwindigkeit im Außenschnitt des Rotors gebildet und als **Schnelllaufzahl** $\lambda$ bezeichnet.

$$\lambda = \frac{u_a}{c_0} \quad\quad\quad (Gl.\ 10.14)$$

$\lambda$  Schnelllaufzahl
$u_a$  Umfangsgeschwindigkeit im Außenschnitt
$c_0$  Windgeschwindigkeit

Diese Schnelllaufzahl darf nicht mit der in Abschnitt 4.5 definierten Leistungszahl $\lambda$ oder der Laufzahl $\sigma$ verwechselt werden!

Bild 10.6 zeigt nach [10.9] die Abhängigkeit des theoretischen Leistungsbeiwertes $C_{P,\,th}$ von Schnelllaufzahl $\lambda$ und Schaufelzahl $z$ für den Betrieb im Optimalpunkt mit $c_{m3}/c_0 = {}^1\!/_3$.

Für große Schnelllaufzahlen $\lambda$ ist eine zunehmende Annäherung von $C_{P,\,th}$ an den idealen Wert von 16/27 festzustellen, gleichzeitig nimmt der Einfluss der Schaufelzahl ab. Für

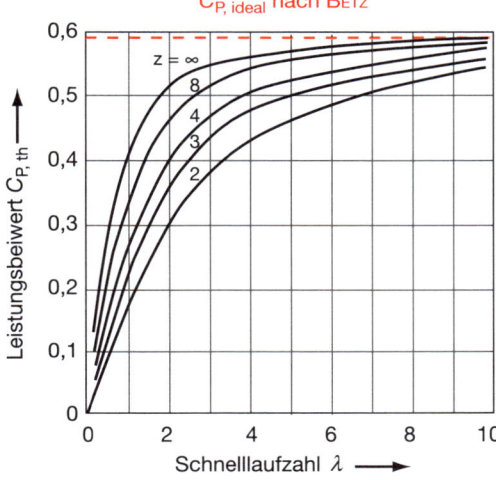

Bild 10.6  Theoretischer Leistungsbeiwert im Optimalpunkt mit $c_{m3}/c_o = {}^1\!/_3$ [10.9]

die sog. «Langsamläufer» ($\lambda < 5$) sind zur Erzielung hoher theoretischer Leistungsbeiwerte also viele Schaufeln zu verwenden, während bei den «Schnellläufern» ($\lambda \geq 5$) nur wenige Schaufeln notwendig sind.

Um die tatsächlich vom Windrad erreichte Leistung zu beschreiben werden die Verluste durch den Wirkungsgrad $\eta$ des Windrads berücksichtigt. Damit ergibt sich:

$$P = P_{th} \cdot \eta = \dot{m} \cdot Y \cdot \eta \quad\quad (Gl.\ 10.15)$$

Der Wirkungsgrad $\eta$ berücksichtigt analog zu den Definitionen in Abschnitt 2.5 die Strömungsverluste und die mechanischen Verluste des Windrads:

$$\eta = \eta_i \cdot \eta_m \quad\quad\quad (Gl.\ 10.16)$$

Der innere Wirkungsgrad $\eta_i$ setzt sich zusammen aus dem hydraulischen Wirkungsgrad $\eta_h$ der Profile und aus dem Blattspitzenwirkungsgrad $\eta_{tip}$. Die an der Rotorblattspitze (engl.: tip) auftretenden Überströmverluste, aus der Tragflügeltheorie als induzierter Widerstand bekannt, werden auf diese Weise mit berücksichtigt.

$$\eta_i = \eta_h \cdot \eta_{tip} \quad\quad\quad (Gl.\ 10.17)$$

Üblicherweise wird in der Windkrafttechnik die Leistung des Windrads mit Hilfe des Leistungsbeiwertes beschrieben:

$$C_P = C_{P,th} \cdot \eta$$

$$P = C_P \cdot P_{Wind} \quad\quad\quad (Gl.\ 10.18)$$

Die elektrische Leistung, die die Windenergieanlage (WEA) in das Netz einspeist, ist durch die Verluste im Generator und Frequenzumrichter sowie in dem ggf. eingesetzten Getriebe nochmals geringer:

$$C_{P,WEA} = C_P \cdot \eta_{Getriebe} \cdot \eta_{el}$$

224　Windturbinen

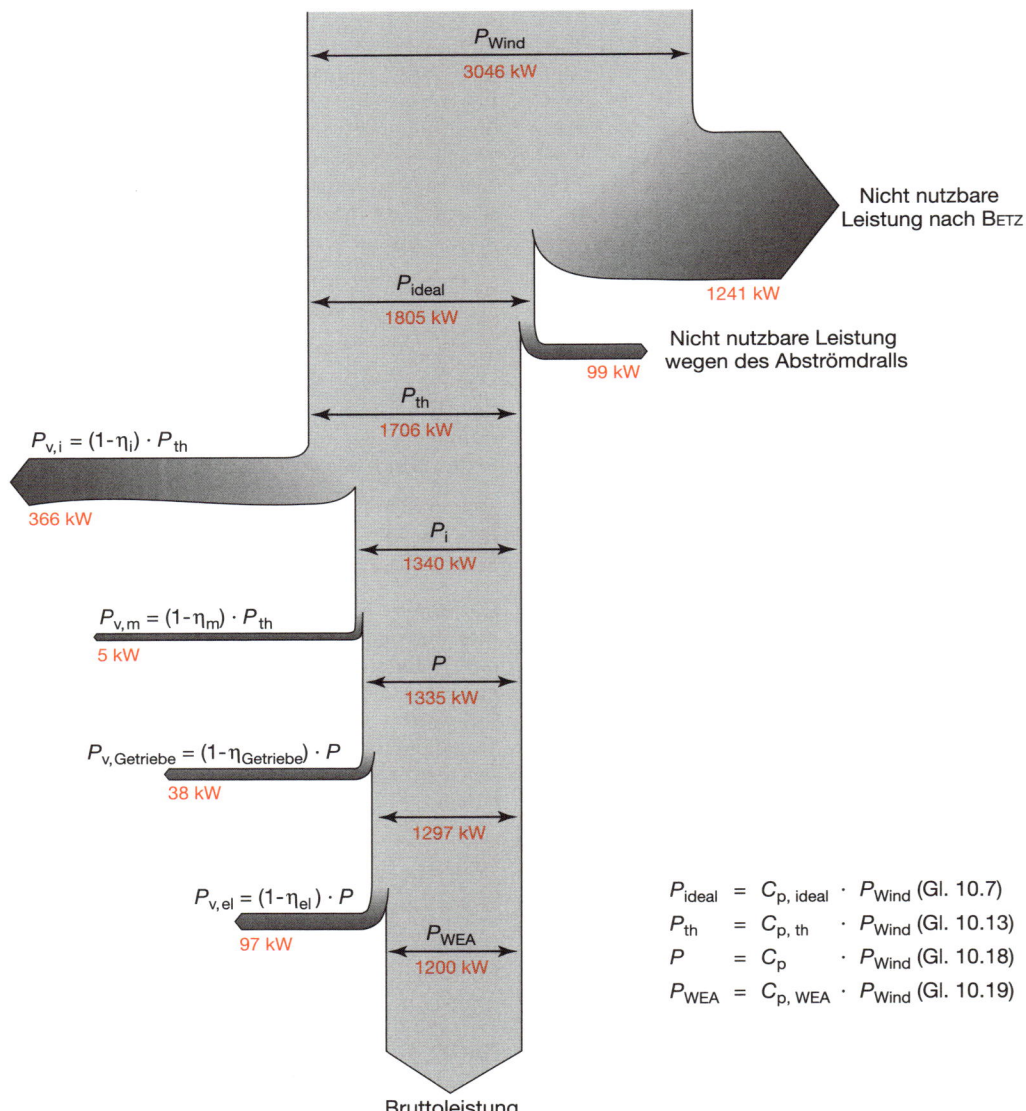

Bild 10.7　Sankey-Diagramm einer Windkraftanlage (WKA-60)

$$P_{\text{WEA}} = C_{P,\text{WEA}} \cdot P_{\text{Wind}} \qquad \text{(Gl. 10.19)}$$

Bild 10.7 zeigt exemplarisch in Form eines Energieflussdiagramms (Sankey-Diagramm) die einzelnen Leistungsanteile in der gesamten mechanisch-elektrischen Energiewandlungskette einer Windenergieanlage im Nennbetriebspunkt. Die Zahlenangaben aus [10.12] beziehen sich auf die 3-blättrige Versuchsanlage WKA-60 auf Helgoland mit einem Rotordurchmesser von 60 m und einer Nennleistung von 1200 kW. In einer vollständigen Bilanz ist zusätzlich noch der Eigenbedarf zu berücksichtigen und führt zur Nettoleistung der Windenergieanlage.

Bei integrierter oder teilintegrierter Bauweise des Triebstrangs (vgl. Abschnitt 10.6) ist eine eindeutige Trennung zwischen dem mechanischen Wirkungsgrad des Windrads und dem Getriebewirkungsgrad nicht möglich.

Zur quantitativen Beschreibung des Wirkungsgrads $\eta_i$ des Windrads ist die genauere Betrachtung der Aerodynamik der Schaufelumströmung notwendig, die in Abschnitt 10.5 beschrieben wird. Zunächst jedoch wird auf die verschiedenen Bauformen von Windturbinen eingegangen.

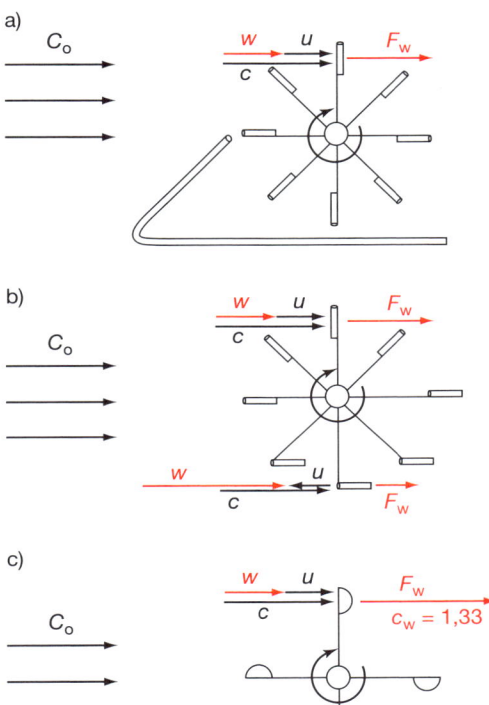

Bild 10.8   Bauarten von Widerstandsläufern

## 10.4   Bauformen von Windturbinen

Windturbinen können systematisch nach verschiedenen Kriterien eingeteilt und unterschieden werden:

1. Aerodynamisches Wirkprinzip
   - Widerstandsläufer
   - Auftriebsläufer
2. Schnellläufigkeit
   - Langsamläufer ($\lambda < 5$)
   - Schnellläufer ($\lambda \geq 5$)
3. Lage der Drehachse
   - Windräder mit vertikaler Achse
   - Windräder mit horizontaler Achse

**Widerstandsläufer**, schematisch für einige Bauformen in Bild 10.8 dargestellt, nutzen die auf einen angeströmten Körper wirkende Widerstandskraft zur Erzeugung eines Drehmomentes um die meist (aber nicht notwendigerweise) vertikal angeordnete Achse. Bei dem Prinzip der «Persischen Windmühle» (Bild 10.8a) muss ein Teil des Windrads abgedeckt sein, damit eine Drehung erfolgen kann. Hierdurch geht der mit der vertikalen Achse eigentlich verbundene Vorteil der Unabhängigkeit von der Windrichtung verloren.

Durch eine variable Geometrie mit umklappenden Flächen (Prinzip des «Chinesischen Windrads», Bild 10.8b) oder z. B. als hohle Halbkugeln geformte Widerstandskörper wie beim Schalenkreuzanemometer (Bild 10.8c) wird erreicht, dass die an einem Widerstandskörper angreifende Kraft sich während der Drehung ändert. Die Widerstandskraft bei der Bewegung gegen den Wind ist durch die Form der Widerstandskörper kleiner als bei der Bewegung mit dem Wind, somit entfällt die Notwendigkeit einer Teilabdeckung. Die Funktion dieser Windräder ist bei vertikaler Achse unabhängig von der Windrichtung.

Die Widerstandskraft bestimmt sich aus der Relativgeschwindigkeit $\vec{w}$. Für die nach den bekannten Beziehungen der Geschwindigkeitspläne gilt:

$$\vec{w} = \vec{c} - \vec{u}$$

Hieraus folgt unmittelbar, dass die Windgeschwindigkeit $c$ immer größer sein muss als die Umfangsgeschwindigkeit $u$, d. h., für Widerstandsläufer gilt grundsätzlich $\lambda < 1$.

Mit Widerstandsläufern können Leistungsbeiwerte $C_P$ bis ca. 0,16 erreicht werden, was sie für die moderne Nutzung von Windenergie unattraktiv macht. Durch die niedrige Schnelllaufzahl stellen die Widerstandsläufer die Leistung allerdings bei hohem Drehmoment bereit. Deshalb – und natürlich wegen ihres einfachen Funktionsprinzips – wurden sie in der Vergangenheit zum Direktantrieb von Arbeitsmaschinen wie z. B. Mühlen genutzt. Schalenkreuzanemometer werden auch heute noch in der Windmesstechnik verwendet.

Auch der Savonius-Läufer ist mit den erreichbaren Leistungsbeiwerten auf ca. 0,15... 0,20 begrenzt. Seine Funktion beruht ebenfalls auf dem Widerstandsprinzip, das in der in Bild 10.9 dargestellten Form mit 2 Schaufeln um Auftriebseffekte ergänzt wird. Er wurde in der Vergangenheit z. B. zur Belüftung von Fahrzeugen und zum Antrieb kleiner Arbeitsmaschinen eingesetzt, hat aber keine größere Bedeutung erlangt.

Höhere Leistungsbeiwerte können nur durch **Auftriebsläufer** erreicht werden, bei denen die an einem umströmten Profil auftretenden aerodynamischen Auftriebskräfte zur Drehmomenterzeugung genutzt werden.

Beim Darrieus-Rotor (Bild 10.10) wird dieses Auftriebsprinzip mit einer **vertikalen Drehachse** genutzt. 2...4 starre oder biegeschlaffe Schaufelblätter sind oben und unten an der Rotorwelle befestigt und ragen bogenförmig nach außen. Während einer Umdrehung ändern sich der relative Anströmvektor und die

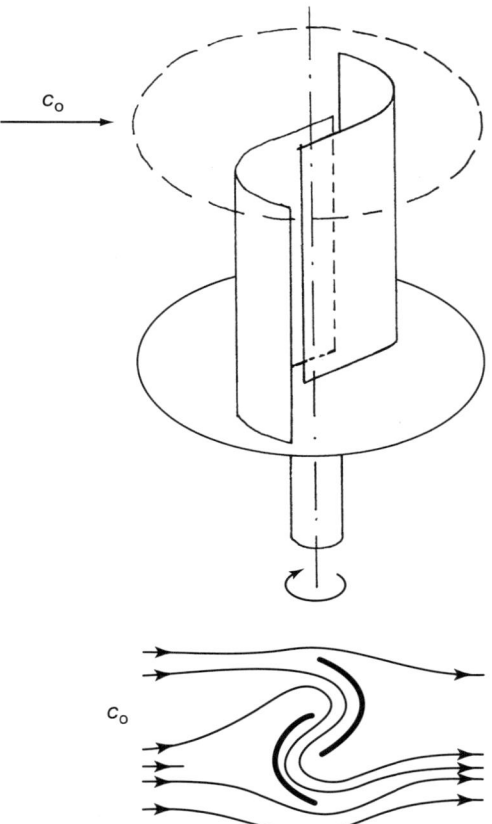

Bild 10.9   Savonius-Rotor

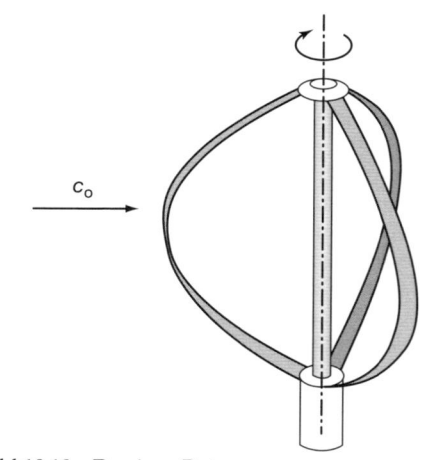

Bild 10.10   Darrieus-Rotor

aerodynamische Auftriebskraft jeder Schaufel nach Betrag und Richtung. Die resultierende Auftriebskraft aller Schaufeln erzeugt das Drehmoment um die Rotationsachse. Darrieus-Läufer erreichen Leistungsbeiwerte bis zu 0,4 und arbeiten bei Schnelllaufzahlen von ca. 5.

Als Vertikalläufer hat der Darrieus-Rotor den Vorteil, von der Windrichtung unabhängig zu sein. Hierdurch ist dieses Windrad auch bei turbulenten Windverhältnissen mit schwankender Windrichtung und -stärke gut einsetzbar.

Das Drehmoment wird jedoch nur bei Drehung des Windrads erzeugt, d.h. der Darrieus-Rotor läuft nicht alleine an. Er wird entweder elektrisch durch Motorbetrieb des Generators angedreht oder mit dem vorgenannten Savonius-Rotor kombiniert. Ein gravierender Nachteil besteht in den während jeder Umdrehung periodisch schwankenden Kräften und Momenten, die zu ausgeprägten Wechselbelastungen der mechanischen Struktur führen und Ermüdungserscheinungen begünstigen. Außerdem fehlt die Möglichkeit, Leistung und Drehzahl aerodynamisch durch Blattverstellung zu regeln.

Kleinere Darrieus-Windräder werden seit den 80er-Jahren in Windparks in Kalifornien eingesetzt. Eine als Éole bezeichnete Anlage (Kanada, 1983) mit einer Höhe des Rotors von 96 m, einem Durchmesser von 64 m und einer Nennleistung von 4 MW blieb hinter den Erwartungen zurück und litt darüber hinaus an starken Schwingungsproblemen. Diese Anlage wurde 1992 nach einem Sturmschaden endgültig stillgelegt. Die Darrieus-Läufer haben bis heute kaum eine wirtschaftliche Bedeutung erlangen können.

In der modernen Windturbinentechnik haben sich die **Auftriebsläufer mit horizontaler Achse** durchgesetzt. Bild 10.11 zeigt die Entwicklung der Bauweise von Horizontalläufern hin zu größeren Schnelllaufzahlen. Die amerikanischen Farmwindmühlen («Western Mills») und die «Holländer Windmühlen» gehören zu den Langsamläufern. Sie stellen die Leistung bei niedrigen Drehzahlen und hohem Moment zur Verfügung und dienen z. B. zum Pumpenantrieb bzw. zum Kornmahlen.

Für die Stromerzeugung kommen schnellläufige Anlagen zum Einsatz, wobei die dreiblättrigen Windräder mit Schnelllaufzahlen $\lambda$

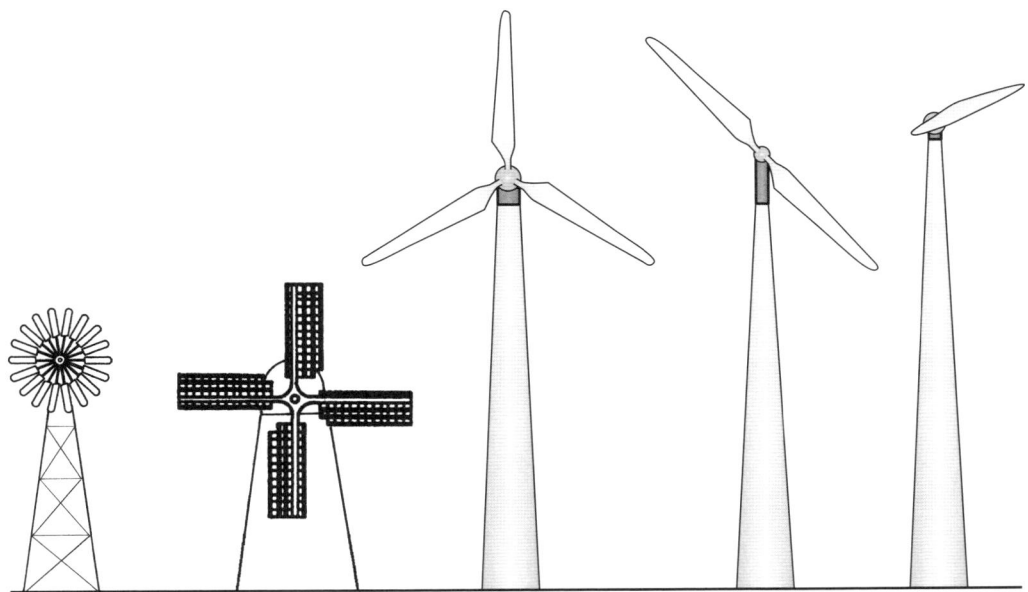

Bild 10.11   Windradbauformen mit horizontaler Achse

von 6...7 und Leistungsbeiwerten $C_P$ bis ca. 0,5 am weitesten verbreitet sind und bei Neuinstallationen heute fast ausschließlich gebaut werden. Im Vergleich zu den 2- oder 1-blättrigen Ausführungen weisen 3-blättrige Rotoren günstigere aeroelastische Eigenschaften auf. Die vielfältigen dynamischen Belastungen – z.B. aus Massenunwucht, Schwerkrafteinfluss auf die rotierenden Schaufelblätter, aerodynamischen Kraftschwankungen durch den Turmeinfluss (auf die Schaufelblätter) und die Blattpassage (auf den Turm) sowie Windturbulenzen –, sind bei 3 Schaufelblättern besser beherrschbar. Hinzu kommen aeroakustische Aspekte. 1- und 2-blättrige Windräder mit Schnelllaufzahlen von ca. 10...15 sind deutlich lauter, da die Schallabstrahlung des Rotors etwa mit der 5. Potenz der Umfangsgeschwindigkeit an der Blattspitze anwächst.

Alle Horizontalläufer benötigen eine drehbar gelagerte Rotorgondel auf dem Turmbauwerk und eine **Windnachführung**, um das Laufrad optimal zum Wind auszurichten. Früher wurde die Windnachführung häufig passiv und selbstregulierend mit Hilfe einer Windfahne oder eines Seitenrotors umgesetzt. Bei den heutigen Anlagen zur Stromerzeugung erfassen Sensoren die Windrichtung, und die Ausrichtung wird aktiv motorisch durchgeführt. Mit diesem Azimutantrieb wird gleichzeitig gewährleistet, dass die im Turm verlegten Anschlusskabel nicht unzulässig stark verdreht werden. Schnelle Anströmrichtungsänderungen (z.B. bei böigen Windverhältnissen) führen zu einer Verringerung der mittleren erreichbaren Leistung der Windkraftanlage.

Windturbinen mit horizontaler Achse können als **Luvläufer** (Rotor in Windrichtung vor dem Turm) oder als **Leeläufer** (Rotor in Windrichtung hinter dem Turm) gestaltet sein (Bild 10.12). Leeläufer haben den gravierenden Nachteil, dass die Rotorblätter durch die verwirbelte Strömung des Turmnachlaufs, den sog. Turmschatten hindurch streichen müssen. Neben zusätzlichen strukturdynamischen Belastungen sind hiermit auch größere Lärmemissionen verbunden. Heutige Windenergieanlagen werden fast ausschließlich als Luvläufer gebaut.

Zur vergleichenden Beurteilung der verschiedenen Laufradbauformen wird zusätzlich der Drehmomentenbeiwert $C_M$ betrachtet. Mit dem Außenradius $R = D/2$ des Rotors als Bezugsgröße wird das Drehmoment beschrieben:

$$M = C_M \cdot \frac{\varrho}{2} \cdot c_0^2 \cdot A_1 \cdot R \qquad \text{(Gl. 10.20)}$$

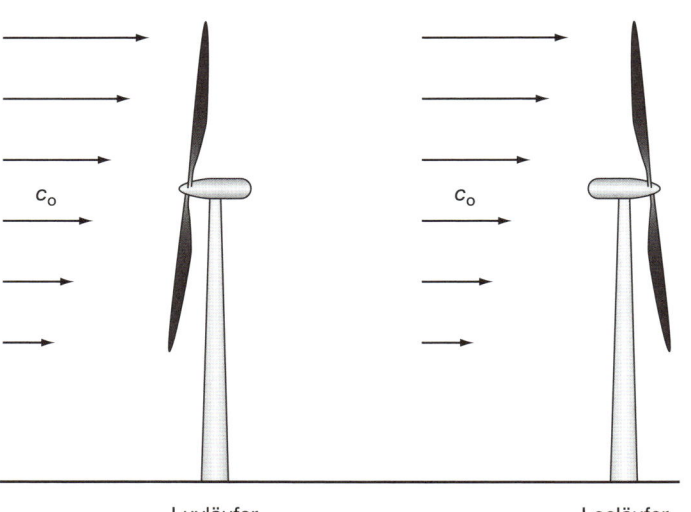

Bild 10.12
Luv- und Leeläufer

Luvläufer    Leeläufer

# Bauformen von Windturbinen 229

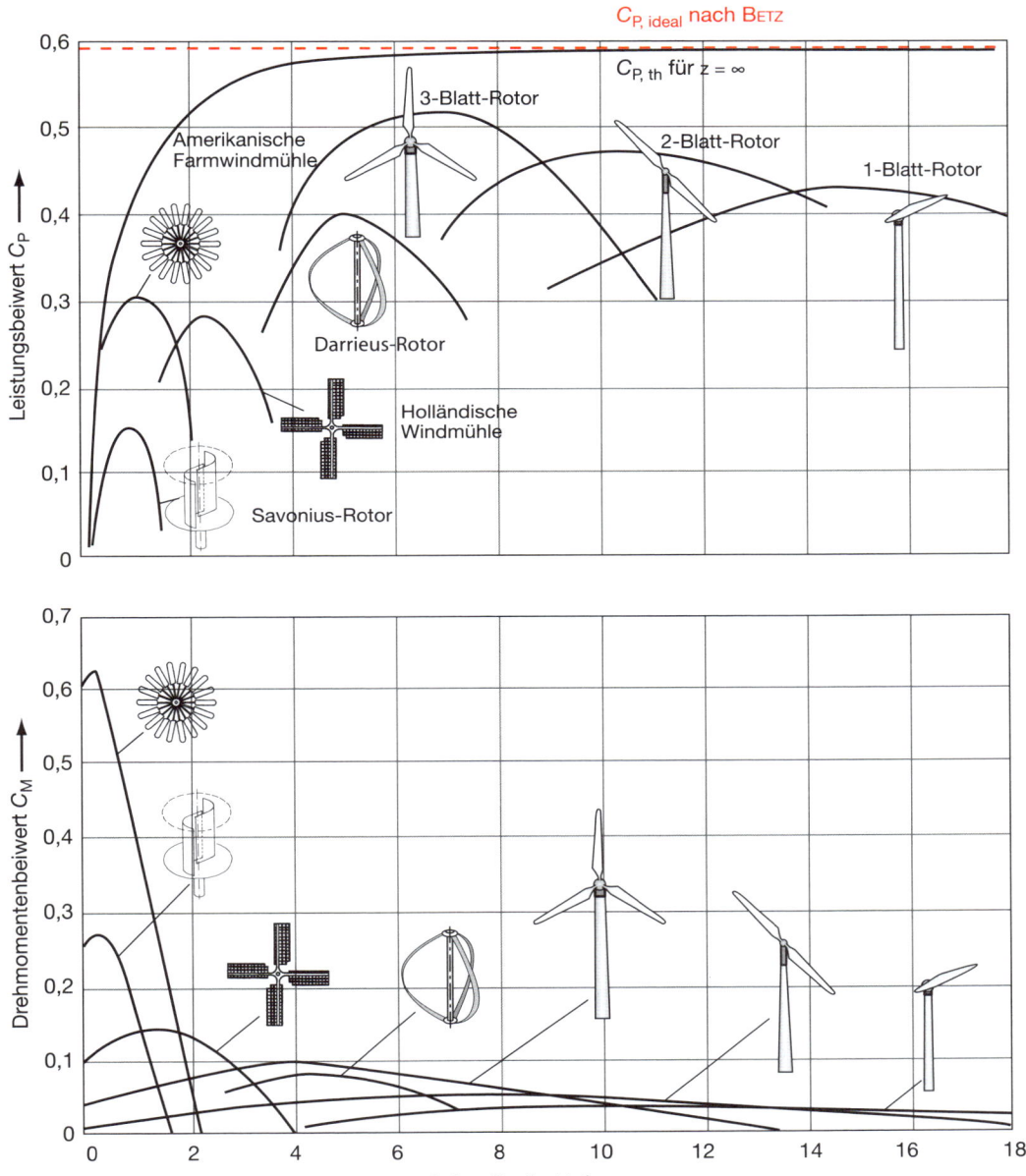

Bild 10.13
Leistungs- und Drehmomentenbeiwerte von Windrädern unterschiedlicher Bauformen [10.12, 10.13]

Für den Zusammenhang zwischen Leistungs- und Drehmomentenbeiwert ergibt sich damit:

$$\frac{C_P}{C_M} = \frac{P}{M} \cdot \frac{\frac{1}{2} \cdot \varrho \cdot c_0^2 \cdot A_1 \cdot R}{\frac{1}{2} \cdot \varrho \cdot c_0^3 \cdot A_1}$$

$$\frac{C_P}{C_M} = \frac{P}{M} \cdot \frac{R}{c_0} = \frac{\omega \cdot R}{c_0} = \frac{u_a}{c_0} = \lambda$$

$$C_P = \lambda \cdot C_M \qquad \text{(Gl. 10.21)}$$

$C_P$  Leistungsbeiwert
$\lambda$  Schnelllaufzahl
$C_M$  Drehmomentenbeiwert

Bild 10.13 zeigt die Unterschiede der dimensionslosen Leistungs- und Drehmomentenkennlinien für die Rotoren unterschiedlicher Bauart. Für Laufräder mit Blattverstellung stellen die Kennlinien die Einhüllende des Kennfeldes dar.

Der Vorteil der nach dem Auftriebsprinzip arbeitenden Windturbinen wird hier noch einmal deutlich. Moderne 3-Blatt-Windräder erreichen Leistungsbeiwerte von ≈ 0,5 und sind allen anderen Bauarten hierin überlegen. Im Anlaufverhalten besteht zwischen den Langsam- und Schnellläufern ein wesentlicher Unterschied. Ein vielblättriger Rotor, wie bei den amerikanischen Farmwindmühlen, entwickelt ein hohes Anlaufdrehmoment ($\lambda = 0$) und läuft so bereits bei schwachem Wind an. Bei den Schnellläufern liegen die Drehmomentenbeiwerte bei $\lambda = 0$ deutlich niedriger. Hier muss das Anlaufen ggf. durch eine entsprechende Blattverstellung unterstützt werden.

Moderne Windturbinen zur Stromerzeugung werden fast ausschließlich als Schnellläufer mit horizontaler Achse errichtet. Alle weiteren Betrachtungen beschränken sich daher auf diese Bauart.

## 10.5 Aerodynamik der Windturbine

Bild 10.14 verdeutlicht die Strömungskinematik an einem Schaufelschnitt eines Windrads mit Hilfe der Geschwindigkeitsdreiecke. Die Absolutanströmung zur Beschaufelung erfolgt drallfrei mit der Absolutgeschwindigkeit $c_1$. Im Auslegungspunkt einer Windturbine beträgt diese Geschwindigkeit $c_1$ nach BETZ $2/3$ der Windgeschwindigkeit $c_0$. Mit der vom betrachteten Radius abhängigen Umfangsgeschwindigkeit $u_1$ ergibt sich das Eintrittsgeschwindigkeitsdreieck. Der Winkel zwischen der Profilsehne und der Umfangsrichtung wird als **Staffelungswinkel** $\gamma$ bezeichnet. Die Differenz zwischen dem relativen Anströmwinkel $\beta_1$ und dem Staffelungswinkel $\gamma$ ist der **Anstellwinkel** $\delta$ des Profils. Die Relativströmung wird von $w_1$ auf $w_2$ beschleunigt und umgelenkt. Im Absolutsystem ergibt sich somit zur axialen Durchströmung des Windrads ($u_1 = u_2$) eine Drallkomponente $c_{u2}$, die gegen die Umfangsrichtung weist ($c_{u2} < 0$).

Prinzipiell ist die Berechnung von spezifischer Stutzenarbeit und Leistung nach der klassischen Gittertheorie mit Hilfe der Euler'schen Strömungsmaschinen-Hauptgleichung (vgl. Abschnitt 3.3) auch für die Windturbine möglich. Insbesondere für die Schnellläufer mit nur wenigen Schaufeln bereitet allerdings die Formulierung geeigneter repräsentativer Mittelwerte – hier also umfangsgemittelter Werte auf den einzelnen Radien – Schwierigkeiten. Ähnliches gilt für einzuführende Korrelationen im Hinblick auf Minderumlenkung und Wirkungsgrade.

Daher wird in der Windturbinentechnik auf die Beschreibung der aerodynamischen Kräfte am einzelnen Schaufelblatt mit Hilfe der Tragflügeltheorie [10.7] zurückgegriffen. Die wesentlichen Eigenschaften eines Tragflügelprofils werden durch die **Profilpolaren**, also z.B. die Abhängigkeit des Widerstandsbeiwerts $c_w$ und des Auftriebsbeiwerts $c_a$ vom Anstellwinkel $\delta$ beschrieben. Die an einem Schaufelschnitt mit der Sehnenlänge $l$ und der infinitesimal kleinen radialen Erstreckung $dr$

Aerodynamik der Windturbine  231

angreifende Auftriebs- und Widerstandskraft folgen damit zu:

$$dF_A = c_a(\delta) \cdot \frac{\varrho}{2} \cdot w_1^2 \cdot l \cdot dr \qquad \text{(Gl. 10.22)}$$

$$dF_W = c_w(\delta) \cdot \frac{\varrho}{2} \cdot w_1^2 \cdot l \cdot dr \qquad \text{(Gl. 10.23)}$$

$dF_A$ infinitesimal kleine Auftriebskraft
$dF_W$ infinitesimal kleine Widerstandskraft
$c_a$ Auftriebsbeiwert
$c_w$ Widerstandsbeiwert
$\delta$ Anstellwinkel
$\varrho$ Luftdichte
$w_1$ Relativgeschwindigkeit in Ebene 1
$l$ Sehnenlänge
$dr$ infinitesimal kleine radiale Erstreckung der Schaufel

Das Verhältnis von **Widerstandsbeiwert** $c_w$ und **Auftriebsbeiwert** $c_a$ wird als **Gleitzahl** $\varepsilon$ bezeichnet und gibt Auskunft über die Güte des Schaufelprofils. Hochwertige Profile erreichen Gleitzahlen deutlich unter 0,01.

$$\varepsilon = \frac{c_w}{c_a} \qquad \text{(Gl. 10.24)}$$

Nur die Umfangskomponente $dF_{R,u}$ der resultierenden Kraft $dF_R$ trägt zur Leistung der Schaufel bei, die als Produkt von Umfangskraft und Umfangsgeschwindigkeit folgt:

$$dF_{R,u} = \frac{\varrho}{2} \cdot w_1^2 \cdot l \cdot c_a(\delta) \cdot [\sin\beta_1 - \varepsilon(\delta) \cdot \cos\beta_1] \cdot dr$$

$$dP_{Sch} = \omega \cdot r \cdot dF_{R,u}$$

$$dP_{Sch} = \omega \cdot r \cdot \frac{\varrho}{2} \cdot w_1^2 \cdot l \cdot c_a(\delta)$$
$$\cdot [\sin\beta_1 - \varepsilon(\delta) \cdot \cos\beta_1] \cdot dr$$

Für reibungsfreie Strömung gilt $c_w = 0$ und damit $\varepsilon = 0$, d.h. die theoretische Leistung beträgt

$$dP_{th} = \omega \cdot r \cdot \frac{\varrho}{2} \cdot w_1^2 \cdot l \cdot c_a(\delta) \cdot \sin\beta_1 \cdot dr$$

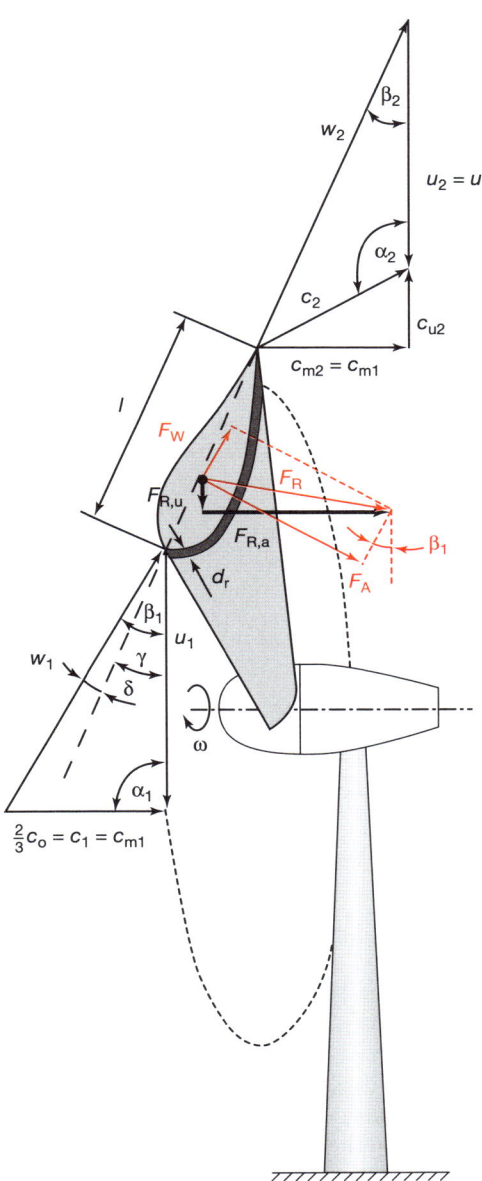

Bild 10.14  Geschwindigkeitsdreiecke und Kräfte in einem Schaufelschnitt des Windrades

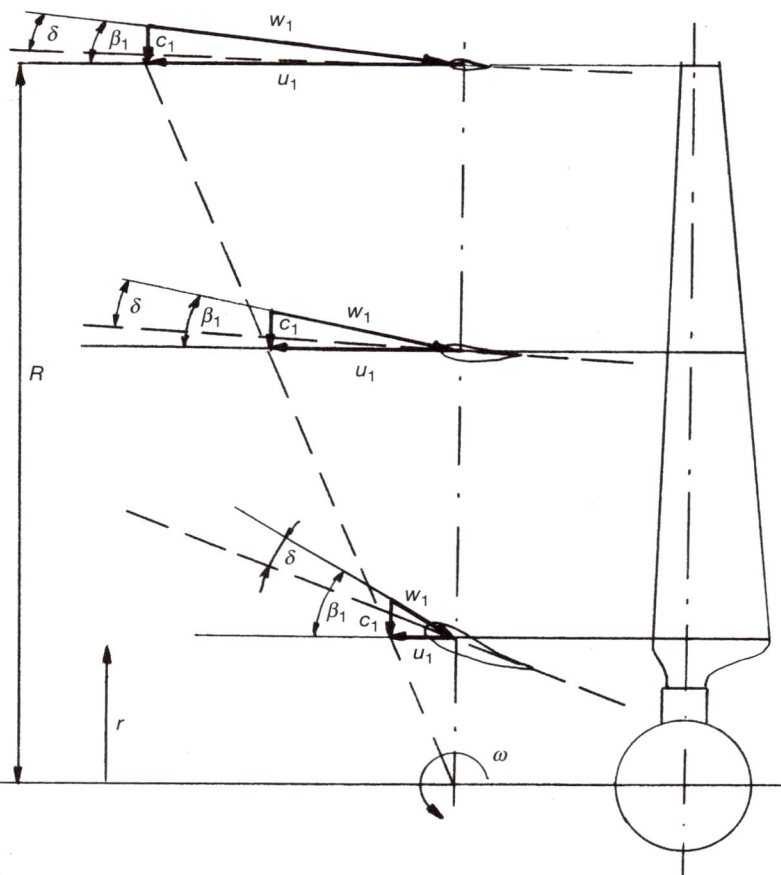

Bild 10.15
Verwindung des Rotorblattes

Der hydraulische Wirkungsgrad der Beschaufelung gem. Gl. 10.17 ergibt sich damit abhängig vom Radius $r$ des betrachteten Schaufelschnittes zu

$$\eta_h(r) = \frac{dP_{Sch}}{dP_{th}} = 1 - \frac{\varepsilon(r)}{\tan \beta_1(r)}$$

bzw. für den integralen Wert:

$$\eta_h = \frac{1}{A_1} \cdot \int_0^R \left(1 - \frac{\varepsilon(r)}{\tan \beta_1(r)}\right) \cdot 2 \cdot \pi \cdot r \cdot dr$$

(Gl. 10.25)

$\eta_h$ hydraulischer Wirkungsgrad des Profils
$A_1$ vom Windrad überstrichene Fläche

$R$ Außenradius des Windrades
$\varepsilon$ Gleitzahl des Profils
$\beta_1$ relativer Anströmwinkel zum Profil
$\pi$ Kreiszahl
$r$ Radius

Bild 10.15 veranschaulicht mit Hilfe der Geschwindigkeitsdreiecke auf verschiedenen Radien die starke Änderung des relativen Anströmwinkels $\beta_1$, die eine entsprechende Verwindung des Schaufelblattes erforderlich macht. Für den Winkel $\beta_1$ gilt:

$$\tan \beta_1(r) = \frac{c_1}{u_1(r)} = \frac{c_1}{\omega \cdot r}$$

Drückt man die Winkelgeschwindigkeit $\omega$ mit der Schnelllaufzahl nach Gl. 10.14 aus

Bild 10.16
Optimale Leistungszahl für verschiedene Gleitzahlen $\varepsilon$ und Schaufelzahlen $z$ in Abhängigkeit der Schnelllaufzahl $\lambda$ [10.9]

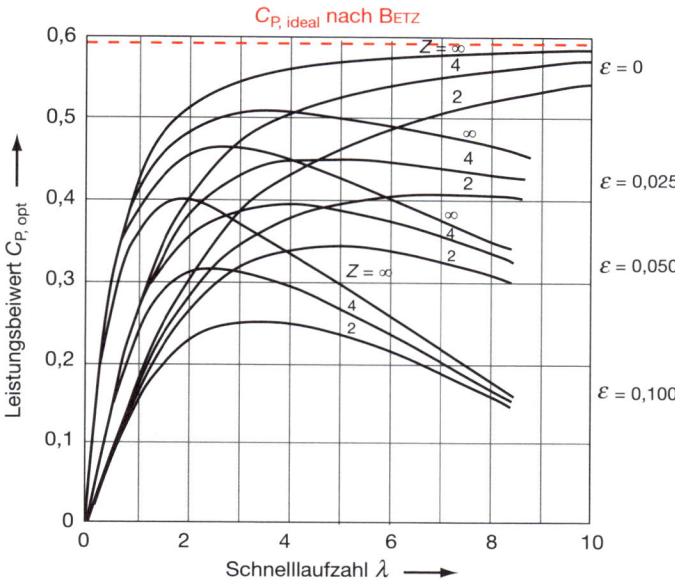

$$\omega = \lambda \cdot \frac{c_0}{R}$$

und nutzt die Betz-Bedingung für den Auslegungspunkt

$$c_1 = \frac{2}{3} \cdot c_0$$

folgt schließlich

$$\tan\beta_1(r) = \frac{2}{3} \cdot \frac{R}{\lambda \cdot r}$$

und damit für den hydraulischen Wirkungsgrad

$$\eta_h = \frac{2 \cdot \pi}{A_1} \cdot \int_0^R \left(1 - \frac{3}{2} \cdot \lambda \cdot \varepsilon(r) \frac{r}{R}\right) \cdot r \cdot dr$$

(Gl. 10.26)

Für eine konstante, vom Radius unabhängige Gleitzahl $\varepsilon$, führt die Integration zum einfachen Ergebnis:

$$\eta_h = 1 - \lambda \cdot \varepsilon$$

(Gl. 10.27)

Neben der Schnellläufigkeit beeinflusst also die Gleitzahl der verwendeten Profile maßgeblich den Wirkungsgrad der Beschaufelung. In [10.9] wird mit Berücksichtigung der Profilverluste ein Leistungsbeiwert

$$C_{P,opt} = C_{P,th} \cdot \eta_h$$

in Abhängigkeit der Schnelllaufzahl angegeben, der den Einfluss von Schaufelzahl $z$ und Gleitzahl $\varepsilon$ sehr anschaulich illustriert (Bild 10.16).

Deutlich ist zu erkennen, dass für Profile mit schlechten (hohen) Gleitzahlen $\varepsilon$ die erreichbaren Leistungsbeiwerte $C_{P,\,opt}$ niedriger ausfallen und sich die Maxima zu niedrigeren Schnelllaufzahlen verschieben. Der Einfluss der Schaufelzahl nimmt mit zunehmender Schnelllaufzahl ab, gleichzeitig wird $C_{P,\,opt}$ durch die Gleitzahl $\varepsilon$ dominiert. Umgekehrt gewinnt die Anzahl der Schaufeln bei niedrigeren Gleitzahlen und kleinerer Schnellläufigkeit an Bedeutung.

Langsamläufer wie die amerikanischen Farmwindmühlen brauchen also viele Schaufeln, die Qualität der Profile spielt nur eine untergeordnete Rolle. Typischerweise werden dort nur einfach gebogene Bleche mit konstanter Dicke eingesetzt.

Schnellläufer kommen mit wenigen Schaufeln aus, benötigen aber aerodynamisch hochwertige Profile. Zur Auswahl der Profile wird zurückgegriffen auf Profilkataloge z. B. mit NACA-Profilen [10.14] oder Laminarprofilen aus dem Segelflugzeugbau und Flugmodellbau [10.15, 10.16]. Mit modernen Berechnungs- und Auslegungsmethoden werden zunehmend auf die speziellen Bedürfnisse der Windturbinen zugeschnittene Profile entwickelt. Hierbei wird versucht, das Reynolds-Zahl-Niveau und die Transition, also den Umschlag von der laminaren zur turbulenten Profilgrenzschicht, gezielt zu berücksichtigen [10.17]. Ein umfassender Vergleich zwischen Messungen und numerischen Berechnungen mit Berücksichtigung der Transitionsmodellierung ist in [10.18] in Form eines Katalogs zur Auswahl von Profilen für Windturbinen dargestellt.

Die dargestellte Betrachtungsweise der Strömungsverhältnisse an einer Rotorschaufel wird in der Literatur als «**Blattelementmethode**» bezeichnet. Sie entspricht der klassischen, auch in Abschnitt 3.3 demonstrierten Vorgehensweise der Auslegung auf einzelnen Profilschnitten. Zwischen diesen Profilschnitten besteht allerdings keine Kopplung, so dass z. B. Effekte der Stromlinienkrümmung im Meridianschnitt mit den resultierenden radialen Druckgradienten nicht berücksichtigt werden. Zur Berücksichtigung solcher Effekte sind Quasi-3D oder 3D-Rechenverfahren anzuwenden.

Ein ebenfalls 3-dimensionaler Einfluss ist das an der Rotorblattspitze von der Druck- zur Saugseite des Profils stattfindende Überströmen, das zusätzliche aerodynamische Verluste erzeugt und pauschal mit dem Blattspitzenwirkungsgrad $\eta_{tip}$ berücksichtigt wird. In [10.1] wird hierfür, basierend auf einer Abschätzung von BETZ, angegeben:

$$\eta_{tip} = \left(1 - \frac{0{,}92}{z \cdot \sqrt{\lambda^2 + \frac{4}{9}}}\right)^2 \qquad \text{(Gl. 10.28)}$$

$\eta_{tip}$ Blattspitzenwirkungsgrad
$z$ Schaufelzahl
$\lambda$ Schnelllaufzahl

Bei modernen Windrädern wird durch vielfältige Formgebungen bis hin zu Endscheiben (Bild 10.17) versucht, die Blattspitzenverluste zu verringern. Windkanalversuche und Freilandversuche führen hier jedoch häufig zu unterschiedlichen Ergebnissen. Offensichtlich sind manche Geometrien in der realen turbulenten Windströmung deutlich weniger wirksam als im Windkanal.

[10.19] berichtet von einer aufwendigen 3D-CFD- Berechnung einer Windturbine mit 15 m Durchmesser und einer Windgeschwindigkeit von 8 m/s. In einer transienten kompressiblen Large-Eddy-Simulation auf einem Rechennetz von 300 Mio. Knoten ergeben sich Verbesserungen des $C_P$-Wertes des Rotors durch um 50° abgeknickte Winglets an den Blattspitzen (Bild 10.18). Allerdings zeigte die aeroakustische Analyse Wirbelstrukturen, die für Frequenzen oberhalb von 4 kHz zu höheren Schalldruckpegeln führten.

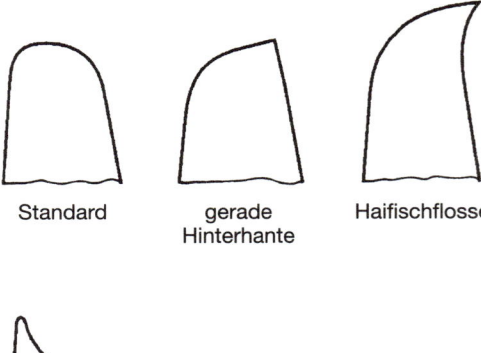

Standard    gerade Hinterkante    Haifischflosse

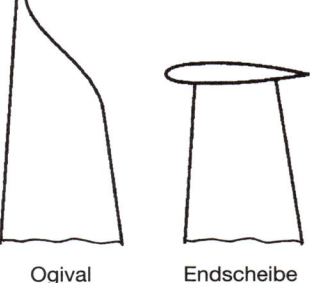

Ogival    Endscheibe

Bild 10.17  Geometrien an der Rotorblattspitze [10.12]

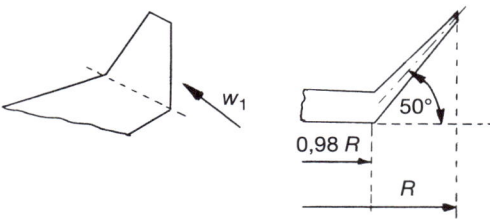

Bild 10.18   Winglets [10.19]

3D-Rechnungen mit Navier-Stokes-Lösern ermöglichen die Optimierung des Schaufelblattes unter Berücksichtigung der stark 3-dimensionalen Strömung an der Schaufelspitze und an der Nabe. In [10.20] wird die Neugestaltung des Schaufelblattes am Nabenanschluss hervorgehoben. Durch Profile mit großer Sehnenlänge und hohen Staffelungswinkeln nahe der rotierenden Nabe sowie der Berücksichtigung von 3D-Effekten an der Schaufelspitze und einer allgemeinen Blattoptimierung konnte der Ertrag um 12 % gesteigert werden. Gleichzeitig wurde die Drehzahl um 5 % abgesenkt, was akustisch eine Geräuschreduktion um 3 dB(A) erbrachte. In [10.21] wird ebenfalls eine Optimierung des nabennahen Schaufelblattes beschrieben, in Verbindung mit einem großen «Spinner», dem rotierenden Teil der Windradnabe. Bild 10.19 zeigt Stromlinienbilder für den Originalrotor (a), ein neues Design ohne Spinner (b) und ein neues Design mit Spinner (c). Deutlich ist zu erkennen, dass Strömungsablösungen an der Saugseite des Schaufelblattes durch die Optimierung vermieden werden können.

## 10.6   Konstruktiver Aufbau von Windkraftanlagen

Der Aufschwung der Windenergie wurde erst möglich durch die enorme Vergrößerung der ausgeführten Windkraftanlagen, die in Bild 10.20 schematisch dargestellt ist. Die heute größte und mit 6 MW leistungsstärkste Anlage ist die ENERCON E-126 mit einem Rotordurchmesser von 126 m bei einer Nabenhöhe von 135 m. Binnen 25 Jahren hat sich die Leis-

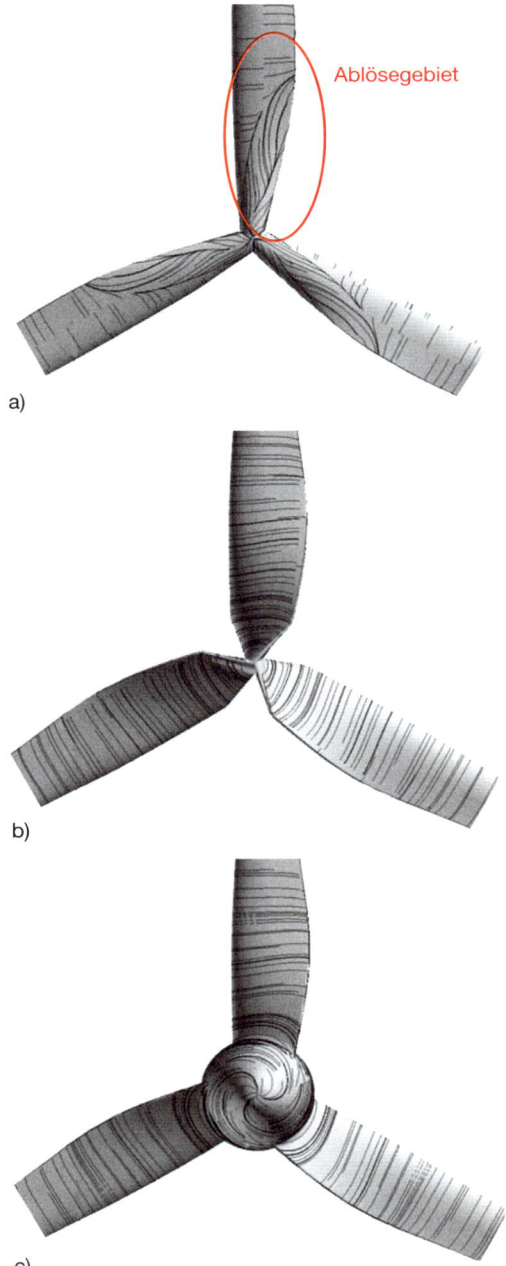

Bild 10.19   Stromlinien auf der Saugseite

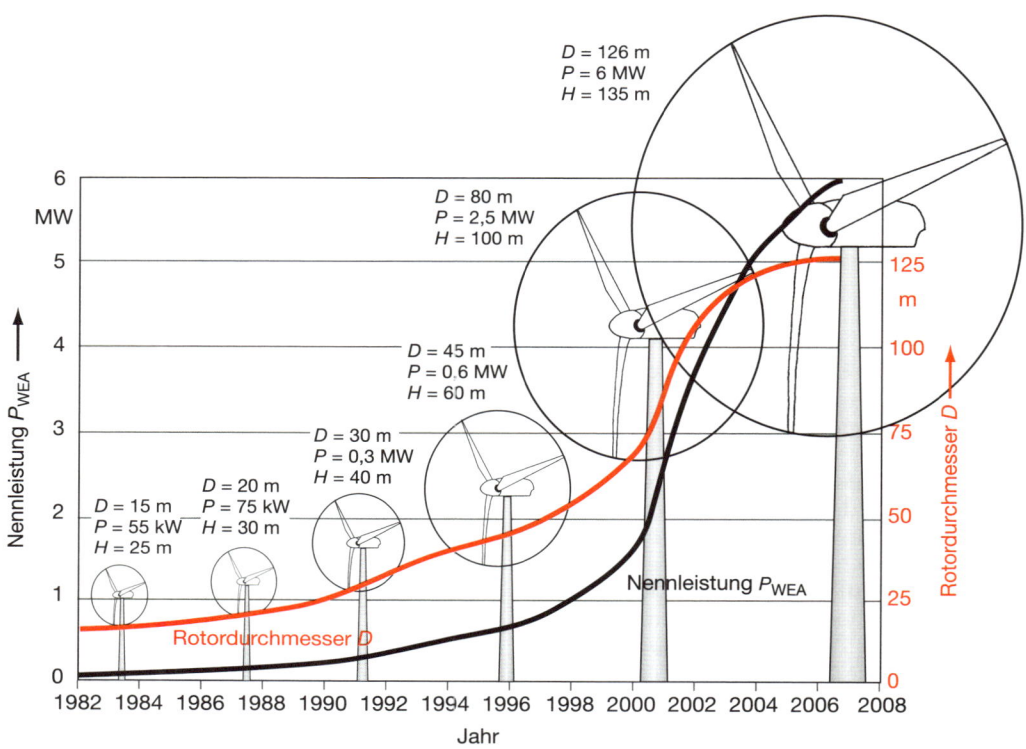

Bild 10.20  Größe und Leistung von in Serie gebauten Windkraftanlagen (Daten nach [10.1], aktualisiert)

tung von Serienanlagen damit mehr als verhundertfacht! Die Anforderungen an alle Komponenten einer Windkraftanlage sind somit deutlich gestiegen, wobei sich der grundsätzliche Aufbau kaum verändert hat. Die Gondel ist drehbar auf dem Turm gelagert und beherbergt den vollständigen Triebstrang vom Windrad bis zum Generator. Andere Konzepte mit dem Ziel, Gewicht nach unten zu verlagern und den Turm zu entlasten, haben sich in kommerziellen Anlagen bisher nicht durchgesetzt.

Bild 10.21 zeigt den grundsätzlichen Aufbau einer Windenergieanlage mit den wichtigsten Komponenten, die im Folgenden näher betrachtet werden.

Der **Turm** muss – zusammen mit den Fundamenten – die statischen und dynamischen Lasten der Windturbine aufnehmen. Die Turmhöhe bestimmt die Nabenhöhe der Anlage, die wiederum standortabhängig den Energieertrag beeinflusst (s. Abschnitt 2.7). In küstennahen Standorten liegt nach [10.1] das Verhältnis von Nabenhöhe zu Windraddurchmesser bei ca. 1,0…1,4, bei Binnenanlagen bei ca. 1,2…1,8. Die jeweils niedrigeren Werte gelten für große Anlagen im MW-Bereich. Die Türme werden in Stahlrohrbauweise, als Betonkonstruktion mit Ortbeton oder in jüngster Zeit auch in einer Segmentbauweise mit verspannten Fertigbetonbauteilen gebaut. In Anbetracht von Basisturmdurchmessern bis zu 14,5 m ist trotz entsprechender Segmentierung der Transport ein erheblicher Kostenfaktor.

Die **Rotorblätter** von Windenergieanlagen sind hinsichtlich ihrer Größe im Strömungsmaschinenbau einzigartig und erfordern spezielle Fertigungstechnologien. Verschiedene Bauweisen kommen zur Anwendung.

Am häufigsten werden faserverstärkte Verbundwerkstoffe eingesetzt. Die Halbschalen

# Konstruktiver Aufbau von Windkraftanlagen 237

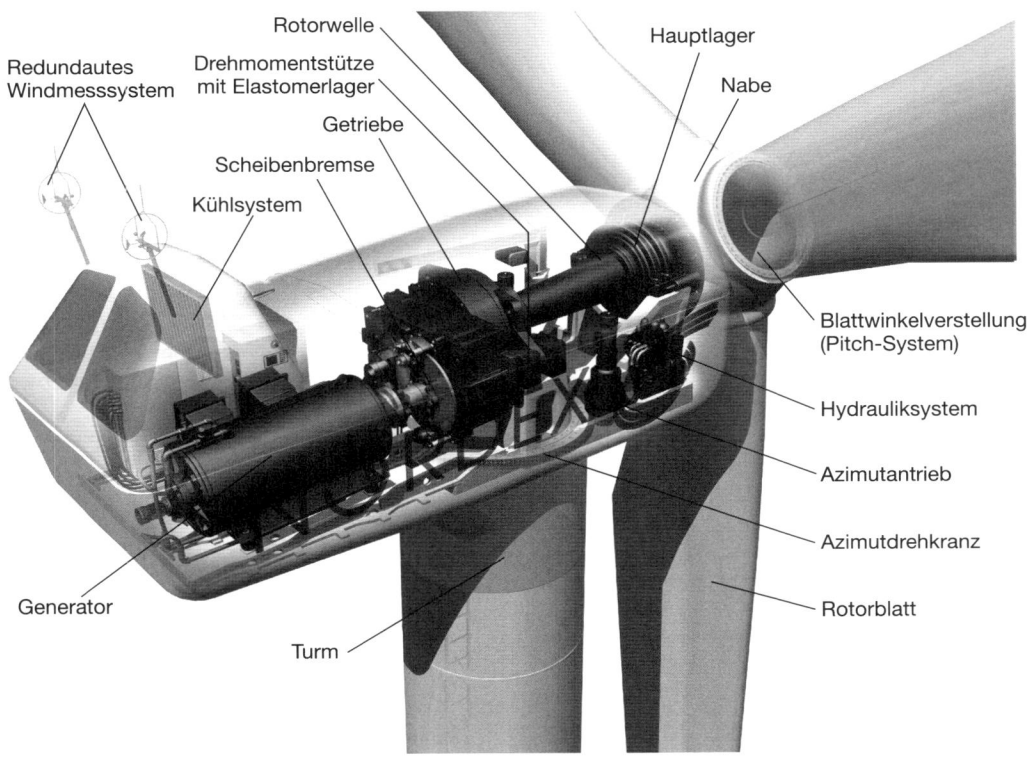

Bild 10.21   Aufbau einer Windenergieanlage am Beispiel der Nordex N60 (Nordex AG)

der Profile (Saugseite/Druckseite) werden aus Glasfasermatten und zunehmend in hoch beanspruchten Zonen auch aus den teureren, aber stärker belastbaren Carbonfasermatten geformt und mit Epoxidharz im Vakuumverfahren durchtränkt. Einige Hersteller integrieren zwischen 2 Fasergelegen eine Balsaholzschicht. Hiermit werden die guten Eigenschaften des Naturwerkstoffes Holz genutzt, insbesondere im Hinblick auf Ermüdung sowie Dämpfung, und gleichzeitig das Holz witterungsbeständig versiegelt. Das gegenüber dem früher verwendeten Polyesterharz heute benutzte Epoxidharz hat Vorteile bezüglich der Belastbarkeit, der Schrumpfungseffekte, der Alterungsbeständigkeit und der hygroskopischen Eigenschaften. Durch gezielte Erwärmung härtet das Harz aus. Nach Bedarf werden anschließend GFK-Versteifungen ein-

gebracht und die Halbschalen miteinander verklebt, die gesamte Rotorschaufel wird außen mit speziellen Lacken oberflächenversiegelt. Besonders hoch beansprucht ist der Blattanschluss an die Rotornabe. Hier in der Blattwurzel treten die höchsten Fliehkraftspannungen und die höchsten Biegemomente auf. Die problematische Verbindung des Faserverbundwerkstoffs mit dem Blattflansch wird durch einen doppelseitigen Stahlflansch mit Verschraubungen oder durch einen vollständig eingeklebten Aluminiumflansch gewährleistet. Manche Hersteller nutzen einlaminierte Querbolzen oder einlaminierte Hülsen für Stehbolzen.

ENERCON geht bei der Rotorblattfertigung der E-126 inzwischen einen interessanten Weg und kombiniert in einem zweigeteilten Rotorblatt eine Stahlkonstruktion mit glasfaserver-

Bild 10.22 Montage des äußeren Teils eines Rotorblatts der ENERCON E-126 (ENERCON GmbH)

stärktem Kunststoff. Bild 10.22 zeigt die spektakuläre Montage des äußeren, längeren Teils des Rotorblattes aus GFK an den inneren Teil mit einer sehr steifen Stahlholmkonstruktion (Sandwichbauweise mit geschlossenzelligem, vernetzten PVC-Schaum). Die Zweiteilung der Schaufel verringert den Aufwand für den Transport der Rotorblätter.

Im Rahmen der Zertifizierung von Windenergieanlagen nach den einschlägigen Richtlinien [10. 22 bis 10.24] sind ein statischer Rotorblatttest auf Biegung sowie die Modalanalyse Bestandteil der Konstruktionsprüfung. Zunehmend wird auch über die Notwendigkeit dynamischer Dauertests diskutiert [10.25]. Allen Prüfverfahren gemeinsam ist allerdings aufgrund der Baugröße des Rotorblatts ein erheblicher Aufwand.

Bei kleinen und älteren Anlagen wurden teilweise eine gelenkige Lagerung der Rotorblätter (Schlaggelenkrotor) oder bei 2-Blatt-Rotoren eine pendelnde Lagerung der **Nabe** zur Verringerung der Biegewechselbelastungen der Rotorwelle umgesetzt. Auch die Biegemomente in den Blattwurzeln konnten reduziert werden. Bei modernen 3-Blatt-Anlagen finden sich dagegen praktisch ausschließlich starre Naben. Sie werden in der Regel aus Stahlguss hergestellt. Die Nabe stellt den ersten Teil des Triebstrangs dar und nimmt alle Rotorblattkräfte und Rotormomente auf. Weiterhin beherbergt die Nabe bei mit verstellbaren Schaufeln ausgerüsteten Anlagen auch den Mechanismus zur **Blattwinkelverstellung** mit der Rotorblattlagerung.

Zur Leistungsregelung bzw. -begrenzung sowie zur Sturm- und Notabschaltung werden bei modernen Anlagen die Rotorblätter aktiv verdreht, also der Staffelungswinkel verändert (vgl. Abschnitt 10.7). Die Lagerung des Rotorblatts erfolgt in der Nabe mit Wälzlagern. Zur Blattverstellung werden überwiegend elektrische Getriebemotoren mit hohen Übersetzungsverhältnissen verwendet. Hiermit werden Verstellgeschwindigkeiten des Blattes von $5\ldots10°/s$ erreicht. Die Verwendung eines Getriebemotors pro Rotorblatt erfüllt automatisch auch die Sicherheitsanforderungen an die Redundanz des Bremssystems, da z. B. bei einer 3-Blatt-Anlage selbst bei Ausfall von 2 Blattverstellungen der Rotor durch die Verdrehung des dritten Schaufelblattes zuverlässig abgebremst werden kann. Darüber hinaus bietet die separate Verstellung jedes einzelnen Rotorblattes die Möglichkeit einer asynchronen Ansteuerung, wodurch nach [10.26, 10.27] transiente Belastungen der Rotorblätter gemindert werden können. Die Energie zur Blattverstellung muss auch bei Ausfall der Energieversorgung für eine Bremsung des Rotors zur Verfügung stehen, hierfür werden mitrotierende Batterien oder Kondensatoren (Super-Caps) verwendet.

Die aufgenommene Leistung wird von der Nabe über den **Triebstrang** bis zum Generator geleitet. Beim Triebstrang werden verschiedene Konzepte unterschieden:

❑ **Aufgelöste Bauform**
Die Rotorwelle ist 2-fach gelagert. Diese beiden Lager nehmen alle Axial- und Ra-

# Konstruktiver Aufbau von Windkraftanlagen 239

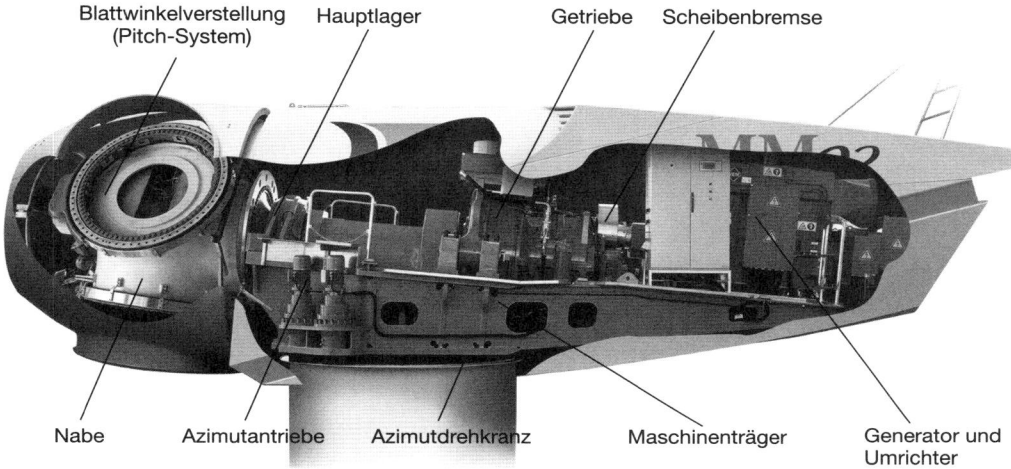

Bild 10.23  Teilintegrierte Bauform des Triebstrangs der MM92 (REpower Systems AG)

dialkräfte des Windrads auf. Getriebe und Generator werden separat aufgestellt. Vorteil dieses Konzepts ist die einfache Erreichbarkeit aller Komponenten im Servicefall, nachteilig ist der hohe Montageaufwand, um z. B. Fluchtungsfehler zu vermeiden.

❑ **Teilintegrierte Bauform**
Typischerweise nimmt in der sog. 3-Punkt-Lagerung ein Hauptlager die Axialkraft und den größten Teil der Gewichtslast des Windrads auf. Die verbleibende Radialkraft wird in das Getriebe eingeleitet, dessen Drehmomentenstützen über 2 Elastomerlager abgefedert sind. Bild 10.21 (Nordex N60) und Bild 10.23 (REpower MM92) zeigen exemplarisch dieses Konzept in den Ausführungen zwei verschiedener Hersteller.

❑ **Integrierte Bauform**
Mehrere Funktionen sind in einer Komponente zusammengefasst. Bei Windturbinen mit Getriebe übernimmt dieses die vollständige Last des Windrads (Sonderbauform der Getriebehersteller). Hierdurch kann die Maschinengondel sehr kompakt gebaut werden, ein evtl. Austausch des Getriebes ist aber nur mit hohem Aufwand möglich.
Die klassische integrierte Bauform für Anlagen ohne Getriebe ist in Bild 10.24 am Beispiel der E-70 von ENERCON dargestellt. Durch den vielpoligen Ringgenerator kann auf das Getriebe verzichtet werden. Die Lagerung der Nabe erfolgt auf einem feststehenden Achszapfen. Nabe und Generatorläufer sind direkt miteinander verbunden. Die Gondel baut auch hier recht kurz, allerdings wird durch den Ringgenerator ein großer Durchmesser benötigt. Trotz des eingesparten Getriebes führt diese Lösung durch den schweren Ringgenerator zu einem hohen Gewicht der gesamten Maschinengondel.

Die ggf. verwendeten **Getriebe** sind durch stark variierende Lasten und Betriebszustände beansprucht. Bei kleineren Anlagen bis ca. 500 kW kommen schräg verzahnte Stirnradgetriebe zum Einsatz, bei größeren Anlagen zunehmend Planetengetriebe oder Kombinationen aus Stirnradgetrieben mit Planetenstufen. Der Wirkungsgrad des Getriebes ist stark lastabhängig; im Auslegungspunkt werden Werte von ca. 96…98 % erreicht. Diese Verluste erfordern in den meisten Fällen eine zusätzliche Ölkühlung. Das Getriebe muss in der Maschinengondel elastisch und schwingungsentkoppelt abgestützt werden, um die Körperschallübertragung auf die Gondel zu verhindern.

Die Zertifizierungsrichtlinien für Windenergieanlagen des Germanischen Lloyd [10.23] fordern 2 unabhängige **Bremssysteme** für das Windrad, mindestens eines davon muss aero-

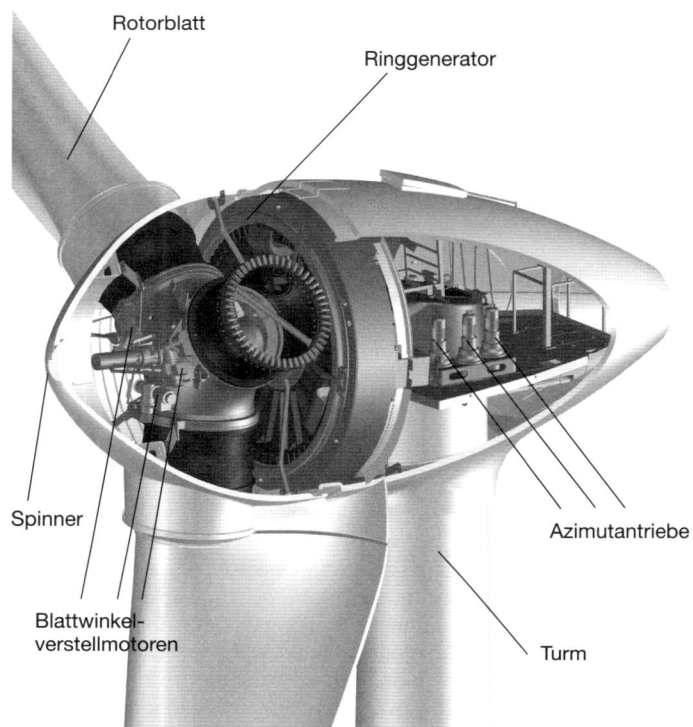

Bild 10.24
Integrierte Bauform der E-70
(ENERCON GmbH)

dynamisch wirken. Als zweites System wird eine Scheibenbremse genutzt. Diese befindet sich bei Anlagen mit Getriebe in der Regel auf der schnellen Welle. Diese Bremse wird im Normalbetrieb nur zum Festsetzen des Rotors betätigt, die Bremsung selber erfolgt aerodynamisch. Anlagen mit voneinander unabhängigen Blattverstellungen benötigen kein zusätzliches mechanisches Bremssystem, da die 3 Blattverstellungen bereits 3 Bremssysteme darstellen. Hier wird für Montagezwecke und Stillstandszeiten lediglich eine Feststellbremse vorgesehen, ggf. ergänzt durch Arretierbolzen.

Die Auswahl des **Generators** hängt direkt mit der Wahl des Getriebes und der Regelung bzw. Leistungsbegrenzung des Windrads zusammen (s. Abschnitt 10.7). Den Stall-Effekt nutzende Anlagen werden drehzahlstarr mit Asynchrongeneratoren betrieben. Je nach verwendetem Getriebe kommen für die jeweilige Netzfrequenz unterschiedliche Generatordrehzahlen mit entsprechenden Polpaarzahlen zur Anwendung. Böige Windverhältnisse führen bei diesem Konzept zu starken Drehmomentschwankungen im Triebstrang.

Moderne pitch-geregelte Anlagen werden drehzahlvariabel gefahren. Die mechanischen Belastungen im Triebstrang sind hierdurch deutlich reduziert. Da die Generatordrehzahl nicht konstant ist, wird die erforderliche Netzfrequenz über Frequenzumrichter zur Verfügung gestellt. Bei Anlagen mit Getrieben werden häufig doppelt gespeiste Asynchrongeneratoren verwendet, die kleinere Frequenzumrichter ermöglichen. Bei getriebelosen Anlagen kommen direkt angetriebene vielpolige Synchrongeneratoren mit Frequenzumrichtern zum Einsatz.

Die gesamte Gondel mit dem Rotor muss durch die **Windrichtungsnachführung** optimal zum Wind ausgerichtet werden. Die Windrichtung wird über Sensoren erfasst, und die Verstellung erfolgt i.d.R. durch elektrische, seltener durch hydraulische Azimutantriebe.

Ist die korrekte Position erreicht, wird die Gondel über ein Bremssystem (häufig in die elektrischen Antriebe integriert) arretiert, um ein Hin- und Herschlagen der Gondel innerhalb des Zahnflankenspiels von Turmdrehkranz und Antriebsritzel zu verhindern.

## 10.7 Regelung und Betriebsverhalten

Die Windkraftanlage mit ihren Komponenten ist für eine definierte **Nennleistung** ausgelegt, die bei der **Nenngeschwindigkeit** des Windes erreicht wird. Diese Nenngeschwindigkeit des Windes liegt – abhängig von der Auslegung der Anlage – bei ca. 13…15 m/s. Treten höhere Windgeschwindigkeiten auf, müssen Leistung und Drehzahl der Anlage begrenzt werden, bei Sturm muss eine Abschaltung möglich sein. Im Gegensatz zu Wasser-, Dampf- oder Gasturbinen kann die Begrenzung bzw. Abschaltung nicht über die Regelung des zugeführten Fluidmassenstroms bzw. eines Brennstoffmassenstroms erfolgen: Der Wind lässt sich nicht «abstellen».

Bei kleinen Anlagen kann der Rotor aus dem Wind gedreht werden (amerikanische Farmwindmühlen), für größere Anlagen werden folgende Möglichkeiten genutzt, die Leistungsaufnahme des Rotors zu begrenzen:

❏ Erhöhung des Widerstandes am Rotorblatt durch Ausfahren von Bremsklappen ähnlich wie am Flugzeugtragflügel oder durch Verdrehung der Blattspitze
❏ **Stall-Effekt**: Erhöhung des Widerstandes der Rotorschaufel durch Erzwingen eines Strömungsabrisses (engl.: stall) bei konstanter Drehzahl.
❏ **Pitch-Regelung:** Verringerung des Auftriebs am Rotorblatt durch Schaufelverstellung (engl.: pitch).

Bremsklappen oder ähnliche Systeme sind bei großen Rotorblättern nur schwierig umzusetzen und finden bei Neuanlagen kaum Anwendung.

Die sich bei Ausnutzung des Stall-Effektes und bei der Pitch-Regelung einstellenden Strömungsverhältnisse am Rotorblatt sind in Tabelle 10.2 vergleichend dargestellt.

Der Stall-Effekt wird ausgenutzt bei Windturbinen ohne Schaufelverstellung, die mit konstanter Drehzahl netzsynchron betrieben werden. Der Betriebspunkt des Windrads wandert auf der Kennlinie $C_p(\lambda)$ zu dem kleineren $\lambda = u_a/c_0$. Über die Nenngeschwindigkeit hinausgehende Windgeschwindigkeiten führen bei gleichbleibender Umfangsgeschwindigkeit zu immer größeren Winkeln $\beta_1$ und $\delta$. Die Strömung löst an der Saugseite des Profils ab und die Widerstandskraft steigt stark an. Bei entsprechender Auslegung resultiert damit im Starkwindbereich eine etwa konstante resultierende Kraft in Umfangsrichtung $F_{R,u}$, so dass Drehmoment und Leistung ebenfalls konstant bleiben. Nachteile dieser Stall-Regelung sind ein relativ unruhiges Verhalten des Windrads durch die Strömungsablösung und eine hohe Schubkraft auf den Rotor.

Die Pitch-Regelung ist strömungstechnisch eleganter und erlaubt ruhigeren Lauf und geringeren Axialschub, erfordert aber den bereits beschriebenen Aufwand einer aktiven Schaufelverstellung. Diese erfolgt so, dass bei dem gegebenen $\beta_1$ durch die Schaufelverdrehung um den Winkel $\Delta\gamma$ ein kleinerer Anstellwinkel $\delta$ eingestellt wird. Der Verdrehwinkel $\Delta\gamma$ wird als Pitch-Winkel oder Blatteinstellwinkel bezeichnet. $\Delta\gamma = 0$ entspricht dem Auslegungsstaffelungswinkel der Beschaufelung. Aus dem kleineren Anstellwinkel $\delta$ ergibt sich eine deutliche Verringerung der Auftriebskraft $F_A$, während die Widerstandskraft $F_W$ sich nur geringfügig verändert. Den quantitativen Zusammenhang zwischen $F_A$ und $F_W$ definiert die Profilpolare. Ziel ist wiederum, dass die Umfangskraft $F_{R,u}$ den Wert des Nennbetriebspunktes erreicht. Somit bleiben Drehmoment und Leistung auch bei höheren Windgeschwindigkeiten konstant. Der Betriebspunkt des Windrads stellt sich auf der für den gewählten Pitch-Winkel gültigen Kennlinie beim entsprechenden Wert der Schnelllaufzahl $\lambda$ ein. Bei realen Regelvorgängen dieser Art kommen immer auch leichte Drehzahlschwankungen zu Stande, die aber zur Strukturentlastung (Vermeidung von Drehmomentschwankungen) und zur Leistungsglättung durchaus er-

Tabelle 10.2  Leistungsbegrenzung durch Stall-Effekt und Pitch-Regelung

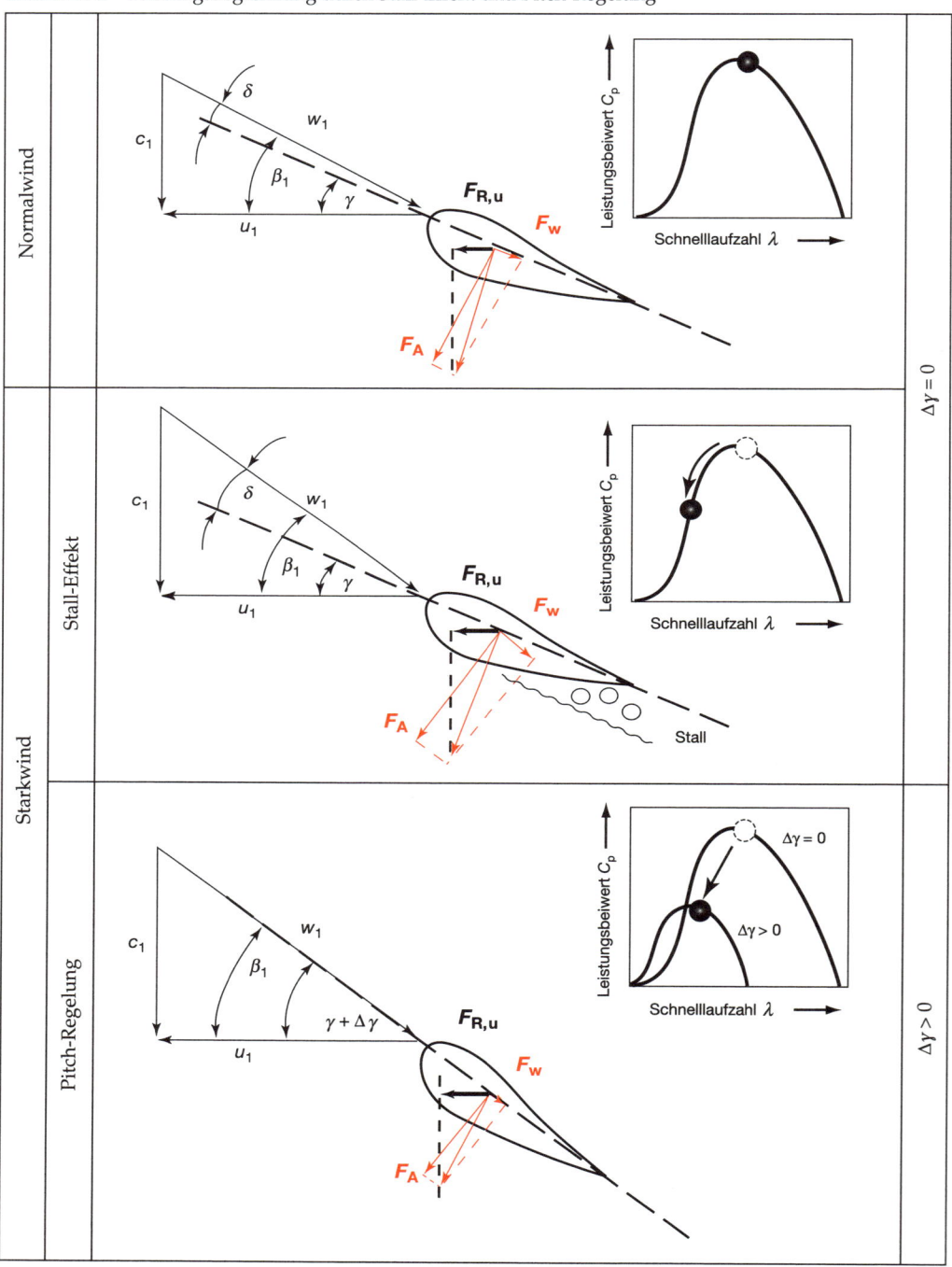

wünscht sind. Sie erlauben ein dynamisches Ausregeln von böigen Windverhältnissen.

Die Verläufe von Leistung, Drehzahl und Pitch-Winkel sind für eine drehzahlvariable pitch-geregelte Anlage in Bild 10.25 schematisch über dem gesamten Windgeschwindigkeitsbereich dargestellt. Zum Vergleich sind auch die Windleistung $P_{Wind}$ nach Gl. 10.6 sowie die ideale Leistung $P_{ideal}$ nach BETZ gemäß Gl. 10.7 mit eingetragen.

Unterhalb der **Einschaltgeschwindigkeit** («cut-in speed» $c_{in}$), die je nach Anlage bei ca. 2,5...4 m/s liegt, trudelt der Rotor, und die Anlage erzeugt noch keinen Strom. Im Teillastbereich steigt die Drehzahl proportional zur Windgeschwindigkeit, und die Anlage fährt etwa im aerodynamischen Optimum des Rotors. Die maximale Umfangsgeschwindigkeit im Außenschnitt des Windrads liegt bei ca. 80...90 m/s, hieraus errechnet sich mit dem jeweiligen Durchmesser die maximale Drehzahl. Mit Erreichen der **Nenngeschwindigkeit** («rated wind speed», ca. 13...15 m/s) setzt die Pitch-Regelung ein und hält die Leistung konstant. Die Drehzahl bleibt im Mittel ebenfalls konstant, schwankt aber zum dynamischen Ausregeln um ihren Mittelwert. Der Pitch-Winkel wird dabei bis zur **Abschaltgeschwindigkeit** («cut-out speed» $c_{out}$) von ≈25 m/s langsam vergrößert. Bei Erreichen der Abschaltgeschwindigkeit werden die Schaufelblätter wieder Richtung 90° verstellt, der Rotor trudelt und die Leistung fällt auf 0 ab. Einige Hersteller bieten eine spezielle Sturmregelung an, bei der die Leistung oberhalb von 25 m/s bis zur endgültigen Abschaltgeschwindigkeit von ca. 30 m/s allmählich reduziert wird. Die Anlage kann so selbst bei stürmischen Windbedingungen länger in das Netz einspeisen, der Ertrag vergrößert sich.

In Bild 10.26 ist die zertifizierte Leistungskennlinie nach Wechselrichter der ENERCON E-112 in Egeln dargestellt (Rotordurchmesser 112 m, Nennleistung 4,5 MW). Die Daten

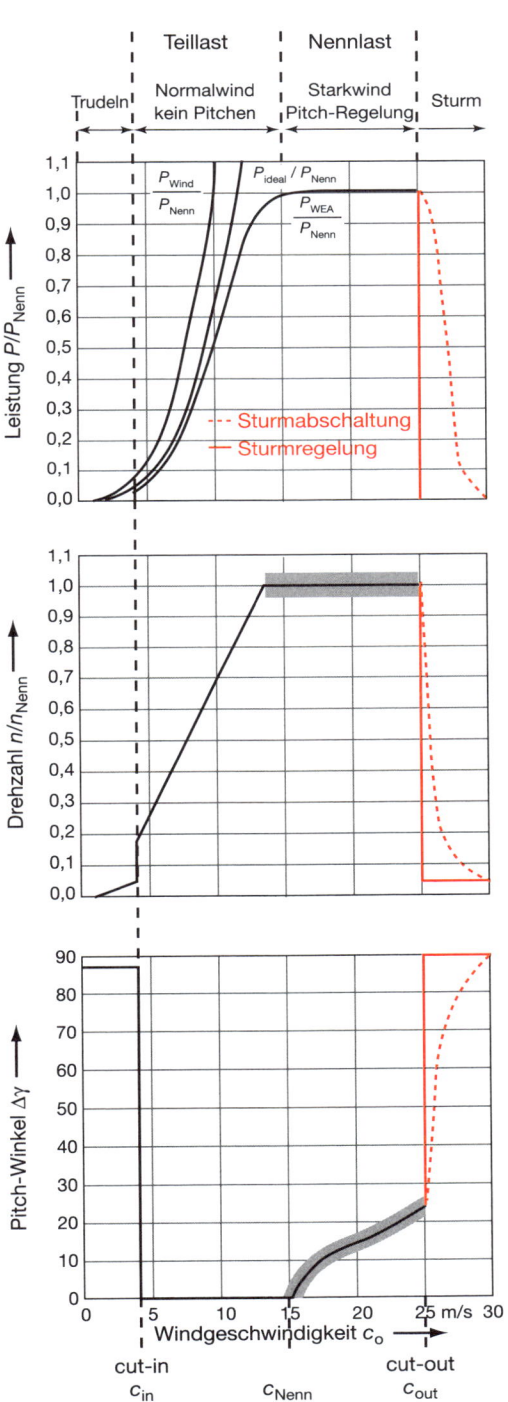

Bild 10.25 Verlauf von Leistung, Drehzahl und Pitch-Winkel abhängig von der Windgeschwindigkeit (schematisch)

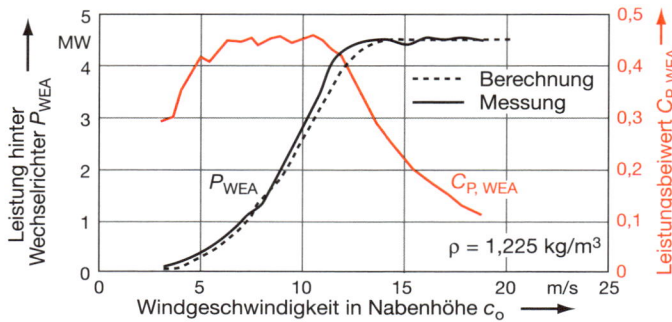

Bild 10.26
Zertifizierte Leistungskennlinie der ENERCON E-112 in Egeln, Messung nach IEC durch Fa. WindConsult, Project No. 043KLK202/IEC [10.29]

stammen aus der offiziellen Vermessung nach IEC-61400-12-1 [10.28, 10.29] und erlauben den Vergleich zur berechneten Kennlinie. Die vorhergesagte Kennlinie wird in weiten Bereichen sogar übertroffen. Zu erkennen ist auch, dass der maximale Leistungsbeiwert $C_{P,\,WEA}$ von ca. 0,45 bis zu einer Windgeschwindigkeit von ≈11 m/s gehalten wird und dann langsam anfängt abzusinken. Hierdurch ergibt sich der allmähliche Übergang in den Betrieb bei Nennlast statt des Knicks der Leistungskennlinie in der schematischen Darstellung von Bild 10.25.

Der Betrieb bei Nennlast ist in Bild 10.27 am Beispiel der pitch-geregelten und drehzahlvariablen Anlage mit Getriebe VESTAS V90 detailliert über der Zeit dargestellt [10.30]. Die Anlage hat eine Nennleistung von 3 MW bei einer Nenngeschwindigkeit von 15 m/s. Die Schwankungen der Windgeschwindigkeit werden mit Hilfe der Pitch-Winkel-Variation und der Drehzahlveränderung ausgeregelt und ergeben die gewünschte konstante Leistungsabgabe der Windenergieanlage.

In der Weiterentwicklung und Erforschung von Windturbinen werden verschiedenste Aspekte intensiv untersucht, von denen einige im Folgenden kurz angesprochen werden.

Die zuverlässige **Vorhersage und Reduktion der mechanischen Belastungen** von Schaufelblatt und Triebstrang unter Berücksichtigung

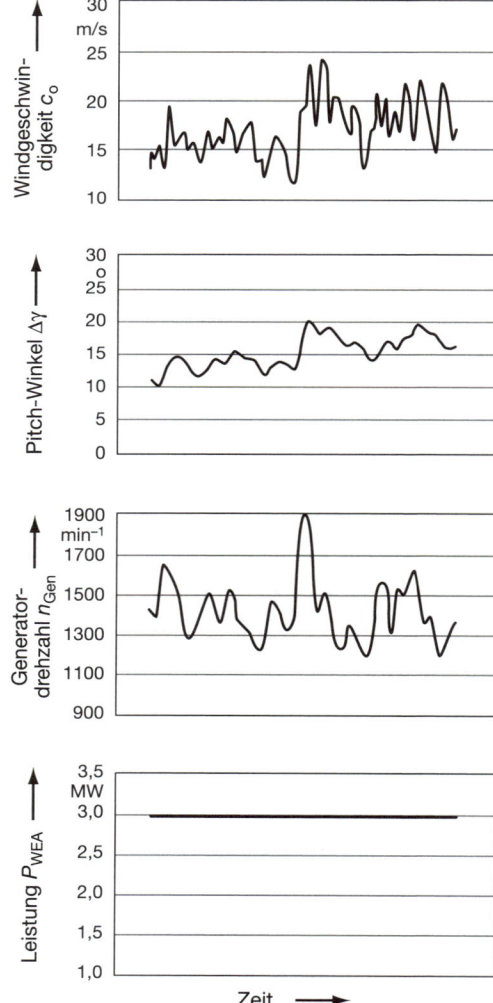

Bild 10.27 Zeitabhängiger Verlauf von Windgeschwindigkeit, Pitch-Winkel, Generatordrehzahl und Leistung bei Nennlast (Vestas V90, [10.30])

von transienten Anströmverhältnissen und Regelvorgängen wie der Pitch-Winkel-Variation ist ein wichtiger Schwerpunkt. In [10.26] wird z. B. für den «cyclic pitch» eine Verringerung der Biegebelastung an der Blattwurzel auf 85 % des sich bei synchroner Verstellung ergebenden Wertes ermittelt. Beim «cyclic pitch» wird die Verdrehung der einzelnen Schaufeln gleich, aber phasenverschoben durchgeführt. Ein «individual pitch», also das voneinander unabhängige Verstellen der Schaufeln führt sogar zu einer Reduktion auf 72 % des Ausgangswertes. In [10.31] wird eine gute Übereinstimmung zwischen der numerischen Berechnung mit CFD und Messungen der transienten Biege- und Torsionsmomente bei der Blattverstellung dokumentiert. Weitere Untersuchungen beschäftigen sich mit variablen Hinterkantengeometrien (Bild 10.28a, [10.32]) und sog. «Microtabs» (Bild 10.28b, [10.33]). Bei den «Microtabs» handelt es sich um ausfahrbare Klappen senkrecht zur Profiloberfläche, der Verfahrweg liegt hierbei nur in der Größenordnung der Grenzschichtdicke. Bei saugseitiger Anwendung sind so Verringerungen der mechanischen Schaufelbelastung möglich, bei druckseitiger Anwendung kann der Auftriebsbeiwert des Profils gesteigert werden, um bei niedrigen Windgeschwindigkeiten einen höheren Ertrag zu erzielen.

Der Trend zu immer größeren Anlagen führt bei der Profilumströmung durch die wachsende Sehnenlänge zu immer höheren Reynolds-Zahlen. In [10.34] werden im kryogenen Windkanal des Deutschen Zentrums für Luft- und Raumfahrt durchgeführte Polarenmessungen vorgestellt. Die Kryotechnik erlaubt hierbei die Reynolds-Zahl-Variation bei gleichbleibender Mach-Zahl. Untersuchungen zum Einfluss der Transition, der Reynolds-Zahl und der Rauigkeit an der Vorderkante des Profils bilden eine Grundlage für die weitere **Optimierung von Schaufelprofilen**. Die Rauigkeit eines Profils steigt im Betrieb der Windkraftanlage wegen der Verschmutzung durch Insekten und Staubanbackungen und kann die Leistung der Anlage mindern. Dieser Einfluss verringert sich allerdings mit steigenden Nabenhöhen. Die auftretenden Fertigungstoleranzen sind ebenfalls ein wichtiger

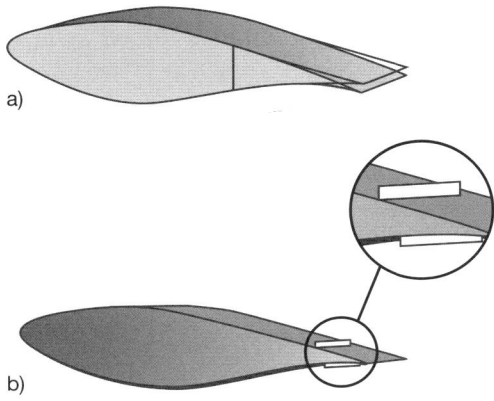

Bild 10.28  Geometrievariationen am Schaufelprofil

Punkt. Nutzt man aerodynamische Hochleistungsprofile, kann durch leichte Geometrieabweichungen oder eine Welligkeit der Profiloberfläche die Polare deutlich verschlechtert werden. Unter Betriebsgesichtspunkten kann daher die Benutzung «robuster» Profile, die weniger sensibel reagieren, angeraten sein. Nach [10.12] reagieren z. B. LS-1 Profile nach [10.35] weniger empfindlich auf rauere Oberflächen als Standard NACA-Profile.

Eine Geometrieveränderung völlig anderer Art kann bei entsprechenden Witterungsbedingungen durch **Vereisung** auftreten. Eisansatz an der Vorderkante der Rotorblätter führt zu einem geringeren Ertrag durch einen schlechteren Leistungsbeiwert der Anlage. Darüber hinaus ergeben sich höhere Biegebelastungen an der Blattwurzel, größere Gewichtskräfte des Rotors und Unwuchten [10.36]. Weiterhin ist die Gefährdung von Verkehr und Personen durch Eisabwurf nicht auszuschließen. Zumindest für besonders vereisungsgefährdete Standorte werden daher Rotorblattheizungen vorgesehen, die nach [10.37] im Jahresmittel rund 3 % des Energieertrags der Windkraftanlage benötigen. Heizungen sind ggf. auch für die Instrumentierung zur Messung von Windgeschwindigkeit und -richtung notwendig. Falsche Messwerte können sonst z. B. dazu führen, dass die Anlage trotz ausreichenden Windes nicht anläuft oder aber nicht korrekt nach der Windrichtung ausgerichtet wird.

Ein weiterer Entwicklungsschwerpunkt liegt auf der Reduktion der **Geräuschemission**. Diese wird wesentlich durch den Blattspitzenlärm und den Hinterkantenlärm geprägt. In [10.38] werden Profile dahingehend optimiert, dass möglichst dünne, anliegende Grenzschichten an der Profilhinterkante erreicht werden. Diese Profile wurden in einen Versuchsrotor eingebaut und in einem aeroakustischen Windkanal untersucht [10.39]. Zusätzlich wurde hierbei der Einfluss von Hinterkantenzahnungen betrachtet. Der Summenschalldruckpegel konnte mit den optimierten Profilen gegenüber dem Ausgangsprofil NACA-64418 um ca. 4 dB reduziert werden. Die gezackten Hinterkanten erbrachten eine weitere Verringerung um ca. 2…3 dB. [10.40] beschreibt Profiloptimierungen an drei verschiedenen kommerziellen Windkraftanlagen. Erste 2D-Windkanalmessungen ergaben im Vergleich zur Ausgangskonfiguration eine Absenkung des Schalldruckpegels zwischen 1…3,5 dB. Im nächsten Schritt werden die Rotorschaufeln in Originalgröße hergestellt und sollen in Feldversuchen erprobt werden.

## 10.8  Ertrag von Windkraftanlagen

Der tatsächlich mit einer Windenergieanlage zu erzielende **Ertrag** hängt maßgeblich von dem zur Verfügung stehenden Windangebot ab. Daher ist die Auswahl des Standortes und eine zuverlässige Abschätzung der herrschenden Windverhältnisse für den wirtschaftlichen Betrieb äußerst wichtig. Über die mittlere Windgeschwindigkeit hinaus sind Aspekte wie der Geschwindigkeitsgradient in der Bodengrenzschicht, die Turbulenz des Windes und die Verteilung der Windgeschwindigkeit zu beachten. Hersteller von Windkraftanlagen sowie unabhängige Institute und Dienstleister, die die Zertifizierung der Anlagen durchführen, unterstützen bei der Beurteilung der Wirtschaftlichkeit eines potentiellen Standortes.

Die normierte Häufigkeitsverteilung der Windgeschwindigkeit $q(c_0)$ über ein Jahr ergibt mit der Leistungskennlinie $P_{WEA}(c_0)$ den Ertrag der Anlage. In der Praxis werden die Verläufe in diskrete Intervalle von z. B. 1 m/s eingeteilt und der Energieertrag E aufsummiert. Für die Zeit T sind hierbei 8760 h einzusetzen:

$$E_{Jahr} = T \cdot \sum_{c_{in}}^{c_{out}} q(c_0) \cdot P_{WEA}(c_0) \qquad \text{(Gl. 10.29)}$$

$E_{Jahr}$  Energieertrag in 1 Jahr
$T$  $T = 8760$ h
$c_{in}$  Einschaltgeschwindigkeit
$c_{out}$  Abschaltgeschwindigkeit
$q$  normierte Häufigkeitsverteilung
$c_0$  Windgeschwindigkeit
$P_{WEA}$  Leistung der Windenergieanlage

Bild 10.29 verdeutlicht die Vorgehensweise. Im oberen Teil des Bildes ist die Häufigkeitsverteilung in den einzelnen Windgeschwindigkeitsklassen für einen guten Küstenstandort mit einer jahresgemittelten Windgeschwindigkeit von 7,4 m/s in Nabenhöhe gezeigt. Zur analytischen Beschreibung dieser Verteilung werden häufig Weibull-Funktionen [10.24, 10.28] herangezogen. Die Leistungskurve gilt für eine moderne Anlage mit 2,3 MW Nennleistung bei einer Nenngeschwindigkeit von 15 m/s. Das Produkt von $q \cdot P_{WEA} \cdot T$ ergibt den erzielten Energieertrag bei der jeweiligen Windgeschwindigkeit, die Summation führt schließlich zum Jahresertrag der Anlage von 6776 MWh. Hieraus ergibt sich ein Kapazitätsfaktor der Anlage von 33,6 % bzw. rd. 2950 äquivalente Volllaststunden. Läge die mittlere Windgeschwindigkeit um 1 m/s höher, ergäbe sich bereits ein Ertrag von rd. 8300 MWh mit einem Kapazitätsfaktor von ca. 41 %. Läge sie hingegen um 1 m/s niedriger, wären nur 5136 MWh und 25,5 % erreichbar. Technische Verfügbarkeiten sind in dieser Rechnung vernachlässigt. Diese Betrachtungen machen sehr deutlich, dass für den wirtschaftlichen Betrieb einer Windkraftanlage nicht nur der erreichte Leistungsbeiwert entscheidend ist. In die Stromgestehungskosten gehen einerseits die Kosten von Herstellung, Transport, Aufbau, Betrieb und Wartung ein und andererseits der Ertrag, der durch Leistung der Anlage und Windangebot bestimmt wird.

Bild 10.29
Bestimmung des Energieertrags
einer Windenergieanlage

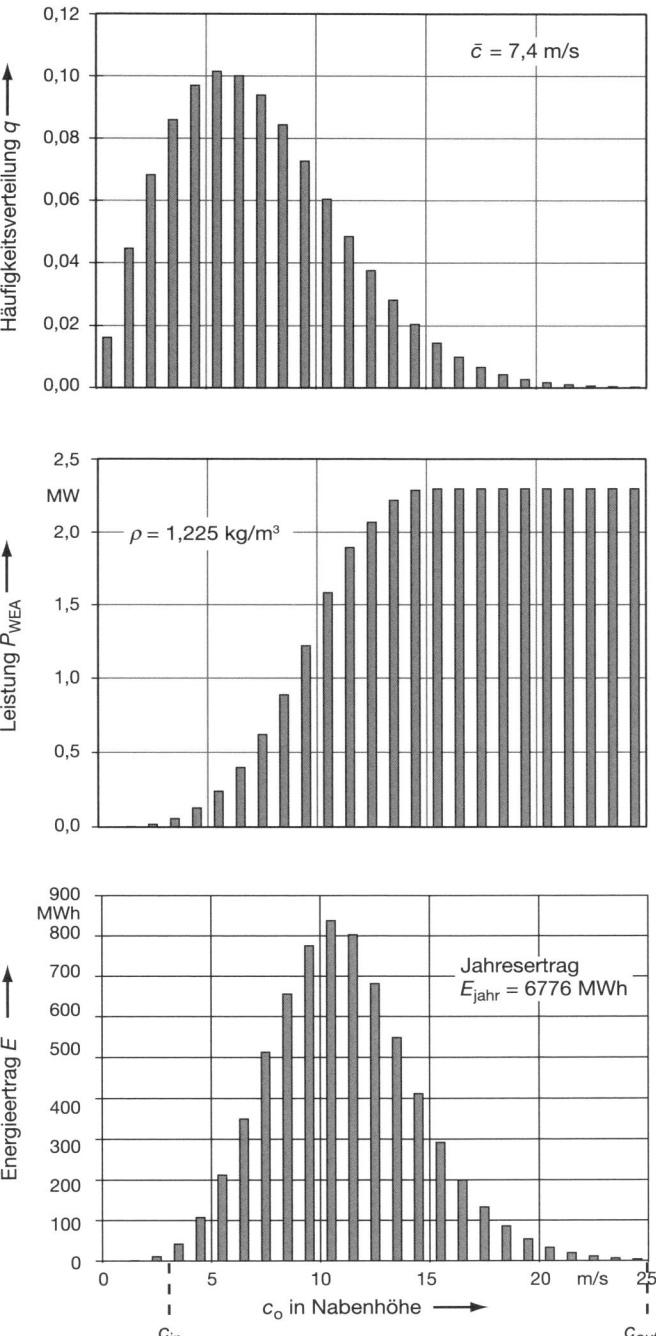

Bild 10.30 Teilansicht des Off-Shore-Windparks «Kentish Flats» mit insgesamt 30 Vestas V90/3 MW-Anlagen (Elsam/Vattenfall)

Beim Betrieb von Windenergieanlagen in Windparks ist zusätzlich die Interaktion der einzelnen Windkraftanlagen zu beachten. Insbesondere wenn der Wind parallel zu einer Reihe von Windrädern weht, ergeben sich Leistungseinbußen und erhöhte mechanische Belastungen durch die Nachlaufdellen der Turmbauwerke und die Wirbelsysteme der einzelnen Rotoren [10.41, 10.42]. Diese Problematik tritt insbesondere bei den großen Offshore-Windparks auf (Bild 10.30). Der Offshore-Bereich ist grundsätzlich dadurch gekennzeichnet, dass viele zusätzliche Herausforderungen durch die korrosive und erosive maritime Umgebung zu bewältigen sind. Der weitere Ausbau der Windenergie wird – neben dem «Repowering» alter Anlagen – aber wesentlich auf den Offshore-Bereich zielen.

Weiterführende Informationen zu Windkraftanlagen finden sich in der einschlägigen Fachliteratur, insbesondere in [10.1 und 10.10 bis 10.12].

# 11 Kreiselpumpen

## 11.1 Einleitung

Der erste Prototyp einer nach dem von L. EULER beschriebenen **Prinzip der Dralländerung** funktionierenden Kreiselpumpe wurde um 1689 vom französischen Physiker und Mathematiker D. PAPIN (1647 bis 1712) während seines Aufenthaltes an der Universität Marburg erfunden und gebaut [11.1]. Weitere Einzelheiten zur Geschichte der Kreiselpumpe finden sich u. a. in [11.2]. Kapitel 11 wendet sich in erster Linie an Studierende, die sich einen ersten Überblick vom technisch und wirtschaftlich bedeutsamen Bereich der Kreiselpumpen verschaffen wollen, aber auch an Anlagenbauer und Betreiber, die ein konzentriertes Grundwissen über die Funktionsweise und den praktischen Einsatz von Kreiselpumpen benötigen.

Ingenieure und Studierende im Fortgeschrittenenstadium, die ein vertieftes Spezialwissen über Berechnung und Konstruktion von Kreiselpumpen brauchen, finden ausführliche Informationen außer in [11.3] im umfangreichen Literaturverzeichnis von Kapitel 11.

Zur weiteren Vertiefung und laufenden Aktualisierung des Stoffes empfiehlt sich die Teilnahme an Weiterbildungsveranstaltungen [11.4] und Fachtagungen, z.B. den VDMA-Pumpentagungen.

Kreiselpumpen fördern neben kalten und heißen Flüssigkeiten auch viskose Fluide, wobei sie allerdings im harten Wettbewerb zu rotierenden und oszillierenden Verdrängerpumpen stehen. Die Förderung viskoser Fluide wird in Abschnitt 14.3.5, die Förderung von Flüssigkeits-Gas-Gemischen in Abschnitt 14.3.6 beschrieben.

Von den zahlreichen Förderaufgaben der Kreiselpumpen werden nur die wichtigsten aufgeführt:

- Fluidtransport in Rohrleitungsanlagen (Pipelines),
- Füllen und Entleeren von Behältern,
- Umwälzen von Flüssigkeiten,
- Druckerzeugung,
- Heben und Senken von Flüssigkeitsniveaus,
- Dosieren.

Auch die folgende Aufzählung der Einsatzgebiete beschränkt sich auf die großen, besonders wichtigen Bereiche:

- Maschinenbau,
- Verfahrenstechnik, Chemische Industrie, Petroindustrie,
- Ver- und Entsorgungstechnik, Umwelttechnik,
- Kraftwerkstechnik,
- Gebäudetechnik,
- Fahrzeugtechnik,
- Gerätetechnik,
- Land- und Wasserwirtschaft,
- Bergbau,
- Schiffbau,
- Feuerwehrtechnik,
- Lebensmittel Industrie, Getränkeindustrie.

Kreiselpumpen für kleinere und mittlere Volumenströme und spezifische Förderarbeiten sind heute weitgehend standardisiert oder genormt (z.B. [11.5]) und werden als Serienpumpen in großen Stückzahlen hergestellt, während Kreiselpumpen für große Förderhöhen und große Förderströme für die jeweiligen speziellen Anwendungsfälle maßgeschneidert werden.

Obwohl Kreiselpumpen heute als technisch ausgereift gelten, ist ihre Entwicklung keinesfalls abgeschlossen. Dies gilt gleichermaßen für Hydraulik, Konstruktion, Werkstoffverschleiß, Lebensdauer, Wartung, Anschaffungs- und Betriebskosten [11.6, 11.7].

Pumpenentwicklung heißt heutzutage mehr Weiterentwicklung denn Neuentwicklung und dient vor allem der Verbesserung von Teileigenschaften und der Erhöhung des Kundennutzens. Wichtige Entwicklungsbereiche sind z. B.:

- Kavitation,
- dynamische Kraftwirkungen auf Rotor und Gehäuse,
- Schallemission,
- Wirkungsgradpotential (s. Abschnitt 11.5),
- Strömungsforschung.

250  Kreiselpumpen

Tabelle 11.1  Normen für Kreiselpumpen

| Geltungsbereich und Zuständigkeit | Maßnormen Pumpen und Zubehör | | | | | | | | | |
|---|---|---|---|---|---|---|---|---|---|---|
| **Bundesrepublik Deutschland** — VDMA — Verband Deutscher Maschinen- und Anlagenbau e.V. Fachgemeinschaft Pumpen | VDMA 24 253 Kreiselpumpen mit Gehäusepanzer (Panzerpumpen); einströmig, einstufig mit axialem Eintritt; Leistungen, Hauptmaße | VDMA 24 252 Kreiselpumpen mit Schleißwänden PN 10 (Waschwasserpumpen); mit Lagerträger. Bezeichnung, Nennleistung, Hauptmaße | | | | | | | | VDMA 24 292 Flüssigkeitspumpen; Betriebsanleitung für Pumpen und Pumpenaggregate, Gliederung, Textbausteine Sicherheit |
| DIN — Deutsches Institut für Normung e.V. Normenausschuß Maschinenbau. Fachber. Pumpen | DIN 24 251 Wasserhaltungspumpen mit Förderhöhe bis 1000 m | | | DIN 24 259 T. 1 Grundplatten für Maschinen; Maße | DIN 24 299 T. 1 Fabrikschild f. Pumpen; Allgemeine Festlegungen | DIN 24 960 Gleitringdichtungen; Wellendichtungsraum, Hauptmaße, Bezeichnung und Werkstoffschlüssel | DIN 1944 Abnahmeversuche an Kreiselpumpen (bis 1999) | DIN 24 250 Kreiselpumpen; Benennung und Benummerung von Einzelteilen | DIN 24 260 Flüssigkeitspumpen. Kreiselpumpen u. Kreiselpumpenanlagen, Begriffe, Formelzeichen, Einheiten |
| **Europa** — CEN — Comité Européen de Normalisation Europäisch. Komitee f. Normung. Techn. Komm. TC 197 Pumpen | DIN EN 735 Anschlußmaße für Kreiselpumpen; Toleranzen | DIN EN 734 Seitenkanalpumpen PN 40; Nennleistung, Hauptmaße. Bezeichnungssystem | DIN EN 733 Kreiselpumpen mit axialem Eintritt PN 10 mit Lagerträger. Bezeichnungssystem | DIN EN 22858 Kreiselpumpen mit axialem Eintritt PN 16 mit Lagerträger; Bezeichnung, Nennleistung, Hauptmaße | DIN EN 23661 Kreiselpumpen mit axialem Eintritt. Grundplatten- u. Einbaumaße | | | | pr EN 12162 Flüssigkeitspumpen; Hydrostatische Prüfung |
| **International** — **weltweit** — ISO — International Organization for Standardisation Techn. Comm. TC 115/ Pumps | | | | ISO 2858 Endsuction centrifugal pumps (rating 16 bar) – Designation, nominal duty point and dimensions | ISO 3661 Endsuction centrifugal pumps – Baseplate and installation dimensions | ISO 3069 Endsuction centrifugal pumps – Dimensions of cavities for mechanical seals and for soft packing | ISO DIS 9906 Kreiselpumpen. Hydraulische Abnahmeprüfungen Klassen 1 und 2 | ISO 5198 Centrifugal mixed flow and axial pumps – Code for acceptance tests – Class A | ISO 3555 Centrifugal mixed flow and axial pumps – Code for acceptance tests – Class B (bis 1999) |

# Einleitung

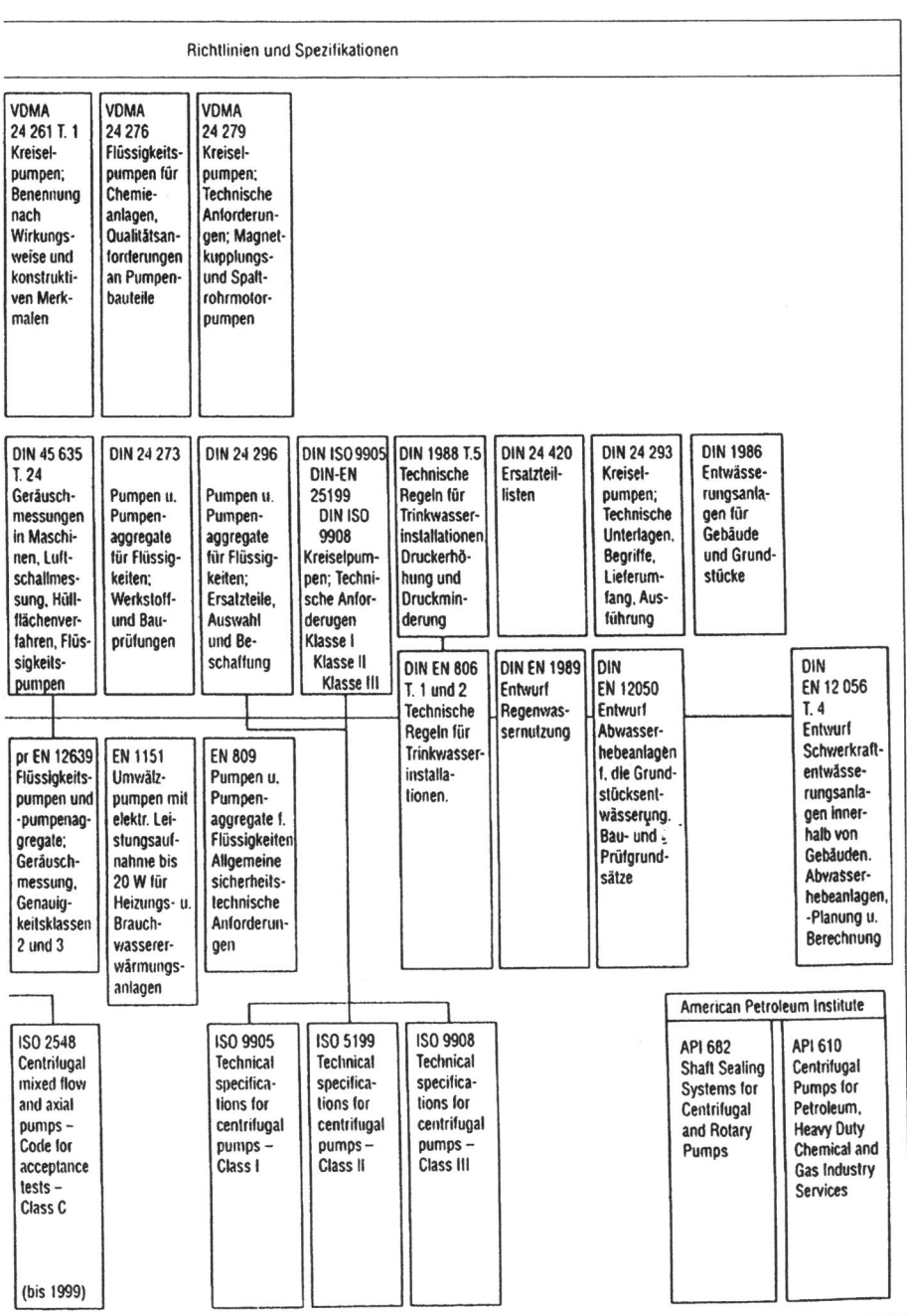

Forschung und Entwicklung im Pumpenbau befinden sich auf hohem Niveau, da die **Kundenanforderungen** ständig steigen:

- **hohe Verfügbarkeit**, d. h. störungsfreier Betrieb der Anlage,
- **niedrige Betriebskosten**, d. h. geringer Energieverbrauch, möglichst keine Wartung und keine Reparaturen,
- **hohe Lebensdauer**, d. h. vor allem keinen die Gebrauchsdauer begrenzenden Verschleiß durch Erosion, Korrosion und Kavitation,
- **niedrige Anschaffungskosten**,
- **weiter Einsatzbereich** bezüglich der Fluide, d. h. deren Viskosität, Feststoff- und Gasgehalt,
- **großer Bereich** bezüglich Förderstrom und Förderhöhe sowie Betriebsdruck,
- **umweltfreundliche Konstruktion**, d. h. geringe Emissionen, möglichst recyclingfähig [11.6].

Es besteht naturgemäß, wie bei den meisten technischen Produkten, ein Interessenkonflikt zwischen der Auswahl einer Pumpe mit möglichst geringen Anschaffungskosten (Preis) und einer Pumpe mit möglichst niedrigen Betriebskosten und langem Lebenszyklus (Qualität). Dieser Zielkonflikt sollte tunlichst vor Bestellung einer Pumpe im Vorfeld durch sorgfältige Beratungen und Kostenrechnungen geklärt werden.

Für den Einsatz von Kreiselpumpen sprechen folgende **Vorteile**:

a) nahezu kontinuierliche und weitgehend pulsationsfreie Förderung,
b) hohe Zuverlässigkeit, da einfacher Aufbau durch geringe Zahl rotierender Teile und Fehlen oszillierender Bauelemente und Ventile,
c) hohe Drehzahlen ergeben kleine Abmessungen (vgl. Gl. 4.1, Gl. 4.4 und Gl. 4.5) und erlauben eine direkte Kupplung mit schnelllaufenden Elektromotoren, Dampf- und Gasturbinen, Verbrennungsmotoren,
d) geringer Platzbedarf,
e) vergleichsweise niedrige Betriebs- und Wartungskosten,
f) gute Anpassung an sich ändernde Betriebsbedingungen (vgl. Kapitel 14).

Die folgenden **Nachteile**

a) niedriger Wirkungsgrad bei Förderung kleiner Volumenströme gegen hohe Drücke, d. h. bei kleinen spezifischen Drehzahlen $n_q$ (vgl. Abschnitte 11.4 und 11.5),
b) Kreiselpumpen sind normalerweise nicht selbstansaugend (s. Kapitel 5),
c) es können nur kleine Gas- und Luftanteile mitgefördert werden [14.69],

können u. U. die Verwendung von rotierenden oder oszillierenden Verdrängerpumpen sinnvoller erscheinen lassen.

Seit vielen Jahrzehnten sind durch die Zusammenarbeit von Pumpenherstellern, Betreibern, Fachverbänden (z. B. VDMA, VDI, EUROPUMP) und Normenorganisationen (z. B. DIN-Institut, ISO) zahlreiche **nationale und internationale Normen und Regelwerke** entstanden, von denen eine Auswahl in Tabelle 11.1 (nach [11.4]) zusammengestellt ist. Weitere Hinweise finden sich in [11.8].

Über die **Betriebsbereiche** der verschiedenen Kreiselpumpenarten findet man in der einschlägigen Fachliteratur stark abweichende Angaben. Als grobe Orientierung kann Bild 11.1 aus [11.9] dienen.

Aus Platzgründen können die wichtigen Themen Pumpenantriebe, Beschreibung der Bauteile, Werkstoffe, Aufstellung (Montage), Geräuschemissionen, Explosionsschutz, Mess- und Regelungstechnik u. v. a. m. nicht behandelt werden. Dem an diesen wichtigen Teilgebieten interessierten Leser wird die Literatur [11.3, 11.4, 11.10, 11.11, 11.12, 11.13, 11.59] empfohlen.

## 11.2 Laufradformen

Die Förderaufgabe einer Kreiselpumpe wird durch die Größen des Förderstroms $\dot{V}$ und der Förderhöhe $H$ definiert. Soll der Förderstrom $\dot{V}$ in 1 Flut gefördert und die Förderhöhe $H$ in 1 Stufe erzeugt werden, ergibt sich zu einer vorgegeben oder gewählten Drehzahl $n$, beispielsweise durch die Wahl eines direktgekuppelten Elektromotors die spezifische **Drehzahl** $n_q$ des Pumpenlaufrades nach Gl. 4.24:

# Laufradformen

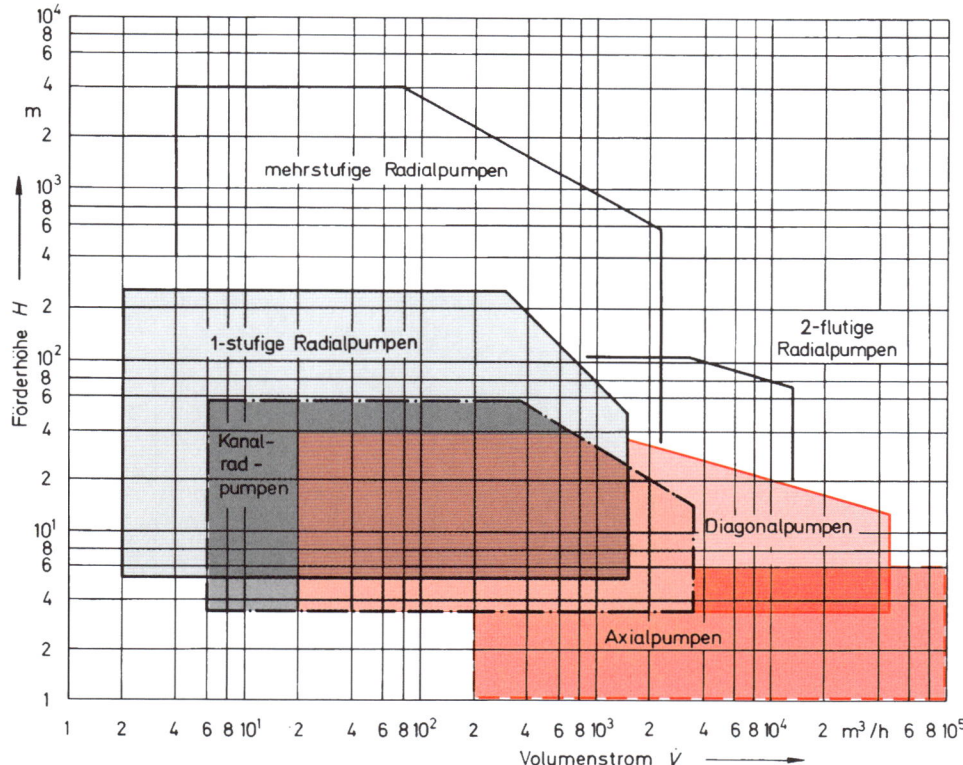

Bild 11.1  Betriebsbereiche der Kreiselpumpen

$$n_\mathrm{q} = n \cdot \frac{\sqrt{\dot{V}}}{H^{3/4}} \qquad \text{(Gl. 11.1)}$$

$n_\mathrm{q}$ spezifische Drehzahl in min$^{-1}$
$n$ Drehzahl in min$^{-1}$
$\dot{V}$ Förderstrom in m$^3$/s
$H$ Förderhöhe in m

Nach Abschnitt 4.5.3 kann der spezifischen Drehzahl $n_\mathrm{q}$ eine bestimmte Laufradform und Laufradgeometrie zugeordnet werden, damit die Förderaufgabe der Pumpe mit einem möglichst hohen Wirkungsgrad erfüllt werden kann (Abschnitte 11.4 und 11.5). Kleine Förderströme $\dot{V}$ und große Förderhöhen $H$ ergeben i.Allg. kleine spezifische Drehzahlen $n_\mathrm{q}$, große Förderströme $\dot{V}$ und kleine Förderhöhen $H$ führen zu großen spezifischen Drehzahlen $n_\mathrm{q}$.

Nach [11.3] liegen die kleinsten in der Praxis verwirklichten spezifischen Drehzahlen 1-flutiger, 1-stufiger Hochdruck-Radialpumpen bei $n_\mathrm{q} = 5\ldots 8$ min$^{-1}$, nach [11.2 und 11.13] bei $n_\mathrm{q} = 10$ min$^{-1}$.

Die höchsten $n_\mathrm{q}$-Werte für extrem schnellläufige Axialpumpen werden in [11.2, 11.3 und 11.13] im Bereich von $n_\mathrm{q} = 330\ldots 500$ min$^{-1}$ angegeben.

In Bild 11.2 nach [11.11] werden verschiedene Laufradformen schematisch vereinfacht dargestellt und den spezifischen Drehzahlen zugeordnet.

In Tabelle 11.2 sind zusätzlich noch weitere Parameter und Informationen zusammengestellt.

Radiale Laufräder und Diagonalräder können in **geschlossener Form,** d.h. mit Bodenscheibe und Deckscheibe (Bild 11.3 und

Tabelle 11.2  Kennwerte von Kreiselpumpen

| spezifische Drehzahl $n_q$ in min$^{-1}$ | Radform | Meridianschnitt Laufrad | Geschwindigkeitsplan am Laufradaustritt | maximale Förderhöhe $H_{max}$ in m | Druckzahl $\psi_{opt}$ im Optimalpunkt | Durchmesserzahl $\delta_{opt}$* im Optimalpunkt | maximaler Wirkungsgrad $\eta_{max}$ im Optimalpunkt in % |
|---|---|---|---|---|---|---|---|
| 10...30 | Radial Hochdruck | | | 800 (im Extremfall bis 1200) | 1...1,2 | 5...15 | 40...88 |
| 30...50 | Radial Mitteldruck | | | 400 | 0,9 | 3,5...5 | 70...92 |
| 50...100 | Radial Mitteldruck | | | 60 | 0,65 | 2...3,5 | 60...88 |
| 80...150 | Diagonal mixed-flow Halbaxial | | | 20...100 | 0,4...1,0 | 1,5...1,8 | 70...90 |
| 150...400 | Axial | | | 2...15 | 0,1...0,4 | 1,2...1,8 | 70...88 |

* Große $\delta_{opt}$-Werte gehören zu kleinen $n_q$-Werten! (vgl. Bild 4.12)

# Laufradformen 255

Bild 11.2
Laufradformen
von Kreiselpumpen
(nach Fa. KSB)

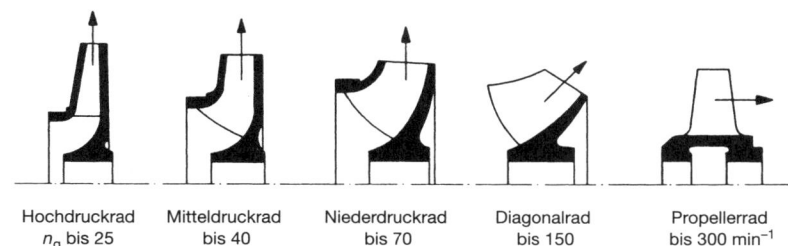

| Hochdruckrad $n_q$ bis 25 | Mitteldruckrad bis 40 | Niederdruckrad bis 70 | Diagonalrad bis 150 | Propellerrad bis 300 min$^{-1}$ |

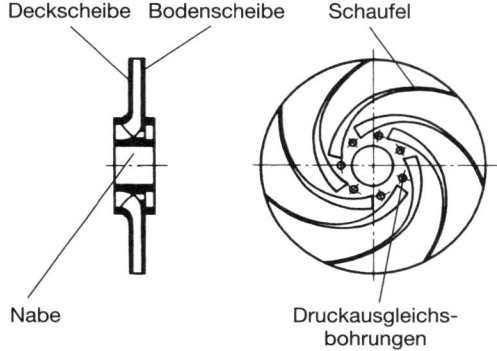

Bild 11.3  Radialrad (nach Fa. KSB)

Bild 11.4) oder in offener Form, d.h. ohne Deckscheibe (Bild 11.5) ausgeführt werden.

Zur Erhöhung, d.h. praktisch nahezu zur Verdoppelung des Förderstroms, können Radial- und Diagonalräder auch 2-flutig (2-strömig) ausgeführt werden (Bild 4.18 und Bild 11.23).

Halbaxiale und axiale Propellerräder (Bild 11.6 und Bild 11.7) können feststehende, einstellbare (d.h. bei demontierter Pumpe justierbare) oder während des Stillstandes oder laufenden Betriebs der Pumpe verstellbare Schaufeln (Laufschaufelverstellung) haben.

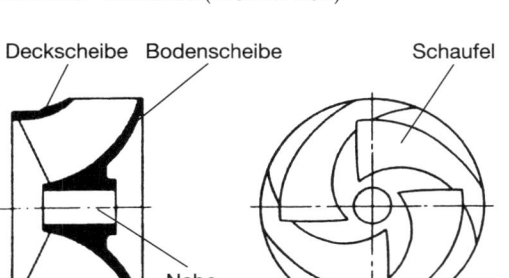

Bild 11.4  Diagonalrad

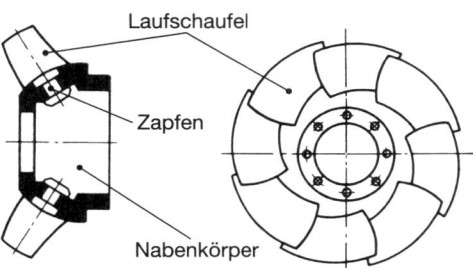

Bild 11.6  Halbaxiales Propellerrad

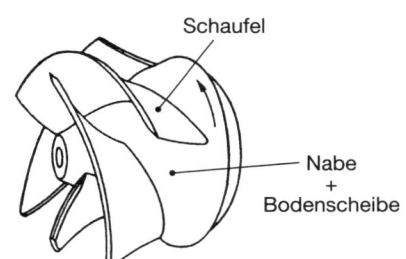

Bild 11.5  Offenes Diagonalrad (Helikoidalrad)

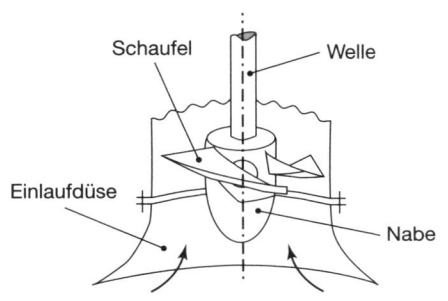

Bild 11.7  Axialrad

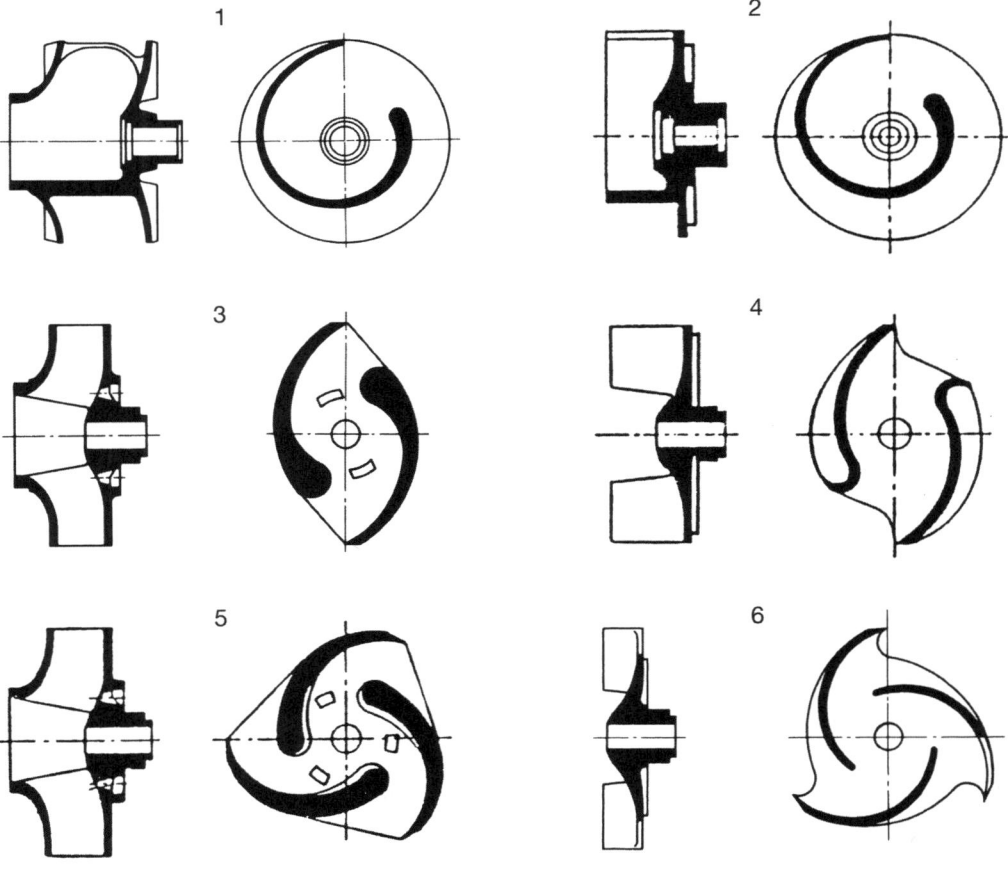

Bild 11.8   Kanalräder (nach [11.14])
(geschlossene Bauart = mit vorderer Deckscheibe)
(offene Bauart = ohne vordere Deckscheibe)
1 geschlossenes 1-Schaufel-Rad
2 offenes 1-Schaufel-Rad
3 geschlossenes 2-Kanal-Rad
4 offenes 2-Kanal-Rad
5 geschlossenes 3-Kanal-Rad
6 offenes 3-Kanal-Rad

Bei ein- oder verstellbaren Schaufeln sind die Konturen von Gehäuse und Nabe kugelig geformt, um bei allen Schaufeleinstellungen in etwa gleichbleibende Spalte am Gehäuse und an der Nabe zu gewährleisten, wodurch die Spaltverluste im gesamten Regelbereich begrenzt werden.

Durch Verkleinern der Schaufelzahl kann man die Durchflussquerschnitte so vergrößern, dass das Laufrad auch mehr oder minder stark verunreinigte Flüssigkeiten, Gas- oder Luftblasen einschließende Fluide oder vergleichsweise viskose Dickstoffe fördern kann.

In der Praxis reduziert man deshalb die Schaufelzahlen von radialen und diagonalen Laufrädern zur Förderung dieser speziellen Fluide auf 1, 2 oder 3 Schaufeln.

Man bezeichnet diese entweder offen (ohne Deckscheibe) oder geschlossen (mit Deckscheibe) ausgeführten Laufräder als **Kanalräder**. In Bild 11.8 sind verschiedene Kanalradformen gegenübergestellt [11.14].

## 11.3 Pumpenbauarten

### 11.3.1 1-stufige, 1-flutige Radialpumpen

Die 1-stufige, 1-flutige Radialpumpe, meist in Form der **Spiralgehäusepumpe,** ist die am häufigsten gebaute und eingesetzte Kreiselpumpe. Die Wellenlage ist normalerweise horizontal, in Sonderfällen auch vertikal, entsprechend ist die Saugstutzenstellung ebenfalls waagrecht oder senkrecht.

Die Stellung des radialen oder tangentialen Druckstutzens kann mit verschiedenen Neigungswinkeln ausgeführt werden, am häufigsten ist die vertikale Neigung nach oben (Bild 11.9). Bei vielen Radialpumpen hat der Saugstutzen zur Verbesserung des Saugverhaltens (vgl. Kapitel 5) eine größere Nennweite als der Druckstutzen. Die angesaugte Flüssigkeit strömt durch den Saugstutzen in das fliegend gelagerte Laufrad von «rein» radialer, «leicht» diagonaler oder Kanalrad-Bauform, wo ihr gemäß der Euler'schen Strömungsmaschinen-Hauptgleichung (Gl. 3.6b und Gl. 3.8b sowie Bild 3.7) Druck- und Geschwindigkeitsenergie zugeführt wird.

Das um das Laufrad peripheral angeordnete **Spiralgehäuse** wirkt wie ein **Diffusor,** d.h. senkt den Anteil der kinetischen Energie und erhöht entsprechend den Anteil des statischen Drucks. Zur Vergrößerung der Stufenförderhöhe wird in seltenen Fällen bei großen Pumpen zwischen Laufrad und Spiralgehäuse noch ein **Leitrad** eingebaut, womit man die absolute Strömungsgeschwindigkeit $c_2$ am Laufradaustritt deutlich reduziert und damit den statischen Druckanteil erhöht. Einzelheiten zur Wirkung von Leiträdern radialer Kreiselpumpen können in [11.15] nachgelesen werden, weitere Informationen über Spiralgehäuse finden sich u.a. in [11.16 bis 11.18].

Hinsichtlich Pumpenaufstellung und Motoranordnung werden unterschieden:

a) Die **Grundplattenbauweise** (Bild 11.10), mit Befestigung von Pumpe und Motor auf einer gemeinsamen Grundplatte. Die meist mit Wälzlagern ausgestattete Lagerung kann entweder in **Lagerstuhlausführung** [11.11] für besonders rauen Betrieb oder in der überwiegend angewandten **Lagerträgerausführung** (Bild 11.10) für Normalbetrieb ausgeführt werden. Bei der Lagerstuhlausführung wird das Spiralgehäuse am Lagerstuhl angeflanscht. Beim Ausbau des Laufrads zur Saugseite hin muss die Saugleitung entfernt werden.

Bei der Lagerträgerausführung wird der topfförmige Lagerträger an das mit Füßen versehene Spiralgehäuse angeschraubt. Die von Druck- und Saugleitung ausgeübten

Bild 11.9
1-stufige, 1-flutige Radialpumpe
(nach [11.4])

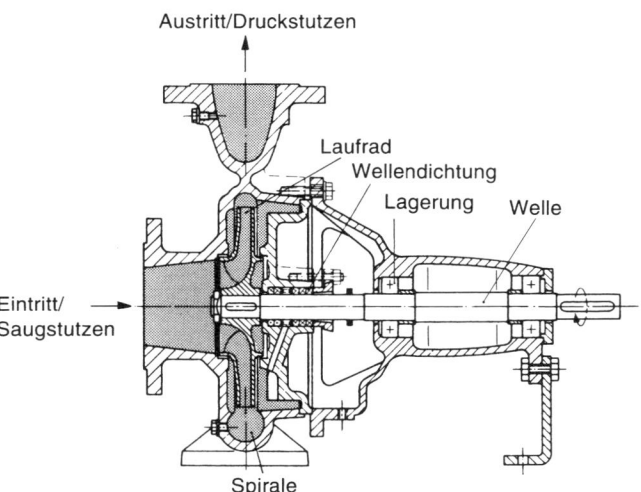

258  Kreiselpumpen

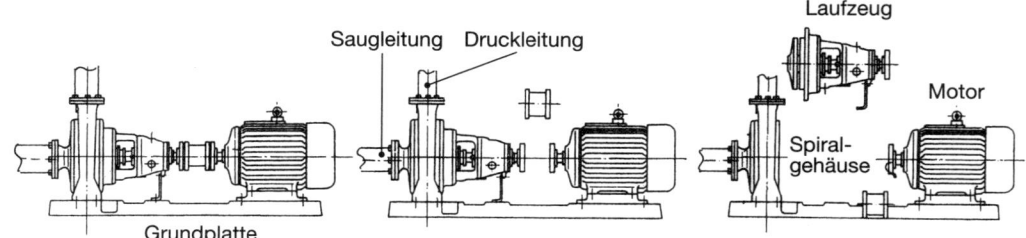

Bild 11.10  Spiralgehäusepumpe in Lagerträgerausführung (Prozessbauweise)

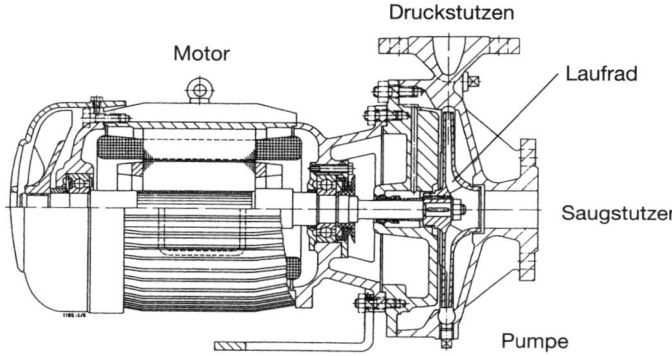

Bild 11.11
Radialpumpe in Blockbauweise
(nach [11.11])

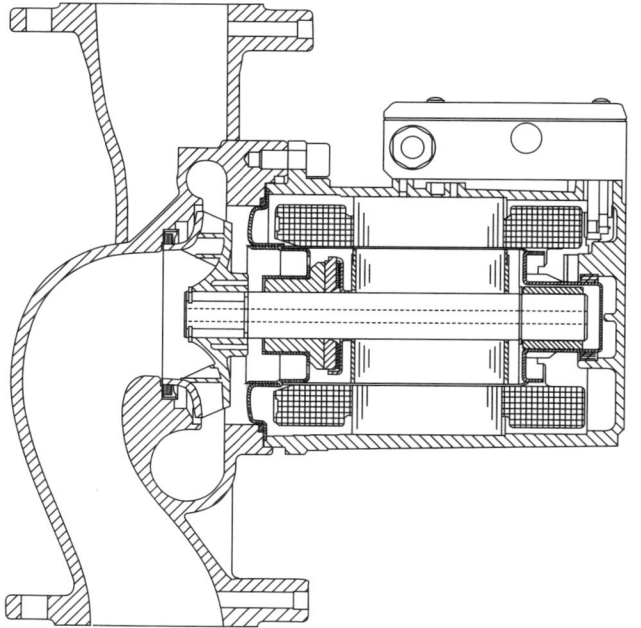

Bild 11.12
Heizungsumwälzpumpe
(Inlinepumpe) (nach Fa. WILO)

Kräfte und Momente [11.19] werden direkt über das Spiralgehäuse zur Grundplatte und damit zum Maschinenfundament geleitet.
Die Demontage des aus Laufrad, Welle und kompletter Lagerung bestehenden Laufzeugs kann ohne Lösen des Motors und der Rohrleitungen erfolgen (Bild 10.10). Nach Wiedereinbau des Laufzeugs entfällt das Ausrichten von Pumpe, Motor, Saug- und Druckleitung.

b) Die **Blockausführung** mit direkt auf der Motorwelle aufgesetztem Laufrad (Bild 11.11), d.h. Wegfall einer eigenen Pumpenlagerung. Bei dieser Konstruktion, die man wegen der kostengünstigen und platzsparenden Bauweise sowie der einfachen Montage häufig einsetzt, wird entweder der Motor an das mit Füßen versehene Pumpengehäuse freihängend angeflanscht oder umgekehrt, das freihängende Spiralgehäuse an dem mit Fuß (Bauform B 3) ausgestatteten Motor angeschraubt.
Die Blockpumpe kann auch als sog. Inlinepumpe wie eine Armatur direkt in die Rohrleitung eingebaut werden (Bild 11.12).

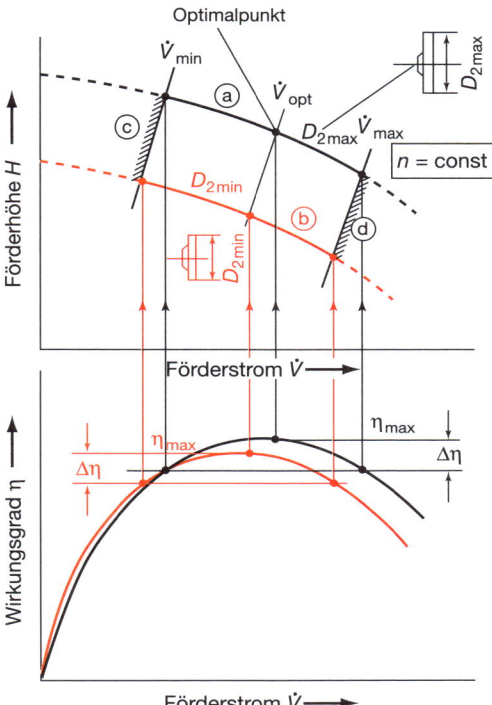

Bild 11.13  Definition der Begrenzung des Einsatzbereiches einer Normpumpe (s. auch Bild 14.42)

Die Abdichtung der Welle beim Durchtritt durch das Pumpengehäuse erfolgt mittels Gleitringdichtung oder Packungsstopfbüchse [11.20]. Das Laufrad wird über Spalte saug- und druckseitig im Gehäuse abgedichtet.

Zur Verminderung des Axialschubes erhalten die Laufräder häufig einige Druckausgleichsbohrungen (Bild 11.3), die allerdings eine interne Leckageströmung zur Folge haben, die den volumetrischen Wirkungsgrad $\eta_l$ (vgl. Abschnitt 2.5) reduziert.

Aus Gründen einer kostengünstigen Fertigung, Einführung einheitlicher Außenabmessungen, einfacher Wartung und Ersatzteilhaltung wurden 1-stufige und 1-flutige Radialpumpen für bestimmte Einsatzbereiche schon relativ früh hinsichtlich ihrer hydraulischen Daten und geometrischen Abmessungen in einem **gerasterten Baukastensystem standardisiert** oder **genormt**, wobei Pumpenhersteller, Pumpenbetreiber (Kunden) und Normungsinstitutionen optimal zusammengearbeitet haben.

Das Raster (Auswahlkennfeld) einer Pumpenfamilie mit Laufrädern verschiedener spezifischer Drehzahlen und verschiedener Durchmesser wird mittels der Modellgesetze (Kapitel 4) erstellt und anhand gemessener Kennlinien ausgeführter Pumpen verifiziert. Um die Zahl der Pumpengrößen in einer wirtschaftlichen Größenordnung zu halten, werden für eine Typenreihe die Werte von Volumenstrom $\dot{V}$, Förderhöhe $H$ und Laufradaußendurchmesser $D_2$ mit einem konstanten Quotienten bzw. Faktor nach einer **Normzahlreihe** abgestuft, beispielsweise $D_2$ = 125, 160, 200, 250, 315 und 400 mm nach DIN EN 733 [11.5].

Die Stufung des Förderstroms $\dot{V}$ erfolgt nach Gl. 4.1: $\dot{V} \sim D_2^3$, die Stufung der Förderhöhe $H$ nach Gl. 4.4: $H \sim D_2^2$.

Der Betriebsbereich (Leistungsfeld) einer Kreiselpumpengröße wird in Abgrenzung zu den Betriebsbereichen der benachbarten größeren oder kleineren Pumpe durch folgende Kriterien festgelegt (Bild 11.13):

a) durch den größten Laufradaußendurchmesser $D_{2,\,max}$, der in das Spiralgehäuse eingebaut werden kann (Kurve a),
b) durch den kleinsten Laufradaußendurchmesser $D_{2,\,min}$, der gerade noch «sinnvollerweise», d.h. auch vom Wirkungsgrad her, zur Gehäusegröße passt (Kurve b),
c) der im Hinblick auf den relativen Energiebedarf (Wirtschaftlichkeit) für Dauerbetrieb noch vertretbare kleinste Volumenstrom $\dot{V}_{min}$ ergibt sich aus der Vorgabe der wirtschaftlich noch vertretbaren Wirkungsgradabsenkung $\Delta\eta$ (Kurve c).
d) Analog erhält man den bezüglich der Energieeffizienz noch vertretbaren maximalen Förderstrom $\dot{V}_{max}$ auf der rechten Seite des Leistungsfeldes der Pumpe (Kurve d).

Zwischenwerte des Außendurchmessers $D_2$ zwischen $D_{2,\,max}$ und $D_{2,\,min}$ ergeben sich durch Abdrehen oder Ausdrehen des Laufrades (Abschnitt 14.3.4.2). Somit können alle Kombinationen von $\dot{V}$ und $H$, die in dem durch die Kurven a, b, c und d begrenzten Leistungsbereich liegen, von dieser Pumpengröße bedient werden, wobei ein vergleichsweise hohes Wirkungsgradniveau gewährleistet ist. Die Pumpe sollte im Langzeit- oder Dauerbetrieb aus wirtschaftlichen Gründen nur in diesem Bereich betrieben werden! U.U. sind noch Begrenzungen durch Kavitation zu berücksichtigen (Kapitel 5).

Für Wassernormpumpen, die bei Nenndrücken bis PN 10 betrieben werden können, sind in der DIN EN 733 [11.5] 29 Baugrößen aufgeführt.

In Bild 11.14 [11.4] ist das Auswahlkennfeld (Typenkennfeld) dieser Normpumpenreihe für die Asynchrondrehzahl $n \approx 1450$ min$^{-1}$ dargestellt. Man erkennt, dass der kleinste Förderstrom der Pumpenreihe bei ca. 2 m³/h, der größte Förderstrom bei ca. 1200 m³/h liegt.

Die Kennzeichnung der Pumpengröße erfolgt durch eine Doppelzahl, z.B. 80-250. Die 1. Zahl, z.B. 80, bezeichnet die Nennweite des Pumpendruckstutzens in mm, die 2. Zahl den Laufradnenndurchmesser $D_2 \,\widehat{=}\, D_{2,\,max}$, z.B. 250 mm.

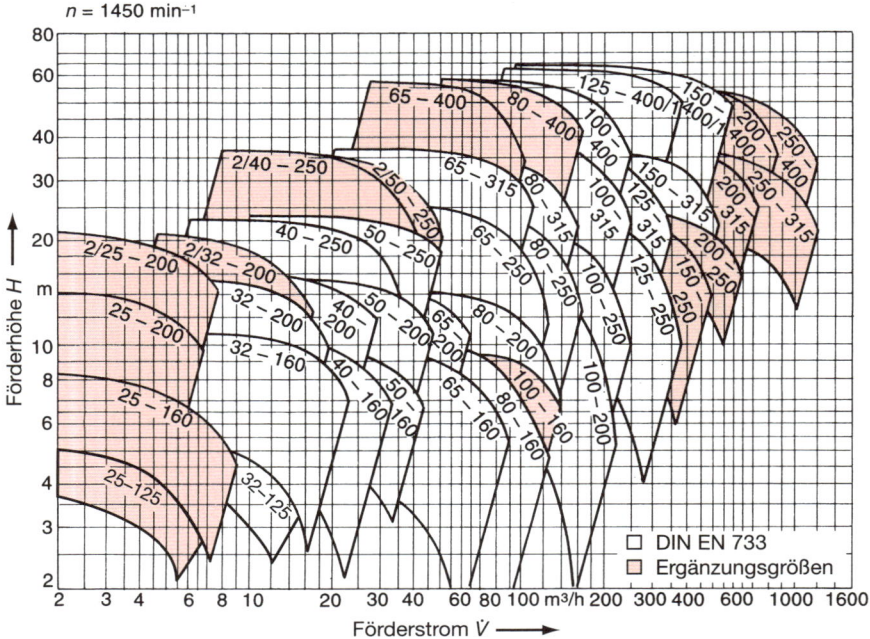

Bild 11.14 Auswahlkennfelder von Normpumpen PN 10 nach DIN EN 733 (nach [11.4])

Bild 11.15
Baukastensystem von Normpumpen
(nach [11.4])

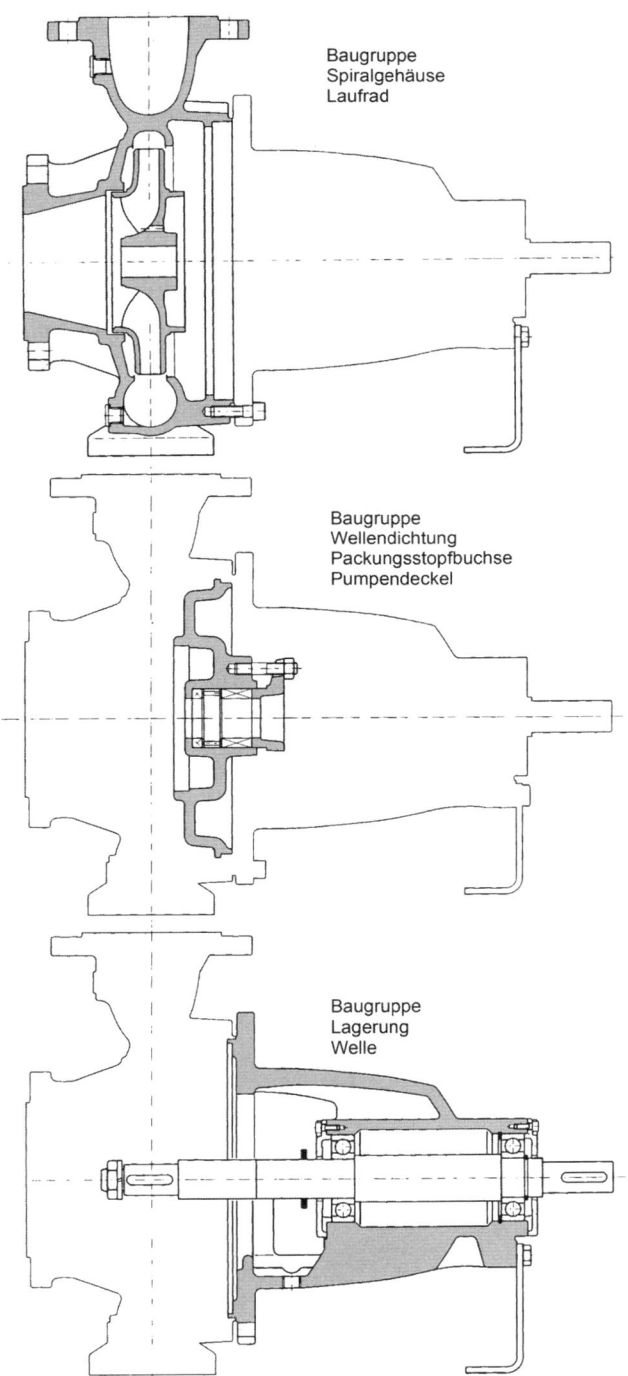

In den Tabellen der DIN EN 733 [11.5] werden nur die äußeren Abmessungen der Pumpe aufgeführt. Die Kataloge der Hersteller enthalten meist die Einbaumaße des kompletten aus Pumpe, Kupplung, Motor und Grundplatte bestehenden Pumpenaggregates. Diese relativ einfachen, standardisierten Normpumpen werden nach dem Baukastensystem aus wenigen Baugruppen, z. B. Spiralgehäuse, Laufrad, Pumpendeckel mit Wellendichtung und Welle/Lagerung zusammengestellt (Bild 11.15).

Die Entwicklung der hydraulischen und konstruktiven Konzeption von Normpumpen wird u. a. in [11.2, 11.13, 11.21, 11.22] näher beschrieben.

Für Projektierung, Betrieb und Wartung von Pumpenanlagen werden dem Betreiber (Kunden) von den Herstellern zusätzlich zu den hydraulischen und geometrischen Pumpendaten noch zahlreiche Hinweise gegeben bezüglich des Betriebsverhaltens, insbesondere des Saugverhaltens, der richtigen saug- und druckseitigen Rohrleitungsführung, der Auswahl des Pumpenzubehörs wie Saugkörbe, Absperr- und Regelarmaturen, Messgeräte, Antriebsmotoren sowie der Aufstellung der Pumpenaggregate in Gebäuden oder im Freien. Mit Hilfe dieser Unterlagen ist es dem Projektierungsingenieur möglich, Pumpen in die Anlagen richtig einzuplanen [11.4, 11.10 bis 11.12].

Neben den genormten Pumpenbaureihen werden noch viele andere Varianten von Radialpumpen gebaut und in den unterschiedlichsten Bereichen eingesetzt, wie z. B.:

❑ **Kanalradpumpen**
(Bild 11.16) [11.14], beispielsweise zum Fördern von Abwässern und Dickstoffen,
❑ **Inlinepumpen**
(Bild 11.12), deren Druck- und Saugstutzen in der geradlinig verlaufenden Rohrachse liegen,
❑ **hermetische Pumpen**
[11.1, 11.4] ohne Berührungsdichtungen (stopfbuchslose Pumpen), wie z. B. Spaltrohrmotorpumpen (Bild 11.17) oder Magnetkupplungspumpen,
❑ Pumpen mit Laufrädern und Gehäusen aus nicht metallischen Werkstoffen, wie Kunststoff, Keramik, Glas,
❑ kleine, einfache Pumpen
für Haushaltsgeräte oder Kühlmittelpumpen für Verbrennungsmotoren [11.23], die in riesigen Stückzahlen eingesetzt werden,

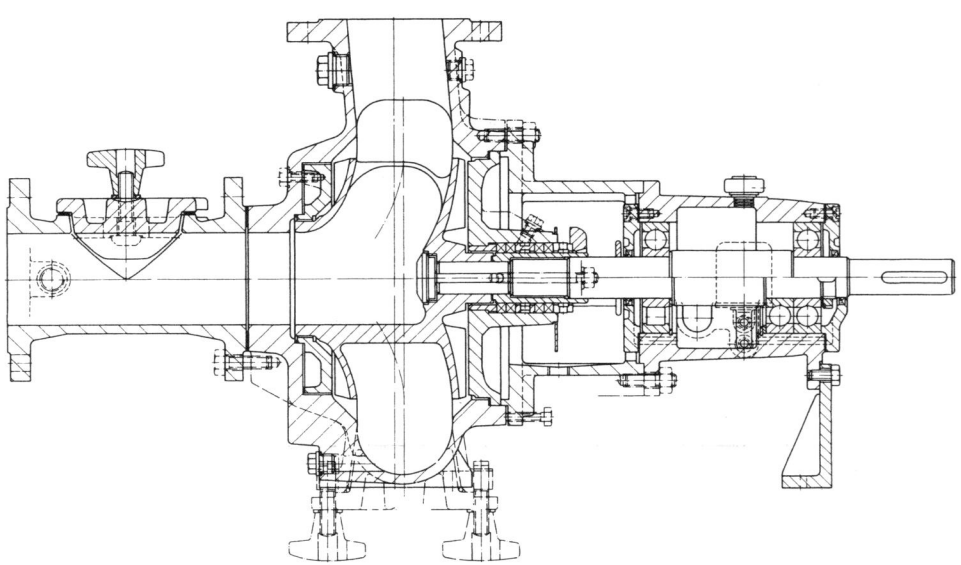

Bild 11.16  Kanalradpumpe (nach Fa. KSB)

Pumpenbauarten 263

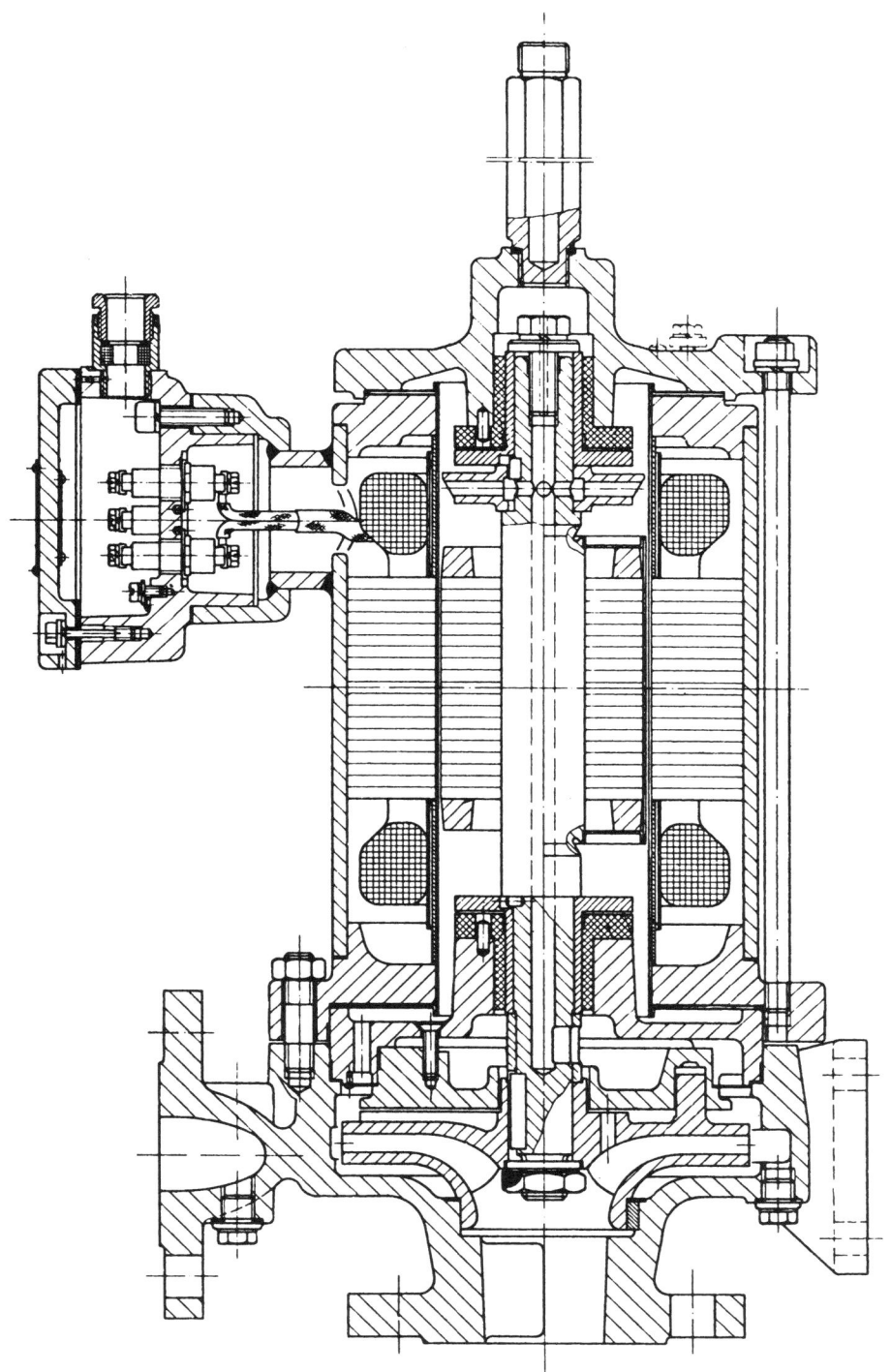

Bild 11.17 Spaltrohrmotorpumpe (nach Fa. Hermetic)

❏ **Speicherpumpen**
mit sehr großen Abmessungen und Antriebsleistungen im 2- und 3-stelligen MW-Bereich, die heute meist als **Pumpturbinen** ausgeführt werden (Abschnitt 7.9, Bild 7.29).

## 11.3.2 Mehrstufige Radialpumpen

Wie in Abschnitt 4.7 dargelegt, ist die maximale spezifische Stutzenarbeit $Y$ (Förderhöhe $H$) eines Laufrades durch die von der Bauform (spezifische Drehzahl $n_q$) abhängige Druckzahl $\psi$ und die aus Festigkeitsgründen nach oben hin begrenzte Umfangsgeschwindigkeit $u_2$ (bei Axialpumpen $u_a$) festgelegt [11.20]:

$$Y_{\text{Stufe}} \leq \psi_{\max} \cdot \frac{u_{2,\max}^2}{2}$$

Zur Vergrößerung der spezifischen Stutzenarbeit (Förderhöhe) der Pumpe werden deshalb mehrere Stufen in einem Gehäuse hintereinander geschaltet, wodurch sich die Förderhöhen der einzelnen Stufen addieren. Der Volumenstrom $\dot{V}$ ist bei den meisten Pumpenausführungen für alle Stufen gleich groß.

Die einzelnen Stufen können entweder in der einfachen Tandemform (Bild 11.18 a) geschaltet werden, wobei allerdings ein großer Axialschub [11.20] entsteht, der durch besondere konstruktive Maßnahmen ausgeglichen oder verringert werden muss. Man kann sie aber auch zur Vermeidung oder Reduzierung des Axialschubes paarweise (Bild 11.18 b) bzw. in Gruppen (Bild 11.18 c) gegenläufig («back to back») anordnen. Konstruktiv sind die Pumpen entweder als **Gliederpumpen** mit radialen Teilflanschen (Bild 11.19) oder als **in Wellenebene quergeteilte Pumpen** (Bild 11.20) mit axialen Teilflanschen ausführbar. Für besonders große Drücke können beide Bauarten auch in **Topfbauweise** (Bild 11.21) mit einem ungeteilten topfähnlichen Außenmantelgehäuse gebaut werden.

Eine besondere Konstruktion sind die **Unterwassermotorpumpen**, die man z.B. in der Trink- und Brauchwasserversorgung oder der Grundwasserhaltung im Berg- und Tagebau einsetzt. Bei diesen Pumpen bilden das Pumpenaggregat und der Unterwassermotor eine

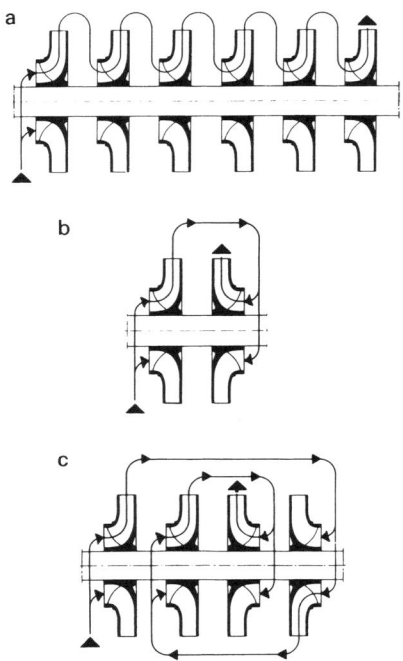

Bild 11.18  Laufradanordnungen mehrstufiger Pumpen

kompakte Einheit (Bild 11.22), die unterhalb des saugseitigen Wasserspiegels, meist an vertikalen Steigrohren (Druckleitung) hängend, eingebaut wird. Die Pumpenlager sind wassergeschmiert. Der Unterwassermotor ist ein wassergefüllter Kurzschlussläufermotor, dessen Lager und Wicklung von Wasser gekühlt wird. Kleinere Motoren werden auch mit wasserverträglichem Spezialöl oder einer Spezialemulsion gefüllt.

Zur Absenkung des NPSHR-Wertes mehrstufiger Pumpen (Abschnitt 5.5.4) wird der Saugdurchmesser $D_s$ des Laufrades der 1. Stufe größer ausgeführt als die Saugdurchmesser der folgenden Stufen. Detaillierte Informationen über den **Axialschubausgleich** durch **Bohrungen** in den Laufrädern (Bild 11.3), durch **hydraulische Entlastungsscheiben** bzw. **Entlastungskolben** (Bild 11.19 und Bild 11.21) finden sich u.a. in [11.2, 11.3, 11.11].

Die Wellenlage mehrstufiger Pumpen kann **horizontal** oder **vertikal** sein.

# Pumpenbauarten

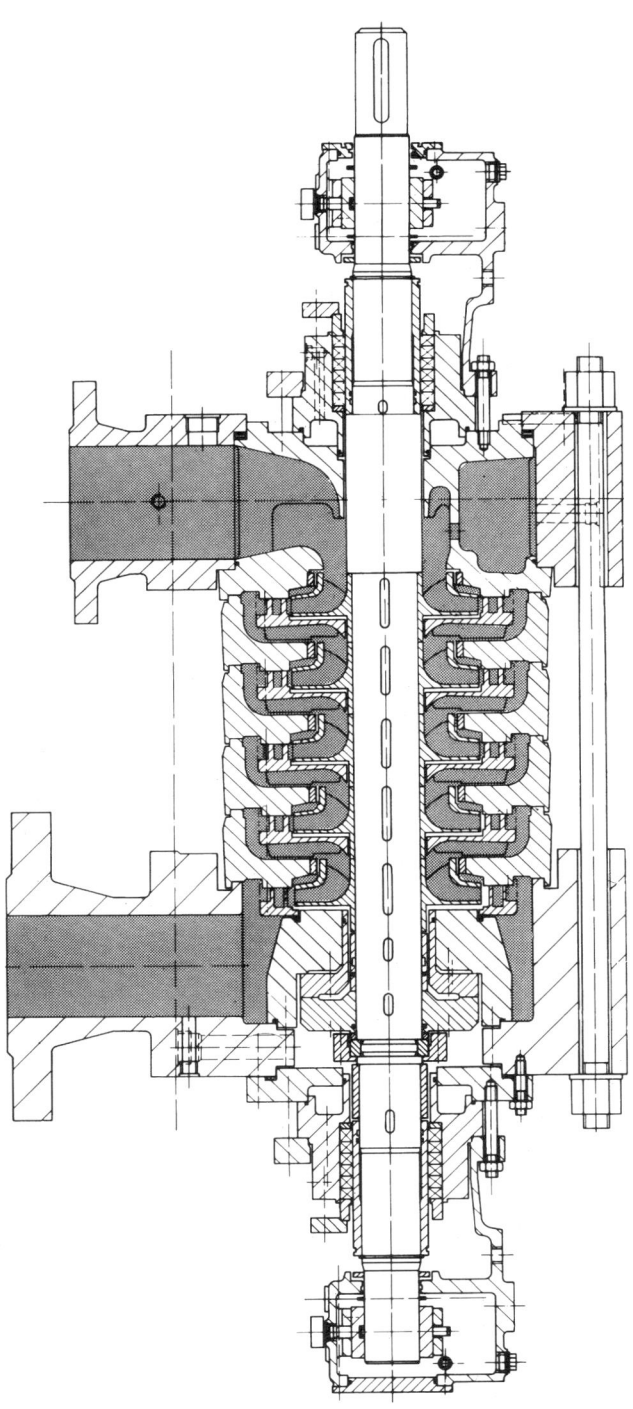

Bild 11.19 Gliederpumpe (nach Fa. KSB)

266  Kreiselpumpen

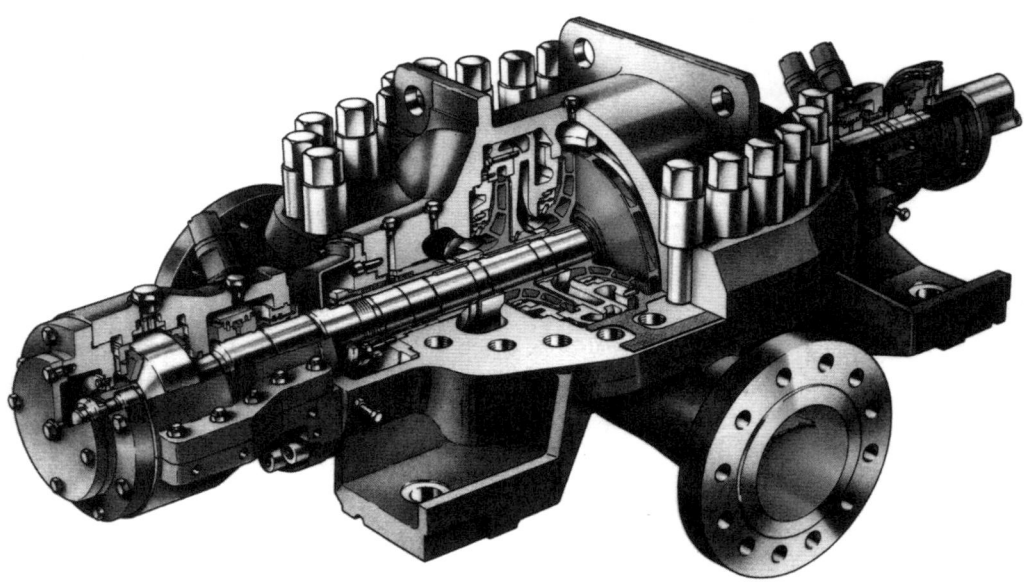

Bild 11.20    Axial geteilte mehrstufige Radialpumpe (nach Fa. Sulzer Pumps Ltd.)

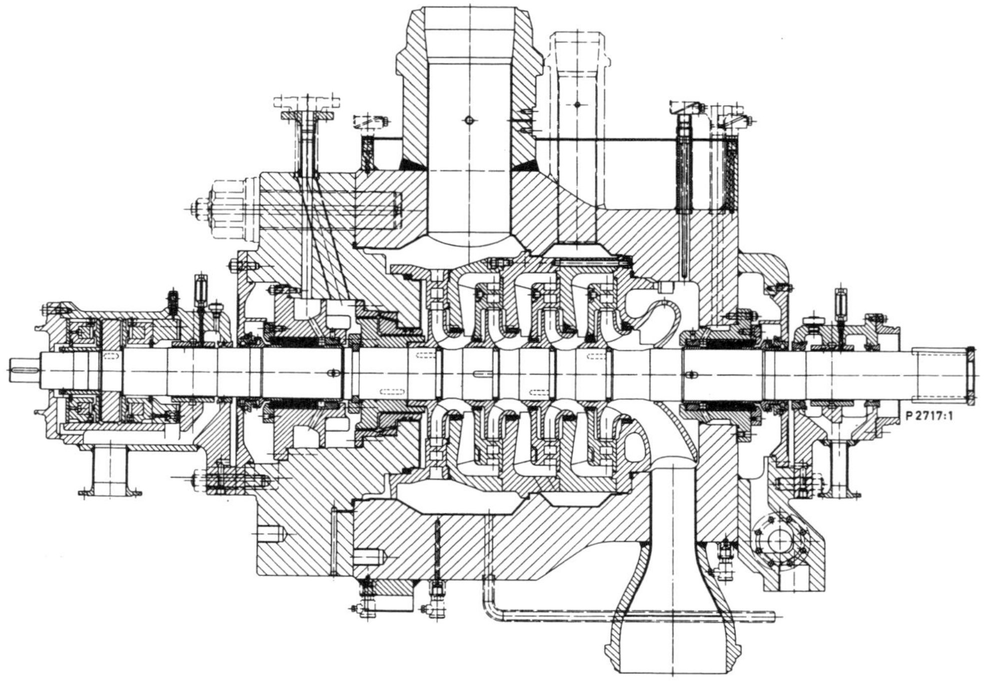

Bild 11.21    Topfpumpe (nach Fa. KSB)

Pumpenbauarten 267

Bild 11.22   Unterwassermotorpumpe (Pumpenteil) (nach Fa. Ritz)

## 11.3.3   2-flutige Radialpumpen

In 2-flutigen Radialpumpen wird durch **Parallelschaltung** von 2 geometrisch gleichen spiegelsymmetrischen Laufrädern der Volumenstrom bei gleichbleibender Förderhöhe etwa verdoppelt. Das meist in einem Stück gegossene Doppellaufrad wird spiegelbildlich auf der Pumpenwelle aufgesetzt (Bild 11.23), wodurch infolge der Strömungssymmetrie im Gehäuse und Laufrad der **Axialschub** nahezu ausgeglichen wird. Dieser Vorteil macht, zu-

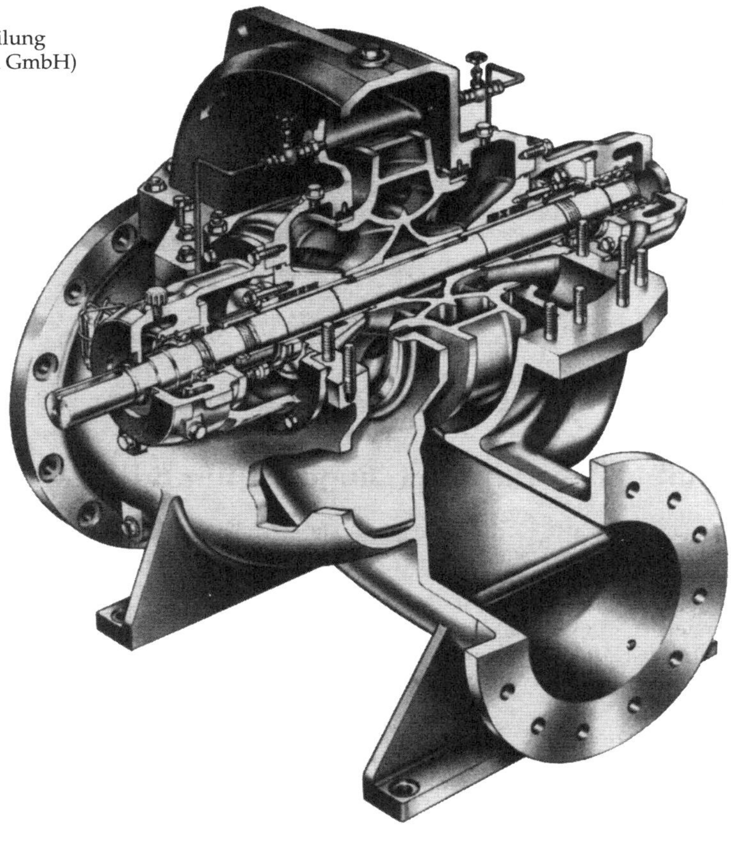

Bild 11.23
2-flutige Pumpe mit axialer Teilung
(nach Fa. Pleuger Worthington GmbH)

sammen mit dem gemeinsamen Saugstutzen, Spiralgehäuse, Druckstutzen, Welle, Lagerung, Kupplung und Motor aus der doppelflutigen Anordnung eine rationelle, preisgünstige und platzsparende Ausführung im Vergleich zur Parallelschaltung zweier Einzelpumpenaggregate (vgl. Abschnitt 14.3.4.9). 2-flutige Pumpen haben, da die Strömungsgeschwindigkeit im Laufradsaugmund reduziert wird, ein gutes Saugverhalten und einen relativ hohen Wirkungsgrad.

Beim Vergleich von Gl. 5.24 und Gl. 5.25 erkennt man, dass die Thoma-Zahl $Th_P$ einer 2-flutigen Radialpumpe um 37% kleiner ist als die Thoma-Zahl einer 1-flutigen Radialpumpe bei gleichen Betriebsdaten $\dot{V}$, $H$ und $n$. Damit wird nach Gl. 5.39 auch der NPSHR-Wert der 2-flutigen Pumpe um 37% niedriger, d.h. besser als der NPSHR-Wert der 1-flutigen Pumpe bei gleichen Betriebsdaten $\dot{V}$, $H$ und $n$. In der Praxis wird diese Absenkung, d.h. Verbesserung des NPSHR-Wertes, nicht ganz erreicht, da das größere Nabenverhältnis infolge der Wellendurchführung (vgl. Bild 5.31) und die asymmetrische Zuströmung in den Saugkrümmern einen Teil der Verbesserung wieder zunichte machen.

Die deutliche Wirkungsgraderhöhung bei der 2-flutigen Pumpenausführung erklärt sich zum einen mit der Anhebung des mechanischen Wirkungsgrades $\eta_m$ durch den Wegfall bzw. die starke Reduzierung des Axialschubes, zum anderen mit der Verbesserung des volumetrischen Wirkungsgrades $\eta_1$ durch den Wegfall von 2 Spaltdichtungen. Auch die Radseitenreibungsverluste werden etwas kleiner, was zu einer Erhöhung des Radseitenreibungswirkungsgrades $\eta_{Rs}$ beiträgt. Bei großen Volumenströmen und großen Förderhöhen wird eine Kombination aus Mehrflutigkeit und Mehrstufigkeit angewandt, z.B. bei großen Wasserwerkspumpen, Pipelinepumpen, Prozesspumpen und Speicherpumpen (Bild 7.28). 2-flutige Radialpumpen werden sowohl leitradlos als auch mit Leitrad ausgeführt.

Die 2-strömigen Gehäuse werden bei kleinen bis mittleren Drücken meist längsgeteilt, d.h. erhalten axiale Teilflansche (Bild 11.23), bei größeren Drücken dagegen, z.B. bei Prozesspumpen, Kesselspeisepumpen oder Reaktorspeisepumpen, als 1-teilige Topfgehäuse konzipiert.

### 11.3.4 Diagonalpumpen

Diagonalpumpen werden als halbaxiale oder Mixed-flow-Pumpen bezeichnet und haben konisch nach außen durchströmte Laufräder (Bild 11.5), die im Übergangsbereich zwischen radialen und axialen Laufrädern liegen (Bild 11.2). Die spezifischen Drehzahlen überdecken nach [11.11] den Bereich $n_q = 35\ldots80$ min$^{-1}$ für spezifisch langsamläufige Räder und $n_q = 80\ldots160$ min$^{-1}$ für spezifisch schnellläufige Räder. In Tabelle 11.2 wird ein Bereich von $n_q = 80\ldots150$ min$^{-1}$ aufgeführt, in [11.2] wird $n_q = 80\ldots160$ min$^{-1}$ angegeben und in [11.3] als normaler Bereich $n_q = 50\ldots170$ min$^{-1}$, der in Sonderfällen bis $n_q = 30\ldots200$ min$^{-1}$ erweitert werden kann.

Ab spezifischen Drehzahlen $n_q > 60$ min$^{-1}$ sind Diagonalpumpen hydraulisch «besser» als klassische Radialpumpen, bei spezifischen Drehzahlen $n_q \geq 200$ min$^{-1}$ ist die Axialpumpe der Diagonalpumpe überlegen [11.2, 11.3]. Diagonalpumpen werden meist 1-stufig ausgeführt, seltener 2…3-stufig. Für große Förderströme werden 2-flutige Diagonalpumpen eingesetzt.

Die Gehäuse der Diagonalpumpen werden bei kleineren spezifischen Drehzahlen als **Spiralgehäuse** (Bild 11.24) oder **Ringgehäuse** mit konstantem Strömungsquerschnitt ausgeführt. Bei spezifischen Drehzahlen $n_q > 130$ min$^{-1}$ wird meistens ein **Rohrgehäuse** wie bei Axialpumpen vorgesehen. Rohrgehäusepumpen werden in 3 Varianten gebaut:

a) Laufrad mit feststehenden Laufschaufeln,
b) Laufrad mit feststehenden Laufschaufeln und vor dem Laufrad angeordnetem **Vordrallregler** (Bild 11.25, Abschnitt 14.3.4.6),
c) Laufrad mit verstellbaren Laufschaufeln (Abschnitt 14.3.4.5).

Betrachtet man die Strömung im Diagonalrad (Bild 3.7), erkennt man unter Anwendung von Gl. 3.8b, dass sich die Förderhöhe $H$ (spezifische Stutzenarbeit $Y$) sowohl aus der Radienzunahme der Stromlinien (konische Strömung)

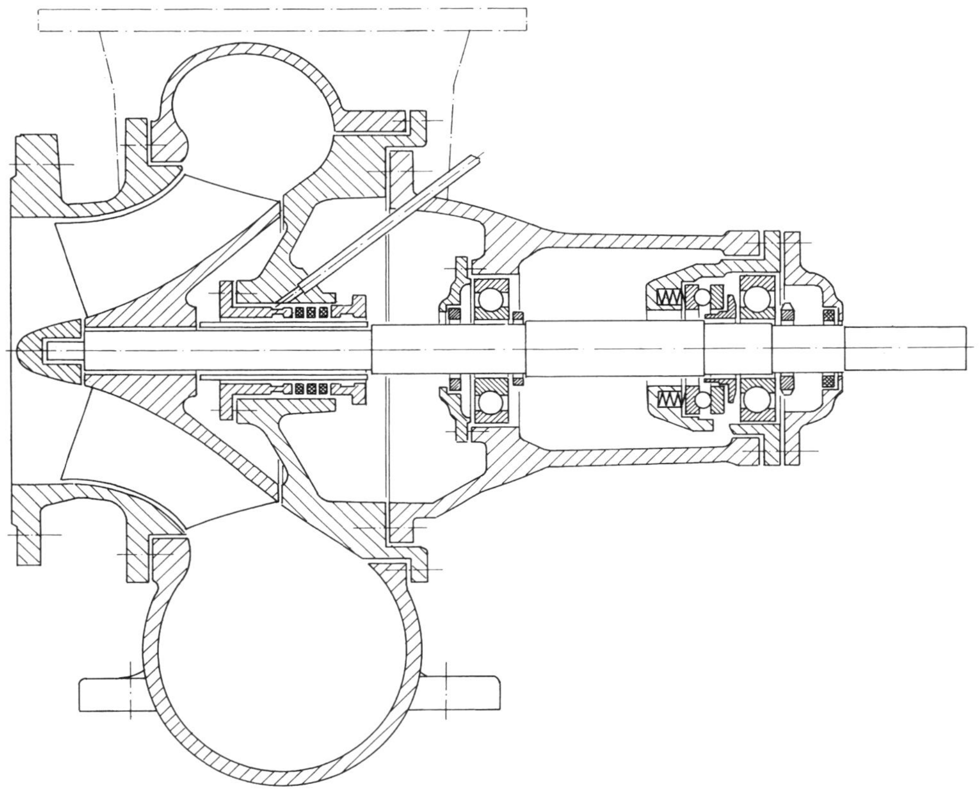

Bild 11.24  Diagonalradpumpe (nach Fa. Sulzer)

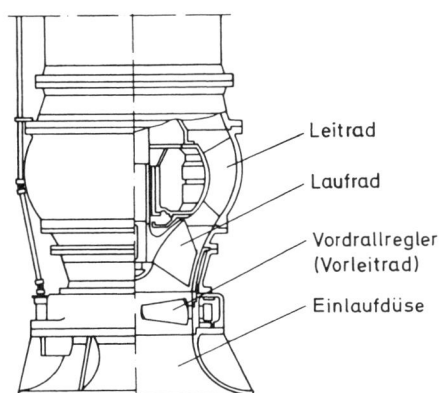

Bild 11.25  Rohrgehäusepumpe mit Vordrallregler (nach Fa. KSB)

ergibt ($u_2 > u_1$) als auch aus der Verzögerung der Relativströmung ($w_2 < w_1$). So können mit Schaufelzahlen $z = 3\ldots8$ Stufenförderhöhen von $H = 20\ldots60$ m erreicht werden, in [11.24 und 11.25] finden sich grundsätzliche Betrachtungen zu Diagonalpumpen, in [11.2 und 11.13] sind diagonale Pumpenlaufräder beispielhaft durchgerechnet und grafisch dargestellt.

### 11.3.5  Axialpumpen

Axialpumpen, auch Propellerpumpen genannt, sind meist 1-stufige Kreiselpumpen mit räumlich gekrümmten tragflügelartigen Schaufeln und hohen spezifischen Drehzahlen im Bereich 130 min$^{-1} < n_q < 330$ min$^{-1}$ [11.2, 11.3, 11.11]. Die Förderströme reichen bis 50 m$^3$/s, die Förderhöhen 1-stufiger Pumpen bis $H = 15$ m, in Extremfällen auch bis 20 m. Die Laufradaußendurchmesser $D_a$ großer Pumpen erreichen mehrere Meter.

Die Motoren großer Pumpen werden trocken und hochwassersicher aufgestellt, kleinere Pumpen, sog. Tauchpumpen, erhalten Unterwassermotoren. Axialpumpen werden häufig eingesetzt als:

❑ **Kühlwasserpumpen** in thermischen Kraftwerken,
❑ **Heberpumpen** in Schöpfwerken, Kläranlagen, Be- und Entwässerungsanlagen, Schleusen und Schiffsdocks,
❑ **Umwälzpumpen** in der Verfahrenstechnik.

Für die Verwendung von Axialpumpen sprechen folgende **Vorteile**:

❑ günstige Abmessungen und Gewichte, trotz der großen Förderströme,
❑ hohe Wirkungsgrade in einem weiten Betriebsbereich (Bild 14.49),
❑ gute Regulierbarkeit des Förderstroms durch Laufschaufelverstellung [14.48].

Dem stehen folgende **Nachteile** gegenüber:

❑ schlechte Saugfähigkeit, i. Allg. ist eine Zulaufhöhe $z_{a1}$ (Bild 5.12) erforderlich, da der NPSHR-Wert normalerweise zwischen 10…14 m liegt [11.3],
❑ kleine Stufenförderhöhe, i. Allg. unter $H = 15$ m, da die Umfangsgeschwindigkeit $u_a$ am Laufradaußendurchmesser $D_a$ aus Festigkeitsgründen und zur Eingrenzung der Kavitationsgefahr unter 25…28 m/s liegen sollte [11.3] und die Druckzahl $\psi \triangleq \psi_a$ wegen der begrenzten Umlenkung an den Tragflügeln nur kleine Werte annimmt (Abschnitt 11.6),
❑ Axialpumpen, insbesondere ihre Laufradtragflügel sind «hydraulisch besonders empfindlich» und störanfällig gegen kleine Geometriefehler und Veränderungen der Oberflächenrauigkeiten.

Je nach Aufbau der Pumpenanlage erhält das rohrartige Gehäuse eine offene Ansaugdüse (Bild 11.26), die in eine Einlaufkammer eintaucht oder es wird saugseitig an einen Rohrkrümmer aus Stahl oder Beton angeschlossen. Kleinere und mittelgroße Pumpen werden als

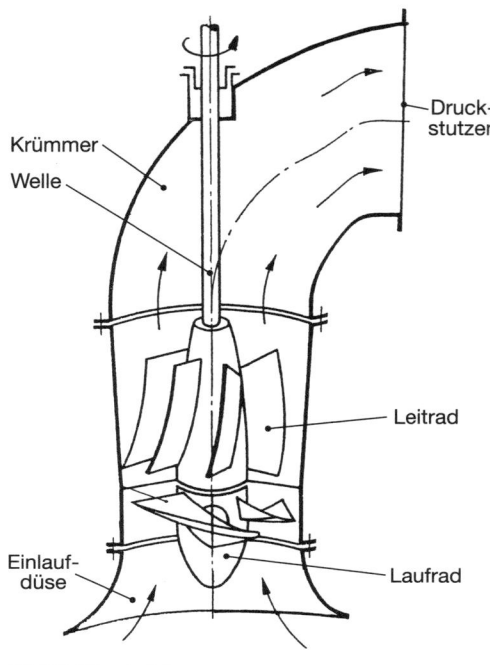

Bild 11.26  Axialpumpe

**Rohrkrümmerpumpen** konzipiert (Bild 11.27), die wie eine Armatur in eine Rohrleitung eingebaut werden.

Je nach Größe der Förderhöhe $H$ und den herrschenden Platz- und Einbauverhältnissen kann die Wellenlage vertikal, schräg oder horizontal sein.

Eine Axialpumpe besteht aus vergleichsweise wenigen Baugruppen. Das fliegend gelagerte Laufrad hat 2 bis 6 Schaufeln und wird als

❑ **Festpropeller** mit **feststehenden** Schaufeln,
❑ **Einstellpropeller** mit im demontierten Zustand **einstellbaren** Schaufel,
❑ **Verstellpropeller** mit **Schaufelverstellung während des Betriebs** ausgeführt.

Bei im Betrieb verstellbaren Schaufeln können je nach Pumpengröße und Einsatzfall folgende Verfahren angewandt werden:

❑ **mechanische** Verstellung von Hand,
❑ **hydraulische** Verstellung, wie bei der Kaplanturbine,
❑ **elektrische** Verstellung.

Bild 11.27
Rohrbogenpropellerpumpe
(nach Fa. Allweiler)

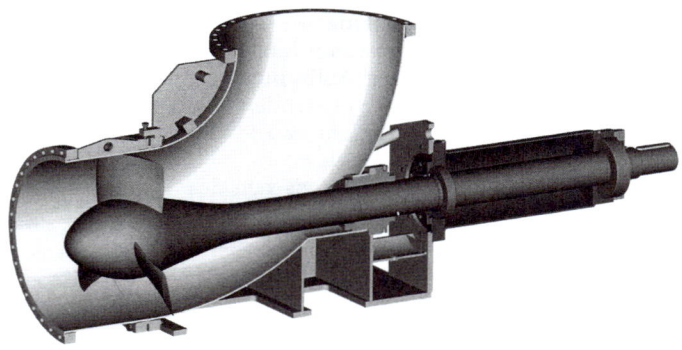

Größere Axialpumpen besitzen zur Gleichrichtung (Drallverringerung) der Strömung nach dem Laufrad ein axiales Leitrad (Bild 11.26), das bei kleinen Pumpen oder kleinen Förderhöhen auch entfallen kann (Bild 11.27).

Die schlanke, oft mehrteilige Welle wird bei großen Pumpen in Gleitlagern, bei kleinen Pumpen in Wälzlagern gelagert. Bei den radialen Führungslagern (Halslagern) unterscheidet man wassergeschmierte Gummi- oder Kunststofflager und fettgeschmierte Metalllager.

Die Wellenabdichtung erfolgt üblicherweise mittels Packungsstopfbüchsen oder Gleitringdichtungen [11.20]. Bei manchen Konstruktionen wird die Welle von einem besonderen Schutzrohr umgeben. Neuere Informationen über die allgemeine Auslegung und den Betrieb von Axialpumpen finden sich in [11.3, 11.26]. Die Berechnung und Konstruktion der Lauf- und Leiträder werden in [11.2, 11.3, 11.13, 11.20] beschrieben.

## 11.4 Verluste in Kreiselpumpen

### 11.4.1 Leistungsbilanz

In Ergänzung und Erweiterung von Abschnitt 2.4, insbesondere Tabelle 2.8, wird die Leistungsbilanz von Kreiselpumpen etwas detaillierter beschrieben.

Die **Nutz- oder Förderleistung** $P_u$ einer Kreiselpumpe ist gemäß Tabelle 2.7 als Produkt aus Massenstrom $\dot{m}$ und spezifischer Förderarbeit $Y$ definiert:

$$P_u = \dot{m} \cdot Y$$

Der Massenstrom $\dot{m}$ kann durch das Produkt aus Volumenstrom $\dot{V}$ und Dichte $\varrho$, die spezifische Förderarbeit $Y$ durch das Produkt aus Erdbeschleunigung $g$ und Förderhöhe $H$ ausgedrückt werden:

$$P_u = \varrho \cdot g \cdot \dot{V} \cdot H \qquad \text{(Gl. 11.2)}$$

Die an der Pumpenwelle zugeführte Antriebsleistung $P$ wurde bereits in Gl. 2.43 definiert:

$$P = \frac{\dot{m} \cdot Y}{\eta} = \frac{\varrho \cdot g \cdot \dot{V} \cdot H}{\eta} = \frac{P_u}{\eta} \qquad \text{(Gl. 11.3)}$$

Der **Gesamtwirkungsgrad $\eta$** berücksichtigt **alle Verluste** der Pumpe

$$\eta = \frac{\text{Leistungsaufnahme der verlustlosen Pumpe}}{\text{reale Leistungsaufnahme an der Welle}}$$

und kann durch das Produkt von Teilwirkungsgraden ausgedrückt werden (Gl. 2.46, Gl. 2.47).

Die Summe der Verlustleistungen $\sum P_v$ ergibt sich als Differenz aus Antriebsleistung $P$ an der Welle und Förderleistung $P_u$

$$\sum P_v = P - P_u \qquad \text{(Gl. 11.4)}$$

und gliedert sich in folgende Teilleistungen:

$$\sum P_v = P_{vh} + P_{Rs} + P_L + P_{Rez} + P_m \qquad \text{(Gl. 11.5)}$$

$\sum P_v$ Summe aller Verlustleistungen

$P_{vh}$ hydraulische Verlustleistung durch Reibung, Verwirbelung und Ablösung in allen feststehenden und rotierenden Kanälen der Pumpe zwischen Saug- und Druckstutzen

$P_{Rs}$ Radseitenreibungsverluste zwischen der Außenumrandung von Laufrädern und den umgebenden feststehenden Gehäusewänden. Bei Pumpen mit Entlastungseinrichtungen zum Ausgleich des Axialschubes kommen noch zusätzliche Scheibenreibungsverluste hinzu [11.3].

$P_L$ Leckageverluste (volumetrische Verluste), verursacht durch alle Leckagen, die durch das Laufrad (Laufräder) gefördert werden. Die Leckageverluste mehrstufiger Pumpen müssen besonders betrachtet werden [11.3].

$P_{Rez}$ Rezirkulations- bzw. Austauschverluste infolge Rückströmungen, insbesondere im Teillastbereich

$P_m$ mechanische Verluste in Lagern und Wellendichtungen, evtl. auch Leistungsanteile für Hilfsantriebe, die mit der Pumpenwelle gekuppelt sind.

In Bild 11.28 ist die aufgegliederte Leistungsbilanz einer Kreiselpumpe grafisch dargestellt.

Zur Durchführung einer **Verlustanalyse** wird die Abschätzung der Einzelverluste in den folgenden Abschnitten beschrieben. Diese Abschätzungen sind wegen der vielen Größen und Parameter mit großen Unsicherheiten behaftet, die nach [11.3] 20…30 % betragen können.

### 11.4.2 Stromführungsverluste (hydraulische Verluste)

Die Strömungsführungsverluste (hydraulischen Verluste) sind Reibungs-, Verwirbelungs- und Ablöseverluste, die an den strömungsführenden, feststehenden und bewegten Kanalwänden der Kreiselpumpe zwischen Saug- und Druckstutzen entstehen.

$$\sum Y_{vh} = Y_{vE} + Y_{vLa} + Y_{vLe} + Y_{vSp} + Y_{vA} \quad \text{(Gl. 11.6)}$$

$\sum Y_{vh}$ Summe der hydraulischen Verluste
$Y_{vE}$ Eintrittsverlust im Saugstutzen
$Y_{vLa}$ Verluste im Laufrad (in den Laufrädern)
$Y_{vLe}$ Verluste im Leitrad (in den Leiträdern)
$Y_{vSp}$ Verluste im Spiralgehäuse bzw. Austrittsgehäuse
$Y_{vA}$ Austrittsverluste im Druckstutzen (oft in $Y_{vSP}$ enthalten)

Je nach Konstruktion der Pumpe entfallen einzelne Verluste, z. B. $Y_{vLe}$ bei leitradlosen Pumpen.

Die spezifische Förderarbeit $Y$ der Kreiselpumpe (Gl. 2.10 bis Gl. 2.12) kann durch die theoretische spezifische Stutzenarbeit $Y_{th}$ (Bild 3.13) und die Summe der hydraulischen Verluste $\sum Y_{vh}$ ausgedrückt werden:

$$Y = Y_{th} - \sum Y_{vh} \quad \text{(Gl. 11.7)}$$

$Y$ spezifische Förderarbeit
$Y_{th} = Y_{th\infty} \cdot \mu$ theoretische spez. Förderarbeit bei endlicher Schaufelzahl
$Y_{th\infty}$ theoretische spez. Stutzenarbeit bei unendlicher Schaufelzahl (Gl. 3.6 b, Gl. 3.8 b und Gl. 3.9)
$\mu$ Minderleistungsfaktor [11.20]

In [11.3] sind vereinfachte Modellvorstellungen zur groben Abschätzung der hydraulischen Verluste in den einzelnen Pumpenteilen beschrieben und Tabellen für die praktische Berechnung angegeben. Diese vereinfachten Näherungsrechnungen basieren auf dem gleichen Verfahren wie die Berechnung von rei-

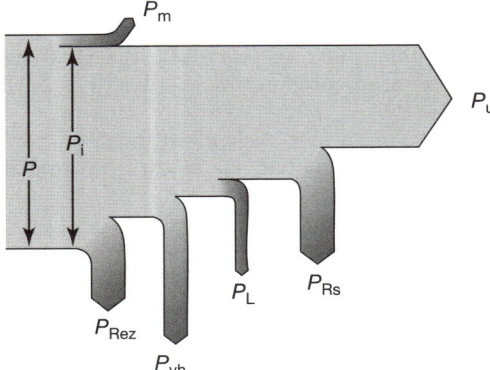

Bild 11.28 Leistungsbilanz einer Kreiselpumpe

bungsbehafteten Kanal- und Plattenströmungen in der «klassischen» Fluidmechanik [11.27].

Bei **Innenströmungen** in rotierenden und feststehenden Kanälen berechnen sich die Reibungsverluste nach dem allgemeinen Ansatz:

$$Y_v \sim \lambda \cdot \frac{l}{d_h} \cdot \frac{w^2}{2} \quad \text{bzw.} \quad \lambda \cdot \frac{l}{d_h} \cdot \frac{c^2}{2} \qquad \text{(Gl. 11.8)}$$

$Y_v$  Reibungsverlust
$\lambda$   Rohrreibungszahl
$\lambda = f$ (Reynolds-Zahl, relative Wandrauigkeit) [11.27]
$l$   repräsentative Kanallänge
$d_h$  hydraulische Durchmesser von Strömungskanälen
$w$  repräsentative Relativgeschwindigkeit (rotierende Kanäle)
$c$   repräsentative Absolutgeschwindigkeit (feststehende Kanäle)

Bei **Außenströmungen** an Platten gilt entsprechend [11.27]:

$$Y_v \sim c_F \cdot \frac{\varrho}{2} \cdot w_\infty^2 \cdot O \quad \text{bzw.} \quad c_F \cdot \frac{\varrho}{2} \cdot c_\infty^2 \cdot O \qquad \text{(Gl. 11.9)}$$

$Y_v$  Reibungsverlust
$c_F$  Widerstandsbeiwert
$c_F = f$ (Reynolds-Zahl, relative Wandrauigkeit)
$\varrho$   Dichte der Flüssigkeit
$w_\infty$  repräsentative Relativgeschwindigkeit (bewegte Platte)
$c_\infty$  repräsentative Absolutgeschwindigkeit (feststehende Platte)
$O$  benetzte Oberfläche

In [11.3] wird vorgeschlagen **Zusatzverluste**, wie z.B. Stoßverluste, Ein- und Austrittsverluste mit der aus der Berechnung von Rohrströmungen [11.27] entliehenen Beziehung

$$Y_v \sim \zeta \cdot \frac{w^2}{2} \quad \text{bzw.} \quad \zeta \cdot \frac{c^2}{2} \qquad \text{(Gl. 11.10)}$$

$Y_v$  Reibungsverlust
$\zeta$   Verlustbeiwert
$\zeta = f$ (Makro- und Mikrogeometrie, evtl. auch Reynolds-Zahl)

$w$  repräsentative Bezugsgeschwindigkeit in rotierenden Teilen
$c$  repräsentative Bezugsgeschwindigkeit in feststehenden Teilen

abzuschätzen.

Die Abschätzung der hydraulischen Verluste ist wegen der äußerst komplexen, reibungsbehafteten, instationären, dreidimensionalen Strömung mit großen Unsicherheiten behaftet, die im Einzelfall 30…40 % betragen können [11.3].

Grundlegende theoretische Betrachtungen über die Ermittlung der hydraulischen Verluste können u.a. in [11.28, 11.29] nachgelesen werden. Aus der Definition des hydraulischen Wirkungsgrades $\eta_h$

$$\eta_h = \frac{Y}{Y + \sum Y_{vh}}$$

kann ein anderer Ausdruck für die Summe der Strömungsführungsverluste hergeleitet werden:

$$\sum Y_{vh} = Y \left( \frac{1}{\eta_h} - 1 \right) \qquad \text{(Gl. 11.11)}$$

$Y$   spezifische Förderarbeit
$\eta_h$  hydraulischer Wirkungsgrad

Für 1-stufige, 1-flutige Spiralgehäusepumpen kann der hydraulische Wirkungsgrad $\eta_h$ aus Bild 11.29 [11.30] entnommen werden. Nach [11.2] kann der hydraulische Wirkungsgrad 1-stufiger, 1-flutiger Spiralgehäusepumpen nach LOMAKIN wie folgt abgeschätzt werden:

$$\eta_h \approx 1 - \frac{0,42}{\sqrt{\log D_{1red} - 0,172}} \qquad \text{(Gl. 11.12)}$$

wobei der sog. «reduzierte Eintrittsdurchmesser» $D_{1red}$ in mm einzusetzen ist. Er ist wie folgt definiert:

$$D_{1red} = (4,0 \text{ bis } 4,5) \cdot 10^3 \cdot \sqrt[3]{\frac{\dot{V}}{n}} \qquad \text{(Gl. 11.13)}$$

$D_{1red}$  reduzierter Eintrittsdurchmesser in mm
$\dot{V}$   Förderstrom in m$^3$/s
$n$   Drehzahl in min$^{-1}$

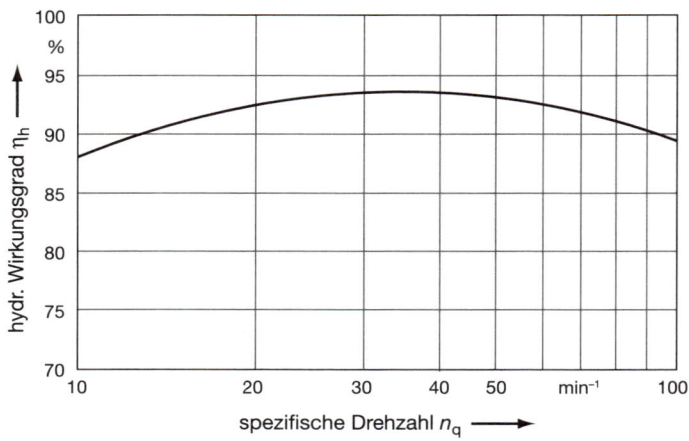

Bild 11.29
Hydraulischer Wirkungsgrad $\eta_h$
1-stufiger, 1-flutiger Spiralgehäusepumpen (nach [11.30])

In [4.9] finden sich vergleichbare Beziehungen für $\eta_h$.

Alle diese empirischen Abschätzungen sind noch sehr ungenau, da der hydraulische Wirkungsgrad erst bekannt ist, wenn die Pumpe gebaut ist und auf dem Prüfstand gemessen wurde.

Die Strömungsführungsverluste von Axialpumpen werden nach der Tragflügeltheorie für Schaufelgitter bestimmt [11.2, 11.3, 11.25, 11.26].

### 11.4.3 Radseitenreibungsverluste

Die Radseitenreibung einer schmalen rotierenden Kreisscheibe in einem einfachen parallelwandigen Gehäuse ohne Durchströmung des Spaltes (Bild 11.30) ist in [11.27] ausführlich beschrieben. Das durch Reibung auf beiden Seiten der Scheibe entstehende Moment $M_{Rs}$ kann nach folgender Gleichung berechnet werden:

$$M_{Rs} = c_M \cdot \frac{\varrho}{2} \cdot \omega^2 \cdot R^5 \qquad \text{(Gl. 11.14)}$$

$c_M$ Radreibungsbeiwert
$\rho$ Dichte der Flüssigkeit
$\omega$ Winkelgeschwindigkeit
$R$ Außenradius der Scheibe

Der Radreibungsbeiwert $c_M$ hängt von der Ausbildung der Grenzschicht im axialen Spalt zwischen Scheibe und Gehäuse ab und kann durch eine Funktion der Reynolds-Zahl

$$Re_u = \frac{u \cdot R}{\nu} = \frac{R^2 \cdot \omega}{\nu}$$ und der relativen Rauigkeit

$k/R$ ausgedrückt werden [11.27]:

$$c_M = f\left(Re_u, \frac{k}{R}\right)$$

Die zugehörige Verlustleistung $P_{Rs}$ berechnet sich aus Reibmoment $M_{Rs}$ und Winkelgeschwindigkeit $\omega$:

$$P_{Rs} = c_M \cdot \frac{\varrho}{2} \cdot \omega^3 \cdot R^5 \qquad \text{(Gl. 11.15)}$$

In [11.27] ist eine umfangreiche Liste spezieller Literatur angegeben, die zur Vertiefung des

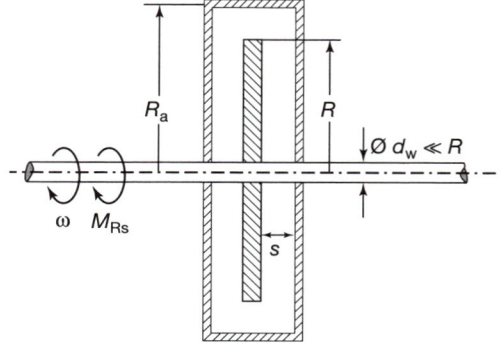

Bild 11.30  Zur Radseitenreibung

Verluste in Kreiselpumpen 275

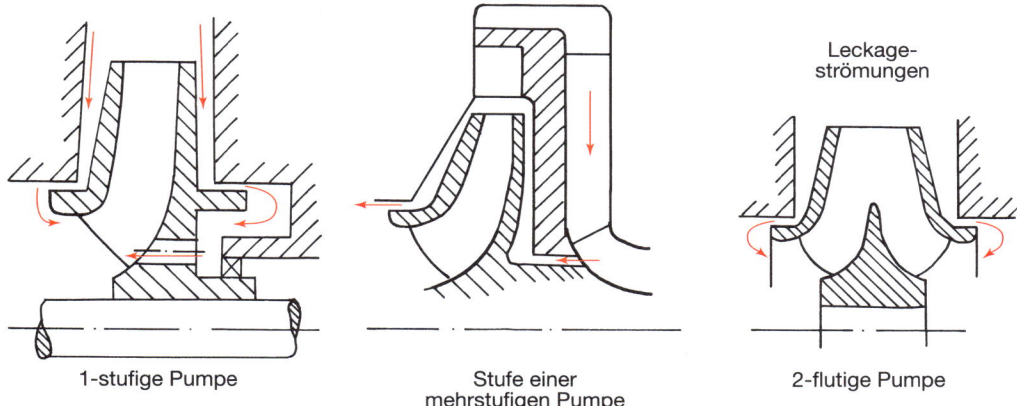

Bild 11.31   Leckageströmungen in den Radseitenräumen von Radialpumpen (nach [11.3])

Grundlagenwissens über Scheibenreibung genutzt werden kann.

Die Strömungsverhältnisse in den Radseitenräumen von Radialpumpen (Bild 11.31) sind viel komplexer als diejenigen der vergleichsweise einfachen Scheibenreibung.

Nicht nur die geometrischen Konturen der Laufräder und der Gehäusewände weichen stark von der einfachen Geometrie dünner Scheiben gleicher Dicke in parallelwandigen Gehäusen ab, sondern infolge der meistens vorhandenen radialen oder zentripetalen Durchströmung der Seitenräume und der Beeinflussung der Radseitenströmungen durch Sekundärströmungen am Laufradein- und -austritt entstehen hochkomplexe dreidimensionale Strömungen.

In [11.31] werden mittels eines numerischen Differenzverfahrens die Reibmomente und Axialkräfte von Radscheiben in Abhängigkeit von Reynolds-Zahl, Geometrie und Durchfluss für folgende einschränkende Annahmen

❑ vereinfachte Geometrien,
❑ Durchfluss von außen nach innen (zentripetal),
❑ laminare, rotationssymmetrische Spaltströmung

berechnet.

Zusätzlich werden praktische Vorschläge für die Berücksichtigung von

❑ Wellendurchführungen,
❑ Durchfluss von innen nach außen (zentrifugal),
❑ turbulenten, rotationssymmetrischen Spaltströmungen

unterbreitet.

Die gründliche, wissenschaftlich sehr gut aufbereitete Darstellung ist gewissermaßen eine erweiterte Fortsetzung der in [11.28] beschriebenen Strömungen in Radseitenräumen. Für das Reibmoment $M_{Rs}$, das an einer Scheibenseite angreift, wird folgende Proportionalität angegeben:

$$M_{Rs} \sim \varrho \cdot v^p \cdot \omega^q \cdot R_a^k \cdot s^l \qquad \text{(Gl. 11.16)}$$

$\rho$   Flüssigkeitsdichte
$v$   kinematische Viskosität der Flüssigkeit
$\omega$   Winkelgeschwindigkeit der Scheibe
$R_a$   Innenradius des Gehäuses (Bild 11.30)
$s$   Abstand Scheibe–Gehäusewand (Bild 11.30)

Für die 4 Strömungsformen im Spalt zwischen Scheibe und Gehäusewand

I   laminare, sich berührende Grenzschichten,
II   laminare, getrennte Grenzschichten,
III   turbulente, sich berührende Grenzschichten,
IV   turbulente, getrennte Grenzschichten,

sind die Exponenten p, q, k und l in Tabelle 11.3 zusammengestellt:

Tabelle 11.3   Exponenten zu Gleichung (11.16)

| Strömungszustand | | I | II | III | IV |
|---|---|---|---|---|---|
| Exponent | p | 1 | 1/2 | 1/4 | 1/5 |
| | q | 1 | 3/2 | 7/4 | 9/5 |
| | k | 4 | 39/10 | 14/3 | 9/2 |
| | l | −1 | 1/10 | −1/6 | 1/10 |

nach [11.31]

Man erkennt, dass die Exponenten je nach Strömungsform stark divergieren.

In [11.32] wird eine grobe, überschlägige Abschätzung der Radreibungsverlustleistung $P_{Rs}$ eines radialen Pumpenlaufrades vorgeschlagen:

$$P_{Rs} \approx k \cdot \varrho \cdot u_2^3 \cdot D_2^2 \qquad \text{(Gl. 11.17)}$$

$k$  Reibungsbeiwert («Erfahrungszahl»)
$k = f$ (Reynolds-Zahl, Seitenraumgeometrie, Rauigkeit)
$$k \approx 8 \cdot 10^{-4} \cdot \left(\frac{10^6}{Re_u}\right)^n$$
$n \approx 1/3 \ldots 1/9$ (im Mittel: $n = 1/6$)
$Re_u = \dfrac{u_2 \cdot D_2}{\nu}$   Reynolds-Zahl
$u_2 = D_2 \cdot \pi \cdot n$ Umfangsgeschwindigkeit am Radaußendurchmesser $D_2$
$\nu$  kinematische Viskosität der Flüssigkeit
$\varrho$  Dichte der Flüssigkeit

In [11.33] sind die wesentlichen Ergebnisse der Dissertation [11.34] zusammengefasst.

In beiden Publikationen werden sowohl die theoretischen Grundlagen der Radseitenreibung ausführlich behandelt als auch die Versuche an 1-stufigen Spiralgehäusepumpen beschrieben und die Versuchsergebnisse in zahlreichen, praxisgerechten Formeln und Grafiken aufgeführt.

Interessant ist u.a. eine Beziehung, die die bezogene Verlustleistung $P_{Rs}/P_{opt}$ durch die in Kapitel 4 eingeführten Kennzahlen $\sigma_{opt}$ und $\delta_{opt}$ ausdrückt:

$$\frac{P_{Rs}}{P_{opt}} = \frac{c_M \cdot \sigma_{opt}^3 \cdot \delta_{opt}^5}{\pi} \cdot f_{Geom} \qquad \text{(Gl. 11.18)}$$

$P_{Rs}$  Verlustleistung infolge Radseitenreibung
$P_{opt}$  Wellenleistung im Optimalpunkt
$$P_{opt} = \frac{\dot{m}_{opt} \cdot Y_{opt}}{\eta_{max}} = \frac{\varrho \cdot g \cdot \dot{V}_{opt} \cdot H_{opt}}{\eta_{max}}$$
$\dot{m}_{opt}$  Massenstrom im Optimalpunkt
$Y_{opt}$  spezifische Förderarbeit im Optimalpunkt
$\eta_{max}$  Wirkungsgrad im Optimalpunkt
$\varrho$  Dichte der Flüssigkeit
$g = 9{,}81$ m/s² Erdbeschleunigung
$H_{opt}$  Förderhöhe im Optimalpunkt
$\dot{V}_{opt}$  Volumenstrom (Förderstrom) im Optimalpunkt
$c_M$  Radreibungsbeiwert
$c_M = f$ (Reynolds-Zahl, Radseitenraumgeometrie, Rauigkeit) in [11.33] in Diagrammen dargestellt
$\pi$  Kreiszahl ($\pi = 3{,}14159\ldots$)
$\sigma_{opt}$  Laufzahl nach Gl. 4.23
$\sigma_{opt} = n_{opt} \cdot \dfrac{\sqrt{\dot{V}_{opt}}}{(2 \cdot Y_{opt})^{3/4}} \cdot 2 \cdot \sqrt{\pi}$  $\left(\sigma_{opt} = \dfrac{n_{q,\,opt}}{157{,}8}\right)$
$n_{opt}$  Drehzahl im Optimalpunkt
$\delta_{opt}$  Durchmesserzahl nach Gl. 4.27
$\delta_{opt} = D_2 \cdot \sqrt[4]{\dfrac{2 \cdot Y_{opt}}{\dot{V}_{opt}^2}} \cdot \dfrac{\sqrt{\pi}}{2}$
$D_2$  Laufradaußendurchmesser
$f_{Geom}$  Faktor zur Berücksichtigung der Seitenraumgeometrie

Aus Gl. 11.18 erkennt man, dass die Verlustleistung $P_{Rs}$ bei abnehmender Laufzahl $\sigma_{opt}$ ansteigt, da gleichzeitig die Durchmesserzahl $\delta_{opt}$ zunimmt (Bild 4.12), die Laufzahl $\sigma_{opt}$ nur mit dem Exponenten 3, die Durchmesserzahl $\delta_{opt}$ aber mit dem Exponenten 5 eingeht.

Bei kleinen Laufzahlen, d.h. kleinen spezifischen Drehzahlen, stellt der Radseitenreibungsverlust den größten Einzelverlust dar [11.30] (Bild 11.42). So werden bei $n_q = 10$ min⁻¹ in Extremfällen bis zu 50 % der Antriebsleistung $P$ für die Radseitenreibung aufgewendet, bei $n_q = 30$ min⁻¹ nur noch 5 % [11.3].

In [11.3 und 11.35] werden die Radseitenreibungsverluste sehr gut theoretisch beschrieben, aber auch praktische Rechenverfahren

Bild 11.32
Radseitenraumgeometrie

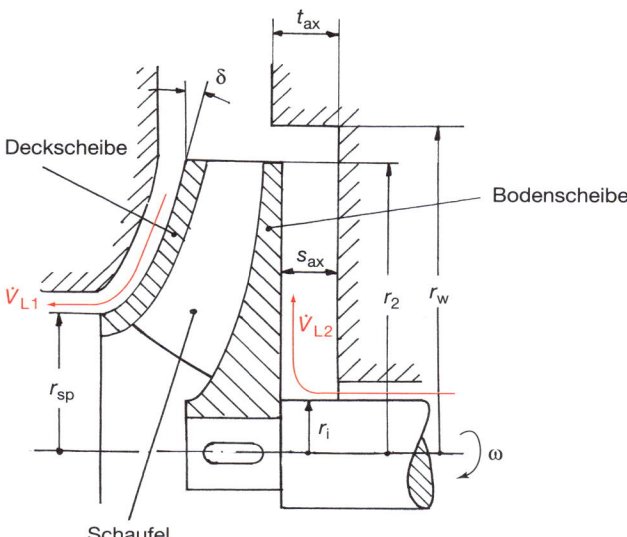

zur realistischen Abschätzung der Reibmomente bzw. der Verlustleistungen angegeben (meist in Tabellenform). Die bei den Rechenverfahren benutzten empirischen Beiwerte stützen sich auf zahlreiche Versuchsergebnisse, entsprechend lang und ausführlich sind auch die Literaturhinweise.

Die Verlustleistung pro Radseite wird nach folgender Beziehung bestimmt:

$$P_{Rs} = \frac{k_{Rs}}{\cos\delta} \cdot \varrho \cdot \omega^3 \cdot r_2^5 \left\{1 - \left(\frac{r_i}{r_2}\right)^5\right\} \quad \text{(Gl. 11.19)}$$

$P_{Rs}$ Radseitenreibungsverlustleistung pro Radseite

$k_{Rs}$ Radreibungsverlustbeiwert:
Er hängt hauptsächlich von folgenden Parametern und Größen ab:
- Reynolds-Zahl $Re = \frac{\omega \cdot r_2^2}{\nu}$
- Wandstärken $s_{ax}$ und $t_{ax}$ (Bild 11.32)
- Radien $r_2$ und $r_w$ (Bild 11.32)
- Rauigkeit der Radscheiben- und Gehäusewände
- Spaltströmungen $\dot{V}_L$ an Deck- und Bodenscheibe

$\delta$ Neigungswinkel der Scheiben
$\varrho$ Dichte der Flüssigkeit

$\omega$ Winkelgeschwindigkeit
$r_2$ Außenradius des Laufrades $r_2 = D_2/2$
$r_i$ Innenradius der Scheiben
bei Deckscheibe: $r_i = r_{Sp}$ (Bild 11.32)
bei Bodenscheibe $r_i = \dfrac{\text{Wellen-}\varnothing}{2}$ (Bild 11.32)

Man erkennt die gleiche Grundstruktur beim Vergleich der Gleichungen 11.15, 11.17, 11.18 und 11.19.

Zur weiteren Vertiefung der theoretischen und praktischen Kenntnisse über die Radseitenreibung wird das Studium der zusätzlichen Literaturstellen [11.36 bis 11.40] empfohlen.

### 11.4.4 Spaltverluste (Volumenverluste)

Spaltverluste entstehen infolge unvollkommener Abdichtung zwischen rotierenden und feststehenden Bauteilen und reduzieren den Volumenstrom $\dot{V}$.

Der bereits in Abschnitt 2.5 eingeführte volumetrische Wirkungsgrad $\eta_1$, wird in Anlehnung an [11.3] noch etwas genauer definiert:

$$\eta_1 = \frac{\dot{V}}{\dot{V} + \dot{V}_{Sp} + \dot{V}_E + \dot{V}_H} \quad \text{(Gl. 11.20)}$$

$\eta_l$   volumetrischer Wirkungsgrad
$\dot{V}$   aus dem Druckstutzen der Pumpe ausströmender nutzbarer Volumenstrom
$\dot{V}_{Sp}$   Spaltvolumenströme an Laufradspalten
$\dot{V}_E$   Volumenströme in Axialschubentlastungsvorrichtungen, wie z. B. Bohrungen am Laufrad oder an Entlastungsscheiben (Bild 11.19) bzw. Entlastungskolben
$\dot{V}_H$   Volumenströme für Hilfszwecke, wie z. B. Spülung, Sperrung, Kühlung, Stopfbüchsen, Lager

Aus Gl. 11.20 erkennt man, dass der volumetrische Wirkungsgrad $\eta_l$, umgekehrt proportional zur Leckage ist, d. h., bei einer Zunahme der Leckage von 1 % sinkt der Wirkungsgrad $\eta_l$ um ca. 1 %, wenn $\sum \dot{V}_{Sp} + \dot{V}_E + \dot{V}_H \ll \dot{V}$.

Bei der Berechnung der Leistungsverluste aus den verschiedenen Leckagevolumenströmen sind die den jeweiligen Volumenströmen zugrunde liegenden Druckdifferenzen zu berücksichtigen. Nähere Einzelheiten dazu finden sich u. a. in [11.3]. Die vereinfachte Form von Gl. 2.46 gilt nur für einfache, 1-stufige Pumpen.

Die geometrische Vielfalt der Spaltformen ist groß. In Bild 11.33 sind die gängigen Spaltgeometrien dargestellt:

In [11.27] sind die fluidmechanischen Grundlagen der Spaltströmung beschrieben, in [11.20] werden die Spaltdichtungen im Zusammenhang mit den berührungsfreien Dichtungen behandelt, wobei jeweils auf zahlreiche Veröffentlichungen verwiesen wird.

Um einen vereinfachten Einblick in die Abschätzung der Spaltverluste zu bieten, werden exemplarisch die Verluste in zylindrischen Spalten (Axialspalten) und bei offenen Laufrädern behandelt.

Das verkürzt und vereinfacht wiedergegebene Verfahren zur Abschätzung des Leckagestroms $\dot{V}_{Sp}$ stützt sich im Wesentlichen auf [11.3, 11.13, 11.41 bis 11.43, 11.32] und wird auch in [11.20] ähnlich beschrieben.

Der am axial durchströmten, kreisringförmigen, konzentrischen Spalt – z. B. am Eintritt eines radialen Laufrades (Bild 11.34) – austretende Leckagevolumenstrom $\dot{V}_L$ ($\hat{=} \dot{V}_1$ in Bild 11.32) berechnet sich mit der Spaltgeometrie, bestimmten Pumpendaten und physikalischen Eigenschaften der Förderflüssigkeit:

$$\dot{V}_{Sp} = \mu \cdot A_{Sp} \cdot \sqrt{\frac{2 \cdot \Delta p}{\varrho}} \qquad \text{(Gl. 11.21)}$$

$\mu$   Durchflusszahl
$A_{Sp}$   Spaltquerschnitt = $\pi \cdot D_{Sp} \cdot s$, für $s \ll D_{Sp}$
$s$   Spaltweite
$\Delta p$   Spaltdruckdifferenz zwischen Spaltein- und -austritt
$\varrho$   Dichte der Förderflüssigkeit

Die Druckdifferenz $\Delta p$ kann nur angegeben werden, wenn der Druckverlauf im Radseitenraum bekannt ist. Da der Druckverlauf selbst aber von der Leckageströmung im Radseitenraum, d. h. von $\dot{V}_{Sp}$ abhängt, stellt Gl. 11.21 eine implizite Gleichung dar, die nur iterativ gelöst werden kann, zumal auch die Durchflusszahl $\mu$ vom Strömungszustand im Spalt, d. h. von $\dot{V}_{Sp}$ abhängig ist.

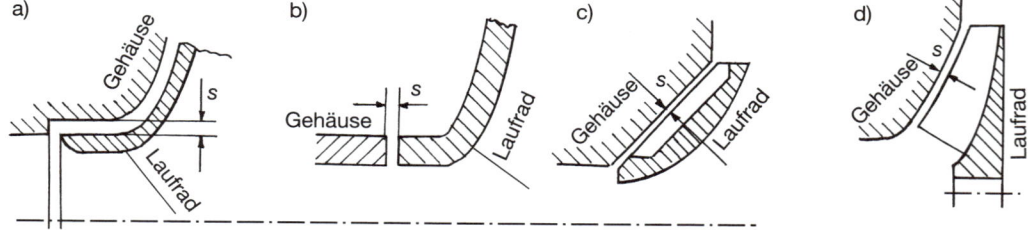

Bild 11.33   Spaltformen (Auswahl), a) axialer Spalt, b) radialer Spalt, c) schräger Spalt, d) offenes Laufrad

# Verluste in Kreiselpumpen 279

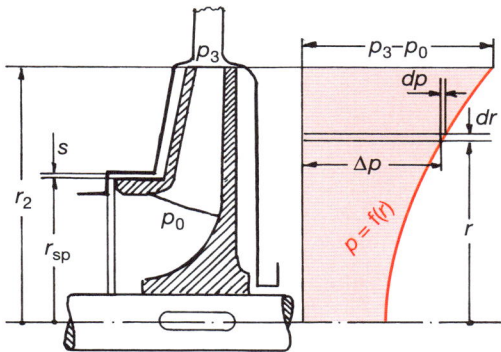

Bild 11.34  Druckverlauf im Radseitenraum

Für den einfachen, konzentrischen Spalt kann $\mu$ nach folgender Beziehung bestimmt werden:

$$\mu = \frac{1}{\sqrt{\lambda \cdot \frac{l_s}{2 \cdot s} + \zeta_{E,A}}} \qquad \text{(Gl. 11.22)}$$

$\mu$  Durchflusszahl
$\lambda$  Reibungsbeiwert, $\lambda = f(Re_c, Re_u, s/k)$
$l_s$  Spaltlänge
$s$  Spaltweite

Bild 11.35
Reibungsbeiwert von axialen
Dichtspalten (nach [11.28])

$k$  Rauigkeit der Spaltwände
$\zeta_{E,A}$  Widerstandzahl für Spaltein- und Spaltaustritt
$Re_c$  Reynolds-Zahl der axialen Längsströmung

$$Re_c = \frac{2 \cdot s \cdot c}{\nu} \quad \text{mit:} \quad c = \frac{\dot{V}_{Sp}}{A_{Sp}}$$

$\nu$  kinematische Viskosität der Förderflüssigkeit
$Re_u$  Reynolds-Zahl der Umfangskomponente der Spaltströmung

$$Re_u = \frac{2 \cdot s \cdot u_{Sp}}{\nu} \quad \text{mit:} \quad u_{Sp} = D_{Sp} \cdot \pi \cdot n, \text{ da } D_{Sp} \ll s$$

Der Reibungsbeiwert $\lambda$ hängt von beiden Reynolds-Zahlen ab (Bild 11.35). Aus dem Diagramm $\lambda = f(Re_c$ und $Re_u)$ erkennt man, dass der Reibungswert $\lambda$ umso größer und damit der Leckagevolumenstrom $\dot{V}_{Sp}$ umso kleiner ist, je größer die Umfangsgeschwindigkeit $u_{Sp}$ ist [11.32]. Nach [11.41] ist die Durchflusszahl $\mu$ bei Reynolds-Zahlen $Re_c < 400$ und $Re_u < 6000$ bei glatten Spalten kleiner als bei rauen bzw. genuteten Spalten, weshalb man in der Praxis häufig glatte Spalte antrifft.

In dem in Bild 11.35 schraffierten schmalen Bereich treten sog. Taylor-Wirbel auf, die sich der reinen Couette-Strömung überlagern und den Reibungsbeiwert $\lambda$ deutlich erhöhen, d. h. die Leckage verringern.

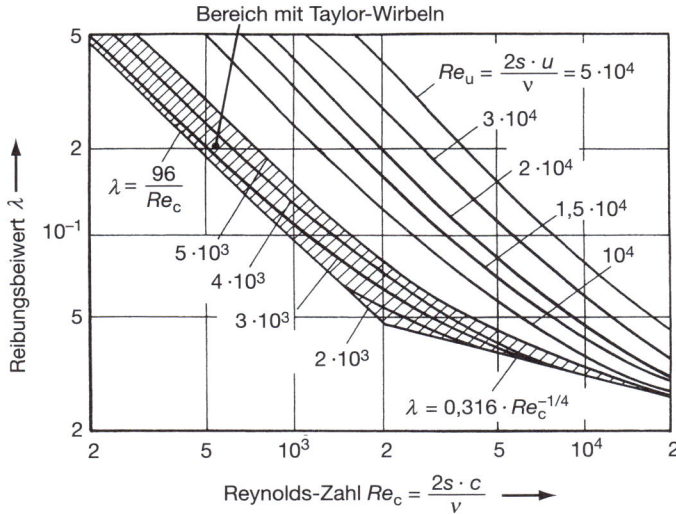

In [11.28] sind die Strömungsformen und Stabilitätsgrenzen der Spaltströmung ausführlich beschrieben und zahlreiche weitere Literaturhinweise genannt. Angaben zu den Reibungsbeiwerten rauer und exzentrischer Spalte, über die Widerstandszahl $\zeta_{E,A}$ sowie über die diversen Strömungszustände im Spalt finden sich u.a. in [11.44 und 11.45]. Die genaue Bestimmung der Spaltdruckdifferenz $\Delta p$ ist nicht möglich, da das Druck- und Geschwindigkeitsfeld im Radseitenraum sehr komplex ist und von vielen Parametern abhängt. Die Lösung (Integration) der Differentialgleichung (Bild 11.34)

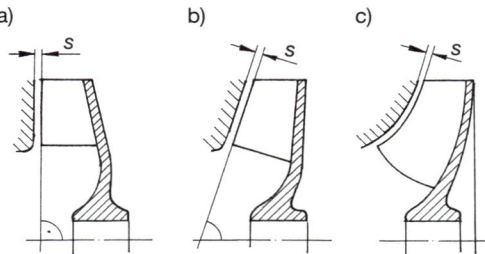

Bild 11.36 Radiale Laufräder ohne Deckscheibe (offene Laufräder) (nach [11.46]), a) Schaufelende senkrecht zur Maschinenachse, b) Schaufelende schräg zur Maschinenachse, c) Schaufelende gekrümmt

$$\frac{dp}{dr} = \varrho \cdot r \cdot \omega_{Rs}^2 \qquad \text{(Gl. 11.23)}$$

ist nur näherungsweise möglich, bei bekannter Seitenraumgeometrie und Kenntnis der Winkelgeschwindigkeit $\omega_{Rs}$ der im Radseitenraum rotierenden Flüssigkeitsschicht.

In [11.13] wird eine stark vereinfachte Integration für Gl. 11.23 angegeben:

$$\Delta p \approx \varrho \cdot \left( Y_{Sp} - \omega_{Rs}^2 \frac{r_2^2 - \left(\frac{D_{Sp}}{2}\right)^2}{2} \right) \qquad \text{(Gl. 11.24)}$$

$\Delta p$ Spaltdruckdifferenz (s. auch Gl. 11.21)
$\varrho$ Dichte der Förderflüssigkeit
$Y_{Sp}$ Spaltdruckarbeit: $Y_{Sp} = (p_3 - p_0)/\varrho$
$p_3$ Druck nach dem Laufrad
$p_0$ Druck vor dem Laufrad
$\omega_{Rs}$ Winkelgeschwindigkeit der Flüssigkeitsscheibe im Radseitenraum (grobe Annahme: $\omega_{Rs} \approx 1/2\, \omega$ mit $\omega$ = Winkelgeschwindigkeit des Laufrades)
$r_2 = \frac{D_2}{2}$ Außenradius des Laufrades
$D_{Sp}$ Spaltdurchmesser

Weitere Einzelheiten dazu finden sich u.a. in [11.3, 11.13, 11.36, 11.37, 11.38]. Eine sehr übersichtliche, für die Praxis gut geeignete, vergleichsweise einfache Berechnung der Spaltverluste wird in [11.3] in Tabellenform angegeben.

Kleine Kreiselpumpen, wie sie z.B. in Haushaltsmaschinen, als Heizungsumwälzpumpen, Faßpumpen oder Kühlmittelpumpen in Kfz-Motoren [11.23] in großen Stückzahlen eingesetzt werden, sind oft ohne Deckscheibe ausgeführt (Bild 11.5), meist wegen der niedrigen Herstellkosten und der einfachen Anordnung im Gehäuse. Die Drosselkurven und Wirkungsgradkennlinien dieser Pumpen (s. Kapitel 14) reagieren sehr empfindlich auf die Vergrößerung der Spaltweite $s$ (Bild 11.36). Ähnlich verhalten sich Axialpumpen, deren Laufräder in den allermeisten Fällen ohne Deckband ausgeführt werden (Bilder 11.26 und 11.27).

In [11.46, 11.47, 11.48] sind zahlreiche Ausführungen von Kleinpumpen mit offenen Laufrädern untersucht und auch theoretische Überlegungen zur Erklärung der experimentellen Ergebnisse angestellt worden.

Die ausführliche Wiedergabe der zahlreichen Verfahren zur Abschätzung der Veränderung der Pumpenbetriebsdaten in Funktion der Spaltweite $s$ würde den Rahmen dieses Abschnittes sprengen, weswegen nur ein in [11.13] angegebenes grobes Näherungsverfahren zur überschlägigen Bestimmung der Reduzierung der spezifischen Stutzenarbeit $Y$ und des Wirkungsgrades $\eta$ angegeben wird. Weitere Verfahren finden sich in [11.3] in Tabellenform, für manche Pumpenausführungen auch noch die Abschätzung des Anstiegs, d.h. der Verschlechterung des NPSHR-Wertes.

Die Reduzierung $\Delta Y$ der spezifischen Förderarbeit $Y$ kann nach Gl. 11.25, die Verringerung $\Delta \eta$ des Wirkungsgrades $\eta$ nach Gl. 11.26 abgeschätzt werden.

$$\frac{\Delta Y}{Y} \approx \beta \cdot \frac{A_{Sp}}{A} \qquad \text{(Gl. 11.25)}$$

$$\frac{\Delta \eta}{\eta} \approx \gamma \cdot \frac{A_{Sp}}{A} \qquad \text{(Gl. 11.26)}$$

In [11.46] werden die gleichen Beziehungen benutzt und eine analog aufgebaute Formel für die Reduzierung $\Delta \dot{V}_{opt}$ des Förderstroms $\dot{V}_{opt}$ im Optimalpunkt angegeben. Die in [11.46] beschriebenen Versuchsergebnisse zeigen jedoch, dass der Einfluss der Spaltweite $s$ auf den Förderstrom $\dot{V}_{opt}$ viel geringer ist als auf die spezifische Förderarbeit $Y$ und den Wirkungsgrad $\eta$, weshalb auf die Korrektur von $\dot{V}_{opt}$ verzichtet wird. In [11.47 und 11.48] wird dieser Aussage widersprochen, wodurch sich wesentlich kompliziertere Korrekturformeln ergeben, die aber auch deutlich mehr geometrische und hydraulische Parameter berücksichtigen. Genaue Ergebnisse können nur auf dem Versuchsweg gewonnen werden.

Der Quotient $A_{Sp}/A$ ist in Tabelle 11.4 zusammengestellt, die Beiwerte $\beta$ und $\gamma$ können abhängig von der spezifischen Drehzahl $n_q$ aus Bild 11.37 entnommen werden.

In [11.46] ist zusätzlich auch die Abhängigkeit der Korrekturbeiwerte $\beta$ und $\gamma$ von der Reynolds-Zahl und der Spaltgeometrie angegeben. Die Ergebnisse anderer Autoren werden zitiert, kommentiert und mit den eigenen Versuchswerten verglichen.

Für Axialräder wird in [11.13] $\beta \approx 2\dots 3$ und $\gamma \approx 1,5\dots 2$ vorgeschlagen.

In [11.49] werden die Spaltverluste in Radialpumpen mit Kegelspalt (Bild 11.33) behandelt und die Ergebnisse für diese Spaltgeometrie mit den theoretischen und experimentellen Werten der «klassischen» Axial- und Radialspalte verglichen.

Tabelle 11.4  Beiwert $A_{Sp}/A$

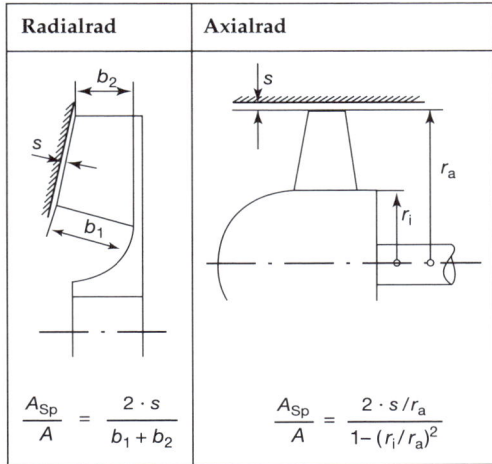

11.4.5 Sekundärströmungen (Rezirkulation)

Im vorliegenden kurzen Abschnitt werden die am Laufradein- und Laufradaustritt entstehenden Sekundärströmungen beschrieben. Sekundärströmungen im Innern des Laufradkanals wurden bereits in Abschnitt 11.4.2 erwähnt und auf die Literaturstellen [11.28 und 11.29] verwiesen. Diese inneren Sekundärströmungsverluste werden im hydraulischen Wirkungsgrad $\eta_h$ berücksichtigt. Die meist im Teillastbereich ($\dot{V} < \dot{V}_{opt}$) auftretenden Rezirkulationsströmungen (Bild 11.38) haben Austauschverluste zur Folge, die den Leistungsbedarf erhöhen (Bild 14.22) und damit den Wirkungsgrad $\eta$ absenken.

In [11.13] werden die Verluste und Folgen der Rezirkulationsströmungen – wie z.B. Verschlechterung der Rotordynamik, zusätzliche Geräuschemissionen, Erhöhung des NPSHR-Wertes usw. – mit der Wirkung einer Wasserwirbelbremse verglichen.

Bei saugseitiger Rückströmung in radialen Laufrädern strömt die Flüssigkeit in der Nähe des äußeren Durchmessers $D_s$ in den Saugraum zurück und weiter innen, in Nabennähe, wieder ins Laufrad hinein (Bilder 11.38 a, b, c).

Bei axialen Laufrädern (Bild 11.38 d) tritt der Rezirkulationswirbel B in der Nähe des Außen-

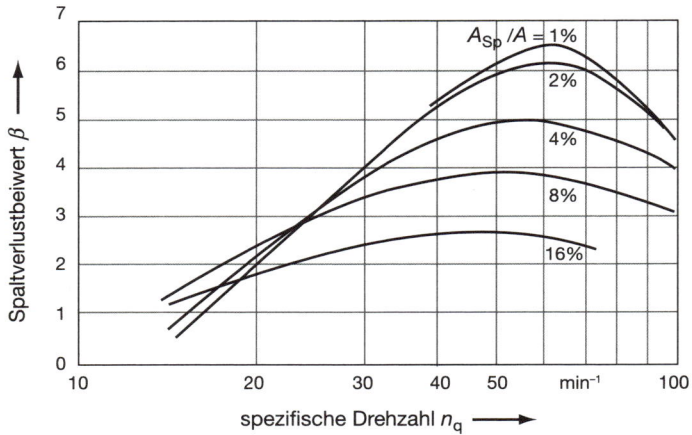

Bild 11.37
Spaltverlustbeiwerte $\beta$ und $\gamma$
(nach [11.13, 11.46])

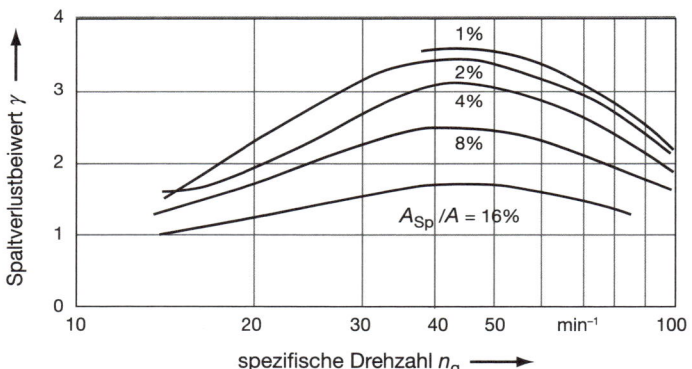

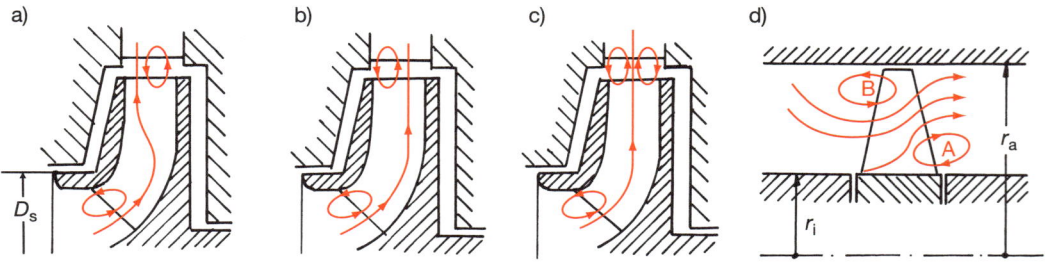

Bild 11.38   Rezirkulationsströmungen (nach [11.3, 11.13])

durchmessers auf. Die in den Saugraum zurückströmende Flüssigkeit besitzt eine Umfangsgeschwindigkeit, die um einen gewissen Schlupf kleiner ist als die korrespondierende Umfangsgeschwindigkeit des Laufrades, so dass ein von außen nach innen abnehmender positiver Vordrall (Vorrotation) induziert wird. Dieser induzierte Vordrall kann bis zu Saugrohrlängen $l_s >$ 10 · $D_s$ stromaufwärts entstehen und reduziert nach Gl. 3.6 b die spezifische Förderarbeit $Y$ und erhöht, d.h. verschlechtert, den NPSHR-Wert der Pumpe [11.51] (s. auch Abschnitt 5.3.3).

Bis heute gibt es noch keine allgemein gültige Methode zur Abschätzung des Auftretens und der Folgen von Rezirkulation und Vorrotation [11.3].

In der Literatur (z. B. [11.3 und 11.13]) findet man den Hinweis, dass die saugseitige Rezirkulation bei Werten von $\dot{V}/\dot{V}_{opt} = 0,4…0,75$ auftritt, wobei die untere Grenze zu kleinen spezifischen Drehzahlen $n_q$ gehört, die obere Grenze zu großen spezifischen Drehzahlen $n_q$.

Die Rückströmung am Laufradaustritt (Druckseite) tritt insbesondere bei breiten Radialrädern mit kleinen Schaufelzahlen, Diagonalrädern und Axialrädern auf.

Die druckseitigen Rezirkulationswirbelgebiete liegen bei Axialrädern in der Nähe der Nabe (Wirbelgebiet A). Bei Radialrädern können sie sowohl an der Deckscheibe (Bild 11.38 b) als auch an der Bodenscheibe (Bild 11.38 a) liegen, manchmal auch als Wirbelpaar an beiden Begrenzungswänden (Bild 11.38 c).

Die Rückströmung am Laufradaustritt beeinflusst auch mehr oder minder stark die Strömung in Spirale und Leitrad [11.52].

Zum vertieften Studium des Phänomens der Rezirkulationsströmung werden die Literaturstellen [11.3, 11.13, 11.50 und 11.54] empfohlen.

## 11.5 Wirkungsgradpotential

Der Wirkungsgrad von Kreiselpumpen hängt von vielen Parametern ab, insbesondere von der Baugröße, der spezifischen Drehzahl, der Reynolds-Zahl, den Wandrauigkeiten, den Spaltweiten, den mechanischen Verlusten und einigen physikalischen Eigenschaften der geförderten Flüssigkeit.

Um die Energiekosten niedrig zu halten, sollten nur Pumpen mit möglichst hohen Wirkungsgraden eingesetzt werden. Pumpenbetreiber sollten bei Planung, Beschaffung und Betrieb von Pumpenanlagen stets auch die Energiekosten beachten, verteilt über die Lebensdauer der Pumpe.

$$K_E = P_{el} \cdot \sum (e \cdot \Delta t_{Betr}) \qquad (Gl.\ 11.27)$$

$K_E$ Energiekosten, z. B. in €
$P_{el}$ vom Pumpenmotor aufgenommene elektrische Leistung
$P_{el} = \dfrac{\varrho \cdot Y \cdot \dot{V}}{\eta \cdot \eta_{mot}}$ (Gl. 2.43 und Gl. 2.45)
$\varrho$ Dichte der Förderflüssigkeit
$Y$ spezifische Förderarbeit
$\dot{V}$ Volumenstrom (Förderstrom)
$\eta$ Gesamtwirkungsgrad der Pumpe
$\eta_{mot}$ Gesamtwirkungsgrad des Motors
$e$ spezifische Kosten des elektrischen Energieverbrauchs, z. B. in €/kWh
$\Delta t_{Betr}$ Summe der Betriebsstunden

Bei Verwendung von Verbrennungs- oder Druckluftmotoren müssen die Größen $\eta_{mot}$ und $e$ entsprechend umdefiniert und angepasst werden.

Gl. 11.27 verdeutlicht, dass der Pumpenwirkungsgrad direkt in die Energiekosten eingeht. So kann ein nur um wenige Prozentpunkte höherer Wirkungsgrad $\eta$ über die Lebensdauer einer hochwertigen, vermeintlich teuren Pumpe leicht die Einsparung von Energiekosten in der Höhe der Anschaffungskosten des Pumpenaggregates bedeuten.

Bei der Prognose des maximal erreichbaren Wirkungsgrades einer bestimmten Pumpe kann man nach 2 Methoden vorgehen:

a) Nach der **statistischen Methode** schätzt man den Wirkungsgrad anhand in der Fachliteratur veröffentlichter Angaben, die auf zahlreichen Messungen an ausgeführten Pumpen beruhen. So kann z. B. nach den Bildern 11.39 und 11.40 die Größenordnung des Gesamtwirkungsgrades $\eta$ anhand der spezifischen Drehzahl $n_q$ und des Förderstroms $\dot{V}_{opt}$ im Optimalpunkt in einem ersten Schritt zur groben Orientierung abge-

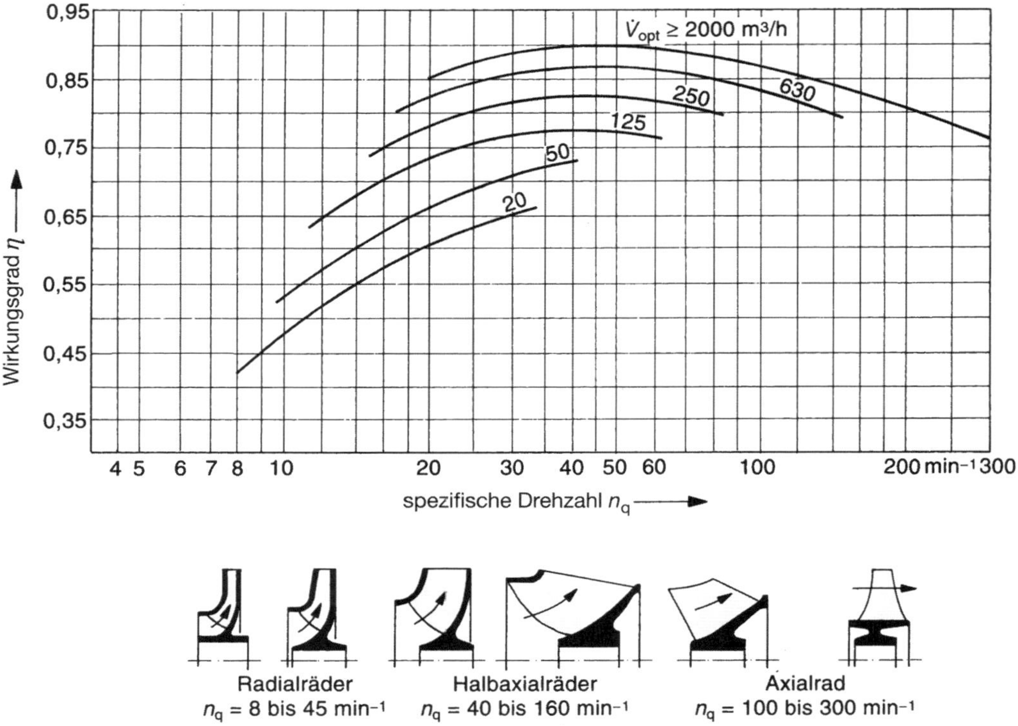

284  Kreiselpumpen

Bild 11.39  Wirkungsgrade von Kreiselpumpen (nach [11.12])

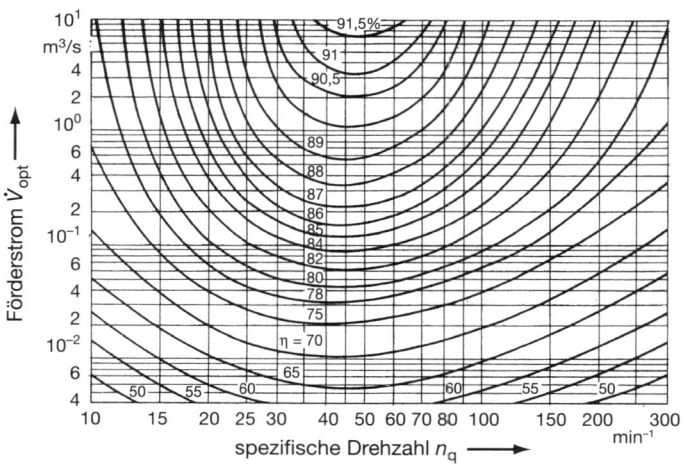

Bild 11.40
Wirkungsgrade 1-stufiger
Kreiselpumpen (nach [11.59])

schätzt werden. Weitere Angaben dazu finden sich u. a. in [11.3, 11.10, 11.11, 11 .13].
Die in den Bildern 11.39 und 11.40 dargestellten Kurvenzüge $\eta = f(n_q, \dot{V}_{opt})$ können auch durch empirische Korrelationsformeln ausgedrückt werden. So wird z. B. in [11.30] die aus statistischen Analysen gewonnene Formel von ANDERSON zitiert:

$$\eta_{max} = 0{,}94 - 0{,}048 \cdot \dot{V}_{opt}^{-0,32}$$
$$- 0{,}29[\log(n_q) - 1{,}644]^2 \quad \text{(Gl. 11.28)}$$

$\eta_{max}$ maximal möglicher (erreichbarer) Gesamtwirkungsgrad
$\dot{V}_{opt}$ Förderstrom im Optimalpunkt in m³/s
$n_q$ spezifische Drehzahl nach Gl. 4.24 in min⁻¹

In [11. 30] wird vorgeschlagen, diese empirischen Korrelationsformeln um einen Ausdruck zu erweitern, der den Einfluss der Umfangs-Reynolds-Zahl $Re_u$ enthält.
In [11.3] werden für verschiedene Pumpenausführungen Gleichungen angegeben, die es gestatten den theoretisch erreichbaren Wirkungsgrad von Kreiselpumpen vorauszusagen, abhängig vom Förderstrom, von der spezifischen Drehzahl, von der Reynolds-Zahl, von der Wandrauigkeit und von den Spaltweiten.
Die Unsicherheit dieser auf statistischen Auswertungen beruhenden Abschätzungen wird mit

$$\Delta\eta = \pm 0{,}2(1 - \eta)$$

angegeben.

b) Die **genauere Methode** der Wirkungsgradabschätzung beruht auf der physikalischen und technischen **Analyse der hydraulischen und mechanischen Verluste**, wie sie in Abschnitt 11.4 beschrieben wurde.

Die einzelnen Verluste können als Förderarbeitsverluste, Leistungsaufwand oder Teilwirkungsgrade ausgedrückt werden und werden der Vollständigkeit halber nochmals aufgelistet:

❏ $\eta_h$  Strömungsführungsverluste
❏ $\eta_{Rs}$ Radseitenreibungsverluste
❏ $\eta_l$  Spaltverluste (Volumenverluste)
❏ $\eta_m$ mechanische Verluste

Der Gesamtwirkungsgrad ist das Produkt aus den 4 Teilwirkungsgraden.

$$\eta = \eta_h \cdot \eta_{Rs} \cdot \eta_l \cdot \eta_m \quad \text{(Gl. 11.29)}$$

Anhand sog. Verlustmodelle [11.30] werden die Einzelverluste mit makro- und mikrogeometrischer Daten der Pumpe und mit Hilfe relevanter hydraulischer Werte wie Druckzahl $\psi$, Durchflusszahl $\varphi$, spezifischer Drehzahl $n_q$ und Reynolds-Zahl $Re$ numerisch berechnet und in Abhängigkeit geeigneter Parameter grafisch dargestellt.
In Bild 11.41 nach [11.30] sind z. B. die berechneten Teilwirkungsgrade von 1-stufigen,

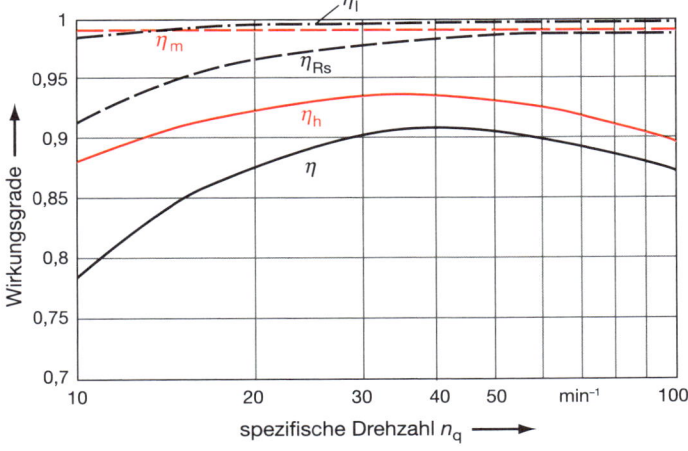

Bild 11.41
Theoretisch erreichbare Teil- und Gesamtwirkungsgrade von 1-stufigen Spiralgehäusepumpen mittlerer Größe (nach [11.30])

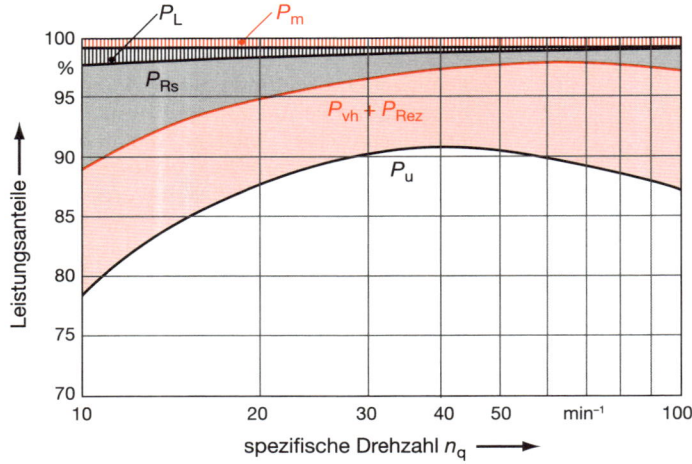

Bild 11.42
Aufteilung der Verlustleistungen von 1-stufigen Spiralgehäusepumpen mittlerer Größe beim theoretisch erreichbaren Wirkungsgrad
(nach [11.30])

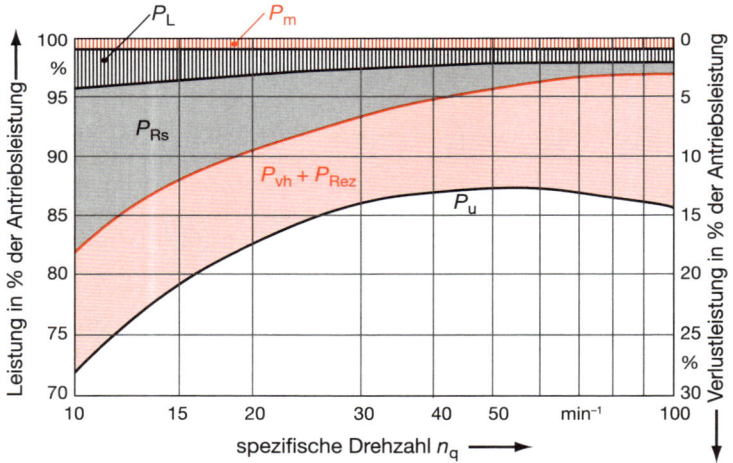

Bild 11.43
Aufteilung der Verlustleistungen von 1-stufigen Spiralgehäusepumpen im Optimalpunkt
(nach [11.13])

1-flutigen Spiralgehäusepumpen in Abhängigkeit der spezifischen Drehzahl $n_q$ dargestellt, in einem Bereich von 10 min$^{-1}$ < $n_q$ < 100 min$^{-1}$. In [11.3] finden sich auch die Wirkungsgradkurven von diagonalen und axialen Pumpen sowie von 2-flutigen und mehrstufigen Radialpumpen, weiterhin detaillierte Hinweise für die Wirkungsgradabschätzung anhand von Verlustanalysen und zur Verlustminimierung. Diese Berechnungen erfolgen mit Hilfe leicht verständlicher gut strukturierter **Berechnungstafeln** (auch für mit der Theorie weniger vertraute Anwender).

Man kann die Funktion $\eta = f(n_q)$ auch indirekt über die Aufschlüsselung der Verlustleistungen darstellen, wobei sich die aufgrund der numerischen Verlustanalysen erhaltenen Kurven (Bild 11.42 nach [11.30]) nur wenig von den durch experimentelle Verlustanalysen ermittelten Kurven (Bild 11.43 nach [11.13]) unterscheiden.
In beiden Bildern erkennt man, dass die besten Wirkungsgrade im Bereich $n_q = 40 \ldots 60$ min$^{-1}$ liegen und dass bei niedrigen spezifischen Drehzahlen die Radseitenreibungsverluste überwiegen, bei hohen spezifischen

Bild 11.44
Gesamtwirkungsgradobergrenzen von 1-stufigen Spiralgehäusepumpen mittlerer Größe (nach [11.39])

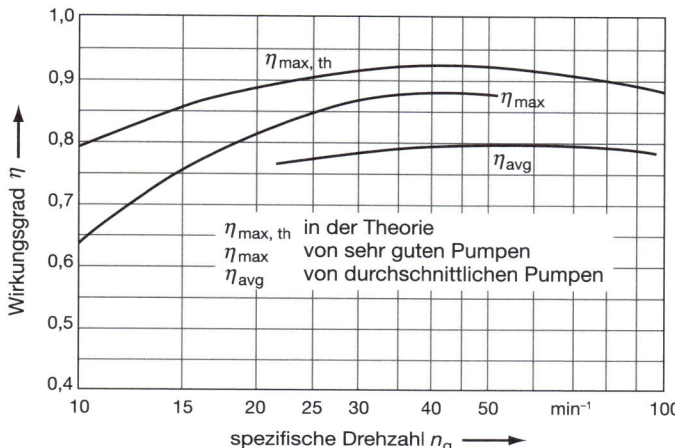

Drehzahlen dagegen die hydraulischen Verluste im Laufrad. Aus der großen Differenz von ca. 10…15 Prozentpunkten zwischen dem theoretisch maximal erreichbaren Pumpenwirkungsgrad $\eta_{max,\,th}$ und dem in der Praxis üblicherweise vorhandenen Wirkungsgrad $\eta_{avg}$ handelsüblicher Pumpen (Bild 11.44 nach [11.39]) erkennt man das sehr große **Verbesserungspotential für Pumpenwirkungsgrade** und damit die Chance zu exorbitanten Energieeinsparungen.
Weitere Hinweise zum Wirkungsgradpotential, d.h., auch zur Verlustminimierung finden sich zusätzlich zu den bereits zitierten Literaturstellen in [11.54 bis 11.57, 11.60 bis 11.62].

## 11.6 Dimensionierung

In Anlehnung an Abschnitt 4.5 und als Ergänzung zu Abschnitt 1.5 in [11.20] werden einige Hinweise gegeben: zur groben Abschätzung des Laufradaußendurchmessers $D_2$, des Saugmunddurchmessers $D_s$ von Radialrädern, des Laufradaußendurchmessers $D_a$ und des Nabendurchmessers $D_i$ von Axialrädern.
Eine häufig angewandte Methode zur Bestimmung des Laufradaußendurchmessers 1-stufiger Pumpen ist die Nutzung der in Gl. 4.17 definierten **Druckzahl**:

$$\psi = \frac{2 \cdot Y}{D^2 \cdot n^2 \cdot \pi^2}$$

Als spezifische Förderarbeit wird der Wert $Y_{opt}$ im Optimalpunkt eingesetzt, d.h. beim höchsten Wirkungsgrad $\eta_{max}$ (vgl. Kapitel 14).
Löst man die obige Definitionsgleichung nach dem Laufradaußendurchmesser $D$ auf, erhält man:

$$D = n \cdot \sqrt{\frac{Y_{opt}}{\psi_{opt}}} \cdot \frac{\sqrt{2}}{\pi} \qquad \text{(Gl. 11.30)}$$

$D$      Laufradaußendurchmesser
$D \triangleq D_2$ bei Radialrädern
$D \triangleq D_a$ bei Axialrädern
$n$      Drehzahl in $s^{-1}$
$Y_{opt}$   spezifische Förderarbeit im Optimalpunkt
$\psi_{opt}$   Druckzahl im Optimalpunkt

Die Druckzahl $\psi_{opt}$ kann für Radial- und Axialpumpen abhängig von der in Gl. 4.24 definierten spezifischen Drehzahl $n_q$:

$$n_q = n \cdot \frac{\sqrt{\dot{V}_{opt}}}{H_{opt}^{3/4}} \quad \text{in min}^{-1}$$

$n$      Drehzahl in min$^{-1}$
$\dot{V}_{opt}$   Volumenstrom im Optimalpunkt in m$^3$/s
$H_{opt}$   Förderhöhe im Optimalpunkt in m

aus Bild 11.45 entnommen werden.

288　Kreiselpumpen

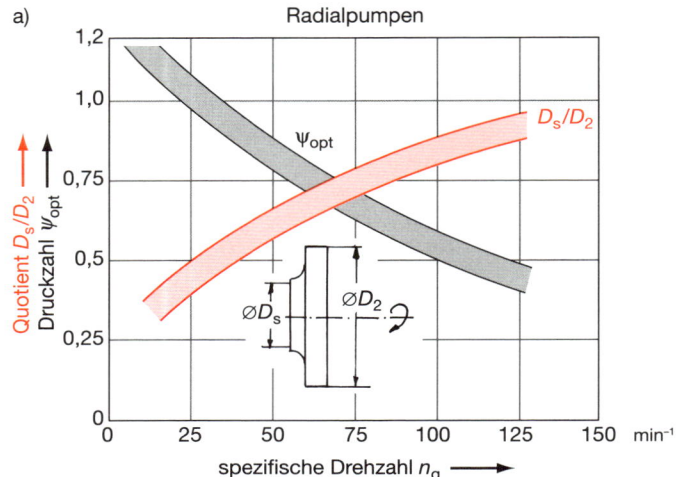

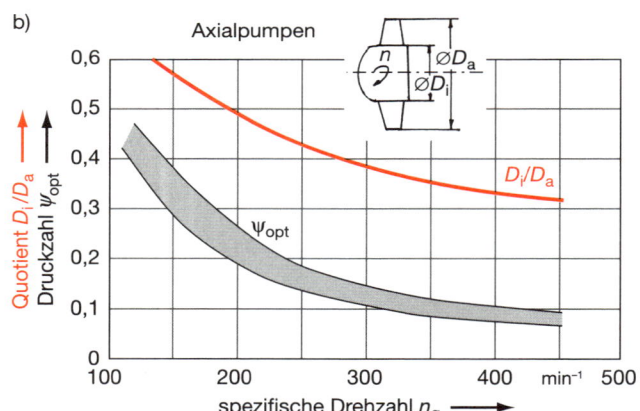

Bild 11.45
Druckzahlen und Durchmesserverhältnisse von Kreiselpumpen

Weitere Diagramme $\psi_{opt} = f(n_q)$ finden sich z. B. in [11.3, 11.4, 11.10].

In [11.3] wird auch eine empirische Formel zur Abschätzung der Druckzahl $\psi_{opt}$ angegeben:

$$\psi_{opt} \approx 1{,}21 \cdot e^{-0{,}77 \cdot \frac{n_q}{n_{qRef}}} \quad \text{(Gl. 11.31)}$$

$n_q$　spezifische Drehzahl in min$^{-1}$
$n_{qRef} = 100$ min$^{-1}$

Eine einfache Kontrolle des nach Gl. 11.30 bestimmten Laufradaußendurchmessers $D$ kann durch Nutzung des **Cordier-Diagrammes** (Bild 4.12 und Bild 4.13) erfolgen.

Zuerst wird aus den Daten im Optimalpunkt nach Gl. 4.23 die **dimensionslose Laufzahl** $\sigma_{opt}$ bestimmt:

$$\sigma_{opt} = n \cdot \frac{\sqrt{\dot{V}_{opt}}}{(2 \cdot Y_{opt}^{3/4})} \cdot 2 \cdot \sqrt{\pi}$$

$n$　Drehzahl in s$^{-1}$
$\dot{V}_{opt}$　Förderstrom im Optimalpunkt in m$^3$/s
$Y_{opt}$　spezifische Förderarbeit im Optimalpunkt in J/kg

Aus der **Cordier-Kurve** in Bild 4.12 oder Bild 4.13 wird die zu $\sigma_{opt}$ zugeordnete Durchmesserzahl $\delta_{opt} = f(\sigma_{opt})$ abgelesen und daraus mittels Gl. 4.27 der Laufradaußendurchmesser $D$ berechnet.

$$\delta_{opt} = D \cdot \sqrt[4]{\frac{2 \cdot Y_{opt}}{\dot{V}_{opt}^2}} \cdot \frac{\sqrt{\pi}}{2}$$

$$D = \delta_{opt} \cdot \sqrt[4]{\frac{\dot{V}_{opt}^2}{2 \cdot Y_{opt}}} \cdot \frac{2}{\sqrt{\pi}} \qquad \text{(Gl. 11.32)}$$

$\delta_{opt}$ dimensionslose Durchmesserzahl aus dem Cordier-Diagramm
$D$ Laufradaußendurchmesser (in m)
$\dot{V}_{opt}$ Förderstrom im Optimalpunkt (in m³/s)
$Y_{opt}$ spezifische Förderarbeit im Optimalpunkt (in J/kg)

Der Saugdurchmesser $D_s$ von Radialrädern wird entweder im Hinblick auf die Kavitation, d.h. einen möglichst niedrigen NPSHR-Wert oder eine bestimmte Strömungsgeschwindigkeit $c_s$ im Saugmund [11.20] ausgelegt. Zur groben Orientierung dient die Kurve $D_s/D_2$ in Bild 11.45 a.

Das Nabenverhältnis $D_i/D_a$ von axialen Laufrädern wird umso kleiner, je größer die spezifische Drehzahl $n_q$ ist (Bild 11.45 b). Detaillierte Angaben zum Nabenverhältnis finden sich in [11.20].

Die anderen relevanten Größen der Laufradgeometrie, wie Schaufelbreiten, Schaufellängen, Schaufelkrümmungen, Schaufelprofile, Schaufelwinkel und Schaufelzahlen, können nach [11.2, 11.3, 11.13, 11.20, 11.58] bestimmt werden.

# 12 Ventilatoren, Gebläse, Verdichter

## 12.1 Einleitung

Zur Förderung oder Verdichtung gasförmiger Fluide werden auf zahlreichen Gebieten der Technik Ventilatoren, Gebläse und Turboverdichter eingesetzt.

Ventilatoren und Gebläse werden mit kleinsten Abmessungen von wenigen Zentimetern, beispielsweise für die Kühlung von Elektronikgeräten, bis zu Durchmessern von 20 und mehr Metern, beispielsweise als Kühlturmlüfter, gebaut. Der Leistungsbedarf erstreckt sich von wenigen Watt bis zu mehreren Megawatt. Ventilatoren weisen nur geringe, Gebläse mittlere und Turboverdichter große Druckerhöhungen auf, Ventilatoren werden 1-stufig, radial oder axial, Gebläse 1-stufig oder mit wenigen Stufen, ebenfalls radial oder axial, Turboverdichter meist mit mehreren Radial- oder vielen Axialstufen ausgeführt. Ventilatoren und Gebläse werden in sehr großen Stückzahlen gefertigt und u.a. bei der Belüftung und Heizung von Gebäuden und Fahrzeugen, in Kraftwerken, in Entstaubungsanlagen, in der Verfahrenstechnik, zur Kühlung von elektrischen Motoren, Generatoren und Transformatoren, in der Landwirtschaft eingesetzt.

Die mit den Kolben-, Verdränger- und Schraubenverdichtern im Wettbewerb stehenden Turboverdichter werden in gekühlter oder ungekühlter Ausführung für die Drucklufterzeugung, Kältemittelverdichtung, in der chemischen Industrie oder für die Druckerhöhung in Ferngasleitungen verwendet. Turboverdichter verarbeiten größere Massenströme als Kolben- und Schraubenverdichter bei gleichem Bauaufwand. Ein besonders großes Anwendungsgebiet für Turboverdichter, insbesondere große Axialverdichter sind Gasturbinenanlagen und Flugtriebwerke. Auch die Abgasturbolader für Verbrennungskolbenmotoren sind mit einstufigen, radialen Turboverdichtern ausgestattet.

Da die Drehzahlen wie bei allen Strömungsmaschinen relativ hoch liegen, bauen Ventilatoren, Gebläse und Turboverdichter relativ günstig, d.h. besitzen kleine Abmessungen und Gewichte. Die Wirkungsgrade liegen i. Allg. recht hoch, sodass sich günstige Betriebskosten ergeben.

## 12.2 Radformen

Wie bei Kreiselpumpen lassen sich auch die Bauformen von Gebläse- und Verdichterrädern der Laufzahl $\sigma$ bzw. der spezifischen Drehzahl $n_q$ zuordnen (Bild 12.1). Mit steigender Laufzahl $\sigma$ bzw. spez. Drehzahl $n_q$ nimmt das Verhältnis Volumenstrom/spez. Stutzenarbeit zu.

**Radialräder** mit langen, schmalen Schaufeln haben die niedrigste Laufzahl, **axiale**

Bild 12.1
Laufradformen von Ventilatoren

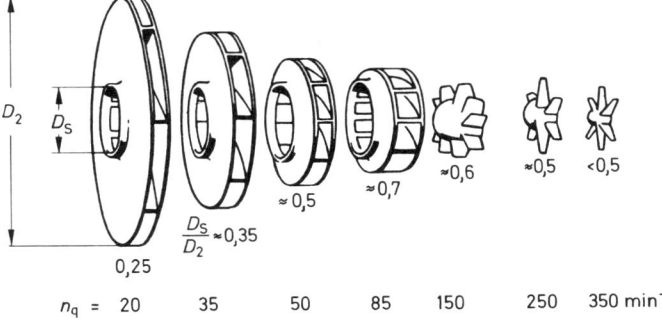

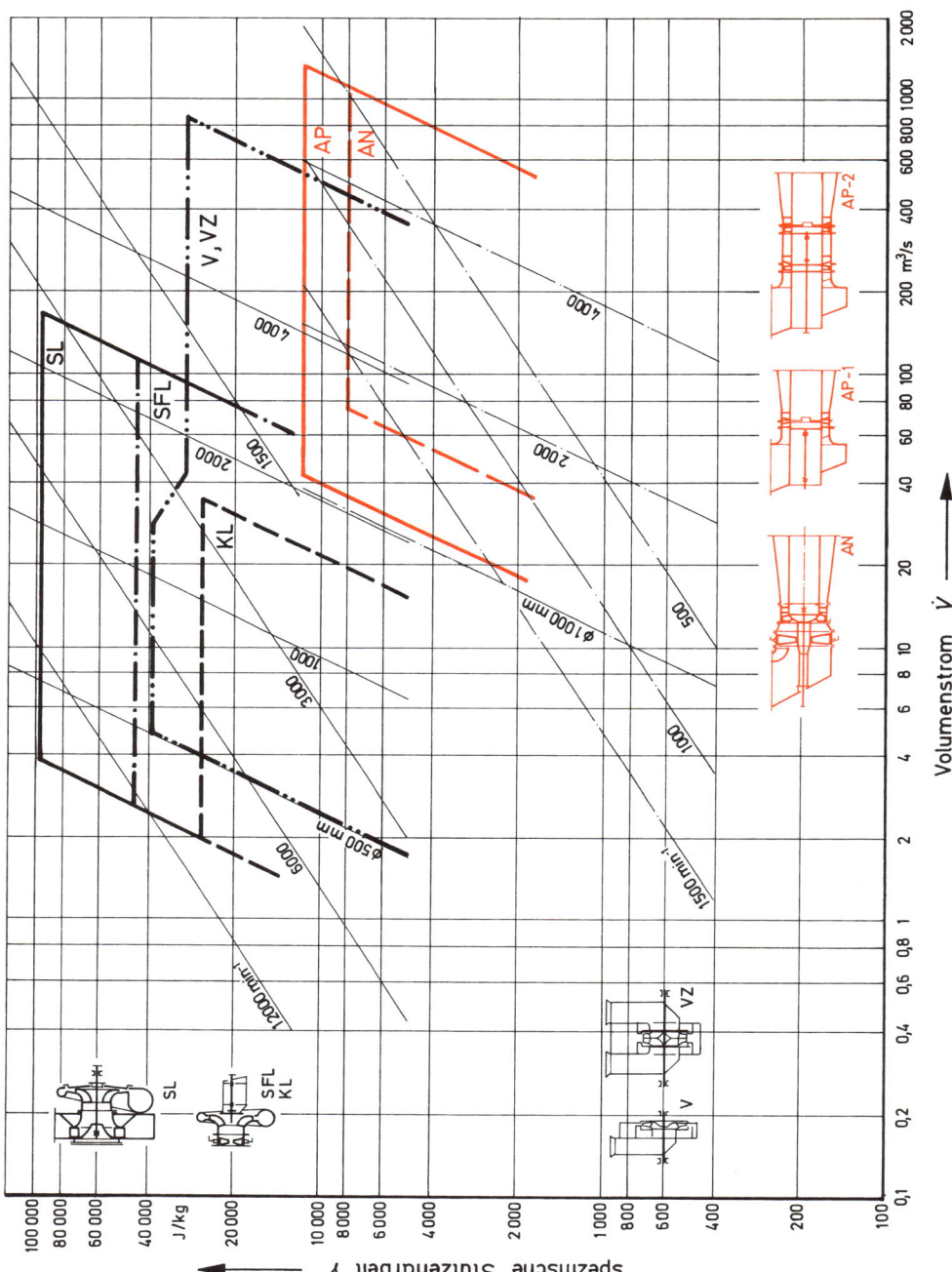

Bild 12.2 Auswahlkennfeld für Gebläse (nach Fa. KKK)

Radformen 293

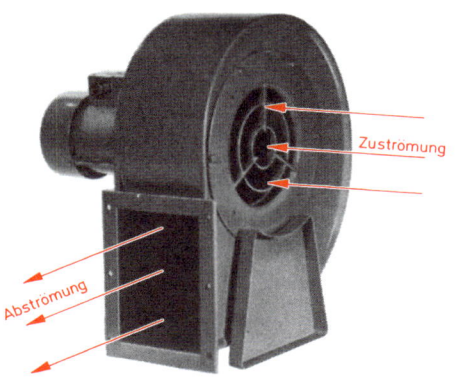

Bild 12.3   Radialventilator (Werkbild Siemens AG)

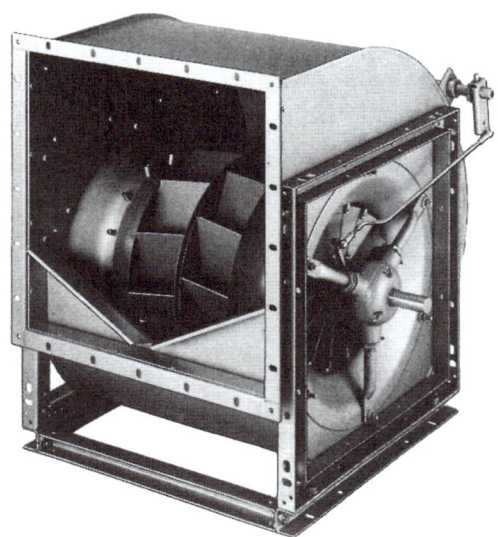

Bild 12.5   2-flutiger Radialventilator mit Drallregler (nach Fa. Gebhardt)

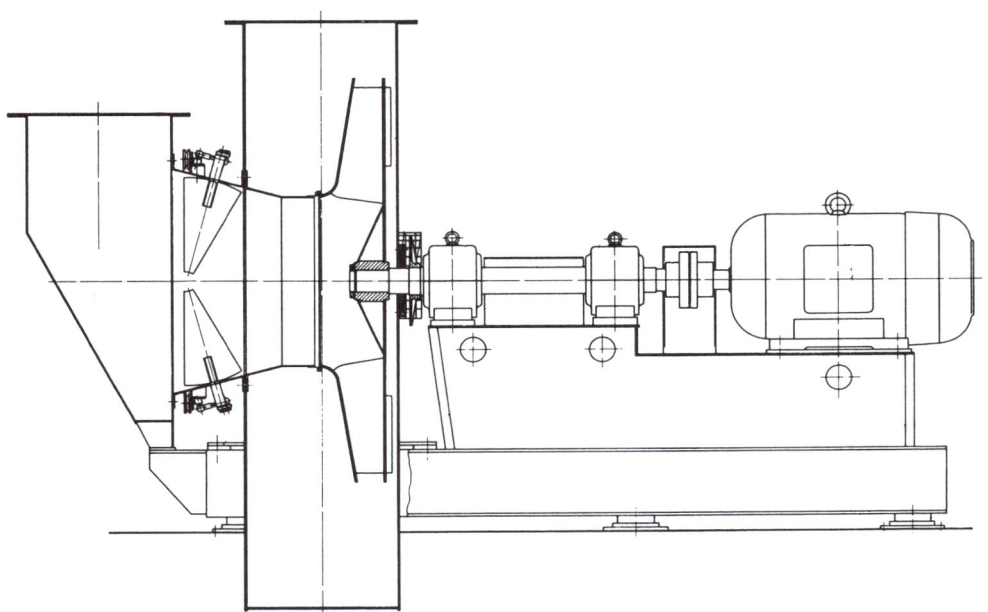

Bild 12.4   Radialventilator mit direktem Motorantrieb (nach Fa. Babcock)

**Überdruckräder** mit tragflügelartigen Schaufeln die höchste. Dazwischen liegen die **halbaxialen Gleichdruckräder**, wie sie in den sog. Schichtgebläsen (Bild 12.16) eingesetzt werden.

Die trommelförmigen Laufräder von **Querstromgebläsen** (Bild 12.20) lassen sich in das Schema Laufzahl-Bauform nicht so ohne weiteres einordnen, da bei diesen Rädern nicht nur der Durchmesser, sondern auch die Radbreite in die spezifischen Daten eingeht.

Radialräder können auch 2-flutig ausgeführt werden. Üblicherweise haben Radialräder eine vordere Deckscheibe. Kleinere und mittelgroße Hochdruckräder werden ohne Deckscheibe und mit radial endenden Schaufeln ausgeführt (Bild 12.6).

Die Schaufeln der Axialräder können feststehend, einstellbar oder im Stillstand bzw. während des Betriebes verstellbar sein. Durch die Schaufelverstellung ergibt sich ein großer Betriebsbereich bei guten Teillastwirkungsgraden. Der Übergang zur Mehrstufigkeit bei größeren spezifischen Stutzenarbeiten erfolgt bei Überschreiten der höchstzulässigen Umfangsgeschwindigkeiten oder bei Annäherung der Strömungsgeschwindigkeiten an die Schallgrenze (vgl. Kapitel 6). Die höchstzulässigen Umfangsgeschwindigkeiten am Außendurchmesser liegen bei stationären Anlagen mit normalen Temperaturen bei ca. 300...350 m/s, in Sonderfällen sind Werte bis 500 m/s verwirklicht worden.

Bei der Auswahl der Radform, Stufenzahl und Flutenzahl muss neben dem Platzbedarf, dem Maschinengewicht, der Lösung der Antriebsfrage und der Rohrleitungsführung auch die **Geräuschentwicklung** mitberücksichtigt werden. I. Allg. kann gesagt werden, dass mit steigender Laufzahl auch der Schallleistungspegel zunimmt, d.h. Axialräder bei gleichen Förderdaten lauter sind als Radialräder, da diese kleinere Umfangsgeschwindigkeiten haben.

Bild 12.6  Radialgebläse mit Zwischengetriebe (nach Fa. KKK)

## 12.3 Ventilatoren und Niederdruckgebläse

### 12.3.1 Einleitung

Zur Abgrenzung der Begriffe Ventilatoren, Gebläse und Verdichter werden in diesem Buch folgende Definitionen getroffen:

Unter **Ventilatoren** sollen Axial- und Radialmaschinen (diese auch 2-flutig) mit Druckverhältnissen $p_2/p_1$ unter 1,3, d. h. mit spezifischen Förderarbeiten $Y$ unter etwa 25 kJ/kg (beim Ansaugen kalter Luft) verstanden werden.

Der Bereich der spezifischen Stutzenarbeiten der radialen oder axialen **Niederdruckgebläse** soll auf 100 kJ/kg, was beim Fördern von kalter Luft etwa einem Druckverhältnis von 3 entspricht, beschränkt bleiben.

Zur Orientierung, d.h. zur Abschätzung von Bauform, Drehzahl und Laufradaußendurchmesser, sowie zur Abgrenzung der Einsatzgebiete der verschiedenen Gebläsetypen kann das von einem bekannten Gebläsehersteller aufgestellte Diagramm in Bild 12.2 herangezogen werden.

### 12.3.2 Radialgebläse und Radialventilatoren

Bei Radialgebläsen tritt das Arbeitsmedium axial durch den Saugstutzen ein, wird im Laufrad radial umgelenkt und verlässt die Maschine durch den tangentialen Druckstutzen (Bild 12.3). Bei 1-stufigen Maschinen kann das Laufrad entweder direkt auf dem Motorwellenstumpf aufgesetzt werden oder bei größeren Gebläsen in fliegender Anordnung auf der in zwei Lagern (meist Wälzlager) gelagerten Welle befestigt sein. Wird das Laufrad auf einer Welle aufgesetzt, kann der Antrieb

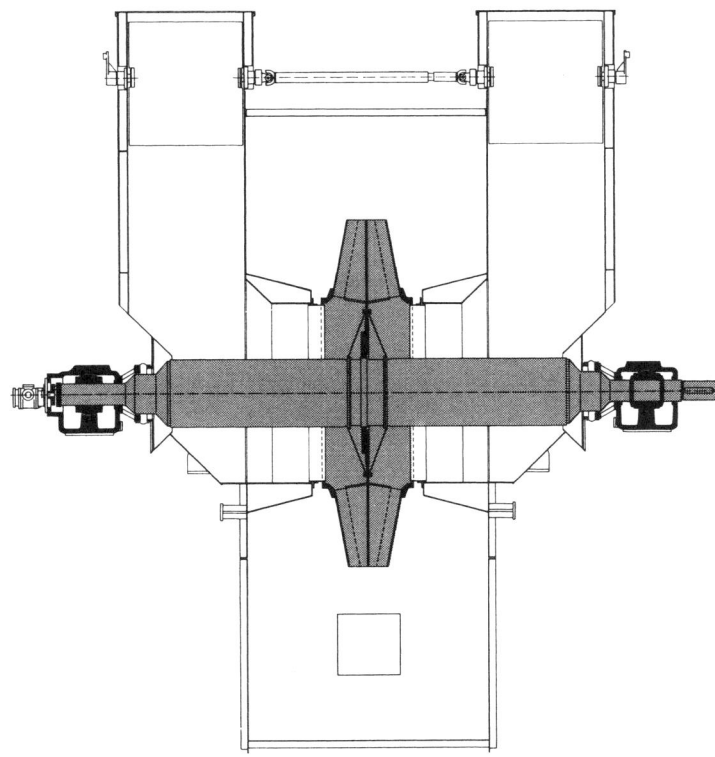

Bild 12.7
2-flutiger Radialventilator
(nach Fa. KKK)

Bild 12.8   2-flutiger Radialventilator mit Scheibenankermotor (nach Fa. Fischbach)

entweder direkt (Bild 12.4) oder über Keilriemen (Bild 12.5) bzw. Getriebe (Bild 12.6) erfolgen. Durch die Zwischenschaltung eines Riementriebes bzw. Getriebes kann die Gebläsedrehzahl beliebig festgelegt werden, während bei Direktantrieb die Gebläsedrehzahl gleich der nur in bestimmten Werten wählbaren Motordrehzahl ist.

2-flutige Radialgebläse saugen beidseitig an, wodurch im Gegensatz zur einseitigen Ansaugung kein Axialschub auftritt. Die Lagerung der 2-flutigen Gebläserotoren erfolgt beiderseits des Gehäuses (Bild 12.7). Eine besondere Konstruktion bilden die i. Allg. 2-flutigen Radialgebläse mit innenliegendem **Scheibenanker-Motor** (Bild 12.8), bei denen die Laufräder unmittelbar auf dem Rotor des Scheibenanker-Motors montiert sind.

Das Spiralgehäuse wird bei kleineren Gebläsen in Gussausführung mit Kreis- oder Reckteckquerschnitten (vgl. Maßbilder in Tabelle 12.1), bei größeren Gebläsen als Blechspirale mit Rechteckquerschnitten ausgeführt. Die Stellung des tangentialen Druckstutzens, d.h. die Ausblaserichtung, kann wie bei radialen 1-stufigen Kreiselpumpen aus zahlreichen Varianten gewählt werden. Lager- und Motorbock werden mit dem Spiralgehäuse zu einer kompakten Konstruktion zusammengebaut (Bild 12.4).

Das meist in Blechbauweise hergestellte, seltener gegossene Laufrad kann mit und ohne vordere Deckscheibe ausgeführt werden. Je nach Größe der Betriebsdaten bzw. den besonderen Einbauverhältnissen werden die Schaufeln rückwärts oder vorwärts gekrümmt bzw. rein radial stehend ausgeführt. Räder mit tragflügelartigen Schaufeln haben einen besonders hohen Wirkungsgrad, oft über 90 % [12.3].

Radialgebläse werden neben den in großen Stückzahlen gebauten Normalausführungen zur Förderung kalter Luft auch als Sonderkonstruktion für Heißgase, giftige Gase und staubhaltige Gase hergestellt.

Die Entscheidung, ob für vorliegende Förderdaten, d.h. Volumenstrom und spez. Stutzenarbeit, ein Radial- oder ein Axialgebläse eingesetzt werden soll, kann nicht nach einer einfachen, generellen Regel erfolgen, da durch Wahl der Drehzahl die spez. Drehzahl bzw. die Laufzahl des Laufrades und damit seine Bauform an sich beliebig festgelegt werden kann. I. Allg. werden Radialgebläse für kleinere Förderströme und größere Druckdifferenzen, Axialgebläse für große Förderströme und kleinere Druckerhöhungen vorgesehen. Die Auswahlkriterien können beispielsweise in [12.1] nachgelesen werden.

Ein Vergleich zwischen den Abmessungen, Drehzahlen, Gewichten und Schwungmomenten eines Radial- und eines Axialgebläses für die gleichen Betriebsdaten ist in Bild 12.9 nach [12.1] durchgeführt. Dem beträchtlich größeren Platzbedarf des Radialgebläses steht allerdings i. Allg. der Vorteil einer geringeren Geräuschentwicklung gegenüber.

Man kann den Gesamtschallleistungspegel $L_w$ durch einen von der spezifischen Drehzahl $n_q$ abhängenden spezifischen Schallleistungspegel $L_{ws}$ und durch Zuschläge, die die Größe des Volumenstroms und die Totaldruckerhöhung $\Delta p_t$ berücksichtigen, ausdrücken:

$$L_w = L_{ws} + 10 \lg \dot{V} + 20 \lg \Delta p_t \qquad (Gl.\ 12.1)$$

$L_w$   Gesamtschallleistungspegel in dB
$L_{ws}$  spezifischer Schallleistungspegel in dB nach Bild 12.10
$\dot{V}$   Volumenstrom in m³/s
$\Delta p_t$  Totaldruckerhöhung in Pa

# Ventilatoren und Niederdruckgebläse 297

Abmessungen von Radial- und Axialventilator gleicher Leistung bei
$\dot{V} = 10$ m³/s;
$\Delta p = 1000$ Pa
$\varrho = 1{,}2$ kg/m³

a Radialventilator
b Axialventilator

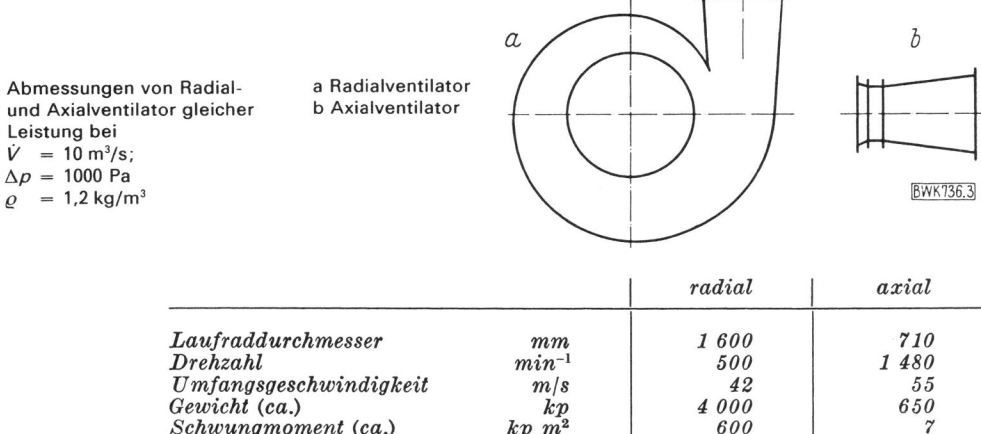

|  |  | radial | axial |
|---|---|---|---|
| Laufraddurchmesser | mm | 1 600 | 710 |
| Drehzahl | min⁻¹ | 500 | 1 480 |
| Umfangsgeschwindigkeit | m/s | 42 | 55 |
| Gewicht (ca.) | kp | 4 000 | 650 |
| Schwungmoment (ca.) | kp m² | 600 | 7 |

Bild 12.9 Vergleich zwischen Radial- und Axialventilator (nach Fa. KKK)

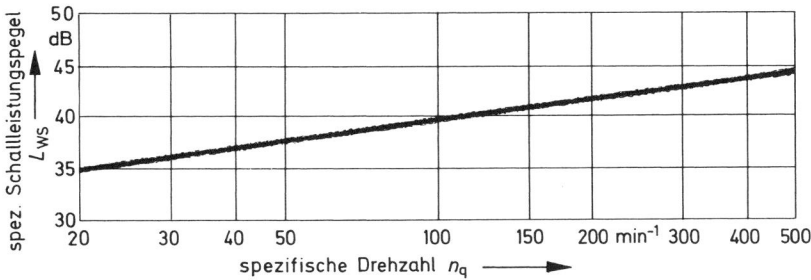

Bild 12.10 Spezifischer Schallleistungspegel

Aus Bild 12.10 erkennt man, dass der spezifische Schallleistungspegel $L_{ws}$ beim extrem langsamläufigen Radialrad bei ca. 35 dB liegt, dagegen bei einem schnellläufigen Axialrad mit einem $n_q$ von ca. 250 min⁻¹ bei ca. 45 dB, d.h. doppelt so hoch ist. Auch die unterschiedliche Form der Kennlinien, d.h. unterschiedliches Betriebsverhalten von Radial- und Axialgebläsen, kann bei der Entscheidung für oder gegen eine Bauform ausschlaggebend sein.

Für Übungszwecke ist in Bild 12.11 das Auswahlkennfeld für kleinere Radialgebläse mit Förderströmen bis ca. 0,8 m³/s und Druckerhöhungen bis 4000 Pa dargestellt. Tabelle 12.1 enthält die zugehörigen Maßbilder und Hauptabmessungen.

### 12.3.3 Axialgebläse und Axialventilatoren

Bei größeren Förderströmen und kleineren Druckerhöhungen werden in der Gebäude-, Geräte-, Fahrzeug-, Gruben-, Tunnelbelüftung sowie in Kraftwerken, Hüttenwerken, in der Zementindustrie, in Windkanälen usw. ein- und mehrstufige Axialgebläse verwendet.

Als **Vorteile** dieser Strömungsmaschine sind vor allem der hohe Wirkungsgrad, der große Betriebsbereich bei guten Teillastwirkungsgraden, die gute Anpassungsfähigkeit bzw. Regulierbarkeit an veränderliche Volumenströme und Drücke, die hohe Lebensdauer, der geringe Platzbedarf, die einfache Rohrleitungsführung und der einfache Auf-

298 Ventilatoren, Gebläse, Verdichter

Tabelle 12.1 Nach Firma Siemens AG

**Maße** in Millimetern

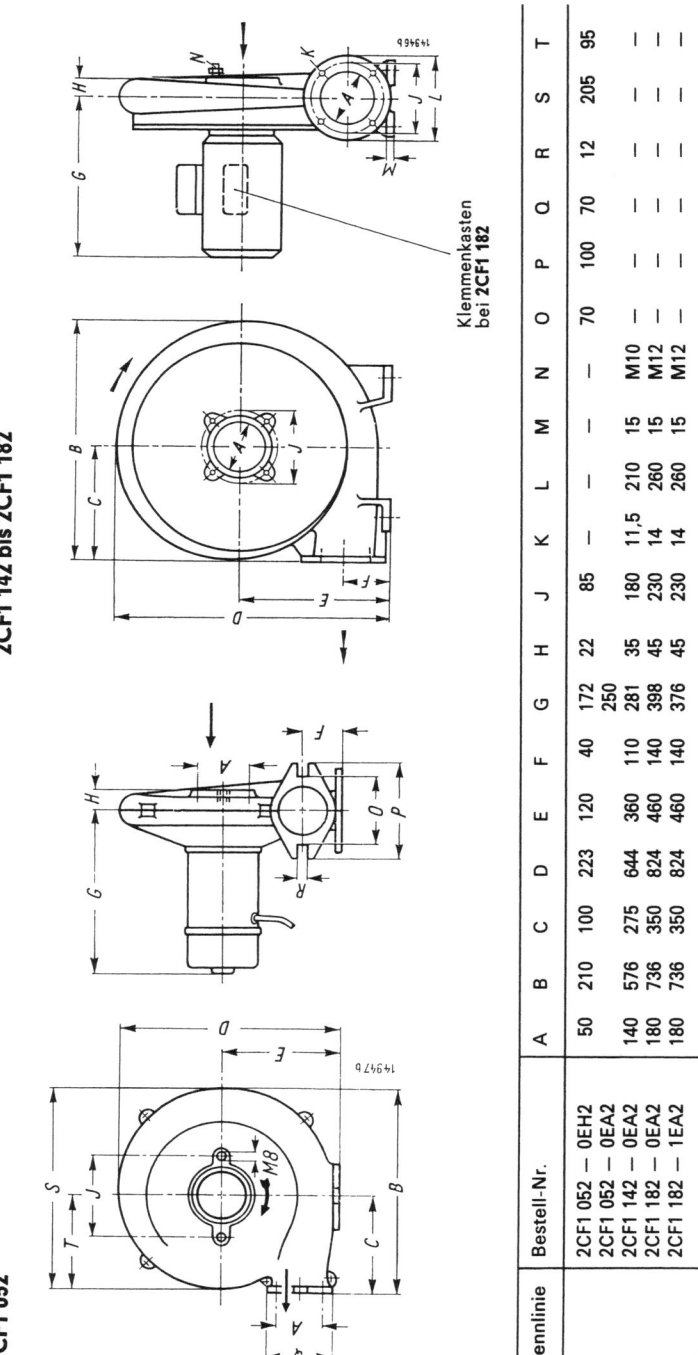

| Kennlinie | Bestell-Nr. | A | B | C | D | E | F | G | H | J | K | L | M | N | O | P | Q | R | S | T |
|---|---|---|---|---|---|---|---|---|---|---|---|---|---|---|---|---|---|---|---|---|
| A | 2CF1 052 — 0EH2 | 50 | 210 | 100 | 223 | 120 | 40 | 172 | 22 | 85 | — | — | — | — | — | 70 | 70 | 12 | 205 | 95 |
| C | 2CF1 052 — 0EA2 |  |  |  |  |  |  | 250 |  |  |  |  |  |  |  |  |  |  |  |  |
| G | 2CF1 142 — 0EA2 | 140 | 576 | 275 | 644 | 360 | 110 | 281 | 35 | 180 | 11,5 | 210 | 15 | M10 | — | — | — | — | — | — |
| H | 2CF1 182 — 0EA2 | 180 | 736 | 350 | 824 | 460 | 140 | 398 | 45 | 230 | 14 | 260 | 15 | M12 | — | — | — | — | — | — |
| H | 2CF1 182 — 1EA2 | 180 | 736 | 350 | 824 | 460 | 140 | 376 | 45 | 230 | 14 | 260 | 15 | M12 | — | — | — | — | — | — |

Ventilatoren und Niederdruckgebläse 299

Tabelle 12.1 (Fortsetzung)

**2CF2 052–0EA1**

**2CF2 062–0EA2 bis 2CF2 082–0EA2**

| Kennlinie | Bestell-Nr. | $A_1$ | $A_2$ | $A_3$ | $A_4$ | $A_5$ | $B_1$ | $B_2$ | $B_3$ | $B_4$ | $C_1$ | $C_2$ | $C_3$ | $C_4$ | $C_5$ | $C_6$ | $C_7$ | $D_1$ | $D_2$ | $D_3$ | E |
|---|---|---|---|---|---|---|---|---|---|---|---|---|---|---|---|---|---|---|---|---|---|
| B | 2CF2 052 | – | – | 42,3 | 143 | 96 | – | – | – | 95 | 73 | 120 | 62 | 30 | 60 | 40 | 140 | 117 | 125,5 | 122,5 | 130 |
| D | 2CF2 062 | 110 | 92 | 63 | 155 | 138 | 130 | 108 | 80 | 31,5 | 120 | 160 | 50,5 | 20 | 80 | 40 | 195 | 153 | 161 | 157 | 216,5 |
| E | 2CF2 072 | 120 | 100 | 71 | 176 | 156 | 140 | 118 | 90 | 35 | 160 | 200 | 54 | 20 | 80 | 40 | 220 | 170,5 | 179,5 | 175 | 220 |
| F | 2CF2 082 | 135 | 108 | 80 | 192 | 175 | 150 | 129 | 100 | 39 | 160 | 200 | 57 | 20 | 80 | 40 | 245 | 191 | 201 | 196 | 241 |

# 300 Ventilatoren, Gebläse, Verdichter

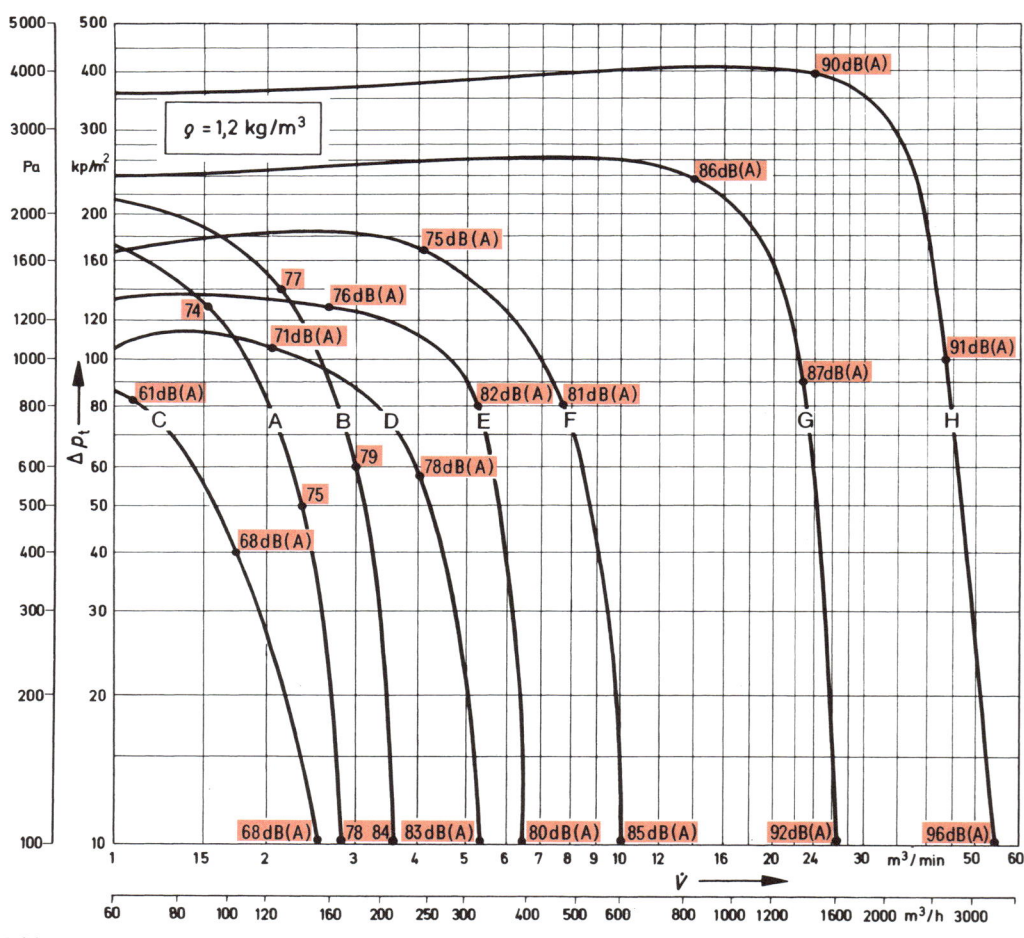

Bild 12.11  Auswahlkennfeld für Radialventilatoren (nach Fa. Siemens AG)

bau, der eine Typisierung und Standardisierung nach dem Baukastenprinzip ermöglicht, zu nennen.

Als **Nachteil** ist neben dem relativ hohen Geräusch vor allem die instabile Kennlinie (vgl. Kapitel 14) anzuführen.

Durch Variation von Außendurchmesser, Nabenverhältnis (Nabendurchmesser/Außendurchmesser), Drehzahl, Schaufelzahl, Schaufelform und Schaufelanstellwinkel kann eine feine Rasterung des Volumenstrom- und Druckbereiches erzielt werden (Bild 12.12). Die Hauptbauteile eines einfachen Axialgebläses können aus Bild 12.13 ersehen werden:

a) das **Laufrad** mit feststehenden, einstellbaren oder im Stillstand bzw. im Betrieb verstellbaren Schaufeln.

b) das **Leitrad**, das bei größeren Drücken zur Gleichrichtung des Laufradabdralles eingesetzt wird. Moderne Axialgebläse haben in der Regel ein Nachleitrad (nach dem Laufrad angeordnet).

c) der **Diffusor** zur Umsetzung von Geschwindigkeit in Druck. Bei eingebauten

## Ventilatoren und Niederdruckgebläse   301

Bild 12.12
Auswahlkennfeld für Axialventilatoren (nach Fa. Voith Getriebe KG, Bereich Lufttechnik)

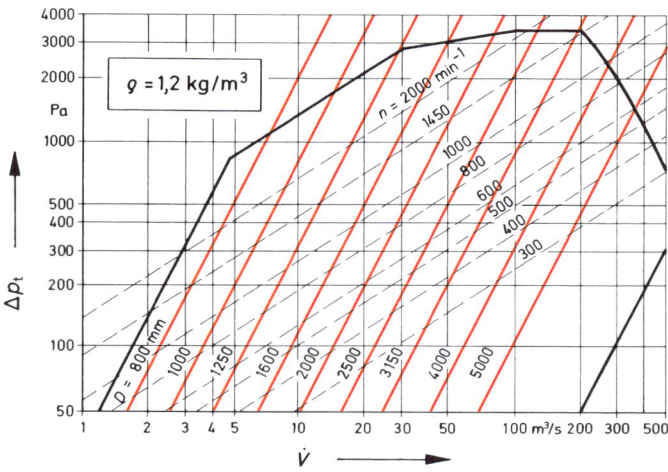

Bild 12.13
Axialventilator
(nach Fa. Voith Getriebe KG, Bereich Lufttechnik)

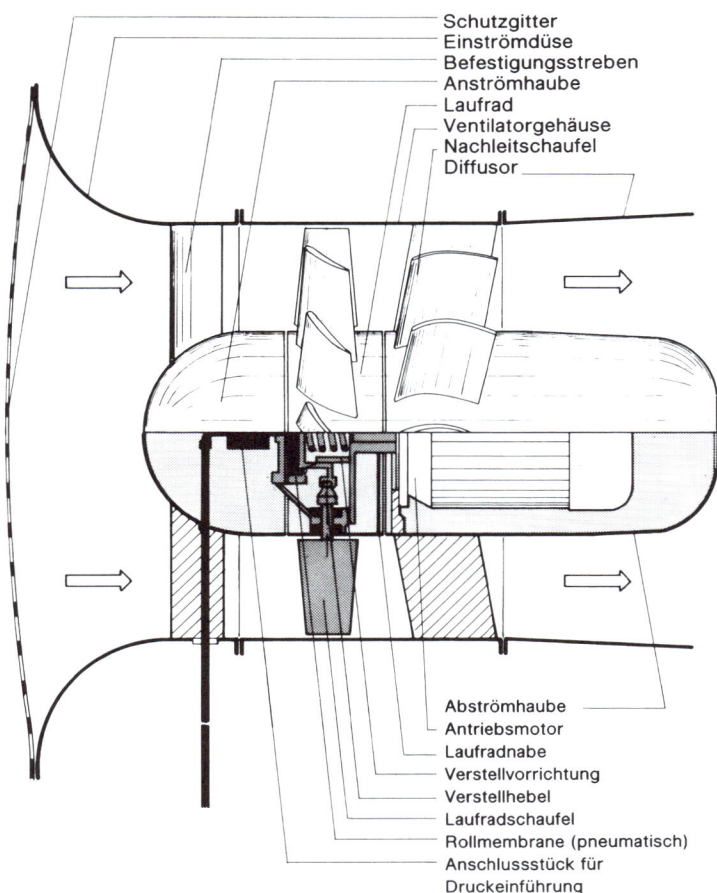

Schutzgitter
Einströmdüse
Befestigungsstreben
Anströmhaube
Laufrad
Ventilatorgehäuse
Nachleitschaufel
Diffusor

Abströmhaube
Antriebsmotor
Laufradnabe
Verstellvorrichtung
Verstellhebel
Laufradschaufel
Rollmembrane (pneumatisch)
Anschlussstück für Druckeinführung

Motoren dient die Diffusornabe gleichzeitig als Motorverkleidung.

d) die **Anströmhaube** vor dem Laufrad, die bei vielen Axialgebläsen nicht feststehend ausgeführt wird, sondern mit der Laufradnabe verbunden wird, d.h. mitrotiert.

e) die **Einströmdüse** bei Gebläsen, die aus dem Freien oder aus Rohrleitungen mit größerem Durchmesser als dem Gebläsedurchmesser ansaugen bzw. **Ansaugekasten**, wenn die Strömung vor dem Eintritt ins Gebläse in einem Krümmer umgelenkt wird (Bilder 12.16 und 12.17).

In Bild 12.14 sind die verschiedenen konstruktiven Möglichkeiten der Motoranordnung gegenübergestellt:

a) Bei kleineren und mittleren Axialgebläsen wird der Motor als Innen- oder Außenläufermotor in die Nabe eingebaut, das Laufrad sitzt fliegend direkt auf dem Motorwellenstummel, eine besondere Lagerung des Laufrades entfällt.

b) Ist die Leistung des Motors so groß, dass er nicht mehr in der Nabe des Diffusors untergebracht werden kann, wird er außerhalb des Gebläsegehäuses angeordnet, das Laufrad erhält eine eigene Lagerung bzw. wird auf dem Wellenstummel eines Winkelge-

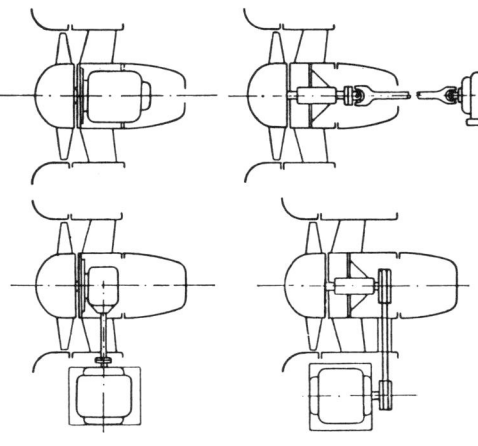

Bild 12.14 Antriebsmöglichkeiten für Axialventilator (nach Fa. Voith Getriebe KG, Bereich Lufttechnik)

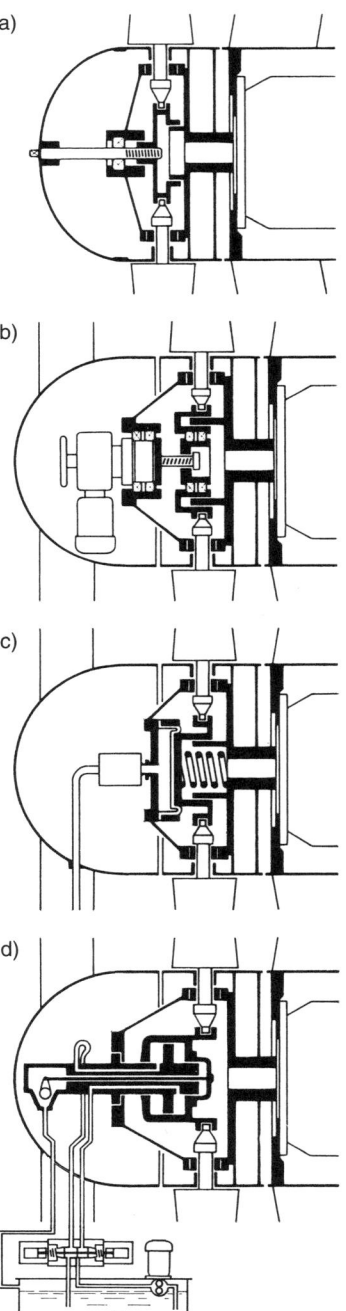

Bild 12.15 Arten der Laufschaufelverstellung (nach Fa. Voith Getriebe KG, Bereich Lufttechnik)

triebes aufgesetzt. Der Antrieb erfolgt entweder direkt über eine gelenkig eingehängte Zwischenwelle, über einen Riementrieb oder über ein Winkelgetriebe mit Zwischenwelle. Riementrieb und Winkelgetriebe sind zwar konstruktiv aufwändig, haben aber den Vorteil der beliebigen Wahl der Gebläsedrehzahl.

Die verschiedenen Möglichkeiten der Schaufelverstellung sind in Bild 12.15 zusammengestellt:

a) Laufrad mit im Stillstand gemeinsam verstellbaren Schaufeln mittels zentraler Verstellspindel (Bild 12.15a),
b) Laufrad mit im Betrieb elektromechanisch gemeinsam verstellbaren Schaufeln (Bild 12.15b),
c) Laufrad mit im Betrieb pneumatisch gemeinsam verstellbaren Schaufeln (Bild 12.15c),
d) Laufrad mit im Betrieb hydraulisch gemeinsam verstellbaren Schaufeln (Bild 12.15d).

Die Auswahl der am besten geeigneten Verstelleinrichtung hängt von der Art und Temperatur des Fördermediums, dem Einsatzort und den Betriebsbedingungen ab.

Je nach Größe von Volumenstrom und Druckerhöhung und nach den maschinellen und ökonomischen Einsatzbedingungen sind folgende Gitteranordnungen von Lauf- und Leiträdern möglich:

a) 1 Laufrad allein, für kleine Druckerhöhungen (Maßbild in Tabelle 12.2),
b) 1 Laufrad mit Nachleitrad für größere Druckerhöhungen (Bild 12.13),
c) 1 Laufrad mit Nachleitrad und vor dem Laufrad angeordneten einstellbarem oder regulierbarem **Vorleitrad** (Drallregler) für große Druckerhöhungen. Meist werden Gebläse dieser Art mit Gleichdrucklaufrädern der Bauart Schicht ausgerüstet (Bild 12.16),
d) 2 Laufräder ohne Leiträder mit gegenläufigen Drehrichtungen für große Drucksteigerungen. Diese Anordnung ist relativ selten,
e) mehrstufige Gebläse mit Hintereinanderschaltung mehrerer aus Lauf- und Nachleitrad bestehender Stufen zur Erzielung großer Drucksteigerungen (Bild 12.17).

In den Katalogen der Hersteller sind neben den Auswahlkennfeldern noch die zugehörigen Maßtabellen sowie Angaben über Geräusche, Montage, Wartung usw. enthalten. Mit Hilfe dieser Druckschriften ist es dem Projektingenieur möglich, sich für einen bestimmten Anwendungsfall das optimal geeignete Gebläse auszusuchen. Bei hohen Förderwerten, Leistungen und großen Abmessungen und Gewichten ist jedoch die Beratung durch einen Fachingenieur erforderlich.

Für Übungszwecke ist in Bild 12.18 das Auswahlkennfeld für einfache Axialventilatoren mit Volumenströmen bis 30 m³/s und Druckerhöhungen bis über 1000 Pa, in Tabelle 12.2

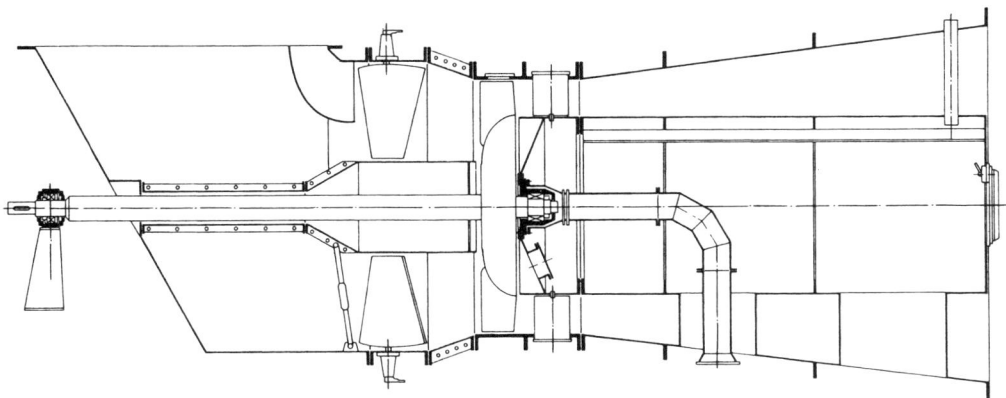

Bild 12.16   Schichtgebläse (nach Fa. KKK)

Tabelle 12.2 (nach Fa. Hering)

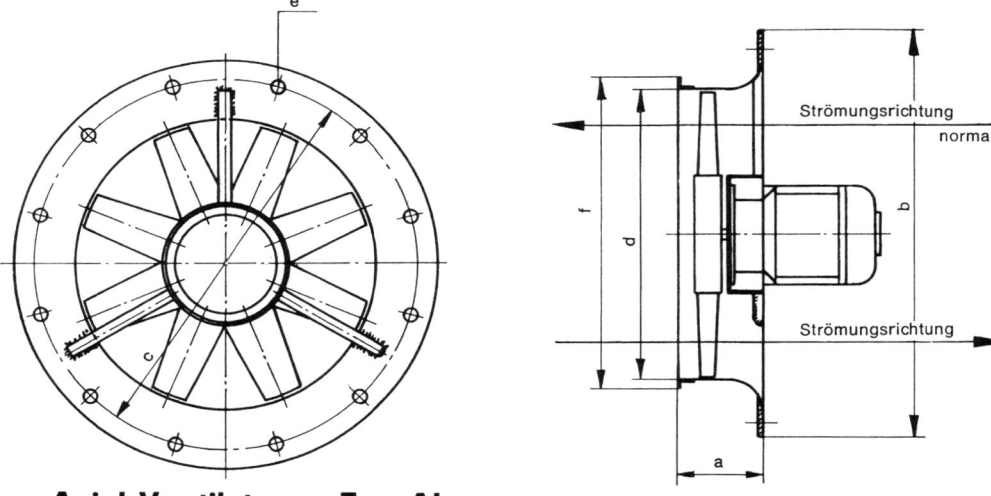

## Axial-Ventilatoren Typ AL

Normalausführung wie gezeichnet — Umkehrausführung mit Motor im Rohrstutzen

### Maßtabelle

| Typ AL | d ⌀ | a | b ⌀ | c ⌀ | e | f ⌀ |
|---|---|---|---|---|---|---|
| 300 | 300 | 170 | 439 | 409 | 6 x 8 ⌀ | 314 |
| 350 | 350 | 185 | 485 | 444 | 6 x 8 ⌀ | 364 |
| 400 | 400 | 210 | 509 | 469 | 6 x 8 ⌀ | 414 |
| 450 | 450 | 235 | 584 | 544 | 6 x 8 ⌀ | 464 |
| 500 | 500 | 240 | 630 | 500 | 8 x 10 ⌀ | 514 |
| 600 | 600 | 260 | 735 | 695 | 8 x 10 ⌀ | 614 |
| 700 | 700 | 300 | 940 | 895 | 12 x 14 ⌀ | 785 |
| 800 | 800 | 325 | 1040 | 995 | 12 x 14 ⌀ | 885 |
| 900 | 900 | 310 | 1140 | 1095 | 12 x 14 ⌀ | 985 |
| 1000 | 1000 | 315 | 1240 | 1195 | 12 x 14 ⌀ | 1085 |
| 1100 | 1100 | 355 | 1395 | 1345 | 12 x 14 ⌀ | 1185 |
| 1200 | 1200 | 380 | 1495 | 1445 | 12 x 14 ⌀ | 1285 |

Maße in mm

# Ventilatoren und Niederdruckgebläse 305

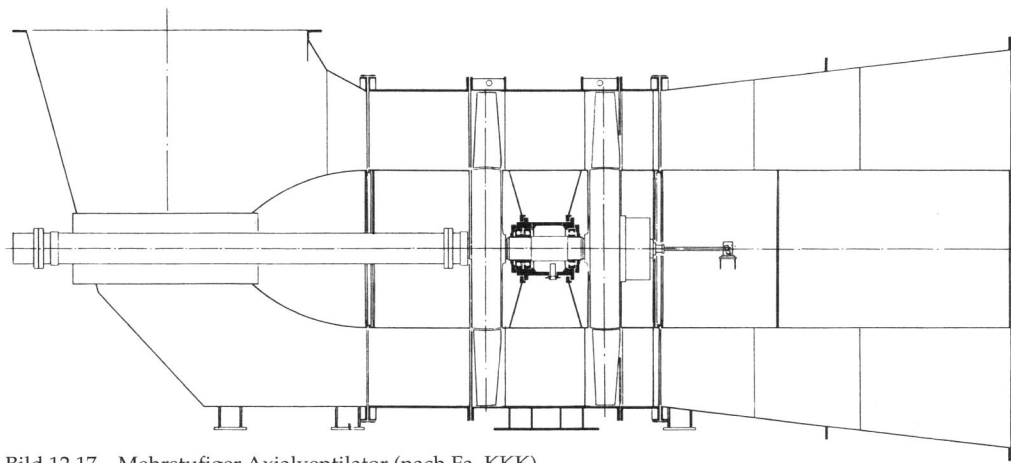

Bild 12.17    Mehrstufiger Axialventilator (nach Fa. KKK)

die zugehörige Maßtabelle mit Laufradaußendurchmessern bis zu 1200 mm übernommen worden.

**Beispiel 16**
Ein Axialventilator für kalte Luft hat folgende Förderdaten:

Volumenstrom      $\dot{V}$ = 3,15 m³/s
Totaldruckerhöhung $\Delta p_t$ = 215 Pa

Welche Drehzahl und welcher Durchmesser sind vorzusehen?

**Lösung:**
Aus Bild 12.18 ergeben sich folgende Werte:
Außendurchmesser (Ventilatorgröße)
= 600 mm, Drehzahl $n$ = 1400 min$^{-1}$
Weitere Abmessungen können aus Tabelle 12.2 entnommen werden.

## 12.3.4   Querstromgebläse

Querstromgebläse mit walzenförmigen radialen Trommelläufern werden wegen ihrer günstigen Einbaumaße und ihres geräuscharmen Laufes für Zwecke der Heizung und Lüftung in Gebäuden, Haushaltsgeräten, Fahrzeugen, optischen und elektrischen Geräten in zunehmendem Maße anstelle von Axial- oder Radialventilatoren eingesetzt.

Nach [12.3] betragen die spezifischen Werte:

Laufzahl         $\sigma$ = 0,35...0,6
                 (d. h. $n_q$ = 40...95 min$^{-1}$)
Druckzahl        $\psi$ = 2...4
Durchflusszahl   $\varphi$ = 1,0

Das Arbeitsfluid wird am äußersten Umfang des Laufrades angesaugt, strömt quer durch es hindurch und tritt auf der gegenüberliegenden Seite wieder aus (Bild 12.19). Die je nach den Anforderungen an den Wirkungsgrad profilierten oder unprofilierten Schaufeln werden also 2-mal vom durchströmenden Fluid beaufschlagt. Im Innern der Laufradwalze bildet sich ein Wirbelgebiet aus, das die Druck- und Saugseite der Laufradströmung gegeneinander abdichtet. Durch Ansaugen eines Sekundärstroms (Bild 12.19) kann die Kennlinie stabilisiert werden.

Ähnlich wie bei der Durchströmturbine (Ossberger-Turbine) ist auch beim Querstromgebläse das Laufrad ein **Gleichdruckrad**, d. h. beschleunigt die Strömung und erzeugt keinen oder kaum Druck. Deshalb ist im Hinblick auf einen guten Wirkungsgrad auf eine strömungsgünstige Gestaltung des Austrittsdiffusors besonderer Wert zu legen.

Die Totaldruckerhöhung liegt i. Allg. unter 200 Pa, meist sogar unter 100 Pa, die Förderströme unter 6000 m³/h.

306 Ventilatoren, Gebläse, Verdichter

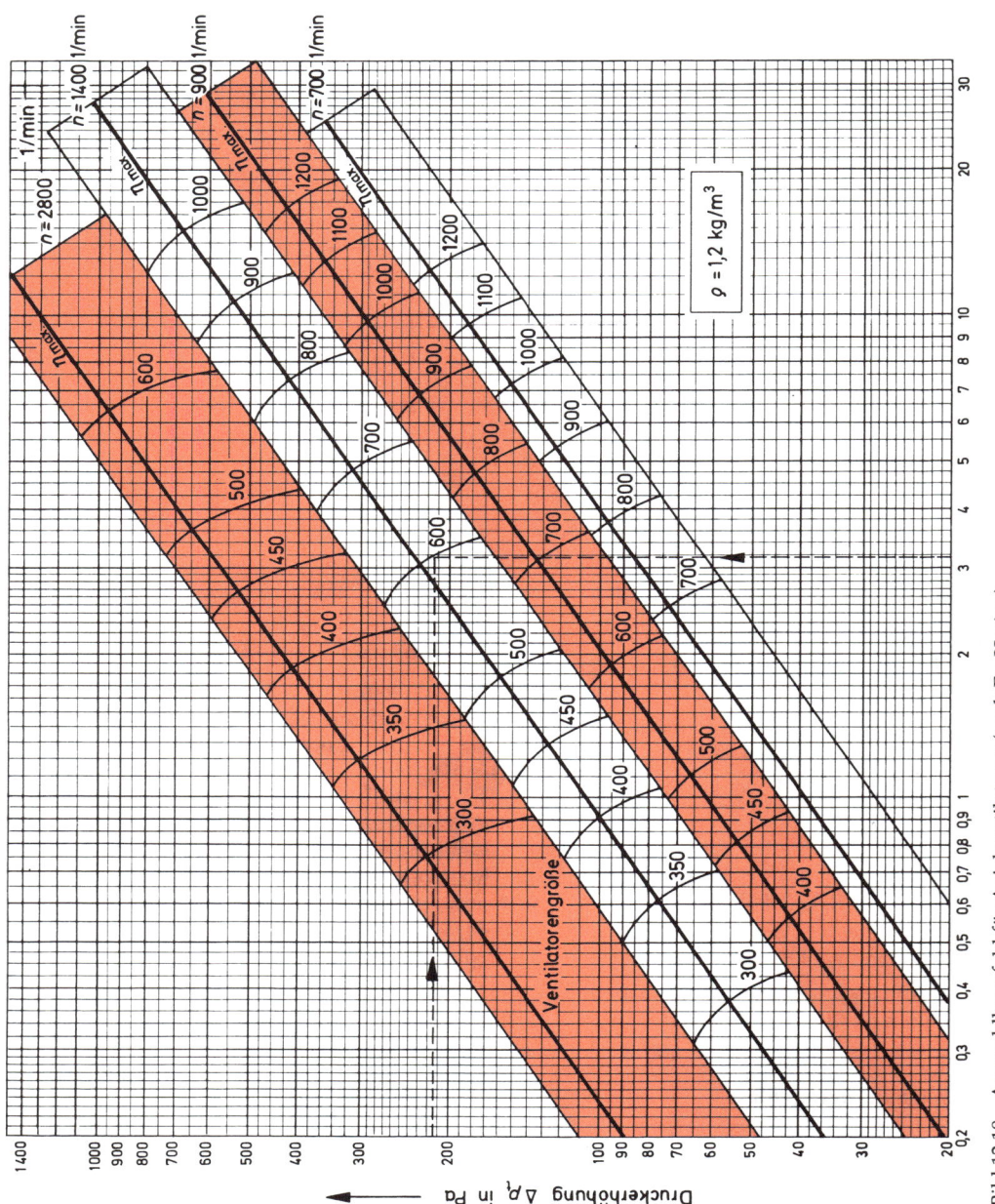

Bild 12.18 Auswahlkennfeld für Axialventilatoren (nach Fa. Hering)

Bild 12.19
Querstromgebläse-Prinzip (nach Fa. Ziehl-Abegg)

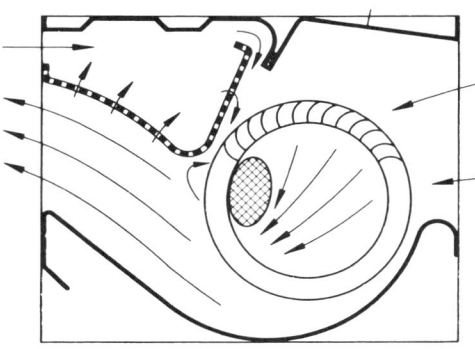

Bild 12.20
Querstromgebläse (nach Fa. Ziehl-Abegg)

Je nach Einbauverhältnissen können Querstromgebläse mit Innen- oder Außenläufermotor, mit komplettem Gehäuse (Bild 12.20) oder einfachem Außenrahmen bezogen und an die speziellen Einbaubedingungen der Geräte, in die die Gebläse eingebaut werden, angepasst werden.

## 12.4 Turboverdichter

### 12.4.1 Einleitung

Da die Drucksteigerungen in Turboverdichtern i. Allg. sehr hoch sind, werden die Maschinen mehrstufig ausgeführt. In Sonderfällen können aber auch in 1-stufigen Radialverdichtern Druckverhältnisse bis 4 und darüber erzielt werden. Im Rahmen des vorliegenden Kapitels werden nur mehrstufige Radial- und Axialkompressoren behandelt.

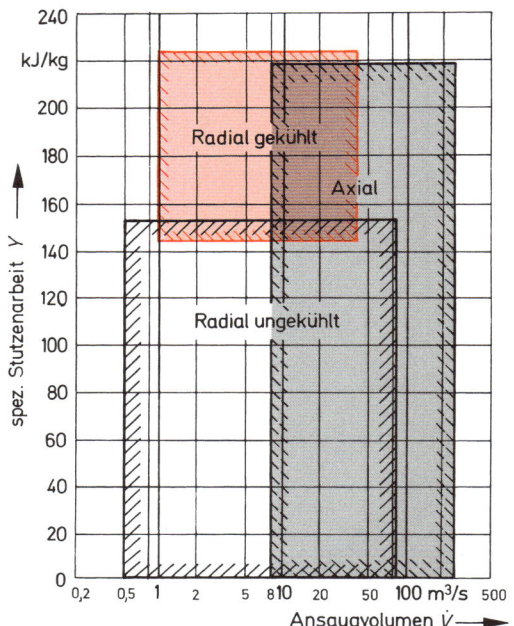

Bild 12.21  Einsatzbereiche der Verdichter

Die Einsatzbereiche der verschiedenen Verdichterbauarten, d. h. radial – gekühlt oder ungekühlt – und axial überschneiden sich stark (Bild 12.21). I. Allg. lässt sich jedoch sagen, dass Radialverdichter für kleinere Massenströme und größere spez. Stutzenarbeiten, Axialverdichter für größere Massenströme und kleinere spez. Stutzenarbeiten eingesetzt werden. In Bild 12.22 sind die Turboverdichter verschiedener Bauarten aus dem Fertigungsprogramm der Fa. DEMAG dargestellt. Man sieht daraus, dass Radialverdichter bis zu Drücken von 600 bar, Axialverdichter bis zu 50 bar gebaut werden. Die Ansaugvolumenströme reichen beim Radialverdichter bis ca. 60 m³/s, beim Axialverdichter über 300 m³/s.

Da in einem 1-stufigen Radialrad eine wesentlich größere Drucksteigerung als in einem Axialrad erzielt werden kann, müssen mehrstufige Axialverdichter bei gleichen Druckwerten eine wesentlich größere Stufenzahl aufweisen als Radialverdichter. Da aber Radialverdichter mit ihren Umlenkkanälen meistens größere Gewichte und Abmessungen haben als vergleichbare Axialverdichter, sind sie auch ab einem gewissen Ansaugvolumenstrom teurer als Axialverdichter. In Bild 12.23 aus [12.4] ist für bestimmte Betriebswerte ein Größen-, Gewichts- und Kostenvergleich zwischen einem Axialverdichter und einem ungekühlten Radialverdichter durchgeführt.

## 12.4.2  Radialverdichter

Radialverdichter werden in ungekühlter und gekühlter Ausführung bis zu Stufenzahlen von maximal 10 in einem Gehäuse ausgeführt. Die in einem Gehäuse maximal unterzubringende Stufenzahl ist aus konstruktiven Gründen nach oben hin begrenzt. Ergibt sich aufgrund höherer Druckverhältnisse, höherer Ansaugetemperaturen oder des Molekulargewichtes des Arbeitsgases eine höhere Stufenzahl (Bild 12.24), als sinnvollerweise in einem Gehäuse unterzubringen ist, wird die Verdichteranlage aus mehreren einzelnen Verdichtern zusammengestellt.

Der konstruktive Aufbau ähnelt dem der mehrstufigen Radialpumpe. Der grundsätzliche Aufbau aus Laufrädern, Welle, Leiträdern, Umlenkkanälen, Spiralen sowie die Strömungsrichtungen in Laufrad und Leitvorrichtungen können aus Bild 12.25 ersehen werden.

Die Beantwortung der Frage, ob ein Radialverdichter in ungekühlter oder gekühlter Version verwendet werden soll, hängt davon ab, ob man die bei polytroper Verdichtung auftretende Endtemperatur zulassen bzw. energiemäßig gebrauchen kann. Durch Kühlung, d. h. Wärmeabfuhr, kann man die Austrittstemperatur des Gases senken und eine wesentliche Einsparung an Antriebsleistung erzielen. Bild 12.26 zeigt eine dreifache Verdichtung mit dreifacher Kühlung im $p$-$v$-Diagramm, wobei die sich als Fläche darstellende Arbeitsersparnis rot angelegt ist. Die Kühlung kann durch **Innenkühlung** des Gehäuses (Bild 12.27) oder durch **Außenkühlung** in extern angebrachten Kühlern (Bild 12.33) erfolgen.

Turboverdichter 309

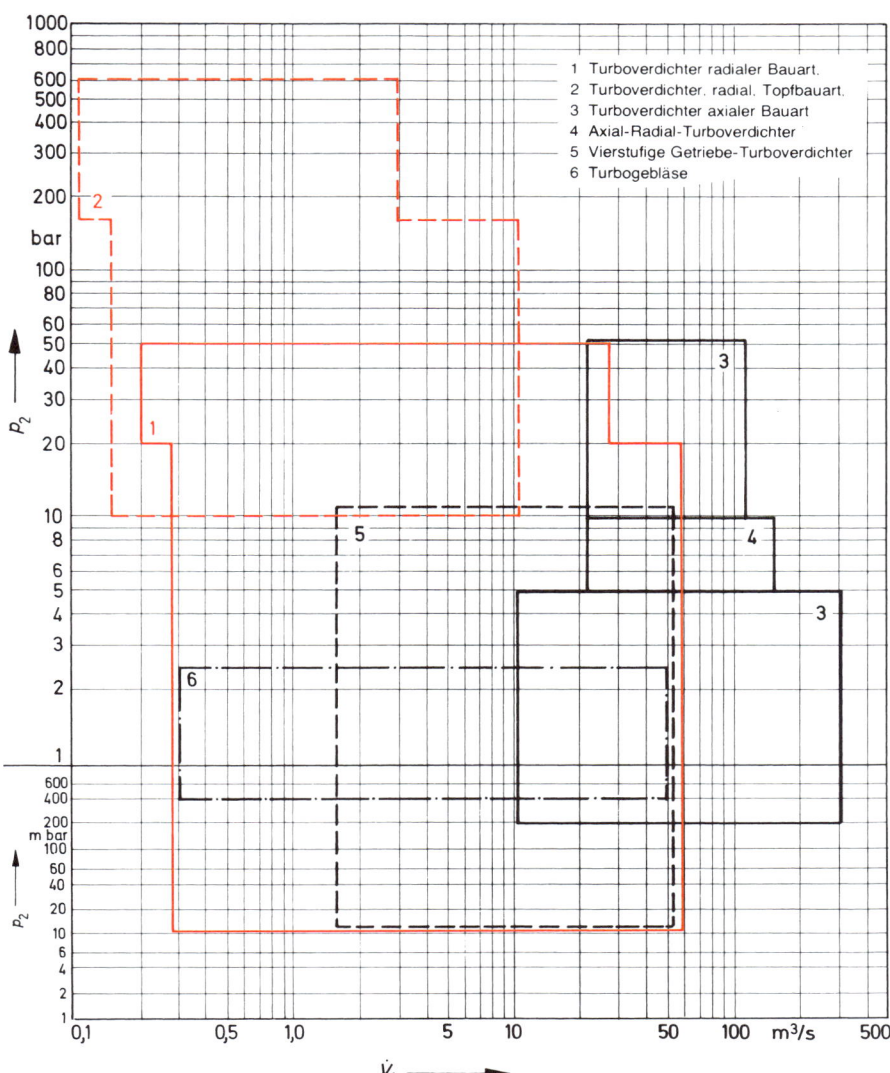

Bild 12.22  Einsatzbereiche der Verdichter (nach Fa. DEMAG)

310  Ventilatoren, Gebläse, Verdichter

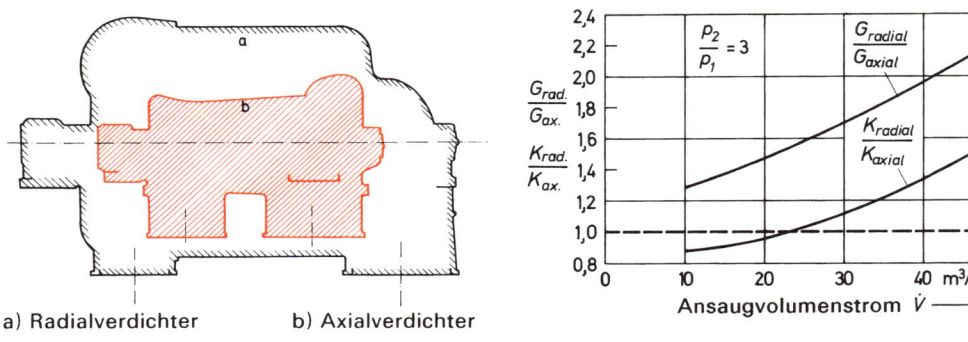

a) Radialverdichter  b) Axialverdichter

Bild 12.23  Vergleich Radial-/Axialverdichter

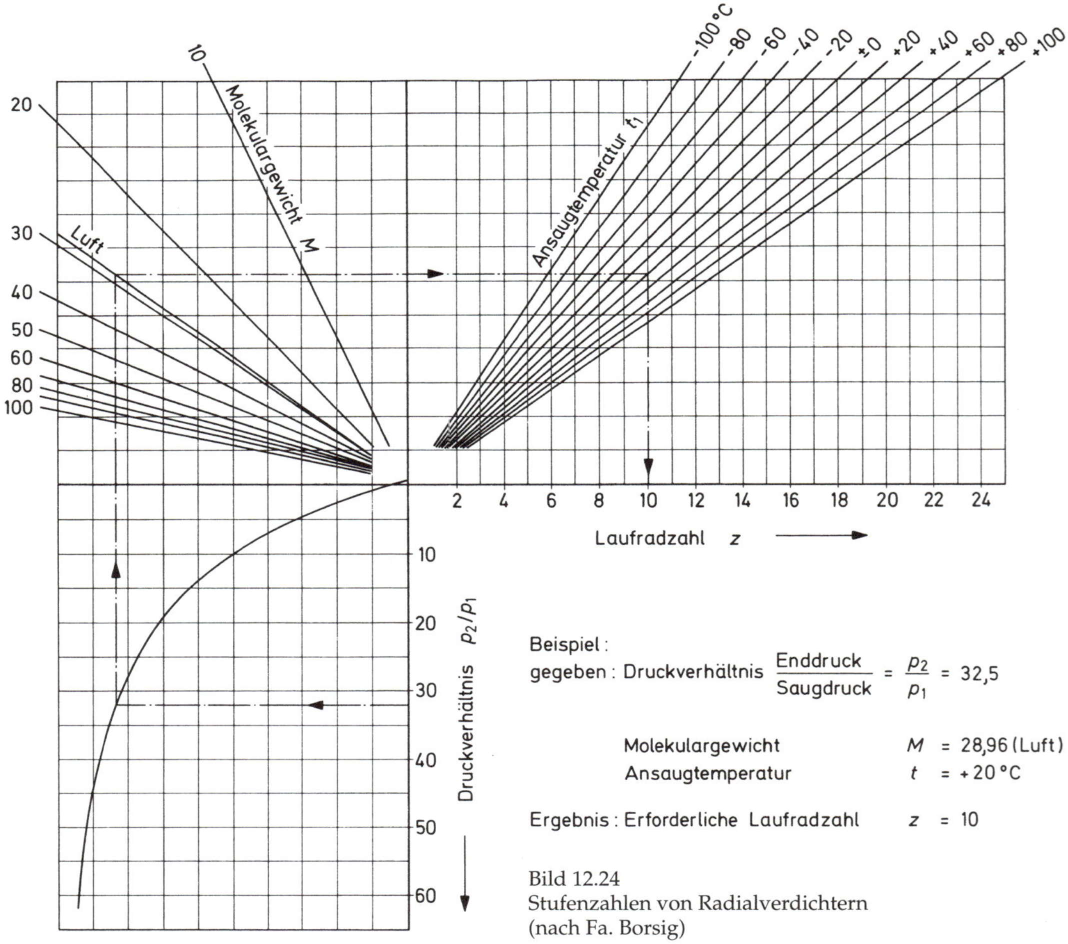

**Beispiel:**
gegeben: Druckverhältnis $\dfrac{\text{Enddruck}}{\text{Saugdruck}} = \dfrac{p_2}{p_1} = 32{,}5$

Molekulargewicht $\qquad M = 28{,}96$ (Luft)
Ansaugtemperatur $\qquad t = +20\,°C$

Ergebnis: Erforderliche Laufradzahl $\quad z = 10$

Bild 12.24
Stufenzahlen von Radialverdichtern
(nach Fa. Borsig)

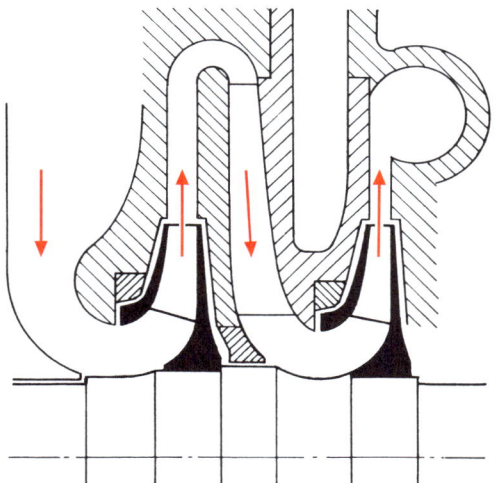

Bild 12.25
Radialverdichter-Prinzip
(nach Fa. DEMAG)

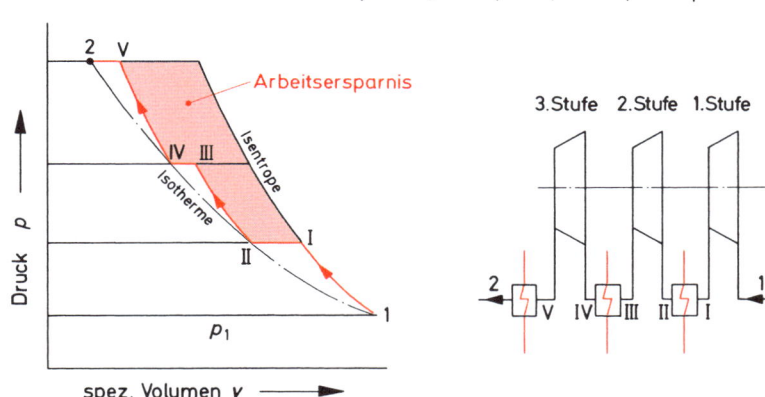

Bild 12.26
Gekühlte Verdichtung

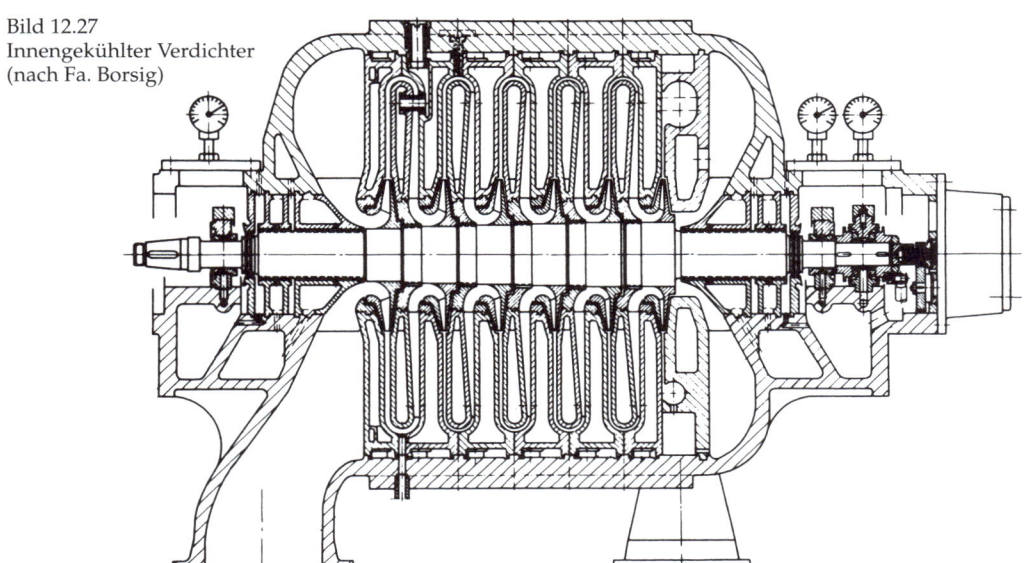

Bild 12.27
Innengekühlter Verdichter
(nach Fa. Borsig)

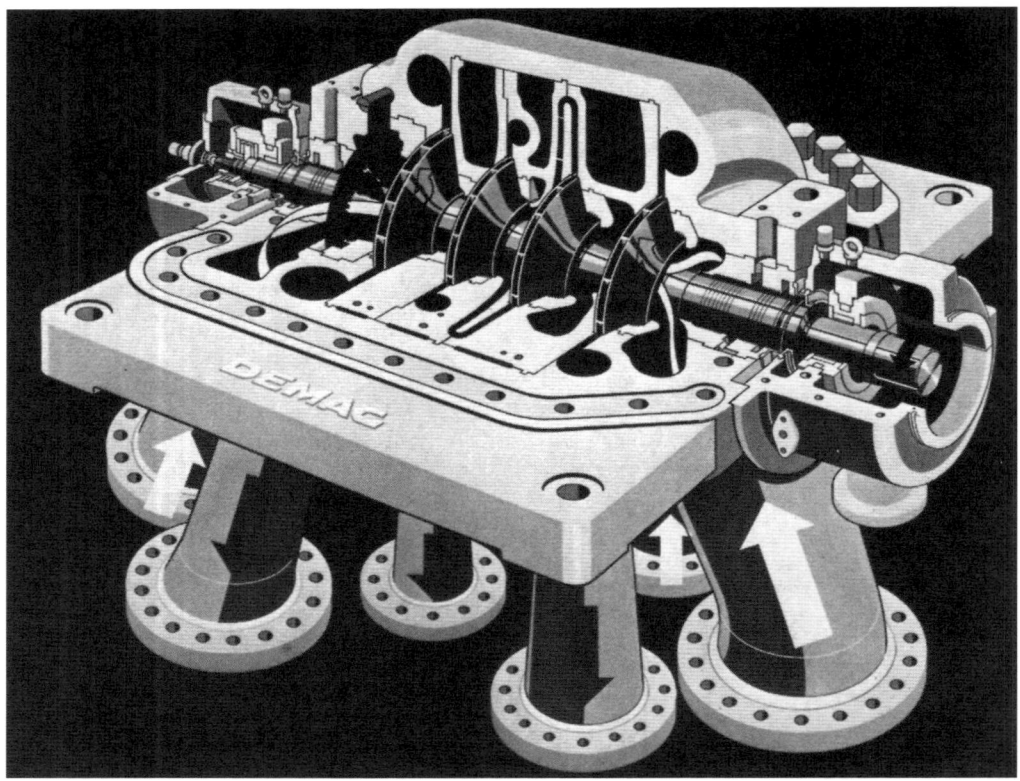

Bild 12.28    Radialverdichter mit axialer Teilung (nach Fa. DEMAG)

Das Gehäuse wird bei normalem Druckniveau mit horizontaler Gehäuseteilfuge in Achshöhe (Bild 12.28) ausgeführt. Bis auf den Rotor und einige Bauteile der Dichtungspartie sind hierbei sämtliche Bauteile horizontal geteilt. Zum Öffnen wird das Gehäuseoberteil abgehoben, der Läufer und das Gehäuseunterteil liegen dann zur Inspektion und Wartung offen. Für höhere Drücke, bei geforderter hoher Dichtheit gegen Diffusion oder anderen speziellen Betriebsbedingungen werden Gehäuse mit vertikaler Teilfuge, sog. Topfgehäuse (Bild 12.29), verwendet. Das Topfgehäuse besteht aus einem zylindrischen Mantel und 2 Deckeln. In das Topfgehäuse wird das horizontal geteilte Innengehäuse mit dem Läufer eingeschoben.

Die Abdichtung des Rotors gegenüber dem Gehäuse erfolgt bei allen Gehäuseversionen durch berührungsfreie Spalt- und Labyrinthdichtungen, sehr selten durch Gleitringdichtungen oder Schwimmringdichtungen. Die Lager werden üblicherweise als Gleitlager ausgeführt.

Zur Vermeidung großer Axialschübe, die durch besondere Spurlager oder Ausgleichskolben aufgenommen werden müssten, werden die Laufräder häufig gegenläufig angeordnet (Bild 12.28).

Der Antrieb der Verdichter kann durch Elektromotoren, Dampfturbinen oder Gasturbinen erfolgen, die Aufstellung in besonderen Maschinenhallen oder im Freien.

Um eine Größenvorstellung von den Betriebsdaten Ansaug-Volumenstrom, Druck-

Turboverdichter 313

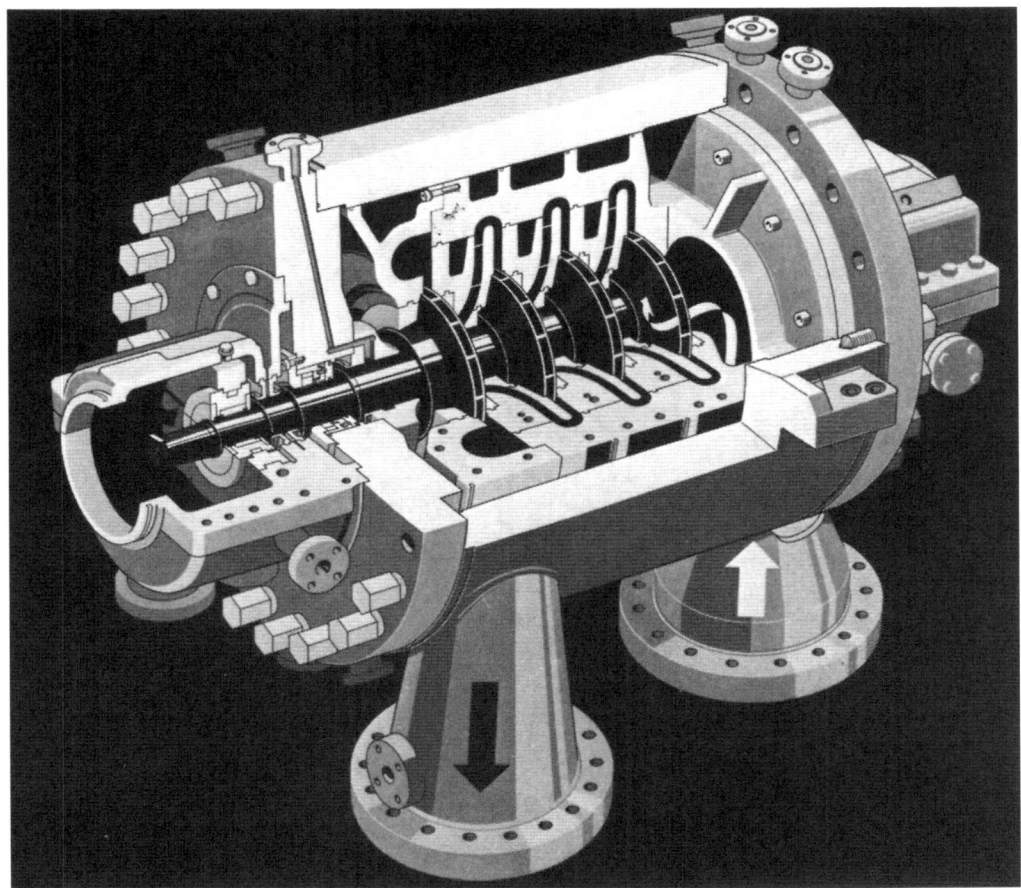

Bild 12.29  Radialverdichter in Topfbauweise (nach Fa. DEMAG)

verhältnis und Drehzahl sowie von den Maschinenabmessungen zu bekommen, wurde aus Unterlagen der Fa. Borsig ein Auswahlkennfeld (Bild 12.30) und eine Maßtabelle (Tabelle 12.3) entnommen, die in Zusammenhang mit dem Diagramm zur Festlegung der Stufenzahl (Bild 12.24) benutzt werden können.

### 12.4.3  Axialverdichter

Bei Ansaugvolumenströmen über 150 000 m³/h erreicht der Radialverdichter Abmessungen, die sowohl in der Fertigung als auch beim Transport Schwierigkeiten bereiten. Der Grund hierfür liegt darin, dass die Druckerhöhung im Radialverdichter nicht nur in den Laufrädern, sondern zu einem großen Teil auch in den nachgeschalteten Diffusoren erfolgt, was eine große radiale Erstreckung der Verdichtergehäuse zur Folge hat. Im Axialverdichter hingegen wird die Druckerhöhung durch Verzögerung der in axialer Richtung verlaufenden Strömung in den eng hintereinander angeordneten Lauf- und Leitschaufeln durchgeführt, sodass sich wesentlich kleinere radiale Abmessungen ergeben als beim Radialverdichter gleicher Betriebs-

314  Ventilatoren, Gebläse, Verdichter

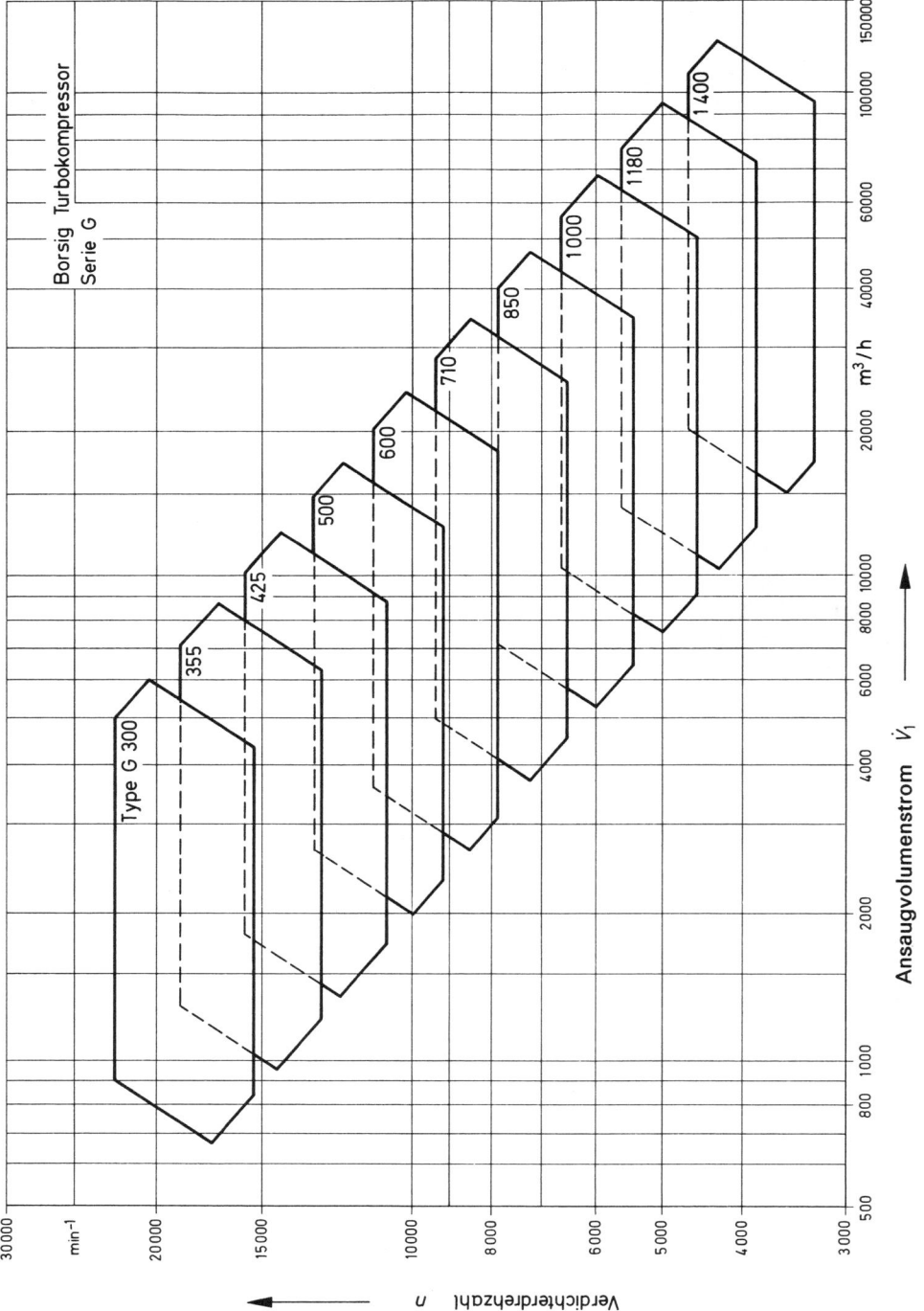

Bild 12.30  Auswahlkennfeld für Radialverdichter (nach Fa. Borsig)

Tabelle 12.3 (nach Fa. Borsig)

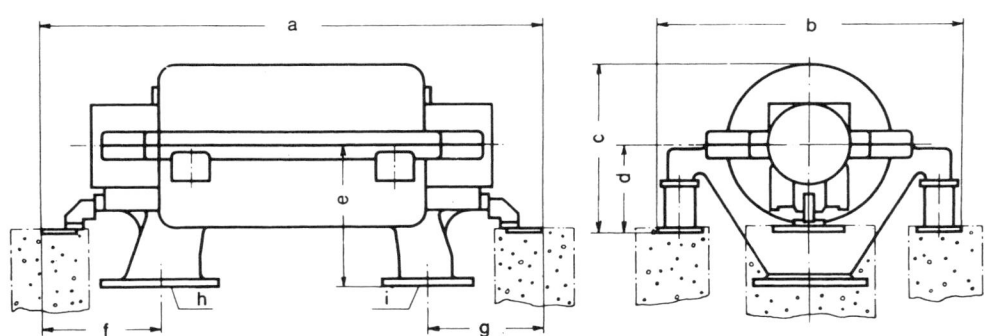

**Abmessungen**

| Verd. Typ | a in Abhängigkeit von der Laufradzahl z | | | | | | | b mm | c mm | d mm | e mm | f mm | g mm | Nennweiten | |
|---|---|---|---|---|---|---|---|---|---|---|---|---|---|---|---|
| | z=1 mm | z=2 mm | z=3 mm | z=4 mm | z=5 mm | z=6 mm | z=7 mm | z=8 mm | | | | | | h mm | i mm |
| G 300 | 1260 | 1350 | 1440 | 1530 | 1620 | 1710 | 1800 | – | 1060 | 1100 | 800 | 500 | 430 | 430 | 250 | 175 |
| G 355 | 1410 | 1250 | 1630 | 1740 | 1850 | 1960 | 2070 | – | 1250 | 1150 | 800 | 600 | 480 | 480 | 300 | 250 |
| G 425 | 1580 | 1700 | 1820 | 1940 | 2060 | 2180 | 2300 | 2420 | 1500 | 1210 | 800 | 710 | 500 | 500 | 350 | 300 |
| G 500 | 1950 | 2100 | 2250 | 2400 | 2550 | 2700 | 2850 | 3000 | 1800 | 1290 | 800 | 850 | 630 | 630 | 400 | 350 |
| G 600 | 2100 | 2280 | 2460 | 2640 | 2820 | 3000 | 3180 | 3360 | 2120 | 1385 | 800 | 1000 | 650 | 650 | 500 | 400 |
| G 710 | 2350 | 2560 | 2770 | 2980 | 3190 | 3400 | 3610 | 3820 | 2500 | 1480 | 800 | 1180 | 700 | 700 | 600 | 500 |
| G 850 | 2650 | 2900 | 3150 | 3400 | 3650 | 3900 | 4150 | 4400 | 3000 | 1620 | 800 | 1400 | 770 | 770 | 700 | 600 |
| G 1000 | 3300 | 3600 | 3900 | 4200 | 4500 | 4800 | 5100 | 5400 | 3550 | 1780 | 800 | 1700 | 1000 | 1000 | 800 | 700 |
| G 1180 | 3800 | 4150 | 4500 | 4850 | 5200 | 5550 | 5900 | 6250 | 4250 | 2150 | 1000 | 2000 | 1100 | 1100 | 1000 | 800 |
| G 1400 | 4400 | 4820 | 5240 | 5660 | 6080 | 6500 | 6920 | 7340 | 5000 | 2350 | 1000 | 2400 | 1250 | 1250 | 1200 | 1000 |

daten (vgl. auch Bild 12.23). Selbst bei Volumenströmen von vielen 100 000 m³/h bleibt der Axialverdichter eine kompakte, problemlose Maschine.

Im Gegensatz zum Radialverdichter werden im Axialverdichter lange Wege zur Umlenkung des Gasstromes von Stufe zu Stufe vermieden. Deshalb treten in ihm Strömungsverluste durch Umlenkungen in weit geringerem Maße auf. Bei richtiger Auslegung und ausreichender Baugröße erreichen Axialverdichter Wirkungsgrade, die bis zu 10% über denen von Radialverdichtern gleicher Betriebsdaten liegen. Je kleiner der Förderstrom wird, desto kürzer werden die Schaufeln und desto höher die Strömungsverluste an den Kanalwänden, sodass sich die Wirkungsgrade des Axialverdichters mit abnehmender Baugröße jenen des Radialverdichters annähern. Axialverdichter werden deshalb normalerweise bei Ansaugvolumenströmen unter 60000 m³/h nicht eingesetzt.

Der konstruktive Aufbau ähnelt dem der axialen Gasturbine oder Dampfturbine (Bild 12.31). Das Gehäuse wird üblicherweise als horizontal geteiltes Gussgehäuse ausgeführt, wobei die Leitschaufeln entweder direkt in der Gehäusewand befestigt sind oder in einem besonderen Leitschaufelträger. Die Gaszufuhr erfolgt meist unter einer Umlenkung von 90° in einem sorgfältig ausgebildeten Saugstutzen, der Gasaustritt in einem Diffusor, der in den Austrittsstutzen übergeht.

Die Laufschaufeln werden in radialen Nuten des meist aus einem Schmiedestück bestehenden schlanken Rotors eingeschoben.

Die Abdichtung auf der Saug- und Druckseite erfolgt üblicherweise in berührungslosen Labyrinthdichtungen, die Lagerung in radialen und axialen Gleitlagern.

Neben der Drehzahlregelung, die die beste Art der Regelung darstellt, da sie auf Verdichterseite keinen zusätzlichen Aufwand erfordert, wird häufig die **Leitschaufelregelung** einiger oder aller Leitschaufeln angewandt. Wegen der großen Herstellungskosten werden im Gegensatz zum Axialgebläse vielstufige Axial-

verdichter nicht mit Laufschaufelverstellung ausgerüstet.

In Bild 12.32 ist das Schnittbild eines Axialverdichters gezeigt, bei dem die ersten 4 Leitschaufelreihen regulierbar sind. In Tabelle 12.4 finden sich die zugehörigen Abmessungen und Volumenstrombereiche.

### 12.4.4 Kombinierter Axial-/Radialverdichter

Bei Verdichtung großer Gasströme auf mittlere Drücke hat man bisher in getrennten Gehäusen untergebrachte Axial- und Radialverdichter hintereinander geschaltet. Seit einiger Zeit wird von den Firmen DEMAG, GHH und Sulzer ein in einem gemeinsamen Gehäuse installierter kombinierter Axial-Radialverdichter mit Zwischenkühlung angeboten, der insbesondere in der Stahlindustrie und in der chemischen Industrie für Volumenströme auf der Ansaugseite bis zu 600000 m³/h und Druckverhältnisse bis 12 eingesetzt wird.

Der Verdichter (Bild 12.33) besteht aus den bekannten Bauelementen der Axial- und Radialverdichter.

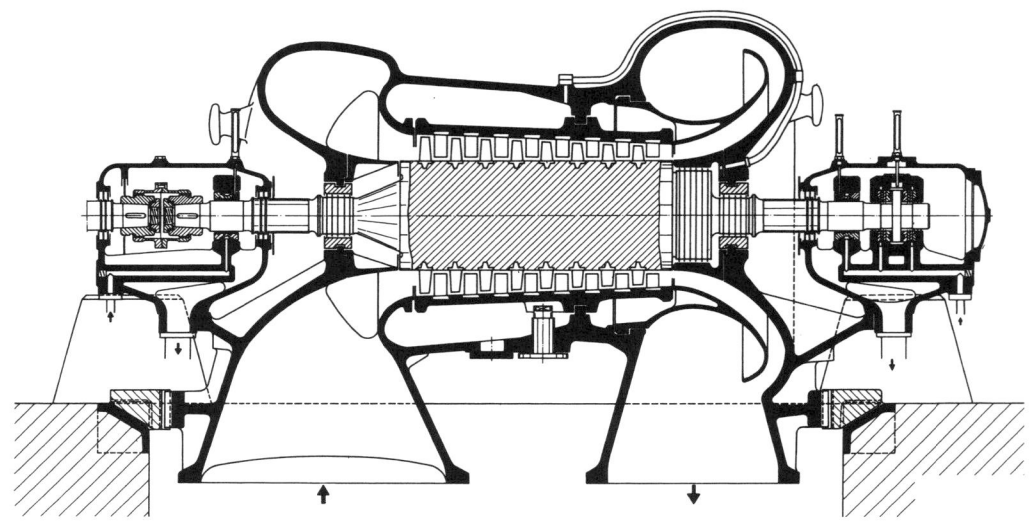

Bild 12.31  Axialverdichter (nach Fa. Sulzer)

Turboverdichter 317

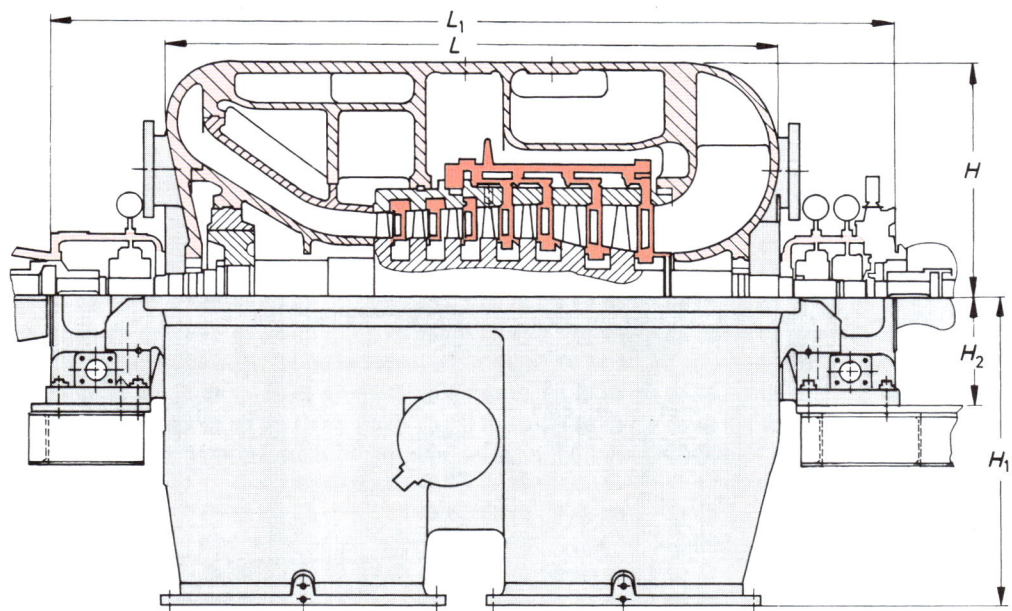

Bild 12.32  Axialverdichter mit verstellbaren Leitschaufeln (nach Fa. GHH)

Tabelle 12.4  Hauptabmessungen des in Bild 12.32 dargestellten Axialverdichters (nach Fa. GHH)

| Typgröße | | 6 | 7 | 8 | 9 | 10 | 11 | 12 | 14 | 16 |
|---|---|---|---|---|---|---|---|---|---|---|
| Volumenstrom [$10^3$ m³/h] von $\dot{V}_1$ bis | | 63 100 | 75 125 | 90 160 | 120 200 | 150 250 | 190 320 | 230 400 | 300 500 | 370 630 |
| $L$ | | 2150 | 2390 | 2525 | 2850 | 3300 | 3430 | 4250 | 4750 | 5300 |
| $L_1$ | | 3010 | 3250 | 3385 | 4140 | 4590 | 4720 | 5560 | 6060 | 6610 |
| $H$ | | 775 | 865 | 975 | 1075 | 1200 | 1360 | 1550 | 1740 | 1950 |
| $H_1$ | | 1000 | 1150 | 1300 | 1450 | 1600 | 1850 | 2100 | 2300 | 2600 |
| $H_2$ | | 400 | 400 | 400 | 500 | 500 | 500 | 650 | 650 | 650 |
| Breite über Teilfuge | | 1890 | 2110 | 2350 | 2690 | 2890 | 3240 | 3750 | 4200 | 4650 |
| Saugstutzen | | 700 x 1400 | 800 x 1600 | 900 x 1800 | 1000 x 2000 | 1100 x 2200 | 1200 x 2400 | 1400 x 2000 | 1600 x 3200 | 1800 x 3600 |
| Druckstutzen | DN | 700 | 800 | 900 | 1000 | 1100 | 1200 | 1400 | 1600 | 1800 |

Alle Maßnahmen sind Richtwerte in mm und unterliegen konstruktiven Änderungen. Sie beziehen sich auf eine 10-stufige Maschine. Bei anderer Stufenanzahl sind $L$ und $L_1$ entsprechend größer oder kleiner (Stufenbreite: etwa 125 mm).

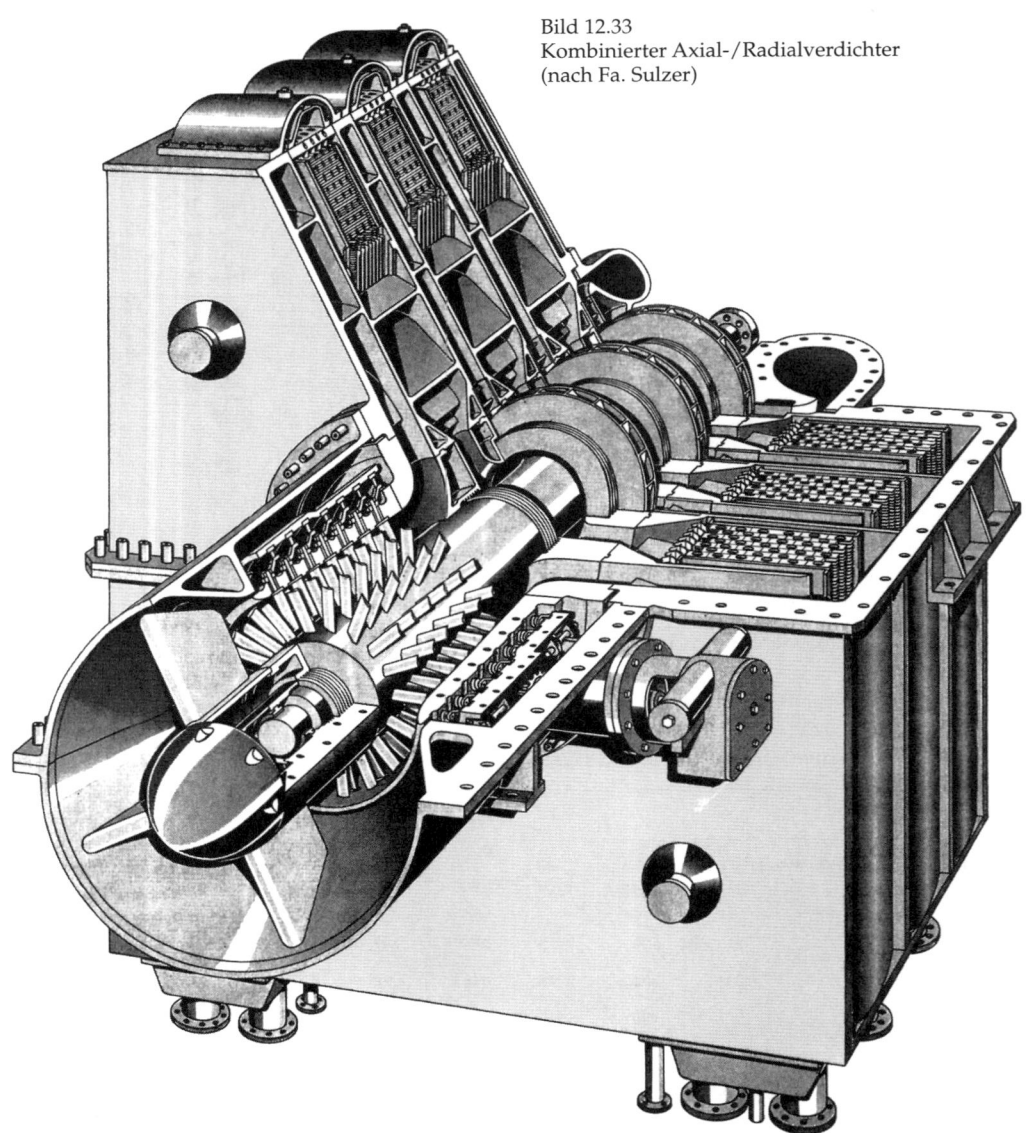

Bild 12.33
Kombinierter Axial-/Radialverdichter
(nach Fa. Sulzer)

Das Medium tritt axial, seltener radial, in den bis zu 9 Stufen aufweisenden Axialverdichter ein, wird dann zwischengekühlt und strömt anschließend, ggf. unter weiterer Zwischenkühlung, durch den aus 1…3 Rädern bestehenden Radialteil. Zur Verringerung des Axialschubes werden die Radialräder mit ihren Saugseiten meist gegenläufig zum Axialteil angeordnet.

Die Regelung des Verdichters erfolgt bei Turbinenantrieb durch Drehzahlregelung, bei elektromotorischem Antrieb durch Verstellung der Leitschaufeln des Axialteiles.

# 13 Hydrodynamische Kupplungen, Bremsen und Drehmomentwandler (Föttinger-Getriebe)

## 13.1 Einleitung

Hydrodynamische Kupplungen, Bremsen und Drehmomentwandler sind hydrodynamische Leistungsübertrager und werden nach dem Erfinder (Patenterteilung 1905) H. FÖTTINGER (1877–1945) auch als Föttinger-Getriebe bezeichnet.

Die Energieübertragung in hydrodynamischen Leistungswandlern erfolgt durch Massenkräfte einer im geschlossenen Kreislauf durch die Pumpen- und Turbinenelemente der kombinierten Strömungsmaschine strömenden Flüssigkeit.

Bei hydrodynamischen Kupplungen und Bremsen ist das Eingangsmoment gleich dem Ausgangsmoment (Bild 14.76), bei Drehmomentwandlern können Momente und Drehzahlen stufenlos geregelt, gesteuert oder selbsttätig vergrößert oder verkleinert werden.

In Bild 13.1 wird das Funktionsprinzip einer hydrodynamischen Kupplung veranschaulicht. Der links dargestellte Motor treibt ein Kreiselpumpenrad an, der eine Arbeitsmaschine vorstellende Propeller rechts außen wird vom Turbinenrad angetrieben. Die geniale Erfindung FÖTTINGERS bestand darin,

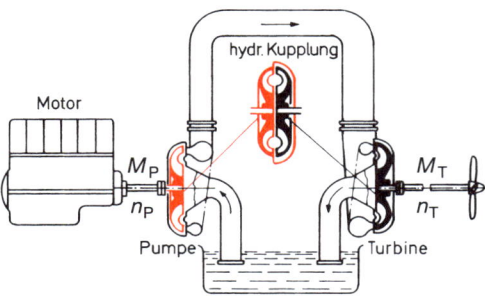

Bild 13.1 Funktionsprinzip einer hydrodynamischen Kupplung
(nach Fa. Voith Turbo GmbH & Co. KG)

Pumpen- und Turbinenrad in einem **gemeinsamen Gehäuse** unterzubringen, so dass die Strömungsverluste in Saugrohren, Spiralen und Rohrzwischenstücken vermieden werden, die bei getrennter Anordnung von Kreiselpumpe und Francis-Turbine auftreten würden.

Der Flüssigkeitsstrom kreist so auf kürzestem Wege zwischen den beiden Laufrädern und überträgt die Leistung allein durch hydrodynamische Kraftwirkung.

Der Wirkungsgrad der kombinierten, kompakten Strömungsmaschine ist so bedeutend größer als es das Produkt aus Pumpen- und Turbinenwirkungsgrad getrennter Maschinen wäre.

Bei der hydrodynamischen Bremse (Retarder) wird das Turbinenrad (Sekundärrad) zum abgestützten, meist feststehenden Stator (Bild 13.2) in dem die Bremsleistung verschleißfrei in Wärme umgewandelt wird.

Beim Drehmomentwandler kommt zusätzlich zu Pumpen- und Turbinenlaufrad noch ein feststehendes Leitrad (Reaktionsglied) hinzu (Bild 13.3).

Auch beim Wandler ist die Summe der Momente gleich 0. Da aber das feststehende Leitrad unterschiedliche Momente aufnehmen kann, kann das Ausgangsmoment (Turbinenmoment) größer, gleich groß oder kleiner sein als das Eingangsmoment (Pumpenmoment) (Bild 14.80).

Die Abgangsdrehzahl (Turbinendrehzahl) kann sich je nach Betriebszustand von der Eingangsdrehzahl (Pumpendrehzahl) wesentlich unterscheiden (Bild 14.82).

Wie bei der hydraulischen Kupplung bzw. Bremse, besteht auch beim Drehmomentwandler keine mechanische Verbindung zwischen Antriebs- und Abtriebsseite, wenn man von Lagern und Dichtungen absieht. Die Wirkungsgrade hydrodynamischer Leistungsübertrager sind i. Allg. kleiner als die Wirkungsgrade

# 320 Hydrodynamische Kupplungen, Bremsen und Drehmomentwandler (Föttinger-Getriebe)

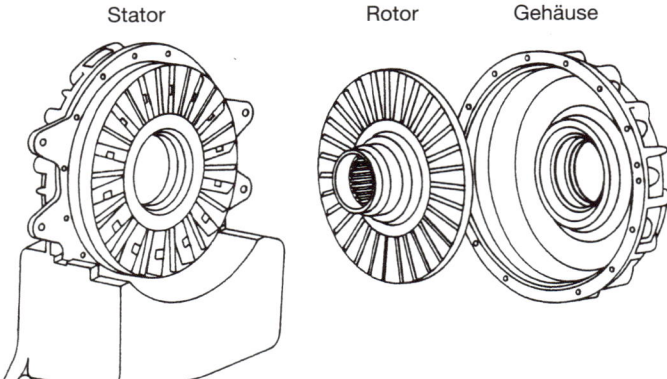

Bild 13.2
Hydrodynamische Bremse
(nach [13.1])

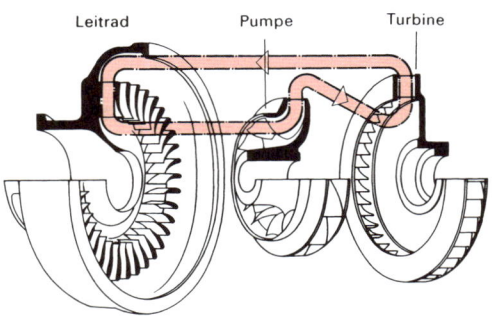

Bild 13.3 Teile eines Drehmomentwandlers
(nach Fa. Voith Getriebe KG)

mechanischer Getriebe, so dass in vielen Anwendungsfällen die anfallende Wärmeleistung nicht mehr durch Wärmeleitung und Konvektion durch die Wandungen der Strömungsmaschine abgeführt werden kann und dadurch Umlaufkühlung durch Flüssigkeitsumwälzung in einem externen Kühler erforderlich wird.

## 13.2 Hydrodynamische Kupplung (Föttinger-Kupplung)

Die hydrodynamische Kupplung besteht aus den 2 wirksamen, aktiven Teilen: Pumpenrad (Primärrad) und Turbinenrad (Sekundärrad) sowie einer mit einem der beiden Laufräder verbundenen Schale, die ein umlaufendes Gehäuse bildet (Bild 13.4). Das Antriebsmoment $M_P$ ist gleich dem Abtriebsmoment $M_T$ und

kann entweder über den Momentensatz (Drallsatz) bzw. Euler'sche Strömungsmaschinen-Hauptgleichung (Tabelle 3.1) oder über die Ähnlichkeitsbeziehung für das Drehmoment (Gl. 4.7) ausgedrückt werden:

a) Darstellung des Momentes $M_P = M_T$ mittels des Momentensatzes:

$$M_P = M_T = \dot{m} \cdot (c_{ua} \cdot r_a - c_{ui} \cdot r_i) \quad \text{(Gl. 13.1)}$$

$M_P$ Drehmoment des Pumpenrades (Antriebsmoment)
$M_T$ Drehmoment des Turbinenrades (Abtriebsmoment)
$\dot{m}$ Massenstrom der im Kreislauf umgewälzten Flüssigkeit
$r_a$ Außenradius (Bild 13.5)
$r_i$ Innenradius (Bild 13.5)
$c_{ua}$ Umfangsgeschwindigkeit am Außenradius $r_a$
$c_{ui}$ Umfangsgeschwindigkeit am Innenradius $r_i$

Aus Gl. 13.1 geht nicht hervor in welcher Richtung der Massenstrom $\dot{m}$ umströmt. Die Umlaufströmung kommt dadurch zustande, dass ein Laufrad schneller rotiert als das andere und durch den Fliehkraftüberschuss ein Druckgefälle vom schneller zum langsamer drehenden Laufrad aufgebaut wird. Die Kraftübertragung in Turbokupplungen ist deshalb **reversibel**.

Im Regelfall wird das Drehmoment vom schneller laufenden Motor zur lang-

Bild 13.4
Hydrodynamische Kupplung
(nach [13.1])

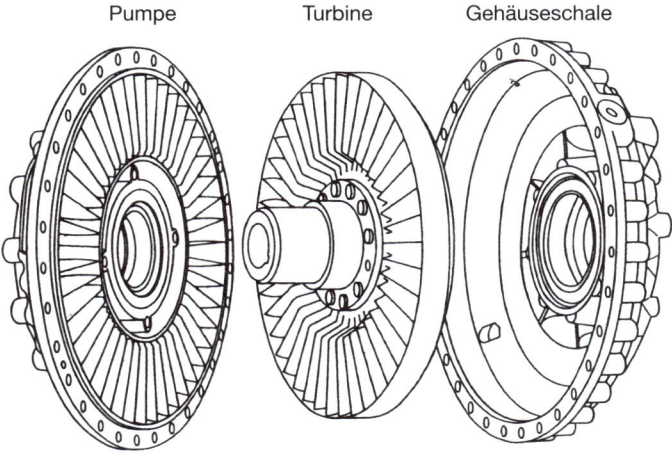

Bild 13.5
Wirkungsweise einer hydrodynamischen Kupplung

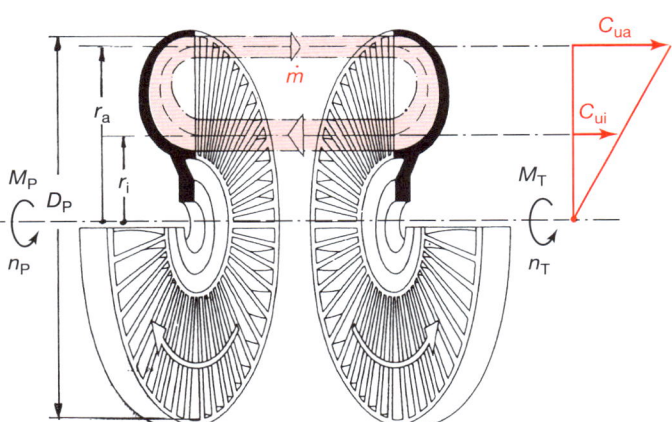

samer laufenden Arbeitsmaschine übertragen ($n_P > n_T$). Dreht die Arbeitsmaschine schneller als der Motor ($n_T > n_P$) dreht sich die Strömungsrichtung um, die Kupplung wirkt dann als Bremse.

b) Darstellung des Momentes $M_P = M_T$ mit Hilfe der Ähnlichkeitsmechanik, ausgehend von Gl. 4.7:

$$M_I = k_1^5 \cdot k_n^2 \cdot M_{II}$$

d.h., mit der Aussage, dass sich das Drehmoment einer Strömungsmaschine proportional zur 5. Potenz der Abmessungen und zum Quadrat der Drehzahl verhält, kann man folgende Grundgleichung herleiten:

$$M_P = M_T = \lambda \cdot \varrho \cdot \omega_P^2 \cdot D_P^5 \qquad \text{(Gl. 13.2)}$$

$M_P$  Drehmoment des Pumpenrades
     (Antriebsmoment)
$M_T$  Drehmoment des Turbinenrades
     (Abtriebsmoment)
$\lambda$  hauptsächlich von der Bauform,
     vom Füllungsgrad und der Belastung
     abhängige Leistungszahl
     (vgl. Abschnitt 4.5.2.4)
$\varrho$  Dichte der Betriebsflüssigkeit
$\omega_P$  Winkelgeschwindigkeit des
     Pumpenrades (Antriebsseite)
$D_P$  Außendurchmesser der Beschaufelung
     des Pumpenrades (Bild 13.5)

Gl. 13.2 ist auch in [13.1] aufgeführt.

322 Hydrodynamische Kupplungen, Bremsen und Drehmomentwandler (Föttinger-Getriebe)

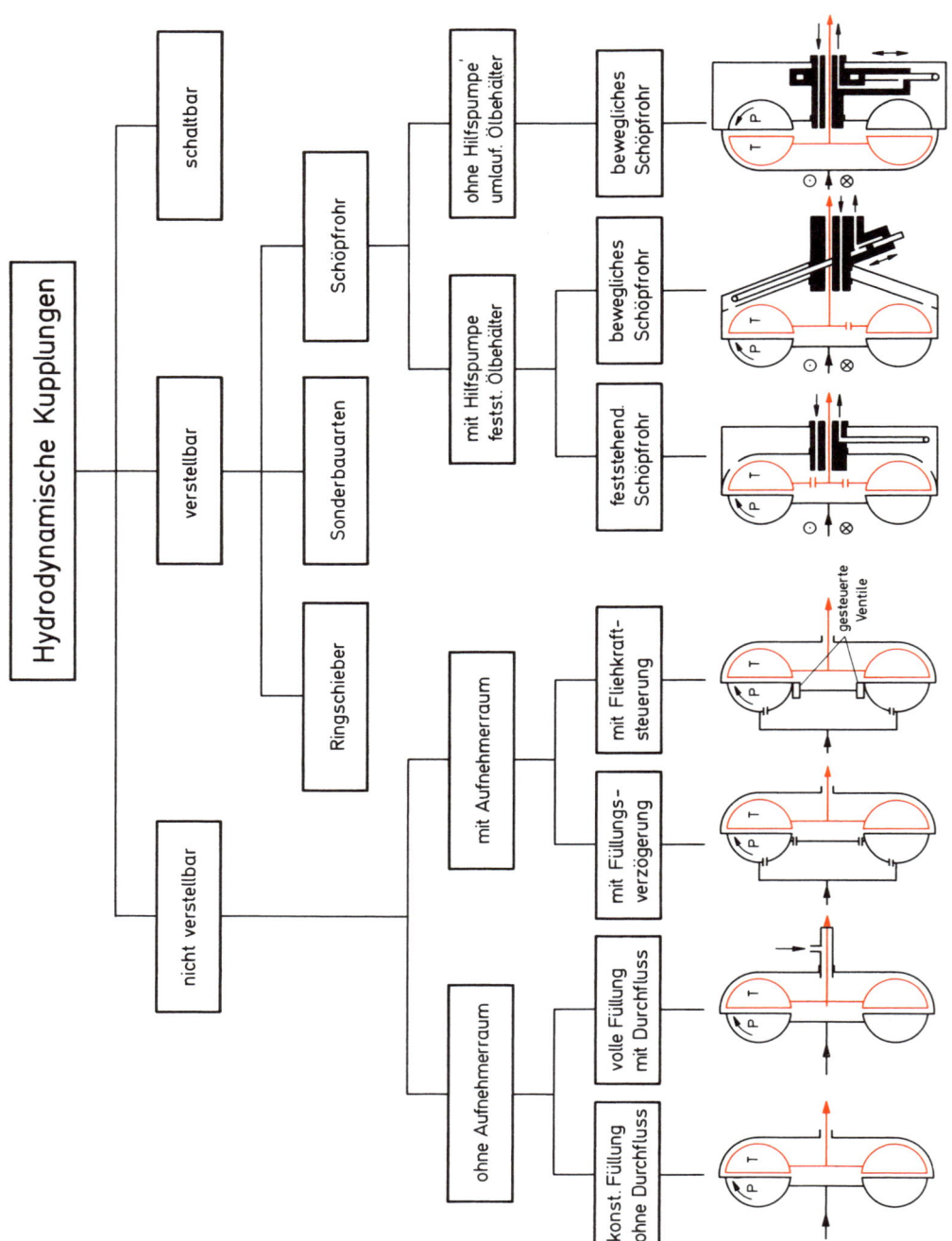

Bild 13.6 Bauformen von Kupplungen (nach VDI 2153)

Der Wirkungsgrad $\eta$ der hydrodynamischen Kupplung ergibt sich als Quotient aus Ausgangsleistung $P_T$ und Eingangsleistung $P_P$:

$$\eta = \frac{P_T}{P_P}$$

$$P_T = M_T \cdot \omega_T$$

$$P_P = M_P \cdot \omega_P$$

$$\eta = \frac{M_T \cdot \omega_T}{M_P \cdot \omega_P}$$

Da das Eingangsmoment $M_P$ gleich dem Ausgangsmoment $M_T$ ist, wird der Wirkungsgrad $\eta$ gleich dem Quotienten aus Abtriebsdrehzahl $n_T$ und Antriebsdrehzahl $n_P$:

$$\eta = \frac{n_T}{n_P} = \nu$$

Der Quotient $n_T/n_P$ wird als Drehzahlverhältnis $\nu$ bezeichnet.

Führt man noch den Begriff des Schlupfes $s$ ein

$$s = 1 - \frac{n_T}{n_P} = 1 - \nu$$

erhält man folgenden Ausdruck für den Wirkungsgrad $\eta$:

$$\eta = \frac{n_T}{n_P} = \nu = 1 - s \qquad \text{(Gl. 13.3)}$$

Der Wirkungsgrad $\eta$ nimmt also mit zunehmendem Schlupf $s$ linear ab (Bild 14.76). Beim Schlupf $s = 0$ wird der Wirkungsgrad $\eta$ theoretisch gleich 100%, das Moment $M_P = M_T$ ist aber gleich 0.

Die Auslegung der Kupplung erfolgt in der Regel so, dass das Volllastdrehmoment bei einem Schlupf $s = 2…3\%$, d.h. bei einem Wirkungsgrad von $\eta = 97…98\%$ übertragen wird.

Zur Erzielung eines bestimmten Drehmomentenverlaufs in Funktion des Schlupfes wurden von den Kupplungsherstellern im Laufe der Zeit die in Bild 13.6 zusammengestellten Bauformen von regelbaren und nicht regelbaren Kupplungen entwickelt [13.1].

Bild 13.7 Regelkupplung (nach Fa. Voith Turbo GmbH & Co. KG)

Man unterscheidet Kupplungen mit unveränderlicher, konstanter Füllung und Kupplungen mit variabler Füllung, wobei Schaltkupplungen und Stellkupplungen unterschieden werden. Schaltkupplungen sind entweder ganz gefüllt oder völlig entleert. Stellkupplungen können mittels Ringschieber oder Schöpfrohr (Bild 13.7) stufenlos in ihrer Übertragungsfähigkeit von Moment und Leistung geregelt werden (Bild 14.78). Für die Verwendung von hydrodynamischen Kupplungen sprechen folgende Vorteile:

a) entlastetes Anfahren des Motors, auch bei belasteter oder blockierter Arbeitsmaschine,
b) keine Überdimensionierung (Leistungsreserve) des Motors erforderlich,
c) sanfte Beschleunigung auch schwerster Massen mit großen Trägheitsmomenten möglich,
d) wirksame Dämpfung von Stößen, Belastungsschwankungen und Torsionsschwingungen,
e) gleichbleibendes Höchstdrehmoment (Bild 14.76) schützt Motor und angetriebene Maschine (Überlastschutz),

f) leichte, stufenlose Anpassung des maximal übertragbaren Drehmomentes durch Änderung der Füllung,
g) hoher Wirkungsgrad, wenn die richtig dimensionierte Kupplung bei kleinem Schlupf betrieben werden kann,
h) verschleißfreie Leistungsübertragung, da keine mechanische Berührung der rotierenden Bauteile vorhanden ist, wenn man von Lagern und Dichtungen absieht.

Bei Regelkupplungen kommen, je nach angetriebener Maschine, noch einige besondere Vorteile hinzu:

a) stufenlose Drehzahlregelung,
b) unbelasteter Anlauf des Motors,
c) Trennung der Kraftübertragung (Leistungsübertragung) bei dauernd durchlaufendem Motor,
d) kurze Reaktionszeiten bei Regelvorgängen.

## 13.3 Hydrodynamische Bremse (Retarder)

Die hydrodynamische Bremse (Retarder) stellt eine Sonderbauform und spezielle Anwendung der hydrodynamischen Kupplung dar. Sie dient zur verschleißlosen und übermüdungsfreien Umwandlung mechanischer Leistung in Wärmeleistung, insbesondere beim Abbremsen von Straßen- und Schienenfahrzeugen sowie von Förderbandanlagen.

Die Bremswirkung setzt wegen der hydrodynamischen Wirkungsweise gleichmäßig und ruckfrei ein.

Bremsen enthalten wie Kupplungen 2 Schaufelräder, ein Pumpenrad als Rotor und ein Turbinenrad als Stator (Bild 13.2).

Bremsen mit feststehendem Turbinenrad (Reaktionsglied) verhalten sich wie hydrodynamische Kupplungen beim Drehzahlverhältnis $\nu = 0$.

Das Bremsmoment steigt nach Gl. 13.2 mit dem Quadrat der Antriebsdrehzahl $n_P$ an ($n_T = 0!$).

Da in der hydrodynamischen Bremse mechanische Leistung in Wärmeleistung verwandelt wird, kann kein Wirkungsgrad in «klassischer» Weise definiert werden. Das Betriebsverhalten der hydrodynamischen Bremse wird durch Kennlinien beschrieben (Abschnitt 14.4.2).

Aufgrund der Bauweise unterscheidet man Konstantfüllungsbremsen und Stellbremsen (Bild 13.8).

Die beeinflussbaren Stellbremsen können durch Füllungsregelung oder durch die Betätigung von Stellgliedern, z. B. Leitschaufeln, in ihrem Betriebsverhalten verändert werden. Für Sonderfälle hoher Leistungsdichte auf gedrängtem Raum wurden 2- und 4-flutige Ausführungen in gemeinsamen Gehäusen entwickelt [13.1].

## 13.4 Drehmomentwandler (Föttinger-Wandler)

Wie schon in der Einleitung bemerkt, enthält ein Drehmomentwandler neben dem rotierenden Pumpen- und Turbinenrad noch ein feststehendes Leitrad als Reaktionsglied (Bild 13.3). Die Summe der Momente der 3 Räder ist 0:

$$M_P + M_T + M_R = 0 \qquad (Gl. 13.4)$$

Das Turbinenmoment (Abtriebsmoment) $M_T$ kann größer, kleiner oder gleich dem Pumpenmoment (Antriebsmoment) $M_P$ sein, je nach **Drehzahlverhältnis** $\nu = n_T/n_P$, Füllungsgrad oder Leitschaufelstellung (Bild 14.80 und 14.82).

$$M_T \gtrless M_P \qquad (Gl. 13.5a)$$

bzw. durch die **Drehmomentwandlung** $\mu$ ausgedrückt:

$$\mu = \frac{M_T}{M_P} \gtrless 1 \qquad (Gl. 13.5b)$$

Der **Gesamtwirkungsgrad** $\eta$ eines Drehmomentwandlers ergibt sich als Produkt aus Drehzahlverhältnis $\nu$ und Drehmomentwandlung $\mu$:

$$\eta = \frac{P_T}{P_P} = \frac{M_T \cdot n_T}{M_P \cdot n_P} = \mu \cdot \nu \qquad (Gl. 13.6)$$

# Drehmomentwandler (Föttinger-Wandler) 325

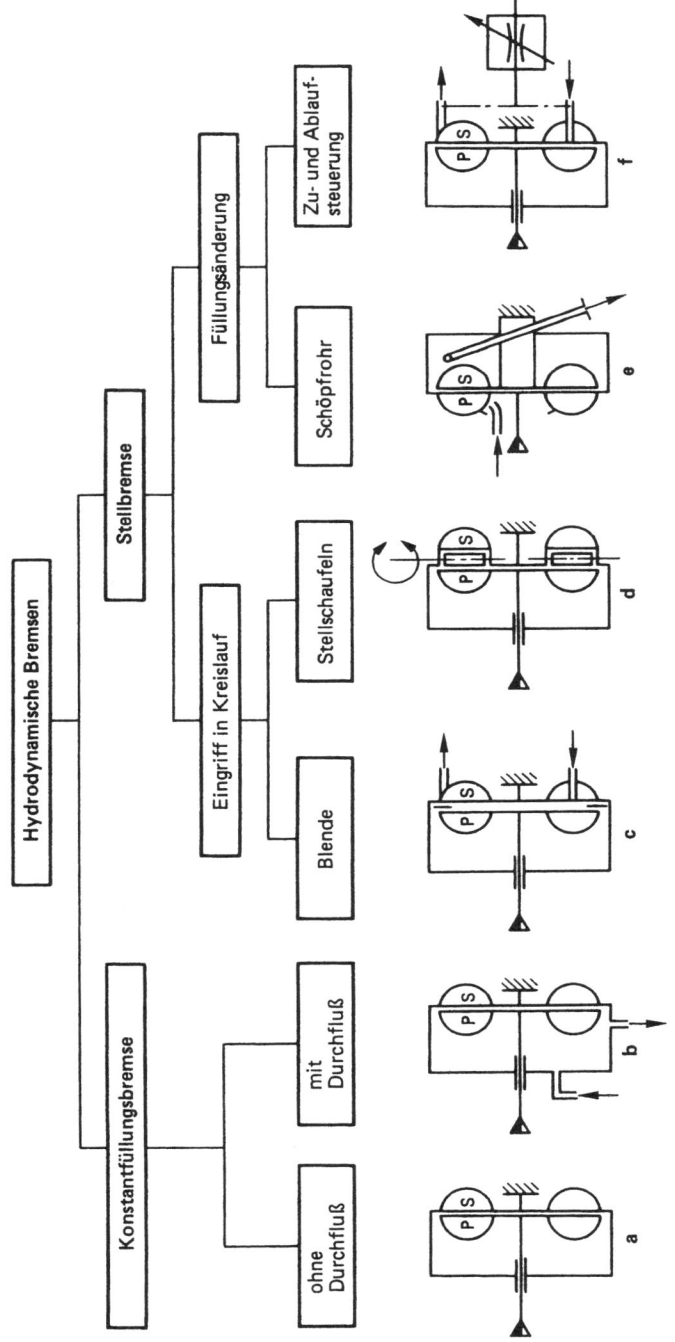

Bild 13.8 Bauformen von Bremsen (nach VDI 2153 [13.1])

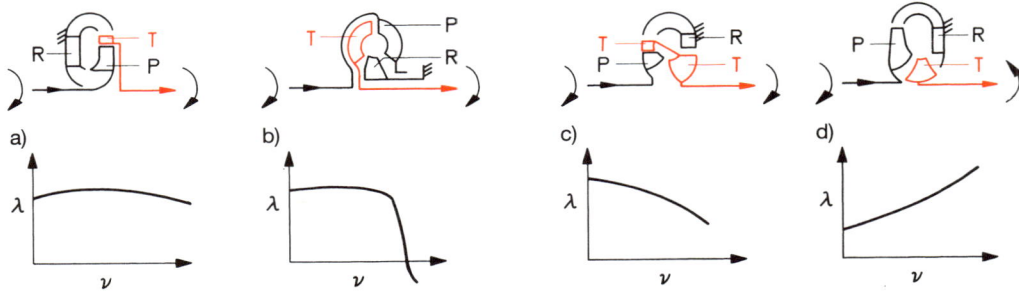

Bild 13.9   Verschiedene Wandlerformen (nach Fa. Voith Turbo GmbH & Co. KG)

Der Wirkungsgrad $\eta$ steigt von 0 bei $\nu = 0$ auf $\eta_{max}$ bei $\nu_{opt}$ und fällt dann wieder auf 0 beim Durchgangsverhältnis $\nu_D$ (Bild 14.80 und Bild 14.81).

In Anlehnung an die VDI-Richtlinie 2153 [13.1] kann man die Drehmomentwandler nach folgenden Gesichtspunkten einteilen:

a) nach dem **Leistungsaufnahmeverlauf** $\lambda = f(\nu)$
Je nach geometrischer Ausbildung der Rad- und Schaufelformen sowie der An- und Zuordnung der verschiedenen Räder (Bild 13.9) kann der Verlauf der Leistungszahl $\lambda$ als Funktion des Drehzahlverhältnisses $\nu = n_T/n_P$ folgende Formen annehmen

- nahezu konstanter Verlauf der Leistungszahl $\lambda$ (Bild 13.9 a),
- nahezu konstanter Verlauf der Leistungszahl $\lambda$ mit steilem Abfall von $\lambda$ ab einem bestimmten Drehzahlverhältnis (Bild 13.9 b),
- Wandler mit fallendem (degressivem) Leistungszahlverlauf (Bild 13.9 c),
- Wandler mit steigendem (progressivem) Leistungszahlverlauf (Bild 13.9 d).

b) nach der Lage des **optimalen Drehzahlverhältnisses** $\nu_{opt}$
Der Wandler erreicht bei einem bestimmten Drehzahlverhältnis seinen besten Wirkungsgrad (Bild 14.80). Dieses Drehzahlverhältnis $\nu_{opt}$ kann als Unterscheidungsmerkmal herangezogen werden (vgl. Kapitel 14).

c) nach den verschiedenen **Betriebsmöglichkeiten**

- **1-phasige Wandler** mit einer einzigen Funktion der Beschaufelung, so dass nur ein Betriebsbereich entsteht,
- **mehrphasige Wandler**, in denen mindestens 1 Schaufelrad durch selbsttätiges An- und Abkuppeln an das Gehäuse oder ein Hauptglied seine Funktion ändern kann und dadurch mehrere Betriebsbereiche entstehen [13.1, 13.2],
- **Stellwandler** und **Schaltwandler** (beeinflussbare Wandler) mit Einrichtungen zu Eingriffen in die Kreislaufströmung während des Betriebs, wie z. B. verstellbare Leitschaufeln (Bild 13.10) oder Ringschieber.

d) nach Zahl der Turbinenstufen in **1-stufige** und **mehrstufige Wandler,**

e) nach dem Drehsinn von Pumpen- und Turbinenrad (Antriebs- und Abtriebswelle) in **Gleichlaufwandler** und **Gegenlaufwandler.**

Von den zahlreichen in der Literatur und in Firmenbroschüren beschriebenen Wandlerkonstruktionen werden 2 typische, häufig eingesetzte Bauarten beispielhaft herausgegriffen:

a) **Stellwandler** mit verstellbaren Leitschaufeln (Bild 13.10):
Bei diesem Wandler der «Bauart Voith» ermöglicht die Verstellung des Leitrades (Reaktionsgliedes) eine stufenlose Änderung der übertragbaren Drehmomente und Antriebsdrehzahlen, wie aus dem Kennfeld in Bild 14.82 zu erkennen ist.

## Drehmomentwandler (Föttinger-Wandler) 327

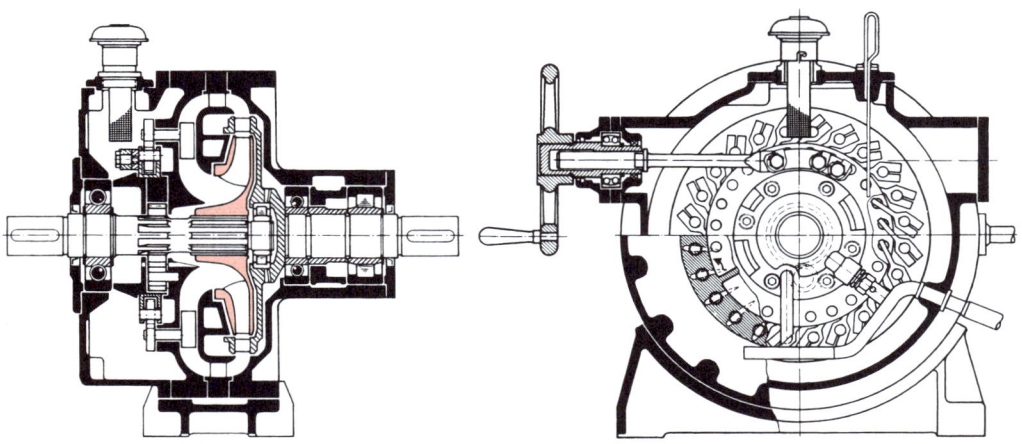

Bild 13.10   Schnitt durch einen Stellwandler (nach Fa. Voith Turbo GmbH & Co. KG)

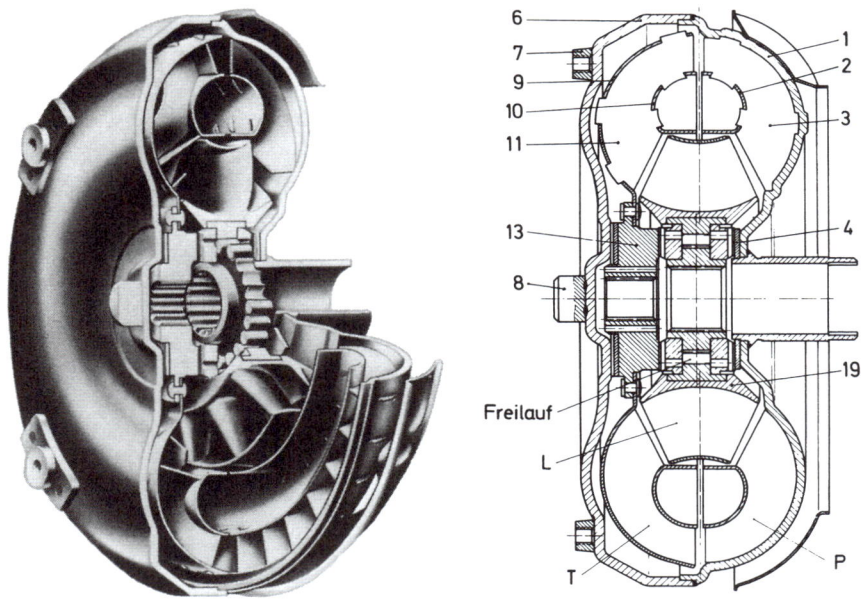

Bild 13.11   Trilokwandler (nach Fa. Fichtel & Sachs)

b) **Trilokwandler** zum Einsatz in Straßen- und Schienenfahrzeugen (Bild 13.11):
Dieser Wandlertyp ist relativ einfach aufgebaut und wenig störanfällig [13.12]. Der dargestellte Wandler ist ein sog. Einbauwandler, d.h. er besitzt im Gegensatz zu dem in a) beschriebenen Stellwandler (Industriewandler) keine eigenen Lager, er muss deshalb fremdgelagert werden, z.B. auf der Motorwelle.

Das Gehäuse besteht aus den Schalen 1 und 6, wobei Teil 1 gleichzeitig die Pumpenschaufeln 3 trägt. Das Motordrehmoment $M_P$ wird durch Schrauben an den Augen 7 übertragen, wobei Zapfen 8 als Zentrierung dient.

Das Turbinenrad T besteht aus den Schalen 9 und 10, den Schaufeln 11 sowie der Nabe 13 und wird mit der Welle des nachgeschalteten mechanischen Getriebes gekuppelt.

Das Leitrad L wird über einen **Freilauf** mit einer feststehenden Hohlwelle verbunden. Nach Erreichen einer bestimmten Turbinendrehzahl $n_T$ auf der Abtriebsseite löst sich der Freilauf, und das vorher feststehende Leitrad beginnt zu rotieren, d.h., es nimmt praktisch kein Reaktionsmoment mehr auf. Der Wandler arbeitet nun als hydrodynamische Kupplung, da nur noch das Pumpen- und Turbinenrad in Aktion sind. Das Ausgangsmoment $M_T$ wird gleich dem Eingangsmoment $M_P$ (Kennfeld: Bild 14.83).

Weiterführende und vertiefende Studien zu Kapitel 13 ermöglicht die in [13.1 bis 13.12] aufgeführte Literatur.

# 14 Betriebsverhalten von Strömungsmaschinen (Kennfelder)

## 14.1 Einleitung

Eine Strömungsmaschine ist nicht nur für eine bestimmte Kombination der Betriebswerte Massenstrom, spezifische Stutzenarbeit, Leistung und Drehzahl ausgelegt, sondern für einen mehr oder minder großen **Betriebsbereich**. Ändern sich Massenstrom (Volumenstrom), spezifische Stutzenarbeit und Drehzahl gegenüber den der Auslegung zugrundeliegenden Werten, ändert sich i. Allg. auch der Wirkungsgrad der Maschine.

Bei Strömungskraftmaschinen (Turbinen) ergibt sich die Notwendigkeit der Regelung oder Anpassung meist aus den variablen Leistungs- und Drehzahlanforderungen der angetriebenen Maschine, z. B. eines Generators.

Bei Strömungsarbeitsmaschinen (Pumpen, Verdichter, Ventilatoren) werden von einer Anlage oder einem Prozess unterschiedliche, anpassbare Werte für Massenstrom (Volumenstrom) und spezifische Stutzenarbeit gefordert.

Die Einstellung der verlangten Betriebswerte erfolgt entweder durch Verändern der Geometrie der Strömungsmaschine, z. B. durch Leitrad- oder Laufradverstellung, durch Variation der Drehzahl, durch Ändern des Strömungswiderstandes der Anlage (Drosseln), oder durch Parallel-, Reihen- und Bypass-Schaltung.

Das Betriebsverhalten der Strömungsmaschinen wird durch Kurvenzüge der relevanten Betriebsgrößen in sog. Kennlinien oder Kennfeldern dargestellt.

Kennlinien werden i. Allg. durch Versuche an Original- oder Modellmaschinen gewonnen und durch ähnlichkeitsmechanische Umrechnungen in die gewünschte Form gebracht. Inzwischen gibt es vielversprechende Ansätze die Kennlinien von Strömungsmaschinen durch Rechnung zu ermitteln [14.1].

Die Darstellung der Kennlinien kann dimensionsbehaftet oder dimensionslos erfolgen. Vielfach wählt man anstelle der Kurvendarstellung der Betriebswerte die Tabellenform, z. B. in Katalogen für Pumpen und Ventilatoren, wobei allerdings die Aussagefähigkeit der Tabellen geringer ist als die der grafischen Kennfelder.

## 14.2 Kennfelder der Strömungskraftmaschinen

### 14.2.1 Wasserturbinen

Wasserturbinen treiben im Regelfall elektrische Generatoren an. Bei Synchrongeneratoren bleibt dabei die Drehzahl mit Rücksicht auf die Frequenz des erzeugten Stroms praktisch konstant, bei Asynchrongeneratoren hängt die Drehzahl in geringem Maße von der Leistung ab.

Die Leistung der Turbine wird entweder wegen Laständerung im elektrischen Netz oder Veränderung des Volumenstromes (z. B. in einem Flusskraftwerk) geregelt, wobei die Fallhöhe $H$ in den meisten Fällen in engen Grenzen konstant bleibt. In Pumpspeicherwerken und Laufwasserkraftwerken (Flusskraftwerken) können u. U. auch größere Fallhöhenschwankungen auftreten.

Die Leistungsregelung erfolgt bei der Freistrahlturbine durch Verstellung der Nadeldüse(n), bei der Francis-Turbine durch Verändern der Leitradöffnung, bei Kaplan-Turbinen durch Doppelregulierung von Leit- und Laufschaufelstellung und bei der Ossberger-Turbine durch Aufteilung in Zellen sowie durch Leitschaufelverstellung.

In Bild 14.1 ist der relative Wirkungsgrad $\eta/\eta_{max}$ abhängig von der Turbinenleistung $P$ für konstante Drehzahl und konstante Fallhöhe dargestellt. Es ist auch üblich, auf der Abszisse anstelle der Turbinenleistung den Wasserstrom (Volumenstrom) aufzutragen. Bild 14.2 enthält ein Kennfeld, das den Wirkungsgrad der Ossberger-Turbine in Abhän-

# 330 Betriebsverhalten von Strömungsmaschinen (Kennfelder)

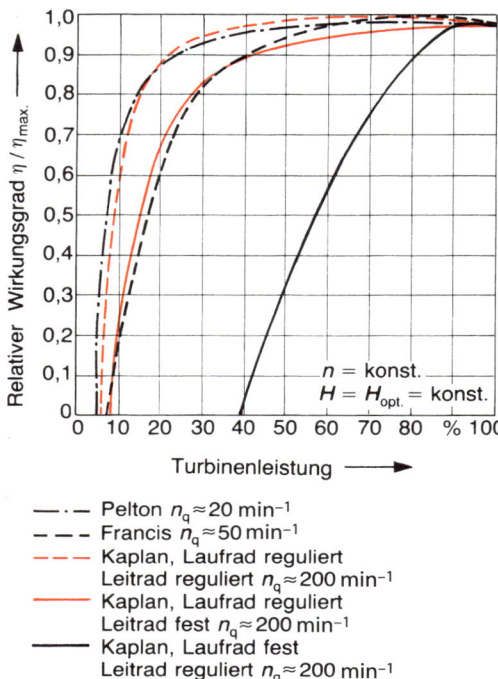

Bild 14.1 Wirkungsgrade von Wasserturbinen (nach Fa. Voith)

– · – Pelton $n_q \approx 20$ min$^{-1}$
– – – Francis $n_q \approx 50$ min$^{-1}$
– – – Kaplan, Laufrad reguliert Leitrad reguliert $n_q \approx 200$ min$^{-1}$
——— Kaplan, Laufrad reguliert Leitrad fest $n_q \approx 200$ min$^{-1}$
——— Kaplan, Laufrad fest Leitrad reguliert $n_q \approx 200$ min$^{-1}$

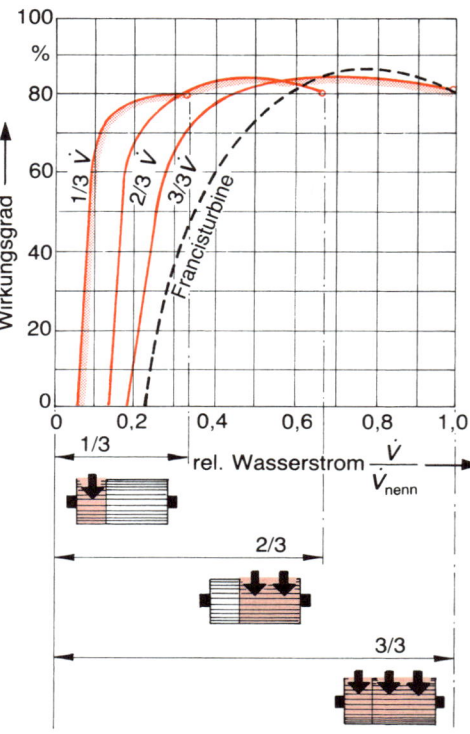

Bild 14.2 Wirkungsgradkurven der Ossberger-Turbine im Vergleich zur Francis-Turbine (nach Fa. Ossberger)

gigkeit des relativen Volumenstromes $\dot{V}/\dot{V}_{nenn}$ beschreibt.

Turbinen in Flusskraftwerken mit stark schwankendem Wasserstrom arbeiten oft auch bei großen Gefälleschwankungen. Bild 14.3 zeigt das Kennfeld einer Kaplan-Rohrturbine bei diesen Betriebsverhältnissen.

Die vollständigen Kennfelder bei veränderten Volumenströmen, Fallhöhen und Drehzahlen mit Einschluss von Kavitationsbeiwerten können nur in **Modellversuchen** an geometrisch exakt verkleinerten **Modellturbinen** gewonnen werden. Die Durchführung derartiger exakter Modellversuche erfolgt häufig nach [14.2].

Aufbau und Funktion von hydraulischen Modell-Versuchsanlagen werden u. a. in [14.3 bis 14.8] beschrieben.

In [14.9 bis 14.11] finden sich universelle Kennfelder, sog. **Muschelkurven-Kennfelder**, die alle Betriebswerte von Wasserturbinen in absoluter oder relativer Darstellung erfassen und mit deren Hilfe man Wasserturbinen auswählen und projektieren kann.

Turbinen, deren Fallhöhe größeren Schwankungen unterliegt, werden, da die optimale Drehzahl bekanntlich proportional zur Quadratwurzel aus der Fallhöhe ist, am besten **drehzahlgeregelt**.

Die Ausrüstung von Kraftwerken mit großen Fallhöhen- und Wasserstromschwankungen mit frequenzgeregelten Generatoren mit den dazugehörenden Messeinrichtungen und Leittechniken ermöglichen eine noch bessere Leistungsausbeute als der Betrieb mit konstanter Drehzahl und Leitrad- und/oder Laufradregulierung [14.12 und 14.13].

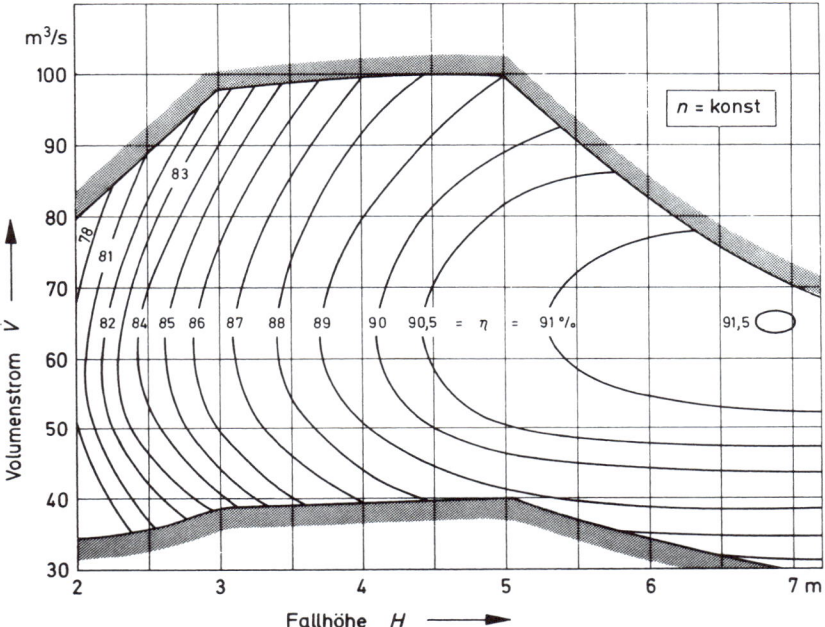

Bild 14.3  Wirkungsgrade einer Kaplan-Rohrturbine (nach Fa. Escher Wyss)

## 14.2.2  Dampfturbinen

Leistung, eventuell auch Drehzahl, Gegendruck oder angezapfte Teilmassenströme von Dampfturbinen müssen verzögerungsfrei an die jeweiligen Betriebsvorgaben angepasst werden.

Die dabei angewandten Regelverfahren sind in Abschnitt 8.6 beschrieben.

Die Leistung einer Dampfturbine berechnet sich, wenn keine Anzapfmassenströme auftreten, nach Gl. 2.42:

$$P = \dot{m} \cdot Y \cdot \eta$$

Die Turbinenleistung kann demnach durch Verändern von $\dot{m}$ oder $Y$, bzw. beider Größen gleichzeitig, geändert werden.

In Bild 14.4 wird die Änderung der spezifischen Stutzenarbeit $Y$ bei Festdruck-Drosselregelung, Düsengruppenregelung und Gleitdruckregelung verglichen.

Die Veränderung des Massenstroms, abhängig vom Ein- und Austrittszustand des Dampfes kann man mit der bereits von STODOLA [14.14] angegebenen Mengendruckgleichung (Dampfkegelgesetz) abschätzen:

$$\frac{\dot{m}_T}{\dot{m}_N} \approx \frac{p_{E,T}}{p_{E,N}} \sqrt{\frac{1-\left(\frac{p_{E,T}}{p_{A,T}}\right)^2}{1-\left(\frac{p_{E,N}}{p_{A,N}}\right)^2}} \sqrt{\frac{T_{A,N}}{T_{A,T}}} \quad \text{(Gl. 14.1)}$$

$\dot{m}_T$   Massenstrom bei Teillast
$\dot{m}_N$   Massenstrom bei Nennlast (Volllast)
$p_{E,T}$   Eintrittsdruck bei Teillast
$p_{E,N}$   Eintrittsdruck bei Nennlast
$p_{A,T}$   Austrittsdruck bei Teillast
$p_{A,N}$   Austrittsdruck bei Nennlast
$T_{A,T}$   Austrittstemperatur bei Teillast
$T_{A,N}$   Austrittstemperatur bei Nennlast

Genauere Betrachtungen zur Mengendruckgleichung von STODOLA finden sich u.a. in [14.15 und 14.16].

Man kann unter Annahme gleichbleibender Austrittstemperatur $T_A$ = konst das verein-

# 332 Betriebsverhalten von Strömungsmaschinen (Kennfelder)

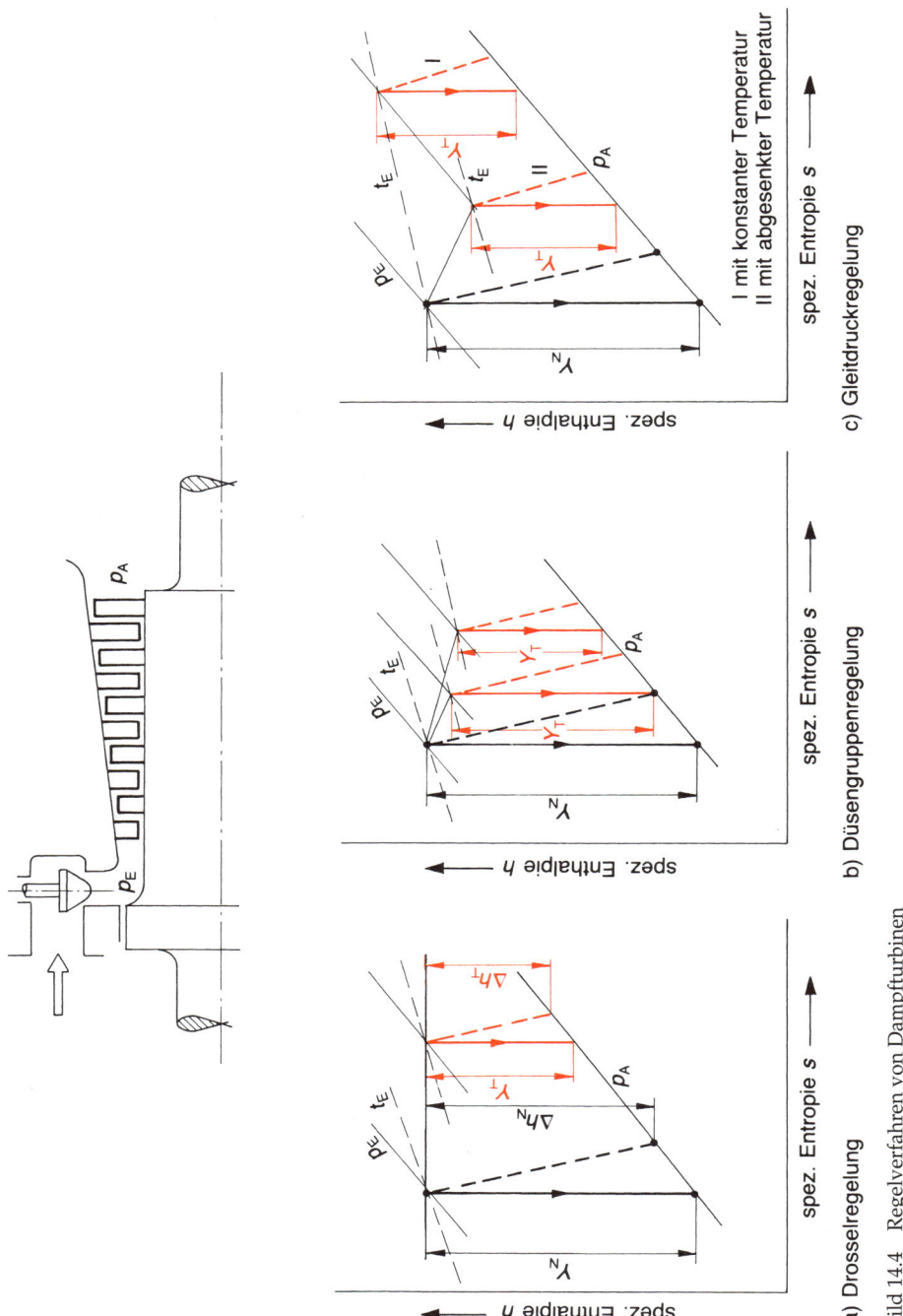

Bild 14.4 Regelverfahren von Dampfturbinen
a) Drosselregelung
b) Düsengruppenregelung
c) Gleitdruckregelung
 I mit konstanter Temperatur
 II mit abgesenkter Temperatur

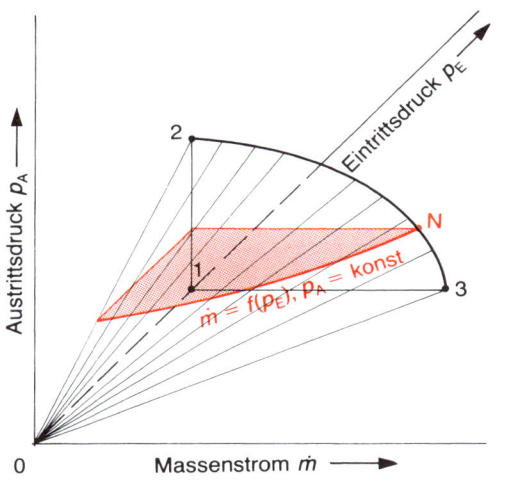

Bild 14.5   Dampfkegelgesetz

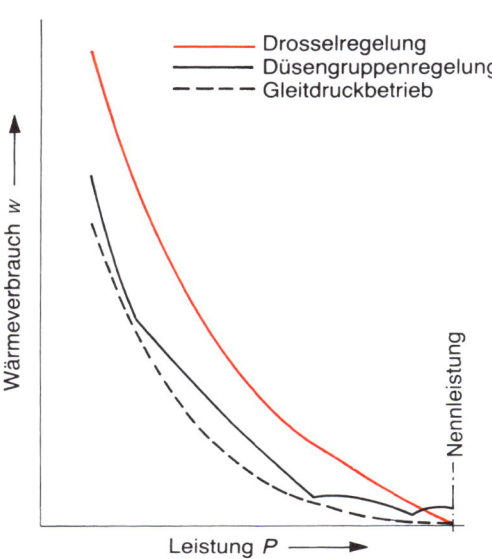

Bild 14.6   Wärmeverbrauch von Dampfturbinen bei verschiedenen Regelverfahren (nach [14.18])

fachte Dampfkegelgesetz von STODOLA auch grafisch darstellen (Bild 14.5):

Alle Kombinationen $\dot{m} = f(p_E; p_A)$ liegen auf der Mantelfläche des Viertelkegels 0–2–3. In der Grundfläche 1–2–3 des Kegels liegt die Funktion $\dot{m} = f(p_A)$ bei $p_E = p_{E,N}$, in der rot schraffierten Fläche wird der Zusammenhang zwischen dem Massenstrom $\dot{m}$ und dem Eintrittspunkt $p_E$ bei gleichbleibender Austrittsdruck $p_A$ dargestellt.

Je nach Regelverfahren

❏ Gleitdruckregelung (Bild 14.4c)
❏ Festdruckbetrieb-Drosselregelung (Bild 14.4a)
❏ Festdruckbetrieb-Düsengruppenregelung (Bild 14.4b)

ist der spezifische Wärmeverbrauch

$$w \sim \frac{\dot{m} \cdot Y}{P} \sim \frac{1}{\eta}$$

abhängig von der Leistung $P$ unterschiedlich groß (Bild 14.6).

In Bild 14.7 sind der relative Massenstrom über der relativen Turbinenleistung $P/P_N$ für die beiden Regelungsarten Drosselregelung und Düsengruppenregelung für kleinere und mittlere Industrieturbinen gegenübergestellt.

Bei Entnahmeturbinen, die neben Wellenleistung auch noch Entnahmedampf abgeben, wird die erforderliche Frischdampfmenge ab-

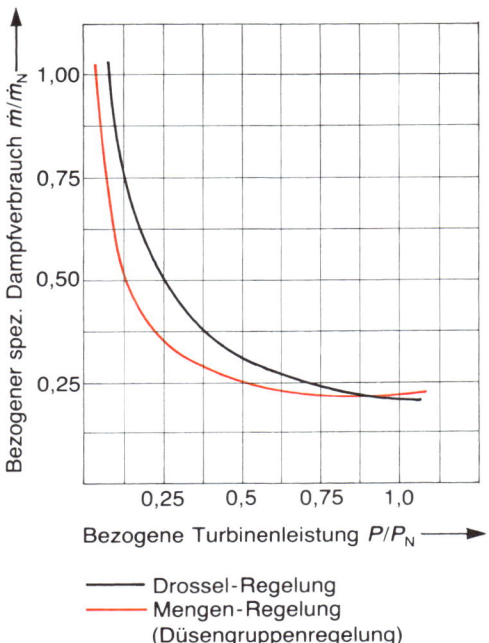

Bild 14.7   Dampfverbrauch bei Drossel- und Düsengruppenregelung (nach Blohm & Voss)

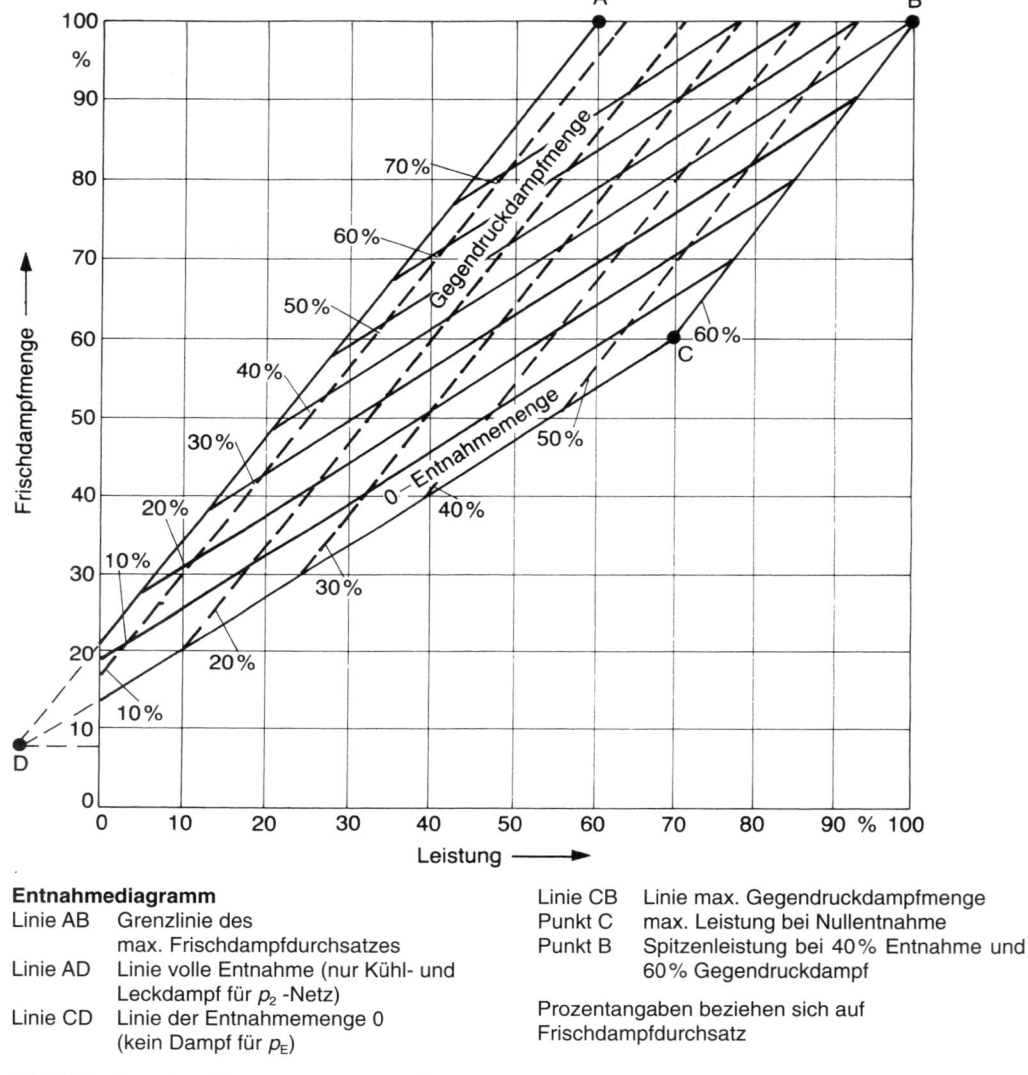

**Entnahmediagramm**
Linie AB  Grenzlinie des max. Frischdampfdurchsatzes
Linie AD  Linie volle Entnahme (nur Kühl- und Leckdampf für $p_2$-Netz)
Linie CD  Linie der Entnahmemenge 0 (kein Dampf für $p_E$)

Linie CB  Linie max. Gegendruckdampfmenge
Punkt C  max. Leistung bei Nullentnahme
Punkt B  Spitzenleistung bei 40% Entnahme und 60% Gegendruckdampf

Prozentangaben beziehen sich auf Frischdampfdurchsatz

Bild 14.8  Entnahmediagramm einer Entnahmeturbine (nach Fa. ABB/Nürnberg)

hängig von Leistung und Entnahmedampfmengen im sog. Entnahmediagramm (Bild 14.8) dargestellt. In [14.17] ist die «Konstruktion» von Entnahmediagrammen beschrieben.

Beim An- und Abfahren der Turbinen oder bei plötzlichen Laständerungen treten im sog. transienten Betrieb verhältnismäßig schnelle Änderungen der Dampfzustände in der Turbine auf.

Dabei ändern sich vor allem folgende wichtigen Größen, meist in gegenseitiger Abhängigkeit in Funktion der Laständerung und des Regelverfahrens:

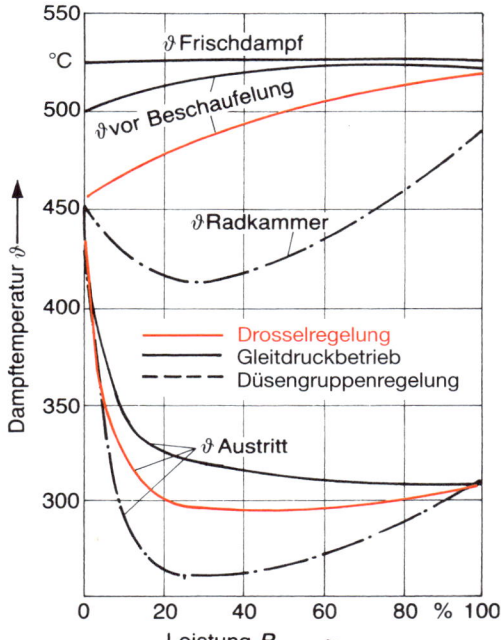

Bild 14.9  Temperaturverlauf in Dampfturbinen, abhängig von Leistung und Regelungsart (nach [14.18])

❑ Leistung
❑ Drücke
❑ Temperaturen
❑ Spannungen
❑ Dampfmassenstrom
❑ Axialschub
❑ Drehzahl bei Netztrennung des Generators

In Bild 14.9 ist beispielsweise der Temperaturverlauf im HD-Teil abhängig von der Leistung $P$ für die 3 bekannten Regelungsarten (Bild 14.4) dargestellt. Weitere Einzelheiten zum Transientenbetrieb können u. a. in [14.18] nachgelesen werden.

### 14.2.3  Gasturbinen

Das Teillastverhalten von Gasturbinenanlagen lässt sich aus der Änderung des Druckverhältnisses, der Temperaturen und des Massenstromes aus der Mengendruckgleichung (Gl. 14.1) unter Berücksichtigung der Kennfelder von Verdichter und Turbine recht zuverlässig abschätzen [14.19 bis 14.21]. Die Darstellung der Turbinen- und Verdichterkennfelder ist meistens dimensionslos [14.22].

Die Laständerung einer Gasturbinenanlage erfolgt überwiegend durch Regeln des zugeführten Brennstoffmassenstromes, gelegentlich auch durch Verstellen von Leitschaufeln im Verdichter oder in der Turbine, z. B. bei Flugtriebwerken, großen Turboladern und Energierückgewinnungsturbinen («Expandern»).

Bei Teillast ändern sich Turbineneintrittstemperatur, Druckverhältnis und Massenstrom je nach Betriebsart (konstante oder veränderliche Drehzahl) und Schaltung als Einwellen- oder Mehrwellenanlage.

Die Turbinennutzleistung ist beim offenen Prozess stärker von der Verdichtereintrittstemperatur (Umgebungstemperatur) abhängig. Als Beispiel für das Kennfeld einer modernen Industriegasturbine ist in Bild 14.10 das 3-teilige Kennfeld der aus dem Pratt-&-Whitney-Flugtriebwerk JT 8 D entwickelten Gasturbine FT 8 von MAN GHH dargestellt. Bild 14.11 enthält das Kennfeld eines Turbostrahltriebwerkes, Bild 14.12 das Kennfeld eines Wellenleistungstriebwerkes (Propellertriebwerk).

Neuere Informationen über das Betriebsverhalten von Gasturbinen in Turboladern können aus [14.23] entnommen werden.

## 14.3  Kennfelder der Strömungsarbeitsmaschinen

### 14.3.1  Rohrleitungskennlinie

Die Rohrleitungskennlinie einer Pumpen-, Verdichter- oder Ventilatoranlage gibt den Zusammenhang zwischen der für den Fördervorgang erforderlichen spezifischen Stutzenarbeit $Y$ der Strömungsarbeitsmaschine und dem durch die Anlage geförderten Volumenstrom $\dot{V}$ bzw. Massenstrom $\dot{m}$ an.

Im Folgenden werden die Zusammenhänge exemplarisch für Pumpenanlagen ab-

336  Betriebsverhalten von Strömungsmaschinen (Kennfelder)

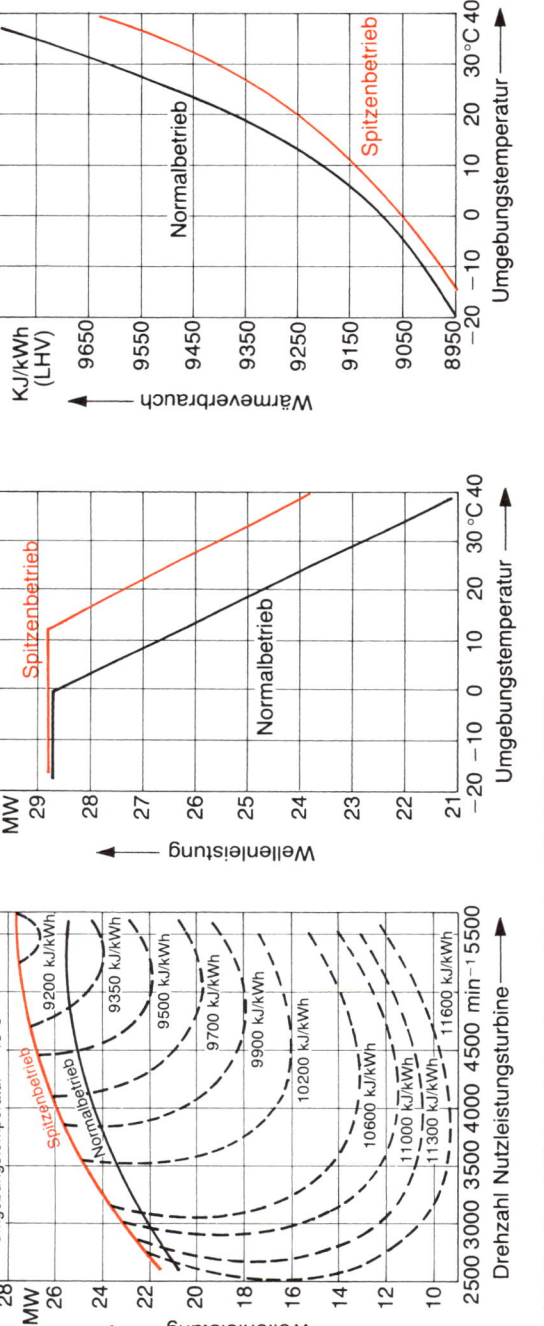

Bild 14.10  Kennfeld einer Industriegasturbine (nach Fa. MAN/GHH)

## Kennfelder der Strömungsarbeitsmaschinen 337

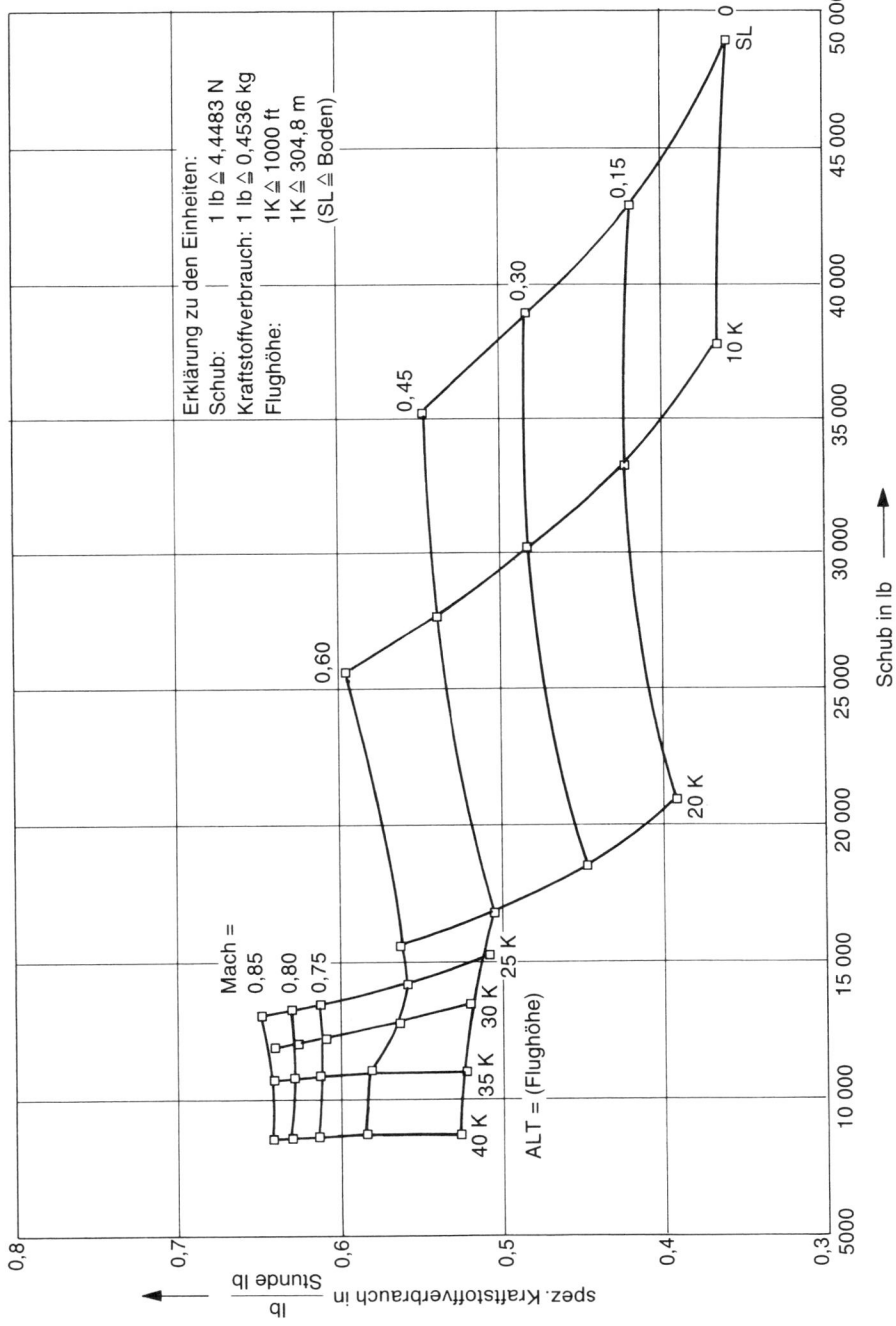

Bild 14.11 Kennfeld des 2-Strom-Triebwerks CF6-80 A3 der General Electric (siehe auch Bild 9.23)

338 Betriebsverhalten von Strömungsmaschinen (Kennfelder)

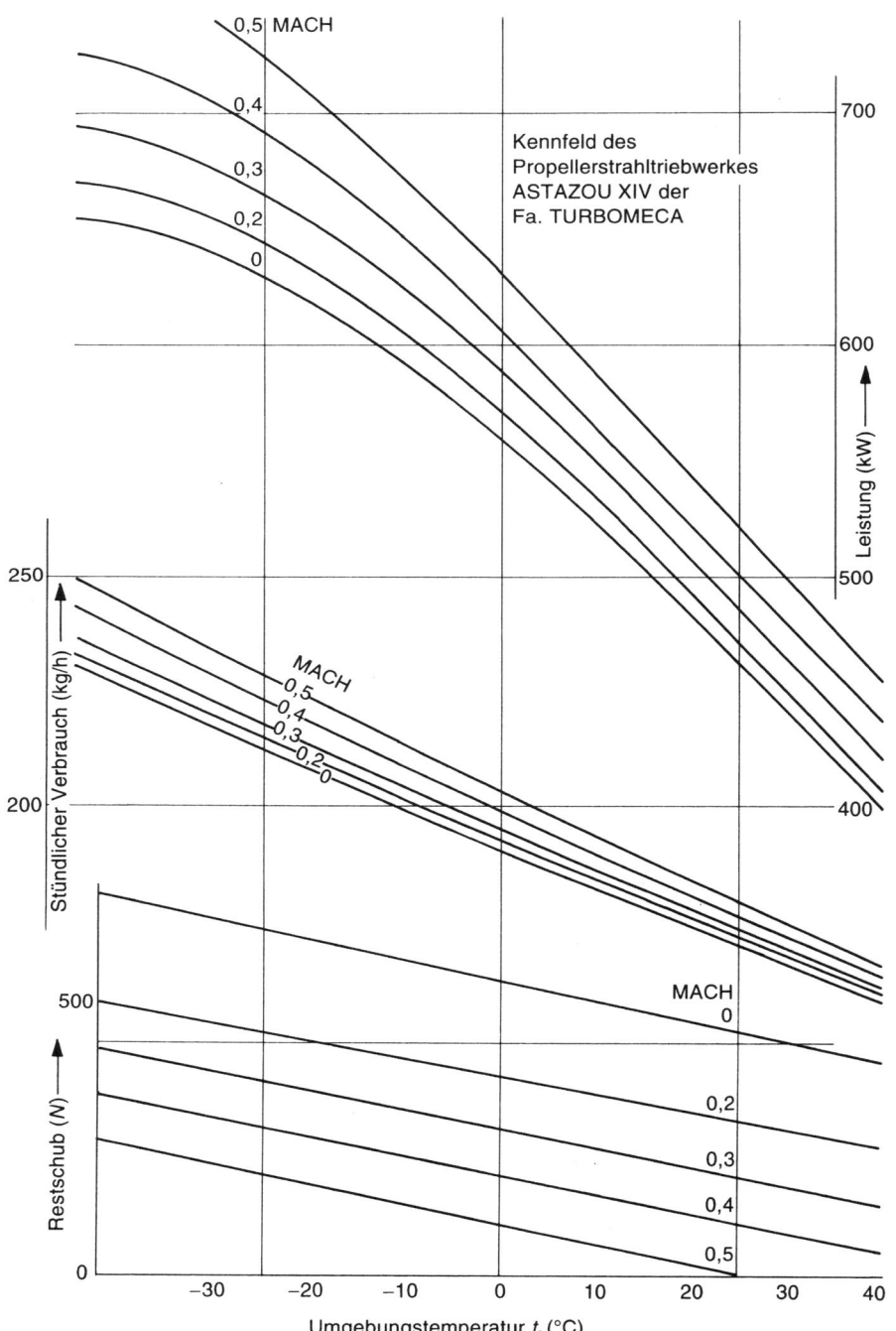

Bild 14.12 Kennfeld des Propellerstrahltriebwerkes ASTAZOU XIV der Fa. TURBOMECA

geleitet. Ventilator- und Verdichteranlagen verhalten sich ähnlich.

Nach Gl. 2.11 kann die spezifische Stutzenarbeit $Y$ einer Kreiselpumpe wie folgt durch die Anlagendaten ausgedrückt werden:

$$Y = g\,(z_{A2} - z_{A1}) + \frac{p_{A2} - p_{A1}}{\varrho} + \frac{c_{A2}^2 - c_{A1}^2}{2} + E_R$$

Die ersten beiden Glieder der Gleichung berücksichtigen Niveau- und Druckunterschied zwischen saugseitigem und druckseitigem Behälter und sind bei stationärem Fördervorgang vom Volumenstrom unabhängig. Der dritte Term enthält die Geschwindigkeiten in den Behältern (vgl. Bild 2.5), das vierte Glied die Reibungsverluste in den Rohrleitungen. Beide Ausdrücke hängen vom Volumenstrom $\dot{V}$ ab.

Das Glied

$$\frac{c_{A2}^2 - c_{A1}^2}{2}$$

ist meist sehr klein oder 0.

Der Reibungsanteil $E_R$ kann nach den Bezeichnungen für die Rohrreibung wie folgt angesetzt werden [14.24]:

$$E_R = \sum \lambda \frac{l}{d}\frac{c^2}{2} + \sum \zeta \frac{c^2}{2} \qquad \text{(Gl. 14.2)}$$

$E_R$ Reibungsverlustenergie
$\lambda$ Rohrreibungszahl
$\lambda = f$ (Reynolds-Zahl und relative Rohrrauigkeit)
$l$ Rohrlänge
$d$ Rohrinnendurchmesser
$c$ mittlere Strömungsgeschwindigkeit
$\zeta$ Widerstandsbeiwert von Formstücken und Rohreinbauten

Vernachlässigt man die Abhängigkeit der Beiwerte $\lambda$ und $\zeta$ von der Reynolds-Zahl, darf vereinfachend geschrieben werden

$$E_R = \left(\sum \lambda \frac{l}{d} + \sum \zeta\right)\frac{c^2}{2}$$

mit

$$c = \frac{\dot{V}}{A} = \frac{\dot{V}}{\frac{d^2 \cdot \pi}{4}}$$

$$E_R = \left(\sum \lambda \frac{l}{d} + \sum \zeta\right)\frac{\dot{V}^2}{2\,\frac{d^4 \cdot \pi^2}{16}}$$

$$E_R = \text{konst} \cdot \dot{V}^2 \qquad \text{(Gl. 14.3)}$$

Die Reibungsverlustenergie ist also in erster Näherung eine quadratische Funktion des Volumenstromes.

Gleichungen 14.2 und 14.3 gelten strenggenommen nur, wenn Rohrreibungszahl $\lambda$ und Widerstandsbeiwerte $\zeta$ unabhängig von der Reynolds-Zahl, d.h. konstant, sind und die Rohrströmung turbulent ist [14.24].

So ist z.B. der Exponent von $\dot{V}$ in Gl. 14.3 bei hydraulisch glatter Rohrströmung ca. 1,75 und bei laminarer Rohrströmung nur 1,0 (Hagen-Poiseuille'sche Rohrströmung).

In der Praxis wird, da man die Rohrströmung in vielen Fällen gar nicht genau kennt, überwiegend mit dem **quadratischen Widerstandsgesetz** $E_R \sim \dot{V}^2$ gerechnet.

Der Ausdruck für die spezifische Stutzenarbeit $Y$ nach der oben zitierten Gl. 2.11 kann in einen «statischen», von $\dot{V}$ unabhängigen Teil $Y_{stat} = g\,(z_{A2} - z_{A1}) + \frac{p_{A2} - p_{A1}}{\varrho}$ und einen «dynamischen», von $\dot{V}$ quadratisch abhängenden Term $Y_{dyn} = \frac{c_{A2}^2 - c_{A1}^2}{2} + E_R$ zerlegt werden (Bild 14.13).

Unter Vernachlässigung kleiner Größen können die Rohrleitungskennlinien vieler Pumpenanlagen als Sonderfälle der in Bild 14.13 dargestellten allgemeinen Kennlinie vereinfacht werden (Tabelle 14.1).

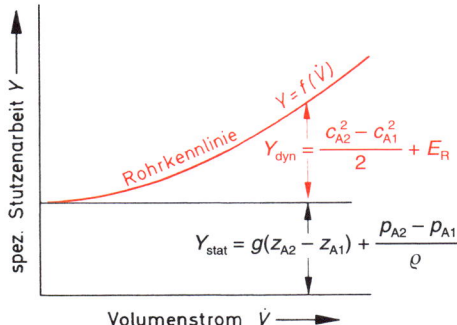

Bild 14.13  Rohrleitungskennlinie

Tabelle 14.1

| Druckerhöhungsanlage | Schöpfwerksanlage |
|---|---|
| 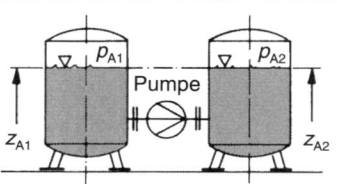 | 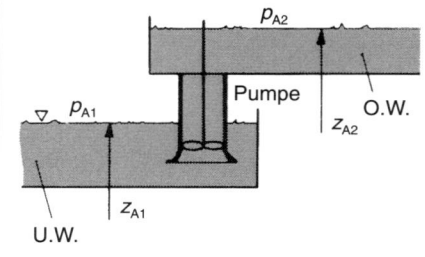 |
| $z_{A1} \approx z_{A2}$<br>$c_{A1} \approx c_{A2} \approx 0$<br>$Y \approx \dfrac{p_{A2} - p_{A1}}{\varrho}$ | $p_{A2} \approx p_{A1}$<br>$c_{A2} \approx c_{A1}$<br>$E_R \approx 0$<br>$Y \approx g(z_{A2} - z_{A1})$ |
| 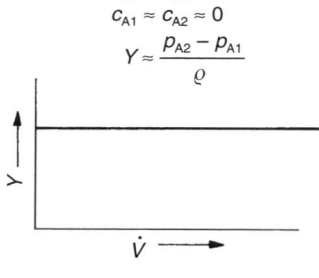 | |
| **Umwälzanlage** | **Springbrunnenanlage** |
| 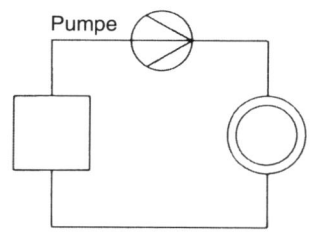 | 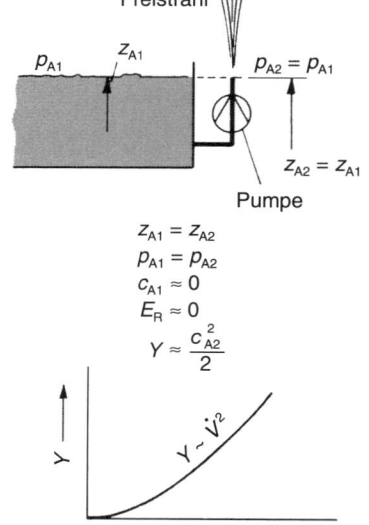 |
| $z_{A1} = z_{A2}$<br>$p_{A1} = p_{A2}$<br>$c_{A1} = c_{A2}$<br>$Y = E_R$ | $z_{A1} = z_{A2}$<br>$p_{A1} = p_{A2}$<br>$c_{A1} \approx 0$<br>$E_R \approx 0$<br>$Y \approx \dfrac{c_{A2}^2}{2}$ |
| 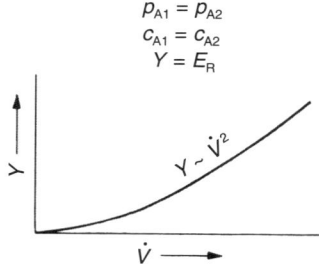 | |

## 14.3.2 Drosselkurve

### 14.3.2.1 Theoretische Herleitung der Drosselkurve

Unter der Drosselkurve soll die Funktion

Spezifische Stutzenarbeit = $f$ (Volumenstrom)

bei gleichbleibender Drehzahl verstanden werden.

Bei Förderung kompressibler Fluide wird die spezifische Stutzenarbeit meist auf den angesaugten Volumenstrom bezogen. Seltener ist die Darstellung

Spezifische Stutzenarbeit = $f$ (Massenstrom)

Bevor auf die realen Drosselkurven von Kreiselpumpen, Ventilatoren und Turbokompressoren eingegangen wird, soll zum Verständnis der Thematik die Drosselkurve von radialen Laufrädern theoretisch hergeleitet werden.

Ausgehend von der Euler'schen Strömungsmaschinen-Hauptgleichung (3.6b) erhält man folgenden Zusammenhang zwischen der theoretischen spezifischen Stutzenarbeit $Y_{th\infty}$ und dem Volumenstrom $\dot{V}$:

$$Y_{th\infty} = u_2 \cdot c_{u2} - u_1 \cdot c_{u1}$$

Für die Annahme drallfreier Zuströmung wird $c_{u1} = 0$.

$$Y_{th\infty} = u_2 \cdot c_{u2}$$

Aus Tabelle 3.4 werden 2 weitere Beziehungen herangezogen:

a) $c_{m2} = \dfrac{\dot{V}_2}{D_2 \cdot \pi \cdot b_2} k_2$

$k_2 = 1{,}0$ für unendlich dünne Schaufeln
$\dot{V}_2 = \dot{V}$ für inkompressibles Fluid

$$c_{m2} = \dfrac{\dot{V}}{D_2 \cdot \pi \cdot b_2}$$

b) $\tan \beta_2 = \dfrac{c_{m2}}{u_2 - c_{u2}}$

$$c_{u2} = u_2 - \dfrac{c_{m2}}{\tan \beta_2}$$

Setzt man den obigen Ausdruck von $c_{m2}$ ein, erhält man die Funktion $Y_{th\infty} = f(\dot{V})$

$$c_{u2} = u_2 - \dfrac{\dot{V}}{\tan \beta_2 \cdot D_2 \cdot \pi \cdot b_2}$$

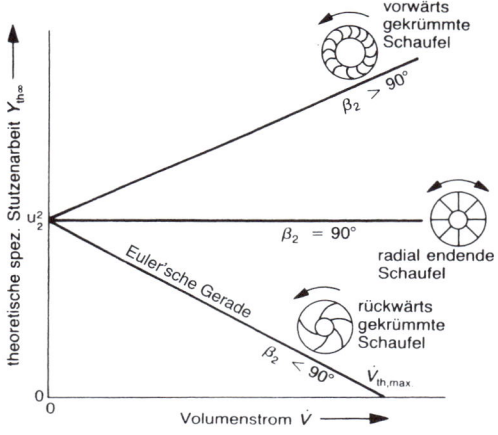

Bild 14.14 Theoretische Drosselkurven (Euler'sche Geraden) – Einfluss des Schaufelaustrittswinkels $\beta_2$

$$\boxed{Y_{th\infty} = u_2 \left( u_2 - \dfrac{\dot{V}}{\pi \cdot D_2 \cdot b_2 \cdot \tan \beta_2} \right)} \quad \text{(Gl. 14.4)}$$

$Y_{th\infty}$ theoretische spezifische Stutzenarbeit
$u_2 = \pi \cdot D_2 \cdot n$ Umfangsgeschwindigkeit am Laufradaußendurchmesser
$\dot{V}$ Volumenstrom
$D_2$ Laufradaußendurchmesser
$b_2$ Laufradaustrittsbreite
$\beta_2$ Schaufelaustrittswinkel

Stellt man die Funktion $Y_{th\infty} = f(\dot{V})$ grafisch dar, erhält man die sog. Euler'sche Gerade, deren Neigung vom Schaufelaustrittswinkel $\beta_2$ abhängt (Bild 14.14).

Für Schaufelwinkel $\beta_2 < 90°$ (rückwärts gekrümmte Schaufeln) lässt sich der theoretisch mögliche maximale Volumenstrom $\dot{V}_{th\,max}$ bei $Y_{th\infty} = 0$ berechnen:

$$0 = u_2 \left( u_2 - \dfrac{\dot{V}}{\pi \cdot D_2 \cdot b_2 \tan \beta_2} \right)$$

$$\boxed{\dot{V}_{th\,max} = u_2 \cdot \pi \cdot D_2 \cdot b_2 \cdot \tan \beta_2} \quad \text{(Gl. 14.5)}$$

$\dot{V}_{th\,max}$ theoretisch maximaler Volumenstrom
$u_2 = \pi \cdot D_2 \cdot n$ Umfangsgeschwindigkeit am Laufradaußendurchmesser
$D_2$ Laufradaußendurchmesser

$b_2$   Laufradaustrittsbreite
$\beta_2$   Schaufelaustrittswinkel

Eine weitere Interpretation von Gl. 14.4 liefert die Aussage, dass die theoretische Kennlinie bei abnehmender Laufradaustrittsbreite $b_2$ und sonst gleichbleibenden geometrischen Parametern steiler wird (Bild 14.15).

Ohne Herleitung wird der Vollständigkeit halber auch die Darstellung der dimensionslosen theoretischen Drosselkurve (Bild 14.16) erwähnt:

$$\psi_{th\infty} = 2 - \frac{\varphi}{2 \cdot \frac{b_2}{D_2} \cdot \tan \beta_2} \quad \text{(Gl. 14.6)}$$

$\psi_{th\infty}$   theoretische Druckzahl
$\psi_{th\infty}$   $= 2 \cdot Y_{th\infty}/u_2^2$
$\varphi$   Durchflusszahl
$D_2$   Laufradaußendurchmesser
$b_2$   Laufradaustrittsbreite
$\beta_2$   Schaufelaustrittswinkel

Für $\psi_{th\infty} = 0$ erhält man die maximal mögliche Durchflusszahl $\varphi_{th\,max}$:

$$\varphi_{th\,max} = 4 \cdot \frac{b_2}{D_2} \cdot \tan \beta_2 \quad \text{(Gl. 14.7)}$$

Nähere Einzelheiten zur Ableitung und Darstellung der dimensionslosen Kennlinien können u. a. in [14.1 und 14.25] nachgelesen werden.

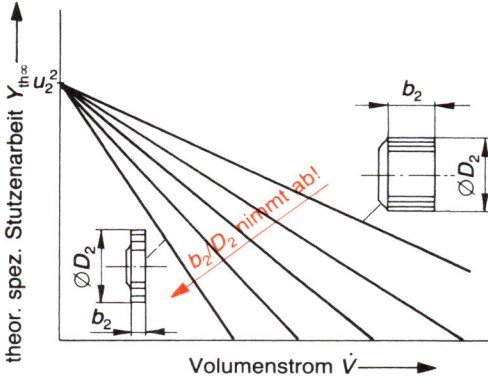

Bild 14.15   Einfluss des Breiten-/Durchmesser-Verhältnisses auf die Neigung der Euler'schen Geraden

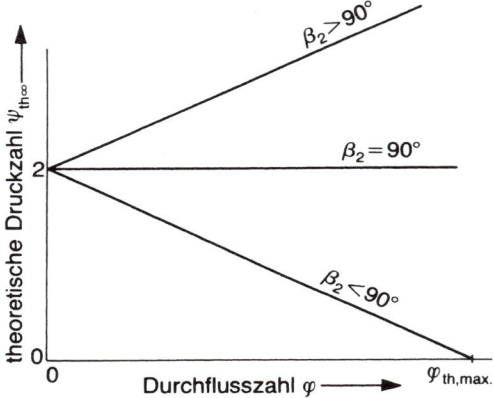

Bild 14.16   Dimensionslose theoretische Drosselkurven (Euler'sche Geraden) – Einfluss des Schaufelaustrittswinkels $\beta_2$

Prinzipiell lassen sich die Gleichungen 14.4 bis 14.7 auch für axiale oder diagonale Laufräder von Turboarbeitsmaschinen herleiten.

Die reale Drosselkurve erhält man durch Berücksichtigung folgender Verluste:
a) Minderleistungseffekt (endliche Schaufelzahl)
b) Kanalreibung in allen strömungsführenden Bauteilen
c) Stoßverluste am Eintritt von Laufrad und Leitrad
d) Spaltverluste (Leckage) am Laufradspalt

Nach Gl. 3.11b werden die Minderleistungsverluste durch den Minderleistungsfaktor $\mu$ ausgedrückt:

$$Y_{th} = Y_{th\infty} \cdot \mu \quad \text{(Gl. 14.8)}$$

In [14.26] werden zahlreiche Verfahren zur Abschätzung des Minderleistungsfaktors $\mu$ angegeben.

Damit ergibt sich eine neue Gerade $Y_{th} = f(\dot{V})$, die durch den Punkt $\mu \cdot u_2^2$ und $\dot{V}_{th\,max}$ geht (Bild 14.17).

In [14.1] wurde eine abweichende Darstellung gewählt, indem die Gerade $Y_{th} = f(\dot{V})$ um den Betrag $(1 - \mu)$ parallel verschoben wird.

Die Reibungsverluste können stark vereinfachend in Anlehnung an die Rohrreibung wie folgt angesetzt werden:

# Kennfelder der Strömungsarbeitsmaschinen 343

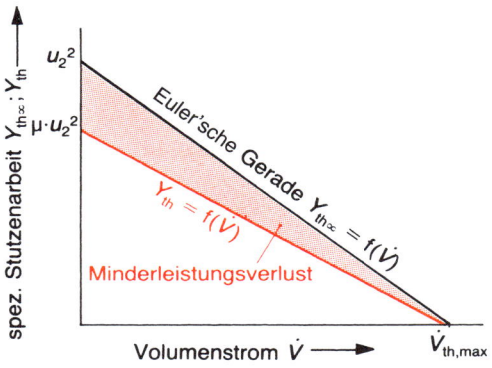

Bild 14.17
Darstellung der Minderleistungsverluste

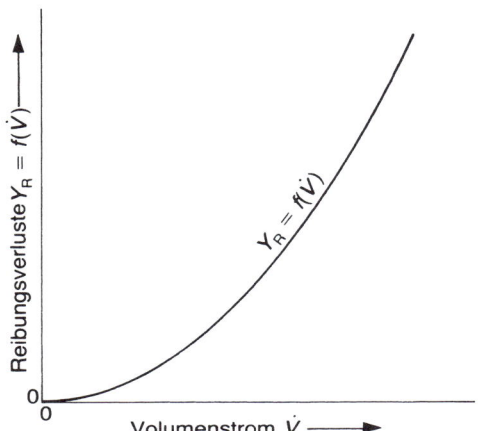

Bild 14.18  Reibungsverluste

$$Y_R = \sum \zeta \cdot \frac{w^2}{2} + \sum \zeta \cdot \frac{c^2}{2} = (1 - \eta_h)\, Y_{th} \quad \text{(Gl. 14.9)}$$

$Y_R$  Summe aller Kanalreibungsverluste
$\zeta$  Verlustbeiwert (siehe z. B. [14.24])
$w$  Geschwindigkeit im Laufrad
$c$  Geschwindigkeit in feststehenden Kanälen
$\eta_h$  hydraulischer Wirkungsgrad
$Y_{th}$  Spezifische Stutzenarbeit nach Gl. 14.8

Die grafische Darstellung der Funktion $Y_R = f(\dot{V})$ ergibt eine quadratische Parabel (Bild 14.18).

Stoßverluste treten an den Eintrittskanten von bewegten und stehenden Schaufelgittern auf und lassen sich mit der Beziehung

$$Y_{St,\,La} = \zeta_{St} \frac{w_{St}^2}{2} \quad \text{(Gl. 14.10\,a) bei Laufrädern}$$

$$Y_{St,\,Le} = \zeta_{St} \frac{c_{St}^2}{2} \quad \text{(Gl. 14.10\,b) bei Leiträdern}$$

abschätzen.
Der Stoßbeiwert $\zeta_{St}$ liegt meist zwischen 0,5 und 0,7. Die Stoßkomponente $w_{St}$ bzw. $c_{St}$ ist die vektorielle Differenz zwischen der Anströmgeschwindigkeit und der Strömungsgeschwindigkeit nach der Stoßstelle [14.27].
Im Optimalpunkt der Strömungsmaschine sind die Stoßverluste theoretisch gleich 0.

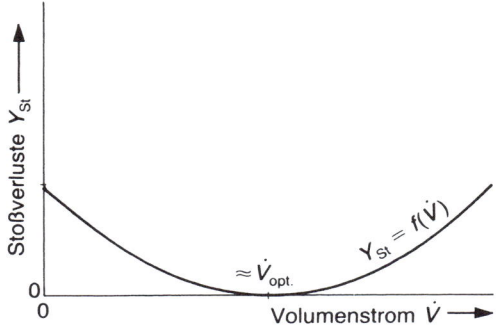

Bild 14.19  Stoßverluste

Der Graph $Y_{St} = f(\dot{V})$ ist eine quadratische Parabel mit dem Scheitel im Optimalpunkt (Bild 14.19).
Die Spaltverluste verursachen keine Minderung der spezifischen Stutzenarbeit, sondern eine Reduzierung des Volumenstroms.
Nach [14.26 bzw. 14.24] kann der Spaltverlust, d.h. die Leckage am Laufradspalt, wie folgt abgeschätzt werden:

$$\Delta \dot{V}_{Spalt} = \alpha_{Spalt} \cdot A_{Spalt} \cdot \sqrt{2 \cdot m_{Spalt} \cdot Y} \quad \text{(Gl. 14.11)}$$

$\Delta \dot{V}_{Spalt}$  Leckage
$\alpha_{Spalt}$  Durchflussbeiwert des Spaltes, siehe [14.26 und 14.24], Größenordnung:
$\alpha_{Spalt} \approx 0{,}6\ldots 0{,}8$

$A_\text{Spalt}$  Spaltquerschnitt
$m_\text{Spalt}$  Spaltdruckverhältnis $\approx 0{,}7\ldots 0{,}9$
$Y$  spezifische Stutzenarbeit
$Y$  $= Y_\text{th} - Y_\text{R} - Y_\text{St}$

Die Berücksichtigung des Spaltvolumenstroms $\Delta \dot{V}_\text{Spalt}$ verschiebt die Drosselkurve $Y = f(\dot{V})$ nach links, wobei diese Verschiebung von $Y$ abhängt, d.h. mit wachsendem $Y$ zunimmt und bei $Y = 0$ Null wird. Die nach dieser Verschiebung entstandene Kurve $Y = f(\dot{V})$ ist die endgültige, durch Rechnung gefundene, Drosselkurve der Strömungsarbeitsmaschine (Bild 14.20).

### 14.3.2.2 Theoretische Herleitung der Leistungskurve

Ähnlich wie die Drosselkurve, kann auch die Leistungskurve, d.h. der Graph $P = f(\dot{V})$, durch theoretische Überlegungen größenordnungsmäßig bestimmt werden.

Für inkompressible, reibungsfreie Strömung in einer Strömungsarbeitsmaschine kann die erforderliche Antriebsleistung zu

$$P_{\text{th}\infty} = \dot{m} \cdot Y_{\text{th}\infty} = \varrho \cdot \dot{V} \cdot Y_{\text{th}\infty}$$

angesetzt werden.

Setzt man für $Y_{\text{th}\infty}$ den in Gl. 14.4 gefundenen Ausdruck ein, erhält man folgenden Zusammenhang zwischen der theoretischen Antriebsleistung und dem Volumenstrom:

$$P_{\text{th}\infty} = \varrho \cdot \dot{V} \cdot u_2 \left( u_2 - \frac{\dot{V}}{\pi \cdot D_2 \cdot b_2 \cdot \tan \beta_2} \right)$$

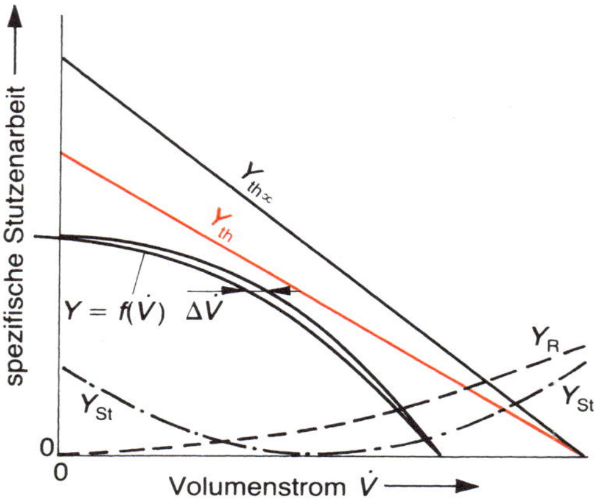

$$P_{\text{th}\infty} = \varrho \cdot u_2^2 \cdot \dot{V} - \frac{\varrho \cdot u_2}{\pi \cdot D_2 \cdot b_2 \cdot \tan \beta_2} \dot{V}^2$$
(Gl. 14.12)

Die Funktion $P_{\text{th}\infty} = f(\dot{V})$ ist eine Parabel, deren Krümmung u.a. durch den Schaufelaustrittswinkel $\beta_2$ beeinflusst wird (Bild 14.21). Für Winkel $\beta_2 > 90°$ steigt die Leistung $P_{\text{th}\infty}$ progressiv mit dem Volumenstrom an, für Winkel $\beta_2 < 90°$ degressiv. Für radial endende Schaufeln ($\beta_2 = 90°$) wird $\tan \beta_2 = \infty$, d.h., das 2. Glied auf der rechten Seite von Gl. 14.12 verschwindet, der Graph $P_{\text{th}\infty} = f(\dot{V})$ wird zur Geraden.

Trägt man in Bild 14.21 eine Volumenstromvergrößerung $\Delta \dot{V}$ ein, erkennt man, dass die Leistungszunahme $\Delta P_{\text{th}\infty}$ bei großen Schaufelwinkeln $\beta_2$ viel größer ist als bei kleinen Schaufelwinkeln.

Die tatsächliche, reale Leistungsfunktion $P = f(\dot{V})$ erhält man, indem man zur theoretischen Leistung $P_{\text{th}\infty}$ noch folgende Verlustleistungen zuschlägt (Bild 14.22):

a) Radseitenreibungsverluste zwischen rotierenden Laufradwänden und stehenden Gehäusewänden

$\Delta P_{\text{v, Rads}} \sim \varrho \cdot u_2^3 \cdot D_2^2$

siehe [14.24, 14.26 und 14.28]

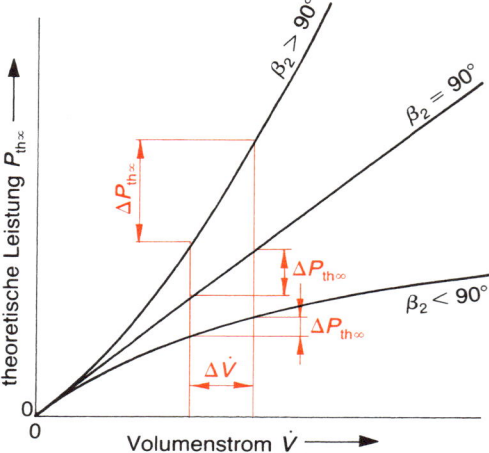

Bild 14.20  Konstruktion der Drosselkurve $Y = f(\dot{V})$

Bild 14.21  Theoretische Leistung $P_{\text{th}\infty}$ in Abhängigkeit vom Schaufelaustrittswinkel $\beta_2$

b) Verluste durch Austauschströmung (Rückströmung) im Teillastbereich, siehe z. B. [11.51, 14.27]
c) mechanische Verluste $P_{v,mech}$ in Lagern und Dichtungen.

### 14.3.2.3 Gemessene Drosselkurve

Bei der auf Prüfständen oder im eingebauten Zustand ermittelten Drosselkurve $Y = f(\dot{V})$ werden gemessen:
a) der durch die Maschine strömende Volumenstrom $\dot{V}$
b) die spezifische Stutzenarbeit $Y$, z. B. für Kreiselpumpen nach Gl. 2.10 und Bild 2.4 oder für Ventilatoren nach Gl. 2.33 oder Gl. 2.37.

Bei der Messung muss entweder die Drehzahl konstant gehalten oder die Messwerte müssen auf eine bestimmte, anzugebende Drehzahl umgerechnet werden. Soll die Drosselkurve bei variabler Drehzahl dargestellt werden, muss die Funktion $n = f(\dot{V})$ unbedingt mit angegeben werden.

Die Darstellung der Drosselkurven kann in dimensionsbehafteter, dimensionsloser oder relativer Form erfolgen, mit linearen oder logarithmischen Koordinatenachsen (Bild 14.23).

In der Praxis ist es meist üblich
❏ bei **Kreiselpumpen** anstelle der Funktion $Y = f(\dot{V})$ den Graphen Förderhöhe $H = f$ (Förderstrom $Q$) darzustellen,
❏ bei **Ventilatoren** die Funktionen $\Delta p_t = f(\dot{V})$ bzw. $\Delta p_{fa} = f(\dot{V})$
❏ und bei **Verdichtern** auch die Funktionen polytrope Verdichtungsarbeit $Y_p = f$ (Ansaugvolumenstrom $\dot{V}_1$) bzw. Druckverhältnis $\pi = p_2/p_1 = f$(Ansaugvolumenstrom $\dot{V}_1$).

In Abschnitt 14.3.3.4 wird auf diese unterschiedlichen Darstellungsweisen der Drosselkurven bei den verschiedenen Strömungsarbeitsmaschinen etwas näher eingegangen.

### 14.3.2.4 Stabile und instabile Drosselkurven

Unter einer stabilen Drosselkurve versteht man den Graph $Y = f(\dot{V})$, bei dem jedem Volumenstrom nur **eine** spezifische Stutzenarbeit zugeordnet ist und umgekehrt, oder anders ausgedrückt, bei der die Drosselkurve von $Y_0$ (bei $\dot{V} = 0$) bis $\dot{V}_{max}$ (bei $Y = 0$) stetig abfällt (Bild 14.24a).

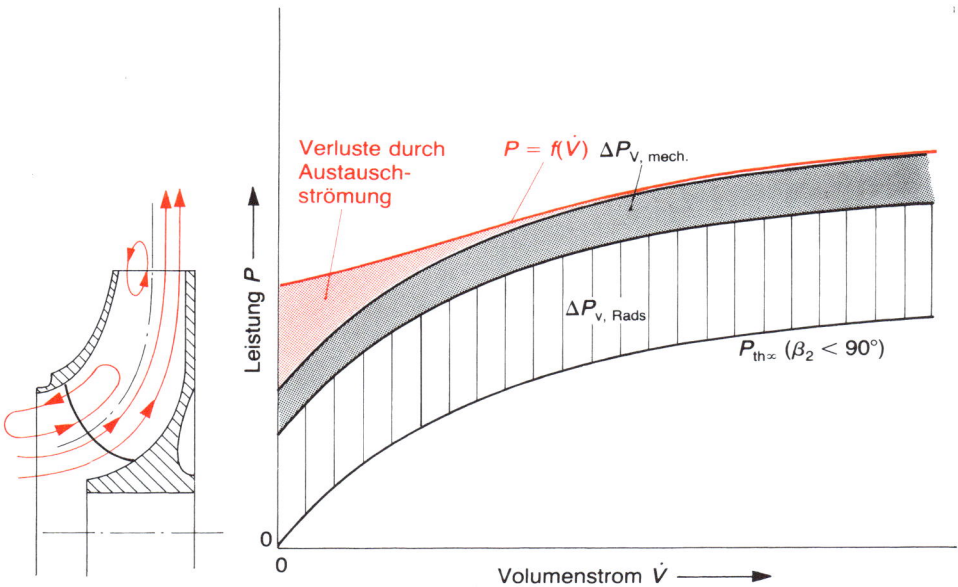

Bild 14.22 Zusammensetzung der Leistungskurve $P = f(\dot{V})$

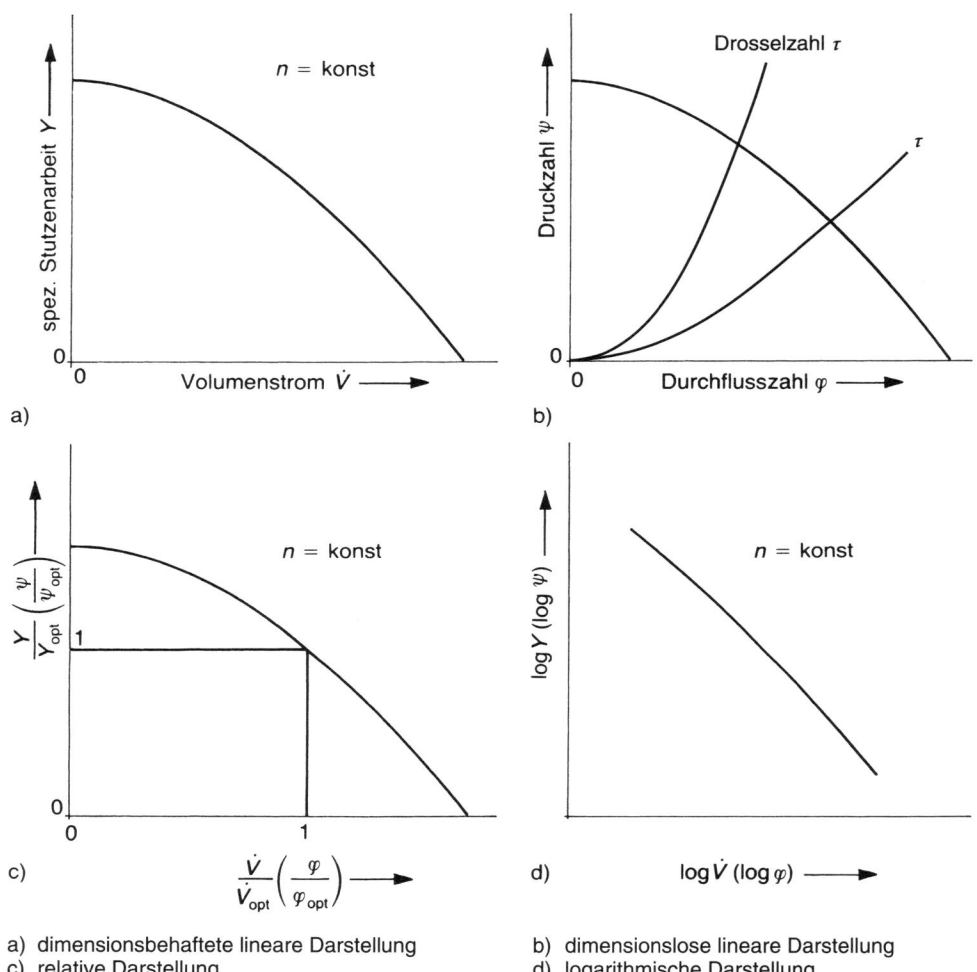

a) dimensionsbehaftete lineare Darstellung
b) dimensionslose lineare Darstellung
c) relative Darstellung
d) logarithmische Darstellung

Bild 14.23  Verschiedene Darstellungen der Drosselkurve

Man unterscheidet **flache Drosselkurven** bei denen der Wert $\dfrac{\dot V}{Y}\cdot\dfrac{\Delta Y}{\Delta \dot V}$ relativ klein ist und **steile Drosselkurven** bei denen der Wert $\dfrac{\dot V}{Y}\cdot\dfrac{\Delta Y}{\Delta \dot V}$ relativ groß ist (Bild 14.24b).

Durch die Definition des Wertes $\dfrac{\dot V}{Y}\cdot\dfrac{\Delta Y}{\Delta \dot V}$ wird die Beurteilung der Steilheit der Drosselkurve unabhängig von der gewählten Skalierung der Koordinatenachsen. Bei den instabilen Drosselkurven unterscheidet man 2 Formen (Bild 14.25):

a) Bei der «einfachen» instabilen Drosselkurve steigt die Kurve von $\dot V = 0$ zunächst an (Bild 14.25a) bis zum Scheitel $S$ und fällt dann für größer werdende Volumenströme auf dem stabilen Ast stetig ab bis $\dot V_{\max}$. Viele Radialpumpen, Radialventilatoren und Radialverdichter weisen derartige Kennlinien auf.

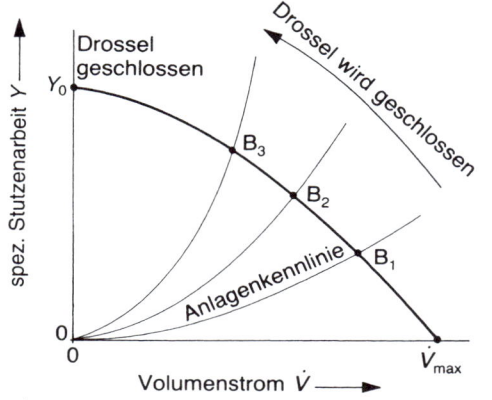
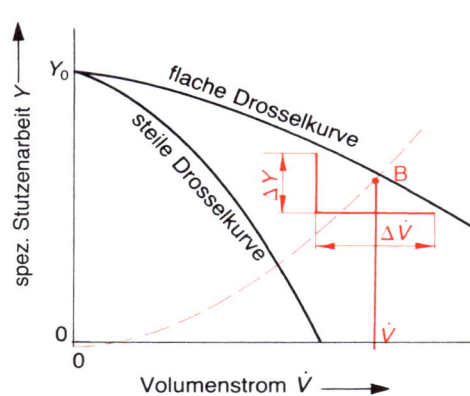

a) Stabile Drosselkurve

b) Flache und steile Drosselkurven

Bild 14.24  Formen von Drosselkurven

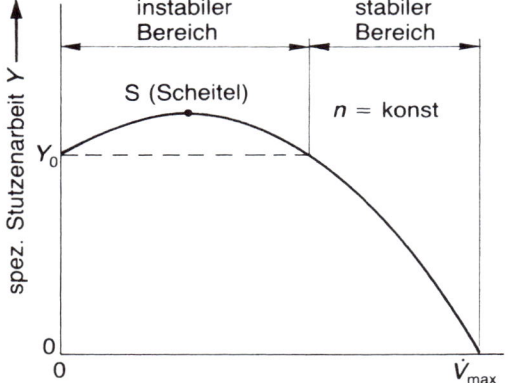
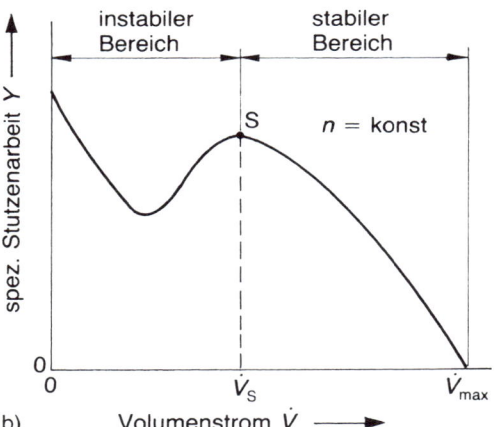

Bild 14.25  Instabile Drosselkurven

Im instabilen Teil der Drosselkurve können jeder spezifischen Stutzenarbeit 2 Volumenströme zugeordnet werden.

b) Bei der sattelförmigen instabilen Drosselkurve (Bild 14.25b) fällt der Graph mit ansteigendem Volumenstrom zunächst ab, um dann bis zum Sattelpunkt $S$ wieder anzusteigen. Für Volumenströme $\dot{V} > \dot{V}_S$ hat die Drosselkurve wieder einen stabilen abfallenden Verlauf. Diesen Kurvenverlauf findet man meist bei den Drosselkurven axialer Strömungsarbeitsmaschinen, Radialventilatoren mit Trommelläuferrad ($\beta_2 > 90°$) und Querstromventilatoren. In einem bestimmten Bereich können der spezifischen Stutzenarbeit bis zu 3 Volumenstromwerte zugeordnet werden!

**Eine Turboarbeitsmaschine darf nur auf dem stabilen Teil der Drosselkurve betrieben werden!**

Eine weitere wichtige Unstetigkeit in der Drosselkurve ist der **Strömungsabriss**, auch **Pumpgrenze**, **Betriebsgrenze** oder «**Rotating**

348 Betriebsverhalten von Strömungsmaschinen (Kennfelder)

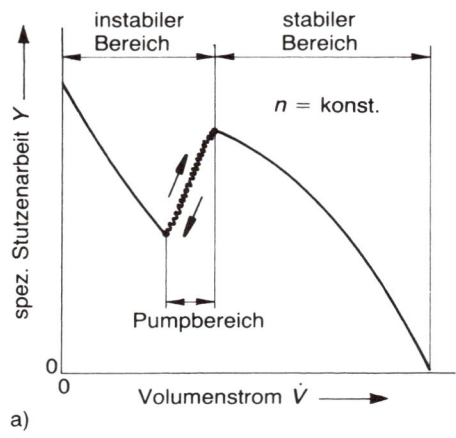
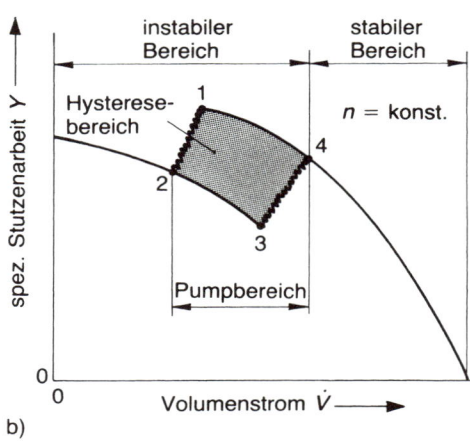

Bild 14.26  Drosselkurven mit Pump- und Hysteresebereich

**Stall**» genannt. Derartig instabile Betriebsbereiche kommen vor allem bei axialen Turboarbeitsmaschinen, aber auch bei Radialverdichtern und Radialventilatoren vor.

Man unterscheidet Drosselkurven mit einem «einfachen» Strömungsabriss und Kurven mit einem größeren Hysteresegebiet (Bild 14.26). Mit zunehmender Drosselung reißt die Strömung an einzelnen oder mehreren Schaufeln des axialen oder radialen Gitters ab (Bild 14.27). Im Pumpbereich sind einzelne Schaufelkanäle mehr oder minder «verstopft», bzw.

es findet eine Rückströmung statt. Bei Drosselkurven mit Hysteresebereich beginnt der Strömungsabriss beim Drosseln bei kleinerem Volumenstrom (Punkt 1 in Bild 14.26b) als beim Entdrosseln die Strömung wieder stabil wird (Punkt 4 in Bild 14.26b).

Nähere Einzelheiten zu diesem Phänomen können u.a. in [14.29 bis 14.32] nachgelesen werden.

Stellt man an der Ordinate der Drosselkurve von Hochdruckventilatoren oder Turboverdichtern anstelle der spezifischen Stut-

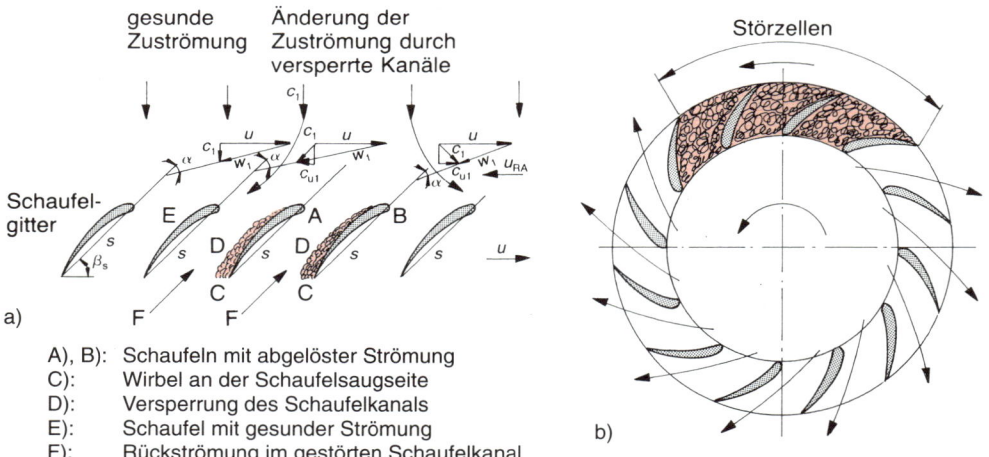

A), B):  Schaufeln mit abgelöster Strömung
C):  Wirbel an der Schaufelsaugseite
D):  Versperrung des Schaufelkanals
E):  Schaufel mit gesunder Strömung
F):  Rückströmung im gestörten Schaufelkanal

Bild 14.27  Strömungsabriss in Laufrädern (Rotating Stall). a) im axialen Laufrad (nach [14.30]); b) im radialen Laufrad (nach [14.31])

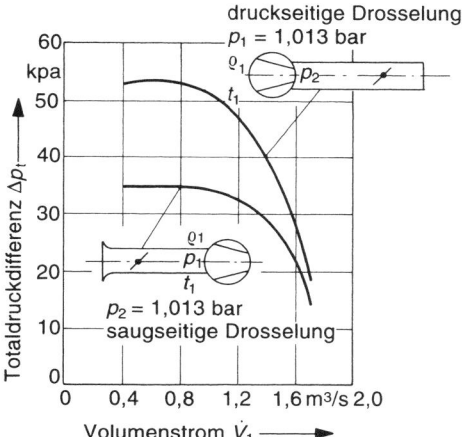

Bild 14.28 Drosselkurven eines Radialverdichters bei saug- und druckseitiger Drosselung

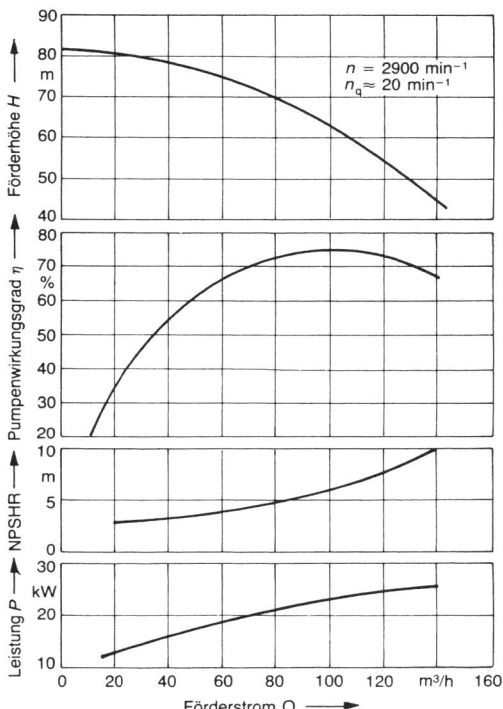

Bild 14.29 Kennfeld einer radialen Kreiselpumpe (nach Fa. KSB)

zenarbeit $Y$ oder des Druckverhältnisses $\pi = p_2/p_1$ den Differenzdruck $\Delta p_t$ zwischen Druck- und Saugstutzen dar, hängt der Verlauf der Drosselkurve auch davon ab, ob die Drosselung saugseitig oder druckseitig erfolgt [14.33, 14.34].

In Bild 14.28 werden die Drosselkurven eines Radialverdichters bei saug- und druckseitiger Drosselung verglichen.

### 14.3.3 Kennfelder

#### 14.3.3.1 Darstellung des vollständigen Kennfeldes

Das vollständige Kennfeldblatt einer Strömungsarbeitsmaschine enthält i. Allg. folgende Kurvenzüge:

Drosselkurve $\quad Y = f(\dot{V})$
Leistungskurve $\quad P = f(\dot{V})$
Wirkungsgradkurve $\quad \eta = f(\dot{V})$

Bei Kreiselpumpen wird meistens noch der *NPSHR*-Wert, bei Ventilatoren häufig noch ein Geräuschwert angegeben.

Bei Ventilatoren bezeichnet man diese Art von Kennfeld auch als **Normkennlinie** (DIN 24163).

Als Beispiele sind in Bild 14.29 das Kennfeld einer radialen Kreiselpumpe mit der spezifischen Drehzahl $n_q = 20$ min$^{-1}$ [14.28] und in Bild 14.30 das Kennfeld eines Radialventilators nach DIN 24163/Teil 1 (Tabelle 14.2) dargestellt.

In deutschen Normen und in der deutschsprachigen Fachliteratur ist es üblich, die einzelnen Kurvenzüge in getrennten Diagrammteilen aufzuzeichnen, während in ausländischen bzw. internationalen Normen und Publikationen häufig alle Kurvenzüge in einem einzigen Diagramm zusammengefasst werden.

Bild 14.31 zeigt z. B. das Kennfeld eines Ventilators nach ISO 5801 (Tabelle 14.2).

Der Kurvenverlauf von Drosselkurve und Wirkungsgrad ändert sich mit der spezifischen Drehzahl $n_q$. Mit wachsender spezifischer Drehzahl wird die Drosselkurve steiler und der Graph des Wirkungsgrades spitzer (Bild 14.32 nach [14.35]).

# 350 Betriebsverhalten von Strömungsmaschinen (Kennfelder)

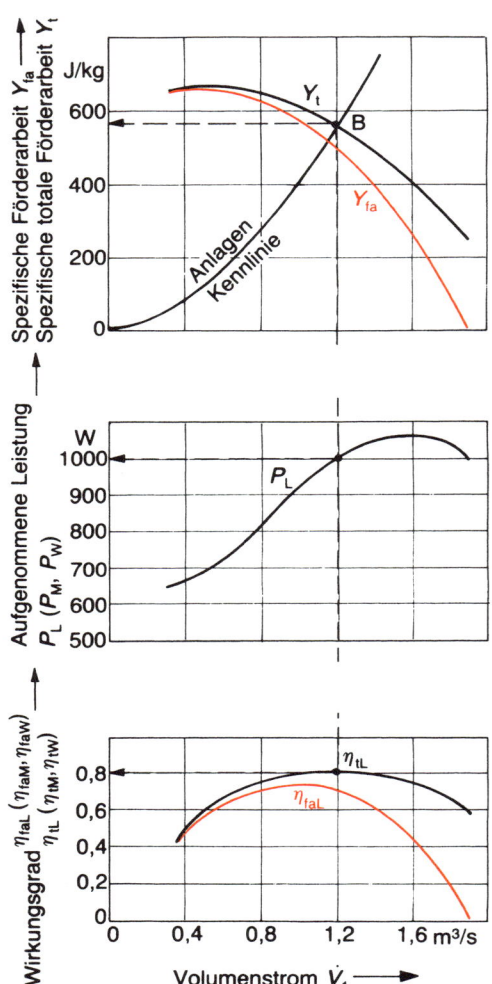

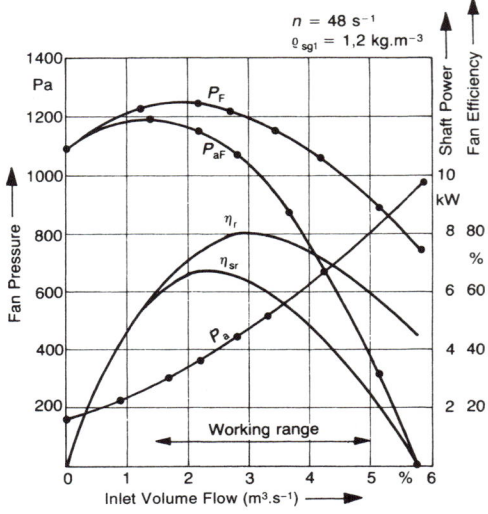

Bild 14.31  Ventilatorkennfeld nach ISO 5801

Bild 14.30 Darstellung der Normkennlinie [$Y_{fa}$ bzw. $Y_t$, $P$, $\eta = f(\dot{V}_1)$] für einen Radialventilator mit rückwärts gekrümmten Schaufeln

$D = 0{,}56$ m;   $h_2 = 0{,}40$ m;   $b_2 = 0{,}355$ m

Ventilator frei ausblasend; Prüfstandsanordnung 1

$n = 20$ s$^{-1}$

nach DIN 24 163 / Teil 1

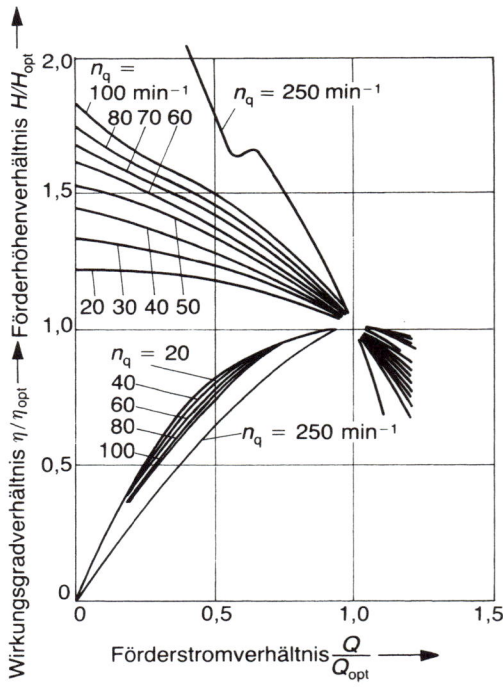

Bild 14.32  Relative Drosselkurven und relative Wirkungsgradkurven in Abhängigkeit von der spezifischen Drehzahl $n_q$ (nach [14.35])

Tabelle 14.2  Normen und Richtlinien. Leistungsmessungen an Strömungsarbeitsmaschinen (eine Auswahl)

| Maschinenart | Norm bzw. Richtlinie | Bezeichnung |
|---|---|---|
| Kreiselpumpen | DIN 1944 | Abnahmeversuche an Kreiselpumpen (VDI-Kreiselpumpenregeln, veraltet) |
|  | DIN 4325 | Abnahmeversuche an Speicherpumpen |
|  | ISO 2548 | Centrifugal, mixed flow and axial pumps Code for acceptance tests, Class C (niedrige Genauigkeitsstufe) |
|  | ISO 3555 | Class B (mittlere Genauigkeitsstufe) |
|  | ISO 5198 | Class A (höchste Genauigkeitsstufe) |
|  | EUROPUMP API Standard 610 | Abnahmeregeln an Kreiselpumpen Centrifugal Pumps for General Refinery Services Section 4: Inspection and Tests Section 5: Guarantee and Warranty |
| Ventilatoren | DIN 24 163 Teil 1 | Ventilatoren Leistungsmessung – Normkennlinien |
|  | DIN 24 163 Teil 2 | Ventilatoren Normprüfstände |
|  | DIN 24 163 Teil 3 | Leistungsmessung an Kleinventilatoren Normprüfstände |
|  | VDI 2044 | Abnahme- und Leistungsversuche an Ventilatoren |
|  | ISO 5801 | Industrial Fans Performance Testing Using Standardized Airways |
|  | AMCA 210-99 | Laboratory Methods of Testing Fans for Aerodynamic Performance Rating |
|  | ISO 5802 | Site Testing of Fans |
|  | DIN 45 635 Teil 38 | Geräuschmessungen an Maschinen Luftschallemission Hüllflächen-, Hallraum- und Kanalverfahren Ventilatoren |
| Verdichter | VDI 2045 Teil 1 | Abnahme- und Leistungsversuche an Verdichtern (VDI-Verdichterregel) Versuchsdurchführung und Garantievergleich |
|  | VDI 2045 Teil 2 | Abnahme- und Leistungsversuche an Verdichtern (VDI-Verdichterregel) Grundlagen und Beispiele |
|  | ASME POWER TEST CODES PTC 10-1965 | Compressors and Exhausters |

Der Verlauf der Funktion $NPSHR = f(n_q; \dot{V})$ kann aus Bild 5.32 ersehen werden.

Die bis jetzt beschriebenen Drosselkurven und Kennlinien beziehen sich auf den normalen Betriebsbereich der Strömungsarbeitsmaschine. Durch Änderung der Durchflussrichtung, der Drehrichtung des Laufrades oder Änderung des Druckgefälles können Kreiselpumpen, Ventilatoren und Verdichter gewollt oder ungewollt in besondere Betriebsbereiche z. B. in den Turbinenbetrieb gefahren werden. Auf diese Weise entstehen 3- oder 4-Quadranten-Kennfelder, die alle möglichen normalen und besonderen Betriebszustände beschreiben [14.36].

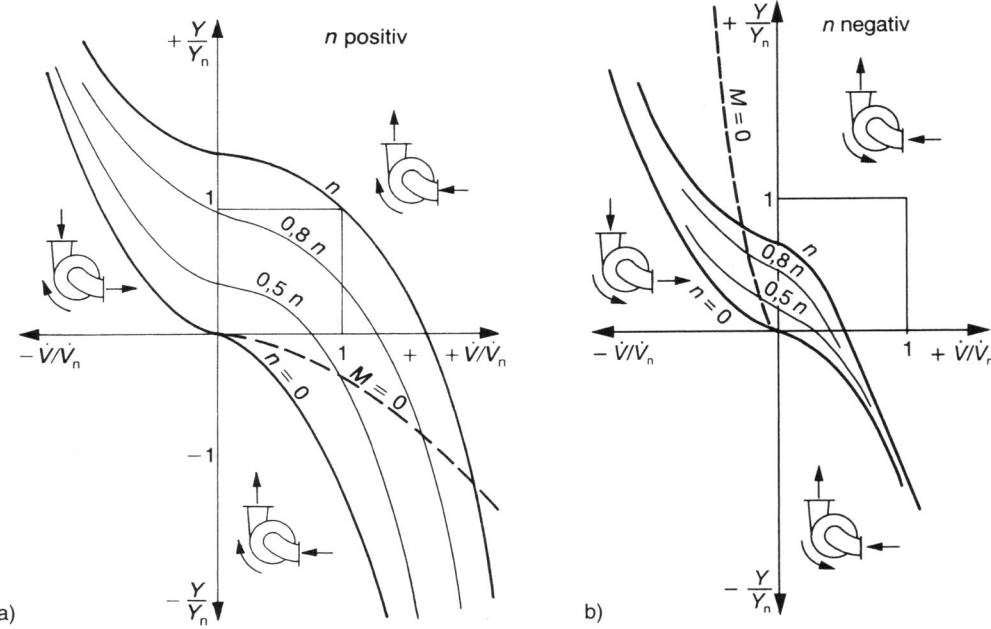

Bild 14.33  Vollständiges Kennfeld einer radialen Strömungsarbeitsmaschine (nach [14.36 und 14.37])

In Bild 14.33 nach [14.37] werden die vollständigen Kennfelder einer Pumpe in allen Betriebszuständen im Pump- und im Turbinenbetrieb gegenübergestellt; in [14.28] ist das 4-Quadranten-Kennfeld einer 2-flutigen Radialpumpe wiedergegeben.

Über den Einsatz von Kreiselpumpen als Turbinen sind inzwischen zahlreiche Fachaufsätze erschienen, in Abschnitt 14.3.11 wird etwas näher darauf eingegangen.

Die Kennlinien werden meistens an der Originalmaschine oder an einer Modellmaschine auf besonderen **Prüfständen** mit möglichst idealen Zu- und Abströmverhältnissen gemessen.

Wird die Turboarbeitsmaschine dann strömungstechnisch ungünstig in die Anlage installiert, verändert sich nicht nur die Anlagenkennlinie, sondern auch die Kennlinien der Strömungsmaschine, sodass meist eine mehr oder minder starke Leistungsminderung auftritt [14.38, 14.39, 14.40] (Bild 14.34). Die Abweichung der Kennlinien für einen konkreten Einbaufall können nur im Versuch genau ermittelt werden.

### 14.3.3.2 Bestimmung des Betriebspunktes

Unter dem Betriebspunkt einer Strömungsarbeitsmaschine versteht man den Schnittpunkt der Drosselkurve mit der Anlagenkennlinie. Dem Betriebspunkt auf der Drosselkurve können durch «Herunterloten» in die anderen Kennfeldabschnitte auch der Leistungsbedarf, der Wirkungsgrad, der *NPSHR*-Wert oder ein Geräuschwert zugeordnet werden.

In Bild 14.30 ist beispielsweise eine Anlagenkennlinie eingezeichnet, die zum Betriebspunkt

Volumenstrom $\dot{V} = 1{,}2 \text{ m}^3/\text{s}$
Spez. totale Förderarbeit $Y_t = 560 \text{ J/kg}$
Aufgenommene Leistung $P_L = 1000 \text{ W}$
Wirkungsgrad $\eta_{tL} = 0{,}81$

führt.

Ändert sich die Drosselkurve und/oder die Anlagenkennlinie, ändert sich auch der Betriebspunkt.

# Kennfelder der Strömungsarbeitsmaschinen 353

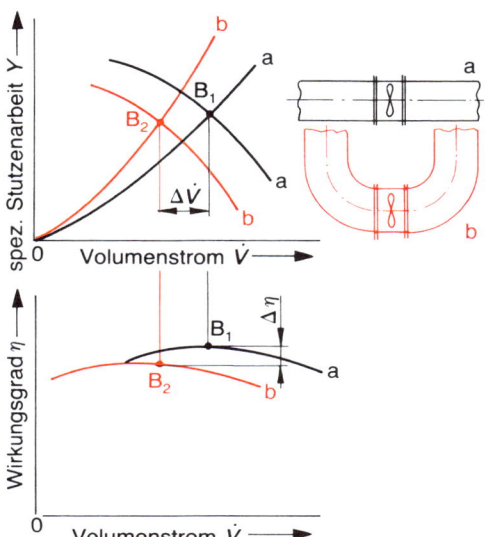

Bild 14.34 Einfluss der Einbausituation auf Anlagenkennlinie, Drossel- und Wirkungsgradkurve

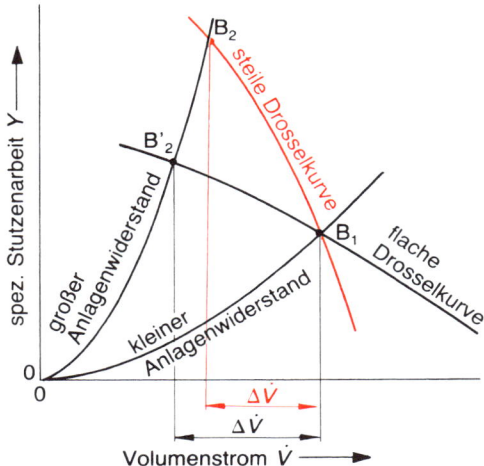

Bild 14.35 Volumenstromreduzierung bei unterschiedlich steilen Drosselkurven und Anlagenkennlinien

Leider stellt sich der Betriebspunkt nicht immer eindeutig, d.h. stabil ein. Bei instabiler Drosselkurve (Bild 14.25) oder Drosselkurve mit Abrissgebiet (Bild 14.26) kann sich durch Linienberührung von Drosselkurve und Rohrleitungskennlinie ein instabiler Betriebsbereich einstellen, bzw. der Betriebspunkt pendelt innerhalb eines Hysteresebereiches.

Weiterhin wird darauf hingewiesen, dass die Volumenstromabnahme bei zunehmendem Systemwiderstand bei flachen Drosselkurven größer ist als bei steilen Drosselkurven (Bild 14.35). Die Zunahme des Anlagenwiderstandes kann z.B. durch das allmähliche Zusetzen von Rohrleitungen oder Verschmutzen von Filtern verursacht werden.

### 14.3.3.3 Messwesen und Normen

Die Kennlinien kleinerer und mittlerer Strömungsmaschinen, wie sie in **Katalogen** angegeben bzw. Angeboten beigefügt werden, werden üblicherweise an den Originalmaschinen auf **Prüfständen** gemessen, bei größeren Maschinen u. U. mit reduzierter Drehzahl, seltener an maßstäblich exakt verkleinerten Modellen.

Da die Umrechnung der Betriebsgrößen auf andere Baugrößen, Drehzahlen, Fluide und geänderte Einbausituationen nach wie vor mit großen Unsicherheiten verbunden ist, sollten Prüfstandsversuche mit den Originalmaschinen bevorzugt werden.

Bei großen Maschinen werden bei Bedarf, d.h. auf Kundenwunsch, **Abnahmeversuche am Bestimmungsort** unter realen Betriebsbedingungen vorgenommen.

Für den Prüfstandsaufbau, den Einbau der zu prüfenden Strömungsarbeitsmaschine am Prüfstand, Durchführung, Auswertung und Darstellung der Messungen sind zahlreiche nationale und internationale Normen und Richtlinien erarbeitet worden. Hinzu kommen im Einzelfall noch Werksnormen bzw. Richtlinien von Verbänden.

In Tabelle 14.2 sind einige wichtige nationale und internationale Normen und Richtlinien zusammengestellt. Weitere Literatur dazu findet sich u.a. in [14.28, 14.35, 14.41 und 14.42].

Beim Studium von Katalogen und Angeboten sowie bei Beurteilung von angegebenen Betriebsdaten von Strömungsarbeitsmaschinen empfiehlt sich die Überprüfung der zugrunde liegenden Messnormen bzw. Richtlinien. Auch

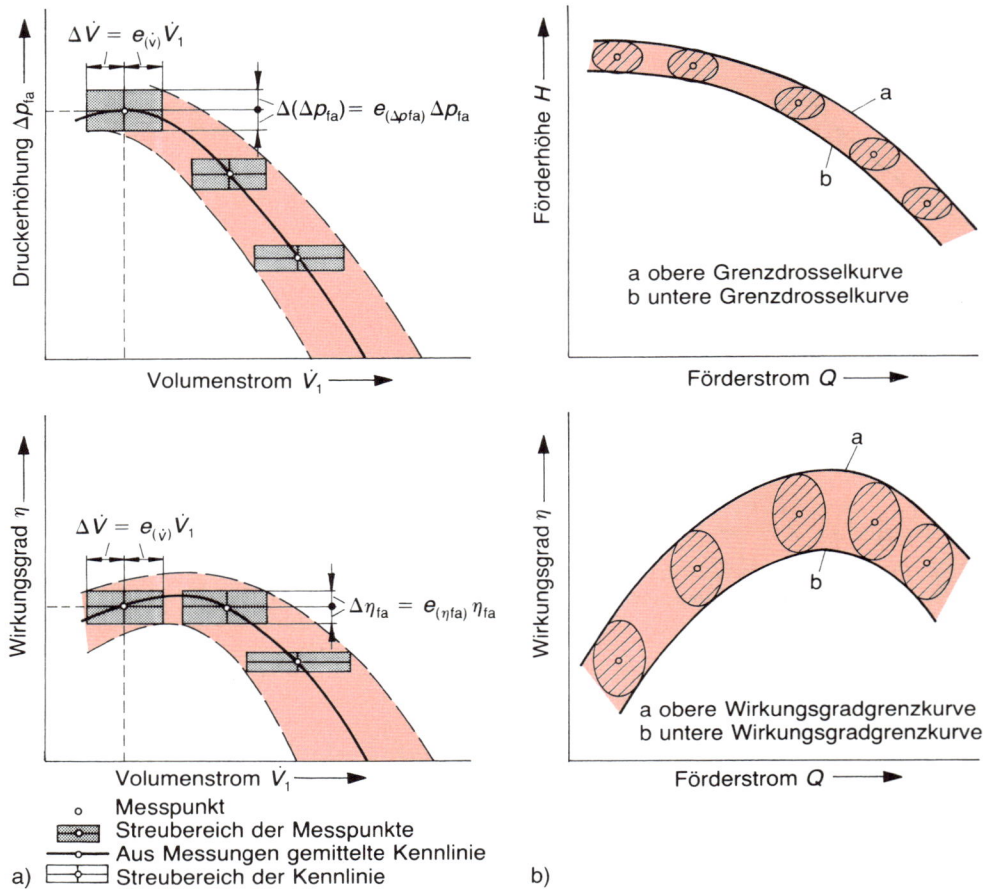

Bild 14.36 Streubereiche der Kennlinien. a) für Ventilatoren nach DIN 24163/Teil 2; b) für Kreiselpumpen nach DIN 1944

die Vereinbarung und Durchführung von Versuchen, insbesondere von Abnahmeversuchen am Einbauort, bedürfen gründlicher Kenntnisse der zahlreichen Regelwerke.

#### 14.3.3.4 Toleranzen und Gewährleistungen

Bei den Messungen treten Messunsicherheiten auf, die durch die Messanordnung (Prüfstand), die Mess- und Auswertemethode, die verwendeten Messgeräte sowie durch Ablesefehler bedingt sind.

Die einschlägigen Regelwerke geben Richtwerte für diese Messunsicherheiten an, sodass in den Kennlinien die Streubereiche der Messpunkte in Form von Rechtecken (z. B. in DIN 24163) oder Ellipsen (z. B. DIN 1944, ISO 2548, VDI 2045) eingetragen werden. Auf diese Weise erhält man für die Kennlinie keinen Kurvenzug, sondern ein Band (Bild 14.36).

Können beim Versuch die angegebenen äußeren Betriebswerte wie z. B. Fluiddichte oder Maschinendrehzahl nicht eingehalten werden, dürfen die Versuchswerte gemäß spezieller Angaben in den Regelwerken auf Garantiewerte umgerechnet werden, wobei vor allem die Gesetze der Ähnlichkeitstheorie in den Umrechnungsgleichungen zu berücksichtigen sind (vgl. Kapitel 4).

Bei der Beurteilung der Einhaltung von vereinbarten Kennfeldern sind neben den Messunsicherheiten des Versuchs auch die **Bautoleranzen** der Strömungsmaschine selbst mit zu berücksichtigen. Unter Bautoleranz versteht man die durch Ungenauigkeiten in der Auslegung, Berechnung und Herstellung der Strömungsmaschine in den Kennlinien auftretenden Abweichungen von den gewährleisteten Werten.

Die Definitionen der Bautoleranzen der einzelnen Arten von Strömungsmaschinen in den verschiedenen Regelwerken weichen leider sehr stark voneinander ab, sodass keine für alle Maschinen gültige, einfache Handhabung der Bautoleranzen möglich ist.

Nach Ansicht der Verfasser ist die Durchführung des Gewährleistungsnachweises am besten für Ventilatoren in DIN 24166 [14.43]

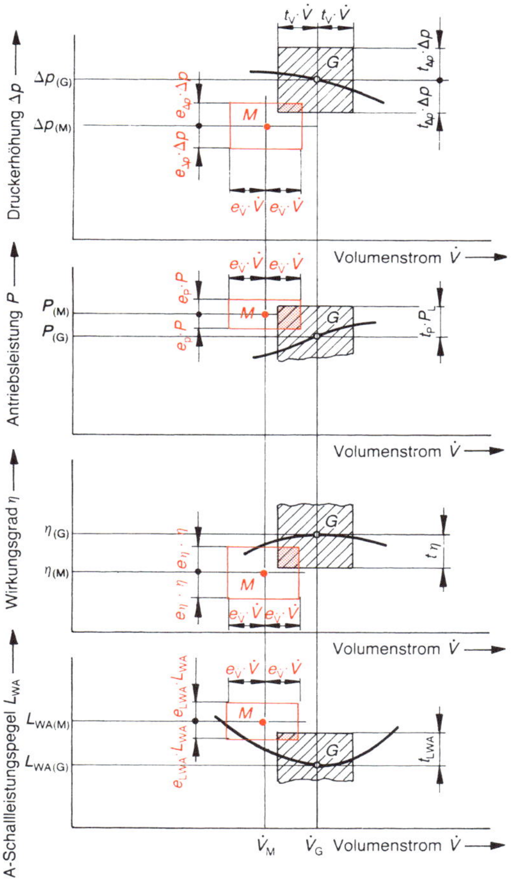

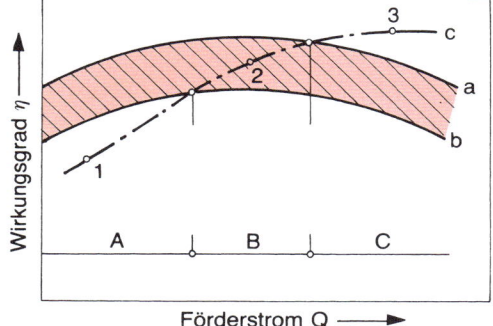

Bild 14.38 Überprüfung der Wirkungsgradgarantie nach DIN 1944 (nach [14.35])
a obere Wirkungsgradgrenzkurve
b untere Wirkungsgradgrenzkurve
c Wirkungsgradkurve durch die Garantiepunkte 1, 2 und 3
A Bereich, in dem die Garantie überschritten wird
B Bereich, in dem die Garantie erfüllt wird
C Bereich, in dem die Garantie nicht erfüllt wird

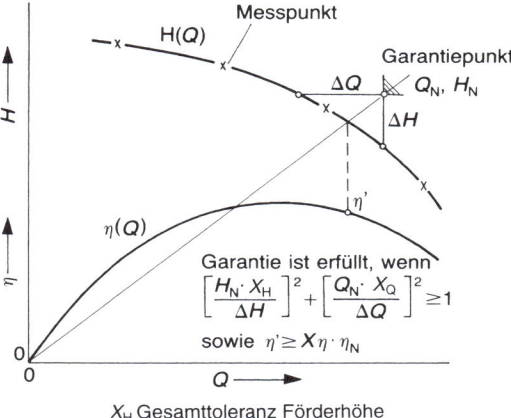

$X_H$ Gesamttoleranz Förderhöhe
$X_Q$ Gesamttoleranz Förderstrom

Bild 14.37 Vergleich der Messwerte einer Leistungsmessung mit dem vereinbarten Garantiewert (nach DIN 24166)

Bild 14.39 Prüfung der Garantie der Förderhöhe und des Wirkungsgrades einer Kreiselpumpe nach ISO 2548/3555/5198 (nach [14.51])

356 Betriebsverhalten von Strömungsmaschinen (Kennfelder)

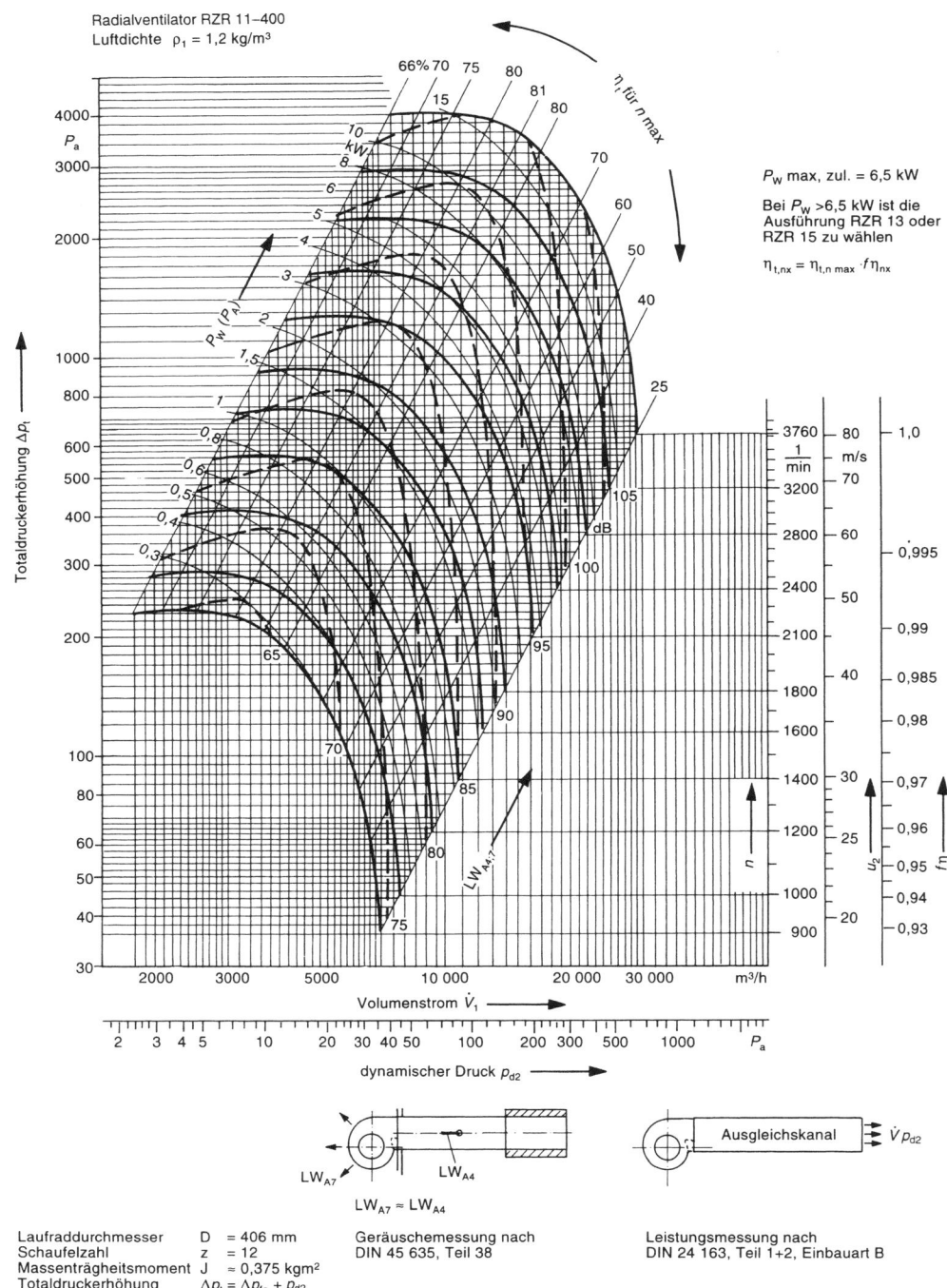

Bild 14.40  Kennfeld eines Radialventilators mit Drehzahlregelung (nach Fa. Gebhardt)

geregelt. In Bild 14.37 nach [14.43] ist der Garantievergleich für einen einzelnen Betriebspunkt eines Ventilators durchgeführt. Bild 14.38 zeigt die Überprüfung der Wirkungsgradgarantie einer Kreiselpumpe nach DIN 1944, Bild 14.39 die Überprüfung eines Garantiepunktes nach ISO-Abnahmeregeln für Kreiselpumpen (Tabelle 14.2).

### 14.3.4 Anpassung und Regelung

#### 14.3.4.1 Kennfeld bei variabler Drehzahl

Verändert man die Drehzahl einer Strömungsarbeitsmaschine, ändern sich Volumenstrom und spezifische Stutzenarbeit, d.h. die Werte der Drosselkurve angenähert nach folgendem Affinitätsgesetz (vgl. Kapitel 4):

$$\frac{\dot{V}_\mathrm{I}}{\dot{V}_\mathrm{II}} = \frac{n_\mathrm{I}}{n_\mathrm{II}} \qquad \text{(Gl. 14.13)}$$

$$\frac{Y_\mathrm{I}}{Y_\mathrm{II}} \approx \left(\frac{n_\mathrm{I}}{n_\mathrm{II}}\right)^2 \qquad \text{(Gl. 14.14)}$$

Bleibt die Drehzahländerung in kleinem Rahmen («nicht mehr als verdoppeln, nicht weniger als halbieren»), treffen die Gleichungen 14.13 und 14.14 i. Allg. recht genau zu, bei größeren Drehzahländerungen müssen vor allem die spezifische Stutzenarbeit und der Wirkungsgrad korrigiert werden.

In Bild 14.40 ist das Kennfeld eines 2-flutigen Radialventilators mit rückwärtsgekrümmten Laufschaufeln ($\beta_2 < 90°$) dargestellt. Am rechten Rand ist eine Korrekturskala angebracht, mit deren Hilfe man den Wirkungsgrad bei niedrigeren Drehzahlen abwerten kann. Da sowohl für die $\dot{V}$-Achse (Abszisse) als auch für die $\Delta p_\mathrm{t}$-Achse (Ordinate) eine logarithmische Skala gewählt wurde, werden die Drosselkurven parallel verschoben.

#### 14.3.4.2 Abdrehen von radialen Laufrädern

Durch gerades oder schräges Abdrehen bzw. Ausdrehen von radialen Laufrädern (Bild

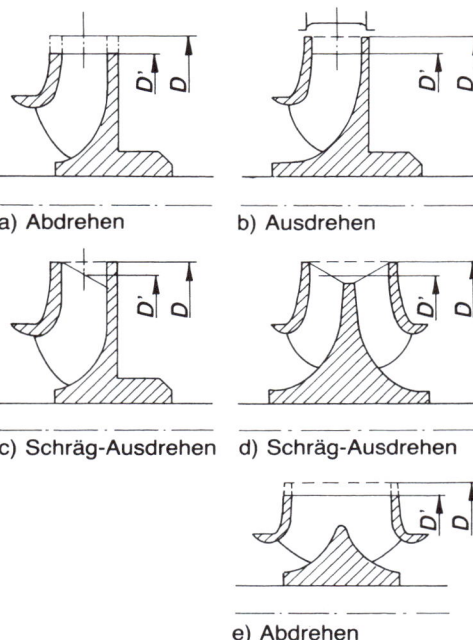

a) Abdrehen  b) Ausdrehen

c) Schräg-Ausdrehen  d) Schräg-Ausdrehen

e) Abdrehen

Bild 14.41  Ab- und Ausdrehen von radialen Laufrädern (nach [14.35])

14.41) kann das Kennfeld in einem bestimmten Bereich verändert werden (Bild 14.42).

Die Volumenströme $\dot{V}$ und die spezifischen Stutzenarbeiten $Y$, d.h. die Werte der Drosselkurve, verändern sich beim Abdrehen wie folgt (Bild 14.43):

$$\frac{\dot{V}'}{\dot{V}} = 1 - \frac{1 - \dfrac{D_2'}{D_2}}{k} \qquad \text{(Gl. 14.15)}$$

$$\frac{Y'}{Y} = \left(1 - \frac{1 - \dfrac{D_2'}{D_2}}{k}\right)^2 \qquad \text{(Gl. 14.16)}$$

Der Faktor $k$ kann aus Bild 14.44 (aus [14.37]) entnommen werden.

Beim Ab- oder Ausdrehen ändert sich auch der Wirkungsgrad. Anhand von Bild 14.45

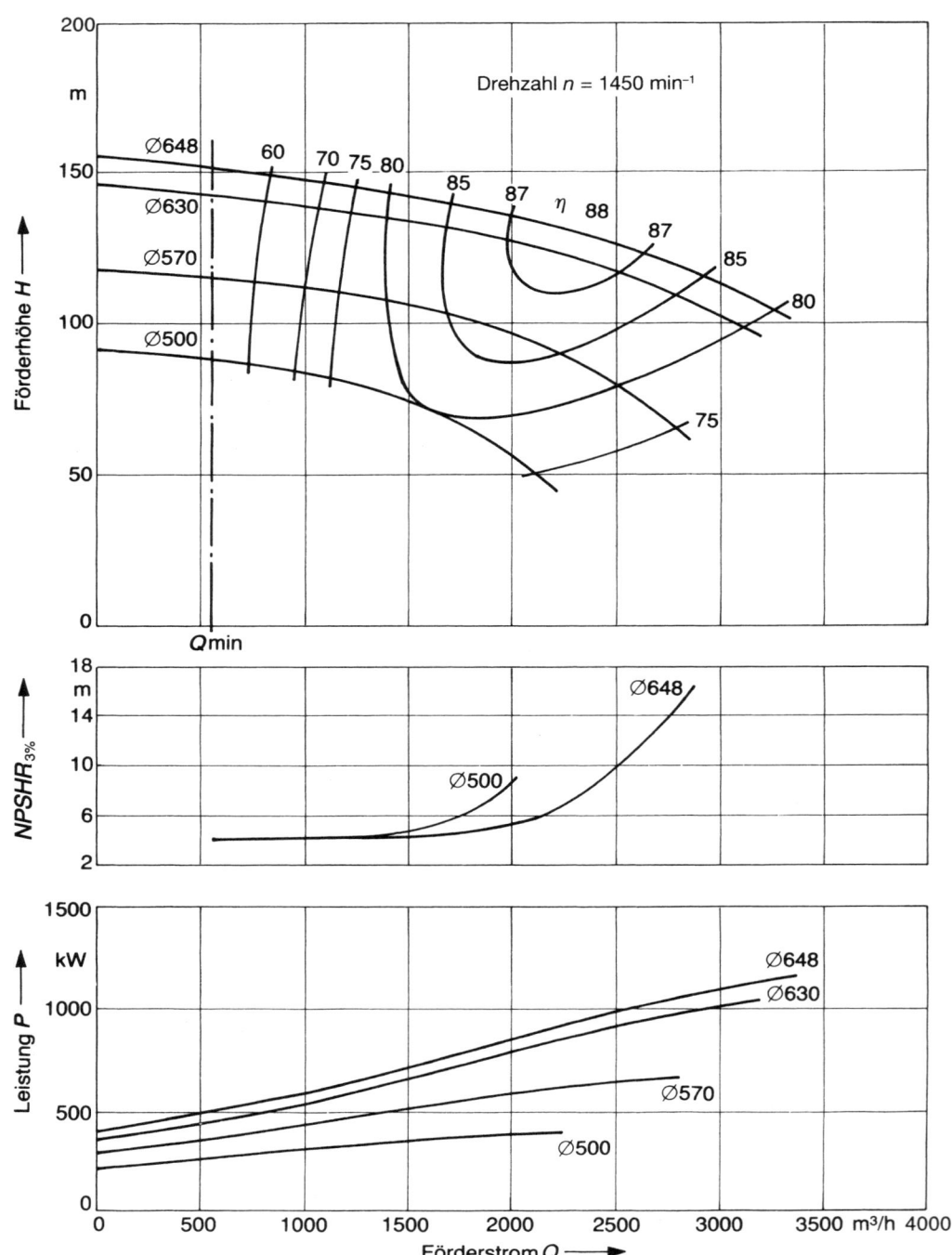

Bild 14.42  Kennfeld einer Radialpumpe mit abgedrehtem Laufrad (nach [14.35])

## Kennfelder der Strömungsarbeitsmaschinen

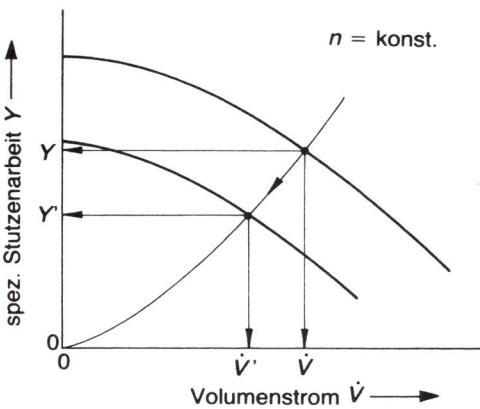

Bild 14.43 Verschiebung der Drosselkurve durch Abdrehen des Laufrades

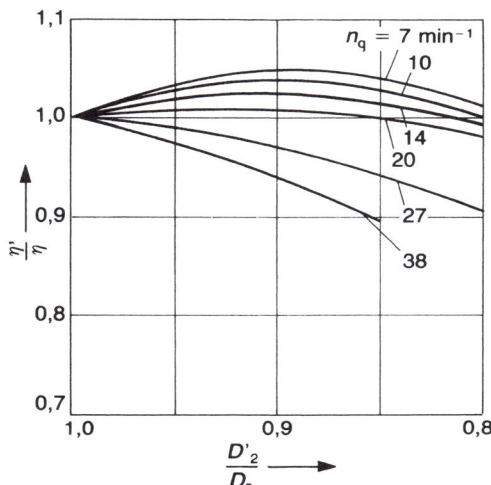

Bild 14.45 Wirkungsgradänderung beim Abdrehen von Radialrädern (nach [14.44])

### 14.3.4.3 Zuschärfen der Schaufelenden

Durch Zuspitzen der Schaufelenden können der Schaufelaustrittswinkel $\beta_2$ und die Austrittsweite am Schaufelkanalende vergrößert werden (Bild 14.46). Durch diese Maßnahme kann die spezifische Stutzenarbeit $Y$ im Bereich des Optimalpunktes bis zu 5% vergrößert und auch der Wirkungsgrad leicht verbessert werden (Bild 14.47 nach [14.35]).

In der VDI-Richtlinie VDI 2044 (Tabelle 14.2) ist das Kennfeld eines großen Radialventilators mit verstellbaren Schaufelenden (variablem $\beta_2$) dargestellt.

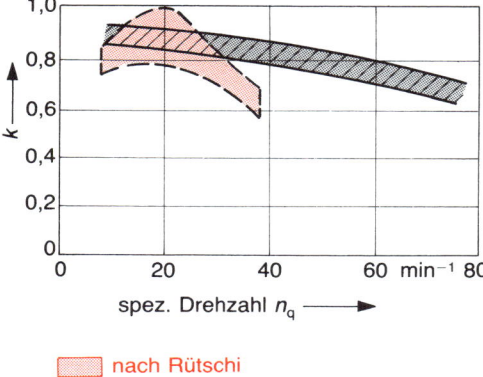

Bild 14.44 Beiwert $k$ (nach [14.37])

### 14.3.4.4 Verändern der Laufschaufelzahl bei Axialmaschinen

(nach [14.44]) kann die relative Änderung des Bestwirkungsgrades abhängig vom Durchmesserverhältnis $D_1'/D_2$ und der spezifischen Drehzahl $n_q$ grob abgeschätzt werden. Durch Verschlechterung des Wirkungsgrades sind dem Abdrehen des Laufrades verhältnismäßig enge Grenzen gesetzt.

Das genaue Muschelkennfeld der Strömungsarbeitsmaschine für verschiedene Laufradaußendurchmesser (z.B. Bild 14.42) kann nur im Versuch ermittelt werden.

Drossel-, Wirkungsgrad- und Leistungskurven von axialen Strömungsarbeitsmaschinen können durch Verändern der Laufschaufelzahl verschoben werden. Bei Verringern der Schaufelzahl verschiebt sich die Drosselkurve zu kleineren Volumenströmen und niedrigeren spezifischen Stutzenarbeiten (Bild 14.48). Der Wirkungsgrad ändert sich ähnlich wie beim Abdrehen von Radialrädern weniger stark, sodass auch die Leistungskurve deutlich zu kleineren Werten $P = f(\dot{V})$ abfällt.

360 Betriebsverhalten von Strömungsmaschinen (Kennfelder)

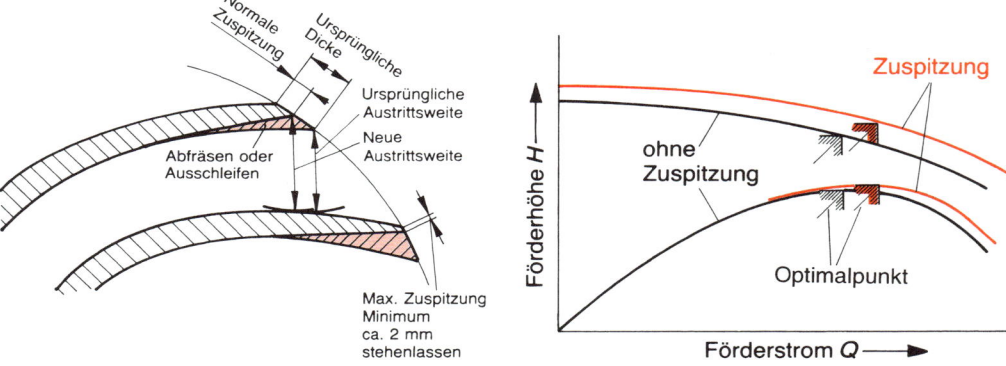

Bild 14.46  Zuspitzen der Schaufelenden eines Radialrades (nach [14.35])

Bild 14.47  Einfluss der Zuspitzung auf die Kennlinien einer Radialpumpe (nach [14.35])

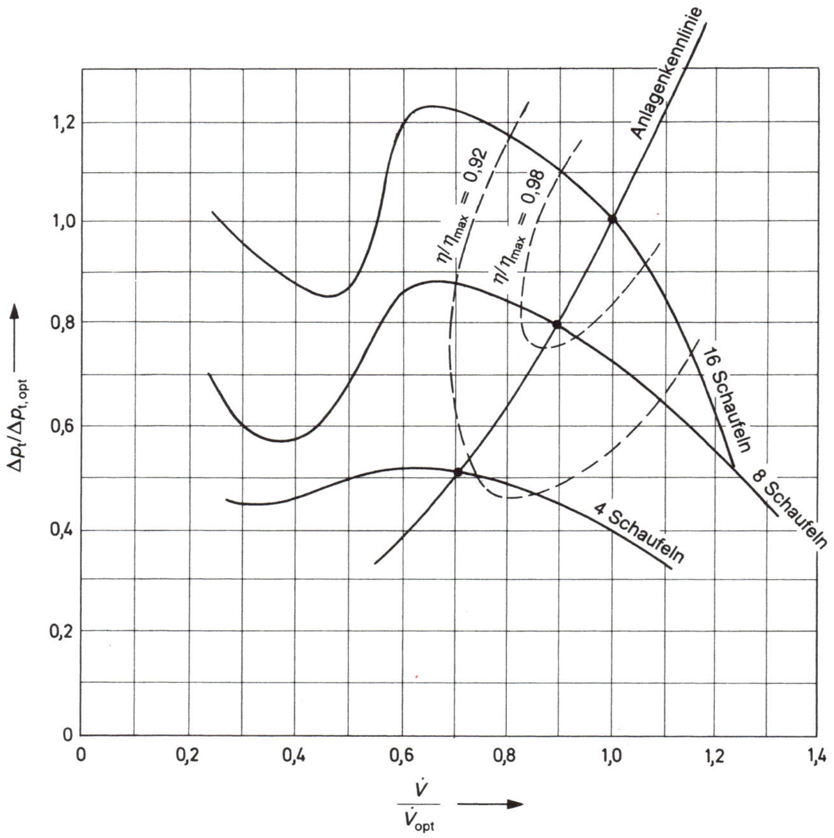

Bild 14.48  Kennfeld eines Axialventilators bei verschiedenen Laufschaufelzahlen (nach Fa. Turmag)

#### 14.3.4.5 Laufschaufelverstellung

Wie schon in den Kapiteln 11 und 12 beschrieben worden ist, können axiale oder halbaxiale Kreiselpumpen oder Ventilatoren auch mit im Stillstand oder während des Betriebes verstellbaren Laufschaufeln ausgerüstet werden.

Durch Laufradverstellung lassen sich Volumenstrom und spezifische Stutzenarbeit in einem weiten Betriebsbereich bei hohen Wirkungsgraden regeln, weshalb diese Regelungsart vor allem für Betriebsfälle mit stark schwankenden Volumenströmen und spezifischen Stutzenarbeiten geeignet ist.

Das Kennfeld einer laufschaufelgeregelten Strömungsarbeitsmaschine (Bild 14.49) enthält neben den Drosselkurven für verschiedene Laufschaufelwinkel noch die Muschelkurven gleicher Wirkungsgradwerte. Bei Pumpenkennfeldern werden u.U. noch die NPSHR-Werte, bei Ventilatoren noch die Geräuschwerte in die Diagramme eingetragen. Wird der Regelbereich zwischen $\dot V_{max}$ und $\dot V_{min}$ sehr groß, kann durch Einsatz eines polumschaltbaren Motors mit 2 oder 3 Drehzahlen der Einsatzbereich bei Erhalt hoher Wirkungsgrade bis zu kleinsten Volumenströmen heruntergefahren werden. (Bild 14.50).

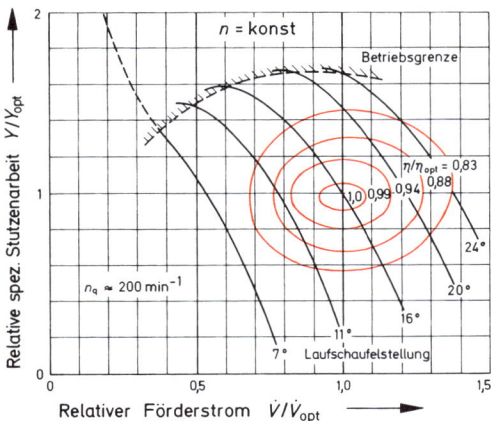

Bild 14.49   Kennfeld einer laufschaufelgeregelten Axialpumpe (nach Fa. KSB)

#### 14.3.4.6 Vordrallregelung

Die Änderung des Dralles des dem radialen, diagonalen oder axialen Laufrad zuströmenden Fluids bietet eine weitere Möglichkeit der Kennlinienbeeinflussung.

Durch die Vordrallregelung wird neben einem relativ günstigen Betrieb im Teillastbereich auch eine Überhöhung der Normalkennlinie (Kennlinie ohne Vordrallregelung) ermöglicht.

Betrachtet man den Geschwindigkeitsplan am Laufradeintritt (Bild 14.51), erkennt man, dass bei gleich bleibender Meridiangeschwindigkeit $c_m$ (d.h. bei gleich bleibendem Volumenstrom) aber unterschiedlicher Richtung der Relativgeschwindigkeit $w_1$ nach Betrag und Richtung (Vorzeichen) verschiedene Umfangskomponenten $c_{u1}$ entstehen. Fällt $c_{u1}$ in Richtung der Umfangsgeschwindigkeit $u_1$ spricht man von **Mitdrall**, fällt $c_{u1}$ in die entgegengesetzte Richtung der Umfangsgeschwindigkeit $u_1$ von **Gegendrall**.

Je nach Vorzeichen und Größe von $c_{u1}$ ergibt sich nach der Euler'schen Strömungsmaschinenhauptgleichung (Gl. 3.6b) eine Zu- oder Abnahme der spezifischen Stutzenarbeit Y. Gleichzeitig ändert sich der Wirkungsgrad.

Bild 14.52 enthält das Kennfeld einer vordrallgeregelten Halbaxialpumpe mit der spezifischen Drehzahl $n_q \approx 160$ min$^{-1}$. Außer den Drosselkurven für verschiedene Stellungen des Vordrallreglers zwischen 30° und 115° sind auch die relativierten Muschelkurven für gleiche Wirkungsgrade eingetragen. Die Drosselkurven sind nach oben durch die Betriebsgrenze (Abrissgrenze) für den praktischen Einsatz begrenzt.

In [14.45] wurde die Wirkungsweise von Vordrallreglern theoretisch und experimentell untersucht. In [14.46] wird der praktische Einsatz der Vordrallregelung bei Kreiselpumpen, in [14.47] bei Ventilatoren beschrieben. Ein interessanter Vergleich zwischen Vordrall- und Laufradregelung ist in [14.48] enthalten.

#### 14.3.4.7 Nachdrallregelung

Bei ein- und mehrstufigen Radialverdichtern werden in neuerer Zeit verstellbare Nachleit-

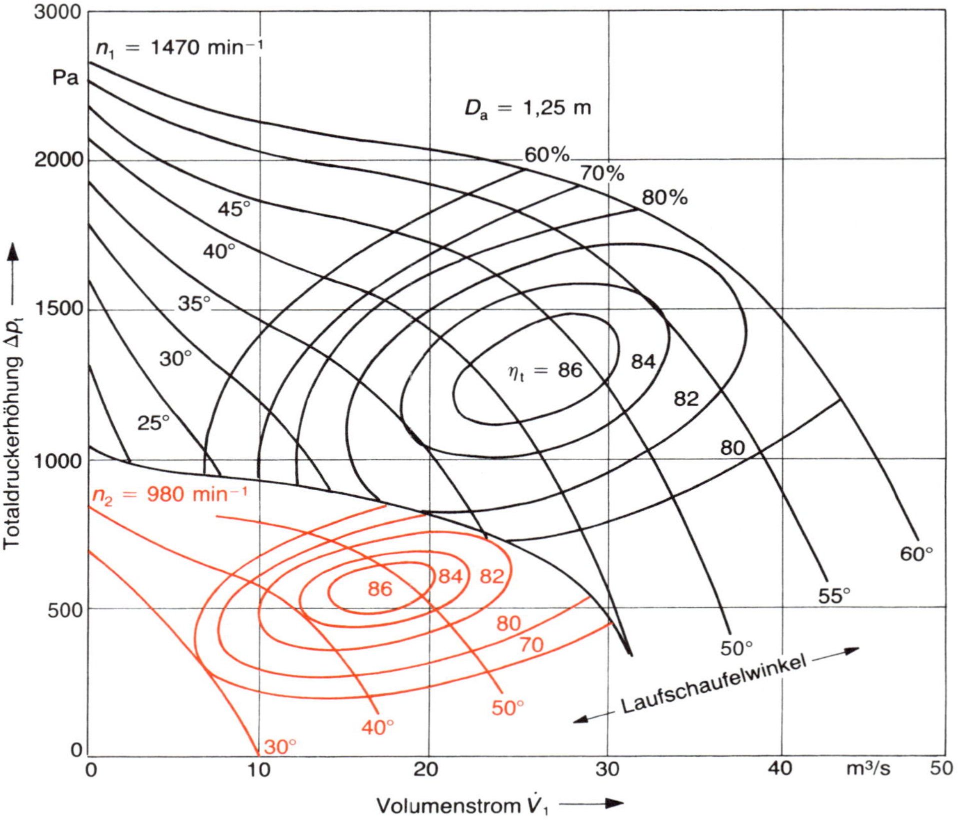

362 Betriebsverhalten von Strömungsmaschinen (Kennfelder)

Bild 14.50 Kennfeld eines Laufschaufel-geregelten Axialventilators mit 2 Drehzahlen (nach Fa. FLÄKT)

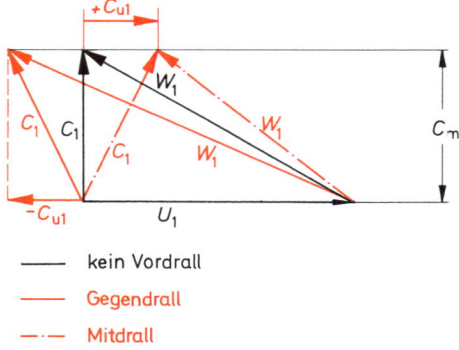

Bild 14.51
Geschwindigkeitsplan bei Vordrallregelung

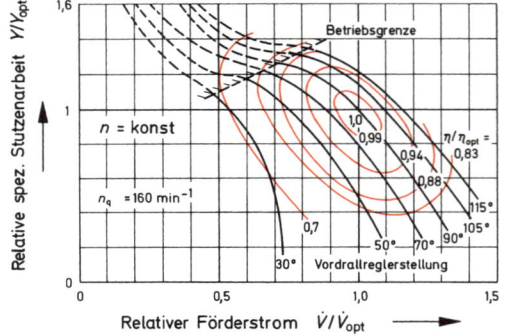

Bild 14.52 Kennfeld einer vordrallgeregelten Halbaxialpumpe (nach Fa. KSB)

## Kennfelder der Strömungsarbeitsmaschinen   363

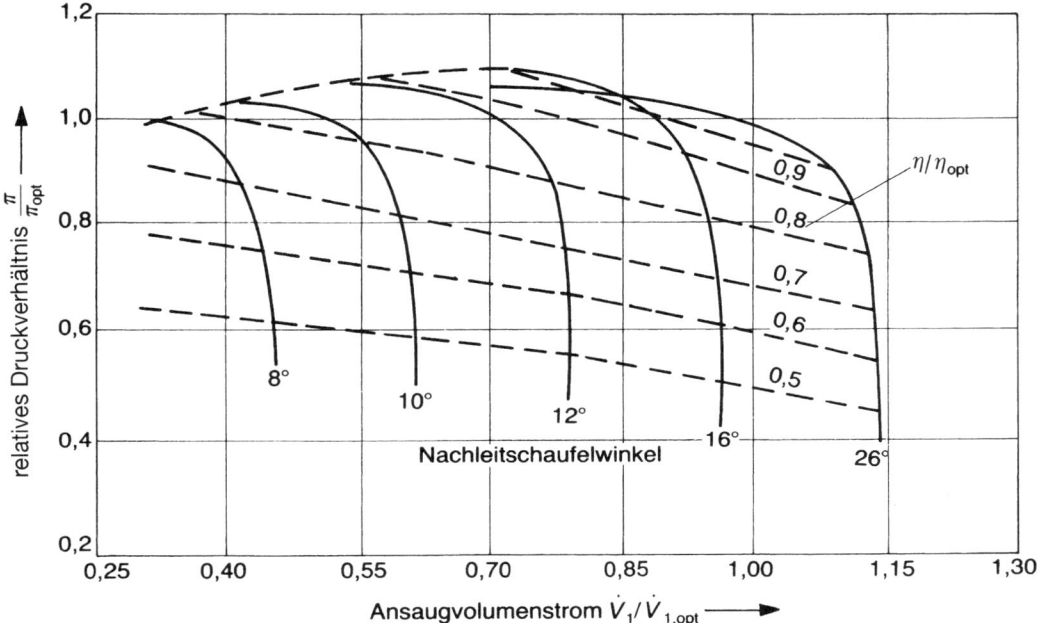

**Bild 14.53** Kennfeld eines nachdrallgeregelten Radialverdichters (nach Fa. Babcock-Borsig)

apparate zur Veränderung der Drossel- und Leistungskurven eingesetzt [14.49].

Durch die Verstellschaufeln nach dem Laufrad erfolgt im Teillastbereich eine bessere Umsetzung des dynamischen Druckes in statischen Druck.

Diese Regelung stellt keine «energievernichtende» Drosselung, wie z.B. bei saug- oder druckseitiger Drosselung bzw. auch teilweise beim Vordrallregler dar, sondern durch Verkleinerung der Kanalquerschnitte bei zugedrehten Nachleitschaufeln werden die Drosselkurven nach links zu kleineren Volumenströmen hin verschoben (Bild 14.53).

Die Hauptvorteile der Nachdrallregulierung sind:

a) sehr großer Betriebsbereich, vor allem, wenn die Anlagenkennlinie horizontal verläuft ($p_2/p_1$ = konst),
b) die Drosselkurven verlaufen steiler als bei anderen «klassischen» Regelverfahren,
c) die Pumpgrenze liegt günstiger als bei anderen Regelverfahren.

Als Nachteil gegenüber der Drehzahlregelung sind die ungünstigeren Teillastwirkungsgrade zu nennen.

Eine Kombination der Nachdrallregelung mit der Vordrallregelung bringt noch bessere Kennfelder.

In Bild 14.54 sind die Kennfelder eines mehrstufigen Radialverdichters bei Drehzahlregelung, Vordrallregelung und kombinierter Vordrall-/Nachdrallregelung vergleichend gegenübergestellt. Man erkennt den sehr deutlichen Unterschied im Verlauf der Drossel- und Wirkungsgradkurven.

### 14.3.4.8 Bypassregelung

Bei der Bypassregelung strömt ein Teil des von der Strömungsarbeitsmaschine geförderten Volumenstromes zur Saugseite der Maschine zurück (Bild 14.55). Der der Anlage zugeführte Volumenstrom ergibt sich als Differenz aus dem durch die Maschine strömenden Gesamtvolumenstrom $\dot{V}_a$ und dem durch den Bypass zurückströmenden Teilvolumenstrom

364 Betriebsverhalten von Strömungsmaschinen (Kennfelder)

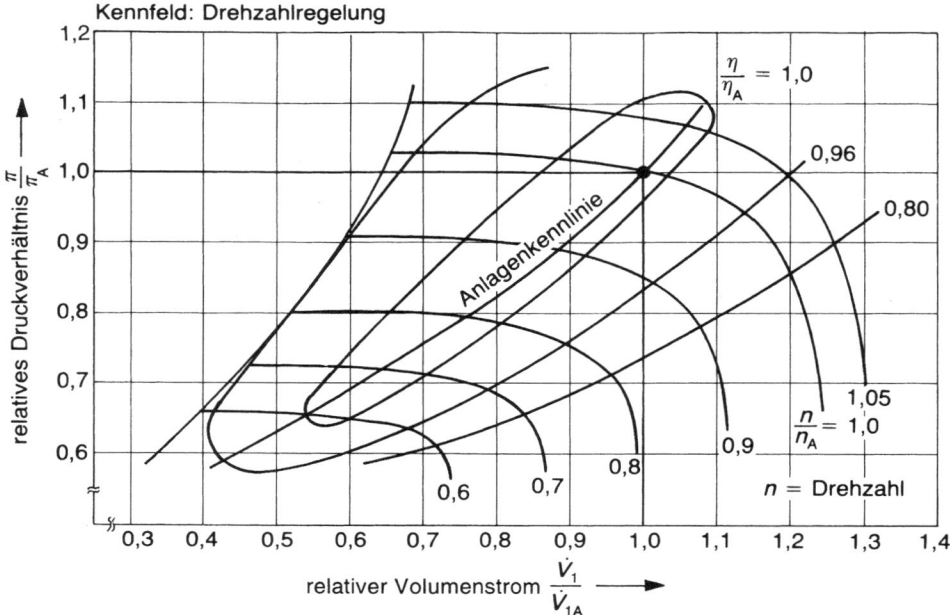

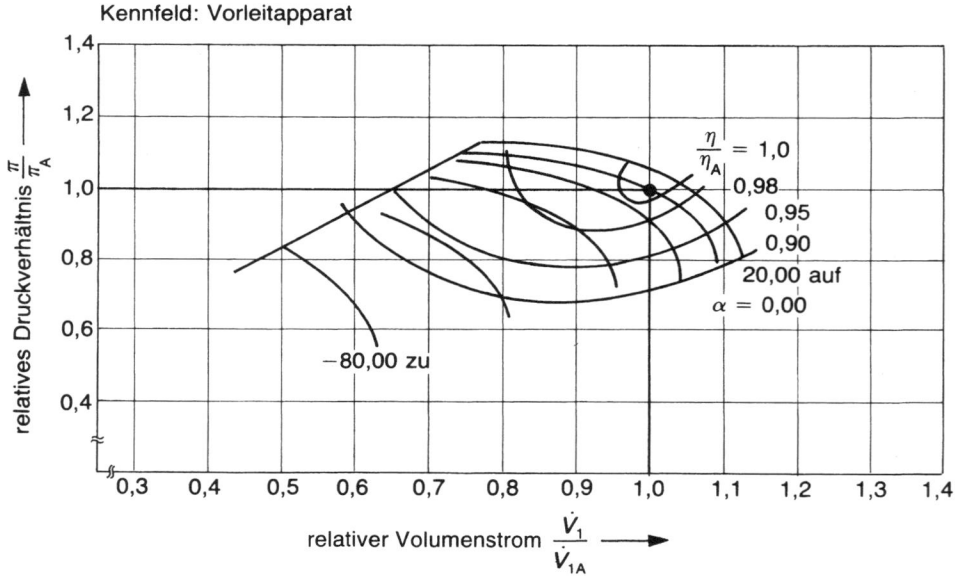

Bild 14.54 Vergleich der Kennfelder von Radialverdichtern mit verschiedenen Regelverfahren (nach Fa. Atlas Copco)

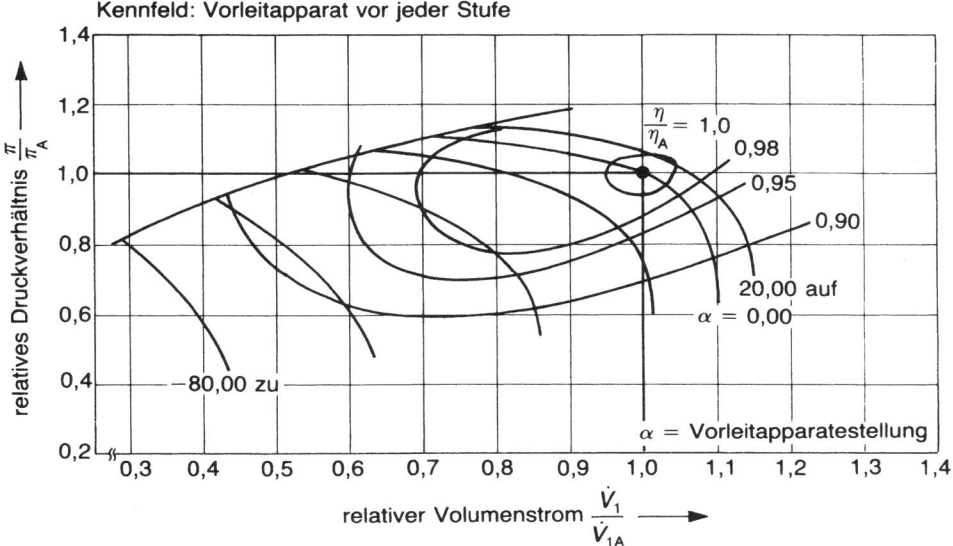

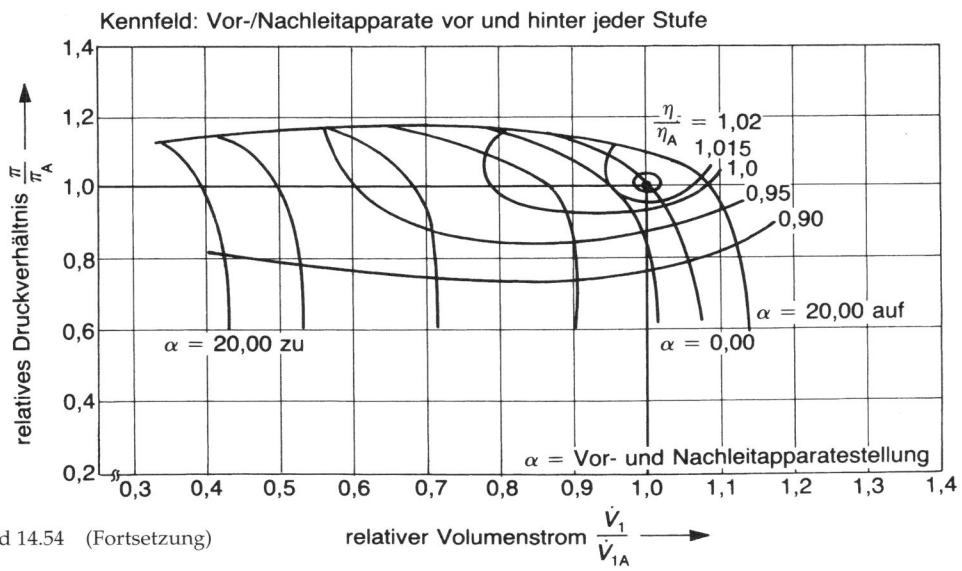

Bild 14.54 (Fortsetzung)

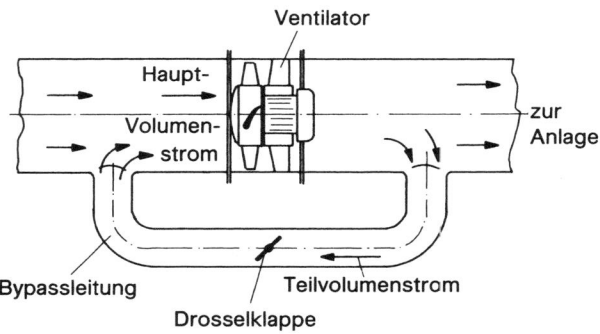

Bild 14.55
Bypassregelung (Prinzip)

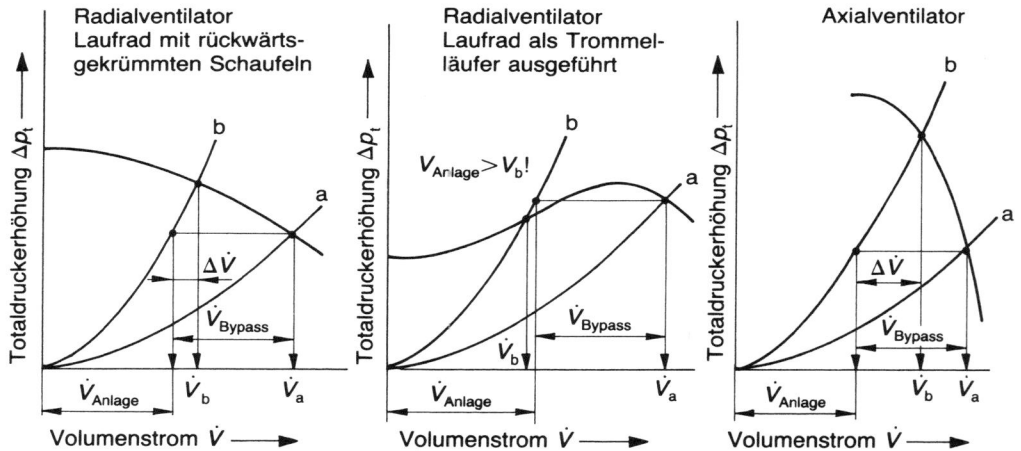

Kurve a  Bypass geöffnet
Kurve b  Bypass geschlossen

Bild 14.56  Bypassregelung verschiedener Ventilatorarten

$\dot{V}_{Bypass}$. Im Bypasskanal ist eine Drosseleinrichtung installiert, um die Aufteilung der Volumenströme regulieren zu können.

Je nach Form der Drosselkurve ist die Reduktion des der Anlage zugeführten Volumenstromes unterschiedlich groß, wie in Bild 14.56 an drei verschiedenen Ventilatortypen demonstriert wird. Bei instabilen Drosselkurven von Trommelläuferventilatoren tritt der paradoxe Zustand ein, dass bei geöffnetem Bypass ein größerer Volumenstrom zur Anlage strömt als bei geschlossenem Bypass! Ähnlich wie bei der Drosselregelung, tritt bei der Bypassregelung ein relativ großer Energieverlust auf, der diese Art der Regelung oder Anpassung an geänderte Betriebsbedingungen für größere Maschinen und längeren Teillastbetrieb unwirtschaftlich macht. Die Energieverluste können so hoch werden, dass im Bypasskanal ein Kühler eingebaut werden muss.

Bei Radialmaschinen mit relativ flachen Drosselkurven (Bild 14.32) sind i. Allg. die Drosselverluste geringer als die Verluste durch Bypassregelung, bei Axialmaschinen mit relativ steilen Drosselkurven (im stabilen Ast!) ist es i. Allg. umgekehrt (Bild 14.57). Bei axialen Maschinen mit instabilen Drosselkurven kann die Bypassregelung zur Vermeidung

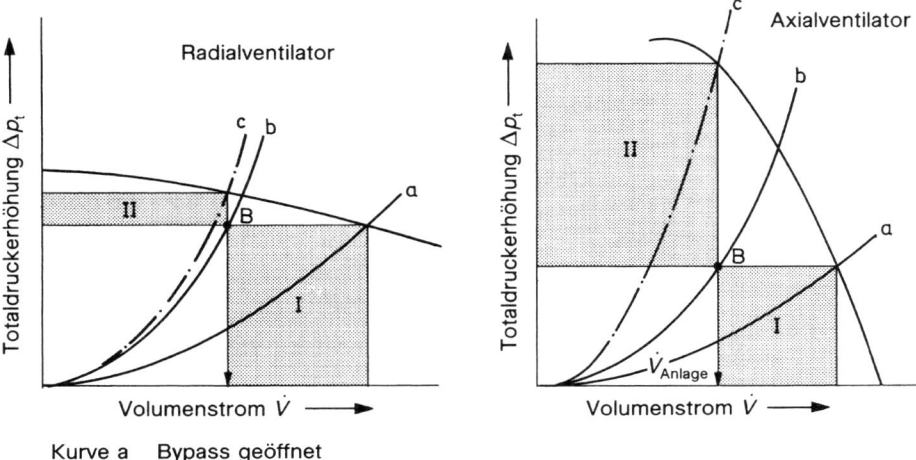

Kurve a  Bypass geöffnet
Kurve b  Bypass geschlossen
Kurve c  Anlagenkennlinie um Punkt B durch Drosselung der Anlage zu fahren

Fläche I   Leistungsverlust durch Bypassregelung
Fläche II  Leistungsverlust durch Drosselregelung

Bild 14.57   Vergleich Drosselregelung-Bypassregelung

des Unterschreitens der Abrissgrenze eingesetzt werden.

### 14.3.4.9 Parallelschaltung

Unter Parallelschaltung versteht man das Zusammenarbeiten von 2 oder mehr Strömungsarbeitsmaschinen zwischen einer gemeinsamen Saug- und Druckleitung bzw. gemeinsam aus einem Raum saugend.

Die Drosselkurve des Maschinenaggregates entsteht durch Addition der Volumenströme der einzelnen Maschinen bei jeweils gleichen spezifischen Förderarbeiten. In Bild 14.58 ist beispielsweise der Parallelbetrieb zweier Ventilatoren dargestellt.

Der Betriebspunkt $B_{par}$ der Ventilatoranlage ergibt sich als Schnittpunkt der Anlagenkennlinie und der Drosselkurve des parallelgeschalteten Ventilatoraggregates.

Aus Bild 14.58 ist deutlich zu erkennen, dass der Volumenstrom $\dot{V}_{par}$ der parallel arbeitenden Ventilatoren kleiner ist, als die Summe $\dot{V}_1 + \dot{V}_2$ der einzeln arbeitenden Ventilatoren. Nur bei Anlagenkennlinien, die eine horizontale Gerade darstellen (Tabelle 14.1) addieren sich die Volumenströme.

Weiterhin folgt aus Bild 14.58, dass bei den vorliegenden Kurvenverläufen die Volumenströme und der Leistungsbedarf der einzeln arbeitenden Ventilatoren größer sind als die der parallel geschalteten Ventilatoren. Das bezüglich der Leistung $P_L$ Gesagte gilt u. U. nicht beim Einsatz von Axialmaschinen oder Radialmaschinen hoher spezifischer Schnellläufigkeit, da diese häufig eine mit zunehmendem Volumenstrom abnehmende Leistung aufweisen. Die Motoren der Ventilatoren sind stets so zu dimensionieren, dass jeder Ventilator seine Leistungskurve voll ausfahren kann. Aus dem mittleren Diagramm von Bild 14.58 geht hervor, dass auch die Wirkungsgrade bei Paralleloder Einzelbetrieb voneinander abweichen.

Man erkennt weiterhin, dass das Zuschalten weiterer Maschinen nur eine geringe Vergrößerung des Gesamtvolumenstromes bringt, da die nach oben steil ansteigende Anlagenkennlinie sich mit der immer flacher werdenden Drosselkurve unterhalb des Punktes $B_{max}$ schneidet, der sich bei Parallelschal-

# 368 Betriebsverhalten von Strömungsmaschinen (Kennfelder)

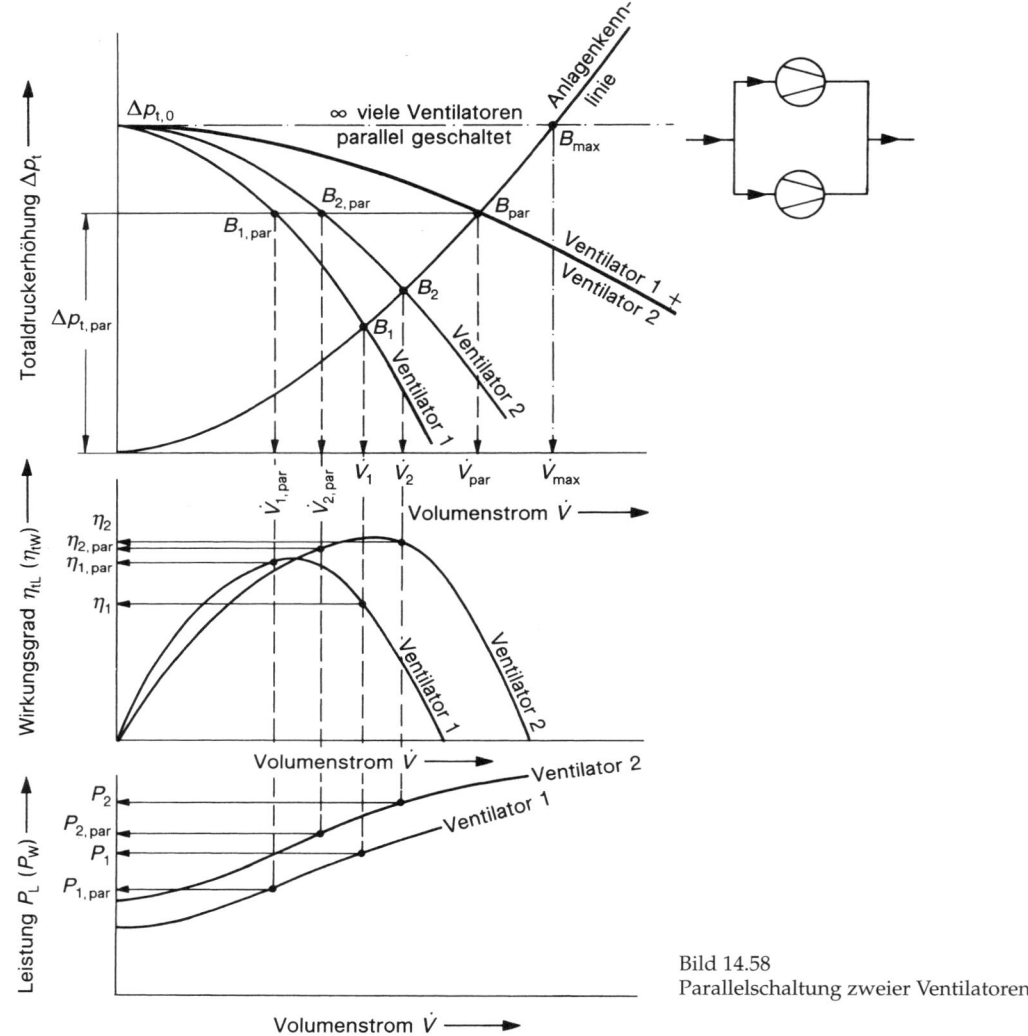

Bild 14.58
Parallelschaltung zweier Ventilatoren

tung von unendlich vielen Maschinen mit gleichem Nullförderdruck $\Delta p_{t,0}$ einstellen würde. Deshalb ist es in vielen Fällen wirtschaftlicher, nur eine Maschine mit Drehzahlregelung einzusetzen.

Strömungsarbeitsmaschinen arbeiten nur dann im gesamten Betriebsbereich problemlos in Parallelschaltung zusammen, wenn sie gleichen Nullförderdruck $\Delta p_{t,0}$ oder Nullförderhöhe $H_0$ (bzw. $Y_0$) haben und die Drosselkurven stabil verlaufen, d.h. vom Punkt $\dot V = 0$ ab mit zunehmendem Volumenstrom stetig abfallen (Bild 14.58).

Unterscheiden sich die Maschinen im Nullförderdruck $\Delta p_{t,0}$ (Bild 14.59), so würde bei Überschreitung des kleineren Druckes $\Delta p_{t,0}$, d.h. Unterschreiten des Volumenstromes $\dot V_{min}$ durch Drosseln der Anlage, d.h. Verschieben der Anlagenkennlinie nach links, der «schwächere» Ventilator 1 vom «stärkeren» Ventilator 2 her rückwärts durchströmt, d.h. überdrückt, und im 2. Quadranten arbeiten. Bereits

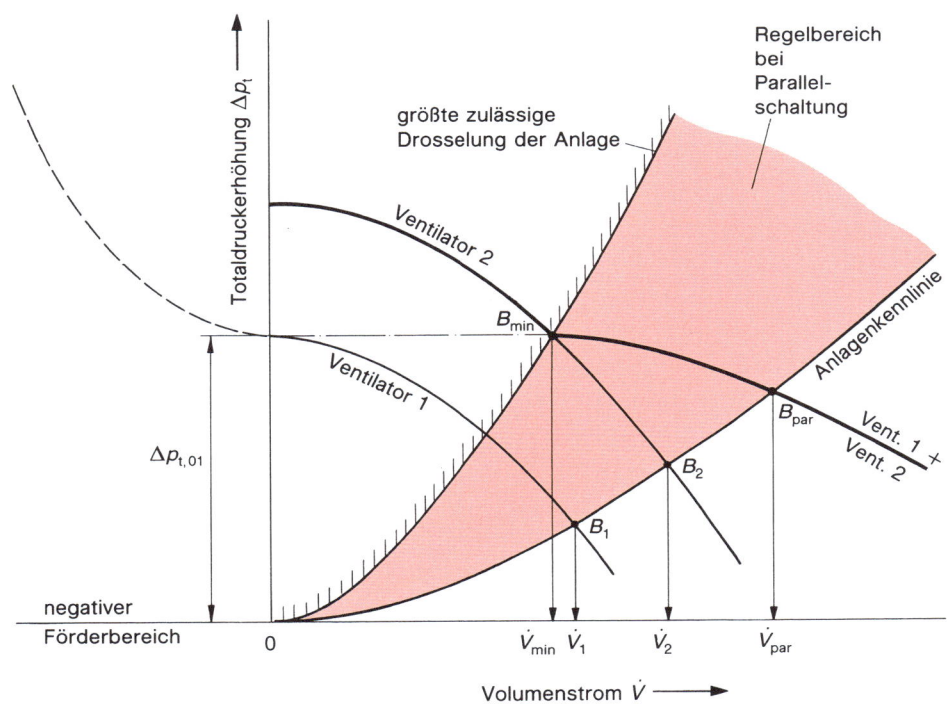

Bild 14.59  Begrenzung des Regelbereichs bei Parallelschaltung

vor dem Erreichen des Punktes $B_{min}$ treten starke Pulsationen und Volumenstromschwankungen auf, die die Ventilatoren auch mechanisch, d. h. vor allem durch Schwingungen, hoch beanspruchen können, was u. U. zu Schäden führen kann.

Ventilatoren mit instabilen Kennlinien (Bild 14.60), die einen Scheitel-, Wendepunkt oder ein Abriss- bzw. Hysteresegebiet aufweisen, d. h. vor allem Axialventilatoren und Radialventilatoren mit Trommelläufern, lassen sich nur in einem beschränkten Bereich von Anlagenkennlinien parallel betreiben, da bei Überschreiten des Nullförderdruckes $\Delta p_{t,0}$, d. h. unter dem minimalen Volumenstrom $\dot{V}_{min}$ liegenden Volumenströmen, starke Pulsationen und Rückströmungen auftreten, bzw. das Zuschalten von stehenden Ventilatoren zu bereits laufenden Maschinen wegen zu geringen Anfahrdrucks erst gar nicht möglich ist.

In [14.50] wird der Parallelbetrieb von Kreiselpumpen analysiert und Gleichungen bzw. Arbeitsdiagramme zur Bestimmung der Volumenstromvergrößerung und Förderhöhensteigerung angegeben.

Baut man bei Axialventilatoren bzw. Axialpumpen die Maschinen zu nahe beieinander ein, liegt die gemessene Kennlinie bei Parallelschaltung deutlich unter der theoretisch ermittelten Drosselkurve (Bild 14.61 nach [14.40]).

Parallelbetrieb von Kreiselpumpen mit getrennten und gemeinsamen Rohrleitungsabschnitten ist u. a. in [14.51] beschrieben.

### 14.3.4.10 Reihenschaltung (Hintereinanderschaltung)

Zur Überwindung relativ großer Anlagenwiderstände werden häufig 2 Pumpen oder Ventilatoren hintereinander geschaltet (Bild

370 Betriebsverhalten von Strömungsmaschinen (Kennfelder)

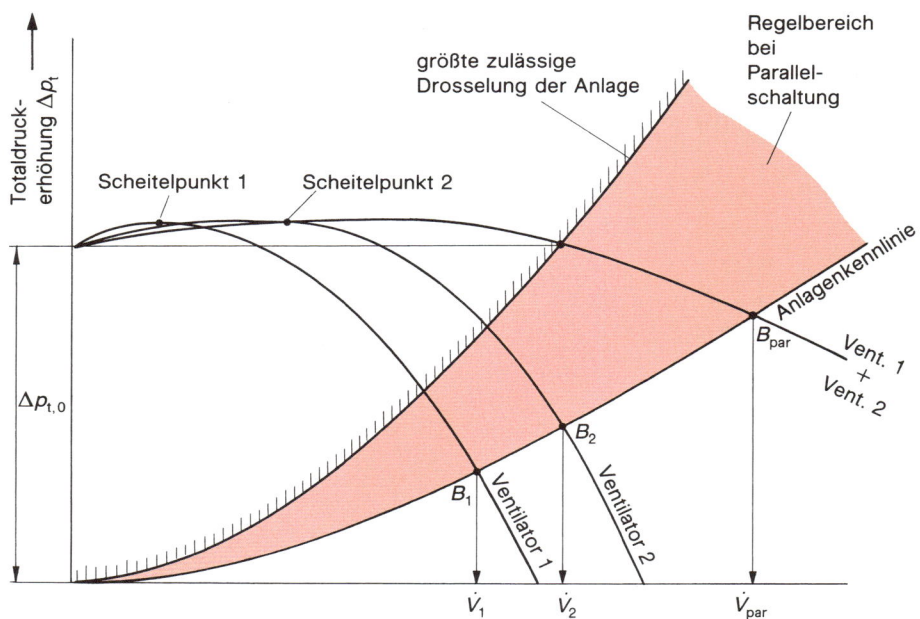

Bild 14.60   Begrenzung des Regelbereichs bei Parallelschaltung

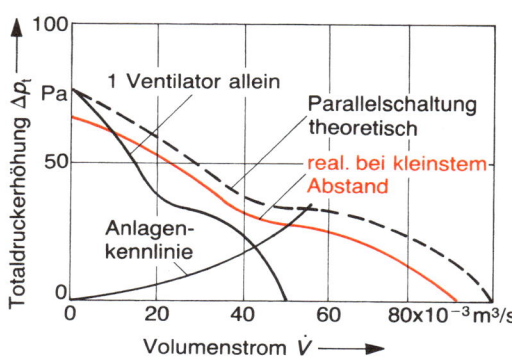

Bild 14.61   Parallelschaltung von Axialventilatoren (nach [14.40])

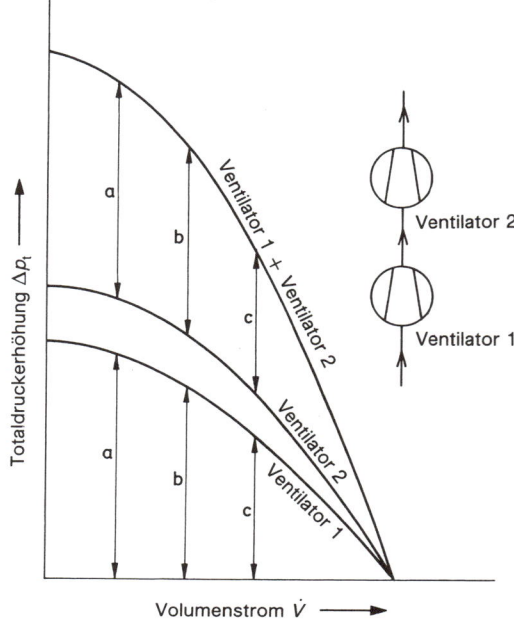

Bild 14.62   Reihenschaltung von Ventilatoren

14.62). Rein theoretisch erhält man die Kennlinie der hintereinander geschalteten Maschinen durch Addition der spezifischen Förderarbeiten bei jeweils gleichen Volumenströmen. In Wirklichkeit ist die Erhöhung der spezifischen Stutzenarbeit jedoch deutlich geringer, da zwischen den Maschinen Strömungsverluste auftreten und die 2. Maschine

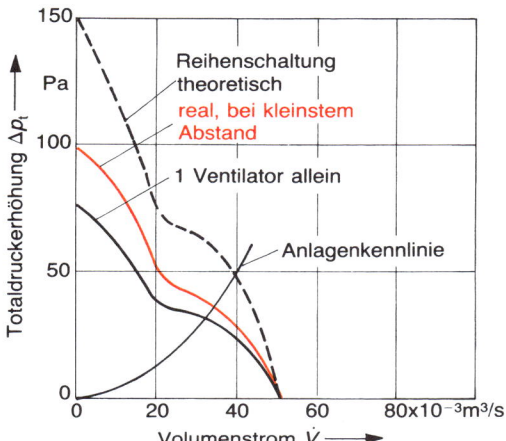

Bild 14.63 Reihenschaltung von Axialventilatoren (nach [14.40])

oft ungünstig angeströmt wird (Bild 14.63 nach [14.40]).

Bei flach verlaufenden Drosselkurven und steilen Anlagenkennlinien kann die Hintereinanderschaltung eine größere Volumenstromzunahme ergeben als die Parallelschaltung [14.50].

Die Reihenschaltung von Kreiselpumpen in verzweigten Rohrleitungen ist in [14.51] beschrieben.

### 14.3.4.11 Vergleich der verschiedenen Regelverfahren

Strömungsarbeitsmaschinen regeln, heißt Volumenstrom und/oder spezifische Stutzenarbeit einer oder mehrerer Maschinen an den momentanen Bedarf der Anlage anzupassen. Das für Anlage und Maschine(n) hinsichtlich Energieverbrauch, Geräuschentwicklung, mechanischer Beanspruchung von Maschine(n) und Anlage (z. B. Verschleiß) und anderer Gesichtspunkte optimale Regelverfahren kann wegen der Vielzahl der Parameter und Kennlinienvarianten nicht pauschal empfohlen werden, sondern muss im Einzelfall nach gründlicher Analyse aller Einflussgrößen ermittelt werden [14.52].

Die Regelung erfolgt üblicherweise durch eines der folgenden Verfahren, bzw. durch Kombinationen verschiedener Verfahren:

1. durch Veränderung der Rohrleitungskennlinie (Drosselung)
2. durch Veränderung der Drosselkurve der Maschine
   a) durch Drehzahlverstellung
   b) durch Vordrallregelung
   c) durch Laufschaufelverstellung
   d) durch Nachdrallregelung
   e) durch Sonderverfahren, wie z. B. Düsenspaltverstellung, Verstellboden, Verstellzunge, Vordrall-Bypass-Regelung
3. durch Verändern der Kontinuität (Bypassregelung)
4. durch Schaltung mehrerer Maschinen
   a) Parallelschaltung
   b) Reihenschaltung

Die Vor- und Nachteile der einzelnen Regelverfahren können u. a. in den Literaturstellen [14.25, 14.28, 14.34, 14.35, 14.46, 14.48 sowie 14.50 bis 14.59] nachgelesen werden.

Als grobe Orientierung kann Bild 14.64 angesehen werden, das verschiedene Standardregelverfahren von Ventilatoren vergleicht.

### 14.3.5 Einfluss der Viskosität der Förderflüssigkeit auf die Kennlinien von Kreiselpumpen

Beim Fördern viskoser Flüssigkeit ändern sich Drosselkurve, Wirkungsgrad- und Leistungskurve einer Kreiselpumpe qualitativ und quantitativ. Mit steigender Viskosität verkleinern sich Förderstrom, Förderhöhe und Wirkungsgrad, die Leistungswerte erhöhen sich, falls nicht die Dichte stark abnimmt (Bild 14.65). Bei kleinen Förderströmen und kleinen Pumpen niedriger spezifischer Drehzahl ist der Viskositätseinfluss stärker ausgeprägt als bei großen Förderströmen und großen Pumpen hoher spezifischer Drehzahl.

In [14.51] werden z. B. für 1-stufige Radialpumpen folgende Grenzen für die maximal zulässige kinematische Viskosität angegeben (Tabelle 14.3).

In [14.35] wird als obere Grenze für normale Radialräder ca. $\nu = 500 \times 10^{-6}$ m²/s angegeben, für Kanal- und Freistromräder $\nu = 1000 \times 10^{-6}$ m²/s.

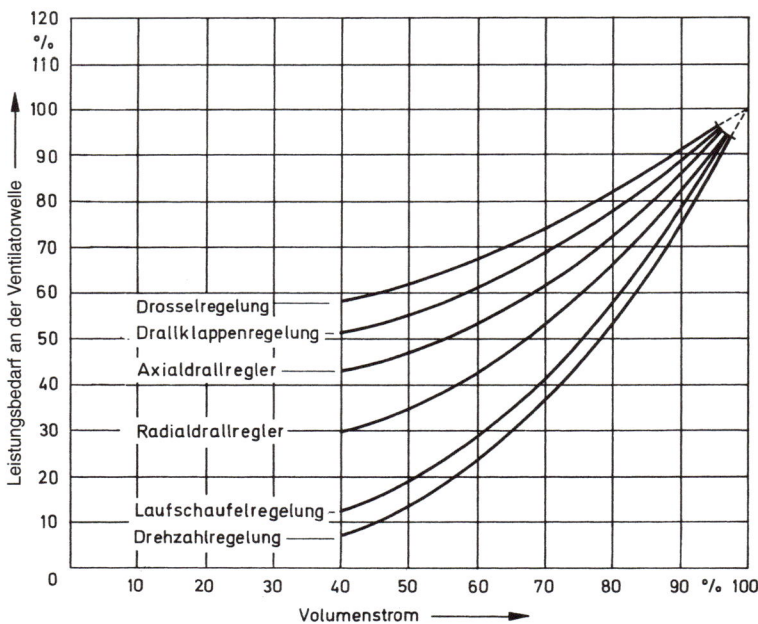

Bild 14.64
Vergleich verschiedener Regelverfahren von Ventilatoren (nach Fa. KKK)

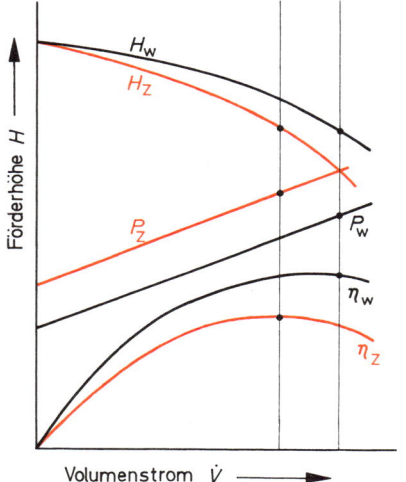

Bild 14.65
Pumpenkennlinie bei erhöhter Viskosität

Tabelle 14.3  Grenzwerte für die kinematische Viskosität 1-stufiger Kreiselpumpen

| Druckstutzen-Nennweite | Grenzwerte für kin. Viskosität |
| --- | --- |
| ≤50 mm | $(120\dots300) \times 10^{-6}$ m²/s |
| ≤150 mm | $(300\dots500) \times 10^{-6}$ m²/s |
| >150 mm | ca. $800 \times 10^{-6}$ m²/s |

Eine genaue Berechnung der Kennlinienänderungen bei Förderung viskoser Flüssigkeiten ist nicht möglich [14.60]. Zahlreiche Versuche zeigten stark streuende Ergebnisse, da die verschiedenen Pumpenkonstruktionen hinsichtlich ihrer Spaltbreiten, Laufradformen und Geometrien der Gehäuseräume zu stark voneinander abweichen, d.h. keine einheitlichen Versuchsbedingungen vorliegen. Auch das Verhalten der verschiedenen Newton'schen und nicht Newton'schen Flüssigkeiten ist sehr unterschiedlich und erschwert die Versuche, wenn deshalb exakte Kennlinien gefordert werden, müssen Versuche mit der speziellen Förderflüssigkeit mit der Originalpumpe oder mit einer geometrisch ähnlichen Pumpe durchgeführt werden.

Um wenigstens näherungsweise die Kennlinien von 1-stufigen Radialpumpen mit spezifischen Drehzahlen $n_q$ zwischen 6,5 und 45 min$^{-1}$ bei Förderung viskoser Newton'scher Flüssigkeiten aus den Kennlinien bei Wasserförderung abschätzen zu können, wird ein in [14.60, 14.28, 14.61] beschriebenes Verfahren vorgeschlagen.

Die einzelnen Punkte der Kennlinien bei Wasserförderung werden wie folgt auf Förderung einer viskosen Flüssigkeit umgerechnet:

$$Q_z = f_Q \cdot Q_w \qquad \text{(Gl. 14.17)}$$

$$H_z = f_H \cdot H_w \qquad \text{(Gl. 14.18)}$$

$$\eta_z = f_\eta \cdot \eta_w \qquad \text{(Gl. 14.19)}$$

Index w Wasserförderung
Index z Förderung einer viskosen Flüssigkeit

Ist auch die Dichte $\varrho_z$ der viskosen Flüssigkeit bekannt, kann die Leistung $P_z$ berechnet werden:

$$P_z = \frac{\varrho_z \cdot g \cdot Q_z \cdot H_z}{\eta_z} \qquad \text{(Gl. 14.20)}$$

Die Korrekturwerte $f_Q$, $f_H$ und $f_\eta$ können aus Bild 14.66 entnommen werden.

I. Allg. ermittelt man die Kennlinienwerte für 4 Punkte der Kennlinien: $Q_w = 0$; $0,8 \times Q_{opt}$; $Q_{opt}$ und $1,2 \times Q_{opt}$ und extra- bzw. interpoliert die Zwischenwerte grafisch.

In [14.61] ist ein Rechenbeispiel durchgeführt.

Soll umgekehrt von einem gegebenen Betriebspunkt $B_z$ bei Förderung einer viskosen Flüssigkeit auf einen Betriebspunkt $B_w$ bei Wasserförderung umgerechnet werden (Bild 14.67), um eine geeignete Pumpe auszuwählen, werden in einem Iterationsverfahren die Faktoren $f_Q$ und $f_H$ berechnet.

In [14.60, 14.35, 14.51] ist ein ähnliches Verfahren aus den Richtlinien «Standards of Hydraulic Institute», New York, USA, 14. Ausgabe 1983 beschrieben.

Man kann beide Verfahren auch eingeschränkt auf mehrstufige Pumpen anwenden, wenn man die Stufenförderhöhe einsetzt, sowie auf 2-flutige Pumpen, wenn man den Förderstrom halbiert [14.35].

Von den zahlreichen zu diesem Thema erschienenen Publikationen sind unter [14.62 bis 14.64] 3 weitere Fachaufsätze aufgeführt.

### 14.3.6 Förderung von Flüssigkeits-Gas-Gemischen in Kreiselpumpen

In vielen Fällen fördern Kreiselpumpen keine homogenen Flüssigkeiten, sondern Flüssigkeits-Gas-Gemische mit einem Anteil ungelöster Gase, der die Kennlinien der Pumpen schon bei verhältnismäßig geringen Gasanteilen stark verändert. Die ungelösten Gase können durch luftziehende Wirbel im saugseitigen Behälter, durch schlechte Abdichtung der Saugleitung, durch eine nicht einwandfrei dichtende Pumpendichtung oder auch durch chemische Prozesse in die Flüssigkeit gelangen.

«Klassische» Radialkreiselpumpen mit geschlossenen Laufrädern können nur sehr begrenzte Gasmengen mitfördern, nach [14.51] etwa bis 5...7 Volumenprozente. Kanalräder oder Freistromräder (Bild 11.8) können bedeutend höhere Gasanteile mitfördern. Seitenkanalpumpen können sehr große Gasanteile verkraften [14.51].

Bei den üblichen Radialpumpen sammeln sich die Gasblasen bei höheren Gasanteilen im Saugmund der Pumpen an und versperren den an sich schon relativ kleinen Strömungsquerschnitt mit der Folge, dass die Förderung zusammenbricht. In Bild 14.68a (aus [14.51]) ist das Kennfeld einer Radialpumpe mit geschlossenem Laufrad bei Gasmitförderung dargestellt, wobei der Gasanteil $q_{Gs} = Q_G/Q_F$ zwischen 0...7% liegt ($Q_G$ = Gasstrom, bezogen auf saugseitige Verhältnisse; $Q_F$ = Flüssigkeitsstrom). Bild 14.68a zeigt deutlich, dass schon bei einem Gasanteil von 7% Förderstrom und Förderhöhe im Optimalpunkt auf die Hälfte reduziert werden!

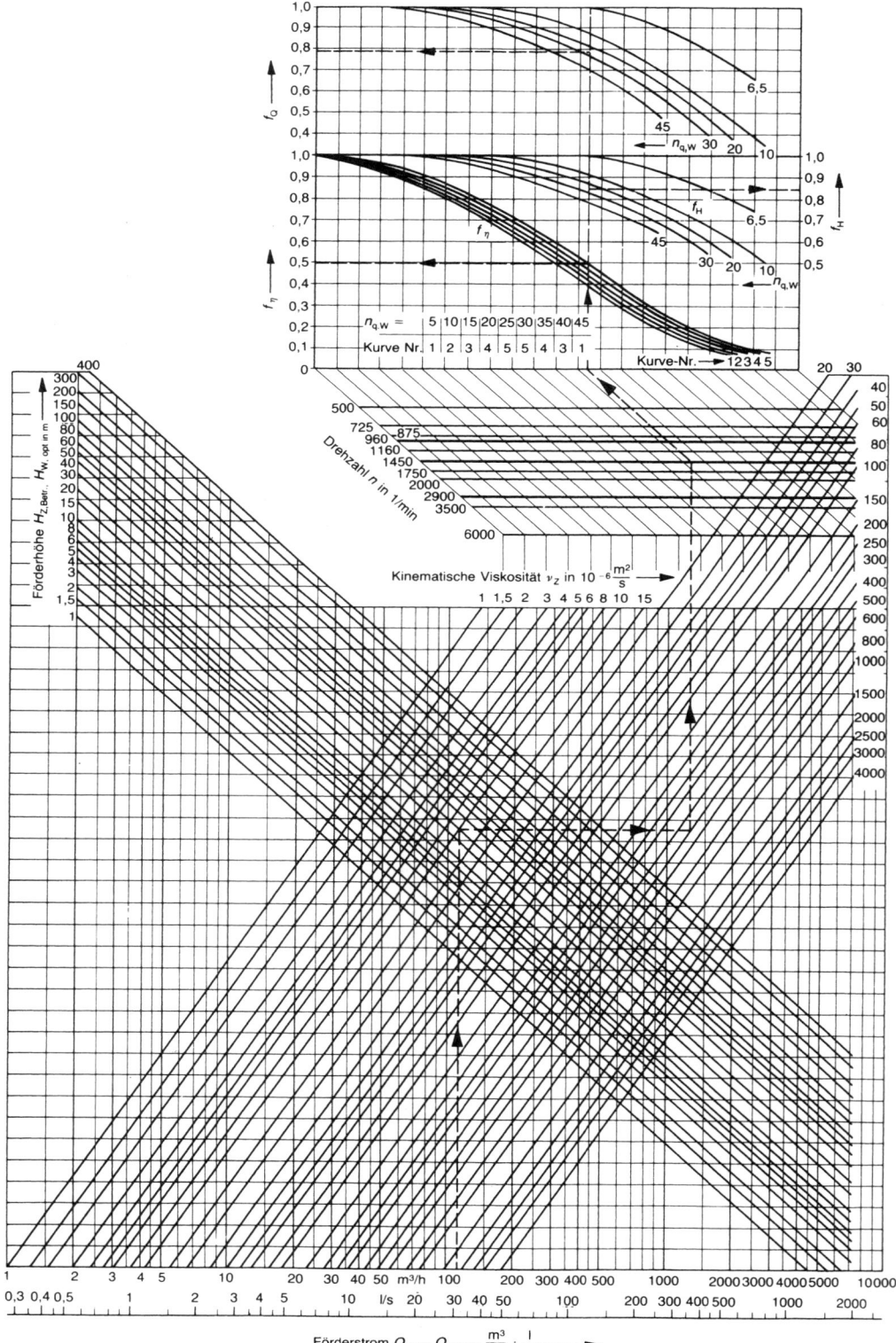

Bild 14.66 Korrekturbeiwerte $f_Q$, $f_H$ und $f_\eta$ (nach [14.28, 14.61])

# Kennfelder der Strömungsarbeitsmaschinen 375

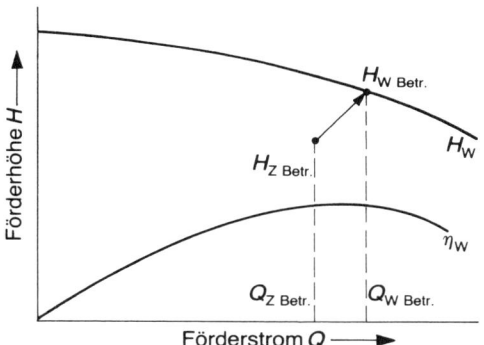

Bild 14.67 Umrechnung des Betriebspunktes $Q_z - H_z$ auf Wasserförderung $Q_q - H_w$ (nach [14.61])

Bei mehrstufigen Pumpen wird die Fähigkeit der Pumpe Gasanteile mitzufördern im Wesentlichen durch die Grenzwerte der ersten Stufen bestimmt.

Weiterführende Literatur findet sich u. a. in [14.37, 14.65 bis 14.69].

## 14.3.7 Förderung von Feststoffen

In Kreiselpumpen werden häufig Festkörper z. B. Kohle, Eisenerz, Flugasche, Sand, Kies, Fische, Rüben, Kartoffeln, Holzschliff, Kalkmilch in Flüssigkeit, meist Wasser, gepumpt, desgleichen bei der pneumatischen Förderung mittels Luft durch Ventilatoren. Bei der Feststoffförderung ändern sich durch die Beladung des Förderfluids mit den Feststoffpartikeln sowohl die Anlagenkennlinie als auch die Kennlinien der Pumpe oder des Ventilators. Die meist empirische Berechnung der Anlagenkennlinien bei hydraulischem Feststofftransport kann z. B. aus [14.70], für pneumatischen Feststofftransport aus [14.71] entnommen werden. In Bild 14.68b (aus [14.28]) ist deutlich zu sehen, dass der Förderstrom $Q$ bei zunehmender Beladung mit Festkörpern im Kennfeld nach links, d. h. zu kleineren Werten wandert ($B_0 \rightarrow B_{10} \rightarrow B_{20}$):

Die Anlagenkennlinien weisen ein Minimum auf, zu dem die kleinste zulässige Strömungsgeschwindigkeit gehört, bei deren Unterschreitung in den Rohrleitungen Verstop-

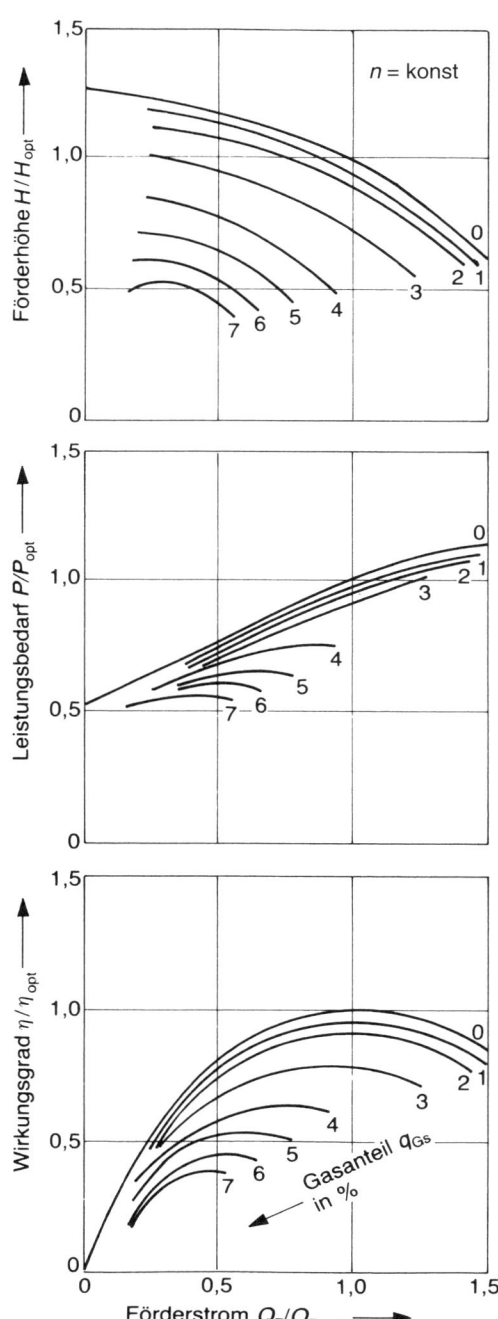

Bild 14.68a Einfluss des Gasanteils auf die Kennlinien einer 1-stufigen Radialpumpe (nach [14.51])

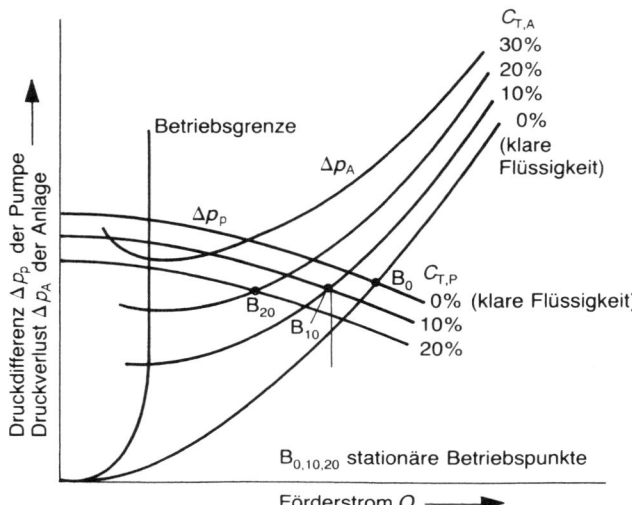

Bild 14.68b
Kennfeld einer feststofffördernden Kreiselpumpe (nach [14.28])

fungen auftreten. Dieses Minimum bezeichnet die **Betriebsgrenze** der feststoffbeladenen Förderung. Bei Strömungsförderung durch Pumpen und Ventilatoren sind steile Drosselkurven erwünscht, damit sich der Förderstrom nur wenig mit der Feststoffkonzentration ändert, weshalb insbesondere Pumpen auch in Reihe geschaltet werden [14.35].

Nähere Einzelheiten zu diesem außerordentlich komplizierten, empirischen Fachgebiet können u. a. aus [14.72 bis 14.78] entnommen werden.

### 14.3.8 Anlaufen und Auslaufen von Strömungsarbeitsmaschinen

Normalerweise haben Kreiselpumpen, Ventilatoren und Turboverdichter so niedrige Anlaufmomente, dass die Antriebsmaschinen, meist Elektromotoren, genügend große Antriebsmomente zur Verfügung stellen, um die Arbeitsmaschine in kurzer Zeit auf ihre Betriebsdrehzahl zu beschleunigen.

Beim Hochfahren des Aggregates werden innerhalb weniger Sekunden eine Reihe von Betriebszuständen durchfahren, die von mehreren Parametern abhängen, insbesondere von:

❑ dem Drehmoment der Antriebsmaschine in Funktion der Drehzahl,
❑ dem von der Strömungsmaschine aufgenommenen Drehmoment, abhängig von der Drehzahl und vom Anfahrverhalten,
❑ dem Massenträgheitsmoment der Rotoren von Motor und Strömungsmaschine,
❑ der Massenträgheit des in der Anlage befindlichen Fluids, besonders wichtig bei Kreiselpumpen wegen der großen Dichte von Flüssigkeiten,
❑ Verlauf der spezifischen Stutzenarbeit und der Leistung über dem Volumenstrom,
❑ Verlauf der Anlagenkennlinie,
❑ Verhalten der in der Anlage eingebauten Armaturen,
❑ Gegendruck, den die Strömungsmaschine u. U. beim Anfahren überwinden muss.

Trotz der Komplexität des Anlaufvorganges kann man mit verhältnismäßig einfachen, konventionellen Mitteln den Verlauf des Antriebsmomentes und die Anlaufzeit bestimmen [14.79].

Im folgenden Textteil wird das etwas einfachere Hochlauf- und Auslaufverhalten von Ventilatoren behandelt, die etwas komplizierteren Verhältnisse bei Kreiselpumpen können u. a. in [14.28, 14.35, 14.51, 14.79] nachgelesen werden.

Bei der exemplarischen Behandlung des Anlaufvorgangs von Ventilatoren wird als Antriebsmotor ein Drehstrom-Kurzschlussläufermotor vorausgesetzt, sodass sich der in Bild 14.69 dargestellte Momentenverlauf $T_M = f(n)$ ergibt. Der Verlauf des Ventilatormoments $T_V = f(n)$ hängt von der Ventilatorart, d.h. dem Kennlinienverlauf und der Art und Weise des Zuschaltens der Anlage ab. So erhält man beispielsweise das sich im Betrieb einstellende Moment $T_{V,\,Betr}$ eines Radialventilators abhängig vom Drosselzustand (Bild 14.70):

bei geschlossenem Drosselorgan:

$$T_{Betr,\,geschl} = \frac{P_{geschl}}{\omega_{Betr,\,geschl}} = \frac{P_{geschl}}{2 \cdot \pi \cdot n_{Betr,\,geschl}}$$

bei geöffnetem Drosselorgan:

$$T_{Betr,\,off} = \frac{P_{off}}{\omega_{Betr,\,off}} = \frac{P_{off}}{2 \cdot \pi \cdot n_{Betr,\,off}}$$

Da beim Radialventilator die Leistung $P_{geschl}$ bei geschlossenem Drosselorgan kleiner ist als die Leistung $P_{off}$ bei offenem Drosselorgan, wird auch das Moment $T_{V,\,Betr,\,geschl}$ kleiner als $T_{V,\,Betr,\,off}$ (Bild 14.70).

Die Leistung des Ventilators steigt bzw. sinkt genauso wie bei jeder Strömungsmaschine bekanntlich mit der 3. Potenz der Drehzahl (Gl. 4.5).

$$P \sim n^3$$

Da das Moment $T_V$ proportional zum Quotienten aus Leistung und Drehzahl ist

$$T_V \sim \frac{P}{n}$$

wird es proportional zum Quadrat der Drehzahl $n$

$$T_V \sim n^2 \qquad (\text{Gl. 14.21})$$

Durch den Punkt $T_{V,\,Betr} - n_{Betr}$ wird also eine **quadratische Parabel** in Richtung Nullpunkt des Koordinatensystems gezeichnet (Bild 14.69). In der Nähe des Nullpunktes, d.h. für $n \to 0$, nimmt dann das Moment aufgrund der Lagerreibung wieder zu. Bei $n = 0$ liegt das **Losbrechmoment** vor, das im Wesentlichen durch die Haftreibung in den Lagern bestimmt wird und rechnerisch nicht zu ermitteln ist.

Bei Axialventilatoren mit Laufschaufelverstellung bzw. bei vordrallgeregelten Radial- und Axialventilatoren nimmt die Leistung und damit das Antriebsmoment bei kleinen

Bild 14.69
Anlauf eines Ventilators

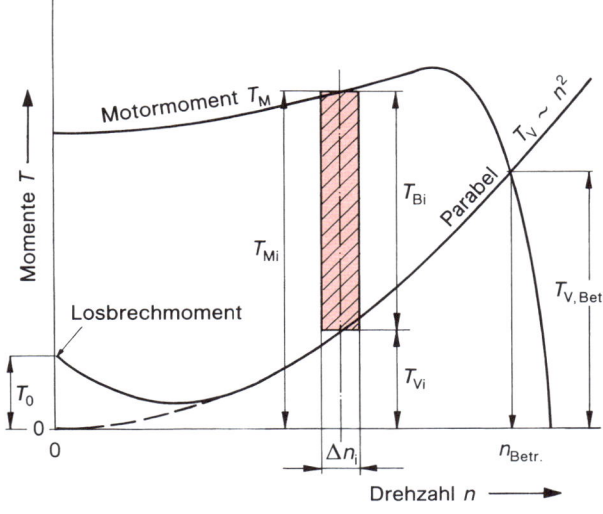

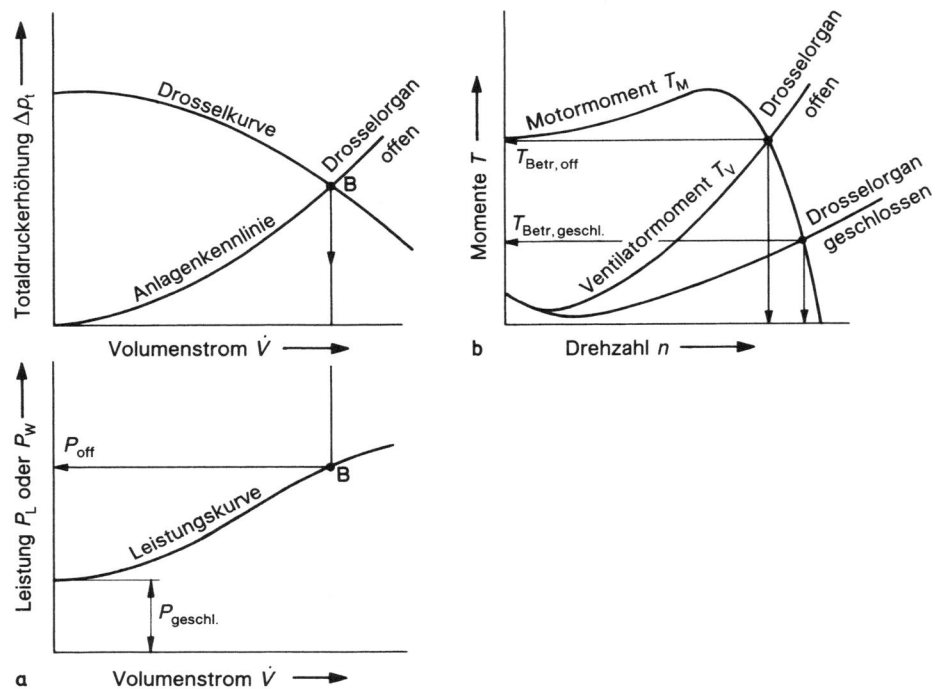

Bild 14.70  Einfluss des Drosselzustandes auf den Anlaufvorgang eines Ventilators

Anstellwinkeln bzw. zugedrehtem Vordrallregler deutlich ab (Bild 14.71).

Die Winkelbeschleunigung $d\omega/dt$, mit der der Ventilator bei einer beliebigen Drehzahl zwischen 0 und $n_\text{Betr}$ hochgefahren wird, ergibt sich aus dem Beschleunigungsmoment («Überschussmoment»)

$$T_B = T_M - T_V$$

und dem Massenträgheitsmoment aller rotierenden Teile

$$\frac{d\omega}{dt} = \frac{T_B}{I_\text{ges}}$$

mit

$$\omega = 2 \cdot \pi \cdot n$$
$$d\omega = 2 \cdot \pi \cdot dn$$

wird die Drehzahl $n$ eingeführt:

$$\frac{dn}{dt} = \frac{1}{2 \cdot \pi} \frac{T_B}{I_\text{ges}}$$

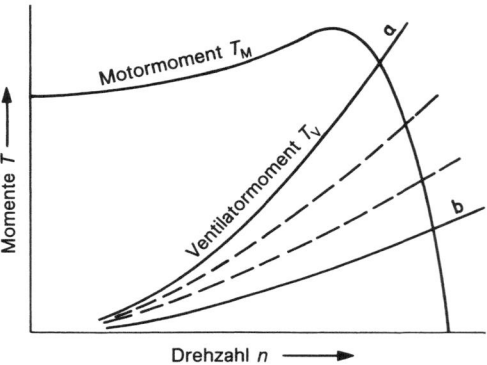

Kurve a  Schaufelanstellwinkel groß bzw. Drallregler geöffnet
Kurve b  Schaufelanstellwinkel klein bzw. Drallregler geschlossen

Bild 14.71  Anlaufvorgang eines Ventilators mit Laufschaufelverstellung bzw. Drallregler

Ersetzt man diese Differentialgleichung durch eine Differenzengleichung, kann die Integration durch einfaches Summieren ersetzt werden:

$$\frac{\Delta n}{\Delta t} = \frac{1}{2 \cdot \pi} \cdot \frac{T_b}{I_{ges}}$$

$$\Delta t = \Delta n \cdot 2 \cdot \pi \cdot I_{ges} \cdot \frac{1}{T_B}$$

Die erforderliche Anlaufzeit $t_{an}$ ergibt sich als Summe aller $\Delta t$-Werte:

$$t_{an} = \sum \Delta t$$

$$t_{an} = 2 \cdot \pi \cdot I_{ges} \sum_{i=1}^{k} \frac{\Delta n_i}{T_{Bi}}$$

$$t_{an} = 2 \cdot \pi \cdot I_{ges} \left( \frac{\Delta n_1}{T_{B1}} + \frac{\Delta n_2}{T_{B2}} + \ldots \right.$$
$$\left. + \frac{\Delta n_i}{T_{Bi}} + \ldots + \frac{\Delta n_k}{T_{Bk}} \right) \quad \text{(Gl. 14.22)}$$

$t_{an}$  Anlaufzeit des Ventilators in s
$I_{ges}$  Massenträgheitsmoment von Ventilatorrotor, Kupplung und Motorläufer in kg · m²
$\Delta n$  Drehzahlintervalle in s$^{-1}$
$T_B$  Zugehöriges Beschleunigungsmoment in N · m nach Bild 14.69

Bei Zwischenschaltung eines Riementriebes oder Zahnradgetriebes zwischen Motor und Ventilator muss das Massenträgheitsmoment $I_{ges}$ durch das rechnerische Massenträgheitsmoment $I_{red}$ ersetzt werden:

$$I_{red} = I_M + I_V \left( \frac{n_V}{n_M} \right)^2 \quad \text{(Gl. 14.23)}$$

$I_{red}$  reduziertes Massenträgheitsmoment
$I_M$  Massenträgheitsmoment aller mit der Motordrehzahl rotierenden Massen
$I_V$  Massenträgheitsmoment aller mit der Ventilatordrehzahl rotierenden Massen
$n_V$  Ventilatordrehzahl
$n_M$  Motordrehzahl

Die Anwendung von Gl. 14.22 setzt das vorherige Aufzeichnen der Motor- und Ventilatormomentenkurve gemäß Bild 14.69 voraus, ist also relativ zeitaufwändig.

Für eine erste grobe Überschlagsrechnung kann folgende Faustformel benutzt werden:

$$t_{an} \approx \frac{8 \cdot I_{ges} \cdot n^2_{Betr}}{10^6 \cdot P_{Mot}} \quad \text{(Gl. 14.24)}$$

$t_{an}$  Anlaufzeit in s
$I_{ges}$  Massenträgheitsmoment in kg · m²
$n_{Betr}$  Betriebsdrehzahl des Ventilators nach Beendigung des Hochlaufvorgangs in min$^{-1}$
$P_{Mot}$  Motorleistung in kW

Nach **Abschalten des Motors** läuft das Ventilatoraggregat gemäß Momentenkurve $T_V = f(n_2)$ (Bild 14.69) langsam aus.
Dabei tritt folgende Verzögerung auf:

$$\frac{d\omega}{dt} = \frac{T_V}{I_{ges}}$$

Ersetzt man diese Differentialgleichung durch eine Differenzengleichung

$$\frac{\Delta n}{\Delta t} = \frac{1}{2 \cdot \pi} \cdot \frac{T_V}{I_{ges}}$$

ergibt sich folgende Beziehung für die Auslaufzeit $t_{aus}$:

$$t_{aus} = 2 \cdot \pi \cdot I_{ges} \left( \frac{\Delta n_1}{T_{V1}} + \frac{\Delta n_2}{T_{V2}} + \ldots \right.$$
$$\left. + \frac{\Delta n_i}{T_{Vi}} + \ldots + \frac{\Delta n_k}{T_{Vk}} \right) \quad \text{(Gl. 14.25)}$$

### 14.3.9 Kreiselpumpen im Turbinenbetrieb

Kreiselpumpen können ohne Änderungen an Laufrad und Gehäuse auch als Turbinen eingesetzt werden. Die Pumpe wird dabei rückwärts, d.h. vom Druckstutzen zum Saugstutzen, durchströmt und die Drehrichtung des Laufrades ändert sich. Die Drehzahl bleibt etwa gleich hoch. Förderstrom $Q$ und Fallhöhe $H$

liegen je nach Pumpengeometrie im Turbinenbetrieb 20...60% höher als im Pumpenbetrieb bei gleicher Drehzahl. Da im Vergleich zur Francis-Turbine der verstellbare Leitapparat fehlt, ist der wirtschaftliche sinnvolle Fahrbetrieb begrenzt, ebenso die Leistung. Wegen des fehlenden verstellbaren Leitapparates eignen sich deshalb rückwärts als Turbinen laufende Pumpen nur für Anlagen mit möglichst gleich bleibenden Betriebsbedingungen.

Mehrstufige Radialpumpen eignen sich für den Einsatz bei verhältnismäßig kleinen Volumenströmen und großen Fallhöhen, für die als «klassische» Wasserturbine allenfalls die Pelton-Turbine in Frage kommt.

Zum grundsätzlichen Verständnis ist in Bild 14.72 (nach [14.80]) nochmals ergänzend zu Bild 14.33 das Kennfeld einer als Turbine rückwärtslaufenden Radialpumpe dem Kennfeld bei Pumpbetrieb gegenüber gestellt. Das eigentliche Turbinenkennfeld III liegt zwischen Leerlauf- und Widerstandskennlinie.

Die Leerlaufkennlinie ist dabei als Funktion $Q = f(H)$ bei unbelasteter Turbine (Drehmoment $T_T = 0$) definiert. Mit zunehmender Fallhöhe steigt die Leerlaufdrehzahl an. Die Widerstandskennlinie stellt die Funktion $Q = f(H)$ bei stehender Pumpe (Drehzahl $n = 0$) dar. Im Bereich II, rechts von der Leerlaufkennlinie, müsste zusätzlich mechanische Energie an der Welle zugeführt werden, um die Maschine als Turbine zu betreiben.

In Bild 14.73 (nach [14.80]) ist das Turbinenbetriebskennfeld einer 6-stufigen Radialpumpe mit der spezifischen Drehzahl $n_q = 19$ min$^{-1}$ (bezogen auf den Pumpbetrieb!) dargestellt.

Der Drehzahlbereich erstreckt sich von 2500 min$^{-1}$ bis 1500 min$^{-1}$.

Die Wirkungsgrade liegen im Turbinenbetrieb geringfügig höher als im Pumpbetrieb und erreichen Werte von etwa 70%.

Weitere Informationen über den Einsatz von Kreiselpumpen als Turbinen finden sich u. a. in [14.80 bis 14.92, 14.99].

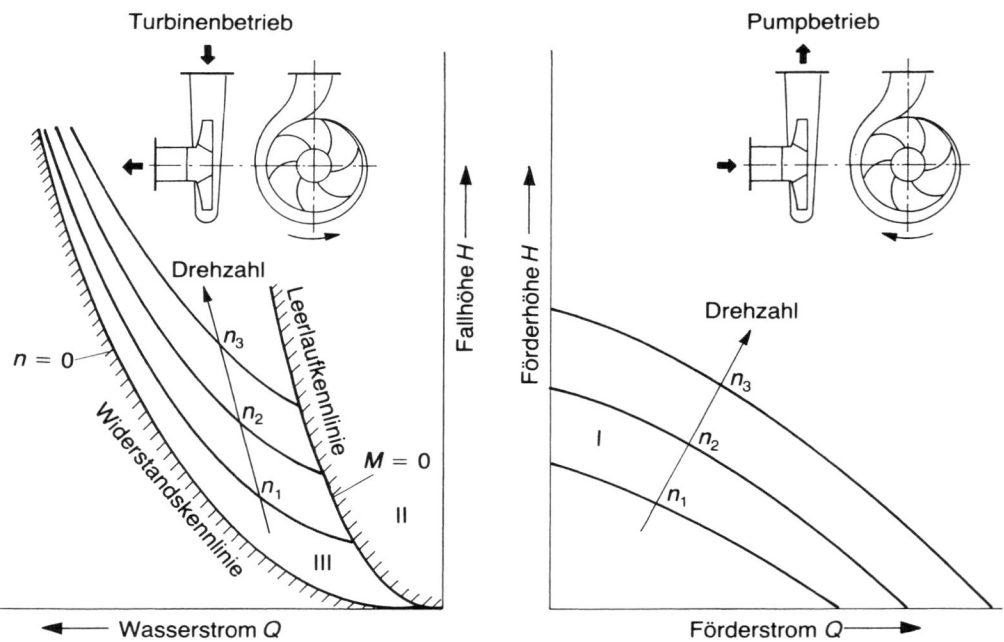

Bild 14.72  Kennfeld einer Radialpumpe im Pump- und Turbinenbetrieb (Prinzipbild) (nach [14.80])

# Kennfelder der Strömungsarbeitsmaschinen

## 14.3.10 Mindestförderstrom

In Kreiselpumpen wird nur ein Teil der antriebsseitig zugeführten Energie in hydraulische Energie umgewandelt. Ein bestimmter Teil der Antriebsenergie wird in Wärme umgesetzt und erhöht die Temperatur in der Förderflüssigkeit. Diese Temperaturerhöhung kann wie folgt abgeschätzt werden:

Verlustleistung $P_{iv} = \dot{m} \cdot c \cdot \Delta T = \varrho \cdot Q \cdot c \cdot \Delta T$

mit $c$ als spezifischer Wärmekapazität der Förderflüssigkeit

$$P_{iv} = P - P_m - P_Q \qquad \text{(Bild 14.74)}$$

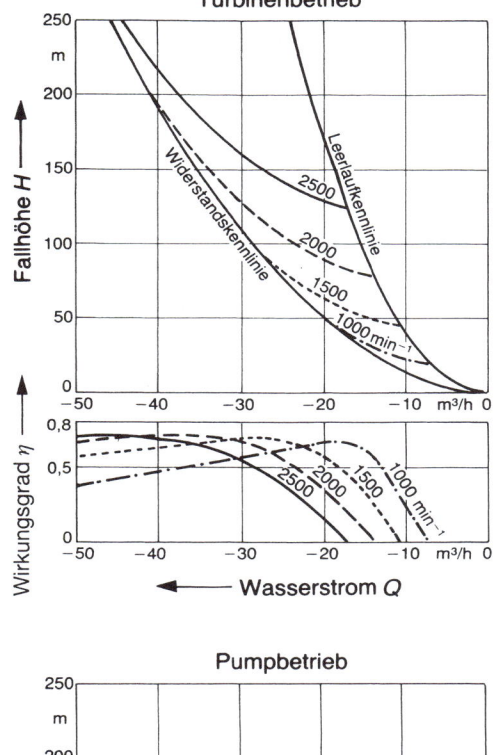
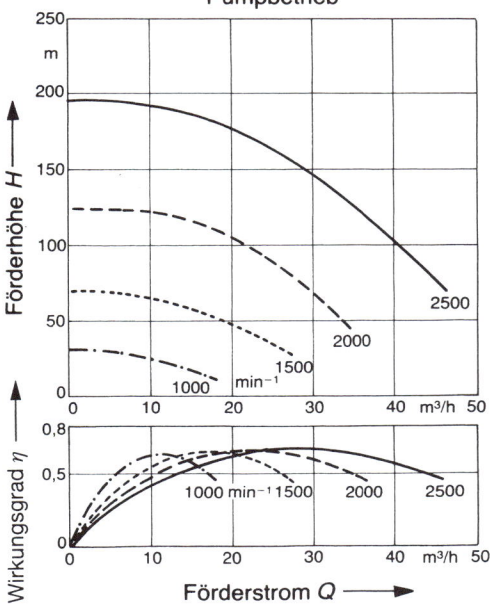

Bild 14.73  Kennfeld einer mehrstufigen Radialpumpe im Pump- und Turbinenbetrieb (nach [14.80])

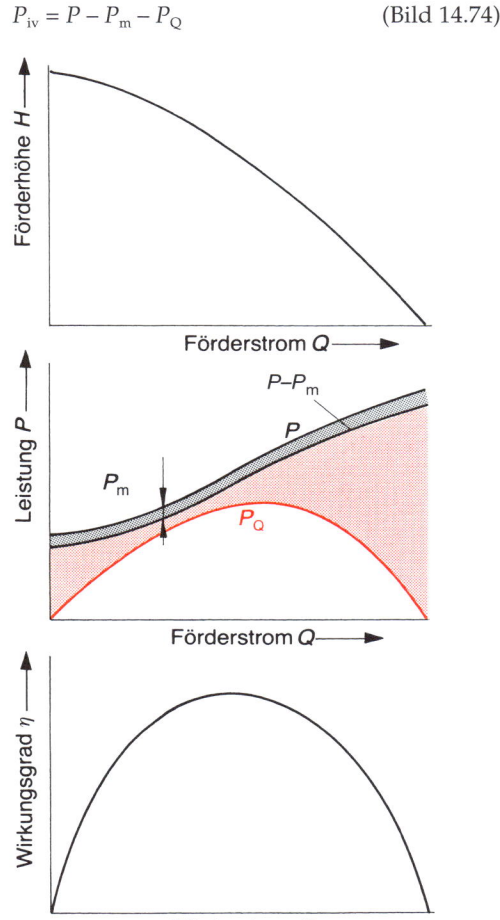

Bild 14.74  Leistungsanteile einer Kreiselpumpe (nach [14.51])

$P_Q = \varrho \cdot g \cdot Q \cdot H$

$P_m = (1 - \eta_m) \cdot P$

$P = \dfrac{\varrho \cdot g \cdot Q \cdot H}{\eta}$

$P_{iv} = \dfrac{\varrho \cdot g \cdot Q \cdot H}{\eta} - (1 - \eta_m) \cdot \dfrac{\varrho \cdot g \cdot Q \cdot H}{\eta}$
$\phantom{P_{iv} = } - \varrho \cdot g \cdot Q \cdot H$

$P_{iv} = \varrho \cdot g \cdot Q \cdot H \cdot \left(\dfrac{\eta_m}{\eta} - 1\right) = \varrho \cdot Q \cdot c \cdot \Delta T$

$$\Delta T = \dfrac{g \cdot H}{c} \cdot \left(\dfrac{\eta_m}{\eta} - 1\right) = \dfrac{Y}{c} \cdot \left(\dfrac{\eta_m}{\eta} - 1\right) \quad \text{(Gl. 14.26)}$$

$\Delta T$ Temperaturerhöhung
$H$ Förderhöhe
$Y$ spezifische Stutzenarbeit
$c$ spezifische Wärmekapazität
$\eta_m$ mechanischer Wirkungsgrad
$\eta$ Gesamtwirkungsgrad

Da $H$ (bzw. $Y$), $\eta_m$ und $\eta$ Funktionen vom Förderstrom $Q$ sind (Bild 14.74), wird auch die Temperaturerhöhung $\Delta T$ eine Funktion vom Förderstrom $Q$ (Bild 14.75).

Durch Eintragen vom $\Delta T_{zul}$ in die Kurve $\Delta T = f(Q)$ (Bild 14.75) erhält man den erforderlichen Mindestförderstrom $Q_{min}$, der im Übrigen als der zulässige Förderstrom definiert ist, den die Pumpe **dauernd**, ohne Schaden zu nehmen fördern kann.

Einflüsse weiterer Parameter wie z. B.

❑ interne Rezirkulation im Laufrad
❑ Schwingungen
❑ Druckschwankungen
❑ Axial- und Radialschub
❑ NPSH

auf die Größe des Mindestförderstroms können in der Fachliteratur z. B. in [14.35] nachgelesen werden.

## 14.4 Kennfelder der hydrodynamischen Kupplungen und Wandler

### 14.4.1 Kennlinien der hydrodynamischen Kupplung

Bei den Kennliniendarstellungen werden entweder die wahren Größen wie Drehmoment $M$, Drehzahl $n$, Schlupf $s$ oder die dimensionslosen Größen

Drehzahlverhältnis $\quad \nu = \dfrac{n_T}{n_P}$

Wandlung $\quad \mu = \dfrac{M_T}{M_P}$

Leistungszahl $\quad \lambda = \dfrac{M}{\varrho \cdot D_P^5 \cdot \omega_P^2}$

verwendet.

In den Kennfeldern von hydrodynamischen Kupplungen wird normalerweise das übertragene Drehmoment $M = M_P = M_T$ in Abhängigkeit vom Schlupf $s = 1 - n_T/n_P$ oder vom Drehzahlverhältnis $\nu$ dargestellt (14.76). Das durch die Kupplung übertragene Moment sinkt mit abnehmendem Schlupf. Die Momentenkurve lässt sich durch Verändern der Antriebszahl $n_P$ (Bild 14.77) oder des Füllungsgrades (Bild 14.78) variieren.

Aus Bild 14.78 kann man erkennen, dass beispielsweise bei 59%iger Füllung das übertragbare Moment auf ca. 40% des Nennmomentes reduziert werden kann.

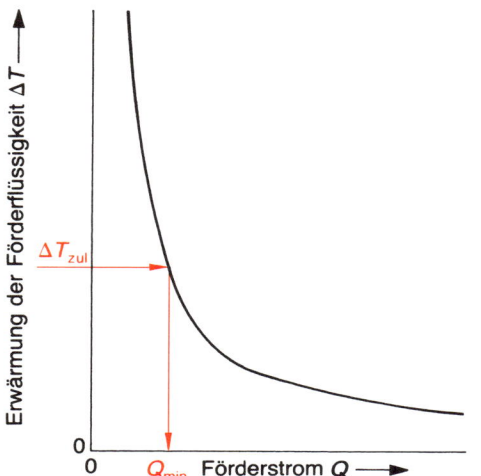

Bild 14.75 Bestimmung des Mindestförderstroms (nach [14.51])

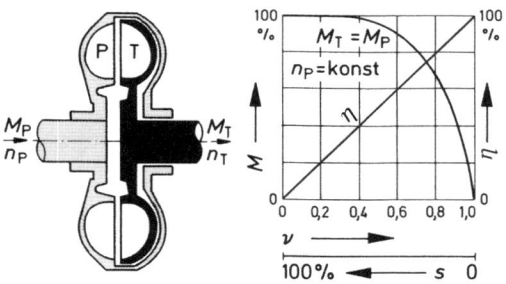

Bild 14.76  Kennfeld einer hydrodynamischen Kupplung (nach Fa. Voith)

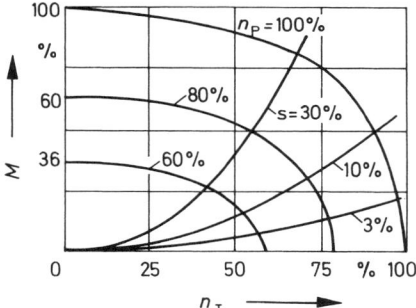

Bild 14.77  Kennfeld einer hydrodynamischen Kupplung bei verschiedenen Antriebsdrehzahlen (nach Fa. Voith)

In [13.1, 13.7] sind detaillierte Angaben über das kennlinienmäßige Zusammenwirken von Antriebsmaschine, Kupplung und angetriebener Maschine enthalten.

### 14.4.2 Kennlinien der hydrodynamischen Bremse (Retarder)

Bei der hydrodynamischen Bremse wird das Pumpenrad angetrieben, das Turbinenrad steht fest und bildet eine Einheit mit dem Gehäuse (Bild 13.2). Das angetriebene Pumpenrad wandelt die eingeleitete mechanische Energie in Strömungsenergie um, die im stehenden Turbinenrad in Wärmeenergie umgesetzt wird. Je nach Füllungsgrad der Strömungsbremse stellen sich abhängig von der Antriebsdrehzahl verschiedene Bremsmomente ein.

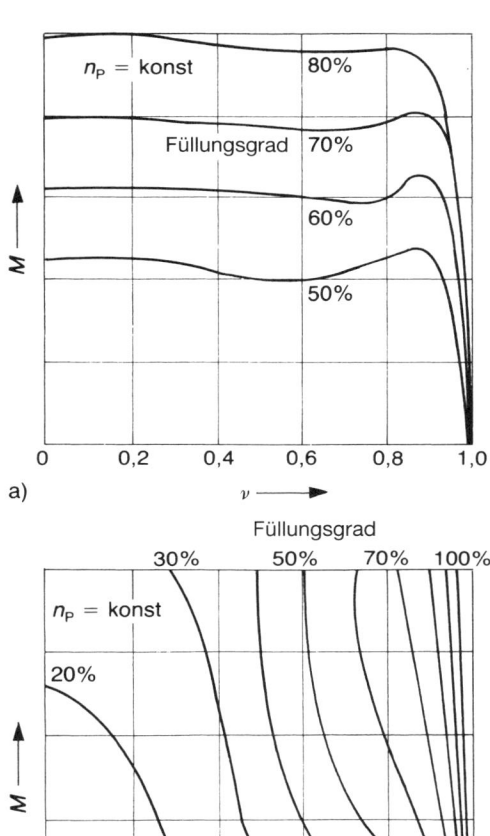

Bild 14.78  Kennfeld einer hydrodynamischen Kupplung bei Füllungsregelung (nach Fa. Voith)
a) einfache Strömungskupplung
b) Stellkupplung (Regelkupplung)

Da der Retarder immer mit dem Drehzahlverhältnis $v = 0$ arbeitet, wird als Kennlinie das Bremsmoment $M_R$ als Funktion der Antriebsdrehzahl $n_R$ aufgetragen (Bild 14.79).

Die Regelung der Bremse kann auf

❏ konstante Drehzahl
❏ konstantes Bremsmoment

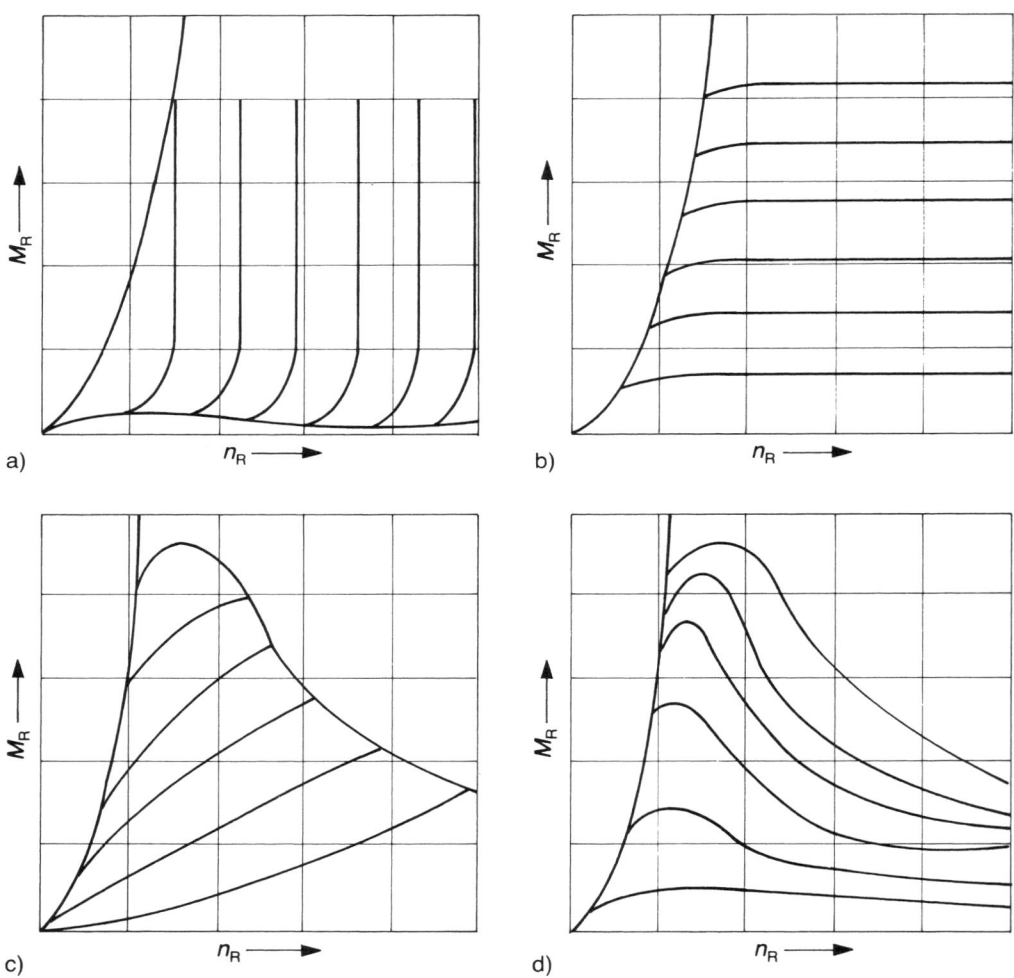

Bild 14.79 Kennfeld einer Strömungsbremse (Retarder) (nach Fa. Voith). Regelung: a) auf konstante Drehzahl; b) auf konstantes Moment; c) auf steigendes Moment; d) auf fallendes Moment

❏ steigendes Moment
❏ fallendes Moment

eingestellt werden.

### 14.4.3 Kennlinien des Drehmomentwandlers

Unter den Kennlinien eines Drehmomentwandlers versteht man die Darstellung der Abhängigkeiten des Turbinenmomentes $M_T$, des Pumpenmomentes $M_P$ und des Wirkungsgrades $\eta$ von der Turbinendrehzahl $n_T$ bei konstanter Pumpendrehzahl $n_P$ (Bild 14.80a). Anstelle der absoluten Werte können auch die dimensionslosen Größen $\nu$, $\lambda$ und $\mu$ aufgetragen werden (Bild 14.80b).

Der Verlauf der Kennlinien hängt sehr stark von der geometrischen Form des Wandlers, d.h. von der Beschaufelung seiner verschiede-

# Kennfelder der hydrodynamischen Kupplungen und Wandler

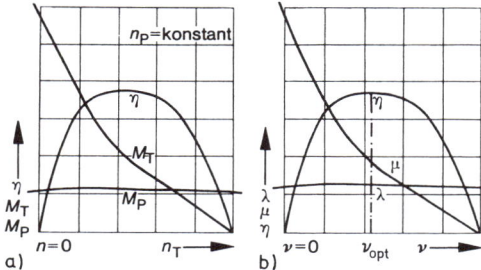

Bild 14.80  Kennfeld eines Drehmomentwandlers (nach Fa. Voith)

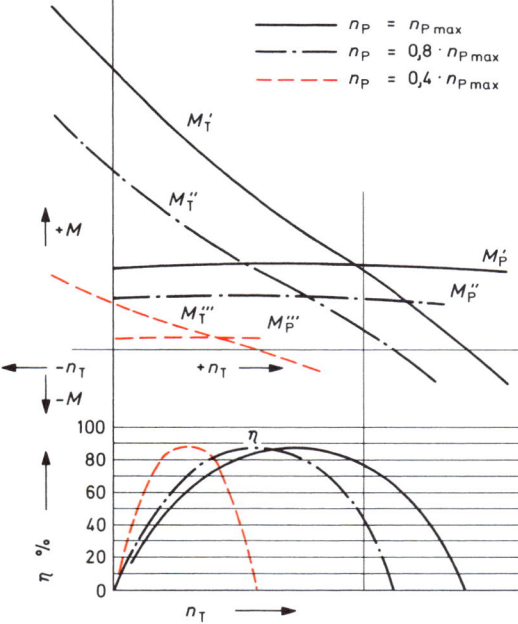

Bild 14.81  Kennfeld eines Drehmomentwandlers bei veränderlicher Antriebsdrehzahl (nach Fa. Voith)

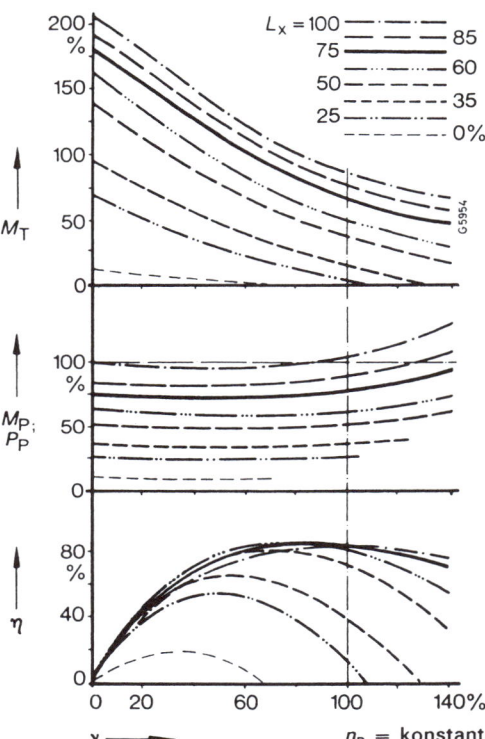

Bild 14.82  Kennfeld eines Stellwandlers (nach Fa. Voith)

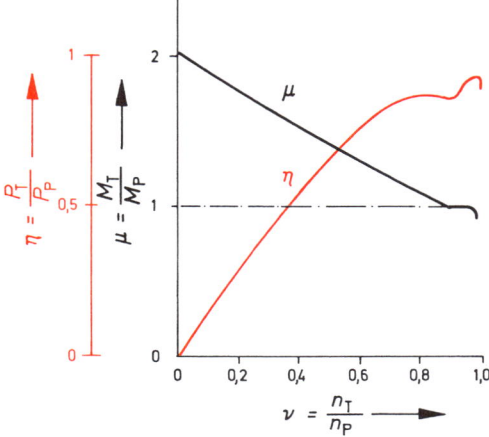

Bild 14.83  Kennfeld eines Trilok-Wandlers (nach Fa. Fichtel & Sachs)

nen Lauf- und Leiträder und ihrer gegenseitigen Zuordnung, ab (Bild 13.9).

Durch eine entsprechende Gestaltung der Wandlergeometrie können nahezu alle gewünschten Kennlinienformen «gezüchtet» werden. Zusätzliche hydraulische oder mechanische Getriebeelemente können die Kennlinien ebenfalls beeinflussen.

Die Wandlerkennlinien können durch Verändern der Antriebsdrehzahl $n_P$ (Bild 14.81) oder der Leitschaufelstellung (Bild 14.82) variiert werden. Auf diese Weise erhält man sehr große Betriebsbereiche für den betreffenden Wandler.

Interessant ist auch das Kennfeld eines Trilok-Wandlers mit Freilauf (Bild 13.11), das einen Wandlerbereich mit $M_T > M_P$, d.h. $\mu \geq 1$, und einen Kupplungsbereich mit $M_T = M_P$, d.h. $\mu = 1$, aufweist (Bild 14.83).

# Anhang

Tafel 1  Mollier-($h, s$-)Diagramm für Wasserdampf

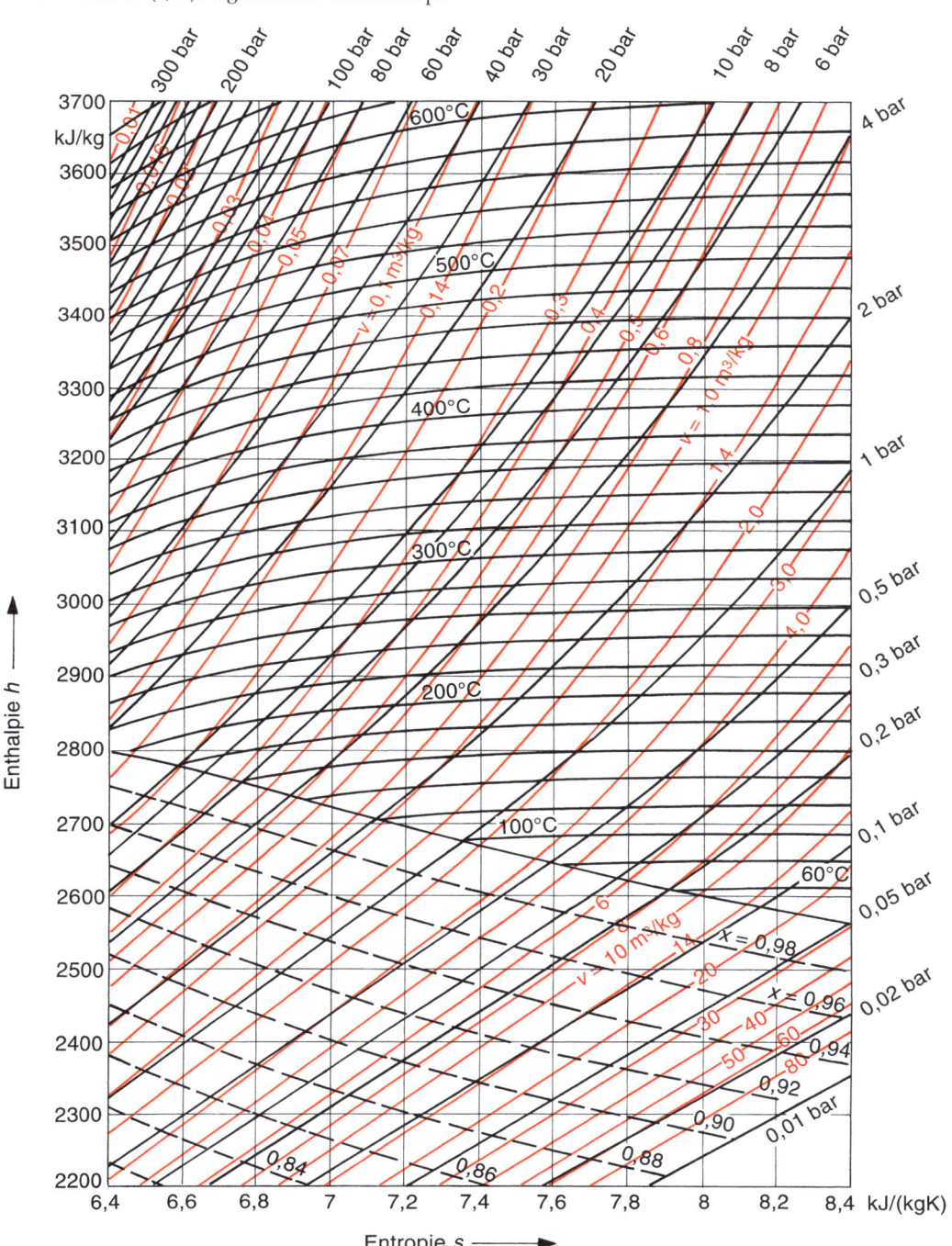

Tafel 2   Spezifische Wärmekapazität

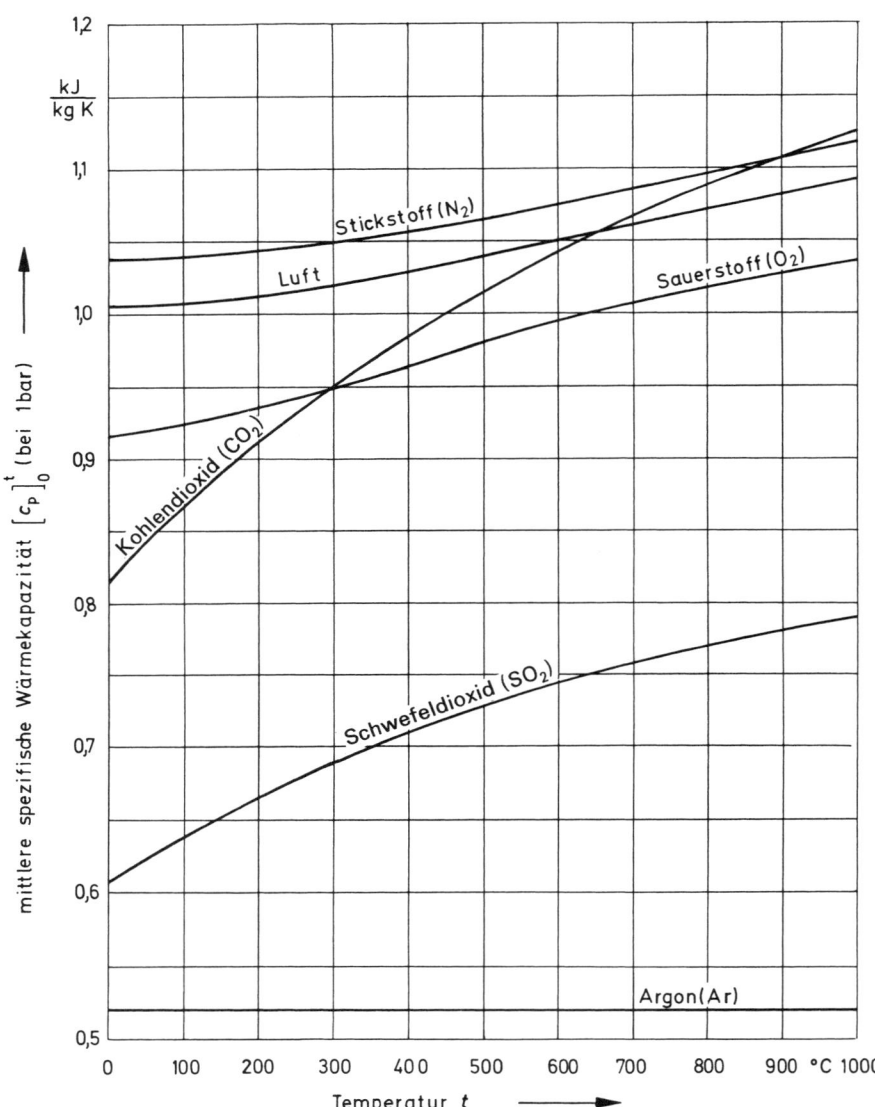

Anhang 389

Tafel 3  Isentropenexponent

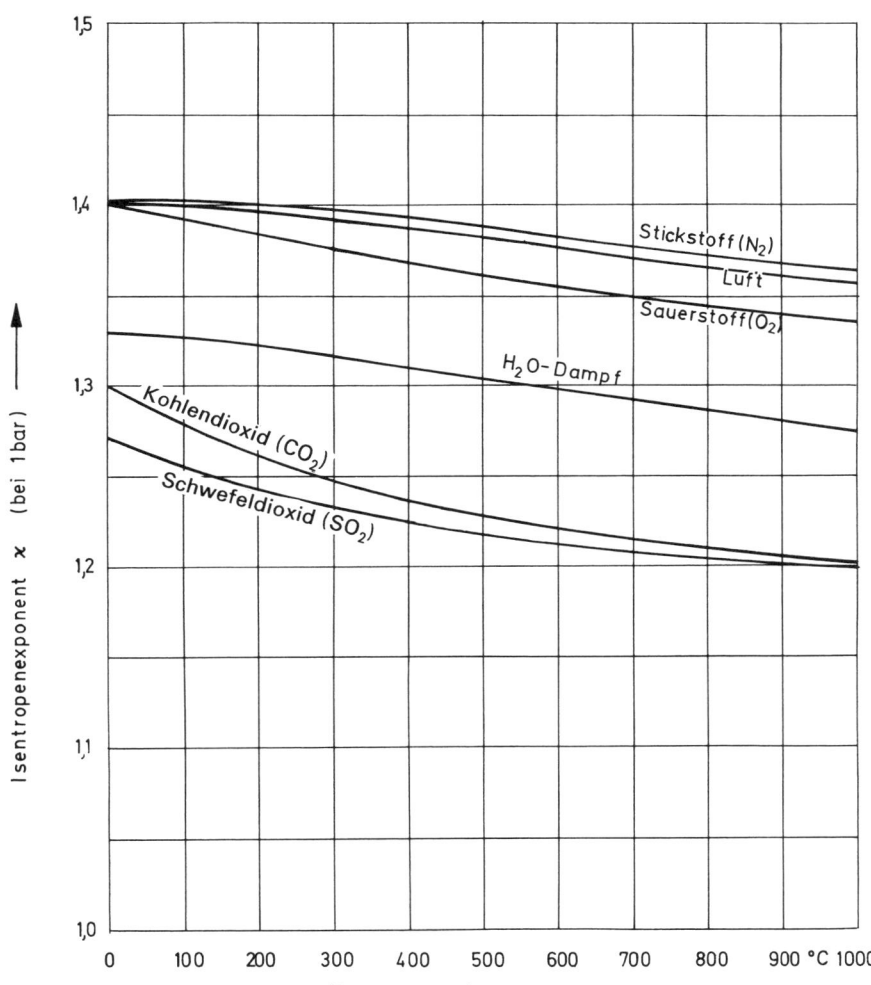

# Literaturverzeichnis

## Literatur zu Kapitel 2

[2.1] BOHL, W., ELMENDORF, W.: *Technische Strömungslehre.* 14. Aufl., Würzburg: Vogel Buchverlag, 2008.

[2.2] DIN EN 12 723 - Flüssigkeitspumpen: Allgemeine Begriffe für Pumpen und Pumpenanlagen Definitionen, Größen, Formelzeichen und Einheiten.

[2.3] CEI/IEC 41 – 3. Aufl.: Essais de réception sur place des turbines hydrauliques, pompes d'accumulation et pompes-turbines, en vue de la détermination de leurs performances hydrauliques. Field acceptance tests to determine the hydraulic performance of hydraulic turbines, storage pumps and pump turbines.

[2.4] IEC 60 041 Ed. 3.0: Field acceptance tests to determine the hydraulic performance of hydraulic turbines, storage pumps and pump turbines.

[2.5] MARCINOWSKI, H.: Energieumsetzung in hydraulischen Strömungsmaschinen. Zur Klärung der Begriffe «Laufradarbeit», «Förderhöhe» und «Fallhöhe». *Strömungsmechanik und Strömungsmaschinen*, Heft 3, S. 1–10, Karlsruhe: Verlag G. Braun, 1965.

[2.6] DIN 4319/Teil 1: Dampf- und Gasturbinen. Thermodynamische und strömungstechnische Begriffe für Dampf- und Gasturbinen – Grundlagen.

[2.7] WAGNER, W., KRUSE A.: *Properties of Water and Steam/Zustandsgrößen von Wasser und Wasserdampf.* Berlin: Springer Verlag, 1998.

[2.8] DIN 4341/Teil 1: Gasturbinen – Abnahmeregeln für Gasturbinen – Grundlagen.

[2.9] ISO 2314: Gas turbines – Acceptance, tests.

[2.10] TRAUPEL, W.: *Thermische Turbomaschinen.* Bd. 1. 3. Aufl., Berlin: Springer-Verlag, 1990.

[2.11] VDI 2045/Blatt 2: Abnahme- und Leistungsversuche an Verdichtern (VDI-Verdichterregeln) Grundlagen und Beispiele.

[2.12] ISO 5389: Turbocompressors – Performance test code.

[2.13] DIN 24163 (3 Teile) – Ventilatoren: Leistungsmessung, Normkennlinien, Normprüfstände.

[2.14] VDI 2044: Abnahme- und Leistungsversuche an Ventilatoren (VDI-Ventilatorregeln).

[2.15] ISO 5801 Industrial Fans: Performance Testing Using Standardized Airways.

[2.16] MARCINOWSKI, H.: Nutzbare Druckerhöhung, Nutzleistung und Wirkungsgrad von Ventilatoren. *Strömungsmechanik und Strömungsmaschinen*, Heft 19, S. 23–32. Karlsruhe: Verlag G. Braun, 1976.

[2.17] MARCINOWSKI, H.: Druckerhöhung, Wirkungsgrad und Leistungsbedarf bei Ventilatoren. *Zeitschrift HLH*, Bd. 10, Nr. 6, S. 141–148, 1959.

[2.18] MARCINOWSKI, H.: Die Auswertung von Messungen an Ventilatoren und Berücksichtigung der Kompressibilität des Fördermittels. *Strömungsmechanik und Strömungsmaschinen*, Heft 19, S. 1–8. Karlsruhe: Verlag G. Braun, 1976.

[2.19] SCHILLING, R., SIEGLE, H., STOFFEL, B.: Strömung und Verluste in drei wichtigen Elementen radialer Kreiselpumpen. *Strömungsmechanik und Strömungsmaschinen*. Heft 16, S. 1–46. Karlsruhe: Verlag G. Braun, 1974.

[2.20] STOFFEL, B.: Überlegungen zum maximal erreichbaren Wirkungsgrad von Kreiselpumpen. *Strömungsmechanik und Strömungsmaschinen*, Heft 48, S. 21–32, 1994. Mitteilungen des Instituts für Strömungslehre und Strömungsmaschinen der Universität (TH) Karlsruhe.

[2.21] LAUER, J., STOFFEL, B.: Theoretische Untersuchungen zum maximal erreichbaren Wirkungsgrad von Kreiselpumpen. *Industriepumpen + Kompressoren*, Heft 4, S. 222–228, 1997.

[2.22] MARCINOWSKI, H.: Optimalprobleme bei Axialventilatoren. *VOITH-Forschung und Konstruktion*, Heft 5, S. 3.1–3.27, 1959.

[2.23] ECK, B.: *Ventilatoren.* Berlin: Springer Verlag, 5. Aufl., 1972.

[2.24] FLÜGEL, G.: Der optimal erreichbare Wirkungsgrad von Strömungsmaschinen. *Z. VDI*, Bd. 96, Nr. 22, S. 752–755, 1954.

[2.25] PFLEIDERER, C., PETERMANN, H.: *Strömungsmaschinen.* 6. Aufl., Berlin: Springer Verlag, 1991.

[2.26] GÜLICH, J. F.: *Kreiselpumpen.* 2. Aufl., Berlin: Springer Verlag, 2004.

## Literatur zu Kapitel 3

[3.1] ACKERET, J.: *Eulers Arbeiten über Turbinen.* Sonderdruck, Zürich: Orell Füssli, 1957.

[3.2] ACKERET, J.: Untersuchung einer nach den Euler'schen Vorschlägen (1754) gebauten

Wasserturbine. Sonderdruck, *Schweizer Bauzeitung*, Bd. 123, Nr. 1, 1944.
[3.3] SCHIELE, O.: Zur Energieübertragung in Strömungsmaschinen. *KSB-Technische Berichte*, Heft 12, S. 3–9, 1967.
[3.4] BOHL, W., ELMENDORF, W.: *Technische Strömungslehre*. Würzburg: Vogel Buchverlag, 14. Aufl., 2008.
[3.5] TRAUPEL, W.: *Die Theorie der Strömung durch Radialmaschinen*. Karlsruhe: Verlag G. Braun, 1962.
[3.6] BOHL, W.: *Strömungsmaschinen 2 – Berechnung und Konstruktion*. Würzburg: Vogel Buchverlag, 7. Aufl., 2005.
[3.7] ECK, B.: *Ventilatoren*. Berlin: Springer Verlag, 5. Aufl., 1972.

## Literatur zu Kapitel 4

[4.1] BOHL, W., ELMENDORF, W.: *Technische Strömungslehre*. Würzburg: Vogel Buchverlag, 14. Aufl., 2008.
[4.2] OSTERWALDER, J., HIPPE, L.: Betrachtungen zur Aufwertung bei Serienpumpen. *VDI-Berichte* 424, 1981, S. 1–17 (48 Literaturzitate!).
[4.3] FELSCH, O.: Die Voraussage des Betriebsverhaltens von Strömungsmaschinen aufgrund von Modellversuchen. *Maschinenmarkt*, Nr. 75, S. 19–30, 1963 (64 Literaturzitate!).
[4.4] WACHTER, J., WÖHRL, B.: Aufwertung des Wirkungsgrades von Turbomaschinen der radialen Bauart in Abhängigkeit von Reynolds-Zahl und Geometrie. *VDI-Berichte* 424, S. 19–38, 1981 (9 Literaturzitate!).
[4.5] VDI 2045/Blatt 1: Abnahme- und Leistungsversuche an Verdichtern (*VDI-Verdichterregeln*) Versuchsdurchführung und Garantievergleich.
[4.6] ISO 5801: Industrial Fans, Performance Testing Using Standardized Airways.
[4.7] FISTER, W.: *Fluidenergiemaschinen*, Bd. 1. Berlin: Springer Verlag, 1984.
[4.8] RÜTSCHI, K.: Problematik bisheriger Formeln zur Wirkungsgradaufwertung bei Strömungsmaschinen. *Konstruktion* 34, Heft 7, S. 279–285, 1982 (21 Literaturzitate!).
[4.9] RÜTSCHI, K.: Zur Wirkungsgradaufwertung von Strömungsmaschinen. Verhalten einer Einzelmaschine und einer Reihe von Maschinen. *Schweiz. Bau-Z.* 76, Nr. 4, S. 603–606, 1958.
[4.10] TALLANT, P. E., ZALESKI, R. H.: Combined effects of Reynolds number and other factors on fan performance. *Power Engineering*, S. 69–70, 1980.
[4.11] ESCHLER, H.: Turbinenabnahmeversuche am Innkraftwerk Simbach-Braunau. *Schweiz. Bau-Z.* 73, Nr. 31, S. 471–474, 1955.

[4.12] PFLEIDERER, C.: *Die Kreiselpumpen für Flüssigkeiten und Gase*. Berlin: Springer Verlag, 5. Aufl., 1961.
[4.13] PFLEIDERER, C., PETERMANN, H.: *Strömungsmaschinen*. Berlin: Springer Verlag, 6. Aufl., 1991.
[4.14] MÜHLEMANN, E.: Zur Aufwertung des Wirkungsgrades von Überdruck-Wasserturbinen. *Schweiz. Bau-Z.* 66, Nr. 34, S. 331–333, 1948.
[4.15] ROTZOLL, R.: Untersuchungen an einer langsamläufigen Kreiselpumpe bei verschiedenen Reynolds-Zahlen. *Konstruktion* 10, Heft 4, S. 121–130, 1958.
[4.16] IEC 60193 Ed. 2.0: Hydraulic turbines, storage pumps and pump-turbines-Model acceptance tests.
[4.17] PANTELL, K.: Aufwerteformeln für Turbomaschinen. *Z. VDI*, Bd. 95, Nr. 4, S. 97–100, 1953.
[4.18] RÜTSCHI, K.: Zur Aufwertung des Wirkungsgrades bei Pumpen und Turbinen. *Schweiz. Bau-Z.* 69, Heft 38, S. 525–527, 1951.
[4.19] GARVE, A.: Über Aufwertung und Optimum von Wirkungsgraden der Turbinen und Pumpen. *Schweiz. Bau. Z.* 72, Nr. 13, S. 175–177, 1954.
[4.20] KOTZUR, J.: Strömungsmechanische Ähnlichkeitsbedingungen bei Abnahmeversuchen an Turbokompressoren. *Fortschr. Ber. VDI-Z.* Reihe 7, Nr. 72, 1983.
[4.21] WÖHRL, B.: Analyse der hydraulischen Verluste einer Radialverdichterstufe und Abschätzung des Reynoldszahleinflusses auf die Wirkungsgradkennlinien. Dissertation Universität Stuttgart, 1980.
[4.22] HACKESCHMIDT, M.: Grundlagen und Bedeutung der Modellähnlichkeit in der Strömungsmechanik. *Maschinenbautechnik* 15, Heft 12, S. 635–640, 1966.
[4.23] HACKESCHMIDT, M.: *Strömungstechnik – Ähnlichkeit-Analogie-Modell*. Leipzig: VEB Deutscher Verlag für Grundstoffindustrie, 1972.
[4.24] ZIEREP, J.: *Ähnlichkeitsgesetze und Modellregeln der Strömungslehre*. Karlsruhe: Verlag G. Braun, 3. Aufl., 1991.
[4.25] SÖRENSEN, E.: Hydraulische Ähnlichkeit von Dampfturbinenstufen. *Z. VDI*, Bd. 78, Heft 48, S. 1403–1409, 1934
[4.26] BREH, K., MARCINOWSKI, H.: Dimensionslose Kennzahlen für Strömungsmaschinen. *Brennstoff-Wärme-Kraft (BWK)*, Bd. 12, Nr. 3, S. 102–103 und BWK-Arbeitsblatt 21, 1960.
[4.27] RÜTSCHI, K.: Reynoldszahl und dimensionslose Kennziffern bei Strömungsmaschinen. *Schweiz. Bau- Z.* 73, Nr. 46, 1955.

[4.28] Petermann, H.: Die Druckzahl $\psi$ als Kenngröße ein- und mehrstufiger Kreiselpumpen und Turbinen. Z. VDI, Bd. 105, Nr. 12, S. 483–486, 1963.

[4.29] Eckert, B.: Dimensionslose Kenngrößen von Gebläsen und Verdichtern. ATZ Automobiltechnische Zeitschrift 47, Stuttgart: Heft 1/2, S. 1–7, 1944.

[4.30] Eck, B.: Die Bedeutung dimensionsloser Kennzahlen für Kreiselmaschinen, insbesondere für Gebläse und Ventilatoren. Konstruktion, Bd. 12, Nr. 6, S. 252–254, 1960.

[4.31] ✓ Bohl, W.: Strömungsmaschinen 2 – Berechnung und Konstruktion. Würzburg: Vogel Buchverlag, 7. Aufl., 2005.

[4.32] VDI 3731/Blatt 2: Emissionswerte technischer Schallquellen – Ventilatoren.

[4.33] Fruböse, J.: Reduktion der Kenngrößen von Gasturbinenanlagen auf Normal-Eintrittszustand. BWK Bd. 42 (1990) Nr. 11, S. 676/680.

[4.34] ✓ Traupel, W.: Thermische Turbomaschinen. Berlin: Springer Verlag, Bd. 1, 3. Aufl., 1990.

[4.35] Salami, L. A.: Estimation of performance of prototype axial flow fan from model test. Building Services Engineering Research & Technologie. Vol. 5, Nr. 3, S. 115–124, 1984.

[4.36] Cordier, O.: Ähnlichkeitsbedingungen für Strömungsmaschinen. VDI-Bericht, Bd. 3, S. 85–88, 1955. oder Zeitschrift BWK, Bd. 5, S. 337–340, 1953.

[4.37] Baljé, O. E.: Turbomachines. New York: Verlag J. Wiley & Sons, 1981.

[4.38] Harmsen, S.: Kleinventilatoren, in Bommes, L., Fricke, J., Klaes, K.: Ventilatoren. Essen: Vulkan Verlag, 1. Aufl., S. 329–351, 1994.

[4.39] Marcinowski, H.: Optimalprobleme bei Axialventilatoren. VOITH-Forschung und Konstruktion, Heft 5, S. 3.1–3.27, 1959.

[4.40] Grabow, G.: Cordier-Diagramm für Seitenkanalmaschinen (Pumpen und Gebläse). Konstruktion 44, S. 173–177, 1992,

[4.41] Grabow, G.: Erweitertes Cordier-Diagramm für Strömungs- und Verdrängermaschinen. Reprint B6-01 VDMA-Pumpentagung, Karlsruhe, 1992.

[4.42] Fa. KSB KSB-Kreiselpumpen-Lexikon. Frankenthal, 3. Aufl., 1989.

[4.43] Sulzer: Kreiselpumpenhandbuch. Winterthur, 4. Aufl., 1997.

[4.44] Strub, R. A.: Rotoren von Turbomaschinen – Leistung und Schönheit. Technische Rundschau Sulzer, Heft 1/1984, S. 29–36.

[4.45] Hippe, L.: Wirkungsgradaufwertung bei Radialpumpen unter Berücksichtigung des Rauheitseinflusses. Dissertation: TH Darmstadt, 1984.

[4.46] Teermann, A.: Experimentelle und theoretische Untersuchungen zum Einfluss der Umfangs-Reynoldszahl und der Wandrauheit auf das Betriebsverhalten von Radialverdichterstufen. Dissertation: Ruhr-Universität Bochum, 1996.

[4.47] Teermann, A.: Untersuchungen zum Re-Zahleneinfluss auf das Betriebsverhalten von Radialverdichterlaufrädern. VDI-Bericht Nr. 947, 1992, S. 159–176.

[4.48] Münch, A.: Untersuchungen zum Wirkungsgradpotential von Kreiselpumpen. Dissertation: TU Darmstadt, 1999.

[4.49] Osterwalder, J., Hippe, L.: Guidelines for Efficiency Scaling Process of Hydraulic Turbomachines with different Technical Roughnesses of Flow Passages. Journal of Hydraulic Research, Vol. 22, 1984, No. 2, S. 77–102.

[4.50] Strscheletzky, M.: Einfluß der Reynoldszahl auf die Drosselkurven von Kreiselpumpen. Voith Forschung und Konstruktion, Heft 15(Mai 1967), Aufsatz 6, S. 6.1–6.9.

[4.51] Gülich, J. F.: Effect of Reynolds Number and Surface Roughness on the Efficiency of Centrifugal Pumps. Transactions of the ASME, Vol. 125, July 2003, S. 670–678.

[4.52] Eichler, O.: SI-Einheiten und Kenngrößen bei hydraulischen Strömungsmaschinen. Voith Forschung und Konstruktion, Heft 27, August 1981, S. 5.1 ff.

**Literatur zu Kapitel 5**

[5.1] Stoffel, B.: Kavitation – Vortrag im Rahmen verschiedener Lehrgänge «Pumpen und Pumpenanlagen» an der Technischen Akademie Esslingen.

[5.2] Grein, H.: Kavitation – ein Überblick. Sulzer – Technische Rundschau – Forschungsheft 1974.

[5.3] Tillner, W.: Grundlegende physikalische Vorgänge bei Kavitation. Vortrag im Rahmen des Lehrganges «Vermeidung von Kavitationsschäden» an der Technischen Akademie Esslingen.

[5.4] Tillner, W., Lehmann, W.: Dampffelder-Druckschwankungen geben Aufschluss über Kavitationszustände bei Kreiselpumpen. Maschinenmarkt 92, Nr. 11, S. 24–28, 1986.

[5.5] Tillner, W., Lehmann, W.: Einfluss des Ansaugdruckes auf die Kavitation einer zweistufigen Pumpe. Maschinenmarkt 91, Nr. 97, S. 2021–2024, 1985.

[5.6] Durer, H.: Kavitationserosion und Strömungsmechanik. Technische Rundschau, Sulzer, Heft 3, S. 55–61, 1986.

[5.7] GÜLICH, J. F., RÖSCH, A.: Kavitationserosion in Kreiselpumpen. *Technische Rundschau*, Sulzer, Heft 1, S. 28–32, 1988.
[5.8] FLORJANCIC, D.: *Mindestzulaufhöhe für Speisepumpen.* Sonderdruck d/27.94.04-II.82-5 der Fa. Sulzer, Winterhur.
[5.9] PFLEIDERER, C., PETERMANN, H.: *Strömungsmaschinen.* Berlin: Springer Verlag, 6. Aufl., 1991.
[5.10] DIN EN 12723 – Flüssigkeitspumpen: Allgemeine Begriffe für Pumpen und Pumpenanlagen Definitionen, Größen, Formelzeichen und Einheiten
[5.11] *KSB – Kreiselpumpen-Lexikon.* Frankenthal, 3. Aufl., 1989.
[5.12] PFLEIDERER, C.: Die Kavitationsgrenze bei Pumpen und Turbinen. *Z. VDI*, Bd. 92, S. 629–635, 1950.
[5.13] KRISAM, F.: Neue Erkenntnisse im Kreiselpumpenbau. *Z. VDI*, Bd. 95, S. 320–326, 1953.
[5.14] TROSKOLANSKI, T./LAZARKIEWICZ, S.: *Kreiselpumpen – Berechnung und Konstruktion.* Basel und Stuttgart: Birkhäuser Verlag, 1975.
[5.15] DZIALLAS, R.: Beitrag zur Beurteilung des Kavitationsverhaltens von radialen Kreiselpumpen. Voith, *Forschung und Konstruktion*. Heft 15, Aufsatz Nr. 3, 1967.
[5.16] BOHL, W., ELMENDORF, W.: *Technische Strömungslehre.* Würzburg: Vogel Buchverlag, 14. Aufl., 2008.
[5.17] THOMA, D.: Die experimentelle Forschung im Wasserkraftfach. *Z. VDI*, Bd. 69, S. 329–334, 1925.
[5.18] THOMA, D.: Verhalten einer Kreiselpumpe bei Betrieb im Hohlsog-(Kavitations-)Bereich. *Z. VDI*, Bd. 81, S. 972–973, 1937.
[5.19] SCHÖNBERGER, W.: Untersuchungen über Kavitation an radialen Kreiselpumpenrädern. Zeitschrift *Konstruktion*, 21. Jahrgang, Heft 7, S. 245–251, 1969.
[5.20] RÜTSCHI, K.: Die Pfleiderer-Saugzahl als Gütegrad der Saugfähigkeit von Kreiselpumpen. *Schweizerische Bauzeitung*, 78. Jahrgang, Heft 12, 1960.
[5.21] GRAUMANN, K.: Untersuchungen über Kavitation an einer Kreiselpumpe. Zeitschrift *Konstruktion*, 13. Jahrgang, Heft 9, S. 337–345, 1961.
[5.22] FLORJANCIC, D.: Einfluss der Wassertemperatur auf die Saugfähigkeit von Kreiselpumpen. Sulzer *Technische Rundschau – Forschungsheft*, S. 25–34, 1971.
[5.23] STEPANOFF, A. J.: *Radial- und Axialpumpen.* Berlin: Springer Verlag, 1959.
[5.24] RAABE, J.: *Hydraulische Maschinen und Anlagen.* Düsseldorf: VDI-Verlag, 1989.
[5.25] PETERMANN, H.: Zur dimensionslosen Kennzeichnung der Saugfähigkeit von Kreiselpumpen und Wasserturbinen. *Z. VDI* 105, Nr. 14, S. 595–596, 1963.
[5.26] EUROPUMP: *NPSH bei Kreiselpumpen. Bedeutung – Berechnung – Messung.* Frankfurt: Maschinenbau Verlag GmbH, 1974.
[5.27] NEUMAIER, R.: Kavitation und Gesamthaltedruckhöhe von Kreiselpumpen mittlerer Schnellläufigkeit. Zeitschrift *Maschinenmarkt* 83, Heft Nr. 86, 1977.
[5.28] SIHI-HALBERG: *Grundlagen für die Planung von Kreiselpumpenanlagen.* Ludwigshafen, 2. Auflage 2000.
[5.29] KALYTIA, A.: Saughöhe, Zulaufhöhe und NPSH bei Kreiselpumpen. Zeitschrift *gwf*, S. 1355–1360, 1965.
[5.30] MAGG, T.: Strömungstechnische Untersuchungen an verschiedenen geometrischen Varianten von Saugtaschen von Kreiselpumpen. Diplomarbeit, Fachhochschule Heilbronn, SS 1985.
[5.31] KRUFT, R., FRIEDSCH, J.: Kavitation als Regelgröße minimiert NPSH. *Die chemische Produktion*, Heft Jan./Feb. 1987, S. 16–18.
[5.32] HERGT, P.: *Kavitation in Kreiselpumpen.* Sonderdruck der Fa. KSB, Frankenthal.
[5.33] ISO 2548: Centrifugal, mixed flow and axial pumps. Code for acceptance tests – Class C. First edition, 1973.
[5.34] LEHMANN, W.: Kennlinien bei Kavitationsbetrieb und Kavitationskriterien bei Kreiselpumpen. Vortrag im Rahmen des Lehrganges «Vermeidung von Kavitationsschäden» an der Technischen Akademie Esslingen.
[5.35] Sulzer *Kreiselpumpen Handbuch.* Winterthur, 4. Aufl., 1997.
[5.36] RÜTSCHI, K.: NPSH-Messungen an Kreiselpumpen. *Schweizer Ingenieur und Architekt*, Heft 48, S. 1201–1203, 1985.
[5.37] OCHSNER, K.: *Der Universal INDUCER. Entwicklungsstand bei Inducern für Kreiselpumpen.* Sonderdruck C339 D der Fa. Ochsner, (A) Linz/Donau.
[5.38] TRÖGER, M.: Indirekter Nachweis von Kavitation in Kreiselpumpen. *pumpen und verdichter*, Heft 2, S. 12–15, 1983.
[5.39] KRÄMER, R., NEUMAIER, R.: Kreiselpumpen und rotierende Verdrängerpumpen hermetischer Bauart. Fachschrift der Fa. Lederle-Hermetic, Gundelfingen, 1986.
[5.40] LECHER, W.: Über den Einfluss von Gefälle und Luftgehalt auf Kavitations-Phänomene. *Escher-Wyss-Mitteilungen.* Sonderheft «Weitere 15 Jahre Forschung für Turbomaschinen».

[5.41] GRABOW, G.: Zulaufhöhenuntersuchungen an Kreiselpumpen mit vorgeschalteten Axialrädern. *Maschinenbautechnik* 10, Heft 10, S. 515–518, 1961.

[5.42] PILTZ, H. H.: Beitrag zum Thema: Über Werkstoffzerstörung durch Kavitation, Kavitationsuntersuchungen an einem Magnetostriktions-Schwinggerät mit 19 kHz in Wasser und wässrigen Lösungen. Dissertation Technische Hochschule Darmstadt, 1963.

[5.43] STAUFER, W., FLURY, E.: Kavitationsversuche mit einer Magnetostriktionsapparatur. *Escher-Wyss-Mitteilungen*. Sonderheft «Weitere 15 Jahre Forschung für Turbomaschinen».

[5.44] LOUIS, H.: Methoden zur Entwicklung des Werkstoffverhaltens bei Kavitationsbeanspruchung. Vortrag im Rahmen des Lehrgangs «Vermeidung von Kavitationsschäden» an der Technischen Akademie Esslingen.

[5.45] LOUIS, H.: Werkstoffeinsatz bei Kavitation, Schadensfrüherkennung und Schadensbegrenzung. Vortrag im Rahmen des Lehrgangs «Vermeidung von Kavitationsschäden» an der Technischen Akademie Esslingen.

**Weitere im Text nicht zitierte Literatur:**

[5.46] STOFFEL, B., HERGT, P.: Zur Problematik der spezifischen Saugzahl als Beurteilungsmaßstab für die Betriebssicherheit einer Kreiselpumpe. VDMA-Pumpentagung Karlsruhe, 1988, Sektion B8.

[5.47] LUDWIG, G., STOFFEL, B.: Untersuchungen zur Kavitation am saugseitigen Dichtspalt von Kreiselpumpen. VDMA-Pumpentagung Karlsruhe, 1988, Sektion B7, oder: Zeitschrift *Konstruktion* 42, Seiten 41–46, 1990.

[5.48] RÜTSCHI, K.: Messung und Drehzahlumrechnung des *NPSH*-Wertes bei Kreiselpumpen. *Schweizer Ingenieur und Architekt* 98, Heft 39, S. 971–974, 1980.

[5.49] HUTAREW, G.: Die Ausbildung von Schaufeleintrittskanten und ihr Einfluss auf das Kavitationsverhalten von Pumpen. *VDI-Berichte* Nr. 193, 1973.

[5.50] VOIGT, J.: Entwicklungsstand der Axialpumpen mit vollkavitierender Beschaufelung. *VDI-Berichte* Nr. 193, 1973.

[5.51] ISAY, W.: *Kavitation*. Hamburg: Schiffahrts Verlag «Hansa» G. Schroeter & Co., 2. Aufl., 1984.

[5.52] GÜLICH, J. F.: Kavitationsdiagnose an Kreiselpumpen. *Technische Rundschau* Sulzer, H. 1, S. 29–35, 1992.

[5.53] EICKMANN, G.: Maßstabseffekte bei der beginnenden Kavitation. Dissertation Techn. Univ. München Oskar v. Miller-Institut in Obernach, 1992.

[5.54] ARNDT, R. E. A.: Cavitation in Fluid Machinery and Hydraulic Structures. Review of Fluid Mechanics S. 273–328, 1981.

[5.55] YOUNG, R.Y.: *Cavitation*. Mac Graw-Hill, Maidenhead, Berkshire, 1989.

[5.56] FLORJANCIC, D., GÜLICH, J., WERCHE, W.: *Beurteilungskriterien für die Wahl des Zulaufdruckes von Kreiselpumpen*. 3 R international 27, S. 502–509, 1988.

[5.57] LUDWIG, G., STOFFEL, B.: Untersuchungen zur Kavitation an Dichtspalten und Entlastungsbohrungen von Kreiselpumpen. *Konstruktion* 42, S. 41–46, 1990.

[5.58] GÜLICH, J. F.: Möglichkeiten und Grenzen der Vorausberechnung von Kavitationsschäden in Kreiselpumpen. *Forschung im Ingenieurwesen* 63, S. 27–39, 1997.

[5.59] CEI IEC 60 609 (2 Teile): Hydraulic turbines, storage-pumps and pump-turbines-Cavitation pitting evaluation. Part 1: Evaluation in reaction turbines, storage-pumps and pump-turbines. Part 2: Evaluation in Pelton turbines.

[5.60] BAJIC, B.: Turbinenleistungserhöhung – Wäre sie zulässig im Hinblick auf die Kavitation? *Wasserwirtschaft* 89(1999)4, S. 182–186.

[5.61] KELLER, A.: Eine neue Theorie zum Kavitationsproblem. VDI Berichte Nr. 1127, 1994, S. 189–207.

[5.62] GÜLICH, J. F.: *Kreiselpumpen*. 2. Aufl., Kapitel 6, Berlin: Springer Verlag, 2004.

## Literatur zu Kapitel 6

[6.1] STEFFENS, K., SCHÄFFLER, A.: *Triebwerksverdichter – Schlüsseltechnologie für den Erfolg bei Luftfahrtantrieben*. MTU Dokumentnummer 9523543, erschienen im DGLR Jahrbuch 2000.

[6.2] SCHÄFFLER, A.: Methoden zur Auslegung und Entwicklung transsonischer Axialverdichter. *mtu-berichte*. 36, 1982.

[6.3] SMITH JR., L. H.: Axial Compressor Aerodesign Evolution at General Electric. *ASME Journal of Turbomachinery*. Vol. 124, S. 321–330, 2002.

[6.4] ECKERT, SCHNELL: *Axial- und Radialkompressoren*. Berlin: Springer Verlag, 1961.

[6.5] CUMPSTY, N. A.: *Compressor Aerodynamics*. Addison Wesley Longman Ltd., 1989

[6.6] BÖLCS, A., SUTER, P.: *Transsonische Turbomaschinen*. Karlsruhe: Verlag G. Braun, 1986.

[6.7] RECHTER, H., SCHIMMING, P., STARKEN, H.: Design and Testing of two Supercritical Compressor Cascades. San Diego: *ASME 79-GT-11, ASME Gas Turbine Conference*, 1979.

[6.8] WEBER, A. et al.: Theoretical and Experimental Analysis of a Compressor Cascade at Supercritical Flow Conditions. ASME 87-GT-256, Anaheim: *ASME Gas Turbine Conference*, 1987.

[6.9] HOBBS, D. E., WEINGOLD, H. D.: Development of Controlled Diffusion Airfoils for Multistage Compressor Applications. *ASME Journal of Engineering for Gas Turbines and Power*: Vol. 106, S. 271–278, 1984.

[6.10] SCHODL, R.: Laser-Two-Focus-Velocimetry for Use in Aero Engines. Lecture No. 4: *AGARD LS-90*, 1977.

[6.11] FUCHS, R. et al.: Ein verlustminimiertes Verdichtergitter für einen transsonischen Rotor – Entwurf und Analyse. *VDI-Berichte*. Nr. 1425, S. 259–270, 1998.

[6.12] BECKER, B., BOHN, D.: Entwicklung transsonischer Eingangsstufen für Verdichter stationärer Gasturbinen. *MTZ*. Nr. 44, 1983.

[6.13] FARKAS, F.: The Development of a Multi-Stage Heavy-Duty Transonic Compressor for Industrial Gas Turbines. *ASME-Paper 86-GT-91*, 1986.

[6.14] MÖNIG, R., BROICHHAUSEN, K.-D., GALLUS, H. E.: Application of Highly Loaded Single-Stage Mixed-Flow Compressors in Small Jet Engines. *AGARD Conference Proceedings*. 421, 1987.

[6.15] BOHN, D.: Untersuchung zweier verschiedener axialer Überschallverdichterstufen unter besonderer Berücksichtigung der Wechselwirkungen zwischen Lauf- und Leitrad. Dissertation: RWTH Aachen, 1977.

[6.16] ELMENDORF, W., KURZ, H., GALLUS, H. E.: Design and Experimental Investigation of a Mixed Flow Supersonic Compressor Stage. *ASME-Paper 95-GT-379*, 1995.

[6.17] EISENLOHR, G., BENFER, F. W.: Aerodynamic Design and Investigation of a Mixed Flow Compressor Stage. *AGARD Conference Proceedings*. 468, 1993.

[6.18] KRAIN, H., HOFFMANN, B.: Flow Physics in High Pressure Centrifugal Compressors. *ASME FEDSM 98-4853*, 1998.

[6.19] DENTON, J. D.: Loss Mechanisms in Turbomachines. *ASME 93-GT-435*, 1993.

[6.20] WISLER, D. C.: Advanced Compressor and Fan Systems. GE Aircraft Engines Lecture Notes, 1988.

[6.21] PFLEIDERER, C.: Die Überschallgrenze bei Kreiselverdichtern. *VDI-Z*, Bd. 92, Nr. 6, 1950.

[6.22] PFLEIDERER, C., PETERMANN, H.: *Strömungsmaschinen*. Berlin: Springer Verlag, 6. Aufl., 1991.

[6.23] STARKEN, H.: Sind Axialverdichter noch zu verbessern. *DLR-Nachrichten*. Heft 73 S. 21–26, 1993.

[6.24] OLDRIN, E.: Über Versuche in einem Kanal für hohe Geschwindigkeiten mit neuen Schaufeltypen. *VDI-Berichte*. Bd. 3, 1955.

[6.25] DEJC, M. E., TROJANOVSKI, B. M.: *Untersuchung und Berechnung axialer Turbinenstufen*. Berlin: VEB-Verlag Technik, 1973.

[6.26] TRAUPEL, W.: *Thermische Turbomaschinen*. Berlin, Springer Verlag, Bd. 1.

[6.27] SPARMANN, R.: Thermodynamische Auslegung von Endstufen für Kondensationsturbinen großer Leistung, in «Dampfturbinen großer Leistung». Beiheft zur *Siemens-Zeitschrift*, 1967.

[6.28] ROEDER, A.: Die Endschaufel der größten volltourigen Norm-Niederdruckturbine. *Brown-Boveri-Mitteilungen* 2, 1976.

[6.29] RUNTE, W.: Die Begrenzung der Einheitsleistung großer Dampfturbinen durch das Abdampfvolumen. *BBC-Nachrichten* 11, 1973.

[6.30] BUCHWALD, K.: Gibt es Grenzen im Dampfturbinenbau? *BBC-Druckschrift DGM 40889*.

[6.31] MEYER, J.: Zur Untersuchung der Strömung an ebenen und rotierenden transsonischen Turbinenschaufelgittern. *VDI-Bericht*. Nr. 193, 1973.

[6.32] SIMON, M.: Entwicklungen für große Gasturbinen, in *BBC-Druckschrift* Nr. D GM 40 443 D, «Gasturbinen-Anlagen».

[6.33] BUXMANN, J.: Messungen von Luftströmungen mit dem Mach-Zehnder-Inferometer. *Forschung im Ingenieurwesen*. Nr. 4, 1970.

[6.34] BÜTIGKOFER, J., HÄNDLER, M., WIELAND, U.: Moderne Niederdruck-Dampfturbinen – Ergebnis gezielter Weiterentwicklung. *ABB TECHNIK*. Heft 8/9, S. 9/16, 1989.

[6.35] DAWES, W. N.: Unsteady Flow and Loss Production in Centrifugal and Axial Compressor Stages. *AGARD Conference Proceedings*. CP-571, 1995.

**Literatur zu Kapitel 7**

[7.1] GIESECKE, J., MOSONYI, E.: *Wasserkraftanlagen*. 4. Aufl., Berlin: Springer Verlag, 2005.

[7.2] ZELLER, A.: *Wasserkraft in Bayern*. Hrsg.: Vereinigung Wasserkraftwerke in Bayern e.V. Ruhpolding, 2004.

[7.3] HEIMERL, S., GIESECKE, J.: Wasserkraftanteil an der elektrischen Stromerzeugung in Deutschland, 2003. *Wasserwirtschaft* 93(2004)10, S. 28–40.

[7.4]   BÖHMER, T.: Nutzung erneuerbarer Energien zur Stromerzeugung in Deutschland im Jahre 2003. *Zeitschrift ew* 104(2005)10, S. 14–20.
[7.5]   Universität Stuttgart: Institut für Strömungsmechanik und Hydraulische Strömungsmaschinen (Hrsg.). Mitteilung Nr. 16 (1999): Beiträge zum 2. Seminar «Kleinwasserkraft» vom 1.10.1999.
[7.6]   VDI-Berichte 1127: Aufgaben und Chancen der Wasserkraft. 1994.
[7.7]   Wasserwirtschaftsverband Baden-Württemberg e.V. (Hrsg.): *Leitfaden für den Bau von Kleinwasserkraftanlagen*. 2. Aufl., Franckh Kosmos Verlag, Stuttgart, 1994.
[7.8]   WEIß, P.: Beitrag zur Planung und Projektierung von Kleinwasserkraftanlagen. In: Mitteilungen des Instituts für Wasserbau und Wasserwirtschaft der RWTH Aachen, Nr. 82, 1992.
[7.9]   PÁLFFY, S. O., ET AL.: *Wasserkraftanlagen – Klein- und Kleinstkraftwerke*. 4. Aufl., Ehningen: expert verlag, 1998.
[7.10]  Bundesministerium für Umwelt, Naturschutz und Reaktorsicherheit, 11 055 Berlin (Hrsg.): *Leitfaden für die Vergütung von Strom aus Wasserkraft*. Berlin: 2005.
[7.11]  HEIMERL, S.: Systematische wirtschaftliche Bewertung von Wasserkraftwerken. *Wasserwirtschaft* 93(2003)6, S. 20–25.
[7.12]  HEIMERL, S.: Systematische Beurteilung von Wasserkraftprojekten. In: Mitteilungen des Instituts für Wasserbau der Universität Stuttgart. Heft 112, 2002.
[7.13]  Regierungspräsidium Tübingen (Hrsg.): *Gewässerentwicklung Echaz – Positivkartierung Wasserkraft*. Studie im Auftrag des Ministeriums für Umwelt und Verkehr und des Ministeriums für ländlichen Raum, Ernährung, Landwirtschaft und Forsten, Baden-Württemberg: November 1998.
[7.14]  Regierungspräsidium Freiburg (Hrsg.): *Gewässerentwicklung Elz – Positivkartierung Wasserkraft*. Studie im Auftrag des Ministeriums für Umwelt und Verkehr und des Ministeriums für ländlichen Raum, Ernährung, Landwirtschaft und Forsten, Baden-Württemberg: November 1998.
[7.15]  RAABE, J.: *Hydraulische Maschinen und Anlagen*. 2. Aufl., Düsseldorf: VDI Verlag, 1989.
[7.16]  DVGW-Regelwerk: Energierückgewinnung durch Wasserkraftanlagen in der Trinkwasserversorgung. Technische Mitteilung, Merkblatt W 613, August 1994.
[7.17]  FLAGEDORN, G.: Druckabsenkung in Rohrleitungssystemen. *BWK* Band 42 (1990) Nr. 12, S. 701–712.
[7.18]  NABER, G., HAUSCH, K.: Stromerzeugungsanlagen mit Turbinen und Serienpumpen in Fernleitungen. *wasser, energie, luft – eau, energie, air* 76(1984)9, S. 180–186.
[7.19]  SCHOLL, H. G.: Meerwasserentsalzung durch Umkehrosmose. Wasser zum Überleben: *Wasserwirtschaft* 90(2001)4, S. 184–185.
[7.20]  DIN 4320 vom Okt. 1971: Wasserturbinen, Benennungen nach der Wirkungsweise und nach der Bauweise.
[7.21]  HÖLLER, H. K., GREIN, H. ET AL.: Wasserkraftnutzung mit hydraulischen Maschinen. *Technische Rundschau Sulzer*, Heft 2, 1984, S. 25–38.
[7.22]  SCHWEIKERT, H.: Der Wasserturbinenbau bei Voith zwischen 1913 und 1939. Dissertation: Universität Stuttgart, 2002.
[7.23]  QUANTZ, L., MEERWARTH, K.: *Wasserkraftmaschinen*. Berlin: Springer Verlag, 1963.
[7.24]  ROUSE, H., INCE, S.: *History of Hydraulics*. New York: Dover Publications Inc., 1963.
[7.25]  STRANDH, S.: *Die Maschine*. Freiburg: Herder Verlag, 1980.
[7.26]  GREIN, H., HAUSER, H.: Francis- oder Pelton-Turbinen bei Fallhöhen zwischen 200 und 800 m Escher Wyss Mitteilungen 1972, Heft 2, S. 3–12.
[7.27]  SICK, M., KECK, H., VULLIOUD, G., PARKINSON, E.: New Challenges in Pelton Research. Hydro 2000 Conference, Bern: 2000.
[7.28]  CHAPIUS, L., FRÖSCHEL, K.: Optimized fabrication of Peltonturbine runners. MTM Conf. Aix-en-Provence: 1998 and Reno/USA: Hydro Vision, 1998.
[7.29]  WEIß, TH., KEISER, W., DEKUMBIS, R.: Erhöhung der Wirtschaftlichkeit des Betriebs von Peltonanlagen durch den Einsatz auswechselbarer Peltonbecher aus kohlefaserverstärktem Kunststoff. 11. Internat. Seminar Wasserkraftanlagen, Wien: 2000.
[7.30]  FUST, A., RUOSS, R., VÖGTLI, H., VONTOBEL, J.: Ausbau und Erneuerung des Rheinkraftwerkes Laufenburg. *wasser, energie, luft – eau, energie, air* 83(1991)1/2, S. 1–14.
[7.31]  WINKLER, E.: Sanierung und Umbau des Ausleitungskraftwerkes Rappenberghalde Neckar. Stadtwerke Tübingen GmbH, in: [7.5], S. 141–177.
[7.32]  KUBENS, Ch.: Kleinwasserkraftanlage Kloster St. Marienthal. Ostriz: *Wasserwirtschaft* 93(2003)4, S. 30–34.
[7.33]  BOHL, W.: *Strömungsmaschinen 2 – Berechnung und Konstruktion*. 7. Aufl., Würzburg: Vogel Buchverlag, 2005.
[7.34]  Wasserkraftwerk J. Strom, Thurmond: USA, setzt auf umweltfreundliche Turbinen von Voith, Siemens, Hydro Notiz, in: *Wasserwirtschaft* 93(2003)1/2, S. 14.

[7.35] LEITNER, L.: Zum 125. Geburtstag von Victor Kaplan. *Wasserwirtschaft* 93(2003)1/2, S. 50–52.

[7.36] DENIZ, S., BOSSHARD, M, SPEERLI, J., VOLKART, P.: Saugrohre bei Flusskraftwerken. Mitteilungen der Versuchsanstalt für Wasserbau, Hydrologie und Glaziologie der ETH Zürich (1990), Nr. 106.

[7.37] GIEZENDANNER, W.: Die Optimierung von Saugrohrlängen bei Niederdruckkraftwerken. *wasser, energie, luft*, Jahrgang 94(2002)11/12, S. 325–328.

[7.38] DELORY, R. P.: Prototyp – Gezeitenkraftwerk erreicht 99% Verfügbarkeit. Technische Rundschau Sulzer 1987, Heft 1, S. 3–7.

[7.39] JUHRIG, L.: AXENT-Entspannungsturbine: von der Idee zum Produkt. In: [7.5], S. 134–140.

[7.40] DERIAZ, P.: Comparitive Study of Kaplan and Deriaz Turbines. Electr. Rev. 165(1959)14, S. 633.

[7.41] KLEBSATTEL, G., SCHEIDER, K., WIRTH, D.: Bau einer Kleinwasserkraftanlage mit Durchströmturbine an der Wehrtalsperre. *Wasserwirtschaft* 90(2000)4, S. 192–197.

[7.42] ERDMANNSDÖRFER, H.: Talsperren – Kleine Wasserkraftanlagen. *Wasserwirtschaft* 92(2002) 9, S. 14–19.

[7.43] MÜHLEMANN, E. H.: Hydraulische Maschinen für Pumpspeicheranlagen und Vergleiche von Kosten, Wirkungsgraden und Anfahrzeiten. Escher-Wyss-Mitteilungen 45(1972)1, S. 3 ff.

[7.44] ROST, M.: Pumpspeicherkraftwerke – Aufgaben und Zukunft im Stromwettbewerb. *Wasserwirtschaft* 90(2000)7/8, S. 328–331.

[7.45] Vattenfall Europe Generation AG & Co. KG, Berlin (Hrsg.): Pumpspeicherwerk Goldisthal-1060-MW-Kavernenkraftwerk, September 2003.

[7.46] BOGENRIEDER, W.: Neubau des Pumpspeicherwerkes Goldisthal (Thüringen). *Wasserwirtschaft* 88(1998)12.

[7.47] RADHA KRISHNA, HC (Hrsg.): *Hydraulic Design of Hydraulic Machinery*. Aldershot (GB), Avebury: 1997.

## Literatur zu Kapitel 8

[8.1] REUTER, H.: Dampfturbinen-Bauarten. *EBC-Nachrichten*. 48, S. 438–445, 1966.

[8.2] COSTARD, G.: Zur Frage des zweckmäßigen Reaktionsgrades bei Dampfturbinen großer Leistung. *Siemens-Zeitschrift*. 41. Jahrgang, 1967, Beiheft «Dampfturbinen großer Leistung».

[8.3] HOHN, A., SPECHTENHAUSER, A.: Stand der Technik und Einsatzmöglichkeiten von Turbogruppen für Industrie und mittlere Kraftwerke. *Brown, Boveri Mitteilungen*. Heft 6, 1976.

[8.4] HÄUSERMANN, A.: Zur Betriebsführung von mittleren und großen Industrieturbinen. *Brown, Boveri Mitteilungen*. Heft 6, 1976.

[8.5] SCHRÖDER, K.: *Große Dampfkraftwerke*. Berlin: Springer Verlag, 3. Bd., Teil B, 1968.

[8.6] KEMPER, R.: Sicherheits- und Überwachungseinrichtungen für Dampfturbinen. *BBC-Druckschrift*.

[8.7] DIN 4304 Dampfturbinen, Benennungen.

[8.8] DIN 4305 Dampfturbinen, Benennungen der Baugruppen und Bauteile.

[8.9] VDMA 4310 Dampfturbinen für die chemische Industrie.

[8.10] DITZEL, F.: *Dampfturbinen*. München: Hanser Verlag, 3. Aufl., 1980.

[8.11] MARTIN, O.: *Dampf- und Gasturbinen*. Berlin: Walter de Gruyter Verlag, 1971.

[8.12] ROEMER, H.-W.: *Dampfturbinen*. Essen: Girardet Verlag, 1972.

[8.13] BRÜCHER, A.: *Regelung von Dampfturbinen*. Taschenbuch der Kraftwerk Union.

[8.14] DIETZEL, F.: *Turbinen, Pumpen und Verdichter*. Würzburg: Vogel Buchverlag, 1980.

[8.15] SIGLOCH, H.: *Strömungsmaschinen*. 3. Aufl. München: Carl Hanser Verlag, 2006.

[8.16] MENNY, K.: *Strömungsmaschinen*. 5. Aufl. Stuttgart: B.G. Teubner, 2006.

[8.17] TRASSL, W.: Dampfturbinen für die Zukunft. Siemens-Sonderdruck aus *VGB-Kraftwerkstechnik* 68, S. 783–794, 1988.

[8.18] TRASSL, W.: *Dampfturbinen* in «Strom aus Steinkohle». Springer Verlag, 1988, herausgegeben von der STEAG-AG, Essen.

[8.19] BERGMANN, D., DROSDZIOK, A., OEYNHAUSEN, H.: Dampfturbinen für fortgeschrittene Kraftwerkskonzepte mit hohen Dampfzuständen. *Siemens Power Journal* 1, S. 5–10, 1993.

[8.20] ROTHE, J.R.: Kleine Industrie-Dampfturbinen in Blockbauweise sind schnell einsatzbereit. *Siemens Power Journal* 1, S. 11–13, 1993.

[8.21] BERGMANN, D., DROSDZIOK, A., JANSEN, M.: Modernisierungsmaßnahmen zur Erhöhung von Wirkungsgrad und Leistung älterer Dampfturbinen. *Siemens Power Journal* 1, S. 22–26, 1993.

[8.22] KRÄMER, E., HUBER, H., SCARLIN, B.: Nachrüstung von Niederdruck-Dampfturbinen. *ABB Technik* 5, S. 4–13, 1996.

[8.23] HESKETH, J.A., TRITTART, H., AUBRY, P.: Modernization of Steam Turbines for Improved Performance. *GEC REVIEW*, Vol. 11, No. 2, 1996.

Außerdem Druckschriften der Firmen:
ABB, Alstom, Blohm & Voss, Borsig, Escher-Wyss, Gutehoffnungshütte, Kühnle, Kopp & Kausch, MAN, Škoda, Siemens.

### Literatur zu Kapitel 9

[9.1] DIETZEL, F.: *Gasturbinen kurz und bündig.* Würzburg: Vogel Buchverlag, 1974.
[9.2] GASPAROVIC, N.: *Gasturbinen.* Düsseldorf: VDI Verlag, 1974.
[9.3] KRUSCHIK, J.: *Die Gasturbine.* Berlin: Springer Verlag, 1960.
[9.4] LEIST, K.: Gasturbinen. Sonderdruck aus «Technische Rundschau». Bern: Hallwag Verlag, 1959.
[9.5] Verschiedene Autoren: Gasturbinen-Anlagen. *BBC-Druckschrift* DGM 40 433 D.
[9.6] BRAIG, W.: Gasturbinen für stationären Einsatz mit offenem Kreislauf. Druckschrift der Fa. AEG-KANIS.
[9.7] OSTENRATH, H.: *Gasturbinen-Triebwerke.* Essen: Girardet Verlag, 1968.
[9.8] KAPLER, G.: Die Entstehung von Schadstoffen in Gasturbinenbrennkammern und Methoden zur Reduzierung ihrer Emission. *mtu-Berichte* 76/10.
[9.9] MÜNZBERG, H. G.: *Flugantriebe.* Berlin: Springer Verlag, 1972.
[9.10] DETTMERING, W.: *Entwicklungslinien der luftansaugenden Strahltriebwerke.* Deutscher Verlag Köln und Opladen, 1968.
[9.11] ECKERT, B.: Stand und Entwicklung von Fahrzeug-Gasturbinen. *mtu-Berichte* 72/01.
[9.12] PIPPERT, H.: *Antriebstechnik.* Würzburg: Vogel Buchverlag, 1974.
[9.13] KOLB, W.: Die wichtigsten Grundlagen der Abgasturboladung. Zeitschrift *MTZ*, 23. Jahrgang, Heft 3, 1962.
[9.14] DIN 4340: Gasturbinen. Begriffe – Benennungen.
[9.15] DIN 4342. Gasturbinen. Normbezugsbedingungen, Normleistungen, Angaben über Betriebswerte.
[9.16] DIN 4341, Teil 1: Gasturbinen, Abnahmeregeln für Gasturbinen; Grundlagen.
[9.17] HAGEN, H.: *Fluggasturbinen und ihre Leistungen.* Karlsruhe: G. Braun, 1980.
[9.18] DIETZEL, F.: *Turbinen, Pumpen und Verdichter.* Würzburg. Vogel Buchverlag. 1980.
[9.19] SIGLOCH, H.: *Strömungsmaschinen* 3. Auflage. München: Carl Hanser Verlag, 2006.
[9.20] ZINNER, K.: *Auflagung von Verbrennungsmotoren.* Berlin: Springer Verlag, 3. Aufl., 1985.
[9.21] PUCHER, H. u. a.: *Auflagung von Verbrennungsmotoren.* Ehningen: expert verlag, 1985.
[9.22] SIMON, B.: Entwicklung neuer Brennkammerkonzepte für schadstoffarme Flugzeugantriebe. *MTU FOCUS* 2, S. 10– 17, 1990.
[9.23] VOSS, H.: Die Entwicklung einer Nutzgasturbine für das Gasturbinenaggregat FT 8-55. *MAN «forschen · planen · bauen»*, Ausgabe 1993, S. 66–74.
[9.24] KEHLHOFER, R., KUNZE, N., LEHMANN, J., SCHÜLLER, K.-H.: *Gasturbinenkraftwerke, Kombikraftwerke, Heizkraftwerke und Industriekraftwerke.* Technischer Verlag Resch/Verlag TÜV Rheinland, 1984.
[9.25] HENRICH, E.: Kühlung von thermisch hochbelasteten Gasturbinenbauteilen. *MTU FOCUS* 1, S. 27–32, 1995.
[9.26] SCHOBEIRI, M.T., PAPPU, K.: Zur Auslegung gekühlter Gasturbinenschaufeln mit optimaler Hinterkantenausblasung. *Konstruktion* 1/2, S. 33–39, 1997.
[9.27] SCOTT, K.R.: Design of the Tempest Industrial Gas Turbine. *GEC REVIEW*, Vol. 12, No. 1, S. 10–19.
[9.28] BEECK, A. u. a.: Fortschrittliche Gasturbinentechnologien. *BWK* Bd. 51, Nr. 5/6, S. 56–59, 1999.

Außerdem Druckschriften der Firmen:
AEG-KANIS, ABB, Alstom, GHH, KHD, KKK, Kongsberg, Siemens, MTU, Rolls-Royce, Sulzer und Turbomeca.

### Literatur zu Kapitel 10

[10.1] GASCH, R., TWELE, J.: *Windkraftanlagen – Grundlagen, Entwurf, Planung und Betrieb.* 5. Aufl. Wiesbaden: Teubner Verlag, 2007.
[10.2] Bundesministerium für Umwelt, Naturschutz und Reaktorsicherheit: *Entwicklung der erneuerbaren Energien im Jahr 2006 in Deutschland.* Februar 2007, www.erneuerbare-energien.de/files/pdfs/allgemein/application/pdf/hintergrund_zahlen2006.pdf
[10.3] CROTOGINO, F.: Einsatz von Druckluftspeicher-Gasturbinen-Kraftwerken beim Ausgleich fluktuierender Windenergie-Produktion mit aktuellem Strombedarf. VDI-Tagung «Fortschrittliche Energiewandlung und -anwendung», Stuttgart, 2003.
[10.4] Deutsche Energie-Agentur: Energiewirtschaftliche Planung für die Netzintegration von Windenergie in Deutschland an Land und Offshore bis zum Jahr 2020. www.dena.de/fileadmin/user_upload/Download/Dokumente/Projekte/kraftwerke_netze/netzstudie1/dena-netzstudie_1_haupttext.pdf.
[10.5] www.wind-energie.de

[10.6] KREWITT, W., SCHLOMANN, B.: Externe Kosten der Stromerzeugung aus erneuerbaren Energien im Vergleich zur Stromerzeugung aus fossilen Energieträgern. Gutachten des DLR, Institut für Antriebstechnik, Stuttgart und des Fraunhofer Instituts für System und Innovationsforschung, Karlsruhe: 2006. www.dlr.de/tt/Portaldata/41/Resources/dokumente/institut/system/publications/ee_kosten_stromerzeugung.pdf.

[10.7] BOHL, W., ELMENDORF, W.: *Technische Strömungslehre*. 14. Aufl. Würzburg: Vogel Buchverlag, 2008.

[10.8] BETZ, A.: *Wind-Energie und ihre Ausnutzung durch Windmühlen*. Göttingen: Vandenhoeck & Ruprecht, 1926, unveränderter Nachdruck, Kassel: ökobuch Verlag, 1994.

[10.9] SCHMITZ, G.: Theorie und Entwurf von Windrädern optimaler Leistung. *Wissenschaftliche Zeitschrift der Universität Rostock*, 5. Jahrgang, 1955/56.

[10.10] MOLLY, J.-P.: *Windenergie – Theorie, Anwendung, Messung*. 2. Aufl. Karlsruhe: Verlag C. F. Müller, 1990.

[10.11] HEIER, S.: *Windkraftanlagen – Systemauslegung, Netzintegration und Regelung*. 4. Aufl. Wiesbaden: B. G. Teubner Verlag, 2005.

[10.12] HAU, E.: *Windkraftanlagen – Grundlagen, Technik, Einsatz*, Wirtschaftlichkeit. 3. Aufl. Springer-Verlag, 2003.

[10.13] WILSON, R. E., LISSAMAN, P. B. S.: Applied Aerodynamics of Wind Power Machines. Report NSF-RA-N-74-113, Oregon State University, Corvallis, Oregon, 1974.

[10.14] ABBOTT, I. H., VON DOENHOFF, A. E.: *Theory of Wing Sections*. New York: Dover Publications, 1959.

[10.15] ALTHAUS, D.: *Niedriggeschwindigkeitsprofile: Profilentwicklungen und Polarenmessungen im Laminarwindkanal des Instituts für Aerodynamik und Gasdynamik der Universität Stuttgart*. Wiesbaden: Vieweg Verlag, 1996.

[10.16] ALTHAUS, D.: *Profilpolaren für den Modellflug*. Villingen-Schwenningen: Neckar Verlag, 1980.

[10.17] BAK, C.: Sensitivity of Key Parameters in Aerodynamic Wind Turbine Rotor Design on Power and Energy Performance. *Journal of Physics: Conference Series* 75(2007)012008, IOP Publishing.

[10.18] BERTAGNOLIO, F., SØRENSEN, N., JOHANSEN, J., FUGLSANG, P.: Wind Turbine Airfoil Catalogue, Risø-R-1280(EN), Risø National Laboratory. Roskilde: Dänemark, August 2001.

[10.19] SHIMOOKA, M., MAKOTO, I., ARAKAWA, C.: Basic Study of Winglet Effects on Aerodynamics and Aeroacoustics using Large Eddy Simulation. *Proceedings of European Wind Energy Conference*, Athens: Greece, 2006, www.ewec2006.info/.

[10.20] N.N.: Deutlich mehr Ertrag. *Windblatt*, Firmenzeitschrift der ENERCON GmbH, Ausgabe 3/2004. S. 2–5.

[10.21] JOHANSEN, J., MADSEN, H. A., SØRENSEN, N., BAK, C.: Numerical Investigation of a Wind Turbine Rotor with an aerodynamically redesigned hub-region. *Proceedings of European Wind Energy Conference*, Athens: Greece, 2006, www.ewec2006.info/.

[10.22] Deutsches Institut für Bautechnik: *Richtlinie für Windenergieanlagen*. Deutsches Institut für Bautechnik, Berlin: 2003.

[10.23] Germanischer Lloyd: Richtlinie für die Zertifizierung von Windenergieanlagen. Germanischer Lloyd WindEnergie GmbH Hamburg, 2003.

[10.24] DIN EN 61 400-1 (VDE 0127-1): Windenergieanlagen – Teil 1: Auslegungsanforderungen.

[10.25] BUSMANN, H.-G. ET AL.: Testing of Rotor Blades. *DEWI Magazin Nr. 30*, DEWI GmbH-Deutsches Windenergie-Institut, Februar 2007.

[10.26] LARSEN, T., MADSEN, H., THOMSEN, K.: Active Load Reduction using Individual Pitch, based on Local Blade Flow Measurements. *Proceedings EWEA, The Science of Making Torque from Wind*. Delft: Netherlands, 2004.

[10.27] BOSSANYI, E.: Developments in Individual Pitch Control. *Proceedings EWEA, The Science of Making Torque from Wind*. Delft: Netherlands, 2004.

[10.28] DIN EN 61400-12-1 (VDE 0127-12-1): Windenergieanlagen – Teil 12-1: Messung des Leistungsverhaltens einer Windenergieanlage (IEC 61400-12-1).

[10.29] MILLES, U.: projektinfo 10/04, BINE Informationsdienst, Fachinformationszentrum Karlsruhe, 2004, www.bine.info/pdf/publikation/bi1004internetx.pdf.

[10.30] N.N.: Produktbroschüre Vestas V90-3,0 MW, Vestas Deutschland GmbH, www.vestas.com/en/wind-power-solutions/wind-turbines/3.0-mw.aspx.

[10.31] SØRENSEN, N., MADSEN, H.: Modelling of transient wind turbine loads during pitch motion. *Proceedings of European Wind Energy Conference*. Athens: Greece, 2006, www.ewec2006.info/.

[10.32] BUHL, T., GAUNAA, M., BAK, C.: Load Reduction Potential using Airfoils with Variable Trailing Edge Geometry. 24th ASME Wind Energy Symposium, 43rd AIAA Aerospace Sciences Meeting and Exhibit, Reno, USA, 2005, AIAA-2005-1183.

[10.33] ZAYAS, J.R. et al.: Active Aerodynamic Load Control for Wind Turbine Blades. *Proceedings of European Wind Energy Conference*, Athens, Greece, 2006, www.ewec2006.info/.

[10.34] SCHAFFARCZYK, A.P. et al.: Reynolds Number Effects on Thick Aerodynamic Profiles for Wind Turbines. *Proceedings of European Wind Energy Conference*, Madrid, Spain, 2003.

[10.35] MCGHEE, R.C., BEASLEY, W.D.: Wind Tunnel Results for a Modified 17-Percent-Thick Low-Speed Airfoil Section. *NASA Technical Paper 1919*, 1981.

[10.36] SEIFERT, H., RICHERT, F.: Aerodynamics of Iced Airfoils and their Influence on Loads and Power Production, *Proceedings of European Wind Energy Conference*, Dublin Castle, Ireland, 1997.

[10.37] SEIFERT, H.: Betrieb von Windenergieanlagen unter Vereisungsbedingungen, *Konferenz «Auf Wind»*, St. Pölten, Österreich, 1999.

[10.38] GUIDATI, G., BRAUN, K.A., WAGNER, S.: Lärmreduktion an Windkraftanlagen durch Profiloptimierung und gezackte Hinterkanten. *Tagungsband DEWEK 2000*, Wilhelmshaven, 2000.

[10.39] OERLEMANS, S., SCHEPERS, J.G., GUIDATI, G., WAGNER, S.: *Experimental demonstration of wind turbine noise reduction through optimized airfoil shape and trailing-edge serrations*, Report NLR-TP-2001-324, National Aerospace Laboratory NLR, Netherlands, 2001.

[10.40] LUTZ, T. et al.: Design and Wind-Tunnel Verification of Low-Noise Airfoils for Wind Turbines. *AIAA Journal Vol. 45, No. 4*, 2007.

[10.41] MÉCHALI, M. et al.: Wake effects at Horns Rev and their influence on energy production. *Proceedings of European Wind Energy Conference*, Athens, Greece, 2006, www.ewec2006.info/.

[10.42] HAHM, T., WUßOW, S.: Turbulent Wakes in Wind Farm Configuration. *Proceedings of European Wind Energy Conference*, Athens, Greece, 2006, www.ewec2006.info/.

## Literatur zu Kapitel 11

[11.1] NEUMAIER, R.: *Hermetische Kreiselpumpen*. Sulzbach: Verlag und Bildarchiv W. H. Faragallah, 1994.

[11.2] TROSKOLANSKI, A. T., LAZARKIEWICZ, ST.: *Kreiselpumpen-Berechnung und Konstruktion*. Basel: Birkhäuser Verlag, 1976.

[11.3] GÜLICH, J. F.: *Kreiselpumpen*. Berlin: Springer Verlag, 2. Aufl., 2004.

[11.4] WAGNER, W.: *Kreiselpumpen und Kreiselpumpenanlagen*. 2. Aufl., Würzburg: Vogel Buchverlag, 2004.

[11.5] DIN EN 733: Kreiselpumpen mit axialem Eintritt PN 10 mit Lagerträger.

[11.6] HOLZHÜTER, E. : Entwicklungschancen und Schwerpunkt der Gemeinschaftsforschung auf dem Gebiet der hydraulischen Strömungsmaschinen (Pumpen). *Forschung im Ingenieurwesen* 60(1994)11/12, S. 336–339.

[11.7] STARKE, J.: Welchen Beitrag hat die Strömungsforschung für den Fortschritt hydraulischer Strömungsmaschinen gebracht und kann sie zukünftig leisten? *Forschung im Ingenieurwesen* 60(1994)11/12, S. 289–295.

[11.8] HATZFELD, H., SPAMER, P.: *Technische Regeln für Kreiselpumpen VDMA*. Maschinenbau Verlag GmbH, 1986.

[11.9] LEUSCHNER, G.: *Kleines Pumpenhandbuch für Chemie und Technik*. Weinheim: Verlag Chemie GmbH, 1967.

[11.10] Sulzer Pumpen: *Kreiselpumpenhandbuch*. 4. Aufl., Winterthur: Sulzer Pumpen (Hrsg.), 1997.

[11.11] Fa. KSB: *KSB-Kreiselpumpen-Lexikon*. 5. Aufl., 1989.

[11.12] Fa. SIHI: *Grundlagen für die Planung von Kreiselpumpenanlagen*. 2. Aufl., 2000.

[11.13] PFLEIDERER, C., PETERMANN, H.: *Strömungsmaschinen*. 6. Aufl., Berlin: Springer Verlag, 1991.

[11.14] STARK, M.: Auslegungskriterien für radiale Abwasserpumpenlaufräder mit einer Schaufel und unterschiedlichem Energieverlauf. Dissertation: TU Berlin, 1990, VDI-Forschungsheft 664/91, 57(1991), S. 1–56.

[11.15] WESCHE, W.: Experimentelle Untersuchungen am Leitrad einer radialen Kreiselpumpe. Dissertation: TU Braunschweig, 1989.

[11.16] SCHWEIKERT, H.: Strömung und Druckverlust im Spiralgehäuse einer Kreiselpumpe. Dissertation: Uni (TH) Karlsruhe, 1968. Auszug in Strömungsmechanik und Strömungsmaschinen, Heft 7, Karlsruhe: Verlag G. Braun, August 1969, S. 1–27.

[11.17] FLÖRKEMEIER, K. H.: Experimentelle Untersuchungen zur Optimierung von Spiralgehäusen für Kreiselpumpen mit tangentialen und radialen Druckstutzen. Dissertation: TU Braunschweig, 1977.

[11.18] JENSEN, R.: Experimentelle Untersuchungen an einer langsamläufigen Kreiselpumpe mit Einfach- und Doppelspiralgehäusen. Dissertation: TU Braunschweig, 1984.

[11.19] DIN ISO 5199: Technische Anforderungen für Kreiselpumpen Klasse II.

[11.20] BOHL, W.: *Strömungsmaschinen 2 – Berechnung und Konstruktion*. 7. Aufl., Würzburg: Vogel Buchverlag, 2005.

[11.21] HATZFELD, H.: Der Weg von der ETA-Pumpe zur ETA-Norm-Pumpe. KSB-Technische Berichte, Heft 15, 1971, S. 5–11.
[11.22] ISSELHARD, R., KRATZER, A.: Zur Entwicklung der Chemiepumpen in den letzten 40 Jahren KSB Technische Berichte, Heft 15, 1971, S. 16–26.
[11.23] JÄGER, R., LAUER, J., LUDWIG, G., STOFFEL, B.: Experimentelle und theoretische Untersuchungen zur Strömung in Kühlmittelpumpen von Verbrennungsmotoren. *MTZ Motortechnische Zeitschrift* 57(1996)7/8, S. 416–423.
[11.24] MAYER, P.: Beitrag zur Auslegung und Modelluntersuchung diagonaler Propellerpumpen – Laufräder. Dissertation: TU Hannover, 1971.
[11.25] BERNAUER, J.: Untersuchungen an Halbaxialpumpen. VDI-Berichte, 425, 1981, S. 149–166 und Dissertation: Uni Karlsruhe, 1980.
[11.26] JABERG, H.: Hydraulische Aspekte bei der Auslegung und beim Betrieb von Propellerpumpen. *KSB-Technische Berichte* 25(1988), S. 3–18.
[11.27] BOHL, W., ELMENDORF, W.: *Technische Strömungslehre.* 14. Aufl., Würzburg: Vogel Buchverlag, 2008.
[11.28] SCHILLING, R., SIEGLE, H., STOFFEL, B.: Strömung und Verluste in drei wichtigen Elementen radialer Kreiselpumpen. *Strömungsmechanik und Strömungsmaschinen* Heft 16, 1974, Karlsruhe: Verlag G. Braun, S. 1–46.
[11.29] HARTMANN, U., HELLMANN, D.: Der Einfluß der Sekundärströmung auf den Arbeitsumsatz in radialen Arbeitsmaschinen. VDI *Forsch. Ing. Wes.* 44(1978)5, S. 137–168.
[11.30] STOFFEL, B.: Überlegungen zum maximal erreichbaren Wirkungsgrad von Kreiselpumpen. *Strömungsmechanik und Strömungsmaschinen* Heft 48,1994, S. 20–32.
[11.31] SCHILLING, R.: Strömung in Radseitenräumen von Kreiselpumpen. Habilitation: Universität Karlsruhe (TH) WS 1979/80, publiziert in: *Strömungsmechanik und Strömungsmaschinen* Heft 27, 1979, S. 21–86.
[11.32] PETERMANN, H., PEKRUN, M.: Spaltverlust, Radreibung und Achsschub bei radialen Kreiselpumpen. *VDI-Z* 114(1972)8, S. 571– 575.
[11.33] SUREK, D.: Untersuchung der Radreibungs- und Undichtigkeitsverluste in Radialpumpen. *Maschinenbautechnik* 15(1966)7, S. 353–358 und Heft 8, S. 415–422.
[11.34] SUREK, D.: Untersuchung der Radreibungs- und Undichtigkeitsverluste in Radialpumpen. Dissertation: TU Dresden, 1965.
[11.35] GÜLICH, J. F.: Disk friction losses of closed turbomachine impellers. *Forschung im Ingenieurwesen* Heft 68(2003), S. 87–95.

[11.36] SCHUBERT, F.: Untersuchungen der Druck- und Geschwindigkeitsverteilung in Radseitenräumen radialer Strömungsmaschinen. Dissertation: TU Braunschweig, 1988.
[11.37] ZILLING, H.: Untersuchung des Axialschubes und der Strömungsvorgänge in den Radseitenräumen einer einstufigen radialen Kreiselpumpe mit Leitrad. Dissertation: Universität Karlsruhe, 1973. *Strömungsmechanik und Strömungsmaschinen* Heft 15, 1973, Karlsruhe: Verlag G. Braun, S. 1–47.
[11.38] LAUER, J.: Einfluß der Eintrittsbedingung und der Geometrie auf die Strömung in den Radseitenräumen von Kreiselpumpen. Dissertation: TU Darmstadt, 1999.
[11.39] MÜNCH, A.: Untersuchungen zum Wirkungsgradpotential von Kreiselpumpen. Dissertation: TU Darmstadt, 1999.
[11.40] GREIN, H.: Einige Bemerkungen über die Oberflächenrauheit der benetzten Komponenten hydraulischer Großmaschinen. *Escher Wyss Mitteilungen* 48(1975)1, S. 34–40 (20 Literaturhinweise).
[11.41] WEBER, D.: Experimentelle Untersuchungen an axial durchströmten, kreisringförmigen Spaltdichtungen für Kreiselpumpen. *Konstruktion* 24(1972)6, S. 205–210.
[11.42] WEBER, D.: Experimentelle Untersuchungen an axial durchströmten, kreisringförmigen Spaltdichtungen für Kreiselpumpen. Dissertation: TU Braunschweig, 1971.
[11.43] STOFFEL, B.: Der Dichtspalt in Kreiselpumpen – ein einfaches Element mit sehr komplexen Auswirkungen. *Strömungsmechanik und Strömungsmaschinen* Heft 46(1993), S. 33–48.
[11.44] STAMPA, B.: Experimentelle Untersuchungen an axial durchströmten Ringspalten. Dissertation: TU Braunschweig, 1968/71.
[11.45] TIEDT, W.: Berechnung des laminaren und turbulenten Reibungswiderstandes konzentrischer und exzentrischer Ringspalte. Technischer Bericht Nr. 4 aus dem Institut für Hydraulik und Hydrologie der TH Darmstadt, 1968.
[11.46] GANTER, M.: Experimentelle Untersuchungen des Spaltverlustes radialer Kreiselpumpen mit offenem Laufrad. Dissertation: TU Braunschweig, 1985.
[11.47] ENGEDA, A.: Untersuchungen an Kreiselpumpen mit offenen und geschlossenen Laufrädern im Pumpen- und Turbinenbetrieb. Dissertation: Universität Hannover, 1987.
[11.48] DECKER, H.: Untersuchungen des Betriebsverhaltens mit halboffenen Laufrädern. Dissertation: Universität Karlsruhe (TH), 1990,

publ. in: *Strömungsmechanik und Strömungsmaschinen* Heft 43, 1991, S. 1–69.
[11.49] LÜNZMANN, H.: Einfluß des Spaltstromes bei Spiralgehäusepumpen mit glattem Kegelspalt und mit Bauchschaufeln. Dissertation: TU Braunschweig, 1994, publ. in: Mitteilungen des Pfleiderer-Instituts für Strömungsmaschinen, Heft 2, Januar 1995, S. 19–183.
[11.50] HAMBRECHT, J.: Experimentelle Analyse von Sekundärströmungsstrukturen und deren Auswirkung auf die Energieumsetzung in Kreiselpumpenlaufrädern. Dissertation: TU Darmstadt, 1998.
[11.51] STOFFEL, B.: Experimentelle Untersuchungen zur räumlichen und zeitlichen Struktur der Teillast-Rezirkulation bei Kreiselpumpen. *Forschung im Ingenieurwesen* Heft 55(1989), S. 149–152.
[11.52] HERGT, P., JABERG, H.: Die Abströmung von Radiallaufrädern bei Teillast und ihr Zusammenhang mit der Volllastinstabilität KSB. *Technische Berichte* Heft 26(1990), S. 29–38.
[11.53] WEIß, K.: Experimentelle Untersuchungen zur Teillastströmung in Kreiselpumpen. Dissertation: TU Darmstadt, 1995.
[11.54] LAUER, J., STOFFEL, B.: Theoretische Untersuchungen zum maximal erreichbaren Wirkungsgrad von Kreiselpumpen. *Industriepumpen + Kompressoren* 3(1997)4, S. 222–228.
[11.55] LAUER, J., STOFFEL, B. : Abschlussbericht zum Forschungsvorhaben «Theoretisch erreichbarer Wirkungsgrad» (VDMA, Forschungsfonds Pumpen) Fachgebiet: Turbomaschinen und Fluidantriebstechnik, Fachbereich Maschinenbau, TU Darmstadt, 1994.
[11.56] LAUER, J., STOFFEL, B.: Attainable Efficiencies of Volute Casing Pumps. Europump (Hrsg.) Verlag Elsevier (UK): 1999.
[11.57] MÜNCH, A., STOFFEL, B.: «Abschlussbericht zum Forschungsvorhaben Experimentelle und theoretische Untersuchungen zum Wirkungsgradpotential von Kreiselpumpen» (VDMA, Forschungsfonds Pumpen). Fachgebiet Turbomaschinen und Fluidantriebstechnik, Fachbereich Maschinenbau, TU Darmstadt, 1999.
[11.58] POHLENZ, W. ET AL.: Pumpen für Flüssigkeiten, Bauteile für Pumpen. Berlin: VEB Verlag Technik, 1983.
[11.59] Kollektiv Technisches Handbuch Pumpen. 7. Aufl., Berlin: VEB Verlag Technik, 1987.
[11.60] LAUER, J., STOFFEL, B.: Theoretische Untersuchungen zum maximal erreichbaren Wirkungsgrad von Kreiselpumpen. Reprint C7-2 VDMA. Karlsruhe: Pumpentagung, 1996.
[11.61] TAMM, A., STOFFEL, B., NOWACK, O.: Untersuchungen zum Wirkungsgradpotenzial von Kreiselpumpen. *AP – Das moderne Pumpenmagazin*, Heft 2, 2003, S. 42–45.
[11.62] TAMM, A.: Beitrag zur Bestimmung der Wirkungsgrade einer Kreiselpumpe durch theoretische, numerische und experimentelle Untersuchungen. Dissertation: TU Darmstadt, 2002.

### Literatur zu Kapitel 12

[12.1] SCHMIEDERER, B.: Einsatz von Axial- oder Radialgebläsen im Überschneidungsbereich beider Bauarten. Zeitschrift *BWK*, Bd. 14, S. 46–51, 1962.
[12.2] OSSSENKOPP, TH.: Gesichtspunkte für die Auswahl von Ventilatoren. Zeitschrift *HLH*, Bd. 25, Nr. 7, S. 221–225, 1974.
[12.3] ECK, B.: *Ventilatoren*. Berlin: Springer Verlag, 5. Aufl., 1972.
[12.4] MARCINOWSKI, H., DIBELIUS, G.: Einstufige Turboverdichter – mehrstufige Turboverdichter. *Chemie-Ingenieur-Technik*, 31. Jahrgang, Heft 4, 1959.
[12.5] ECKERT, SCHNELL: *Axial- und Radialkompressoren*, Berlin: Springer Verlag, 2. Aufl., 1961.
[12.6] KLUGE, F.: *Kreiselgebläse und Kreiselverdichter radialer Bauart*. Berlin: Springer Verlag, 1953.
[12.7] HORLOCK, J. H.: *Axialkompressoren*. Karlsruhe: Verlag G. Braun, 1967.
[12.8] KOVÁTS, A. DE, DESMUR, G.: *Pumpen, Ventilatoren und Kompressoren*. Karlsruhe: Verlag G. Braun, 1968.
[12.9] BOHL, W.: *Ventilatoren*. Würzburg: Vogel Buchverlag, 1983.
[12.10] LEXIS, J.: *Ventilatoren in der Praxis*. Stuttgart: Gentner Verlag, 2. Aufl., 1983.
[12.11] VDI 3731/Blatt 2: Ventilatoren-Emissionswerte technischer Schallquellen.
[12.12] BOMMES, L., KRAMER, C. u.a.: *Ventilatoren*. Ehningen, expert verlag, 1990.
[12.13] SCHLENDERER, F.: *Ventilatoren*. Einsatz in Geräten und Anlagen. Düsseldorf, VDI Verlag, 1996.
[12.14] JACOBY, K., HERBST, R.: Strömungstechnische und mechanische Dimensionierung von Radial-Getriebe-Verdichtern, in Jahrbuch 93 der VDI-Gesellschaft, Energietechnik, Düsseldorf, 1993, VDI-Verlag.
[12.15] BOMMES, L., FRICKE, J., GRUNDMANN, R.: *Ventilatoren*. (2. Aufl.), Essen: Vulkan Verlag, 2003.
[12.16] SERVATY, S., KEPPEL, W.: Turboverdichter – Forschung in der AG Turbo. *Jahrbuch 99 der VDI-Gesellschaft ENERGIETECHNIK*, S. 62–86.
[12.17] CAROLUS, TH.: *Ventilatoren*. Wiesbaden: B.G. Teubner/GWV Fachverlage GmbH, 2003.
[12.18] CORY, WTW (BILL): *Fans & Ventilation*. London: Elsevier, 2005.

## Literatur zu Kapitel 13

[13.1] VDI 2153: Hydrodynamische Leistungsübertragung, Begriffe – Bauformen – Wirkungsweise.

[13.2] SIEKMANN, H., THAMSEN, P.: *Föttinger-Getriebe.* In: *Dubbel – Taschenbuch für den Maschinenbau.* 21. Aufl., Berlin, Heidelberg, New York: Springer Verlag, 2005.

[13.3] FÖRSTER, H. J.: *Automatische Fahrzeuggetriebe.* Berlin, Heidelberg, New York: Springer Verlag, 1991.

[13.4] PIPPERT, H.: Antriebstechnik – Strömungsmaschinen für Fahrzeuge. Würzburg: Vogel Buchverlag, 1974.

[13.5] KICKBUSCH, E.: *Föttinger-Kupplungen und Föttinger-Getriebe.* Berlin: Springer Verlag, 1963.

[13.6] WOLF, M.: *Strömungskupplungen und Strömungswandler.* Berlin: Springer Verlag, 1962.

[13.7] J. M. Voith GmbH (Hrsg.): *Hydrodynamik in der Antriebstechnik.* Mainz: Vereinigte Fachverlage, Krauskopf-Ingenieur Digest, 1987.

[13.8] Voith-Getriebe KG: *Hydrodynamische Getriebe, Kupplungen und Bremsen.* Mainz: Krauskopf Verlag, 1970.

[13.9] LUSAR, R.: *Der hydraulische Drehmomentwandler und die hydraulische Kupplung.* München: Hanser Verlag, 1961.

[13.10] KELLER, R.: *Hydrodynamische Kupplungen – Anlaufvorgänge.* Düsseldorf: VDI-Bericht Nr. 73/1963. S. 33–41.

[13.11] KELLER, R.: Der hydrodynamische Drehmomentwandler als stufenlos wirkendes und regelbares Getriebe. *Industrie-Anzeiger* Nr. 94, 1963.

[13.12] GIMMLER, J.: Der Trilok-Drehmomentwandler für die Massenfertigung aus Blech konstruiert. *Zeitschrift Konstruktion*, Heft 5, 1966.

## Literatur zu Kapitel 14

[14.1] KLAES, K.: Vorausberechnung der Kennlinie von Radialventilatoren, in Bommes, L., Kramer, C. u. a.: *Ventilatoren.* Ehningen: expert verlag, 1990.

[14.2] IEC-Regel-Veröffentlichung 193: «Code international concernant des essais de reception sur modèles des turbines hydrauliques».

[14.3] Fa. J. M. Voith: 75 Jahre Hydraulische Versuchsanstalt «Brunnenmühle». Heft 30, Voith Forschung und Konstruktion, 1984.

[14.4] GREIN, H.: Die hydraulischen Versuchseinrichtungen der Escher-Wyss-Gruppe. Sonderdruck der Fa. Escher-Wyss.

[14.5] LECHNER, W., JACQUET, M., GREIN, H.: Ein neuer Prüfstand für Modellversuche an hydraulischen Turbomaschinen, insbesondere für Pumpen und Pumpturbinen. *ESCHER-WYSS MITTEILUNGEN.* Heft 1, 1971.

[14.6] HÖLLER, H. K., BACHMANN, P., BECKE, L., SCHNAUFER M.: Neue Versuchseinrichtungen im Laboratorium für hydraulische Turbomaschinen. *ESCHER-WYSS MITTEILUNGEN.* Heft 1, 1978.

[14.7] CHENAL, R.: Laboratoire d'hydraulique-Nouveau stand d'essai universel pour modèles réduits de turbomachines hydrauliques. Bulletin Technique VEVEY 1980/1981.

[14.8] CHENAL, R.: Hydraulic Laboratory – A new high-head test rig for reduced-scale models of Pelton turbines. Sonderdruck der Fa. VEVEY.

[14.9] RAABE, J.: *Hydraulische Maschinen und Anlagen.* Düsseldorf: VDI Verlag, 2. Aufl., 1989.

[14.10] SIEKMANN, H., THAMSEN, P.: Strömungsmaschinen – Wasserturbinen, in *Dubbel-Taschenbuch für den Maschinenbau.* Berlin: Springer Verlag, 21. Aufl., 2005.

[14.11] JUNGHANS, K., KLEMM, J., RADEMACHER, A.: Wasserturbinen, in *Taschenbuch Maschinenbau,* Bd. 5, Berlin: VEB Verlag Technik, 1989.

[14.12] SCHIRM, J., SCHMITT, A.: Turbinen mit variabler Drehzahl für das Wasserkraftwerk «Beim Preussischen» der Stadtwerke Rottenburg. Sonderdruck der Fa. SULZER ESCHER-WYSS.

[14.13] HAMERAK, K.: Höhere Energieausbeute aus kleinen Wasserkraftanlagen durch netzgeführte Frequenzumrichter. *das wassertriebwerk* 3, S. 25ff, 1990.

[14.14] STODOLA, A.: *Dampf- und Gasturbinen.* 5. Aufl., 1922, Springer Verlag. Reprint VDI-Verlag, Düsseldorf, 1986, (Klassiker der Technik).

[14.15] TRAUPEL, W.: *Thermische Turbomaschinen,* Bd. 2, Berlin: Springer Verlag, 3. Aufl., 1982.

[14.16] MENNY, K.: *Strömungsmaschinen.* 5. Aufl. Stuttgart: B.G. Teubner, 2006.

[14.17] KEHLHOFER, R., KUNZE, N., LEHMANN, J., SCHÜLLER, K.-H.: *Gasturbinenkraftwerke, Kombikraftwerke, Heizkraftwerke und Industriekraftwerke,* Kap. 4.4 Entnahmediagramme. Gräfelfing: Technischer Verlag Resch, Köln: Verlag TÜV Rheinland, 1984.

[14.18] TRASSL, W.: Dampfturbinen, in *«Strom aus Steinkohle – Stand der Kraftwerkstechnik».* Berlin: Springer Verlag, 1988.

[14.19] MÜNZBERG, H.G., KURZKE, J.: *Gasturbinen-Betriebsverhalten und Optimierung.* Berlin: Springer Verlag, 1977.

[14.20] HAUSENBLAS, H.: *Vorausberechnung des Teillastverhaltens von Gasturbinen*. Berlin: Springer Verlag, 1962.
[14.21] GRAHL, K., SCHWARZ, M.: Theoretische Untersuchungen des Betriebsverhaltens von Gasturbinenanlagen mit einem Simulationsprogramm unter Einbeziehung der Kennfeldrechnung. *VDI-Fortschritt-Berichte*, Reihe 7, Nr. 103, 1985.
[14.22] FRUBÖSE, J.: Reduktion der Kenngrößen von Gasturbinenanlagen auf Normal-Eintrittszustand. Zeitschrift *BWK* Bd. 42, Nr. 11, S. 676–680, 1990.
[14.23] VDI-Berichte 910, Auflade Technische Konferenz 1991. Düsseldorf: VDI Verlag, 4. Aufl., 1991.
[14.24] BOHL, W., ELMENDORF, W.: *Technische Strömungslehre*. Würzburg: Vogel Buchverlag, 14. Aufl., 2008.
[14.25] ECK, B.: *Ventilatoren*, Berlin: Springer Verlag, 5. Aufl., 1972.
[14.26] BOHL, W.: *Strömungsmaschinen 2 – Berechnung und Konstruktion*. Würzburg: Vogel Buchverlag, 7. Aufl., 2005.
[14.27] PFLEIDERER, C., PETERMANN, H.: *Strömungsmaschinen*. Berlin: Springer Verlag, 6. Aufl., 1991.
[14.28] *KSB Kreiselpumpen Lexikon*. Frankenthal, 3. Aufl., 1989.
[14.29] HOLLING, G.: Stetige und unstetige Kennlinien bei axialen Ventilatorlaufrädern in gedrosselten Betriebszuständen. Mitteilungen des Instituts für Strömungslehre und Strömungsmaschine der Universität (TH) Karlsruhe, Heft 14, S. 1–28, 1973.
[14.30] BANZHAF, H.-U.: Stabile und instabile Betriebszustände bei Axialventilatoren. *VDI-Bericht* 594, S. 211–246, März 1986.
[14.31] GOTTSCHALK, M.: Untersuchung der Kennlinienstetigkeit von Radialventilatoren. Mitteilungen des Instituts für Strömungslehre und Strömungsmaschinen der Universität (TH) Karlsruhe, Heft 17, S. 1–40, 1974.
[14.32] ROTH, H.W.: Optimierung von Trommelläufer-Ventilatoren. Mitteilungen des Instituts für Strömungslehre und Strömungsmaschinen der Universität (TH) Karlsruhe, Heft 29, S. 1–45, 1981.
[14.33] MARCINOWSKI, H.: Verdichter am Ein- oder Austritt einer Anlage mit oder ohne Wärmetausch. Mitteilungen des Instituts für Strömungslehre und Strömungsmaschinen der Universität (TH) Karlsruhe, Heft 12, S. 34–53, 1972.
[14.34] PILTZ, E.: Drosselkurven von Gebläsen bei charakteristischen Betriebsformen in Anlagen. *Forschung im Ingenieurwesen*, Heft 5, 1975.

[14.35] SULZER: *KREISELPUMPENHANDBUCH*, 4. Aufl., 1997, SULZER Publikation d/27.00.04.20.
[14.36] STEPANOFF, A.J.: *Radial- und Axialpumpen*. Berlin: Springer-Verlag, 1959.
[14.37] KOSMOWSKI, I., SCHRAMM, G.: *Turbomaschinen*. Berlin: VEB Verlag Technik, 1987.
[14.38] BOHL, W.: Einfluss der saug- und druckseitigen Strömungsverhältnisse auf das Betriebsverhalten von Ventilatoren. *VDI-Berichte* 594, S. 283–301, März 1986.
[14.39] JANSON, G.: Einbauverlust – ein wichtiger Umstand. Fläkt Review 1979 – *Ventilatoren und Ventilator-Einheiten*.
[14.40] HARMSEN, S.: PAPST-LÜFTER, St. Georgen, PAPST-MOTOREN, 2002.
[14.41] DIN-Taschenbuch 254, *Ventilatoren*. Berlin: Beuth Verlag, 1992.
[14.42] BOHL, W., LORENZ, W.: Nationale und internationale Ventilatoren-Normung, insbesondere auf dem Gebiet der Leistungsmessung. *VDI-Bericht* 872, S. 631–645, Februar 1991.
[14.43] DIN 24166, Ventilatoren – Technische Lieferbedingungen.
[14.44] SCHULZ, H.: *Die Pumpen*. Berlin: Springer Verlag, 13. Aufl., 1977.
[14.45] HOLZHÜTER, E.: Der erreichbare Wirkungsgrad von Strömungsmaschinen mit verstellbarem Vorleitrad am Beispiel einer Axialstufe. Dissertation Universität (TH) Karlsruhe, 1984.
[14.46] RADKE, M.: Strömungstechnische Untersuchung des Einflusses von Vorleiträdern variabler Geometrie auf das Betriebsverhalten axialer Kreiselpumpen. *VDI-Fortschritt-Berichte*, Reihe 7, Nr. 210, 1992.
[14.47] HOFFMANN, J.: Beitrag zur Funktion und Regelverhalten von Radialventilatoren mit Drallregler. *Klimatechnik* 10, Nr. 10, S. 2–10, 1968.
[14.48] SAALFELD, K.: Vergleichende Darstellung der Regelung von Pumpen durch Vordrall und durch Laufradverstellung. *KSB Technische Berichte*, Heft 7, S. 22–31, 1964.
[14.49] HASEMANN, H., RAUTENBERG, M.: Turbokompressoren – Maßnahmen zur Erweiterung des Betriebsbereiches. *Pumpen, Vakuumpumpen, Kompressoren '88* (Herausgeber VDMA), S. 44–48.
[14.50] GRABOW, G.: Schaltung von Radialpumpen. *information pumpen und verdichter* 2/1989, S. 17–22, und Ein Beitrag zur Regelung und Schaltung von Kreiselpumpen. *Freiberger Forschungshefte* A 783, 1989.
[14.51] SIHI-HALBERG: *Grundlagen von Kreiselpumpen-Anlagen*. Ludwigshafen/Rhein, 2. Auflage 2000.

[14.52] HOLZENBERGER, K., RAU, L.: Kennzahlen zur Auswahl energiefreundlicher Regelverfahren bei Kreiselpumpen. *KSB Technische Berichte*, Heft 24, S. 3–19, 1988.

[14.53] BANZHAF, H.-U., FECHNER, G., LOOS, C.-D.: Regelung von Volumenstrom und Druckerhöhung an Ventilatoren. *VDI-Berichte* 594, S. 41–122, März 1986.

[14.54] WIELAND, H.: Vergleich verschiedener Systeme zum Verändern der Förderleistung bei Radialventilatoren. *VDI-Berichte* 594, S. 267–281, März 1986.

[14.55] ANDRITZKY, H.: Gesichtspunkte zur Ventilatorregelung. *HLH* 22, Nr. 4, S. 126–131, 1971.

[14.56] PILTZ, E.: Energiebedarf und Schallerzeugung bei verschiedenen Methoden der Volumenstromvariation in Ventilatoranlagen. *HLH* 25, Nr. 7, S. 207–214, 1974.

[14.57] WINTERSOHL, K., DIETRICH, K.: Kriterien über den Einsatz von Axial- und Radialventilatoren und deren Regelung. *VDI-Berichte* 872, S. 479–504, 1991.

[14.58] SUREK, D., SPENGLER, H.: Energetisch günstige Einsatzbereiche drehzahlvariabler Pumpenaggregate. *Maschinenbautechnik*, Heft 3, S. 125–131, 1982.

[14.59] GRABOW, G.: Vergleich zwischen Drehzahl- und Drosselregelung bei Radialkreiselpumpen. *information pumpen und verdichter*, Heft 1, S. 22–27, 1989.

[14.60] HOLZENBERGER, K.: Vergleich von zwei Umrechnungsverfahren für die Kennlinien von Kreiselpumpen bei der Förderung zäher Flüssigkeiten. *KSB Technische Berichte* 25, S. 45–49, 1988.

[14.61] *KSB-Broschüre*, Auslegung von Kreiselpumpen.

[14.62] DOMM, U., IMBERGER, F.: Vergleich einiger Umrechnungsverfahren für Betriebspunkte von Kreiselpumpen bei der Förderung zäher Flüssigkeiten. *KSB Technische Berichte* 10, S. 49–53, 1965.

[14.63] MOLLENKOPF, G.: Einfluss der Zähigkeit des Fördermediums auf das Betriebsverhalten von Kreiselpumpen unterschiedlicher spezifischer Schnellläufigkeit. VDMA Pumpentagung Karlsruhe 1978 – Sektion K.

[14.64] HERGT, P., STOFFEL, B., LAUER, H.: Verlustanalyse an einer Kreiselpumpe auf der Basis von Messungen bei hoher Viskosität des Fördermediums. *VDI-Berichte* 424, S. 29–38, 1981.

[14.65] KOSMOWSKI, I.: Verhalten von Flüssigkeits-Gasströmungen in rotierenden Systemen. *Pumpen- und Verdichter-Informationen*, Heft 1, S. 34–38, 1980.

[14.66] KOSMOWSKI, I.: Zweiphasenströmung in Kreiselpumpen. *Maschinenbautechnik* 29, Heft 8, S. 361–368, 1980.

[14.67] KOSMOWSKI, I., STEPHAN, R., WÖMPER, V.: Einfluss der Homogenisierung auf die Förderung gasbeladener Flüssigkeiten. *information pumpen und verdichter* 2, S. 30–33, 1986.

[14.68] ALGERS, B.: Neue Untersuchungen über die Aufnahme der Leistungsdaten von Stoffpumpen. Sonderdruck der Fa. Scanpump AB, Mölndal/Schweden, aus «*Papier aus Österreich*», Nr. 1–85.

[14.69] KOSMOWSKI, I., HERGT, P.: Förderung gasbeladener Medien mit Hilfe von Normal- und Sonderausführungen von Kreiselpumpen. *KSB Technische Berichte* 26, S. 14–19, 1990.

[14.70] HÖRNIG, G., RICHTER, H.: Hydraulischer Feststofftransport in Druckrohrleitungen, in Bollrich u. a.: *Technische Hydromechanik* 2/Kapitel 7. Berlin: VEB Verlag für Bauwesen, 1989.

[14.71] SIEGEL, W.: *Pneumatische Förderung*. Würzburg: Vogel Buchverlag, 1991.

[14.72] HOLZENBERGER, K.: Der Energiebedarf von Kreiselpumpen beim hydraulischen Feststofftransport. *VDI-Berichte* Nr. 424, S. 89–98, 1981.

[14.73] HOLZENBERGER, K.: Betriebsverhalten von Kreiselpumpen beim hydraulischen Feststofftransport. *VDI-Berichte* Nr. 371, S. l59–66, 1980.

[14.74] BISCHOFF, F.: Experimentelle Untersuchungen an Kreiselpumpen zur Feststoff-Förderung. *VDI-Berichte* Nr. 424, S. 99–107, 1981.

[14.75] SUREK, D.: Probleme der Flüssigkeits-Feststoffgemisch-Förderung mit Kreiselpumpen. *Maschinenbautechnik* 21, Heft 9, S. 390–395, 1972.

[14.76] GRABOW, G.: Partikelbewegung im Laufrad und Spiralgehäuseraum beim hydraulischen Feststofftransport mit Kreiselpumpen. *information pumpen und verdichter* 2, S. 10–16, 1987.

[14.77] GRABOW, G.: Änderung der Kennlinien bei der Förderung von Flüssigkeits-Feststoff-Gasgemischen mit Kreiselpumpen. *information pumpen und verdichter* 2, S. 26/29, 1987.

[14.78] FRICKE, J., NEUMANN, A.: Betriebsverhalten von Radialventilatoren bei der Förderung von feststoffbeladener Luft. *VDI-Berichte* Nr. 872, S. 507–524, 1991.

[14.79] HOLZENBERGER, K.: Ermittlung des Drehmomentenverlaufs beim Anfahren von Kreiselpumpen mit Hilfe von Kennzahlen. *KSB Technische Berichte* 26, S. 3–13, 1990.

[14.80] DIEDERICH, H.: Verwendung von Kreiselpumpen als Turbinen. *KSB Technische Berichte* 12, S. 30–36, 1967.

[14.81] GÖRISCH, A.: Eine Kreiselpumpe im Rückwärtsgang. *KSB Magazin* 5, S. 10–12, 1991.

[14.82] FRANKE, H.-J., HOFMANN, H., JESKE, H.-O., SCHILL, J.: Kreiselpumpen und Energierückgewinnungs-Turbinen in der verfahrenstechnischen Hochdrucktechnik. *Chem.-Ing.-Techn.* 61, Heft 2, S. 141–148, 1989.

[14.83] SCHMIEDL, E.: Serien-Kreiselpumpen im Turbinenbetrieb. VDMA-Pumpentagung Karlsruhe, 1988, Sektion A 6.

[14.84] APFELBACHER, R., ETZOLD, F.: Energiesparendes und stoßfreies Drosseln mit Hilfe einer rückwärts durchströmten Kreiselpumpe. *KSB Technische Berichte* 24, S. 33–41, 1988.

[14.85] PRIESNITZ, CH.: Einsatzmöglichkeiten von rückwärtslaufenden Standardkreiselpumpen als Turbinen zur Energierückgewinnung. *information pumpen und verdichter*, Heft 2, S. 3–12, 1979.

[14.86] BOLLINGER, W., GAJEWSKI, F.: Energierückgewinnung mit Pumpen im Turbinenbetrieb bei Expansion von gasbeladenen Flüssigkeiten. SULZER-Sonderdruck, Referate auf der 3. Pumpentagung in Karlsruhe, S. 47–54.

[14.87] MIKUS, K.: Energierückgewinnung aus dem Trinkwassersystem mit Serienpumpen. *gwf-wasser/abwasser* 122, Heft 2, S. 52–57, 1981.

[14.88] MIKUS, K.: Erfahrungen mit Kreiselpumpenanlagen zur Energierückgewinnung aus dem Trinkwassersystem. *gwf-wassser/abwasser* 124, Heft 4, S. 159–163, 1983.

[14.89] LAUX, C. H.: Rückwärtslaufende mehrstufige Pumpen als Energierückgewinnungsturbinen in Ölversorgungssystemen. *Technische Rundschau Sulzer*, Heft 2/1980, S. 61–65.

[14.90] LAUX, C. H.: Rückwärtslaufende Standardpumpen als Rekuperationsturbinen. *Technische Rundschau Sulzer*, Heft 2, S. 23–27, 1982.

[14.91] GÜLICH, J.: Energierückgewinnung mit Pumpen im Turbinenbetrieb bei Expansion von Zweiphasengemischen. *Technische Rundschau Sulzer*, Heft 3, S. 87–91, 1981.

[14.92] HERGT, P., KRIEGER, P., THOMMES, S.: Die strömungstechnischen Eigenschaften von Kreiselpumpen im Turbinenbetrieb. VDMA Pumpentagung Karlsruhe, 1984.

[14.93] BOLTON, A. N.: Installation effects in fan systems. Proc. Inst. Mech. Engrs., *Journal of Power and Energy*, Vol. 204 A3, S. 201–215, 1990.

[14.94] GNEIPEL, G.: Untersuchung des Kennlinienverhaltens von Kreiselpumpen beim hydraulischen Feststofftransport. *Maschinenmarkt* 103, 1/2, S. 24–26, 1997.

[14.95] MÜNCH, A.: Untersuchungen zum Wirkungsgradpotenzial von Kreiselpumpen. Dissertation: TU Darmstadt, 1999.

[14.96] HAMBRECHT, J.: Experimentelle Analyse von Sekundärströmungsstrukturen und deren Auswirkung auf die Energieumsetzung in Kreiselpumpenlaufrädern. Dissertation: TU Darmstadt, 1998.

[14.97] WEIß, K.: Experimentelle Untersuchungen zur Teillastströmung bei Kreiselpumpen. Dissertation: TU Darmstadt: 1995.

[14.98] TEERMANN, A.: Experimentelle und theoretische Untersuchungen zum Einfluß der Umfangs-Reynoldszahl und der Wandrauhigkeit auf das Betriebsverhalten von Radialverdichterstufen. Dissertation: Ruhr-Universität Bochum, 1996.

[14.99] ENGELBERG, F.: Turbine zur Energierückführung in einem Pumpenprüfstand. Strömungsmechanik und Strömungsmaschinen, Heft 46(1993), S. 1–15.

[14.100] TAMM, A.: Beitrag zur Bestimmung der Wirkungsgrade einer Kreiselpumpe durch theoretische, numerische und experimentelle Untersuchungen. Dissertation: TU Darmstadt, 2002.

# Zielgenau!

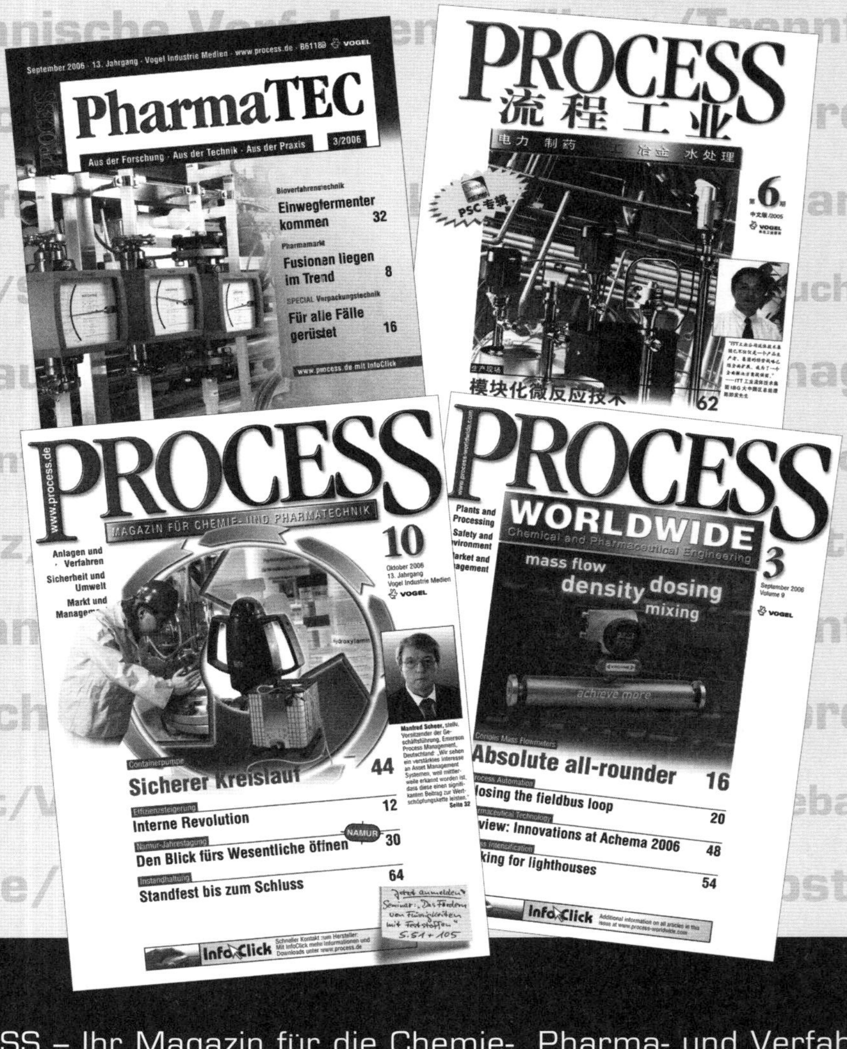

PROCESS – Ihr Magazin für die Chemie-, Pharma- und Verfahrenstechnik – national und international. Zielgenau für Ihre Branche.

**Fordern Sie ein Ansichtsexemplar an:**
Alexandra_Birn@vogel-medien.de

www.process.de

# Stichwortverzeichnis

1-Strom-Luftstrahltriebwerk 210
2-Phasen-Strömung 85
2-Strom-Luftstrahltriebwerk 210

**A**
Abdrall 98
Abdrehen 260, 357
Abgasturbolader 210, 214, 391
Ablösung 272
Abrasionsvorgang 91
Abschaltgeschwindigkeit 243
Absolutgeschwindigkeit 45
Abströmung
–, drallfreie 95
Abwertung 66
Ähnlichkeit
–, geometrische 61
Ähnlichkeitsbedingungen 61
Ähnlichkeitsmechanik 71
Anlage 15
–, Widerstand 73
Anlagenwiderstandskennlinie 73
Anlaufen 376
Ansaugekasten 302
Anstellwinkel 230
Anströmwinkel 230
Antriebsleistung 271
Anzapfturbine 174
Arbeit, technische 31
Arbeitsbereich 137
Arbeitsmaschine 15
Arbeitsvermögen 196
Auftriebsbeiwert 231
Auftriebskraft 53
Auftriebsläufer 226
Aufwertung 66
Ausdrehen 260, 357
Ausgleichskolben 312
Auslaufen 376
Auslegung 71, 329
Ausnutzungsgrad 220
Außenkühlung 308
Außenströmung 86, 273
Austauschverlust 35, 272
Austritt
–, drallfreier 54
Austrittsstutzen 21, 316
Austrittsverlust 273
Auswahlkennfeld 259
Auswertemethode 354

Axial-/Radialverdichter
–, kombinierter 316
Axialkomponente 47
Axialkraft 157
Axialmachzahl 132
Axialschub 164, 267, 312
–ausgleich 264
Axialturbine 205
Axialverdichter 131, 313

**B**
Baugruppe 173
Baukastenprinzip 173
Baukastensystem 259
Bauteiltoleranz 61
Bautoleranzen 355
Becherschaufel 157
Bernoulli-Gleichung 87
Beschaufelung 17
Beschleunigung 48
Betriebsbereich 329
Betriebsdaten 61
Betriebsgrenze 347
Betriebskosten 252
Betriebspunkt 352
Betriebsverhalten 61
Betz-Faktor 221
Blasendynamik 86
Blattelementmethode 234
Blattspitzenwirkungsgrad 223, 234
Blattwinkelverstellung 238
Blockausführung 259
Blockbauweise 258
Blockierung 91
Bodenscheibe 253
Bremse 17
–, hydrodynamische 319
–system 238, 239
Brennkammer 196, 201
–wirkungsgrad 202
Bruttoleistung 224
Bypassregelung 363
Bypass-Schaltung 329

**C**
$CO_2$-Klimaproblematik 215
Controlled Diffusion Airfoils 137
Cordier-Diagramm 79
Cordier-Kurve 79
Couette-Strömung 279

D
Dampf
–druck 85
–kavitation 85
–kegelgesetz 333
–kraftanlage 17
–turbine 17
–turbosatz 173
Darrieus-Rotor 226
Deckscheibe 253
descendent cavitation 89
Diagonalpumpe 268
Diagonalrad 255
Diagonalturbine 153
Dickstoff
–, viskoser 256
Diffusor 257, 316
DIN-Institut 252
Doppelregulierung 164
Dosieren 249
Dralländerung 222
Drallregler 303
Drallsatz 48
Drehmoment 15, 228
Drehmomentenbeiwert 228
Drehmomentwandler 17, 319
Drehzahl 15
–maßstab 62
–regelung 356
–verhältnis 323
Drossel 329
–kurve 341
–regelung 191, 332
–zahl 73
–zustand 73
Druck 15
–, kritischer 86
–beiwert 133
–erhöhung
–, frei ausblasender Ventilator 32
–, statische 52
–seite 87
–spitze 88
–stoß 85
–stutzen 22
–verhältnis 197
–verlust 198
–verteilung 133
–zahl 72
Durchflusszahl $\varphi$ 71
Durchgangsdrehzahl 42
Durchgehen 158
Durchmesser
–, hydraulischer 69
–zahl 75
Durchströmturbine 153
Düse 155

Düsengruppenregelung 180, 332
Düsenspaltverstellung 371
dynamisch ähnlich 61

E
Einheitswert 77
Einlaufdüse 255
Einlaufziffer 76
Einschaltgeschwindigkeit 243
Einströmdüse 302
Eintritt
–, drallfreier 55
Eintrittsstutzen 21
Eintrittsverlust 273
Einzelblasenkavitation 90
Einzelbrennkammer 202
Endstufe 144
energetischer Mittelwert 35
Energie
–, kinetische 48
–, regenerative 149
–bilanz 38
–flussdiagramm 225
–form
–, regenerative 215
–rückgewinnungsturbine 335
–speicherung 170
–verbrauch 252
–verlust 198
Enthalpie
–, spezifische 26
–änderung 21
Entlastungskolben 264
Entlastungsscheibe 264
Entnahmediagramm 334
Entnahmeturbine 174, 333
Entropie
–, spezifische 26
erforderlicher NPSH 104
Erhitzer 201
Erneuerbare Energien Gesetz 215
Erosion 85, 252
Ertrag 246
Euler'sche Strömungsmaschinen-Hauptgleichung 48
EUROPUMP 252
Expansionsströmung 20
–, isentrope 26
–, polytrope 26

F
Fallhöhe 21
Festdruckbetrieb 180, 333
Festdruckregelung 191
Festkörper 375
Feststoff 375
Filmkühlung 207

Fluid
–, viskoses 249
Fluidtransport 249
Flüssigkeitspumpe 17
Flusskraftwerk 151, 162
Förderarbeit
–, spezifisch totale 32
–, $Y_{fa}$ spezifische; des frei ausblasenden Ventilators 32
Förderhöhe 21
Förderhöhenabfall 91
Förderhöhenabnahme 85
Förderleistung 36, 271
Francis-Turbine 70, 153
Freihang 157
Freistrahl 155
–turbine 153
Frequenz
–, dimensionslose 77
–haltung 167
Füllungsregelung 191

G
Gas-Dampf-Anlagen
–, kombinierte 200
Gase
–, feuchte 21
–, reale 21
Gaskavitation 85
Gasturbinen-Kreisprozess 196
–, geschlossener 200
–, offener 196
Gegendrall 361
Gegendruckturbine 174
Generator 15, 240
Geräusch 85
–emission 77, 246
–entwicklung 74, 294
–reduktion 235
Gesamtdruckverhältnis 132
Gesamtschallleistungspegel 296
Gesamtwirkungsgrad 39, 271
Geschwindigkeit 15
–, mittlere 34
Geschwindigkeitsmaßstab 62
Geschwindigkeitspläne 61
Geschwindigkeitsverteilung 133
Getriebe 239
Gewährleistung 354
Gezeitenkraftwerk 151
Gleichdruckrad 294, 305
Gleichdruckstufe 176
Gleichdruckturbine 153, 176
Gleitdruckbetrieb 180
Gleitdruckregelung 194, 332
Gleitringdichtung 161, 259, 312
Gleitzahl 231

Gliederpumpe 264
Gondel 236
Grenzschicht 86
–ablösung 131
–strömungen 61
Größenmaßstab 62
Großwasserkraftwerk 151
GROWIAN 216
Grundlastkraftwerk 151
Grundplattenbauweise 257

H
Halteenergie
–, spezifische 76
Häufigkeitsverteilung 246
HD-Turbine 180
Heberpumpe 270
Heizkraftwerk 173
Heizungsumwälzpumpe 258
Heizwert 199
Helikoidalrad 255
Hintereinanderschaltung 369
Höchstdrehzahl 42
Höhenkote 21
Horizontalläufer 227
hydraulisch glatt 67
hydraulisch rau 67

I
Implosion 86
implosionsartig 85
Implosionsdruck 88
incipient cavitation 87
Inducer 125
Industrieturbine 188
inkompressibel 48
Inlinepumpe 258, 259
Innenkühlung 308
Innenströmung 86, 273
In-situ-Messung 120
instabile Kennlinie 300
instationär 48
Inzidenzwinkel 137
isentrop 198
Isentropenexponent 28
ISO 252

K
Kammerbauweise 176
Kammerturbine 159
Kanalrad 256
Kapazitätsfaktor 218
Kaplan-Spiralturbine 162
Kaplan-Turbine 70, 153
Kavitation 74
–, beginnende 89
–, verschwindende 89

Kavitationsbeanspruchung 162
Kavitationsbeginn 76
Kavitationserosion 91
Kavitationsfestigkeit 110
Kavitationsgeräusch 110
Kavitationskeim 85, 86
Kavitationskennzahl
–, vereinfachte 89
Kavitationskriterium 106
Kavitationsresistenz 127
Kavitationssicherheit 115
Kavitationsversuch 118
Kavitationswiderstand 127
Kavitationszahl 89
Kennfeld 61, 71, 329
Kennlinie 329
Kennzahl
–, dimensionslose 61, 71
–, physikalische 75
Kesselspeisepumpe 17
kinematisch ähnlich 621
Kippsegment-Spurlager 161, 164
Kleingasturbine 210
Kleinventilator 79
Kleinwasserkraftanlage 151
Kolbenmaschine 15
Kollaps 86
Kompressibilität 133
Kompressibilitätseffekt 61
Kompressionsströmung 20
Kondensator 180
Kondensatpumpe 17
Kontinuitätsgleichung 135
Konvektionskühlung 206
Kopfwelle 139
Korrosion 85, 252
Korrosionsvorgang 91
Kraftfahrzeug-Gasturbine 212
Kraftmaschine 15
Kreiselpumpe
–, im Turbinenbetrieb 379
Kreisprozess 15
Kühler 201
Kühlwasserpumpe 17, 270
Kupplung
–, hydrodynamische 17, 319
Kupplungsleistung 37

L
Labyrinthdichtung 161, 179, 312
Lagerstuhlausführung 257
Lagerträgerausführung 257
Langsamläufer 223
Laufrad 17
–geometrie 253
Laufschaufel 17
–verbindung 255

–verstellung 162, 361
–zahl 359
Laufunruhe 108
Laufwasserkraftwerk 151
Laufzahl 74
Laval-Düse 145
Lebensdauer 252
Lebenswegemissionen 218
Leckage 39
–verlust 19, 177, 272
Leeläufer 228
Leerlaufdrehzahl 42
Leichtbau 205
Leistungsbegrenzung 242
Leistungsbeiwert 223
–, idealer 220
–, theoretischer 223
Leistungsbereich 260
Leistungsbilanz 38, 271
Leistungsfeld 259
Leistungsgewicht 131
Leistungskonzentration 131
Leistungsregelung 173
Leistungsverlust 35
Leistungszahl 73
Leitrad 257
Leitschaufel 161
–, drehbare 164
–regelung 316
Lieferzahl 71
Ljungström-Turbine 179
Losbrechmoment 377
Luftgehalt 121
Luftspeicherkraftwerk 195
Luvläufer 228

M
Mach-Zahl 76
–, isentrope 136
–; kritische 133
Maschine
–, mehrstufige 83
Maschinenkennfeld 73
Massenstrombilanz 38
Massenträgheitsmoment 378
Maßstabfaktor 62
Materialabtrag 85
MD-Turbine 180
mehrflutig 84
mehrstufig-mehrflutig 84
Mengendruckgleichung 331
Meridiankomponente 47
Messanordnung 354
Messmethode 354
Messunsicherheit 354
Messwesen 353
Mikrojet 88

Minderleistungsfaktor 53
Mindestförderstrom 381
Mitdrall 361
Mittellastkraftwerk 151
mixed-flow 165
Modellgesetz 61
Modellmaschine 61
Modellturbine 330
Modellversuch 330
Muschelkurven-Kennfelder 330

N
Nabe 238, 255
Nachdrallregelung 361
Nachhaltigkeit 151
Nachleitrad 303
ND-Turbine 183
Nenngeschwindigkeit 241, 243
Nennleistung 218, 241
net positive suction head 104
Netto-Energiehöhe 104
Nettoleistung 225
Netzstabilität 216
Norm 252, 353
Normalwind 242
Normkennlinie 349
NPSH
–, vorhandener 104
Nutzarbeit 197
Nutzleistung 36, 271

O
Oberflächenrauigkeit 61
Oberflächenspannung 86
Oberwasser 24
Offshore-Windparks 248
Optimalpunkt 66, 95
Optimalwert 75
Ossberger-Turbine 153

P
Packungsstopfbüchse 259
Parallelschaltung 329, 367
Parson'sche Kennzahl 77
Pelton-Turbine 153
perpetuum mobile 39
Persische Windmühle 225
Phasenschieberbetrieb 168
Pitch-Regelung 241
Plattenströmung 67
polytrop 198
Polytropenexponent 30
Polytropenverhältnis 29
Prallkühlung 207
Prandtl-Glauert-Regel 133
Profil
–, superkritisches 137

Profilpolare 230
Profilverlust 177
Propellerturbine 162
Propeller-Turbinen-Luftstrahltriebwerk 210
Prozess
–, geschlossener 196
Pseudokavitation 85
Pumpe 15
–, hermetische 262
Pumpenentwicklung 249
Pumpenfamilie 259
Pumpgrenze 347
Pumpspeicherkraftwerk 151, 167
Pumpturbine 154

Q
Querschnittsverengung 90
Querschnittsversperrung 90
Querstromgebläse 294
Querstromprinzip 167

R
Radform 75
Radialkomponente 47
Radialpumpe 70
–, 2-flutige 267
Radialschaufel
–, rückwärts gekrümmte 45
Radialschub 75
Radialturbine 179
Radialverdichter 308
Radseitenreibung 75
Radseitenreibungsverlust 35, 272, 344
Radseitenreibungswirkungsgrad 39
Rauigkeit
–, absolute 61
Rauigkeitseinfluss 67
Reaktionsglied 319
Reaktionsgrad 78
Reaktivierung 151
Realgasfaktor 31
Regelkupplung 324
Regelwerke 252
Reibung 272
reibungsfrei 48
Reibungsverlust 86
–höhe 93
Reihenschaltung 329, 369
Reinigungsverlust 23
Relativgeschwindigkeit 45
Relativströmung 48, 52
Retarder 319
Reynolds-Zahl 75
Rezirkulation 281
Rezirkulationsverlust 272
Ringbrennkammer 202
Rohrgehäuse 268

Rohrkrümmerpumpe 270
Rohrleitungskennlinie 335
Rohrströmung 67
Rohrturbine 153, 164
Rotating-Stall 347
Rotor 15
–blätter 236
Rückströmung 272

S
Sandrauigkeit 69
Sankey-Diagramm 224, 225
Saugbetrieb 92, 105
Saughöhe 76, 92
Saugkennzahl 103, 111
Saugkrümmer 164
Saugrohr 22, 162
Saugseite 87
Saugstutzen 22, 316
Savonius-Läufer 226
Schachtturbine 153
Schaufelverstellung 294
Schalenkreuzanemometer 226
Schallgeschwindigkeit 86, 131
Schallgrenze 185
Schallkennzahl 141
Schaltwandler 326
Schaufel 15
Schaufel
–, radial endende 45, 341
–, rückwärts gekrümmte 341
–, vorwärts gekrümmte 45, 341
–dicke 54
–kongruent 48
–kühlung 195, 206
–zahl 53
–zirkulation 52
Schichtkavitation 90
Schluckzahl 77
Schlupf 323
Schnellläufer 223
Schnelllaufzahl 223
Schubbelastungsgrad 220
Schubkraft 219
–, hydraulische 161
Schwimmringdichtung 312
Schwingungen 85
Sehnenlänge 230
Seitenkanalmaschine 80
Seitenkanalpumpe 17
Sekundärströmung 281
Sonnenenergie 215
Spaltdichtung 312
Spalte 61
Spalteinfluss 124
Spaltgeometrie 124
Spaltströmung 75

Spaltverlust 277, 343
Speicherkraftwerk 151
Sperrmachzahl 133
Sperrungserscheinung 144
spezielle Kennzahl 71, 77
Spiralgehäuse 162, 257
Spiralturbine 153
Spitzenbedarf 167
Spurlager 312
Staffelungswinkel 230
Stahlablenkung 147
Stahlpumpe 17
Stall-Effekt 241
Standardisierung 173
Starkwind 242
stationär 48
Stellkupplung 323
Stellwandler 326
Stomlinienkrümmung 234
Strömungskraft 75
Stoß-Grenzschicht-Interaktion 136
Stoßverlust 273, 343
Strahlabdrücker 158
Strahlabschneider 158
Strahltheorem von FROUDE und RANKINE 218
Strahltriebwerk 210
Stromfadentheorie 53, 218
Stromführungssysteme 67
Stromführungsverlust 272
Strömung
–, ablösungsbehaftete 67
Strömungsablösung 86
Strömungsabriss 347
Strömungsfeld 132
Strömungsforschung 249
Strömungsleistung 36
Strömungsmaschine
–, 2-flutige 84
–, mehrstufige 83
Strömungsverlust 35
Stromveredelung 167
Strouhal-Zahl 77
Stufendruckverhältnis 132
Stufenzahl 132, 174
Stutzenarbeit
–, polytrope spezifische 29
–, spezifische 21
suction specific speed 103
Superkavitation 90
Synchrondrehzahl 39

T
Tandemleitrad 140
Taylor-Wirbel 279
technische Arbeit 31
Teilkavitation 90

Teillast
–bereich 110
–betrieb 66
–verhalten 164
–wirkungsgrad 173
Teilwirkungsgrad 39
Thoma-Zahl 76, 99
Toleranzen 354
Topfbauweise 264
Topfgehäuse 312
Totaldruckerhöhung 32
Totalenthalpie
–, spezifische 27
Tragflügelprofil 86, 230
Tragflügeltheorie 133, 230
Transientenbetrieb 334, 335
Transpirationskühlung 207
Transschallverdichter 132
Triebstange 238
Trilokwandler 328
Trommelbauweise 176
Trommelläufer 305
Trommellaufrad 167
Turbine 15, 201
Turbinenlaufzahl 77
Turbulenz 86
Turm 236
Typisierung 71

U
Überdruckstufe 176
Überdruckturbine 153, 176
Übergangsgebiet 678
Überlastbetrieb 66
Überschall
–anströmung 137
–gebiet 133
–grenze 143
–verdichter 132
Umfangsgeschwindigkeit 45
Umfangskomponente 47
Umkehrturbine
–, isogyre 154
Umwälzpumpe 270
Unterschallanströmung 136
Unterwasser 22, 24
–motorpumpe 264

V
VDI 252
VDMA 252
Ventilationsverlust 35
Ventilator 15
–, Einbauarten 32
Venturirohr 86
Verbrennungsmotor 17
Verdampfung 85

Verdichter 15, 201
Verdichtung
–, isentrope 27
–, isotherme 30
–, polytrope 29
Verdichtungsarbeit 33
Verdichtungsstoß 133
–front 133
Verdrängermaschine 15
Vereisung 245
Verfügbarkeit 215, 252
Verlust
–, hydraulischer 272
–, mechanischer 35, 272
–, volumetrischer 35, 272
Verlustanalyse 272
Verlustleistung
–, hydraulische 272
Verschleiß 252
Versorgungssicherheit 216
Vertikalläufer 227
Verwindung 232
Verwirbelung 272
Verzögerung 48
Vibrationen 91
Viskosität 371
–, dynamische 69
Viskositätseinfluss 75
Volllaststunden
–, äquivalente 218
Volumenstrom
–, Reduzierung 91
Volumenzahl 71
Vordrall 98, 283
–regelung 361
–regler 268
Vorleitrad 303
Vorrotation 283
Vorsatzläufer 125
Vorschaltturbine 174

W
Wandrauigkeit 86
Wärmekapazität
–, spezifische 28
Wärmekraftwerk 173
Wärmetausch 199
Wärmetauscher 201
Wartung 252
Wasserkraftpotential 149
Wasserkraftwerk 149
Wasserturbine 70
Welle 15
Wellenkraftwerk 151
Werkstoffabtragungsrate 91
Werkstoffzerstörung 91
Widechord-Technologie 131

# Stichwortverzeichnis

Widerstand
–, induzierter 223
Widerstandsbeiwert 231
Widerstandsgesetz
–, quadratisches 73, 339
Widerstandsläufer 225
Windenergie 215
–anlage 215
Windgeschwindigkeit 219
Windkanalversuch 134
Windleistung 220
Windnachführung 228
Windrad 219
–, Chinesisches 225
Windturbine 215
Winglets 234
Wirbel 86
–kavitation 90
Wirkungsgrad 223
–, bester 75
–, hydraulischer 39, 223, 232

–, innerer 39, 223
–, isentroper 41
–, mechanischer 39
–, polytroper 41
–, thermischer 196
–, volumetrischer 39
–abfall 85, 91
–potential 249, 283

Z
zentrifugal 167
Zentrifugalkräfte 48
zentripetal 167
Zentripetalturbine 205
Zirkulation $\Gamma$ 52
Zirkulationsströmung 52, 87
Zulaufbetrieb 92, 105
Zulaufhöhe 76, 92
Zuströmung
–, drallfreie 95

## WMB Ventilatoren
produziert Axial-, Radial-
und Wandventilatoren
für den industriellen Einsatz.

### Einsatzgebiete:
Kraftwerkstechnik
Industrielüftungen
Schiffstechnik
Umwelttechnik
Windkanal
Bergbau
Kühltürme
Rauchgasentrauchung
Motorprüfstände

## WMB Ventilatoren GmbH
Irene-Kärcher-Str. 35 • 74423 Obersontheim • Germany
Telefon +49 (0) 7973 - 911 91-0 • Telefax +49 (0) 7973 - 911 91-29
info@wmb.eu • www.wmb.eu

# WISSEN SCHAFFT ENERGIE

Regenerative Energien – ein Wachstumsmarkt, der durch die dynamischen Impulse zukunftsweisender Technologien von ENERCON bedeutend geprägt wurde und weiterhin geprägt wird. Visionen, Forschungsgeist und Mut zur Innovation stehen für den Erfolg von ENERCON in der Vergangenheit und in Zukunft.

ENERCON GmbH · Dreekamp 5 · D-26605 Aurich · Tel. +49 49 41 927-0 · Fax +49 49 41 927-109 · www.enercon.de

Pumpen · Armaturen · Systeme

## Wir kümmern uns um jeden Tropfen

Oft sind es die verborgenen Dinge, die besonders wichtig sind. Denken Sie nur an den Kreislauf im menschlichen Körper. Wir sehen ihn nicht und doch ist er lebensnotwendig. So ist das auch mit unserer Arbeit: Pumpen, Armaturen und Systeme von KSB bringen weltweit Wasser zu den Menschen und helfen bei der Abwasserreinigung. Sie halten Industrieprozesse in Gang, unterstützen die Energieversorgung und erleichtern die Rohstoffgewinnung. In den Lebensadern von Wirtschaft und Gesellschaft arbeiten sie so unauffällig, dass man sie selten bemerkt und eröffnen Möglichkeiten, die manchmal wie kleine Wunder wirken.

**KSB Aktiengesellschaft** · Johann-Klein-Straße 9 · 67227 Frankenthal · www.ksb.com

# Ein paar Anregungen,
# wo Sie unsere Produkte finden.

In insgesamt 57 Ländern – rund um den Globus – setzt man heute auf Innovation und Qualität made by ebm-papst. Und damit auf Ventilatoren und Antriebe, die immer sparsamer mit Energie umgehen. Die kaum mehr zu hören sind. Und die in den unterschiedlichsten Branchen und Anwendungen, ob Haushaltsgeräten, Fahrzeugen, Klimaanlagen oder Servern, immer wieder neue Maßstäbe setzen. Das alles – und dazu das breiteste Produktprogramm in der Luft- und Antriebstechnik – hat uns zu dem gemacht, was wir heute sind: ein Global Player, dessen Produkte Sie beinahe überall finden. **www.ebmpapst.com**

Die Wahl der Ingenieure

# ebmpapst

# EVG Lufttechnik GmbH

- Gehäuse-Radialventilatoren in verschiedenen Ausführungen
- Freilaufende Ventilatoren für Klimatechnik und industrielle Sonderanwendungen bis 4000 Pa
- Axialventilatoren
- Sonderventilatoren
- Schallschutz
- Wärmeschutz
- Klappen
- Kompensatoren

EVG Lufttechnik GmbH
Zeppelinring 3 – 5
71735 Eberdingen-Hochdorf
Telefon (07042) 8750-0
Telefax (07042) 8750-27
info@evg-lufttechnik.de

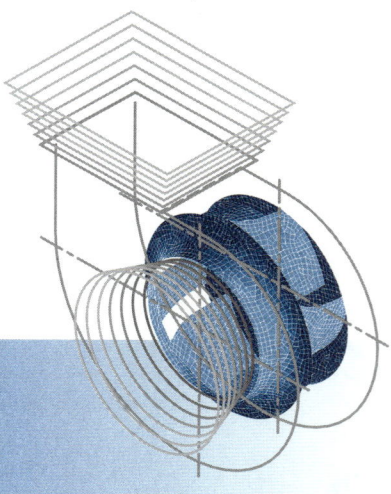

**www.evg-lufttechnik.de**

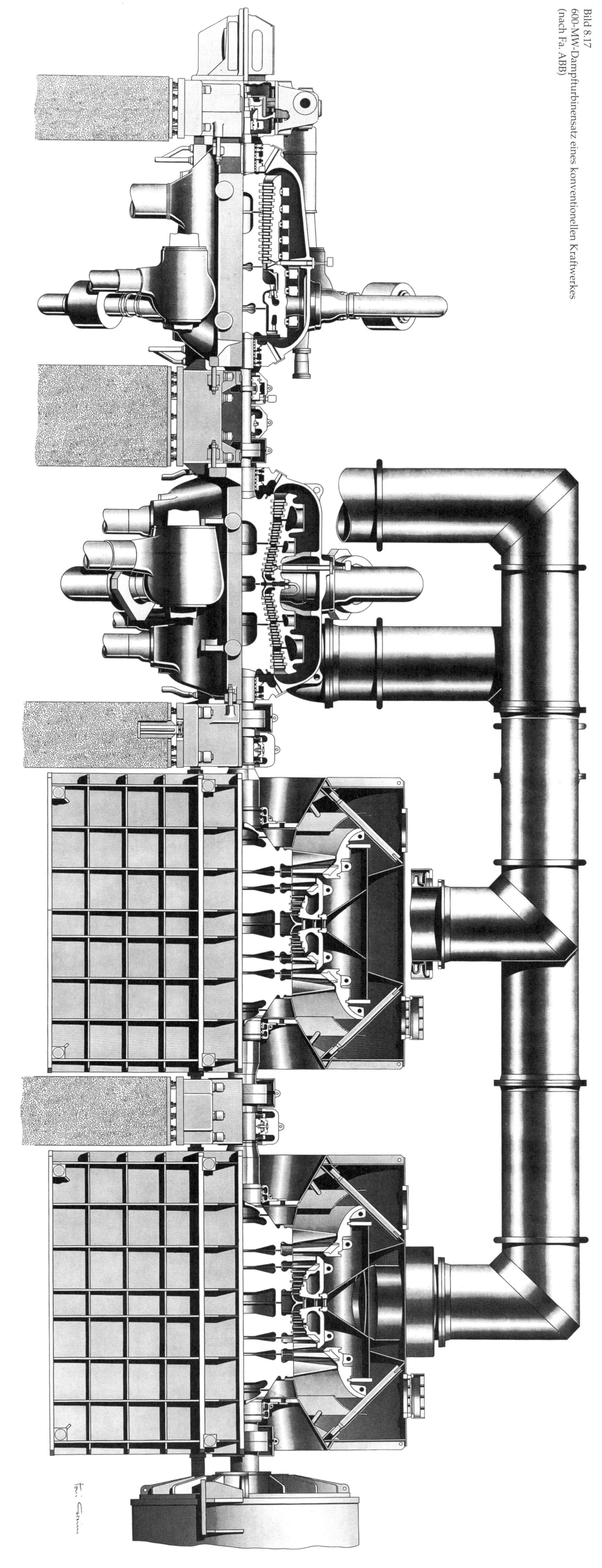

Bild 8.17
600-MW-Dampfturbinensatz eines konventionellen Kraftwerkes
(nach Fa. ABB)